注册土木工程师(水利水电工程)资格考试指定辅导教材配套用书

水利水电工程专业案例应试辅导与习题集(水工结构与工程地质篇)

(2009 年版)

《水利水电工程专业案例应试辅导与习题集(水工结构与工程地质篇)》编委会 编

黄河水利出版社

·郑州·

图书在版编目(CIP)数据

水利水电工程专业案例应试辅导与习题集:2009 年版.水工结构与工程地质篇/《水利水电工程专业案例应试辅导与习题集.水工结构与工程地质篇》编委会编.—郑州:黄河水利出版社,2010.7 (2017.5 重印)

注册土木工程师(水利水电工程)资格考试指定辅导教材配套用书

ISBN 978-7-80734-842-9

Ⅰ.①水… Ⅱ.①水… Ⅲ.①水利工程-工程技术人员-资格考核-自学参考资料②水力发电工程-工程技术人员-资格考核-自学参考资料③水工结构-工程技术人员-资格考核-自学参考资料④水利工程-工程地质-工程技术人员-资格考核-自学参考资料 Ⅳ.①TV

中国版本图书馆 CIP 数据核字(2010)第 118632 号

出 版 社:黄河水利出版社

地址:河南省郑州市顺河路黄委会综合楼 14 层　　邮政编码:450003

发行单位:黄河水利出版社

发行部电话:0371-66026940、66020550、66028024、66022620(传真)

E-mail:hhslcbs@126.com

承印单位:郑州龙洋印务有限公司

开本:787 mm×1 092 mm　1/16

印张:34

字数:786 千字　　印数:7 001—10 000

版次:2008 年 6 月第 1 版　　印次:2017 年 5 月第 3 次印刷

2010 年 7 月第 2 版

定价:69.00 元

《水利水电工程专业案例应试辅导与习题集（水工结构与工程地质篇）》编委会

前 言

人事部、建设部、水利部已决定实施注册土木工程师(水利水电工程)执业资格制度。这是我国水利水电界的一件大事。实施这项执业资格制度,有利于实现水利水电工程专业设计人员管理制度的创新,为国家培养一支职业化的专业人才队伍,从根本上保证水利水电工程建设质量和经济效益;有利于与国际惯例接轨,使水利水电工程专业设计人员平等地参加国内、国际竞争,并维护自己的权益。

注册土木工程师(水利水电工程)执业资格考试实行全国统一大纲、统一命题的考试制度。为配合全国统一考试和方便报考人员复习,受黄河水利出版社的委托,中水东北勘测设计研究有限责任公司(原水利部东北勘测设计研究院)组织有关专家、近年参加过注册土木工程师(水利水电工程)执业资格考试的技术人员,结合单位几十年的水利水电工程勘测、设计实践经验,依据《勘察设计注册土木工程师(水利水电工程)资格考试大纲》(2009年版),对《水利水电工程专业案例应试辅导与习题集(水工结构与工程地质篇)》进行了修编,内容包括水工结构篇与工程地质篇。每篇包含内容、章节编排都与《水利水电工程专业案例(水工结构与工程地质篇)》(2009年版)相对应。

《水利水电工程专业案例应试辅导与习题集(水工结构与工程地质篇)》(2009年版)面向参加注册土木工程师(水利水电工程)执业资格考试人员,是为进一步加深对《水利水电工程专业案例(水工结构与工程地质篇)》的理解,为应试者提供的复习配套专用材料。

本习题集水工结构篇修编人员具体分工如下:第1章由杨成祝修编,第2章由范景春修编,第3章由李大伟修编,第4章、第5章由徐铁成修编,第6章、第8章由马志强修编,第7章、第9章、第11章、第12章、第13章由姜树立修编,第10章由张殿双修编,第14章由程燕、杨成祝修编。工程地质篇修编人员具体分工如下:第1章、第2章由申林修编,第3章、第4章由张晓明修编,第5章由李占军修编,第6章、第7章由杨春璞修编,第8章、第9章由谢福志修编。

本习题集由中水东北勘测设计研究有限责任公司杨成祝、张晓明、程燕、段元胜负责组稿。习题集的编写力求做到符合考试大纲要求,且便于应试者复习。但由于时间仓促,习题集涉及内容广泛,加之水平所限,不足之处在所难免,敬请广大技术人员给予批评指正。

本书编委会

2010年5月

目　录

工程地质篇

水工结构篇

第 1 章　总体设计能力

1.1　考试大纲

熟练掌握水利水电工程等别与水工建筑物级别的划分。

熟练掌握永久水工建筑物及临时水工建筑物洪水标准。

掌握工程建设场址、坝（闸）址、厂（站）址选择应考虑的主要因素。

掌握水利水电工程主要建筑物基本型式和适用条件。

掌握水利水电工程枢纽布置应考虑的主要因素。

熟练掌握挡水建筑物设计安全超高及顶高程确定的方法。

熟练掌握水工建筑物抗滑稳定和强度安全标准。

熟练掌握水工建筑物场地基本烈度、地震设防烈度及抗震设计基本要求。

熟练掌握水工建筑物主要荷载（作用）、荷载（作用）分类和荷载（作用）组合。

了解土、石料的基本性能、物理力学指标及工程选用原则。

了解水工建筑物的工程地质条件和建基要求。

1.2　复习指导

1.2.1　复习要点

1.2.1.1　工程等别与水工建筑物级别划分的依据和原则

1）工程等别

水利水电工程的等别，应根据其工程规模、效益及在国民经济中的重要性分为 5 等，应按工程规模、水库总库容（水库最高水位以下的静库容）、防洪、治涝、灌溉（治涝面积和灌溉面积均指设计面积）、供水和发电等分等指标确定。

水电枢纽工程（包括抽水蓄能电站）的工程等别，应根据其在国民经济建设中的重要性，按照其水库总库容和装机容量划分为 5 等，水电枢纽工程的防洪作用与工程等别的关系应按照《防洪标准》（GB 50201—94）的有关规定确定。

对综合利用的水利水电工程，当按各综合利用项目的分等指标确定的等别不同时，其工程等别应按其中最高等别确定。

拦河水闸工程的等别，应根据其工程规模、过闸流量及其防护对象的重要性确定；灌溉、排水泵站的等别，应根据其工程规模、装机容量与装机功率确定。当泵站按分等指标分属两个不同的等别时，其等别按其中高的等别确定。由多级或多座泵站联合组成的泵站系统工程的等别，可按其系统的指标确定；工业、城镇供水泵站的等别，应根据其供水对象的重要性确定；灌溉与排水蓄水枢纽工程的等别，应根据总蓄水容积确定；引水枢纽工程的等别，应根据其工程规模与引水流量确定。

2）水工建筑物级别

水利水电工程的永久性水工建筑物的级别，应根据其所在工程的等别和建筑物的重要性划分为5级。失事后损失巨大或影响十分严重的水利水电工程的2～5级主要永久性水工建筑物，经过论证并报主管部门批准，可提高一级；失事后造成损失不大的水利水电工程的1～4级主要永久性水工建筑物，经过论证并报主管部门批准，可降低一级。

对水利水电工程，水库大坝为2级、土石坝坝高超过90 m、混凝土坝或浆砌石坝坝高超过130 m，水库大坝为3级、土石坝坝高超过70 m、混凝土坝或浆砌石坝坝高超过100 m时，大坝的级别可相应提高一级，但洪水标准可不提高。对水电枢纽工程，大坝为2级、土石坝坝高超过100 m、混凝土坝或浆砌石坝坝高超过150 m，大坝为3级、土石坝坝高超过80 m、混凝土坝或浆砌石坝坝高超过120 m时，大坝的级别宜相应提高一级，洪水设计标准相应提高，但抗震设计标准不提高。

当永久性水工建筑物基础的工程地质条件复杂或采用新型结构时，对2～5级建筑物可提高一级设计，但洪水标准不予提高。

对水工建筑物级别的提高标准及其相应的洪水标准，《水利水电工程等级划分及洪水标准》（SL 252—2000）与《水电枢纽工程等级划分及设计安全标准》（DL 5180—2003）有所区别，在应用中应根据工程所属行业分别采用不同的行业标准。

堤防工程的级别，应按《堤防工程设计规范》（GB 50286—1998）确定，根据堤防工程的防洪标准划分为5级。堤防工程上的闸、涵、泵站等穿堤水工建筑物的级别，按所在堤防工程的级别和与建筑物规模相应的级别高者确定，其设计防洪标准不应低于堤防工程的防洪标准，并应留有适当的安全裕度。

城市防洪建筑物级别，应按《城市防洪工程设计规范》（CJJ 50—92）确定，根据城市等别及其在工程中的作用和重要性划分为4级。

依据《灌溉与排水工程设计规范》（GB 50288—99），蓄水、引水和提水枢纽工程中的水工建筑物级别，应根据所属枢纽工程的等别与建筑物重要性划分为5级；灌溉渠道或排水沟的级别，应根据灌溉或排水流量的大小划分为5级，对灌、排结合的渠道工程，当按灌溉和排水流量分属两个不同工程级别时，应按其中较高的级别确定；水闸、渡槽、倒虹吸、涵洞、跌水与陡坡等灌排建筑物的级别，应根据过水流量的大小划分为5级；在防洪堤上修建的引水、提水工程及其他灌排建筑物，或在挡潮堤上修建的排水工程，其级别不得低于防洪堤或挡潮堤的级别；倒虹吸、涵洞等灌排建筑物与公路或铁路交叉布置时，其级别不得低于公路或铁路的级别。

水利水电工程临时性水工建筑物级别，应根据保护对象的重要性、失事后果、使用年限和临时性建筑物规模等指标确定。当临时性水工建筑物按分级指标分属不同级别时，其级别应按其中最高级别确定。但对3级临时性建筑物，符合该级别规定的指标不得少于两项。利用临时性水工建筑物挡水发电、通航时，经过技术经济论证，3级以下临时性水工建筑物的级别可提高一级。

1.2.1.2　**洪水标准**

1）一般规定

水利水电工程水工建筑物的洪水标准，应按山区、丘陵区和平原、滨海区分别确定。当山区、丘陵区的水利水电工程永久性水工建筑物的挡水高度低于15 m，且上、下游最大水头差小于10 m时，其洪水标准宜按平原区、滨海区标准确定；当平原区、滨海区的水利水电工程永久性水工建筑物的挡水高度高于15 m，且上、下游最大水头差大于10 m时，其洪水标准宜按山区、丘陵区标准确定。江河采取梯级开发方式，在确定各梯级水利水电工程的永久性水工建筑物的设计洪水与校核洪水标准时，还应结合江河治理和开发利用规划，统筹研究，相互协调。

2）山区、丘陵区水利水电工程永久性水工建筑物的洪水标准

山区、丘陵区水利水电工程永久性水工建筑物的洪水标准，应根据水工建筑物的级别、坝型和保护对象的重要性确定。对土石坝，如失事下游将造成特别重大灾害，1级建筑物的校核洪水标准应取可能最大洪水（PMF）或重现期10 000年标准，2～4级建筑物的校核洪水标准可提高一级；对混凝土坝、浆砌石坝，如洪水漫顶将造成极严重的损失，1级建筑物的校核洪水标准，经过专门论证并报主管部门批准，可取可能最大洪水（PMF）或重现期10 000年标准。

山区、丘陵区水电站厂房的洪水标准，应根据其级别确定。对河床式水电站厂房，挡水部分的洪水标准与工程的主要挡水建筑物的洪水标准相一致。水电站厂房的副厂房、主变压器场、开关站、进厂交通等的洪水标准，应与水电站厂房的洪水设计标准相同。

当抽水蓄能电站的装机容量较大，而上、下水库库容较小时，若工程失事后对下游危害不大，则挡水、泄水建筑物的洪水设计标准可根据电站厂房的级别确定；若失事后果严重，会长期影响电站效益，则上、下水库挡水及泄水建筑物的洪水设计标准宜根据永久性水工建筑物洪水标准的下限确定。

山区、丘陵区水利水电工程的永久性泄水建筑物消能防冲的洪水标准，应根据泄水建筑物的级别确定。在低于消能防冲设计洪水标准时，应避免出现不利的冲刷和淤积。对遭遇超过消能设计标准的洪水，允许消能防冲建筑物出现可修复的局部破坏，但不危及大坝和其他主要建筑物的安全。当消能防冲建筑物的局部破坏有可能危及壅水建筑物安全时，应研究采用泄水建筑物的设计洪水标准或校核洪水标准进行校核。

坝体施工期临时度汛洪水标准，应根据坝型及坝前拦洪库容确定。导流泄水建筑物封堵后，如永久泄洪建筑物尚未具备设计泄洪能力，坝体度汛洪水标准应通过分析坝体施工和运行要求按大坝的级别确定。

3）平原区水利水电工程永久性水工建筑物的洪水标准

平原区水利水电工程永久性水工建筑物（包括水电站厂房）的洪水标准，应根据其级别、项目类别等指标确定；潮汐河口段和滨海区水利水电工程永久性水工建筑物的潮水标准，应根据其级别确定。对1、2级建筑物，若确定的设计潮水位低于当地历史最高潮水位，应采用当地历史最高潮水位校核；平原区、滨海区水利水电工程永久性泄水建筑物消能防冲洪水标准，应根据泄水建筑物的级别确定。

4)其他水利工程的永久性水工建筑物的洪水标准

灌溉和治涝工程、供水工程的永久性水工建筑物洪水标准,应根据其级别确定;泵站建筑物的洪水标准,应根据其级别确定。

堤防工程的洪水标准,应根据江河防洪规划和保护对象的重要性按《防洪标准》(GB 50201—94)确定。对没有整体防洪规划河流的堤防,或不影响整体防洪规划的相对独立的局部堤防,其洪水标准,根据保护对象的重要性,按《防洪标准》(GB 50201—94)确定。穿堤永久性水工建筑物的洪水标准,应不低于堤防工程洪水标准。

5)临时性水工建筑物的洪水标准

临时性水工建筑物的洪水标准,应根据建筑物的结构类型和级别,结合风险度综合分析,合理选用。对失事后果严重的,应考虑遇超标准洪水的应急措施。

确定水利水电工程的等别、建筑物的级别和洪水标准时,应合理处理局部与整体、近期与远景、上游与下游、左岸与右岸等方面的关系。规模巨大、涉及面广、地位特别重要的水利水电工程,其等别、建筑物的级别、洪水标准,必要时可专门论证,经主管部门批准确定。

1.2.1.3 工程建设场址及坝(闸)址、厂(站)址

工程场址的选定是水利水电工程设计的重要内容之一,应根据各拟定场址比选方案的综合利用、地形地质、枢纽布置、工程量、施工导流、施工条件、建筑材料、施工工期、环境影响、移民安置、工程投资、工程效益和运行条件等方面,经综合比较论证,选定坝(闸)址、厂(站)址等工程场址。

1)坝址选择

坝址选择主要是根据坝址枢纽工程区的地形地质、枢纽布置、工程量、施工导流、施工条件、建筑材料、施工工期、环境影响、移民安置、工程投资、综合效益等条件和运行要求,初选几个坝址,通过不同的工程布置方案比较,确定各坝址的代表方案。综合比较各坝址的代表方案,选定工程坝址。

(1)地形条件。坝址地形条件在很大程度上制约着坝型选择、枢纽建筑物布置以及导流工程的布置。有利的地形条件能很好地适应水工建筑物的布置,使工程的投资最小。河谷相对狭窄、地质条件较好的坝址宜修建拱坝,但两岸坝肩必须具有较完整厚实的抗力体,以承担拱的荷载,地形上必须使拱的推力线以合适的方向指向两岸;河谷宽阔、地质条件较好,可选用重力坝或支墩坝;河谷宽阔、河床覆盖层深厚或地质条件较差,且土石、砂砾等当地材料储量丰富,适于修建土石坝。

河谷较宽,可采用河床分期导流布置,对施工布置和减少工程量有利,是坝址选择考虑的重要因素之一。

(2)地质条件。良好的工程地质条件与水文地质条件是选择坝址和坝轴线的必要条件,有时甚至起决定性作用。重力坝坝址需要岩体有足够的强度及完整性、均匀性;混凝土拱坝坝址对岩体的强度及完整性的要求不仅比重力坝高,而且要求坝肩具有良好的稳定性;土石坝坝址岩基、土基均可建坝,但应查清坝基覆盖层厚度,并注意坝基是否存在可能液化的土层。对高坝而言,一般应将坝址选在地质条件较好的硬岩上,同时避免坝基存在不利的软弱夹层及大的断层破碎带或大的断层,以减少坝基处理工程量。

尽量选择横向谷坝址，倾角较陡时，对坝基及两岸防渗和抗滑稳定有利。岩层走向与河流近平行的纵向谷坝址，往往对坝基及两岸防渗不利。坝址河段内出露不同岩层时，应尽可能将坝址选择在非可溶性岩位置，以简化坝址勘探及防渗处理工程量。对于岩溶地区，要掌握岩溶发育规律，特别要注意潜伏溶洞、暗河、溶沟和溶槽，必须查明岩溶对水库蓄水和建筑物的影响。

坝址选择应尽量远离上游库区的滑坡体，大型活动滑坡体会制约坝址的选择。

(3)枢纽布置。合适的枢纽布置对工程的经济合理和安全运行有决定性的作用，因此在坝址比选时应充分重视枢纽布置条件，特别是泄水建筑物的布置条件及其差别。

选定的坝址应能很好地适应枢纽建筑物的布置，特别是泄水建筑物应有充分的布置场地，并使其具有良好的泄洪消能及水流归槽条件。坝址选在峡谷地段，坝轴线短，坝体工程量小，但不利于泄水建筑物等的布置，需要综合考虑。选用土石坝，应考虑有无布置岸坡溢洪道的地形条件。对于多泥沙及有漂木要求的河道，应注意河流的水流形态，在选择坝址时，应考虑如何防止泥沙和漂木进入取水建筑物。有通航要求的河道，坝址选择应考虑地形和水流条件对通航建筑物的影响，注意建筑物与河道的连接。

(4)库区淹没。水库区淹没的范围大小和移民安置的难度，是坝址选择需要考虑的重要因素之一。随着社会经济环境的变化，有时甚至会制约坝址的选择。因此，所选坝址应尽量减少水库淹没损失或移民，应避免淹没那些不能淹没的城乡、矿藏、重要名胜古迹和交通设施。这些因素往往影响坝址的选择，增加工程的总投资。

(5)施工条件。施工条件是坝址选择需要考虑的重要因素之一，应注意交通、施工总布置和运行管理条件的差别。

坝址的交通条件对工程投资有明显的影响，距交通干线较近，便于施工运输。交通困难的地方，道路修建费用大。

坝址附近有适合布置施工附属企业和设备的场地，可降低施工费用，也便于厂区的布置，对运行管理有利。

(6)建筑材料。坝址附近的建筑材料分布情况对坝址选择有重要影响，不同建筑材料的种类、储量、质量、数量、分布及运距情况，会影响到坝址及相应坝型的选择。

(7)其他。坝址选择时要考虑对环境的影响，尽量避开敏感对象。对不同坝址，要综合考虑防洪、灌溉、发电、航运、旅游等各部门的经济效益。

工程量、工程总投资及动态经济指标，是坝址选择时应考虑的重要经济条件。应选择技术可靠、经济合理的坝址作为工程的选定坝址。

2)闸址选择

闸址应根据水闸的功能、特点和运用要求，综合考虑地形、地质、水流、潮汐、泥沙、冻土、冰情、施工、管理、周围环境等因素，经技术经济比较后选定。

(1)闸址应选择在地形开阔、岸坡稳定、岩土坚实和地下水水位较低的地点。闸址应优先选用地质条件良好的天然地基，避免采用人工处理地基。

(2)节制闸或泄洪闸闸址宜选择在河道顺直、河势相对稳定的河段，经技术经济比较后也可选择在弯曲河段裁弯取直的新开河道上。

(3)进水闸、分水闸或分洪闸闸址宜选择在河岸基本稳定的顺直河段或弯道凹岸顶点稍偏下游处，但分洪闸闸址不宜选择在险工堤段和被保护重要城镇的下游堤段。

(4)排水闸(排涝闸)或泄水闸(退水闸)闸址宜选择在地势低洼、出水畅通处，排水闸(排涝闸)闸址宜选择在靠近主要涝区和容泄区的老堤堤线上。

(5)挡潮闸闸址宜建在暗线和岸坡稳定的潮汐河口附近，且闸址泓滩冲淤变化较小、上游河道有足够的蓄水容积的地点。

(6)若在多支流汇合口下游河道上建闸，选定的闸址与汇合口之间宜有一定的距离；若在平原河网地区交叉河口附近建闸，选定的闸址宜在距离交叉河口较远处；若在铁路桥或Ⅰ、Ⅱ级公路桥附近建闸，选定的闸址与铁路桥或Ⅰ、Ⅱ级公路桥的距离不宜太近。

(7)选择闸址应考虑材料来源、对外交通、施工导流、场地布置、基坑排水、施工水电供应等条件。

(8)选择闸址应考虑水闸建成后工程管理维修和防汛抢险等条件。

(9)选择闸址应考虑下列要求：占用土地及拆迁房屋少，尽量利用周围已有公路、航运、动力、通信等公用设施，有利于绿化、净化、美化环境和生态环境保护，有利于开展综合经营。

3)水电站厂房厂址选择

水电站厂房厂址应根据地形、地质、环境条件，结合整个枢纽的工程布局等因素，经技术经济比较选定。

(1)厂址及其上下游衔接应选择相对优越的地形、地质、水文条件，还必须与枢纽其他建筑物相互协调。

(2)厂房位置宜避开冲沟口和崩塌体，对可能发生的山洪淤积、泥石流或崩塌体等应采取相应的防御措施；厂房位于高陡坡下时，对边坡稳定要有充分的论证，并应设有安全保护设施及排水设施。

(3)河床式厂房进水部分设计应考虑枢纽布置情况，妥善解决泥沙、漂浮物和冰凌等对发电的影响。

(4)地下厂房宜布置在地质构造简单、岩体完整坚硬、上覆岩层厚度适宜、地下水微弱以及山坡稳定的地段；洞室位置宜避开较大断层、节理裂隙发育区、破碎带以及高地应力区，当不可避免时，应有专门论证；主要交通在设计洪水标准条件下应保证畅通，在校核洪水标准条件下，应保证进出厂人行交通不致阻断，穿过泄水雾化区地段宜采取适当的保护措施。

(5)地下厂房洞口位置，宜避开风化严重或有较大断层通过的高陡边坡地带，应避开滑坡、危崖、山崩及其他软弱面形成的塌滑体。

(6)地下厂房主洞室纵轴线选择应综合考虑下列因素：①主洞室的纵轴线走向，宜与围岩的主要构造弱面(断层、节理、裂隙、层面等)呈较大的夹角，同时应注意次要构造面对洞室稳定的不利影响；②在高地应力区，洞室纵轴线走向与最大主应力水平投影方向的夹角采用较小角度。

(7)地下厂房洞室群各洞室顶部以上的岩体厚度或傍山洞室靠边坡一侧的岩体厚度，应根据岩体完整程度、风化程度、地应力大小、地下水活动情况、洞室规模及施工条件等因素综合分析确定。主洞室岩体厚度不宜小于洞室开挖宽度的2倍。

(8)地下厂房洞室群各洞室之间的岩体厚度应保持足够的厚度,其厚度应根据地质条件、洞室规模及施工方法等因素综合分析确定,不宜小于相邻洞室平均开挖宽度的1~1.5倍。上、下层洞室之间的岩石厚度,不宜小于小洞室开挖宽度的1~2倍。

(9)水电站厂房应少占或不占用农田,保护天然植被,保护环境,保护文物。

4)泵站站址选择

泵站站址应根据流域(地区)治理或城镇建设的总体规划、泵站规模、运行特点和综合利用要求。考虑地形、地质、水源或承泄区、电源、枢纽布置、对外交通、占地、拆迁、施工、管理等因素以及扩建的可能性,经技术经济比较选定。

(1)山丘区泵站站址宜选择在地形开阔、岩坡适宜、有利于施工布置的地点。

(2)泵站站址宜选择在岩土坚实、抗渗性能良好的天然地基上,不应设在大的和活动性的断层构造带以及其他不良地质地段。

选择站址时,如遇淤泥、流沙、湿陷性黄土、膨胀土等地基,应慎重研究确定基础类型和地基处理措施。

(3)由河流、湖泊、渠道取水的灌溉泵站,其站址应选择在有利于控制提水灌溉范围,使输水系统布置比较经济的地点。

灌溉泵站取水口应选择在主流稳定靠岸,能保证引水,有利于防洪、防沙、防冰及防污的河段;否则,应采取相应的措施。由潮汐河道取水的灌溉泵站取水口,还应符合淡水水源充沛、水质适宜灌溉的要求。

(4)直接从水库取水的灌溉泵站,其站址应根据灌区与水库的相对位置和水库水位变化情况,研究论证库区或坝后取水的技术可靠性和经济合理性,选择在岸坡稳定、靠近灌区、取水方便、少受泥沙淤积影响的地点。

(5)排水泵站站址应选择在排水区地势低洼、能汇集排水区涝水,且靠近承泄区的地点。排水泵站出口不宜设在迎溜、岸崩或淤积严重的河段。

(6)灌排结合泵站站址,应根据有利于外水内引和内水外排、灌溉水源水质不被污染和不致引起或加重土壤盐渍化,并兼顾灌排渠系的合理布置等要求,经综合比较选定。

(7)供水泵站站址应选择在城镇、工矿区上游,河床稳定、水源可靠、水质良好、取水方便的河段。

(8)梯级泵站站址应根据总功率最小的原则,结合各站址地形、地质条件,经综合比较选定。

1.2.1.4 主要建筑物的基本型式及选择

水利水电工程主要建筑物有挡水建筑物、泄水建筑物、引水建筑物、输(排)水(渠系)建筑物、发电厂房(泵站)及开关站(变电站、换流站)、通航建筑物、过木及过鱼建筑物、堤防及河道整治建筑物等。

主要建筑物基本型式选择与枢纽的位置、枢纽的功能及总体布置密切相关,应根据枢纽所在位置的地形地质、建筑材料、水文气象、施工条件、占地移民、管理运行要求、环境景观、工程造价等,经综合比较后确定。应做到技术先进、安全可靠、经济合理,并随新理论、新材料、新技术、新工艺的发展而不断创新。

1）挡水建筑物

挡水建筑物主要有土石坝、重力坝、拱坝、水闸等型式。根据挡水和过水的不同要求，又可将挡水建筑物划分为非溢流坝和溢流坝。

对选定的坝址，开展坝型比选研究工作，根据坝址的地形地质条件、枢纽布置条件、坝型适应性、泄洪消能、防冲护岸、工程量、施工导流、施工条件、施工工期、建筑材料、工程投资和运行条件等因素，经技术经济综合比较论证，选定挡水建筑物型式。

（1）地形地质条件。地形地质条件是坝型选择的关键因素和重要依据。一般来讲，岩石地基适于修建混凝土坝或浆砌石坝；坝基及两岸岩石坚硬完整的相对狭窄河谷，宜修建拱坝；深厚覆盖层地基适于修建土石坝，也可修建低矮混凝土坝或浆砌石坝。

地形地质条件适合修建拱坝的坝址，也适于修建当地材料坝，需要综合枢纽布置、施工条件、工程投资等方面因素比较确定。

（2）枢纽布置条件。挡水建筑物型式不同，其枢纽布置差别较大，应充分考虑枢纽布置条件的差别，特别是泄洪消能建筑物布置、引水发电系统布置、电站厂房布置、建筑物高边坡的稳定性影响等因素，以选择枢纽布置合理、技术难度小、总体投资较低的合理坝型。

（3）施工条件及工期。施工条件及工期等因素是坝型选择需要考虑的主要因素之一，应注意各比选坝型在交通、施工导流与度汛、施工总布置、工期等方面的差别。土石坝施工导流与度汛难度一般比混凝土坝要大；混凝土坝外来材料的运输比土石坝要大；施工难度上，均质坝比心墙坝和斜墙坝要简单。

（4）建筑材料。挡水建筑物型式选择要考虑材料来源，土料和石料丰富的地方，要优先考虑采用当地材料坝，并根据不同材料的储量、质量和开采运输条件选用不同型式的土石坝。混凝土骨料储量、质量和开采运输条件好时，可考虑修建混凝土坝。

（5）工程量及工程投资。在满足工程功能要求及枢纽建筑物安全可靠的前提下，工程量及工程总投资是坝型选择考虑的重要综合指标，如坝型均可行且无明显控制坝型选择的因素，则一般应选择工程量及工程总投资少的坝型作为选定坝型。

2）泄水建筑物

泄水建筑物的型式有坝顶溢洪道、岸边溢洪道、坝身泄水孔、土石坝坝下埋管、泄水隧洞等。泄水建筑物型式的选择除与地形地质、施工、运行条件密切相关外，还与坝型有关。

混凝土坝坝型宜采用坝体泄水，尽量利用坝顶或通过坝体泄水孔宣泄洪水；土石坝坝体一般不能过水，多采用岸边或垭口溢洪道以及泄洪隧洞。河床狭窄且两岸山坡陡峻、岸坡开挖量大的地方，选用隧洞泄洪有利，坝肩岸坡平缓的适合岸边溢洪道。

开敞式溢流孔超泄能力较大，比坝身泄水孔和隧洞泄洪安全，宜优先考虑。

坝下埋管对坝的安全有影响，应在其他型式不可能的情况下方可考虑选用，坝下埋管宜建基在岩基及坚实的土基上并采用无压流方式，有压流管道宜做在坝体的廊道内以保证安全。

从水流形态上可分为自由溢流的开敞式和淹没流的孔口式，对有漂浮物或有排冰要求的可选用开敞式溢洪道，对有排沙要求或低水位放水要求的，可选用潜孔口式，孔口的高低根据运用需要确定。

一般大中型工程的泄水建筑物均应进行整体水力学模型试验，必要时还应进行断面模型试验，以验证其泄流能力和泄洪消能等水力学条件，论证工程布置的合理性。

3）发电引水建筑物

发电引水建筑物的型式主要有渠道、隧洞和管道。其型式主要取决于引水线路的地形地质条件，高山地区宜布置隧洞，地形平坦时可进行明渠和管道方案比较，管道造价高但蒸发渗漏损失少，埋在地下有利于冬季输水，明渠则相反，且水质容易受到污染。

4）输（排）水（渠系）建筑物

输（排）水（渠系）建筑物是指灌溉、治涝、城镇及工业供水等用于输水、排水干线的建筑物，包括进水口、渠道、管道、隧洞、涵洞、渡槽、倒虹吸等。输水建筑物型式的选择与发电引水建筑物相同。

5）发电厂房（泵站）及开关站（变电站）

发电厂房按厂房结构及布置特点分为地面式厂房、地下式厂房、坝内式厂房和溢流式厂房。地面式厂房按其位置不同，分为河床式厂房、坝后式厂房、岸边式厂房。

对低水头水电站，电站厂房通常采用河床式电站布置方案；对高水头水电站，电站厂房一般采用坝后式、地下式或岸边地面厂房；在河床狭窄、厂房高度和挡水高度合适的条件下也可做成坝内式或厂房顶溢流式。有时为了取得大的落差，需将电站建在远离水源地或引水枢纽处而成为引水式电站。

泵站根据其承担的任务不同，可分为灌溉泵站、排水泵站、灌排结合泵站、供水泵站等。泵房结构型式较多，常用的有固定式和移动式两种。固定式泵房按基础型式的特点又可分为分基型、干室型、湿室型和块基型4种，移动式泵房可分为泵船和泵车两种。当水源水位变化幅度在10 m以上且水位涨落速度大于2 m/h，水流流速又大时，宜采用竖井式泵站；当水源水位变化幅度在15 m以上，洪水期较短、含沙量不大时，可采用潜没式泵站。

泵房结构型式的确定，主要根据主机组结构性能、水源水位变幅、地基条件及枢纽布置，通过技术经济比较择优选定。

开关站（变电站）有户外式和户内式两种型式。户外式占地面积大、受气候及风沙影响大，但造价低；户内式则相反，且运行安全程度较高。应根据使用要求经技术经济比较选定。

6）堤防

堤防工程的型式应按照因地制宜、就地取材的原则，根据堤段所在位置、堤址地质、筑堤材料、水流及风浪特性、施工条件、运用和管理要求、环境景观、工程造价等因素，经技术经济比较，综合确定。

根据筑堤材料，可选择土堤、石堤、混凝土和钢筋混凝土防洪墙、分区填筑的混合堤等；根据堤身的断面形式，可选择斜坡式堤、直墙式堤或直斜式堤等；根据防渗体设计，可选择均质土堤、斜墙式土堤或心墙式土堤等。同一堤防的各堤段可根据具体条件采用不同堤型，在堤型变换处要做好接缝处理，必要时要设过渡段。

7）通航、过木及过鱼建筑物

通航、过木及过鱼建筑物包括船闸、升船机、筏道、鱼道等。重要的通航建筑物应进行必要的水工和泥沙模型试验。

1.2.1.5 水利水电工程枢纽布置

合适的枢纽布置对工程的经济合理和安全运行有决定性的作用，应因地制宜，既要满足枢纽建筑物各项任务和功能要求，又要适合枢纽区的自然条件，便于施工和导流，有利于节省投资和缩短工期。水利水电枢纽一般都有挡水、泄水和电站等建筑物，应协调好各建筑物的位置关系，以达到更好地发挥预定功能、运行安全可靠、经济合理可行的目的。

对选定的坝轴线、坝型，需对各种可行的枢纽布置方案进行比选研究，从综合利用、地形地质条件、建筑物布置、水力学条件、工程量、施工导流、施工条件、施工工期、施工占地、工程投资和运行条件等方面，结合必要的试验研究成果，经综合比较论证后选定枢纽布置方案。

1）枢纽布置设计的一般原则

应满足各建筑物在布置上的要求，尽量避免各建筑物运行中的互相干扰，保证其在任何工作条件下都能正常工作；枢纽中各建筑物应尽可能紧凑布置，在满足功能要求的前提下，减少工程投资，方便运行管理；尽量使一个建筑物发挥多种用途或临时建筑物和永久建筑物相结合布置，充分发挥综合效益；在满足建筑物强度和稳定的条件下，降低枢纽总造价和年运转费用；枢纽布置要做到施工方便，工期短，造价低；尽可能使枢纽中的部分建筑物早期投产，提前发挥效益（如提前蓄水、早期发电或灌溉）；枢纽的外观应与周围环境相协调，在可能的条件下注意美观。

2）枢纽布置方案选择考虑的主要因素

水利枢纽布置需认真分析具体条件和要求，明确主要矛盾，通过论证比较，从若干个枢纽布置方案中选择出技术上先进且可能、经济上合理、施工期短、运行安全可靠以及管理维修方便的最优方案。影响枢纽布置方案选择的主要有综合利用、地形地质条件、建筑物布置、施工条件、施工工期、工程量及工程投资、运行条件等方面。

（1）地形地质条件。对选定的坝址及坝型，枢纽布置方案间的差别主要体现在泄洪建筑物、引水发电系统、通航建筑物型式选择及布置方面，而地形地质条件对枢纽布置影响较大。对高混凝土重力坝而言，当河床宽度合适时，可将泄洪及引水发电系统布置在不同坝段，使其均匀布置在河床内；当在狭窄河谷中建造高重力坝或拱坝时，一般在河床坝段布置泄洪设施，而引水发电系统则需采用隧洞引水布置方案，厂房则采用地下式或岸边式。对土石坝而言，应根据泄洪规模大小及地形条件，研究比选采用岸边式开敞溢洪道、全部采用泄洪洞或二者组合的方式。

地质条件对引水发电系统布置及泄洪建筑物布置选择有着重大影响。当采用隧洞引水发电时，一般根据地形条件，将引水发电系统布置在凸岸较为合理。

（2）建筑物布置及泄洪消能条件。不同的枢纽布置方案，建筑物的型式和布置不同，泄洪建筑物、发电厂房及下游消能防冲设计难度也存在一定差别。应充分考虑溢洪道、泄洪洞之间，地下厂房、地面厂房、坝后厂房、岸边厂房、溢流厂房之间，设置调压室与不设置调压室等方面的技术难度、施工难度、运行可靠性、投资等方面的差别对枢纽布置方案比选的影响。

（3）施工条件及工期。枢纽布置方案比选应考虑施工导流、施工场地布置、施工工期、施工难易程度、施工机械化水平等方面的差别。导流条件好、施工难度低、施工方便、工期短的枢纽布置方案,有利于工程建设的顺利进行,可尽早发挥综合效益。

(4)运行管理条件。枢纽布置应考虑运行管理条件的差别,如发电、通航、泄洪等有无干扰,建筑物检查维修是否方便,闸门及启闭设备是否便于控制运用,对外交通是否便利等。

(5)提前发电效益。枢纽布置方案不同,发电工期也存在差别。应考虑提前发电效益差别及提前发电可能增加部分工程投资的经济合理性。

(6)工程量及工程投资。一个好的枢纽布置方案,应是以最少的工程量及投资,达到满足各种开发任务及确保工程安全运行的要求。工程量、工程总投资是枢纽布置方案的重要比选因素。

1.2.1.6　安全超高及顶部高程确定

掌握水利水电工程挡水建筑物设计安全超高及顶部高程确定的方法。

对安全超高的定义,目前我国颁布的不同的规范有所差异。如《水利水电工程等级划分及洪水标准》(SL 252—2000)、《碾压式土石坝设计规范》(SL 274—2001)中的安全超高包括波浪爬高、风壅增高和安全加高三项,《水电枢纽工程等级划分及设计安全标准》(DL 5180—2003)、《水闸设计规范》(SL 265—2001)、《溢洪道设计规范》(SL 253—2000)、《泵站设计规范》(GB/T 50265—97)中的安全超高仅指安全加高。因此,在使用中应注意其差别。

(1)水利水电工程永久性挡水建筑物顶部高程,应按工程设计情况和校核情况时的静水位加相应的波浪爬高、风壅增高和安全加高确定。当永久性挡水建筑物顶部设有稳定、坚固和不透水且与建筑物的防渗体紧密结合的防浪墙时,防浪墙顶部高程可按上述规定确定,但挡水建筑物顶部高程应不低于水库正常蓄水位。

在确定地震区土石坝顶部超高时,应计入地震坝顶沉陷和地震涌浪高度。地震涌浪高度,可根据坝前水深和设计烈度的大小,采用0.5~1.5 m。当库区有可能发生大体积坍岸或滑坡引起涌浪时,其安全加高应进行专门研究。

严寒地区土石坝土质防渗体顶部的保护层厚度应不小于该地区的冻结深度。

(2)不过水的临时性挡水建筑物的顶部高程,应按设计洪水位加波浪高度,再加安全加高确定;过水的临时性挡水建筑物顶部高程,应按设计洪水位加波浪高度确定,不另加安全加高。

(3)溢洪道控制段的闸墩、胸墙或岸墙顶部高程,在宣泄校核洪水时不应低于校核洪水位加安全超高;挡水时不应低于设计洪水位或正常蓄水位加波浪的计算高度和安全超高。当溢洪道紧靠坝肩时,控制段的顶部高程应与大坝坝顶高程协调一致。

(4)水闸闸顶高程(指胸墙或岸墙顶高),泄洪时应高于设计或校核洪水位加安全超高值;关门时应高于设计或校核洪水位加计算波浪高度和安全超高值。同时,还需考虑下列因素:①在有泥沙沉积的河(渠)道上,应考虑泥沙沉积后水位有可能抬高的影响;②对于挡潮闸应考虑关闸潮位壅高的影响;③修建在软弱地基上的水闸应考虑地基沉降的影响;④防洪大堤上的水闸闸顶高程应不低于两侧堤顶高程。

(5)堤防工程的顶部高程,应按设计洪水位或设计高潮位加堤顶超高确定。堤顶超高包括设计波浪爬高、设计风壅增水高度和安全加高三部分。防渗体的顶部应高出设计水位 0.5 m。经统一规划的堤防体系，其堤顶超高，应按制定的统一标准确定。

1.2.1.7 水工建筑物稳定与强度安全标准

目前，我国水利行业各类水工建筑物的稳定计算仍沿用单一安全系数法，而电力行业则采用以分项系数极限状态设计表达式进行计算分析。

1)分项系数极限状态法

当整个结构(包括地基)或结构的一部分超过某一特定状态，结构不能满足设计规定的某种功能要求时，称此特定状态为该功能的极限状态。在进行水工建筑物结构设计时，应根据水工建筑物的级别，采用不同的水工建筑物结构安全级别：1 级建筑物其结构安全级别为Ⅰ级，2、3 级建筑物其结构安全级别为Ⅱ级，4、5 级建筑物其结构安全级别为Ⅲ级。

承载能力极限状态一般是以结构或结构构件达到最大承载能力或不适宜于继续承载变形为依据。当结构或结构构件出现下列状态之一时，即认为超过了承载能力极限状态：失去刚体平衡；超过材料强度而破坏，或因过度的塑性变形而不适于继续承载；结构或构件丧失弹性稳定；结构转变为机动体系；土石结构或地基、围岩产生渗透失稳等。此时，结构是不安全的。

正常使用极限状态是以结构或结构构件达到正常使用或耐久性要求的某一功能限值为依据。当结构或结构构件影响正常使用或达到耐久性的极限值时，即认为达到了正常使用极限状态，如影响结构正常使用或外观变形，对运行人员或设备、仪表等有不良影响的振动，对结构外形、耐久性以及防渗结构抗渗能力有不良影响的局部损坏等，即此时结构是不适于使用的。

水工结构设计时，应根据不同设计状况，可能同时出现的作用，按承载能力极限状态和正常使用极限状态分别进行作用效应组合，并采用各自最不利的组合进行设计。作用效应是指作用对结构所产生的内力和变形位移、裂缝等。

结构设计状况可分为三种类型。①持久状况：在结构正常使用过程中持续期很长，与结构设计基准期为同一数量级的设计状况；②短暂状况：在结构施工(安装)、检修或使用过程中必然且短暂出现的设计状况；③偶然状况：在结构使用过程中，出现概率很小，持续期很短的设计状况。

按承载能力极限状态设计时，应考虑基本组合与偶然组合两种作用效应组合。基本组合为持久状况或短暂状况下，永久作用与可变作用的效应组合。偶然组合为偶然状况下，永久作用、可变作用与一种偶然作用的效应组合。

分项系数承载能力极限状态的基本组合设计表达式：

$$\gamma_0\psi S(\gamma_G G_K,\gamma_Q Q_K,a_K)\leqslant\frac{1}{\gamma_{d1}}R(\frac{f_K}{\gamma_m},a_K)$$

承载能力极限状态的偶然组合设计表达式：

$$\gamma_0\psi S(\gamma_G G_K,\gamma_Q Q_K,A_K,a_K)\leqslant\frac{1}{\gamma_{d2}}R(\frac{f_K}{\gamma_m},a_K)$$

正常使用极限状态作用效应的短期组合设计表达式：

$$\gamma_0 S_s(G_K,Q_K,f_K,a_K)\leqslant\frac{C_1}{\gamma_{d3}}$$

正常使用极限状态作用效应的长期组合设计表达式：

$$\gamma_0 S_l(G_K,\rho Q_K,f_K,a_K) \leqslant \frac{C_2}{\gamma_{d4}}$$

式中 γ_0 ——结构重要性系数，对应于结构安全级别为Ⅰ、Ⅱ和Ⅲ级的结构及构件，可分别采用1.1、1.0、0.9；

ψ ——设计状况系数，对应于持久状况、短暂状况、偶然状况，可分别取用1.0、0.95、0.85；

$S(\cdot)$ ——作用效应函数；

$R(\cdot)$ ——结构及构件抗力函数；

γ_G ——永久作用的分项系数；

γ_Q ——可变作用的分项系数；

G_K ——永久作用标准值；

Q_K ——可变作用标准值；

a_K ——几何参数的标准值(可作为定值处理)；

f_K ——材料性能的标准值；

γ_m ——材料性能的分项系数；

γ_{d1} ——承载能力极限状态基本组合的结构系数；

A_K ——偶然作用代表值；

γ_{d2} ——承载能力极限状态偶然组合的结构系数；

C_1 、C_2 ——结构的功能限值；

γ_{d3} 、γ_{d4} ——正常使用极限状态短期组合、长期组合时的结构系数；

$S_s(\cdot)$、$S_l(\cdot)$——作用效应的短期组合、长期组合时的效应函数；

ρ ——可变作用标准值的长期组合系数。

抗剪断强度标准值。大型工程可行性研究及招标设计阶段，坝体混凝土与基岩接触面、基岩、坝基软弱结构面、碾压混凝土层面的抗剪断强度的标准值，按现场或室内试验测定成果概率分布的0.2分位值确定。当坝基地质条件简单时，其抗剪断强度的标准值可根据少量现场试验成果参照类似工程的试验成果分析确定。抗剪断摩擦系数概率分布模型取正态分布，抗剪断凝聚力取对数正态分布。

对混凝土拱坝，抗剪断强度参数应按材料的峰值强度平均值采用。拱坝的抗剪强度参数：对脆性破坏的材料，采用比例极限；对塑性或脆塑性破坏的材料，采用屈服强度；对已经剪切错断过的材料，采用残余强度。

抗压强度标准值。混凝土的强度等级应按照标准方法制作养护的边长为150 mm的立方体试件，在28 d龄期用标准试验方法测得的具有95%保证率的立方体抗压强度来确定，用符号C(MPa)表示。

大坝常态混凝土强度的标准值可采用90 d龄期强度，保证率80%。大坝碾压混凝土强度的标准值可采用180 d龄期强度，保证率80%。当坝体常态混凝土开始承受荷载时间早于90 d或碾压混凝土开始承受荷载时间早于180 d时应进行核算，必要时应调整强度等级。

拱坝混凝土抗拉强度标准值为 0.08 倍抗压强度标准值，坝体混凝土强度不应低于 $C_{90}15$。

混凝土重力坝坝基抗滑稳定控制标准：

$$\gamma_0\psi S(\cdot) \leqslant R(\cdot)/1.2 \quad 或 \quad \gamma_0\psi \sum P_R \leqslant (f'_R \sum W_R + c'_R A_R)/1.2$$

式中 $\sum P_R$——坝基面上全部切向作用之和，kN；

$\sum W_R$——坝基面上全部法向作用之和，kN，向下为正；

A_R——坝基面的面积，m^2；

f'_R——坝基面抗剪断摩擦系数；

c'_R——坝基面抗剪断黏聚力，kPa；

1.2——结构系数；

其他符号意义同前。

混凝土重力坝坝体混凝土层面(包括常态混凝土水平施工缝或碾压混凝土层面)的抗滑稳定控制标准：

$$\gamma_0\psi S(\cdot) \leqslant R(\cdot)/1.2 \quad 或 \quad \gamma_0\psi \sum P_C \leqslant (f'_C \sum W_C + c'_C A_C)/1.2$$

式中 $\sum P_C$——计算层面上全部切向作用之和，kN；

$\sum W_C$——计算层面上全部法向作用之和，kN，向下为正；

A_C——计算层面截面面积，m^2；

f'_C——混凝土层面抗剪断摩擦系数；

c'_C——混凝土层面抗剪断黏聚力，kPa；

1.2——结构系数；

其他符号意义同前。

当坝基岩体内存在软弱结构面、缓倾角裂隙及坝下游经冲刷形成临空面等情况时，需核算深层抗滑稳定。

核算坝基面、坝基深层抗滑稳定或坝体混凝土层面抗滑稳定极限状态时，应按材料的标准值和作用的标准值或代表值分别计算基本组合和偶然组合。

混凝土重力坝坝址压应力控制标准：

$$\gamma_0\psi S(\cdot) \leqslant R(\cdot)/1.8$$

或

$$\gamma_0\psi\left(\frac{\sum W_R}{A_R} - \frac{\sum M_R T_R}{J_R}\right)(1 + m_2^2) \leqslant R(\cdot)/1.8$$

式中 $\sum W_R$——坝基面上全部法向作用之和，kN，向下为正；

$\sum M_R$——全部作用对坝基面形心的力矩之和，kN·m，逆时针方向为正；

A_R——坝基面的面积，m^2；

J_R——坝基面对形心轴的惯性矩，m^4；

T_R——坝基面形心轴到下游面的距离，m；

m_2——坝体下游坡度；

$R(\cdot)$——混凝土抗压强度或基岩抗压强度，kPa；

1.8——结构系数；

其他符号意义同前。

核算坝趾抗压强度时,应按材料的标准值和作用的标准值或代表值分别计算基本组合和偶然组合。

坝体上、下游面拉应力控制标准:基本组合时,坝踵及坝体上游面的垂直应力不出现拉应力(计扬压力);短期组合下游坝面的垂直拉应力不大于100 kPa。

采用有限元法计算混凝土重力坝上游垂直应力,计扬压力时,坝基上游面拉应力区宽度宜小于坝底宽度的0.07倍(垂直拉应力分布宽度/坝底面宽度)或坝踵至帷幕中心线的距离。

采用有限元法计算扬压力时,坝体上游面拉应力区宽度宜小于计算截面宽度的0.07倍或计算截面上游面至排水孔(管)中心线的距离。

混凝土拱坝应力按分项系数极限状态表达式进行控制,无论是拱梁分载法或有限元法,拱坝应力都应满足下列表达式要求。

$$\gamma_0 \psi S(\cdot) \leqslant \frac{1}{\gamma_d} R(\cdot)$$

此外,持久状况,基本组合情况下,采用拱梁分载法计算时,坝体最大拉应力不得大于1.2 MPa;采用有限元法计算时,经等效处理后的坝体最大拉应力不得大于1.5 MPa。短暂状况,基本组合情况下,未封拱坝段最大拉应力不宜大于0.5 MPa。如不能满足上述要求,应采取各种可行措施降低坝体拉应力。

如仅有坝面个别点的拉应力不能满足要求,则应研究坝体可能开裂的范围,评价裂缝的稳定性和对坝体的影响,任何情况下开裂都不能扩展到坝体上游帷幕线。

对于200 m以上的高坝,其拉应力控制标准应作专门研究。地震情况下拱坝应力分析及其应力控制指标,应符合《水工建筑物抗震设计规范》(DL 5073—2000)的有关规定和要求。

混凝土拱坝抗滑稳定控制标准:采用刚体极限平衡法分析拱座稳定时,1、2级拱坝及高拱坝应满足承载能力极限状态设计表达式(1),其他则应满足承载能力极限状态设计表达式(1)或式(2)。1级建筑物其结构安全级别为Ⅰ级,2、3级建筑物其结构安全级别为Ⅱ级,4、5级建筑物其结构安全级别为Ⅲ级。

$$\gamma_0 \psi \sum T \leqslant \frac{1}{\gamma_{d1}} \left(\frac{\sum f_1 N}{\gamma_{m1f}} + \frac{\sum c_1 A}{\gamma_{m1c}} \right) \tag{1}$$

$$\gamma_0 \psi \sum T \leqslant \frac{1}{\gamma_{d2}} \frac{\sum f_2 N}{\gamma_{m2f}} \tag{2}$$

式中 γ_0——结构重要性系数,对于结构安全级别为Ⅰ、Ⅱ和Ⅲ级的结构及构件,可分别采用1.1、1.0、0.9;

ψ——设计状况系数,对应于持久状况、短暂状况、偶然状况,可分别取用1.00、0.95、0.85;

T——沿滑动方向的滑动力,10^3 kN;

N——垂直于滑动方向的法向力,10^3 kN;

A——滑裂面的面积,m^2;

f_1 ——抗剪断摩擦系数；

c_1 ——抗剪断黏聚力，kPa；

f_2 ——抗剪摩擦系数；

γ_{d1}、γ_{d2} ——两种计算情况的结构系数；

γ_{m1f}、γ_{m1c}、γ_{m2f} ——两种表达式的材料性能的分项系数。

公式(1)中的抗剪断强度参数，应按材料的峰值强度平均值采用。

公式(2)中的抗剪强度参数，应按下述特性采用：

(1)对脆性破坏的材料，采用比例极限；

(2)对塑性或脆塑性破坏的材料，采用屈服强度；

(3)对已经剪切错断过的材料，采用残余强度。

采用式(1)、式(2)两个公式进行计算时，相应的分项系数应满足规定。

2)单一安全系数法

碾压式土石坝坝坡抗滑稳定计算采用刚体极限平衡法。对于均质坝、厚斜墙坝和厚心墙坝，宜采用计及条块间作用力的简化毕肖普法；对于有软弱夹层、薄斜墙、薄心墙坝的坝坡稳定分析及任何坝型，可采用满足力和力矩平衡的摩根斯顿－普赖斯等方法。非均质坝体和坝基稳定安全系数的计算应考虑安全系数的多极值特性。滑动破坏面应力在不同的土层进行分析比较，直到求得最小稳定安全系数。坝坡抗滑稳定的安全系数应满足规范的规定。

混凝土重力坝抗滑稳定应按抗剪断强度公式或抗剪强度公式计算坝基面的抗滑稳定安全系数，按抗剪断强度计算坝基面抗滑稳定安全系数，基本组合不小于3.0，校核洪水位情况下不小于2.5，地震情况不小于2.3。对混凝土拱坝采用刚体极限平衡法进行抗滑稳定分析时，1、2级拱坝及高拱坝，应按抗剪断公式计算，其他可按抗剪断或抗剪公式进行计算。拱座抗滑稳定分析应按空间问题计算可能滑动块体抗滑稳定安全系数，拱座无特定的滑裂面或初步估算时，可简化为平面问题进行核算。

重力坝坝基面坝踵、坝址的垂直正应力应符合下列要求：

(1)运用期：①在各种荷载组合下(地震荷载除外)，坝踵垂直应力不应出现拉应力，坝趾垂直应力应小于坝基容许压应力；②在地震荷载作用下，坝踵、坝趾的垂直应力应符合水工建筑物抗震设计要求。

(2)施工期：坝趾垂直应力允许有小于0.1 MPa的拉应力。

重力坝坝体应力应符合下列要求：

(1)运用期：①坝体上游面的垂直应力不出现拉应力(计扬压力)，坝体最大主压应力不应大于混凝土允许压应力；②在地震情况下，坝体上游面的应力标准控制应符合水工建筑物抗震设计要求。

(2)施工期：①坝体任何截面上的主压应力不应大于混凝土允许压应力；②在坝的下游面允许有小于0.2 MPa的主拉应力。

重力坝混凝土的允许应力应按混凝土的极限强度除以相应的安全系数确定。混凝土抗压强度安全系数基本组合不小于4.0，特殊组合(不含地震情况)不应小于3.5。当局部混凝土有抗拉要求时，抗拉安全系数不应小于4.0。

混凝土拱坝应力分析应以拱梁分载法或有限元法计算成果,作为衡量强度安全的主要标准。用拱梁分载法计算时,其混凝土的容许压应力等于混凝土的极限抗压强度除以安全系数。对于基本荷载组合,1、2 级拱坝的安全系数采用 4.0,3 级拱坝的安全系数采用 3.5;对于非地震情况特殊荷载组合,1、2 级拱坝的安全系数采用 3.5,3 级拱坝的安全系数采用 3.0。对于基本荷载组合,容许拉应力不得大于 1.2 MPa;对于非地震情况特殊荷载组合,容许拉应力不得大于 1.5 MPa。

混凝土拱坝采用有限元法计算时,应补充计算"有限元等效应力"。按"有限元等效应力"求得的坝体主压应力和主拉应力,容许压应力规定与用拱梁分载法计算时的规定相同。对于基本荷载组合,容许拉应力不得大于 1.5 MPa;对于非地震情况特殊荷载组合,容许拉应力不得大于 2.0 MPa。

当混凝土拱坝应力超过上述指标时,应调整坝的体型,减少坝体拉应力作用范围和数值。

拱坝应力分析除研究运行期外,还应验算施工期的坝体应力和抗倾覆稳定性。

在坝体横缝灌浆以前,按单独坝段分别进行验算时,坝体最大拉应力不得大于 0.5 MPa,并要求在坝体自重单独作用下,合力作用点落在坝体厚度中间的 2/3 范围内。坝体横缝灌浆前遭遇施工洪水时,坝体抗倾覆稳定安全系数不得小于 1.2。地震区的拱坝应力分析及其控制指标,可参照《水工建筑物抗震设计规范》(SL 203—97)的规定执行。当拱坝设有重力墩时,重力墩的应力和稳定分析,应符合《混凝土重力坝设计规范》(SL 319—2005)的规定。

拱坝坝肩抗滑稳定采用刚体极限平衡法进行抗滑稳定分析时,1、2 级拱坝及高拱坝,应按抗剪断公式计算,其他可按抗剪断或抗剪进行计算,相应安全系数应符合规范规定。

混凝土极限抗压强度是指 90 d 龄期的 150 mm 立方体强度,强度保证率为 80%。

水闸、水电站厂房、泵站的整体稳定安全性包括抗滑稳定和抗浮稳定,应按照相应的规范要求进行整体稳定安全性评价。

土堤的抗滑稳定计算采用瑞典圆弧滑动法,分为正常运用情况和非常运用情况。土的抗剪强度指标可用三轴剪力仪测定,也可用直剪仪测定。土堤的抗滑稳定安全系数不应小于规范规定。

1.2.1.8 水工建筑物抗震设计基本要求

地震烈度是指地震区地表运动的危害性及建筑物的破坏程度,我国将地震烈度分为 12 度,Ⅵ度以上的为有害地震。地震基本烈度一般是指该地区在今后 50 年内可能遭遇的较大地震,其超越几率在 10% 左右。

水工建筑物工程场地地震烈度或基岩峰值加速度应根据工程规模和区域地震地质条件确定。目前,抗震设计验算直接采用《中国地震动参数区划图》(GB 18306—2001)提供的地震动参数。基本烈度为Ⅵ度或Ⅵ度以上地区的坝高超过 200 m 或库容大于 100 亿 m^3 的大型工程,以及基本烈度为Ⅶ度及Ⅶ度以上地区坝高超过 150 m 的大(1)型工程,其设防依据应根据专门的地震危险性分析提供的基岩峰值加速度成果评定。

水工建筑物应根据其重要性和工程场地基本烈度确定其工程抗震设防类别。

各类水工建筑物抗震设计的设计烈度或设计地震加速度代表值应按下列规定确定:

(1)一般采用基本烈度作为设计烈度。

(2)工程抗震设防类别为甲类的水工建筑物,可根据其遭受强震影响的危害性,在基本烈度的基础上提高 1 度作为设计烈度。

(3)需要作专门的地震危险性分析的工程,其设计地震加速度代表值的概率水准,对壅水建筑物应取基准期 100 年内超越概率 P_{100} 为 0.02,对非壅水建筑物应取基准期 50 年内超越概率 P_{50} 为 0.05。

(4)其他特殊情况需要采用高于基本烈度的设计烈度时,应经主管部门批准。

(5)施工期的短暂状况,可不与地震作用组合;空库时,如需要考虑地震作用,可将设计地震加速度代表值减半进行抗震设计。

水工建筑物的抗震设计宜符合下列基本要求:

(1)结合抗震要求选择有利的工程地段和场地。

(2)避免地基和邻近建筑物的岸坡失稳。

(3)选择安全、经济合理的抗震结构方案和抗震措施。

(4)在设计中从抗震角度提出对施工质量的要求和措施。

(5)便于震后对遭受震害的建筑物进行检修。重要水库宜设置泄水建筑物、隧洞等,保证必要时能适当地降低库水位。

坝高大于 100 m、库容大于 5 亿 m^3 的水库,如有可能发生大于Ⅵ度的水库诱发地震,应在水库蓄水前就进行地震前期监测。设计烈度高于Ⅸ度的水工建筑物或高度大于 250 m的壅水建筑物,其抗震安全性应进行专门研究。

1.2.1.9 水工建筑物荷载和组合

作用于水工建筑物的主要荷载包括自重、水压力(静水压力和动水压力)、温度荷载、扬压力、土压力及泥沙压力、浪压力、冰压力、地震荷载等。

《水工建筑物荷载设计规范》(DL 5077—1997)规定结构上的作用,可按作用随时间的变异分为永久作用、可变作用、偶然作用三类,水工结构主要作用按随时间变异的分类可按《水工建筑物荷载设计规范》(DL 5077—1997)附录 A 采用。

水工建筑物设计荷载组合可分为基本组合和特殊组合两种。基本组合工况一般包括完建情况、正常运用情况、设计洪水情况、冰冻情况,基本组合由基本荷载组成,基本荷载包括自重、水压力、扬压力、土压力及泥沙压力、浪压力、冰压力、风荷载、雪荷载、地应力、围岩压力、运用期温度荷载等。特殊组合工况一般包括施工期情况、检修情况、校核洪水情况、地震情况,特殊组合除相应的基本荷载外,还应包括某些特殊荷载,特殊荷载包括校核工况水压力及扬压力、施工期温度荷载、地震荷载等。

1.2.1.10 天然建筑材料

在水利水电工程设计中应了解混凝土骨料(包括人工骨料)、土石坝填筑材料(块石料、砂砾料、反滤料、土料、砾石土)等天然建筑材料的基本性能、物理力学指标。碱活性骨料可与水泥或混凝土中的碱离子发生化学反应并产生体积膨胀,导致混凝土开裂破坏,故应予以注意。

掌握天然建筑材料选用原则和方法应从建材质量、料源、开采规划、开采方法和利用工程开挖渣料等诸方面综合考虑。

1.2.1.11 水工建筑物的工程地质条件及建基条件

了解坝(闸)基、边坡、地下建筑物、泄水建筑物及渠道建筑物工程地质条件、建基条件。不同水工建筑物对工程地质条件及建基条件的要求是不同的,在设计中应满足不同的规范要求。

对坝基的地质要求:①应尽量选择地形相对完整、宽度适中的河段;②应选择构造相对稳定的地段,避免把施工建筑物直接布置在近期活动性断裂带上,应尽量避开处理工程复杂的大断层破碎带;③尽量选择岩体相对完整,岩性较均一,风化层、覆盖层较浅的河段,要特别注意软弱夹层的存在情况及其对水工建筑物稳定的影响;④避免将坝段选在大塌滑体或泥石流及其影响范围以内;⑤坝段不应有难以处理的漏水问题。

混凝土重力坝的基础经处理后应具有足够的强度、足够的整体性和均匀性、足够的抗渗性和耐久性。

混凝土拱坝建基面应具有整体性和抗滑稳定性,具有足够的强度和刚度,具有抗渗性、渗透稳定性和有利的渗流场,具有在水长期作用下的耐久性、控制地基接触面的形状对坝体应力分布的不利影响。

土石坝坝基(包括坝头)处理应满足渗流控制(包括渗流稳定和控制渗流量)、静力和动力稳定允许沉降量和不均匀沉降量等方面的要求,保证安全运行。处理的标准应根据具体情况在设计中确定。竣工后的坝顶沉降不应大于坝高的1%。对于特殊土的坝基允许沉降量应视具体情况确定。

对于土石坝,当坝基中遇到下列情况时,必须慎重研究和处理:①深厚砂卵石层,②软黏土;③湿陷性黄土;④疏松砂土及少黏土;⑤喀斯特(岩溶);⑥有断层破碎带、透水性强或有软弱夹层的岩石;⑦含有大量可溶盐类的岩石;⑧透水坝基下游坝脚处有连续的透水性较差的覆盖层;⑨矿井区、洞。

地下洞室的工程地质问题,主要是围岩稳定及洞口边坡稳定问题。

渠道与渠系建筑物应研究的主要工程地质问题:①渠道渗漏及渗漏引起的浸没问题;②渠坡及渠道布置地段的天然斜坡稳定和影响渠坡稳定的渠水冲刷问题;③渠道整体稳定问题(即由于滑坡、塌崩、岩堆、泥石流、陷穴、黄土湿陷等引起的渠道失稳破坏);④渠系建筑物的地基强度与稳定问题。

1.2.2 案例分析

【例1-1】 某水利水电工程总库容$1.08\times10^8\ m^3$,黏土心墙堆石坝,最大坝高98 m,灌溉面积$3\times10^4\ hm^2$,电站装机4.2×10^4 kW,引水式电站,岸边式厂房,岸坡溢洪道。施工导流采用一次拦断河床,上下游土石围堰,隧洞导流方式。上游围堰高度为37 m,下游围堰高度为18 m。主体工程施工总工期为4.5年,大坝第二年年末填筑高度为39 m,请确定工程等别及水工建筑物的级别和洪水标准。

考点:水利水电工程等别及建筑物级别的划分依据与原则。

解:《水利水电工程等级划分及洪水标准》(SL 252—2000)规定,本工程按库容确定为Ⅱ等工程,按灌溉面积确定为Ⅲ等工程,按装机容量确定为Ⅳ等工程。对综合利用的水利水电工程,当按各综合利用项目的分等指标确定的等别不同时,其工程等别应按其中最高等别确定，因此确定本工程为Ⅱ等工程。黏土心墙堆石坝按工程等别确定其级别为2级建筑物，但由于坝高超过90 m，其级别可提高一级（洪水标准不提高），因此确定黏土心墙堆石坝为1级建筑物。其主要建筑物溢洪道、发电灌溉引水建筑物为2级建筑物，电站为引水式岸边厂房，属次要建筑物，确定为3级建筑物。

按围堰高度和使用年限（1.5～3年）确定导流建筑物（围堰、导流隧洞）为4级建筑物。

拦河坝为黏土心墙堆石坝，设计洪水标准为洪水重现期100年，校核洪水标准为洪水重现期2 000年（库容为下限，洪水标准亦取下限值，如失事下游将造成特别重大灾害，校核洪水标准可提高一级或取上限值）；发电灌溉引水建筑物进水口取与大坝相同的洪水标准；电站厂房设计洪水标准为洪水重现期50年，校核洪水标准为洪水重现期200年；消能防冲设计洪水标准为洪水重现期50年；导流建筑物洪水标准为洪水重现期10年。

【例1-2】 下列不作为水利水电工程分等指标的是（　　）。

A. 工程规模　　B. 坝高　　C. 在国民经济中的作用　　D. 工程效益

答案：B

考点：水利水电工程等别划分指标。

解：《水利水电工程等级划分及洪水标准》（SL 252—2000）规定，水利水电工程的等别，应根据其工程规模、效益及在国民经济中的重要性分为5等，坝高不属于划分工程等别的依据，所以答案为B。

【例1-3】 某水库总库容$1.1\times10^8\ m^3$，拦河坝为碾压混凝土重力坝，最大坝高148 m。大坝建筑物级别（　　）。

A. 可以提高为1级　　B. 2级　　C. 3级　　D. 经主管部门批准可提高一级

答案：AB

考点：工程等级划分及水库大坝提级指标。

解：《水利水电工程等级划分及洪水标准》（SL 252—2000）规定，本工程等别为Ⅱ等工程，水库大坝为2级建筑物，混凝土坝高超过130 m，其级别可提高一级，但洪水标准可不提高。所以，正确答案为AB。

【例1-4】 某山区水库库容$5.7\times10^8\ m^3$，拦河坝左侧较远处设置溢洪道，控制段设置在山垭口，下接$i=0.01$、400 m长的陡槽，挑流消能。其溢洪道消能防冲建筑物的设计洪水标准及校核洪水标准［洪水重现期（年）］为（　　）年。

A. 50、1 000　　B. 100、1 000　　C. 50、可不进行校核　　D. 30、50

答案：C

考点：溢洪道消能防冲设计标准。

解：水库库容为$5.7\times10^8\ m^3$，按《水利水电工程等级划分及洪水标准》（SL 252—2000）规定，本工程等别为Ⅱ等工程，拦河坝及溢洪道为永久性泄水建筑物，其工程级别为2级。消能防冲设计洪水标准为50年，由于其溢洪道设在远离大坝的山口，其超过设计标准洪水进行校核，允许出现局部破坏且不危及大坝及其他建筑物的安全运行，并易于修复，因此不需进行校核。所以，答案为C。

【例1-5】 某水库总库容为$1.1\times10^8\ m^3$，拦河坝为混凝土重力坝，最大坝高90 m。大坝设计洪水标准及下游消能防冲设计洪水标准［洪水重现期（年）］为（　　）年。

A. 500～100、100　　B. 100、50　　C. 500～100、100～50　　D. 1 000、>50

答案:B

考点:水工建筑物洪水标准及消能防冲建筑物设计标准。

解:《水利水电工程等级划分及洪水标准》(SL 252—2000)规定,大坝为2级建筑物,大坝洪水标准[重现期(年)]为500～100年,取100年是合适的。消能防冲建筑物洪水标准[重现期(年)]对应2级建筑物下游消能防冲设计洪水标准为50年。所以,答案为B。

【例1-6】 水利水电工程永久性水工建筑物洪水标准的确定原则,下列(　　)说法是正确的。

A. 水利水电工程永久性水工建筑物的洪水标准,宜按山区、丘陵区确定

B. 水利水电工程永久性水工建筑物的挡水高度低于15 m,且上、下游最大水头差小于10 m时,其洪水标准宜按山区、丘陵区标准确定

C. 水利水电工程永久性水工建筑物的挡水高度高于15 m,且上、下游最大水头差大于10 m时,其洪水标准宜按山区、丘陵区标准确定

D. 江河采取梯级开发方式,各梯级水利水电工程永久性水工建筑物的洪水标准宜按山区、丘陵区标准确定

答案:C

考点:水利水电工程水工建筑物洪水标准一般规定。

解:《水利水电工程等级划分及洪水标准》(SL 252—2000)规定:水利水电工程永久性水工建筑物的洪水标准,应按山区、丘陵区和平原区、滨海区分别确定;当山区、丘陵区的水利水电工程永久性水工建筑物的挡水高度低于15 m,且上、下游最大水头差小于10 m时,其洪水标准宜按平原区、滨海区标准确定;当平原区、滨海区的水利水电工程永久性水工建筑物的挡水高度高于15 m,且上、下游最大水头差大于10 m时,其洪水标准宜按山区、丘陵区标准确定。江河采取梯级开发方式,在确定各梯级水利水电工程的永久性水工建筑物的设计洪水与校核洪水标准时,还应结合江河治理和开发利用规划,统筹研究,相互协调。所以,答案为C。

【例1-7】 某平原地区泄水闸,设计最大过闸流量4 000 m^3/s。其设计洪水标准及校核洪水标准[重现期(年)]为(　　)年。

A. 50、300　　B. 100、200　　C. 50、200　　D. 30、50

答案:C

考点:水闸的洪水设计标准。

解:平原地区泄水闸,最大过闸流量4 000 m^3/s,其工程等别为Ⅱ级,建筑物级别为2级。平原地区水闸2级建筑物的洪水重现期为:设计洪水50～30年,校核洪水200～100年。取大值,则设计洪水重现期50年,校核洪水重现期200年。所以,答案为C。

【例1-8】 工程场址(如坝址、闸址、厂址、站址、堤线、渠线等)选择应研究比较方案的(　　),经综合论证比较选定。

A. 地形、地质条件及天然建筑材料　　B. 工程型式及布置、工程量、环境影响

C. 施工条件、工期、投资、效益　　D. 运行条件

答案:ABCD

考点：水利水电工程建设场址技术经济比选要素。

解：水利水电工程建设场址选择的自然要素为地形、地质、建筑材料、环境，技术要素为工程型式及布置、施工条件、运行条件，经济要素为工程量、工期、投资、工程效益。所以，答案为 ABCD。

【例 1-9】 某山区水库总库容 $17.92\times10^8\ m^3$，均质土坝，正常蓄水位 222.50 m，设计洪水位 226.85 m，校核洪水位 228.30 m，不考虑地震作用，防浪墙高取 1.20 m。正常运用条件下最大波浪在坝坡上的爬高 2.65 m，最大风壅水面高度 0.06 m；非常运用条件下最大波浪在坝坡上的爬高 1.23 m，最大风壅水面高度 0.01 m。地震壅浪高度为 0.9 m，地震沉降为 0.45 m。坝顶高程（　　）m。

A. 227.35　　B. 229.86　　C. 229.04　　D. 228.30

答案：B

考点：碾压式土石坝坝顶高程计算。

解：《碾压式土石坝设计规范》（SL 274—2001）中第 5.3.1、5.3.2、5.3.3 条。坝顶高程等于水库静水位（正常蓄水位、设计洪水位、校核洪水位）与坝顶超高之和并取其最大值。

坝顶在静水位以上的超高应按下式确定：

$$y = R + e + A + B$$

式中　y——坝顶超高，m；

R——最大波浪在坝坡上的爬高，m，正常运用条件下 $R=2.65$ m，非常运用条件下 $R=1.23$ m；

e——最大风壅水面高度，m，正常运用条件下 $e=0.06$ m，非常运用条件下 $e=0.01$ m；

A——安全加高，m，水库总库容 $17.92\times10^8\ m^3$，为大（1）型水库，大坝为 1 级建筑物，正常运用条件下 $A=1.50$ m，非常运用条件下 $A=0.70$ m；

B——地震安全加高，m，$B=0.9+0.45=1.35$(m)。

设计洪水位坝顶超高：　$y=R+e+A=2.65+0.06+1.50=4.21$(m)

坝顶高程：　$226.85+4.21-1.20=229.86$(m)

正常蓄水位坝顶超高：　$y=R+e+A=2.65+0.06+1.50=4.21$(m)

坝顶高程：　$222.50+4.21-1.20=225.51$(m)

校核洪水位坝顶超高：　$y=R+e+A=1.23+0.01+0.70=1.94$(m)

坝顶高程：　$228.30+1.94-1.20=229.04$(m)

正常蓄水位加非常运用条件再加地震

$$y=R+e+A+B=1.23+0.01+0.70+1.35=3.29\text{(m)}$$

坝顶高程：　$222.50+3.29-1.20=224.59$(m)

由以上计算可知，坝顶高程由设计洪水位控制，为 229.86 m（高于设计洪水位 +0.5 m = 227.35 m 和校核洪水位 228.30 m），因此答案 B 是正确的。

【例 1-10】 某水库总库容 $12.85\times10^8\ m^3$，混凝土重力坝，最大坝高 118.00 m，正常蓄水位 860.50 m，校核洪水位 862.95 m，不设防浪墙。正常蓄水位时波高 $h_{1\%}=2.85$ m，波浪中心线至正常蓄水位的高差 0.50 m；校核洪水位时波高 $h_{1\%}=1.35$ m，波浪中心线至正常蓄水位的高差为 0.35 m。坝顶高程为(　　)m。

A. 864.55　　B. 865.15　　C. 864.35　　D. 865.05

答案:B

考点:混凝土坝坝顶高程计算。

解:《混凝土重力坝设计规范》(SL 319—2005)第 8.1.1 条。坝顶应高于校核洪水位,上游防浪墙顶高程应高于波浪顶高程,其与正常蓄水位或校核洪水位的高差,可由下式计算,应选择两者中防浪墙顶高程的高者作为选定高程。

$$\Delta h = h_{1\%} + h_z + h_c$$

式中　Δh——防浪墙顶至正常蓄水位或校核洪水位的高差,m;

$h_{1\%}$——波高,m,正常蓄水位 $h_{1\%}=2.85$,校核洪水位 $h_{1\%}=1.35$ m;

h_z——波浪中心线至正常蓄水位或校核洪水位的高差,m,正常蓄水位 $h_z=0.50$ m,校核洪水位 $h_z=0.35$ m;

h_c——安全加高,m,总库容为 12.85×10^8 m^3,工程等别为Ⅰ等,建筑物级别为 1 级,正常蓄水位 $h_c=0.70$ m,校核洪水位 $h_c=0.50$ m。

正常蓄水位坝顶超高:　$\Delta h=2.85+0.50+0.70=4.05$(m)

坝顶高程:　$860.50+4.05=864.55$(m)

校核洪水位坝顶超高:　$\Delta h=1.35+0.35+0.5=2.20$(m)

校核洪水位坝顶高程:　$862.95+2.20=865.15$(m)

由上述计算可知,坝顶高程由校核洪水位控制,故选 B。

【例 1-11】　某内陆峡谷水库大坝为混凝土重力坝,总库容为 12.85×10^8 m^3,正常蓄水位为 2 860.00 m,设计洪水位为 2 862.50 m,校核洪水位为 2 863.50 m。坝前库底高程为 2 680.00 m,计算的风区长度为 13.00 km,非汛期计算风速为 18 m/s,汛期计算风速为 15 m/s,重力加速度取 9.81 m/s^2,防浪墙高为 1.20 m。坝顶高程为(　　)m。

A. 2 863.68　　B. 2 865.14　　C. 2 866.18　　D. 2 865.34

答案:B

考点:混凝土坝坝顶高程计算。

解:防浪墙顶至正常蓄水位或校核洪水位的高差按下式计算:

$$\Delta h = h_{1\%} + h_z + h_c$$

水库总库容 12.85×10^8 m^3,为Ⅰ等工程,大坝为 1 级建筑物,正常蓄水位 $h_c=0.70$ m,校核洪水位 $h_c=0.50$ m。

水库为内陆峡谷水库,波浪要素宜采用官厅水库公式计算:

$$\frac{gh}{v_0^2} = 0.007\,6v_0^{-1/12}(gD/v_0^2)^{1/3} \quad 和 \quad \frac{gL_m}{v_0^2} = 0.331v_0^{-1/2.15}(gD/v_0^2)^{1/3.75}$$

式中　h——当 $gD/v_0^2=20\sim250$ 时,为累积概率 5% 的波高 $h_{5\%}$,当 $gD/v_0^2=250\sim1\,000$ 时,为累积概率 10% 的波高 $h_{10\%}$,m;

L_m——平均波长,m;

D——风区长度,m,$D=13\,000$ m;

v_0——计算风速,m/s,非汛期计算风速为 18 m/s,汛期计算风速为 15 m/s;

g ——重力加速度,9.81 m/s^2。

正常蓄水位情况下: $h=1.45$ m, $L_m=14.02$ m

$$gD/v_0^2=393.61\text{,在 }250\sim1\,000\text{ 区间内,计算的 }h\text{ 为 }h_{10\%}$$

$$h_{10\%}=h=1.45\text{ m},\ H=180.00\text{ m}$$

$$h_m/H=h_{10\%}/H=0.008\text{,取 }h_m/H=0$$

由 SL 319—2005 表 B.6.3 得: $h_{1\%}=2.42/1.71\times1.45=2.05$(m)。

校核洪水位情况下: $h=1.15$ m, $L_m=11.68$ m

$$gD/v_0^2=566.8\text{,在 }250\sim1\,000\text{ 区间内,计算的 }h\text{ 为 }h_{10\%}$$

$$h_{10\%}=h=1.15\text{ m},\ H=183.50\text{ m}$$

$$h_m/H=h_{10\%}/H=1.15/183.50=0.006\text{,取 }h_m/H=0$$

由 SL 319—2005 表 B.6.3 得: $h_{1\%}=2.42/1.71\times1.15=1.63$(m)。

波浪中心线至正常蓄水位或校核洪水位的高差 h_z(m)按下式计算:

$$h_z=\frac{\pi h_{1\%}^2}{L_m}\text{cth}\frac{2\pi H}{L_m}$$

正常蓄水位情况下: $h_{1\%}=2.05$ m, $L_m=14.02$ m,则 $h_z=0.94$ m。

校核洪水位情况下: $h_{1\%}=1.63$ m, $L_m=11.68$ m,则 $h_z=0.71$ m。

正常蓄水位情况下坝顶超高: $\Delta h=h_{1\%}+h_z+h_c=2.05+0.94+0.70=3.69$(m)

防浪墙顶高程: 2 860.00 + 3.69 = 2 863.69(m)

校核洪水位情况下坝顶超高: $\Delta h=h_{1\%}+h_z+h_c=1.63+0.71+0.50=2.84$(m)

防浪墙顶高程: 2 863.50 + 2.84 = 2 866.34(m)

由以上计算可知,防浪墙顶高程由校核洪水位控制,为 2 866.34 m。

坝顶高程 = 2 866.34 − 1.2 = 2 865.14(m)(高于校核洪水位 2 863.5 m),故答案 B 是正确的。

1.3 复习题

(1)水利水电枢纽工程按其(　　)分为五等。

A. 规模　　B. 作用

C. 效益　　D. 在国民经济中的重要性

(2)确定水工建筑物洪水标准,主要依据下列哪几个条件?(　　)

A. 坝高　　B. 水工建筑物级别

C. 坝型　　D. 最大下泄流量

(3)由概率极限状态设计时,对重力坝应分别按(　　)极限状态和(　　)极限状态进行强度验算。

A. 正常使用　　B. 承载能力　　C. 非常使用　　D. 其他

(4)扬压力由(　　)组成。

A. 静水压力　　B. 动水压力　　C. 渗透力　　D. 浮托力

(5)水闸闸顶高程应根据挡水和泄水两种运用情况确定。不应低于水闸(　　)加波浪计算高度与相应安全超高值之和,且不应低于(　　)与相应安全超高值之和。上述两种情况下的安全保证条件应同时得到满足。

A. 正常蓄水位、设计洪水位

B. 最高挡水位、校核洪水位

C. 最高挡水位(或正常蓄水位)、校核洪水位(或设计洪水位)

D. 正常蓄水位(或最高挡水位)、设计洪水位(或校核洪水位)

(6)弹性抗力是一种被动力,与山岩压力(　　)在衬砌上。

A. 不同时作用　　B. 同时作用　　C. 可能同时作用　　D. 以其他方式作用

(7)某抽水蓄能电站装机容量1200 MW,下池主坝混凝土重力坝,高35 m,工程位于Ⅶ度地震区,地震设计烈度为Ⅶ度。设计洪水位为474.30 m,校核洪水位为474.50 m,正常蓄水位为475.50 m。波高:正常运用条件下为1.1 m,非常运用条件下为0.6 m。波浪中心线至正常或校核洪水位的高差:正常运用条件下为0.35 m,非常运用条件下为0.16 m。确定坝顶高程由(　　)条件控制。

A. 正常蓄水位　　B. 设计洪水位

C. 校核洪水位　　D. 正常蓄水位加地震

(8)静冰压力的大小与(　　)无关。

A. 冰块大小　　B. 冰层厚

C. 冰的抗碎强度　　D. 开始升温时冰的温度

(9)重力坝抗滑稳定分析的目的是核算坝体沿(　　)抗滑稳定的安全性能。

A 坝基面　　B. 坝体内的层面

C. 地基深层软弱结构面　　D. 坝体下游面坡

(10) 拱坝的温度荷载对拱坝稳定和应力都有影响,(　　)。

A. 温升对稳定和应力都有利　　B. 温升对稳定和应力都不利

C. 温降对稳定有利,对应力不利　　D. 温降对稳定和应力都不利

(11)混凝土重力坝坝基坝踵、坝趾的垂直应力在施工期允许拉应力为(　　)MPa 。

A. 0.1　　B. 0.2　　C. 0.5　　D. 1

(12)拱坝断面设计常受拉应力控制,对于基本荷载组合,允许拉应力为(　　)MPa。

A. 1.2　　B. 1.5　　C. 1.0　　D. 2.0

(13)用极限强度计算混凝土重力坝坝体混凝土抗压安全系数,基本组合时的安全系数为(　　)MPa。

A. 2.5　　B. 3.0　　C. 3.5　　D. 4.0

(14)为防止水闸闸室闸基产生不均匀沉陷,对于中等坚实地基基本荷载组合下,闸室基底压力最大值与最小值之比的允许值为(　　)。

A. 3.00　　B. 2.50　　C. 2.00　　D. 1.50

(15)混凝土重力坝,最大坝高110 m,为2级建筑物,安全监测必设的内容(专门性监测除外)有(　　)。

A. 坝体位移、坝基位移、裂缝、倾斜、扬压力

B. 坝体位移、接缝、坝基位移、坝体渗透压力、扬压力

C. 坝体位移、接缝、坝基位移、扬压力、混凝土温度

D. 坝基位移、接缝、裂缝、应力、应变

(16)当枢纽工程布置有正常溢洪道和非常溢洪道时,对非常溢洪道布置和设计,(　　)的说法是正确的。

A. 非常溢洪道宜与正常溢洪道集中布置

B. 正常溢洪道和非常溢洪道的总下泄量可超过坝址同频率的洪水

C. 非常溢洪道宣泄超过正常溢洪道泄流能力的洪水

D. 非常溢洪道的下泄流量必须超过正常溢洪道下泄量

(17)作用在隧洞衬砌上的外水压力与(　　)有关。

A. 水库蓄水后的地下水位　　B. 隧洞断面与尺寸

C. 围岩地质情况　　D. 隧洞施工方法

(18)与重力坝相比,拱坝的(　　)荷载上升为主要荷载。

A. 扬压力　　B. 自重　　C. 温度荷载　　D. 水压力

(19)计算重力坝的稳定应力时,当上游正常蓄水位及相应尾水位加地震时属(　　)。

A. 基本荷载组合　　B. 特殊荷载组合　　C. 不考虑　　D. 不存在

(20)下列情况中,(　　)不是土石坝的稳定分析所要考虑的工况。

A. 施工期　　B. 稳定渗流期

C. 水库水位降落期　　D. 水库水位回涨期

(21)对某一地区,今后较长时间(约为100年)内,在一般场地条件下可能遭遇到的最大地震烈度称为该地区的(　　)。

A. 震中烈度　　B. 抗震烈度　　C. 设计烈度　　D. 基本烈度

(22)溢洪道控制段的闸墩、胸墙或岸墙的顶部高程,在宣泄校核洪水时不应低于校核洪水位加(　　),挡水时应不低于设计洪水位或正常蓄水位加(　　)。

A. 波浪计算高度、波浪计算高度和安全超高值

B. 安全超高值、波浪计算高度

C. 安全超高值、波浪计算高度和安全超高值

D. 波浪计算高度、安全超高值

(23)堤线布置应根据(　　),地形、地质条件,河流或海岸线变迁,结合现有及拟建建筑物的位置、施工条件、已有工程状况以及征地拆迁、文物保护、行政区划等因素,经过技术经济比较后综合分析确定。

A. 河道形状　　B. 防洪规划　　C. 城市建设　　D. 行洪要求

(24)临时性水工建筑物的洪水标准,应进行风险度综合分析,合理选用,一般会(　　)相同级别的永久性建筑物。

A. 大于　　B. 小于　　C. 小于等于　　D. 大于等于

(25)工程等别为Ⅰ等,工程规模为大(2)型,相应的水库总库容($\times 10^8\ m^3$)和引水枢纽工程的引水流量(m^3/s)分别为(　　)。

A. ≥10、>200　　B. 10~1.0、200~50

C. 1.0~0.10、50~10　　D. 0.01~0.001、10~2

(26)水闸的抗滑稳定包括(　　)。

A. 地基土的渗流稳定　　B. 闸基土深层滑动稳定

C. 闸室沿基面的抗滑稳定　　D. 消力池的滑动稳定

(27)对超过消能设计标准的洪水,容许消能防冲建筑物出现(　　),但必须不危及挡水建筑物及其他主要建筑物的安全。

A. 破坏　　B. 滑动　　C. 倾覆　　D. 局部破坏

(28)在水利水电工程设计中,不同级别的建筑物洪水标准是用(　　)表示的,包括洪峰流量和洪水总量(3 d、5 d)。

A. 来水量大小　　B. 某种频率或重现期

C. 水工建筑物级别　　D. 工程规模

(29)拱坝坝肩岩体的稳定性主要取决于坝址的(　　)。

A. 地质条件　　B. 坝体强度　　C. 地形条件　　D. 坝体材料

(30)山区、丘陵区 2 级水电站厂房的洪水标准,一般取洪水重现期(年)(　　)年。

A. 设计 1 000,校核 5 000　　B. 设计 100,校核 1 000

C. 设计 200 ~ 100,校核 500　　D. 设计 200 ~ 100,校核 1 000

(31)坝型选择应考虑的因素有地质、地形、工程型式及布置、(　　)施工条件。

A. 坝高　　B. 建筑材料　　C. 工期　　D. 工程规模

(32)堆石坝坝型选择应综合考虑(　　)因素,经技术经济比较确定。

A. 坝址区河势地形、坝址基岩、覆盖层特征等地形地质条件

B. 筑坝材料的种类、性质、数量、位置和运输条件

C. 枢纽布置、坝基处理以及坝体与泄水、引水建筑物等的连接

D. 施工导流、进度与分期、填筑强度、施工场地、工程量、造价

(33)按极限状态设计时,采用刚体极限平衡法分析拱坝拱座稳定应按(　　)极限状态进行计算。

A. 承载能力　　B. 非常运用　　C. 长期运用　　D. 正常使用

(34)地下厂房主洞室应根据围岩特性和支护设计,设置洞室围岩山体(　　)和(　　)监测、支护结构的(　　)观测、地下水位和外水压力等观测。

A. 压力　　B. 变形　　C. 应力应变　　D. 渗漏量

(35)作用于重力坝上的主要荷载包括(　　)。

A. 坝体自重　　B. 静水压力　　C. 扬压力　　D. 温度荷载

(36)位于黄河大堤上的防洪闸,设计流量 120 m^3/s。黄河大堤的工程级别为 1 级,该防洪闸的工程级别为(　　)。

A. 1 级　　B. 2 级　　C. 3 级　　D. 4 级

(37)位于山区的某河床式水电站枢纽工程,具有防洪、发电、灌溉等综合效益。电站装机台数 3 台,单机容量 5×10^4 kW,枢纽中平时用以调节水位、控制流量和汛期用以排泄洪水的泄洪闸,最大行洪流量 30 000 m^3/s,该泄洪闸的建筑物级别为(　　)。

A. 1 级　　B. 2 级　　C. 3 级　　D. 4 级

1.4 参考答案

(1) ACD	(2) BC	(3) AD	(4) CD	(5) D	(6) A
(7) C	(8) A	(9) ABC	(10) C	(11) A	(12) A
(13) D	(14) C	(15) C	(16) C	(17) A	(18) C
(19) B	(20) D	(21) D	(22) C	(23) B	(24) C
(25) B	(26) ABC	(27) D	(28) B	(29) AC	(30) C
(31) BC	(32) AD	(33) A	(34) ABC	(35) ABC	(36) A
(37) A					

第 2 章　水工混凝土结构

2.1　考试大纲

熟练掌握基本设计规定与结构安全标准。

熟练掌握承载能力极限状态计算和正常使用极限状态验算基本规定。

熟练掌握结构耐久性要求和混凝土特性的一般要求。

了解素混凝土结构构件承载能力极限状态计算。

掌握钢筋混凝土结构构件承载能力极限状态计算。

掌握钢筋混凝土构件正常使用极限状态验算。

掌握混凝土结构构件的设计构造要求。

了解混凝土温控设计的内容和方法。

2.2　复习指导

2.2.1　复习要点

水工混凝土结构分为钢筋混凝土结构、素混凝土结构和预应力混凝土结构。水工混凝土结构设计应遵循《水工混凝土结构设计规范》(DL/T 5057—1996)和《水工混凝土结构设计规范》(SL/T 191—96)的相关规定。

2.2.1.1　水工混凝土设计规定与结构安全标准

1)混凝土基本规定

混凝土应满足强度要求,并应根据建筑物的工作条件、地区气候等具体情况,分别满足抗渗、抗冻、抗侵蚀、抗冲刷等耐久性的要求。

混凝土强度等级应由按标准方法制作养护的边长为 150 mm 的立方体试件,在 28 d 龄期用标准试验方法测得的具有 95% 保证率的抗压强度标准值确定。

在混凝土构件设计时,混凝土强度应采用设计值。在混凝土结构构件设计中,不宜利用混凝土的后期强度。但经充分论证后,也可根据建筑物的型式、地区的气候条件以及开始承受荷载的时间,采用 60 d 或 90 d 龄期的抗压强度。

混凝土的重力密度(容重)应由试验确定。无试验资料时,素混凝土可按 24 kN/m^3,钢筋混凝土可按 25 kN/m^3 采用。

混凝土强度标准值、混凝土强度设计值、28 d 龄期时混凝土受压或受拉弹性模量 E_c 应按《水工混凝土结构设计规范》(DL/T 5057—1996)和《水工混凝土结构设计规范》(SL/T 191—96)规定采用。混凝土的泊松比 μ_c 可取为 0.167。混凝土剪变模量 G_c 可按混凝土弹性模量的0.4倍采用。

2)钢筋基本规定

钢筋的强度标准值应具有不小于95%的保证率。钢筋的强度标准值及钢筋抗拉(抗压)强度设计值应按规范规定采用。

3)结构设计基本规定与安全标准

水工混凝土结构采用概率极限状态设计原则,以分项系数设计表达式进行设计。水工混凝土结构的极限状态可分为承载能力极限状态和正常使用极限状态两类。在设计时,应根据承载能力及正常使用极限状态的要求,分别按下列规定进行计算和验算。

(1)承载能力及稳定:所有结构构件均应进行承载能力计算,必要时尚应进行结构的抗倾、抗滑及抗浮验算;对需要抗震设防的结构,尚应进行结构的抗震承载能力计算。

(2)变形:对使用上需控制变形值的结构构件,应进行变形验算。

(3)抗裂或裂缝宽度:对使用上要求进行裂缝控制的结构构件,应进行抗裂或裂缝宽度验算。

水工混凝土结构设计时,应按水工建筑物的级别,采用不同的水工建筑物的结构安全级别。水工建筑物的结构安全级别划分为三级,对有特殊安全要求的水工建筑物,其结构安全级别应经专门研究确定。结构及结构构件的结构安全级别,可根据其在水工建筑物中的部位、本身破坏对水工建筑物安全影响的大小,采用与水工建筑物的结构安全级别相同或降低一级,但不得低于Ⅲ级。1级水工建筑物其结构安全级别为Ⅰ级,2、3级水工建筑物其结构安全级别为Ⅱ级,4、5级水工建筑物其结构安全级别为Ⅲ级。

结构设计时,应根据结构在施工、安装、运行、检修等不同时期可能出现的不同结构体系、作用(荷载)的环境条件,按以下三种设计状况设计:①持久状况;②短暂状况;③偶然状况。三种设计状况均应进行承载能力极限状态设计。对持久状况尚应进行正常使用极限状态设计,对短暂状况可根据需要进行正常使用极限状态设计,对偶然状况可不进行正常使用极限状态设计。

按承载能力极限状态设计时,应考虑下列两种作用(荷载)效应组合:① 基本组合;②偶然组合。

按正常使用极限状态设计时,应考虑下列两种作用(荷载)效应组合:① 短期组合;②长期组合。

对预制构件进行施工吊装验算时,预制构件自重应计入动力系数,动力系数可取为1.5;根据构件吊装时的实际受力情况,也可适当增减。

无法按杆件结构力学方法求得截面内力的钢筋混凝土结构,可由弹性力学分析方法求得截面的应力图形面积以确定配筋数量,或按钢筋混凝土有限元法进行分析。

建筑物在施工和运行期间,如温度的变化对建筑物有较大影响,应进行温度应力计算,并宜采取构造措施和施工措施以消除或减小温度应力。使用中允许出现裂缝的钢筋混凝土结构构件,在计算温度应力时,应考虑裂缝开展而使构件刚度降低的影响。

在水工建筑物设计中,必要时应考虑作用在构件截面上的渗透压力,并宜采用专门的排水、防渗、止水措施,以降低渗透压力。

水工混凝土结构所处的环境条件可分为下列四个类别:

一类——室内正常环境；

二类——露天环境，长期处于地下或水下的环境；

三类——水位变动区，或有侵蚀性地下水的地下环境；

四类——海水浪溅区及盐雾作用区，潮湿并有严重侵蚀性介质作用的环境。

2.2.1.2 承载能力极限状态计算和正常使用状态验算基本规定

1）承载能力极限状态计算规定

对于基本组合，应采用下列极限状态设计表达式：

$$\gamma_0\psi S(\gamma_G G_K,\gamma_Q Q_K,a_K)\leqslant\frac{1}{\gamma_d}R(f_d,a_K)$$

式中 γ_0——结构重要性系数，对于结构安全级别为Ⅰ、Ⅱ级和Ⅲ级的结构及构件，可分别采用1.1、1.0、0.9；

ψ——设计状况系数，对应于持久状况、短暂状况、偶然状况，可分别取用1.0、0.95、0.85；

$S(\cdot)$——作用（荷载）效应函数；

$R(\cdot)$——结构构件抗力函数；

γ_d——结构系数；

γ_G——永久作用（荷载）分项系数；

γ_Q——可变作用（荷载）分项系数；

G_K——永久作用（荷载）标准值；

Q_K——可变作用（荷载）标准值；

f_d——材料强度设计值；

a_K——结构构件几何参数的标准值。

对于偶然组合，极限状态设计表达式宜按下列原则确定：①偶然作用分项系数可取为1.0；②参与组合的某些可变作用，可根据各类水工建筑物设计规范的规定作适当折减；③结构系数γ_d值可按规定取用。对于素混凝土结构，受拉破坏$\gamma_d=2.0$，受压破坏$\gamma_d=1.3$；对钢筋混凝土及预应力混凝土结构，$\gamma_d=1.2$。承受永久作用（荷载）为主的构件，结构系数γ_d应按上述数值增加0.05，但以承受土重和土压力为主的构件可不增加；对于新型结构，结构系数γ_d可适当提高。

2）正常使用极限状态验算规定

结构构件正常使用极限状态应分别按作用（荷载）效应的短期组合和长期组合进行设计。

对于短期组合，应采用以下设计表达式：

$$\gamma_0 S_s(G_K,Q_K,f_K,a_K)\leqslant C_1/\gamma_{d3}$$

对于长期组合，应采用以下设计表达式：

$$\gamma_0 S_l(G_K,\rho Q_K,f_K,a_K)\leqslant C_2/\gamma_{d4}$$

式中 C_1、C_2——结构的功能限值；

$S_s(\cdot)$、$S_l(\cdot)$——作用（荷载）效应短期组合和长期组合时的功能函数；

f_K——材料强度标准值；

ρ——可变作用标准值的长期组合系数；

γ_{d3}、γ_{d4}——短期组合、长期组合的结构系数。

钢筋混凝土结构构件设计时，应根据使用要求进行不同的裂缝控制验算。

(1)抗裂验算。承受水压的轴心受拉构件、小偏心受拉构件以及发生裂缝后会引起严重渗漏的其他构件，应进行抗裂验算。如有可靠防渗措施或不影响正常使用，也可不进行抗裂验算。抗裂验算时，结构构件受拉边缘的拉应力不应超过以混凝土拉应力限制系数 α_{ct} 控制的应力值。对于荷载效应的短期组合，α_{ct} 取为 0.85；对于长期组合，α_{ct} 取为 0.7。

(2)裂缝宽度验算。需进行裂缝宽度验算的结构构件，应按荷载效应的短期组合和长期组合两种情况分别进行验算，其最大裂缝宽度计算值不应超过规范规定的允许值。

受弯构件的最大挠度应按荷载效应的短期组合和长期组合两种情况分别进行验算，其计算值不应超过规定的允许值。

2.2.1.3 结构耐久性要求及混凝土的一般要求

设计永久性建筑物时，应满足结构的耐久性要求。可按结构所处的环境类别提出相应的耐久性要求，也可根据结构表层保护措施的实际情况及预期的施工质量控制水平，将环境类别适当提高或降低。

混凝土最低强度等级、水灰比和最小水泥用量不宜低于规范允许值。对于有抗渗要求的结构，混凝土应满足有关抗渗等级的规定。混凝土抗渗等级按 28 d 龄期的标准试件测定，混凝土抗渗等级分为 W2、W4、W6、W8、W10、W12 六级。对于有抗冻要求的结构，根据气候分区、冻融循环次数、结构构件重要性等选定混凝土抗冻等级，混凝土抗冻等级按 28 d 龄期的试件用快冻试验方法测定，分为 F400、F300、F200、F150、F100、F50 六级。

2.2.1.4 素混凝土结构构件承载能力极限状态计算

素混凝土不得用于轴心受拉或偏心受拉构件。当裂缝形成会导致破坏、导致不允许的变形或破坏结构的抗渗性能时，不应采用素混凝土受弯构件或合力作用点超出截面范围的偏心受压构件。如经论证，围岩中的隧洞衬砌等也可不受上述规定的限制。

对素混凝土结构构件应进行下列计算：①承载能力计算，包括结构稳定性验算；②承受局部荷载部位的局部受压计算。

1)受压构件承载力计算

素混凝土受压构件的承载力计算，应根据结构的工作条件及轴向力至截面重心的距离 e_0 值的大小，选择下列两种方法之一进行：①不考虑混凝土受拉区作用，仅对受压区承载力进行计算；②考虑混凝土受拉区作用，对受拉区和受压区承载力同时进行计算。

对于没有抗裂要求的构件，当 $e_0 < 0.4y'_c$（y'_c 为截面重心至受压边缘的距离）时，可按第一种方法计算。当 $0.4y'_c \leqslant e_0 \leqslant 0.8y'_c$ 时，也可按第一种方法进行计算，并应在混凝土受拉区配置构造钢筋，其配筋量不少于构件截面面积的 0.05%，但每米宽度内的钢筋截面面积不大于 1 500 mm^2。如能满足第二种计算方法的要求，则可不配置此项构造钢筋。

对于有抗裂要求的构件（如承受水压的构件）或没有抗裂要求而 $e_0 > 0.8y'_c$ 的构件，应按第二种方法计算。

当计算素混凝土受压构件的正截面承载力而不考虑混凝土受拉区作用时,假定受压区的法向应力图形为矩形,其应力值等于混凝土的轴心抗压强度设计值,此时,轴向力作用点与受压区混凝土合力点相重合。对称于弯矩作用平面的任意截面的受压构件,其受压承载力应按以下公式计算:

$$N \leqslant \frac{1}{\gamma_d}\varphi f_c A'_c$$

受压区高度 x 应按下列条件确定:$e_c = e_0$(e_c 为混凝土受压区的合力点至截面重心的距离)。此时,e_0 尚应符合下列要求:$e_0 \leqslant 0.8y'_c$。

矩形截面的受压构件,其受压承载力应按下列公式计算:

$$N \leqslant \frac{1}{\gamma_d}\varphi f_c b(h - 2e_0)$$

式中 N——轴向力设计值;

φ——轴心受压构件的稳定系数;

f_c——混凝土轴心抗压强度设计值;

A'_c——混凝土受压区的截面面积;

e_0——轴向力作用点至截面重心的距离;

y'_c——截面重心至受压区边缘的距离;

b、h——矩形截面的宽度及高度。

当计算素混凝土受压构件的正截面承载力,考虑混凝土受拉区的作用时,应对受拉区和受压区承载力分别进行计算。

受拉区承载力按以下公式计算:

$$N \leqslant \frac{1}{\gamma_d}\frac{\varphi\gamma_m f_t W_t}{e_0 - W_t/A}$$

受压区承载力按以下公式计算:

$$N \leqslant \frac{1}{\gamma_d}\frac{\varphi f_c W_c}{e_0 + W_c/A}$$

对矩形截面,受拉区和受压区承载力分别按下列公式计算:

$$N \leqslant \frac{1}{\gamma_d}\frac{\varphi\gamma_m f_t bh}{6e_0/h - 1}$$

$$N \leqslant \frac{1}{\gamma_d}\frac{\varphi f_c bh}{6e_0/h + 1}$$

式中 W_t——截面受拉边缘的弹性抵抗矩;

W_c——截面受压边缘的弹性抵抗矩;

A——构件截面面积;

γ_m——截面抵抗矩的塑性系数;

f_t——混凝土轴心抗拉强度设计值;

其他符号意义同前。

素混凝土偏心受压构件,除应计算弯矩作用平面的受压承载力外,还应按轴心受压构件验算垂直于弯矩作用平面的受压承载力。此时,不考虑弯矩作用,但应考虑稳定系数 φ

的影响。

2)受弯构件承载力计算

素混凝土受弯构件的正截面承载力,应按下列公式计算:

对称于弯矩作用平面的任意截面

$$M \leqslant \frac{1}{\gamma_d}\gamma_m f_t W_t$$

矩形截面

$$M \leqslant \frac{1}{\gamma_d}(\frac{1}{6}\gamma_m f_t bh^2)$$

式中 M——弯矩设计值。

3)局部受压构件承载力计算

素混凝土构件的局部受压承载力应按下列公式计算:

$$F_l \leqslant \frac{1}{\gamma_d}\omega\beta f_c A_l$$

$$\beta \leqslant \sqrt{A_b/A_l}$$

如果在局部受压区还有非局部荷载作用,应按以下公式计算:

$$F_l \leqslant \frac{1}{\gamma_d}\omega\beta(f_c - \sigma)A_l$$

式中 F_l——局部受压的轴向力设计值;

A_l——局部受压面积;

ω——荷载分布的影响系数,当局部受压区的荷载为均匀分布时,取 $\omega=1.0$,当局部荷载为非均匀分布时(如梁、过梁等的端部支承面),取 $\omega=0.75$;

σ——非局部荷载设计值所产生的压应力;

β——混凝土局部受压时的强度提高系数;

A_b——混凝土局部受压时的计算底面积,可根据局部受压面积与计算底面积同心对称的原则确定。

4)素混凝土结构构造钢筋

素混凝土结构在截面尺寸急剧变化处、孔口周围及遭受高速水流剧烈冲刷的表面应设置构造钢筋;对于遭受剧烈气温或湿度变化作用的素混凝土结构表面,宜配置构造钢筋网,其主要受约束方向的钢筋数量可采用构件截面面积的0.04%,但每米内不多于1 200 mm^2;钢筋以小直径的为宜,间距不宜大于250 mm。

2.2.1.5 钢筋混凝土结构构件承载能力极限状态计算

1)正截面承载力计算的一般规定

正截面承载力计算方法的基本假定为:①截面应变保持平面;②不考虑混凝土的抗拉强度;③混凝土轴心受压的应力应变关系曲线为抛物线,其极限压应变取0.002,相应的最大压应力取混凝土轴心抗压强度设计值 f_c,对非均匀受压构件,当压应变 $\varepsilon_c \leqslant 0.002$ 时,应力应变关系曲线为抛物线,当压应变 $\varepsilon_c > 0.002$ 时,应力应变关系呈水平线,其极限压应变 ε_{cu} 取0.003 3,相应的最大压应力取混凝土轴心抗压强度设计值 f_c;④钢筋应力取钢筋应变与其弹性模量的乘积,但不大于其强度设计值,受拉钢筋的允许极限拉应变取0.01。

混凝土非均匀受压区的应力图形可简化为等效的矩形应力图,其高度取等于按平截面假定所确定的中和轴高度乘以系数0.8,矩形应力图的应力取为f_c。

受拉钢筋和受压区混凝土同时达到其强度设计值时的相对界限受压区计算高度ξ_b按以下公式计算:

$$\xi_b = \frac{x_b}{h_0} = \frac{0.8}{1 + \frac{f_y}{0.0033E_s}}$$

式中 ξ_b——相对界限受压区计算高度;

f_y——受拉钢筋的强度设计值;

E_s——钢筋弹性模量;

h_0——截面的有效高度;

x_b——界限受压区计算高度。

当采用冷轧带肋钢筋时,上式分母中的1应改为1.6;在截面受拉区内配置有不同种类钢筋的受弯构件,其相对界限受压区高度应分别计算,并取其较小值。

钢筋应力可根据截面应变保持平面的假定计算,也可按以下公式计算:

$$\sigma_{si} = \frac{f_y}{\xi_b - 0.8}\left(\frac{x}{h_{0i}} - 0.8\right)$$

此时,钢筋应力应符合下列条件:

$$-f_y' \leqslant \sigma_{si} \leqslant f_y$$

式中 h_{0i}——第i层纵向钢筋截面重心至混凝土受压区边缘的距离;

x——混凝土受压区计算高度;

σ_{si}——第i层纵向钢筋的应力,正号代表拉应力,负号代表压应力;

f_y'——受压钢筋的强度设计值。

2)正截面受弯承载力计算

矩形截面或翼缘位于受拉边的T形截面受弯构件,其正截面受弯承载力应按下列公式计算:

$$M \leqslant \frac{1}{\gamma_d}\left[f_c bx\left(h_0 - \frac{x}{2}\right) + f_y'A_s'(h_0 - a_s')\right]$$

此时,受压区高度x按下列公式确定:

$$f_c bx = f_y A_s - f_y'A_s'$$

混凝土受压区的高度尚应符合下列要求:

$$x \leqslant \xi_b h_0$$

$$x \geqslant 2a_s'$$

式中 M——弯矩设计值;

f_c——混凝土轴心抗压强度设计值;

A_s、A_s'——纵向受拉及受压钢筋的截面面积;

h_0——截面的有效高度；

b ——矩形截面的宽度或T形截面的腹板宽度；

a'_s ——受压区钢筋合力点至受压区边缘的距离。

翼缘位于受压区的T形截面受弯构件，其正截面受弯承载力应按下列情况计算。

(1)当符合以下条件时：

$$f_y A_s \leqslant f_c b'_f h'_f + f'_y A'_s$$

则按宽度为b'_f的矩形截面计算。

(2)当不符合上述公式的条件时，计算中应考虑截面腹板受压区混凝土的工作，其正截面受弯承载力按以下公式计算：

$$M \leqslant \frac{1}{\gamma_d}\left[f_c bx\left(h_0 - \frac{x}{2}\right) + f_c(b'_f - b)h'_f\left(h_0 - \frac{h'_f}{2}\right) + f'_y A'_s(h_0 - a'_s)\right]$$

此时，受压区高度x按以下公式确定：

$$f_c\left[bx + (b'_f - b)h'_f\right] = f_y A_s - f'_y A'_s$$

式中 h'_f——T形截面受压区的翼缘高度；

b'_f——T形截面受压区的翼缘计算宽度。

按上述公式计算T形截面受弯构件时，混凝土受压区的高度应符合$x \leqslant \xi_b h_0$、$x \geqslant 2a'_s$的要求。

受弯构件正截面受弯承载力的计算，应符合$x \leqslant \xi_b h_0$的要求。如受拉钢筋按构造要求或按正常使用极限状态计算要求配置的钢筋截面面积大于按受弯承载力计算的钢筋截面面积，则在验算$x \leqslant \xi_b h_0$的条件时，可仅取受弯承载力所需的纵向受拉钢筋截面面积。

在计算中考虑受压区钢筋且不符合$x \geqslant 2a'_s$的条件时，正截面受弯承载力可按下列公式计算：

$$M \leqslant \frac{1}{\gamma_d} f_y A_s (h_0 - a'_s)$$

3)正截面受压承载力计算

轴心受压构件，当配有箍筋或在纵向钢筋上焊有横向钢筋时，其正截面受压承载力应按下列公式计算：

$$N \leqslant \frac{1}{\gamma_d}\varphi(f_c A + f'_y A'_s)$$

式中 N——轴向力设计值；

φ——钢筋混凝土轴心受压构件的稳定系数；

A——构件截面面积，当纵向钢筋配筋率大于3%时，A应改用净截面面积A_n，$A_n = A - A'_s$；

f'_y——纵向钢筋的抗压强度设计值；

A'_s——全部纵向钢筋的截面面积。

配置螺旋式或焊接环式间接钢筋的轴心受压柱，其正截面受压承载力可参照有关规范进行计算。

矩形截面偏心受压构件正截面受压承载力应按下列公式计算：

$$N \leqslant \frac{1}{\gamma_d}(f_c bx + f_y' A_s' - \sigma_s A_s)$$

$$Ne \leqslant \frac{1}{\gamma_d}\left[f_c bx\left(h_0 - \frac{x}{2}\right) + f_y' A_s'(h_0 - a_s')\right]$$

$$e = \eta e_0 + \frac{h}{2} - a_s$$

式中 A_s、A_s'——配置在远离或靠近轴向压力一侧的钢筋截面面积；

e——轴向力作用点至受拉边或受压较小边钢筋合力点之间的距离；

η——考虑挠曲影响的轴向力偏心距增大系数；

e_0——轴向力对截面重心的偏心距，$e_0 = M/N$；

σ_s——受拉边或受压较小边钢筋的应力；

a_s——受拉区钢筋合力点至受拉区边缘的距离；

a_s'——受压区钢筋合力点至受压区边缘的距离；

x——混凝土受压区计算高度。

如计算中考虑受压钢筋，则受压区高度应符合以下条件：$x \geqslant 2a_s'$。

T 形截面偏心受压构件，当翼缘位于截面的较大受压边缘时，其正截面受压承载力应按下列规定计算：

(1)如受压区高度 $x \leqslant h_f'$，应按照宽度为 b_f' 的矩形截面计算；

(2)如受压区高度 $x > h_f'$，则应考虑腹板的受压作用，按下列公式计算：

$$N \leqslant \frac{1}{\gamma_d}\left[f_c bx + f_c(b_f' - b)h_f' + f_y' A_s' - \sigma_s A_s\right]$$

$$Ne \leqslant \frac{1}{\gamma_d}\left[f_c bx\left(h_0 - \frac{x}{2}\right) + f_c(b_f' - b)h_f'\left(h_0 - \frac{h_f'}{2}\right) + f_y' A_s'(h_0 - a_s')\right]$$

对翼缘位于截面受拉边或受压较小边的小偏心受压构件，尚应按以下公式进行验算：

$$Ne' \leqslant \frac{1}{\gamma_d}\left[f_c bh\left(h_0' - \frac{h}{2}\right) + f_c(b_f - b)h_f\left(h_0' - \frac{h_f}{2}\right) + f_y' A_s(h_0' - a_s)\right]$$

式中 e'——轴向力作用点至受压钢筋合力点之间的距离；

h_f——T 形截面翼缘位于截面受拉边或受压较小边时的翼缘高度；

b_f——T 形截面翼缘位于截面受拉边或受压较小边时的翼缘计算宽度。

4)正截面受拉承载力计算

轴心受拉构件的正截面受拉承载力应按以下公式计算：

$$N \leqslant \frac{1}{\gamma_d} f_y A_s$$

式中 f_y——钢筋的抗拉强度设计值；

A_s——钢筋的全部截面面积。

对于轴向力 N 作用在钢筋 A_s 合力点及 A_s' 合力点之间的小偏心受拉构件，其正截面受拉承载力按下列公式计算：

$$Ne \leqslant \frac{1}{\gamma_d} f_y' A_s'(h_0 - a_s')$$

$$Ne' \leqslant \frac{1}{\gamma_d} f_y A_s (h_0' - a_s)$$

式中　A_s、A_s'——配置在靠近或远离轴向拉力一侧的钢筋截面面积；

e、e'——轴向拉力 N 至钢筋 A_s 合力点及 A_s' 合力点之间的距离。

轴向力 N 不作用在钢筋 A_s 合力点及 A_s' 合力点之间的矩形截面大偏心受拉构件，正截面受拉承载力按下列公式计算：

$$N \leqslant \frac{1}{\gamma_d}(f_y A_s - f_y' A_s' - f_c bx)$$

$$Ne \leqslant \frac{1}{\gamma_d}\left[f_c bx\left(h_0 - \frac{x}{2}\right) + f_y' A_s' (h_0 - a_s')\right]$$

此时，混凝土受压区的高度应符合 $x \leqslant \xi_b h_0$ 的要求，计算中考虑受压钢筋 A_s' 时，则尚应符合 $x \geqslant 2a_s'$ 的条件。

5）斜截面承载力计算

矩形、T 形和工字形截面的受弯构件，其截面应符合下列要求：

当 $h_w/b \leqslant 4.0$ 时　　$V \leqslant \frac{1}{\gamma_d}(0.25 f_c bh_0)$

当 $h_w/b \geqslant 6.0$ 时　　$V \leqslant \frac{1}{\gamma_d}(0.20 f_c bh_0)$

$4.0 < h_w/b < 6.0$ 时，按直线内插法取用。

式中　V——支座边缘截面的剪力设计值；

b——矩形截面的宽度，T 形截面或工字形截面的腹板宽度；

h_w——截面的腹板高度，矩形截面取有效高度，T 形截面取有效高度减去翼缘高度，工字形截面取腹板净高。

在计算斜截面的受剪承载力时，其计算位置应按下列规定采用：①支座边缘处的截面；②受拉区弯起钢筋弯起点处的截面；③箍筋数量或间距改变处的截面；④腹板宽度改变处的截面。

矩形、T 形和工字形截面的受弯构件，其斜截面受剪承载力应按下列公式计算：

当仅配有箍筋时

$$V \leqslant \frac{1}{\gamma_d}(V_c + V_{sv})$$

$$V_c = 0.07 f_c bh_0$$

$$V_{sv} = 1.25 f_{yv} \frac{A_{sv}}{s} h_0$$

当配有箍筋和弯起钢筋时

$$V \leqslant \frac{1}{\gamma_d}(V_c + V_{sv} + V_{sb})$$

$$V_{sb} = f_y A_{sb} \sin\alpha_s$$

式中　V——剪力设计值；

V_c——混凝土的受剪承载力；

V_{sv}——箍筋的受剪承载力；

V_{sb}——弯起钢筋的受剪承载力；

A_{sv}——配置在同一截面内箍筋各肢的全部截面面积；

A_{sb}——同一弯起平面内弯起钢筋的截面面积；

α_s——斜截面上弯起钢筋与构件纵向轴线的夹角；

s——沿构件长度方向上箍筋的间距；

f_{yv}——箍筋抗拉强度设计值。

计算弯起钢筋时，剪力设计值 V 可按下列规定采用：①当计算第一排（对支座而言）弯起钢筋时，取用支座边缘处的剪力设计值，对于仅承受直接作用在构件顶面的分布荷载的受弯构件，剪力设计值也可改取为距离支座边缘为 $0.5h_0$ 处的剪力设计值；②当计算以后的每一排弯起钢筋时，取用前一排（对支座而言）弯起钢筋弯起点处的剪力设计值。

受弯构件斜截面的受弯承载力应按以下公式计算：

$$M \leqslant \frac{1}{\gamma_d}(f_y A_s z + \sum f_{yv} A_{sv} z_{sv} + \sum f_y A_{sb} z_{sb})$$

此时，斜截面的水平投影长度 c 可按以下条件确定：

$$V = \frac{1}{\gamma_d}(\sum f_{yv} A_{sv} + \sum f_y A_{sb} \sin\alpha_s)$$

式中 V——斜截面受压区末端的剪力设计值；

z——纵向受拉钢筋的合力点至受压区合力点的距离，可近似取 $z=0.9h_0$；

z_{sv}——同一截面内箍筋的合力至斜截面受压区合力点之间的距离；

z_{sb}——同一弯起平面内弯起钢筋的合力点至斜截面受压区合力点之间的距离。

2.2.1.6 钢筋混凝土结构构件正常使用极限状态验算

1）正截面抗裂验算

对使用上不允许出现裂缝的钢筋混凝土构件，在荷载效应的短期组合及长期组合下，应按下列公式进行抗裂验算。

（1）轴心受拉构件：

$$N_s \leqslant \alpha_{ct} f_{tk} A_0 \quad 及 \quad N_l \leqslant \alpha_{ct} f_{tk} A_0$$

（2）受弯构件：

$$M_s \leqslant \gamma_m \alpha_{ct} f_{tk} W_0 \quad 及 \quad M_l \leqslant \gamma_m \alpha_{ct} f_{tk} W_0$$

（3）偏心受压构件：

$$N_s \leqslant \frac{\gamma_m \alpha_{ct} f_{tk} A_0 W_0}{e_0 A_0 - W_0} \quad 及 \quad N_l \leqslant \frac{\gamma_m \alpha_{ct} f_{tk} A_0 W_0}{e_0 A_0 - W_0}$$

（4）偏心受拉构件：

$$N_s \leqslant \frac{\gamma_m \alpha_{ct} f_{tk} A_0 W_0}{e_0 A_0 + \gamma_m W_0} \quad 及 \quad N_l \leqslant \frac{\gamma_m \alpha_{ct} f_{tk} A_0 W_0}{e_0 A_0 + \gamma_m W_0}$$

式中 N_s、M_s——由荷载标准值按荷载效应短期组合计算的轴向力值、弯矩值；

N_l、M_l——由荷载标准值按荷载效应长期组合计算的轴向力值、弯矩值；

α_{ct}——混凝土拉应力限制系数，对荷载效应的短期组合，α_{ct} 取 0.85，对长期组合，

α_{ct}取0.70；

f_{tk}——混凝土轴心抗拉强度标准值；

γ_m——截面抵抗矩塑性系数；

A_0——换算截面面积，$A_0 = A_c + \alpha_E A_s + \alpha_E A'_s$，$A_s$、$A'_s$分别为受拉、受压钢筋截面面积；

α_E——钢筋弹性模量与混凝土弹性模量之比，$\alpha_E = E_s/E_c$；

W_0——换算截面受拉边缘的弹性抵抗矩，$W_0 = I_0/(h - y_0)$；

y_0——换算截面重心至受压边缘的距离；

I_0——换算截面对其重心轴的惯性矩；

A_c——混凝土截面面积；

h——截面全高。

2)正截面裂缝宽度验算

对使用上要求限制裂缝宽度的钢筋混凝土构件，应进行裂缝宽度的验算，按荷载效应的短期组合（并考虑部分荷载的长期作用的影响）及长期组合所求得的最大裂缝宽度ω_{max}，不应超过规定的允许值[ω_{max}]。

矩形、T形及工字形截面的钢筋混凝土受拉、受弯和偏心受压构件，按荷载效应的短期组合（并考虑部分荷载的长期作用的影响）及长期组合的最大裂缝宽度ω_{max}可分别按下列公式计算：

$$\omega_{max} = \alpha_1\alpha_2\alpha_3 \frac{\sigma_{ss}}{E_s}\left(3c + 0.10\frac{d}{\rho_{te}}\right)$$

$$\omega_{max} = \alpha_1\alpha_2\alpha_3 \frac{\sigma_{sl}}{E_s}\left(3c + 0.10\frac{d}{\rho_{te}}\right)$$

式中 α_1——考虑构件受力特征的系数，对受弯和偏心受压构件，取$\alpha_1 = 1.0$，对偏心受拉构件，取$\alpha_1 = 1.15$，对轴心受拉构件，取$\alpha_1 = 1.3$；

α_2——考虑钢筋表面形状的系数，对变形钢筋，取$\alpha_2 = 1.0$，对光面钢筋，取$\alpha_2 = 1.4$；

α_3——考虑荷载长期作用影响的系数，对荷载效应的短期组合，取$\alpha_3 = 1.5$，对荷载效应的长期组合，取$\alpha_3 = 1.6$；

c——最外层纵向受拉钢筋外边缘受拉区底边的距离（以mm计），当$c < 20$ mm时，取$c = 20$ mm，当$c > 65$ mm时，取$c = 65$ mm；

d——钢筋直径（以mm计），当钢筋用不同直径时，式中的d改用换算直径$4A_s/u$，此处，u为纵向受拉钢筋截面总周长；

ρ_{te}——纵向受拉钢筋的有效配筋率，$\rho_{te} = A_s/A_{te}$，当$\rho_{te} < 0.03$时，取$\rho_{te} = 0.03$；

A_{te}——有效受拉混凝土截面面积，对受弯、偏心受拉及大偏心受压构件，A_{te}取为其重心与受拉钢筋A_s重心相一致的混凝土面积，即$A_{te} = 2a_s b$，其中a_s为A_s重心至截面受拉边缘的距离，b为矩形截面的宽度，对有受拉翼缘的倒T形及工字形截面，b为受拉翼缘宽度，对全截面受拉的偏心受拉构件，A_{te}取拉应力较大一侧钢筋的相应有效受拉混凝土截面面积，对轴心受拉构件，A_{te}取为$2a_s l_s$，但不大于构件全截面面积，其中a_s为一侧钢筋重心至截面边缘的距离，l_s为沿截面周边配置的受拉钢筋重心连线的总长度；

A_s——受拉区纵向钢筋截面面积，对受弯、偏心受拉及大偏心受压构件，A_s 取受拉区纵向钢筋截面面积，对全截面受拉的偏心受拉构件，A_s 取拉应力较大一侧的钢筋截面面积，对轴心受拉构件，A_s 取全部纵向钢筋截面面积；

σ_{ss}、σ_{sl}——按荷载效应的短期组合及长期组合计算的构件纵向受拉钢筋应力。

对水电站厂房的钢筋混凝土吊车梁，可将计算求得的最大裂缝宽度乘以系数 0.85；对 $e_0/h_0 \leqslant 0.55$ 的偏心受压构件，可不验算裂缝宽度。

在钢筋混凝土构件最大裂缝宽度计算中，按荷载效应的短期组合及长期组合计算的纵向受拉钢筋应力可按下列公式计算。

(1)轴心受拉构件：

$$\sigma_{ss} = N_s/A_s \quad 及 \quad \sigma_{sl} = N_l/A_s$$

(2)受弯构件：

$$\sigma_{ss} = M_s/(0.87h_0A_s) \quad 及 \quad \sigma_{sl} = M_l/(0.87h_0A_s)$$

(3)大偏心受压构件：

$$\sigma_{ss} = \frac{N_s}{A_s}\left(\frac{e}{z} - 1\right) \quad 及 \quad \sigma_{sl} = \frac{N_l}{A_s}\left(\frac{e}{z} - 1\right)$$

$$z = \left[0.87 - 0.12(1 - \gamma_f')\left(\frac{h_0}{e}\right)^2\right]h_0$$

$$e = \eta_s e_0 + y_s$$

$$\eta_s = 1 + \frac{1}{4\,000\,\dfrac{e_0}{h_0}}\left(\frac{l_0}{h}\right)^2$$

当 $l_0/h \leqslant 14$ 时，可取 $\eta_s = 1.0$。

(4)偏心受拉构件(矩形截面)：

$$\sigma_{ss} = \frac{N_s}{A_s}\left(1 \pm 1.1\frac{e_s}{h_0}\right) \quad 及 \quad \sigma_{sl} = \frac{N_l}{A_s}\left(1 \pm 1.1\frac{e_s}{h_0}\right)$$

式中 A_s——受拉区纵向钢筋截面面积；

e_s——轴向拉力作用点至纵向受拉钢筋(对全截面受拉的偏心受拉构件，为拉应力较大一侧的钢筋)合力点的距离；

e——轴向压力作用点至纵向受拉钢筋合力点的距离；

z——纵向受拉钢筋合力点至受压区合力点的距离；

η_s——使用阶段的偏心距增大系数；

y_s——截面重心至纵向受拉钢筋合力点的距离；

γ_f'——受压翼缘面积与腹板有效面积的比值，$\gamma_f' = (b_f' - b)h_f'/(bh_0)$，其中 b_f'、h_f' 分别为受压翼缘的宽度、高度，当 $h_f' > 0.2h_0$ 时，取 $h_f' = 0.2h_0$。

对小偏心受拉构件，上列两式右边括号内第二项取负号；对大偏心受拉构件，取正号。

3)受弯构件挠度验算

钢筋混凝土受弯构件在正常使用极限状态下的挠度，可根据构件的刚度用结构力学的方法计算。

在等截面构件中，可假设各同号弯矩区段内的刚度相等，并取用该段内最大弯矩处的刚度。

受弯构件的挠度应分别按荷载效应的短期组合（并考虑部分荷载的长期作用的影响）及长期组合所对应的长期刚度 B_l 进行计算，所得的挠度计算值 f 不应超过规范规定的允许值 $[f]$。

矩形、T 形及工字形截面受弯构件的长期刚度可按下列公式计算：

(1) 对应于荷载效应的短期组合（并考虑部分荷载的长期作用的影响）时

$$B_l = \frac{M_s}{M_l(\theta - 1) + M_s}B_s$$

(2) 对应于荷载效应的长期组合时

$$B_l = B_s/\theta$$

钢筋混凝土受弯构件的短期刚度 B_s 可按下列公式计算：

(1) 不出现裂缝的构件

$$B_s = 0.85E_cI_0$$

(2) 出现裂缝的矩形、T 形及工字形截面构件

$$B_s = (0.025 + 0.28\alpha_E\rho)(1 + 0.55\gamma_f' + 0.12\gamma_f)E_cbh_0^3$$

对于均质弹性梁，挠度按下式计算：

$$f = S\frac{Ml_0^2}{EI} = \frac{5}{48}\frac{M_sl_0^2}{B_l} \leqslant [f]$$

$$M = ql_0^2/8$$

式中 θ——考虑荷载长期作用对挠度增大的影响系数，按下列规定采用：当 $\rho' = 0$ 时，$\theta = 2.0$，当 $\rho' = \rho$ 时，$\theta = 1.6$，当 ρ' 为中间数值时，θ 按直线内插法取用，此处，ρ' 为纵向受压钢筋配筋率，$\rho' = A_s'/(bh_0)$，ρ 为纵向受拉钢筋配筋率，$\rho = A_s/(bh_0)$，对翼缘在受拉区的倒 T 形截面，θ 应增加 20%；

γ_f——受拉翼缘面积与腹板有效面积的比值，$\gamma_f = (b_f - b)h_f/(bh_0)$；

q——简支梁承受的均布荷载；

S——与荷载类型、支撑条件有关的系数，对承受均布荷载的简支梁，$S = 5/48$。

2.2.1.7 钢筋混凝土结构构件的设计构造规定

1) 板

(1) 钢筋混凝土板中受力钢筋的间距：当板厚 $h \leqslant 200$ mm 时，不应大于 250 mm；当 200 mm $< h \leqslant 1\ 500$ mm 时，不应大于 300 mm；当 $h > 1\ 500$ mm 时，不应大于 $0.2h$ 并不大于 400 mm。

板中弯起钢筋的弯起角不宜小于 30°，厚板中的弯起角可为 45°或 60°。钢筋弯起后，板中受力钢筋直通伸入支座的截面面积不应小于跨中钢筋截面面积的 1/3。其间距不应大于 400 mm。

(2) 单向板中单位长度的分布钢筋截面面积不应小于单位长度上受力钢筋截面面积的 15%（集中荷载时为 25%），且每米长度内不少于 3 根，其直径不宜小于 5 mm。

承受分布荷载的厚板，其分布钢筋的配置可不受上述规定的限制。此时，分布钢筋的

直径可采用10~16 mm，间距可为200~400 mm。

当板处于温度变幅较大或处于不均匀沉陷的复杂条件，且在与受力钢筋垂直的方向所受约束很大时，分布钢筋宜适当增加。

(3)如板边为部分嵌固，而在分析中没有考虑到这种嵌固的影响，则在板的顶部沿板边需配置垂直板边的钢筋，其数量按承受跨中最大弯矩绝对值的1/4计算。钢筋应从支座边伸出至少为1/5跨度的长度；若为单向板，平行板跨方向的板边，其顶部垂直板边的钢筋可按构造适当配置。

(4)现浇板的受力钢筋与梁的肋部平行时，应沿梁肋方向每米长度内配置不少于5根与梁肋垂直的构造钢筋，其直径不小于6 mm，且单位长度内的总截面面积不应小于板中单位长度内受力钢筋截面面积的1/3，伸入板中的长度从肋边算起每边不小于板计算跨度 l_0 的1/4。

(5)简支板的下部纵向受力钢筋伸入支座的长度 l_{as} 不应小于 $5d$；当采用焊接网配筋时，其末端至少应有一根横向钢筋配置在支座边缘内。如不能符合上述要求，应在受力钢筋末端制成弯钩或加焊附加的横向锚固钢筋。

当 $V > V_c/\gamma_d$ 时，配置在支座边缘内的横向锚固钢筋不应少于两根，其直径不应小于纵向受力钢筋直径的一半。

2)梁

(1)梁的下部纵向钢筋的净距不应小于钢筋直径，上部纵向钢筋的净距不应小于1.5倍钢筋直径，同时均不应小于30 mm，也不应小于最大骨料粒径的1.5倍。梁的下部纵向受力钢筋不宜多于两层，当两层布置不开时，允许钢筋成束布置，但每束钢筋以两根为宜；受力钢筋多于两层时，第三层及以上的钢筋间距应增加一倍。

伸入支座内的纵向受力钢筋不得少于两根。

(2)简支梁的下部受力钢筋伸入支座内的锚固长度 l_{as} 应符合下列条件：

当 $V \leqslant V_c/\gamma_d$ 时

$$l_{as} \geqslant 5d$$

当 $V > V_c/\gamma_d$ 时

螺纹钢筋 $l_{as} \geqslant 10d$

月牙纹钢筋 $l_{as} \geqslant 12d$

光面钢筋 $l_{as} \geqslant 15d$

(3)钢筋混凝土梁中箍筋的配置应符合下列要求：

如按计算不需设置抗剪钢筋，对高度大于300 mm的梁，仍应沿全梁设置箍筋；对高度为150~300 mm的梁，可仅在构件端部各1/4跨度范围内设置箍筋，但当在构件中部1/2跨度范围内有集中荷载作用时，则应沿梁全长设置箍筋；对高度为150 mm以下的梁，可不设箍筋。

当 $V > V_c/\gamma_d$ 时，箍筋的配筋率 ρ_{sv} 不应小于0.12%（Ⅰ级钢筋）或0.08%（Ⅱ级钢筋）。在此，$\rho_{sv} = A_{sv}/(bs)$。

对高度 $h > 800$ mm的梁，箍筋直径不宜小于8 mm；对高度 $h = 250 \sim 800$ mm的梁，箍筋直径不宜小于6 mm；对高度 $h < 250$ mm的梁，箍筋直径不应小于4 mm。当梁中配有计

算的受压钢筋时，箍筋直径尚不应小于 $d/4$（d 为受压钢筋中的最大直径），箍筋应做成封闭式。

箍筋最大间距应符合规范的规定，一般为 150 ~ 500 mm。

当配有计算需要的纵向受压钢筋时，箍筋间距在绑扎骨架中不应大于 $15d$，在焊接骨架中不应大于 $20d$（d 为受压钢筋中的最小直径）。同时，在任何情况下均不应大于 400 mm；当一层内纵向受压钢筋多于 5 根且直径大于 18 mm 时，箍筋间距不应大于 $10d$。

纵向钢筋绑扎搭接处的箍筋间距应符合规范的规定，一般为 100 ~ 200 mm。

当一层内的纵向受压钢筋多于 4 根（或当梁宽大于 400 mm，一层内的纵向受压钢筋多于 3 根）时，应设置复合箍筋。

（4）绑扎骨架的钢筋混凝土梁，当设置弯起钢筋时，弯起钢筋的弯终点外应留有锚固长度，其长度在受拉区不应小于 $20d$，在受压区不应小于 $10d$。对光面钢筋，在末端尚应设置弯钩。位于梁底层两侧的钢筋不应弯起。弯起钢筋不应采用浮筋。

梁中弯起钢筋的弯起角可根据梁的高度取为 45°或 60°。

（5）当梁的跨度小于 4 m 时，架立钢筋的直径不宜小于 6 mm；当跨度为 4 ~ 6 m 时，不宜小于 8 mm；当跨度大于 6 m 时，不宜小于 10 mm。

（6）当梁高超过 700 mm 时，在梁的两侧沿高度每隔 300 ~ 400 mm，应设置一根直径不小于 10 mm 的纵向构造钢筋。两侧构造钢筋之间宜设置连系拉筋，连系拉筋直径可取与箍筋相同，间距 500 ~ 700 mm。

（7）对于薄腹梁，应在下部 1/2 梁高的腹板内沿两侧配置纵向构造钢筋，其直径为 10 ~ 14 mm，间距为 100 ~ 150 mm，并按上稀下密的方式布置；在上部 1/2 梁高的腹板内沿两侧配置直径不小于 10 mm 的纵向构造钢筋。

3）柱

（1）钢筋混凝土柱的纵向受力钢筋应符合下列要求：

纵向受力钢筋直径 d 不宜小于 12 mm，全部纵向钢筋配筋率不宜超过 5%。

当偏心受压柱的截面高度 $h \geqslant 600$ mm 时，在侧面应设置直径为 10 ~ 16 mm 的纵向构造钢筋，其间距不大于 500 mm，并相应地设置复合箍筋或连系拉筋。

柱内纵向钢筋的净距不应小于 50 mm；在水平位置上浇筑的装配式柱，其纵向钢筋的最小净距不应小于钢筋直径 d，上部纵向钢筋的净距不应小于 $1.5d$，同时均不应小于 300 mm，也不应小于最大骨料粒径的 1.5 倍。

柱内纵向受力钢筋间距的中距不应大于 350 mm。

（2）柱中箍筋应符合下列要求：

柱中箍筋应做成封闭式。

箍筋的间距不应大于 400 mm，也不大于构件截面的短边尺寸；同时，在绑扎骨架中不应大于 $15d$，在焊接骨架中不应大于 $20d$（d 为纵向钢筋的最小直径）。

箍筋直径不应小于 0.25 倍纵向钢筋的最大直径，也不应小于 6 mm；采用 LL550 级冷轧带肋钢筋时，箍筋直径不应小于 0.2 倍纵向钢筋的最大直径，且不应小于 6 mm。

当柱子各边纵向钢筋多于 3 根时，应设置复合箍筋；当柱子短边不大于 400 mm，且纵向钢筋不多于 4 根时，可不设置复合箍筋。

当柱中全部纵向受力钢筋的配筋率超过3%时，箍筋直径不宜小于8 mm，且应焊成封闭环式，间距不应大于10d（d为纵向钢筋的最小直径），且不应大于200 mm。

柱内纵向钢筋绑扎搭接长度范围内的箍筋的间距不应大于5d，且不大于100 mm；当钢筋受压时，箍筋间距不应大于10d，且不大于200 mm。在此，d为搭接钢筋中的最小直径。

当柱中纵向钢筋按构造配置，钢筋强度未充分利用时，箍筋的配置要求可适当放宽。

4）墙

（1）顶部承受竖向荷载的承重墙，可按轴心受压或偏心受压构件设计；承受垂直于墙面的水平荷载的墙体，可按受弯构件或偏心受压构件设计；承受平行于墙面的水平荷载的剪力墙，则按剪压构件设计。

（2）顶部承受竖向荷载的承重墙，竖向钢筋的直径不应小于8 mm，间距不应大于400 mm。在水平方向还应配置水平分布钢筋。

当承重墙厚度大于200 mm时，竖向及水平钢筋网应分别在墙的两侧面配置。

当按正截面承载力计算不需配置竖向受力钢筋时，则在墙体截面两端应各设置不少于2根直径为12 mm的竖向构造钢筋。

承重墙的厚度不应小于无支承高度的1/25，也不宜小于150 mm。

（3）顶部承受局部竖向荷载的墙体，可作为下述矩形截面的柱进行计算，矩形的一边边长和墙厚b相等，另一边边长h_e可按局部荷载受压长度a再每侧加上2b的原则确定。

（4）承受垂直于墙面的水平荷载的墙体，墙厚不宜小于150 mm。当墙厚大于200 mm时，在墙的两侧面均应布置钢筋网，有关构造要求均按板的规定或工程经验处理。

2.2.1.8 水工混凝土结构的温度作用

水工混凝土结构在下列情况下应考虑温度作用设计：①重要的大体积混凝土结构抗裂验算时；②对限制裂缝宽度有严格要求的超静定钢筋混凝土结构设计时；③为确定温度伸缩缝位置和设计防渗止水构造设施，对结构构件进行变形计算时。

能保证自由变形的大体积结构可不考虑温度作用的影响。

水工混凝土结构温度作用应按下列情况分别考虑：①混凝土浇筑施工期：考虑混凝土浇筑温度、水泥水化热、调节结构温度状态的人工温控措施、建筑物基底及相邻部分的热量传导等；②结构运用期：考虑外界气温、水温、结构表面日照影响等。

拱和框架等非大体积的超静定钢筋混凝土结构可只考虑运用期的温度作用。

气温、水温、表面日照辐射热等温度作用的计算参数及周期变化过程应取自工程附近气象水文部门的实测资料，或根据水工建筑物的荷载设计规范确定。

对于大型工程，混凝土的线热胀系数α_c、导热系数λ、比热c及导温系数a等热学特性指标，均应由试验或专门研究确定。

水泥水化热及混凝土的绝热温升应通过试验确定。

对重要结构除温度作用外，在混凝土浇筑初期，还应考虑因湿度变化引起的混凝土干缩对结构的影响。混凝土的干缩变形宜由试验或专门研究确定，初估时也可将混凝土的干缩影响折算为10～15 ℃的温降。

大体积混凝土结构的温度场应采用包括不稳定过程在内的热传导方程计算。大体积混凝土结构在温度作用下的应力宜根据徐变应力分析理论的有限单元法计算。弹性基础上的混凝土结构,当基础与结构的材料特性符合比例变形条件时,或刚性基础上的混凝土结构,也可利用混凝土应力松弛系数进行徐变温度应力计算。

对于允许出现裂缝的结构,当考虑温度作用影响且不满足抗裂要求时,应配置温度钢筋,限制温度裂缝扩展。

钢筋混凝土框架计算时,应考虑框架封闭时的温度与运用期间可能遇到的最高或最低多年月平均温度之间的均匀温差。必要时,考虑结构在运用期间的内外温差。

钢筋混凝土框架结构承载力极限状态验算时,温度作用的分项系数 γ_T 可取为 1.1;正常使用极限状态验算时,γ_T 可取为 1.0。

分析钢筋混凝土框架在温度作用下的内力时,杆件的刚度应取用开裂后的实际刚度。可采用混凝土开裂后刚度分段变化的非线性分析方法或其他降低构件刚度的近似方法。

2.2.2 案例分析

【例 2-1】 混凝土强度等级应由按标准方法制作养护的边长为(　　)的立方体试件,在 28 d 龄期用标准试验方法测得的具有(　　)保证率的抗压强度标准值确定。

A. 100 mm、90%　　B. 100 mm、95%　　C. 150 mm、90%　　D. 150 mm、95%

答案:D

考点:混凝土强度等级确定。

解:根据《水工混凝土结构设计规范》(SL/T 191—96)第 3.1.2 条,D 正确。

【例 2-2】 钢筋的强度标准值应具有不小于(　　)的保证率。

A. 85%　　B. 90%　　C. 95%　　D. 100%

答案:C

考点:钢筋的强度标准值的保证率。

解:根据《水工混凝土结构设计规范》(SL/T 191—96)第 3.2.2 条,C 正确。

【例 2-3】 水工混凝土结构所处的有轻度化学侵蚀性地下水的地下环境属于(　　)环境。

A. 一类　　B. 二类　　C. 三类　　D. 四类

答案:C

考点:环境条件。

解:根据《水工混凝土结构设计规范》(SL/T 191—96)第 4.1.10 条,C 正确。

【例 2-4】 现行《水工混凝土结构设计规范》(SL/T 191—96),采用以概率理论为基础的极限状态设计方法,以可靠度指标度量结构构件的可靠度,并据此采用结构重要性系数、设计状况系数、结构系数及(　　)的设计表达式进行设计。

A. 作用分项系数　　B. 荷载分布的影响系数

C. 动力系数　　D. 材料性能分项系数

答案:AD

考点:极限状态设计表达式。

解:根据《水工混凝土结构设计规范》(SL/T 191—96)第 4.2.1 条,AD 正确。

【例 2-5】 承受水压时可不进行裂缝控制验算的是(　　)。

A. 轴心受拉构件　　B. 小偏心受拉构件

C. 轴心受压构件　　D. 发生裂缝后会引起严重渗漏的构件

答案:C

考点:裂缝控制。

解:根据《水工混凝土结构设计规范》(SL/T 191—96)第 4.3.2 条,C 正确。

【例 2-6】 以下关于混凝土结构耐久性要求不正确的说法是(　　)。

A. 在有泥沙磨蚀的部位,应采用质地坚硬的骨料

B. 临时建筑物及大体积结构的内部混凝土可不提出耐久性要求

C. 抗冻混凝土必须掺加引气剂

D. 当环境条件类别为一、二类时,不采用薄壁和薄腹的结构型式

答案:D

考点:结构耐久性要求。

解:根据《水工混凝土结构设计规范》(SL/T 191—96)第 4.4 条,不正确的说法是 D。

【例 2-7】 三类环境条件,采用Ⅱ级钢筋的钢筋混凝土构件,其混凝土强度等级不宜低于(　　)。

A. C15　　B. C20　　C. C25　　D. C30

答案:C

考点:结构耐久性要求。

解:根据《水工混凝土结构设计规范》(SL/T 191—96)第 4.4.2 条,C 正确。

【例 2-8】 某岩基上的重力式素混凝土挡墙,采用 C15 混凝土(f_c = 7.5 N/mm^2,f_t = 0.9 N/mm^2),墙高 7 m,底部截面厚 2.4 m,截面抵抗矩的塑性系数 γ_m = 1.28,在荷载作用下,单位墙长弯矩设计值 M = 660 kN·m,轴向压力设计值 N = 604 kN,挡土墙墙底截面所能承受的最大承载力设计值(　　)。

A. 可不考虑混凝土受拉区作用,受压区最大承载力为 3 561 kN

B. 可不考虑混凝土受拉区作用,受压区最大承载力为 4 630 kN

C. 受拉区最大承载力为 766 kN,受压区最大承载力为 3 561 kN

D. 受拉区最大承载力为 1 533 kN,受压区最大承载力为 4 630 kN

答案:C

考点:素混凝土受压构件承载力计算。

解:(1)选择计算方法。

根据《水工混凝土结构设计规范》(SL/T 191—96)第 5.2.1 条,有:

$$e_0 = M/N = 660/604 = 1.093(\text{m})$$

$$y_c' = h/2 = 2.4/2 = 1.2(\text{m})$$

$$e_0 > 0.8y_c' = 0.8 \times 1.2 = 0.96(\text{m})$$

故应按受压构件承载力计算第二种方法分别验算截面受拉区及受压区的承载力。

(2)确定稳定系数 φ。

因墙体下端固定,上端自由,由《水工混凝土结构设计规范》(SL/T 191—96)表 5.2.2-2

知,构件计算长度 $l_0 = 2.0l$,有:

$$l_0 = 2.0l = 2.0 \times 7 = 14(\text{m})$$

$$l_0/h = 14/2.4 = 5.83$$

由《水工混凝土结构设计规范》(SL/T 191—96)表 5.2.2-1 查得稳定系数 $\varphi = 0.96$。

(3)受拉区承载力验算。

由《水工混凝土结构设计规范》(SL/T 191—96)表 4.2.1 知,素混凝土结构受拉破坏结构系数 $\gamma_d = 2.0$,按《水工混凝土结构设计规范》(SL/T 191—96)式(5.2.3-3),有:

$$\frac{1}{\gamma_d}\left(\frac{\varphi\gamma_m f_t bh}{\frac{6e_0}{h} - 1}\right) = \frac{1}{2.0} \times \frac{0.96 \times 1.28 \times 0.9 \times 1\,000 \times 2\,400}{6 \times 1\,093/2\,400 - 1} = 766.4(\text{kN})$$

(4)受压区承载力验算。

由《水工混凝土结构设计规范》(SL/T 191—96)表 4.2.1,素混凝土结构受压破坏结构系数 $\gamma_d = 1.3$ 。按《水工混凝土结构设计规范》(SL/T 191—96)式(5.2.3-4),有:

$$\frac{1}{\gamma_d}\frac{\varphi f_c bh}{\frac{6e_0}{h} + 1} = \frac{1}{1.3} \times \frac{0.96 \times 7.5 \times 1\,000 \times 2\,400}{6 \times 1\,093/2\,400 + 1} = 3\,561.2(\text{kN})$$

受拉区最大承载力 766.4 kN,受压区最大承载力 3 561.2 kN。

因此,答案选 C。

【例 2-9】 一水闸底板,厚度 $h = 2.2$ m,采用 C20 级素混凝土($f_c = 10$ N/mm^2,$f_t = 1.1$ N/mm^2),已知每米板宽截面抵抗矩的塑性系数 $\gamma_m = 1.3$,该底板正截面所能承受的最大弯矩设计值为(　　)kN·m。

A. 577　　B. 900　　C. 1 153　　D. 1 672

答案:A

考点:素混凝土受弯构件承载力计算。

解:由《水工混凝土结构设计规范》(SL/T 191—96)表 4.2.1,素混凝土结构受拉破坏结构系数 $\gamma_d = 2.0$。按《水工混凝土结构设计规范》(SL/T 191—96)式(5.3.1-2):

$$\frac{1}{\gamma_d}\left(\frac{1}{6}\gamma_m f_t bh^2\right) = \frac{1}{2.0} \times \frac{1}{6} \times 1.3 \times 1.1 \times 1\,000 \times 2\,200^2 = 577 \times 10^6(\text{N}\cdot\text{m}) = 577\ \text{kN}\cdot\text{m}$$

该底板正截面所能承受的最大弯矩设计值为 577 kN·m。

因此,答案选 A。

【例 2-10】 某素混凝土梁垫平面尺寸为 370 mm × 800 mm(宽×长),采用 C15 级混凝土($f_c = 7.5$ N/mm^2,$f_t = 0.9$ N/mm^2),已知梁宽 $b = 200$ mm,梁支承长度 $a = 250$ mm,该梁垫局部所能承受的最大压力设计值为(　　)kN。

A. 136　　B. 238　　C. 375　　D. 460

答案:C

考点:素混凝土局部受压承载力计算。

解:由《水工混凝土结构设计规范》(SL/T 191—96)表 4.2.1,素混凝土结构受压破坏结构系数 $\gamma_d = 1.3$。因属梁端局部受压,取荷载分布影响系数 $\omega = 0.75$。

局部受压面积为：

$$A_l = a \times b = 250 \times 200 = 50\ 000(\text{mm}^2)$$

由《水工混凝土结构设计规范》(SL/T 191—96)图 5.4.1 可算得局部受压计算面积为：

$$A_b = a \times 3b = 250 \times 3 \times 200 = 150\ 000(\text{mm}^2)$$

混凝土局部受压时的强度提高系数为：

$$\beta = \sqrt{A_b/A_l} = \sqrt{150\ 000/50\ 000} = 1.732$$

按《水工混凝土结构设计规范》(SL/T 191—96)式(5.4.1-1)：

$$\frac{1}{\gamma_d}\omega\beta f_c A_l = \frac{1}{1.3} \times 0.75 \times 1.732 \times 7.5 \times 50\ 000 = 374.7(\text{kN})$$

该梁垫局部所能承受的最大压力设计值为 375 kN，故选 C。

【例 2-11】 一矩形截面梁，截面尺寸 $b \times h = 300\ \text{mm} \times 800\ \text{mm}$，$h_0 = 755\ \text{mm}$，采用 C20 级混凝土($f_c = 10\ \text{N/mm}^2$)，Ⅱ级钢筋($f_y = 310\ \text{N/mm}^2$，$\xi_b = 0.544$)，跨中截面承受弯矩设计值 $M = 240\ \text{kN}\cdot\text{m}$，$\gamma_d = 1.2$，不考虑受压钢筋，所需受拉钢筋截面面积为(　　) mm^2。

A. 1 036　　B. 1 352　　C. 1 487　　D. 1 672

答案： B

考点： 单筋矩形截面正截面受弯配筋计算。

解： 按《水工混凝土结构设计规范》(SL/T 191—96)式(6.2.1-1)：

$$\alpha_s = \frac{\gamma_d M}{f_c b h_0^2} = \frac{1.2 \times 240 \times 10^6}{10 \times 300 \times 755^2} = 0.168$$

$$\xi = 1 - \sqrt{1 - 2\alpha_s} = 1 - \sqrt{1 - 2 \times 0.168} = 0.185 < \xi_b = 0.544$$

$$x = \xi h_0 = 0.185 \times 755 = 139.68(\text{mm})$$

$$A_s = f_c b x / f_y = 10 \times 300 \times 139.68/310 = 1\ 351.7(\text{mm}^2)$$

$$\rho = \frac{A_s}{b h_0} = \frac{1\ 351.7}{300 \times 755} = 0.6\% > \rho_{\min} = 0.15\%$$

所需受拉钢筋截面面积为 1 352 mm^2，故选 B。

【例 2-12】 一矩形截面梁，截面尺寸为 $b \times h = 200\ \text{mm} \times 500\ \text{mm}$，$h_0 = 440\ \text{mm}$，采用 C20 混凝土($f_c = 10\ \text{N/mm}^2$)，Ⅱ级钢筋($f_y = 310\ \text{N/mm}^2$，$\xi_b = 0.544$)，跨中截面承受弯矩设计值 $M = 189\ \text{kN}\cdot\text{m}$，已知配有 3 Φ 20($A_s' = 941\ \text{mm}^2$)受压钢筋，$a_s' = 35\ \text{mm}$，$\gamma_d = 1.2$，所需受拉钢筋截面面积为(　　) mm^2。

A. 1 230　　B. 1 408　　C. 1 693　　D. 1 900

答案： D

考点： 双筋矩形截面正截面受弯配筋计算。

解： 按《水工混凝土结构设计规范》(SL/T 191—96)式(6.2.1-1)～式(6.2.1-4)：

$$\alpha_s = \frac{\gamma_d M - f_y' A_s'(h_0 - a_s')}{f_c b h_0^2} = \frac{1.2 \times 189 \times 10^6 - 310 \times 941 \times (440 - 35)}{10 \times 200 \times 440^2} = 0.281$$

$$\xi = 1 - \sqrt{1-2\alpha_s} = 1 - \sqrt{1-2\times 0.281} = 0.338 < \xi_b = 0.544$$

$$x = \xi h_0 = 0.338 \times 440 = 148.7(\text{mm}) > 2a_s' = 2\times 35 = 70(\text{mm})$$

$$A_s = (f_c bx + f_y' A_s')/f_y = (10\times 200\times 148.7 + 310\times 941)/310 = 1\,900(\text{mm}^2)$$

$$\rho = \frac{A_s}{bh_0} = \frac{1\,900}{200\times 440} = 2.16\% > \rho_{\min} = 0.15\%$$

所需受拉钢筋截面面积为 1 900 mm^2,故选 D。

【例 2-13】 一 T 形截面梁,腹板宽 $b = 300$ mm,腹板高 $h = 700$ mm,翼缘计算宽度 $b_f' = 600$ mm,翼缘高 $h_f' = 200$ mm,采用 C20 混凝土($f_c = 10\ \text{N/mm}^2$),Ⅱ级钢筋($f_y = 310\ \text{N/mm}^2$,$\xi_b = 0.544$),跨中截面承受弯矩设计值 $M = 540$ kN · m,已知 $h_0 = 630$ mm,$\gamma_d = 1.2$,不考虑受压钢筋,所需受拉钢筋截面面积为(　　)mm^2。

A. 2 139　　B. 3 012　　C. 3 960　　D. 4 685

答案:C

考点:T 形截面正截面受弯配筋计算。

解:根据《水工混凝土结构设计规范》(SL/T 191—96)第 6.2.2 条。

(1)判别 T 形梁类型:

按受力平衡条件

$$\gamma_d M = 1.2\times 540 = 648(\text{kN}\cdot\text{m})$$

$$f_c b_f' h_f'(h_0 - h_f'/2) = 10\times 600\times 200\times(630-200/2) = 636\times 10^6(\text{N}\cdot\text{m}) = 636\ \text{kN}\cdot\text{m}$$

$$\gamma_d M > f_c b_f' h_f'(h_0 - h_f'/2)$$

属于第二类 T 形梁。

(2)正截面受弯配筋计算。根据《水工混凝土结构设计规范》(SL/T 191—96)式(6.2.2-2)、式(6.2.2-3):

$$\alpha_s = \frac{\gamma_d M - f_c(b_f'-b)h_f'(h_0-h_f'/2)}{f_c b h_0^2}$$

$$= \frac{1.2\times 540\times 10^6 - 10\times(600-300)\times 200\times(630-200/2)}{10\times 300\times 630^2} = 0.277$$

$$\xi = 1 - \sqrt{1-2\alpha_s} = 1 - \sqrt{1-2\times 0.277} = 0.332 < \xi_b = 0.544$$

$$x = \xi h_0 = 0.332\times 630 = 209.2(\text{mm})$$

$$A_s = \frac{f_c bx + f_c(b_f'-b)h_f'}{f_y} = \frac{10\times 300\times 209.2 + 10\times(600-300)\times 200}{310}$$

$$= 3\,960(\text{mm}^2)$$

$$\rho = \frac{A_s}{bh_0} = \frac{3\,960}{300\times 630} = 2.1\% > \rho_{\min} = 0.15\%$$

所需受拉钢筋截面面积为 3 960 mm^2,故选 C。

【例 2-14】 某矩形截面钢筋混凝土柱,截面尺寸 $b\times h = 400\ \text{mm}\times 600\ \text{mm}$,柱在两个方向的计算长度均为 $l_0 = 5.0$ m,采用 C25 级混凝土($f_c = 12.5\ \text{N/mm}^2$),Ⅱ级钢筋($f_y = 310\ \text{N/mm}^2$,$\xi_b = 0.544$)。该柱控制截面轴心压力设计值 $N = 1\,100$ kN,弯矩设计值 $M =$

480 kN · m。已知 $a=a_s'=40$ mm,$\gamma_d=1.2$,若采用不对称配筋,所需受拉和受压钢筋截面面积为(   )。

A. 受拉钢筋截面面积 2 732 mm^2,受压钢筋截面面积 2 077 mm^2

B. 受拉钢筋截面面积 2 732 mm^2,受压钢筋截面面积 3 287 mm^2

C. 受拉钢筋截面面积 3 126 mm^2,受压钢筋截面面积 2 077 mm^2

D. 受拉钢筋截面面积 3 126 mm^2,受压钢筋截面面积 3 287 mm^2

答案:A

考点:大偏心受压构件正截面承载力计算(不对称配筋)。

解:根据《水工混凝土结构设计规范》(SL/T 191—96)第 6.3 条:

$$h_0 = 600 - 40 = 560(\text{mm})$$

(1)求初始偏心距:

$$e_0 = M/N = 480/1\,100 = 436.4(\text{mm})$$

(2)求偏心距增大系数。

按《水工混凝土结构设计规范》(SL/T 191—96)式(6.3.8):

$$\xi_1=\frac{0.5f_cA}{\gamma_dN}=\frac{0.5\times12.5\times400\times600}{1.2\times1\,100\times10^3}=1.136>1,\text{取 }\xi_1=1。$$

$l_0/h=5\,000/600=8.3<15$,取 $\xi_2=1$。

按《水工混凝土结构设计规范》(SL/T 191—96)式(6.3.8-1):

$$\eta = 1+\frac{1}{1\,400\,\dfrac{e_0}{h_0}}\left(\frac{l_0}{h}\right)^2\xi_1\xi_2 = 1+\frac{1}{1\,400\times\dfrac{436.4}{560}}\left(\frac{5\,000}{600}\right)^2\times1\times1 = 1.064$$

(3)判别大小偏心受压:

$$\eta e_0 = 1.064\times436.4 = 464.1(\text{mm})$$

$$0.3h_0 = 0.3\times560 = 168(\text{mm})$$

$\eta e_0>0.3h_0$,故按大偏心受压计算。

(4)求轴向力作用点至受拉边距离:

$$e = \eta e_0 + h/2 - a_s = 1.064\times436.4+600/2-40 = 724.1(\text{mm})$$

(5)求受压钢筋面积。

按《水工混凝土结构设计规范》(SL/T 191—96)式(6.3.2-2):

$$A_s'=\frac{\gamma_dNe-f_cbh_0^2\xi_b(1-0.5\xi_b)}{f_y'(h_0-a_s')}$$

$$=\frac{1.2\times1\,100\times10^3\times724.1-12.5\times400\times560^2\times0.544\times(1-0.5\times0.544)}{310\times(560-40)}$$

$$=2\,077(\text{mm}^2) > \rho_{\min}bh_0 = 0.2\%\times400\times560 = 448(\text{mm}^2)$$

(6)求受拉钢筋面积。

按《水工混凝土结构设计规范》(SL/T 191—96)式(6.3.2-1):

$$A_s = (f_cb\xi_bh_0+f_y'A_s'-\gamma_dN)/f_y$$

$$= (12.5\times400\times0.544\times560+310\times2\,077-1.2\times1\,100\times10^3)/310$$

$$= 2\ 732(mm^2) > \rho_{min}bh_0 = 0.2\% \times 400 \times 560 = 448(mm^2)$$

受拉钢筋截面面积 2 732 mm^2，受压钢筋截面面积 2 077 mm^2，故选 A。

【例 2-15】 某矩形截面钢筋混凝土柱，截面尺寸 $b \times h = 400\ mm \times 600\ mm$，柱在两个方向的计算长度均为 $l_0 = 5.0\ m$，采用 C25 混凝土($f_c = 12.5\ N/mm^2$)，Ⅱ级钢筋($f_y = 310\ N/mm^2$，$\xi_b = 0.544$)。该柱控制截面轴心压力设计值 $N = 1\ 100\ kN$，弯矩设计值 $M = 480\ kN \cdot m$。已知 $a_s = a_s' = 40\ mm$，$\gamma_d = 1.2$，若采用对称配筋，每侧所需纵向钢筋截面面积为(　　)mm^2。

A. 2 139　　B. 2 425　　C. 2 862　　D. 3 086

答案：B

考点：大偏心受压构件正截面承载力计算(对称配筋)。

解：根据《水工混凝土结构设计规范》(SL/T 191—96)第 6.3 条：

$$h_0 = 600 - 40 = 560(mm)$$

(1)求初始偏心距：

$$e_0 = M/N = 480/1\ 100 = 436.4(mm)$$

(2)求偏心距增大系数。

按《水工混凝土结构设计规范》(SL/T 191—96)式(6.3.8)：

$$\xi_1 = \frac{0.5f_cA}{\gamma_dN} = \frac{0.5 \times 12.5 \times 400 \times 600}{1.2 \times 1\ 100 \times 10^3} = 1.136 > 1，取\ \xi_1 = 1。$$

$l_0/h = 5\ 000/600 = 8.3 < 15$，取 $\xi_2 = 1$。

按《水工混凝土结构设计规范》(SL/T 191—96)式(6.3.8-1)：

$$\eta = 1 + \frac{1}{1\ 400\frac{e_0}{h_0}}\left(\frac{l_0}{h}\right)^2\xi_1\xi_2 = 1 + \frac{1}{1\ 400 \times \frac{436.4}{560}}\left(\frac{5\ 000}{600}\right)^2 \times 1 \times 1 = 1.064$$

(3)求轴向力作用点至受拉边距离：

$$e = \eta e_0 + h/2 - a_s = 1.064 \times 436.4 + 600/2 - 40 = 724.1(mm)$$

(4)按大偏心求受压区高度。

按《水工混凝土结构设计规范》(SL/T 191—96)式(6.3.2-1)，大偏心受压取 $\sigma_s = f_y$，且截面对称配筋，则：

$$x = \frac{\gamma_dN}{f_cb} = \frac{1.2 \times 1\ 100 \times 10^3}{12.5 \times 400} = 264(mm) < \xi_bh_0 = 0.544 \times 560 = 304.6(mm)$$

故属于大偏心受压，且 $x = 264\ mm > 2a' = 80\ mm$。

(5)求 A_s、A_s'。

按《水工混凝土结构设计规范》(SL/T 191—96)式(6.3.2-2)：

$$A_s = A_s' = \frac{\gamma_dNe - f_cbx(h_0 - x/2)}{f_y'(h_0 - a_s')}$$

$$= \frac{1.2 \times 1\ 100 \times 10^3 \times 724.1 - 12.5 \times 400 \times 264 \times (560 - 264/2)}{310 \times (560 - 40)}$$

$$= 2\ 425(mm^2) > \rho_{min}bh_0 = 0.2\% \times 400 \times 560 = 448(mm^2)$$

每侧所需纵向钢筋截面面积2 425 mm^2,故选B。

【例2-16】 某矩形截面钢筋混凝土柱,截面尺寸 $b \times h = 400\ mm \times 600\ mm$,计算长度均为 $l_0 = 5.0\ m$,采用C25混凝土($f_c = 12.5\ N/mm^2$),Ⅱ级钢筋($f_y = 310\ N/mm^2$,$\xi_b = 0.544$)。该柱控制截面轴心压力设计值 $N = 2\ 580\ kN$,弯矩设计值 $M = 67\ kN \cdot m$。已知 $a_s = a'_s = 40\ mm$,$\gamma_d = 1.2$,每侧所需纵向钢筋截面面积为(　　)。

A. 受拉钢筋截面面积448 mm^2,受压钢筋截面面积883 mm^2

B. 受拉钢筋截面面积448 mm^2,受压钢筋截面面积2 010 mm^2

C. 受拉钢筋截面面积663 mm^2,受压钢筋截面面积883 mm^2

D. 受拉钢筋截面面积663 mm^2,受压钢筋截面面积2 010 mm^2

答案:A

考点:小偏心受压构件正截面承载力计算。

解:根据《水工混凝土结构设计规范》(SL/T 191—96)第6.3条:

$$h_0 = 600 - 40 = 560(mm)$$

(1)求初始偏心距:

$$e_0 = M/N = 67/2\ 580 = 26(mm)$$

(2)求偏心距增大系数。

按《水工混凝土结构设计规范》(SL/T 191—96)式(6.3.8):

$$\xi_1 = \frac{0.5 f_c A}{\gamma_d N} = \frac{0.5 \times 12.5 \times 400 \times 600}{1.2 \times 2\ 580 \times 10^3} = 0.484 < 1$$

$l_0/h = 5\ 000/600 = 8.3 < 15$,取 $\xi_2 = 1$。

按《水工混凝土结构设计规范》(SL/T 191—96)式(6.3.8-1):

$$\eta = 1 + \frac{1}{1\ 400 \frac{e_0}{h_0}} \left(\frac{l_0}{h}\right)^2 \xi_1 \xi_2 = 1 + \frac{1}{1\ 400 \times \frac{26}{560}} \left(\frac{5\ 000}{600}\right)^2 \times 0.484 \times 1 = 1.517$$

(3)求轴向力作用点至受拉边距离:

$$e = \eta e_0 + h/2 - a_s = 1.517 \times 26 + 600/2 - 40 = 299(mm)$$

(4)判别偏心情况:

$$\eta e_0 = 1.517 \times 26 = 39.4(mm)$$

$$0.3 h_0 = 0.3 \times 560 = 168(mm)$$

$\eta e_0 < 0.3 h_0$,故按小偏心受压计算。

(5)求受拉钢筋截面面积。

小偏心受压时,远离轴向力一侧的纵向钢筋,均未达到屈服强度。因此,可按 ρ_{min} 求 A_s:

$$A_s = \rho_{min} b h_0 = 0.002 \times 400 \times 560 = 448(mm^2)$$

按《水工混凝土结构设计规范》(SL/T 191—96)式(6.3.2-5),验算破坏是否会发生在 A_s 侧,有:

$\gamma_d N(h/2 - a'_s - e_0) - f_c b h(h_0 - h/2)$

$= 1.2 \times 2\ 580 \times (600/2 - 40 - 26) - 12.5 \times 400 \times 600 \times (560 - 600/2) < 0$

故破坏不会发生在受拉侧。

(6)求受压区计算高度。

按《水工混凝土结构设计规范》(SL/T 191—96)式(6.1.4-1):

$$\sigma_s = \frac{f_y}{\xi_b - 0.8}\left(\frac{x}{h_0} - 0.8\right) = \frac{310}{0.544 - 0.8} \times \left(\frac{x}{h_0} - 0.8\right) \quad ①$$

按《水工混凝土结构设计规范》(SL/T 191—96)式(6.3.2-1):

$$\gamma_d N = f_c bx + f_y' A_s' - \sigma_s A_s$$

$$1.2 \times 2\,580 \times 10^3 = 1.25 \times 400 \times x + 310 \times A_s' - \sigma_s \times 448 \quad ②$$

按《水工混凝土结构设计规范》(SL/T 191—96)式(6.3.2-2):

$$\gamma_d Ne = f_c bx(h_0 - x/2) + f_y' A_s'(h_0 - a_s')$$

$$1.2 \times 2\,580 \times 10^3 \times 299 = 12.5 \times 400 \times x(560 - x/2) + 310 \times A_s'(560 - 40) \quad ③$$

解①②③方程组,得 $x = 545$ mm。

(7)求受压钢筋面积。

按《水工混凝土结构设计规范》(SL/T 191—96)式(6.3.2-2)

$$A_s' = \frac{\gamma_d Ne - f_c bx(h_0 - x/2)}{f_y(h_0 - a_s')}$$

$$= \frac{1.2 \times 2\,580 \times 10^3 \times 299 - 12.5 \times 400 \times 545 \times (560 - 545/2)}{310 \times (560 - 40)}$$

$$= 883(\text{mm}^2) > \rho_{\min} bh_0 = 0.2\% \times 400 \times 560 = 448(\text{mm}^2)$$

受拉钢筋截面面积 448 mm^2,受压钢筋截面面积 883 mm^2,故选 A。

【例 2-17】 某矩形截面钢筋混凝土受拉构件,截面尺寸 $b \times h = 300\ \text{mm} \times 400\ \text{mm}$,$a_s = a_s' = 35$ mm,采用 C20 混凝土($f_t = 1.1\ \text{N/mm}^2$),Ⅱ级钢筋($f_y = 310\ \text{N/mm}^2$)。该构件控制截面轴向拉力设计值 $N = 620$ kN,弯矩设计值 $M = 70$ kN·m。已知 $\gamma_d = 1.2$,若采用非对称配筋,每侧所需纵向钢筋截面面积 A_s 及 A_s'分别为(　　)mm^2。

A. 2 021、379　　B. 1 823、379　　C. 2 021、613　　D. 1 823、613

答案:A

考点:小偏心受拉构件正截面承载力计算。

解:根据《水工混凝土结构设计规范》(SL/T191—96)第 6.4 条:

$$h_0 = 400 - 35 = 365(\text{mm})$$

(1)判别大小偏心受拉:

$$e_0 = M/N = 70/620 = 112.9(\text{mm})$$

$$h/2 - a_s = 400/2 - 35 = 165(\text{mm})$$

$$e_0 < h/2 - a_s$$

属于小偏心受拉构件。

(2)计算 e 及 e':

$$e = h/2 - a_s - e_0 = 400/2 - 35 - 112.9 = 52.1(\text{mm})$$

$$e' = h/2 - a_s' + e_0 = 400/2 - 35 + 112.9 = 277.9(\text{mm})$$

(3)计算纵向钢筋截面面积 A_s 及 A_s'。

按《水工混凝土结构设计规范》(SL/T 191—96)式(6.4.2-2):

$$A_s = \frac{\gamma_d Ne'}{f_y(h_0 - a_s)} = \frac{1.2 \times 620 \times 10^3 \times 277.9}{310 \times (365 - 35)}$$

$$= 2\ 021(\text{mm}^2) > \rho_{\min} bh_0 = 0.15\% \times 300 \times 365 = 164.3(\text{mm}^2)$$

按《水工混凝土结构设计规范》(SL/T 191—96)式(6.4.2-1):

$$A'_s = \frac{\gamma_d Ne}{f_y(h_0 - a'_s)} = \frac{1.2 \times 620 \times 10^3 \times 52.1}{310 \times (365 - 35)}$$

$$= 379(\text{mm}^2) > \rho_{\min} bh_0 = 0.15\% \times 300 \times 365 = 164.3(\text{mm}^2)$$

纵向钢筋分别为 2 021 mm^2、379 mm^2,故选 A。

【例 2-18】 某矩形截面钢筋混凝土受拉构件,截面尺寸 $b \times h = 200\ \text{mm} \times 400\ \text{mm}$, $a_s = a'_s = 35\ \text{mm}$,采用 C20 混凝土($f_c = 10.0\ \text{N/mm}^2$),Ⅱ级钢筋($f_y = 310\ \text{N/mm}^2$, $\xi_b = 0.544$)。该构件控制截面轴向拉力设计值 $N = 550\ \text{kN}$,弯矩设计值 $M = 200\ \text{kN} \cdot \text{m}$。已知 $\gamma_d = 1.2$,若采用非对称配筋,每侧所需纵向钢筋截面面积 A_s 及 A'_s 分别为(　　)mm^2。

A. 1 897、110　　B. 3 660、110　　C. 1 897、250　　D. 3 660、250

答案:D

考点:大偏心受拉构件正截面承载力计算。

解:根据《水工混凝土结构设计规范》(SL/T 191—96)第 6.4 条:

$$h_0 = 400 - 35 = 365(\text{mm})$$

(1)判别大小偏心受拉:

$$e_0 = M/N = 200/550 = 363.6(\text{mm})$$

$$h/2 - a_s = 400/2 - 35 = 165(\text{mm})$$

$$e_0 > h/2 - a_s$$

属于大偏心受拉构件。

(2)计算 e 及 e':

$$e = e_0 - h/2 + a_s = 363.6 - 400/2 + 35 = 198.6(\text{mm})$$

$$e' = e_0 + h/2 - a'_s = 363.6 + 400/2 - 35 = 528.6(\text{mm})$$

(3)计算受压侧钢筋 A'_s:

取 $$x = \xi_b h_0 = 0.544 \times 365 = 198.56(\text{mm})$$

按《水工混凝土结构设计规范》(SL/T 191—96)式(6.4.3-2)

$$A'_s = \frac{\gamma_d Ne - f_c bx(h_0 - x/2)}{f'_y(h_0 - a'_s)}$$

$$= \frac{1.2 \times 550 \times 10^3 \times 198.6 - 10 \times 200 \times 198.56 \times (365 - 198.56/2)}{310 \times (365 - 35)}$$

$$= 250(\text{mm}^2) > \rho_{\min} bh_0 = 0.15\% \times 200 \times 365 = 109.5(\text{mm}^2)$$

(4)计算受拉侧钢筋 A_s。

按《水工混凝土结构设计规范》(SL/T 191—96)式(6.4.3-1):

$$A_s = \frac{\gamma_d N + f'_y A'_s + f_c bx}{f_y} = \frac{1.2 \times 550 \times 10^3 + 310 \times 250 + 10 \times 200 \times 198.56}{310}$$

$$= 3\ 660(\text{mm}^2) > \rho_{\min} bh_0 = 0.15\% \times 200 \times 365 = 109.5(\text{mm}^2)$$

纵向钢筋分别为 3 660 mm^2、250 mm^2，故选 D。

【例 2-19】 某钢筋混凝土框架柱，两端支座按固端考虑，截面尺寸 $b\times h=400\ mm\times 400\ mm$，$H_n=3\ 000\ mm$，采用 C20 混凝土（$f_c=10\ N/mm^2$），箍筋用Ⅰ级钢筋（$f_y=210\ N/mm^2$）。柱所受最大剪力设计值 $V=180$ kN，与剪力 V 相应的轴向压力设计值 $N=480$ kN，已知 $\gamma_d=1.2$，$h_0=360$ mm，箍筋间距采用 100 mm，按受剪承载力要求计算箍筋截面面积为（　　）mm^2。

A. 92　　B. 118　　C. 130　　D. 152

答案：B

考点：偏心受压构件斜截面受剪承载力计算。

解：根据《水工混凝土结构设计规范》（SL/T 191—96）第 6.5 条。

（1）验算截面尺寸：

按《水工混凝土结构设计规范》（SL/T 191—96）式（6.5.9）：

$$0.25f_cbh_0=0.25\times10\times400\times360=360(kN)$$

$$\gamma_dV=1.2\times180=216(kN)$$

$$\gamma_dV<0.25f_cbh_0$$

截面尺寸满足要求。

（2）计算剪跨比。

按《水工混凝土结构设计规范》（SL/T 191—96）第 6.5.10 条：

$$\lambda=\frac{H_n}{2h_0}=\frac{3\ 000}{2\times360}=4.17>3，取\ \lambda=3$$

（3）验算是否可以按构造配置抗剪钢筋。

按《水工混凝土结构设计规范》（SL/T 191—96）第 6.5.10 条：

$$0.3f_cA=0.3\times10\times400\times400=480\times10^3(N)=480(kN)<N=610\ kN$$

取 $N=0.3f_cA=480$ kN。

按《水工混凝土结构设计规范》（SL/T 191—96）式（6.5.11）：

$$\frac{1}{\gamma_d}\left(\frac{0.2}{\lambda+1.5}f_cbh_0\right)+0.07N$$

$$=\frac{1}{1.2}\times\frac{0.2}{3+1.5}\times10\times400\times360+0.07\times480\times10^3$$

$$=87\times10^3(N)=87\ kN<V=180\ kN$$

故应按计算配置抗剪钢筋。

（4）箍筋截面面积。

按《水工混凝土结构设计规范》（SL/T 191—96）式（6.5.10）：

$$\gamma_d(V-0.07N)-\frac{0.2}{\lambda+1.5}f_cbh_0$$

$$=1.2\times(180\times10^3-0.07\times480\times10^3)-\frac{0.2}{3+1.5}\times10\times400\times360$$

$$=111\ 680(N)$$

$$A_{sv}=\frac{111\ 680\times s}{1.25f_yh_0}=\frac{111\ 680\times 100}{1.25\times 210\times 360}=118(\text{mm}^2)$$

箍筋截面面积为 118 mm^2,故选 B。

【例 2-20】 某承受均布荷载作用的受拉构件,截面尺寸 $b\times h=300\ \text{mm}\times 400\ \text{mm}$,采用 C25 混凝土($f_c=12.5\ \text{N/mm}^2$),箍筋用Ⅰ级钢筋($f_y=210\ \text{N/mm}^2$)。柱端作用轴向拉力设计值 $N=215$ kN,柱所受最大剪力设计值 $V=150$ kN,已知 $\gamma_d=1.2$,$h_0=360$ mm,箍筋间距采用 100 mm,按受剪承载力要求计算箍筋截面面积为(　　)mm^2。

A. 105　　　　B. 123　　　　C. 147　　　　D. 162

答案:C

考点:偏心受拉构件斜截面受剪承载力计算。

解:根据《水工混凝土结构设计规范》(SL/T 191—96)第 6.5 条。

(1)验算截面尺寸:

按《水工混凝土结构设计规范》(SL/T 191—96)式(6.5.9):

$$0.25f_cbh_0=0.25\times 12.5\times 300\times 360=337.5\times 10^3(\text{N})=337.5\ \text{kN}$$

$$\gamma_dV=1.2\times 150=180(\text{kN})$$

$$\gamma_dV<0.25f_cbh_0$$

截面尺寸满足要求。

(2)比较混凝土抗剪承载力。

承受均布荷载作用,取 $\lambda=1.4$。

按《水工混凝土结构设计规范》(SL/T 191—96)第 6.5.12 条:

$$\frac{1}{\gamma_d}\left(\frac{0.2}{\lambda+1.5}f_cbh_0\right)-0.2N=\frac{1}{1.2}\times\frac{0.2}{1.4+1.5}\times 12.5\times 300\times 360-0.2\times 215\times 10^3$$

$$=34.59\times 10^3(\text{N})=34.59\ \text{kN}>0$$

(3)箍筋截面面积计算。

按《水工混凝土结构设计规范》(SL/T 191—96)式(6.5.12):

$$\gamma_d(V+0.2N)-\frac{0.2}{\lambda+1.5}f_cbh_0$$

$$=1.2\times(150\times 10^3+0.2\times 215\times 10^3)-\frac{0.2}{1.4+1.5}\times 12.5\times 300\times 360=138\ 497(\text{N})$$

$$A_{sv}=\frac{138\ 497\times s}{1.25f_yh_0}=\frac{138\ 497\times 100}{1.25\times 210\times 360}=147(\text{mm}^2)$$

箍筋截面面积为 147 mm^2,故选 C。

【例 2-21】 某集中荷载作用下的矩形截面独立简支梁,截面尺寸 $b\times h=250\ \text{mm}\times 600\ \text{mm}$,采用 C20 混凝土($f_c=10\ \text{N/mm}^2$),箍筋用Ⅰ级钢筋($f_y=210\ \text{N/mm}^2$)。梁上作用有距支座边缘 1.5 m 的集中荷载,控制截面配有双肢箍筋Φ6@150($A_{sv}=57\ \text{mm}^2$),已知 $\gamma_d=1.2$,$h_0=550$ mm,不考虑弯起钢筋,该梁按受剪承载力要求所能承担的最大剪力设计值为(　　)kN。

A. 82　　　　B. 99　　　　C. 121　　　　D. 155

答案：B

考点：受弯构件斜截面承载力计算。

解：根据《水工混凝土结构设计规范》(SL/T 191—96)第6.5条。

(1)截面承载力上限。

按《水工混凝土结构设计规范》(SL/T 191—96)第6.5.1条：

$$h_w = h_0 = 550\ \text{mm}$$

$$h_w/b = 550/250 = 2.2 < 4$$

$$V = \frac{1}{\gamma_d}(0.25f_c bh_0) = 0.25 \times 10 \times 250 \times 550/1.2 = 286.5 \times 10^3(\text{N}) = 286.5\ \text{kN}$$

(2)混凝土的受剪承载力 V_c。

对独立集中荷载作用下的矩形截面独立梁，按《水工混凝土结构设计规范》(SL/T 191—96)式(6.5.3-6)计算剪跨比，有：

$$\lambda = a/h_0 = 1\ 500/550 = 2.73$$

$$V_c = \frac{0.2}{\lambda + 1.5}f_c bh_0 = \frac{0.2}{2.73 + 1.5} \times 10 \times 250 \times 550 = 65.01 \times 10^3(\text{N}) = 65.01\ \text{kN}$$

(3)箍筋受剪承载力 V_{sv}。

按《水工混凝土结构设计规范》(SL/T 191—96)式(6.5.3-3)：

$$V_{sv} = 1.25f_y \frac{A_{sv}}{s}h_0 = 1.25 \times 210 \times 57 \times 550/150 = 54.86 \times 10^3(\text{N}) = 54.86(\text{kN})$$

(4)截面所能承担的剪力设计值。

按《水工混凝土结构设计规范》(SL/T 191—96)式(6.5.3-1)：

$$V = (V_c + V_{sv})/\gamma_d = (65.01 + 54.86)/1.2 = 99.89(\text{kN}) < 286.5\ \text{kN}$$

截面所能承担的剪力设计值为99.89 kN，故选B。

【例2-22】 一钢筋混凝土纯扭构件，截面尺寸 $b \times h = 250\ \text{mm} \times 400\ \text{mm}$，采用C25混凝土($f_t = 1.3\ \text{N/mm}^2$)，箍筋及纵筋均采用Ⅰ级钢筋($f_y = 210\ \text{N/mm}^2$)，混凝土保护层厚度 $c = 25$ mm，设计扭矩 $T = 14.5\ \text{kN} \cdot \text{m}$，假设选用Φ8($A_{st1} = 50.3\ \text{mm}^2$)箍筋，已知纵向钢筋与箍筋的配筋强度比 $\xi = 1.2$，$\gamma_d = 1.2$，箍筋最大间距 s 及纵筋截面面积 A_{st} 为(　　)。

A. 75 mm、885 mm²　　B. 125 mm、710 mm²

C. 150 mm、802 mm²　　D. 200 mm、903 mm²

答案：A

考点：受扭承载力计算。

解：根据《水工混凝土结构设计规范》(SL/T 191—96)第6.6条。

(1)计算截面几何性质。

按《水工混凝土结构设计规范》(SL/T 191—96)第6.6.3条：

$$A_{cor} = b_{cor}h_{cor} = (b - 2 \times 25)(h - 2 \times 25) = (250 - 2 \times 25) \times (400 - 2 \times 25)$$
$$= 70\ 000(\text{mm}^2)$$

$$u_{cor} = 2(b_{cor} + h_{cor}) = 2[(b - 2 \times 25) + (h - 2 \times 25)]$$
$$= 2 \times [(250 - 2 \times 25) + (400 - 2 \times 25)] = 1\ 100(\text{mm})$$

按《水工混凝土结构设计规范》(SL/T 191—96)式(6.6.2-1):

$$W_t=\frac{b^2}{6}(3h-b)=250^2\times(3\times400-250)/6=9\ 895\ 833(\text{mm}^3)$$

(2)计算抗扭箍筋间距。

按《水工混凝土结构设计规范》(SL/T 191—96)式(6.6.3-1)~式(6.6.3-4):

$$s=\frac{1.2\sqrt{\xi}f_yA_{cor}A_{st1}}{\gamma_dT-0.35f_tW_t}=\frac{1.2\times\sqrt{1.2}\times210\times70\ 000\times50.3}{1.2\times14.5\times10^6-0.35\times1.3\times9\ 895\ 833}=75.4(\text{mm})$$

取箍筋间距 $s=75$ mm。

(3)计算抗扭纵筋截面面积。

按《水工混凝土结构设计规范》(SL/T 191—96)式(6.6.3-4):

$$A_{st}=\frac{\xi A_{st1}f_yu_{cor}}{f_ys}=\frac{1.2\times50.3\times210\times1\ 100}{210\times75}$$

$$=885(\text{mm}^2)>\rho_{st\min}bh=0.3\%\times250\times400=300(\text{mm}^2)$$

抗扭纵筋截面面积 $A_{st}=885\text{mm}^2$,故选 A。

【例 2-23】 某不配置箍筋及弯起钢筋的钢筋混凝土楼板,板厚 $b=200$ mm,$h_0=180$ mm,采用 C25 混凝土($f_t=1.3$ N/mm^2),混凝土保护层厚度 $c=25$ mm,$\gamma_d=1.2$,已知集中荷载作用面积 $L\times B=100$ mm $\times100$ mm(长×宽),不考虑其他影响,按受冲切承载力计算集中荷载最大设计值为(　　)kN。

A. 83　　B. 101　　C. 136　　D. 153

答案:D

考点:受冲切承载力计算。

解:根据《水工混凝土结构设计规范》(SL/T 191—96)第 6.7.1 条:

$$u_m=2(L+h_0+B+h_0)=2\times(100+100+2\times180)=1\ 120(\text{mm})$$

$$\frac{1}{\gamma_d}(0.7f_tu_mh_0)=0.7\times1.3\times1\ 120\times180/1.2=153\times10^3(\text{N})=153\ \text{kN}$$

集中荷载最大设计值为 153 kN,故选 D。

【例 2-24】 某钢筋混凝土圆形水池,采用 C20 混凝土($f_{tk}=1.5$ N/mm^2,$E_c=2.55\times10^4$ N/mm^2),Ⅰ级钢筋($f_y=210$ N/mm^2,$E_s=2.1\times10^5$ N/mm^2),池壁厚 $h=250$ mm,内外侧分别布置Φ12@50($A_s=A_s'=2\ 262$ mm^2)钢筋;水池在内水压力作用下,池壁单位高度内由荷载标准值按长期效应组合产生的最大环向拉力 $N_l=280$ kN/m,在荷载长期效应组合下池壁是否满足抗裂要求?(　　)。

A. 满足　　B. 不满足

答案:A

考点:轴心受拉构件抗裂验算。

解:根据《水工混凝土结构设计规范》(SL/T 191—96)第 7.1.1 条式(7.1.1-2):

$$N_l\leqslant\alpha_{ct}f_{tk}A_0$$

荷载长期效应组合,α_{ct} 取为 0.70。

$$\alpha_E = \frac{E_s}{E_c} = \frac{2.1 \times 10^5}{2.55 \times 10^4} = 8.24$$

$$A_0 = A_c + \alpha_E A_s + \alpha_E A_s' = 250 \times 1\,000 + 8.24 \times 2\,262 + 8.24 \times 2\,262$$
$$= 287\,277.76 (\text{mm}^2)$$

$$\alpha_{ct} f_{tk} A_0 = 0.7 \times 1.5 \times 287\,277.76 = 301.64 \times 10^3 (\text{N}) = 301.64 \text{ kN} > N_l = 280 \text{ kN}$$

在荷载长期效应组合下池壁满足抗裂要求,故选 A。

【例 2-25】 某钢筋混凝土矩形水池,采用 C20 混凝土($f_{tk} = 1.5$ N/mm^2,$E_c = 2.55 \times 10^4$ N/mm^2),Ⅰ级钢筋($f_y = 210$ N/mm^2,$E_s = 2.1 \times 10^5$ N/mm^2),池壁厚 $h = 300$ mm,内外侧分别配置Φ12@100($A_s = A_s' = 1\,131$ mm^2)钢筋,$a_s = a_s' = 40$ mm;池壁垂直截面单位高度内作用由荷载标准值按短期效应组合产生的轴向拉力 $N_s = 200$ kN/m,弯矩值 $M_s = 10$ kN·m/m,在荷载短期效应组合下池壁是否满足抗裂要求?(　　)

A. 满足　　　　B. 不满足

答案:A

考点:偏心受拉构件抗裂验算。

解:根据《水工混凝土结构设计规范》(SL/T 191—96)第 7.1.1 条式(7.1.1-7)。

(1)计算截面特征值 A_0、I_0、y_0、W_0、e_0:

$$b = 1\,000 \text{ mm} \qquad h = 300 \text{ mm} \qquad h_0 = h - a_s = 300 - 40 = 260 (\text{mm})$$

$$\alpha_E = \frac{E_s}{E_c} = \frac{2.1 \times 10^5}{2.55 \times 10^4} = 8.24$$

$$A_0 = A_c + \alpha_E A_s + \alpha_E A_s' = 300 \times 1\,000 + 8.24 \times 1\,131 + 8.24 \times 1\,131$$
$$= 318\,638.88 (\text{mm}^2)$$

对称配筋,$y_0 = h/2 = 300/2 = 150$(mm)。

$$I_0 = \frac{bh^3}{12} + \alpha_E A_s (h_0 - y_0)^2 + \alpha_E A_s' (y_0 - a_s')^2$$
$$= 1\,000 \times 300^3/12 + 8.24 \times 1\,131 \times (260 - 150)^2 + 8.24 \times 1\,131 \times (150 - 40)^2$$
$$= 24.76 \times 10^8 (\text{mm}^4)$$

$$W_0 = \frac{I_0}{h - y_0} = \frac{24.76 \times 10^8}{300 - 150} = 16.50 \times 10^6 (\text{mm}^3)$$

$$e_0 = M_s / N_s = 10/200 = 0.05 (\text{m})$$

(2)截面抗裂验算:

$$N_s \leqslant \frac{\gamma_m \alpha_{ct} f_{tk} A_0 W_0}{e_0 A_0 + \gamma_m W_0}$$

由《水工混凝土结构设计规范》(SL/T 191—96)附录 C 查知 $\gamma_m = 1.55$,考虑截面高度的影响,对 γ_m 进行修正。

$0.7 + 300/h = 0.7 + 300/300 = 1.7 > 1.1$,取为 1.1。

$$\gamma_m = 1.1 \times 1.55 = 1.71$$

荷载短期效应组合,α_{ct} 取为 0.85。

$$\frac{\gamma_m \alpha_{ct} f_{tk} A_0 W_0}{e_0 A_0 + \gamma_m W_0} = \frac{1.71 \times 0.85 \times 1.5 \times 318\ 638.88 \times 16.50 \times 10^6}{0.05 \times 10^3 \times 318\ 638.88 + 1.71 \times 16.50 \times 10^6}$$

$$= 259.65 \times 10^3 (\mathrm{N}) = 259.65\ \mathrm{kN} > N_s = 200\ \mathrm{kN}$$

在荷载短期效应组合下池壁满足抗裂要求，故选 A。

【例 2-26】 某钢筋混凝土矩形截面梁，采用 C20 混凝土（f_{tk} = 1.5 N/mm^2，E_c = 2.55 × 10^4 N/mm^2），Ⅰ级钢筋（f_y = 210 N/mm^2，E_s = 2.1 × 10^5 N/mm^2），梁截面尺寸为 $b \times h$ = 200 mm × 500 mm，配纵向受拉钢筋 3 Φ 18（A_s = 763 mm^2），混凝土保护层厚度 c = 30 mm，$a_s = a'_s$ = 40 mm；在荷载长期效应组合下，截面最大受弯设计值 M_l = 65 kN · m，荷载长期效应组合下该梁最大裂缝宽度为（　　）mm。

A. 0.230　　B. 0.250　　C. 0.270　　D. 0.290

答案：D

考点：受弯构件裂缝宽度验算。

解：根据《水工混凝土结构设计规范》（SL/T 191—96）第 7.2.2 条式（7.2.2-2）。

b = 200 mm　　h = 500 mm　　$h_0 = h - a_s$ = 500 − 40 = 460（mm）

α_1 = 1.0（受弯构件）　　α_2 = 1.4（Ⅰ级钢筋）　　α_3 = 1.6（长期组合）

$$A_{te} = 2a_s b = 2 \times 40 \times 200 = 16\ 000 (\mathrm{mm}^2)$$

$$\rho_{te} = A_s / A_{te} = 763/16\ 000 = 0.048 > 0.03$$

$$\sigma_{sl} = \frac{M_l}{0.87 h_0 A_s} = \frac{65 \times 10^6}{0.87 \times 460 \times 763} = 212.87 (\mathrm{N/mm}^2)$$

$$w_{\max} = \alpha_1 \alpha_2 \alpha_3 \frac{\sigma_{sl}}{E_s} \left(3c + 0.10 \frac{d}{\rho_{te}}\right)$$

$$= 1.0 \times 1.4 \times 1.6 \times \frac{212.87}{2.1 \times 10^5} \times \left(3 \times 30 + 0.10 \times \frac{18}{0.048}\right)$$

$$= 0.290 (\mathrm{mm})$$

在荷载长期效应组合下最大裂缝宽度为 0.290 mm，故选 D。

【例 2-27】 某钢筋混凝土矩形水池，采用 C20 级混凝土（f_{tk} = 1.5 N/mm^2，E_c = 2.55 × 10^4 N/mm^2），Ⅰ级钢筋（f_y = 210 N/mm^2，E_s = 2.1 × 10^5 N/mm^2），池壁厚 h = 200 mm，内外侧分别配置Φ 10@ 150（$A_s = A'_s$ = 523 mm^2）钢筋，混凝土保护层厚度 25 mm；池壁垂直截面单位高度内作用由荷载标准值按短期效应组合产生的轴向拉力 N_s = 20 kN/m，弯矩值 M_s = 15 kN · m/m，荷载短期效应组合裂缝宽度为（　　）mm。

A. 0.227　　B. 0.257　　C. 0.287　　D. 0.307

答案：B

考点：偏心受拉构件裂缝宽度验算。

解：根据《水工混凝土结构设计规范》（SL/T 191—96）第 7.2.2 条式（7.2.2-1）。

b = 1 000 mm　　h = 200 mm　　c = 25 mm

$a_s = c + d/2$ = 25 + 10/2 = 30（mm）　　$h_0 = h - a_s$ = 200 − 30 = 170（mm）

α_1 = 1.15（偏心受拉构件）　　α_2 = 1.4（Ⅰ级钢筋）　　α_3 = 1.5（短期组合）

（1）判别偏心情况：

$$e_0 = M_s/N_s = 15/20 = 0.75(\mathrm{m}) = 750\ \mathrm{mm} > h/2 - a_s = 100 - 30 = 70(\mathrm{mm})$$

故该构件为大偏心受拉构件。

(2)裂缝宽度验算：

$$e_s = e_0 - \frac{h}{2} + a_s = 750 - 100 + 30 = 680(\mathrm{mm})$$

$$A_{te} = 2a_s b = 2 \times 30 \times 1\ 000 = 60\ 000(\mathrm{mm}^2)$$

$$\rho_{te} = \frac{A_s}{A_{te}} = \frac{523}{60\ 000} = 0.008\ 7 < 0.03，取\ \rho_{te} = 0.03$$

$$\sigma_{ss} = \frac{N_s}{A_s}(1 + 1.1\frac{e_s}{h_0}) = \frac{20 \times 10^3}{523} \times (1 + 1.1 \times \frac{680}{170}) = 206.5(\mathrm{N/mm^2})$$

$$w_{\max} = \alpha_1\alpha_2\alpha_3\frac{\sigma_{ss}}{E_s}(3c + 0.10\frac{d}{\rho_{te}})$$

$$= 1.15 \times 1.4 \times 1.5 \times \frac{206.5}{2.1 \times 10^5} \times (3 \times 25 + 0.10 \times \frac{10}{0.03})$$

$$= 0.257(\mathrm{mm})$$

在荷载短期效应组合下最大裂缝宽度为0.257 mm，故选B。

【例2-28】 某钢筋混凝土矩形截面梁，跨度 $l_0 = 4.5$ m，采用C20混凝土（$f_{tk} = 1.5\ \mathrm{N/mm^2}$，$E_c = 2.55 \times 10^4\ \mathrm{N/mm^2}$），Ⅰ级钢筋（$f_y = 210\ \mathrm{N/mm^2}$，$E_s = 2.1 \times 10^5\ \mathrm{N/mm^2}$），梁截面尺寸为 $b \times h = 200\ \mathrm{mm} \times 500\ \mathrm{mm}$，配纵向受拉钢筋3 ⌀ 18（$A_s = 763\ \mathrm{mm^2}$），混凝土保护层厚度 $c = 30$ mm，$a_s = a_s' = 40$ mm，荷载短期效应组合跨中截面弯矩设计值 $M_s = 73.41\ \mathrm{kN \cdot m}$，荷载长期效应组合跨中截面弯矩设计值 $M_l = 58.85\ \mathrm{kN \cdot m}$，挠度系数取 $S = 5/48$，在不考虑受压钢筋、允许开裂的条件下，该梁荷载效应短期组合及长期组合跨中最大挠度分别为(　　)mm。

A. 11.23、10.26　　B. 10.26、11.23

C. 11.29、12.69　　D. 12.69、11.29

答案：D

考点：受弯构件挠度验算。

解：根据《水工混凝土结构设计规范》(SL/T 191—96)第7.3条：

$$h_0 = h - a_s = 500 - 40 = 460(\mathrm{mm})$$

$$\rho = A_s/bh_0 = 763/(200 \times 460) = 0.008\ 3$$

$$\alpha_E = \frac{E_s}{E_c} = \frac{2.1 \times 10^5}{2.55 \times 10^4} = 8.24$$

$$\gamma_f = 0 \qquad \gamma_f' = 0$$

不考虑受压钢筋 $\rho' = 0$，$\theta = 2.0$。

(1)计算梁的短期刚度：

$$B_s = (0.025 + 0.28\alpha_E\rho)(1 + 0.55\gamma_f' + 0.12\gamma_f)E_c bh_0^3$$

$$= (0.025 + 0.28 \times 8.24 \times 0.008\ 3) \times 2.55 \times 10^4 \times 200 \times 460^3$$

$$= 2.19 \times 10^{13}(\mathrm{N \cdot mm})$$

(2)计算梁的长期刚度。

对应于荷载效应的短期组合：

$$B_{ls}=\frac{M_s}{M_l(\theta-1)+M_s}B_s=\frac{73.41}{58.85\times(2-1)+73.41}\times2.19\times10^{13}$$

$$=1.22\times10^{13}(\mathrm{N\cdot mm})$$

对应于荷载效应的长期组合：

$$B_{ll}=B_s/\theta=2.19\times10^{13}/2=1.10\times10^{13}(\mathrm{N\cdot mm})$$

(3)验算梁的挠度。

对应荷载效应的短期组合：

$$f_s=S\frac{M_s l_0^2}{B_{ls}}=\frac{5}{48}\times\frac{73.41\times10^6\times4\ 500^2}{1.22\times10^{13}}=12.69(\mathrm{mm})$$

对应荷载效应的长期组合：

$$f_l=S\frac{M_l l_0^2}{B_{ll}}=\frac{5}{48}\times\frac{58.85\times10^6\times4\ 500^2}{1.10\times10^{13}}=11.29(\mathrm{mm})$$

该梁挠度对应短期组合 $f_s=12.69$ mm,对应长期组合 $f_l=11.29$ mm。

【例 2-29】 下列关于建筑物分缝(　　)是正确的。

A. 平面尺寸过大的建筑物,受温度变化和混凝土干缩作用时,应设置伸缩缝

B. 当地基有不均匀沉陷时,应设置沉降缝

C. 永久的伸缩缝和沉降缝可做成贯通式

D. 具有独立基础的排架、框架结构,当设置伸缩缝时,其双柱基础应断开布置

答案:ABC

考点:永久缝和临时缝。

解:根据《水工混凝土结构设计规范》(SL/T 191—96)第 9.1.1 条,具有独立基础的排架、框架结构,当设置伸缩缝时,其双柱基础可不断开,故 ABC 正确。

【例 2-30】 某现浇钢筋混凝土梁,采用 C20 混凝土,Ⅱ级月牙纹钢筋,钢筋直径 $d=28$ mm,在支座锚固的纵向受拉钢筋计算中充分利用了其强度,在不考虑其他因素影响下,伸入支座的最小锚固长度为(　　)mm。

A. 700　　B. 840　　C. 1 120　　D. 1 260

答案:D

考点:钢筋的锚固。

解:根据《水工混凝土结构设计规范》(SL/T 191—96)第 9.3.2 条,受拉钢筋的最小锚固长度 l_a 不应小于表 9.3.2 中规定的数值,月牙纹钢筋直径大于 25 mm 时,l_a 应按表中数值增加 $5d$。混凝土强度等级为 C20,钢筋类型为月牙纹Ⅱ级钢筋,查表 9.3.2 得:

$$l_a=40d+5d=45d$$

$$l_a=45\times28=1\ 260(\mathrm{mm})$$

纵向受拉钢筋伸入支座的最小锚固长度为 1 260 mm,故选 D。

【例 2-31】 某现浇钢筋混凝土梁,地震设计烈度为Ⅷ度,采用 C20 混凝土,Ⅱ级月牙纹钢筋,钢筋直径 $d=25$ mm,在支座锚固的纵向受拉钢筋计算中充分利用了其强度,在不

考虑其他因素影响下,伸入支座的最小锚固长度为(　　)mm。

A. 750　　B. 1 000　　C. 1 125　　D. 1 250

答案:C

考点:钢筋的锚固。

解:根据《水工混凝土结构设计规范》(SL/T 191—96)第12.1.6条,设计烈度为Ⅷ度、Ⅸ度时,纵向受拉钢筋的最小锚固长度应比表9.3.2所列的锚固长度增加5d。混凝土强度等级为C20,钢筋类型为月牙纹Ⅱ级钢筋,查表9.3.2有:

$$l_a = 40d + 5d = 45d$$

$$l_a = 45 \times 25 = 1\ 125(\text{mm})$$

纵向受拉钢筋伸入支座的最小锚固长度为1 125 mm,故选C。

【例2-32】　下列关于钢筋的接头(　　)是正确的。

A. 钢筋直径$d>28$ mm的Ⅱ级钢筋接头时,宜采用帮条焊,帮条截面面积应为受力钢筋截面面积的1.2倍

B. 钢筋直径$d>22$ mm的受拉钢筋,不宜采用绑扎搭接接头

C. 钢筋的接头位置宜设置在构件的受力较小处,并宜错开布置

D. 梁、柱的绑扎骨架中,在绑扎接头的搭接长度范围内,当钢筋受拉时,其箍筋间距不应大于5d,且不大于100 mm

答案:BCD

考点:钢筋的接头。

解:根据《水工混凝土结构设计规范》(SL/T 191—96)第9.4.1条,钢筋直径$d>28$ mm的Ⅱ级钢筋接头时,宜采用帮条焊,帮条截面面积应为受力钢筋截面面积的1.5倍,A不正确;根据第9.4.2～第9.4.4条可知,BCD正确。

【例2-33】　某卧置于岩基上的底板,厚$h=2\ 000$ mm,$h_0=1\ 950$ mm,$\gamma_d=1.2$,跨中最大弯矩$M=365.5$ kN·m,经承载力计算仅需按构造配置钢筋,若配置Ⅱ级钢筋($f_y=310$ N/mm^2),按厚板确定该底板最小配筋率为(　　)。

A. 0.055%　　B. 0.075%　　C. 0.150%　　D. 0.200%

答案:B

考点:最小配筋率。

解:《水工混凝土结构设计规范》(SL/T 191—96)第9.5.2条式(9.5.2-1)。按表9.5.1确定基本最小配筋率$\rho_{0\min}=0.15\%$。

$$\rho = \sqrt{\frac{\rho_{0\min}\gamma_d M}{bh_0^2 f_y}} = \sqrt{\frac{0.001\ 5 \times 1.2 \times 365.5 \times 10^6}{1\ 000 \times 1\ 950^2 \times 310}} = 0.000\ 75$$

该底板受拉钢筋最小配筋率为0.075%。

【例2-34】　下列关于钢筋混凝土板的设计构造(　　)是正确的。

A. 钢筋混凝土板厚$h \leqslant 200$ mm时,受力钢筋的间距不应大于250 mm

B. 作用有集中荷载的单向板,其单位长度上的分布钢筋截面面积不应小于单位长度上受力钢筋截面面积的25%

C. 如板边为部分嵌固，而在内力计算中未考虑其影响，则在板的顶部沿板边配置的垂直钢筋数量可按跨中最大弯矩绝对值的1/2计算

D. 荷载垂直于板面且留有孔洞的板，当孔洞宽度等于 300 ~ 1 000 mm 时，应在孔洞边每侧配置附加钢筋

答案:ABD

考点:板的设计构造。

解:《水工混凝土结构设计规范》(SL/T 191—96)。

根据第 10.1.1、第 10.1.2 条可知，AB 正确。

根据第 10.1.3 条可知，如板边为部分嵌固，而在分析中没有考虑到这种嵌固的影响，则在板的顶部沿板边需配置垂直板边的钢筋，其数量按承受跨中最大弯矩绝对值的 1/4 计算。

根据第 10.1.6 条可知，D 正确。

因此，ABD 正确。

【例 2-35】 某钢筋混凝土矩形截面梁，采用 C20 二级配混凝土，梁截面尺寸为 $b \times h = 300\ \text{mm} \times 700\ \text{mm}$，混凝土保护层厚度 $c = 25$ mm，梁下部纵向钢筋单层布置，若采用直径 $d = 20$ mm 的钢筋，最多可配置(　　)根。

A. 3　　B. 4　　C. 5　　D. 6

答案: A

考点:梁受力钢筋的净距。

解:钢筋的净距:　$s = (b - 2c - nd)/(n - 1)$

3 根时　$s = (300 - 2 \times 25 - 3 \times 20)/(3 - 1) = 95(\text{mm})$

4 根时　$s = (300 - 2 \times 25 - 4 \times 20)/(4 - 1) = 56.7(\text{mm})$

5 根时　$s = (300 - 2 \times 25 - 5 \times 20)/(5 - 1) = 37.5(\text{mm})$

6 根时　$s = (300 - 2 \times 25 - 6 \times 20)/(6 - 1) = 26(\text{mm})$

由《水工混凝土结构设计规范》(SL/T 191—96)第 10.2.1 条可知：梁的下部纵向钢筋的净距不应小于钢筋直径 $d = 20$ mm，同时不应小于 30 mm，也不应小于最大骨料粒径的1.5 倍，二级配混凝土最大骨料粒径为 40 mm，$1.5 \times 40 = 60(\text{mm})$。

布置 3 根时满足钢筋净距要求，故 A 正确。

【例 2-36】 下列关于钢筋混凝土梁的设计构造(　　)是正确的。

A. 如按计算不需设置抗剪钢筋，对高度大于 300 mm 的梁，仍应沿全梁设置箍筋

B. 绑扎骨架的钢筋混凝土梁，当设置弯起钢筋时，弯起钢筋的弯终点外应留有锚固长度，其长度在受拉区不应小于 $20d$

C. 位于梁下部或梁截面高度范围内的集中荷载应全部由吊筋承担

D. 当梁高超过 700 mm 时，在梁的两侧沿高度每隔 300 ~ 400 mm 应设置一根直径不小于 10 mm 的纵向构造钢筋

答案: ABD

考点:梁的设计构造。

解:《水工混凝土结构设计规范》(SL/T 191—96)。

根据第 10.2.4 条可知,A 正确。

根据第 10.2.8 条可知,B 正确。

根据第 10.2.10 条可知,位于梁下部或梁截面高度范围内的集中荷载应全部由附加钢筋(吊筋、箍筋)承担,C 不正确。

根据第 10.2.12 条可知,D 正确。

因此,ABD 正确。

【例 2-37】 下列关于钢筋混凝土柱的设计构造(　　)是正确的。

A. 纵向受力钢筋直径 d 不宜小于 12 mm,全部纵向钢筋配筋率不宜超过 5%

B. 柱内纵向钢筋的净距不应小于 30 mm

C. 柱中箍筋应做成封闭式

D. 当柱子短边不大于 500 mm,且纵向钢筋不多于 4 根时,可不设置复合箍筋

答案:AC

考点:柱的设计构造。

解:《水工混凝土结构设计规范》(SL/T 191—96)。

根据第 10.3.1 条可知,A 正确。

根据第 10.3.1 条可知,柱内纵向钢筋的净距不应小于 50 mm,B 不正确。

根据第 10.3.2 条可知,C 正确。

根据第 10.3.12 条可知,当柱子短边不大于 400 mm,且纵向钢筋不多于 4 根时,可不设置复合箍筋,D 不正确。

因此,AC 正确。

【例 2-38】 下列关于钢筋混凝土墙的设计构造(　　)是正确的。

A. 承受垂直于墙面水平荷载的墙体,可按受弯构件或偏心受压构件设计

B. 开洞墙体的洞口周边部位,应设置不少于 2 根直径 d 为 12 mm 的水平及竖向构造钢筋,该钢筋自孔洞边角算起伸入墙体的长度不应小于 $30d$

C. 承重墙的厚度不应小于无支承高度的 1/25,也不宜小于 200 mm

D. 承受垂直于墙面的水平荷载的墙体,墙厚不宜小于 150 mm

答案:AD

考点:墙的设计构造。

解:《水工混凝土结构设计规范》(SL/T 191—96)。

根据第 10.4.1 条可知,A 正确。

根据第 10.4.6 条可知,开洞墙体的洞口周边部位,应设置不小于 2 根直径 d 为 12 mm 的水平及竖向构造钢筋,该钢筋自孔洞边角算起伸入墙体的长度不应小于 $40d$,B 不正确。

根据第 10.4.2 条可知,承重墙的厚度不应小于无支承高度的 1/25;也不宜小于 150 mm,C 不正确。

根据第 10.4.5 条可知, D 正确。

因此,AD 正确。

【例 2-39】 一矩形截面短梁,计算跨度 $l_0 = 3.6$ m,梁截面尺寸为 $b \times h = 200$ mm ×

1 200 mm，$h_0=1\ 140$ mm，采用 C20 混凝土（$f_c=10\ \text{N/mm}^2$），Ⅱ级钢筋（$f_y=310\ \text{N/mm}^2$），跨中截面最大受弯设计值 $M=220$ kN·m，结构系数 $\gamma_d=1.2$，正截面纵向受拉钢筋截面面积 A_s 为（　　）mm^2。

A. 871　　B. 968　　C. 1 053　　D. 1 123

答案：A

考点：深受弯构件配筋计算。

解：根据《水工混凝土结构设计规范》（SL/T 191—96）第 10.6 条。

$l_0/h=3.6/1.2=3<5$，按深受弯构件计算。

（1）求 h_{db}：

$$l_0/h=3>1$$

$$h_{db}=h-\frac{1}{4}(h-h_0)(l_0/h-1)=1\ 200-(1\ 200-1\ 140)\times(3-1)/4=1\ 170(\text{mm})$$

（2）求 ξ：

$$\alpha_s=\frac{\gamma_d M}{f_c b h_{db}^2}=\frac{1.2\times220\times10^6}{10\times200\times1\ 170^2}=0.096$$

$$\xi=1-\sqrt{1-2\alpha_s}=1-\sqrt{1-2\times0.096}=0.102$$

（3）求相对受压区计算高度 ξ_d：

$$\begin{aligned}\xi_d&=(5-l_0/h)(0.12-0.06\xi)+\xi\\&=(5-3)\times(0.12-0.06\times0.102)+0.102\\&=0.329\end{aligned}$$

（4）求内力臂：

$$z=(1-0.5\xi_d)h_{db}=(1-0.5\times0.329)\times1\ 170=977.3(\text{mm})$$

（5）求 A_s：

$$A_s=\frac{\gamma_d M}{f_y z}=\frac{1.2\times220\times10^6}{310\times977.3}=871(\text{mm}^2)$$

$$\rho=A_s/(bh_{db})=871/(200\times1\ 170)=0.37\%>\rho_{\min}=0.15\%$$

正截面纵向受拉钢筋截面面积 $A_s=871\text{mm}^2$，故选 A。

【例 2-40】　某水电站厂房支承吊车梁的立柱牛腿，如图 2-1 所示。牛腿宽度 $b=500$ mm，高度 $h=700$ mm，$h_0=665$ mm。作用在牛腿顶部的竖向力设计值 $F_v=615$ kN，至下柱边缘的水平距离 $a=70$ mm（已考虑安装偏差），水平拉力设计值 $F_h=0$，牛腿采用 C30 混凝土（$f_{tk}=2.0\ \text{N/mm}^2$），受力钢筋采用Ⅱ级钢筋（$f_y=310\ \text{N/mm}^2$），箍筋采用Ⅰ级钢筋，结构系数 $\gamma_d=1.20$。已知牛腿的裂缝控制满足要求，牛腿中受力钢筋的截面面积为（　　）mm^2。

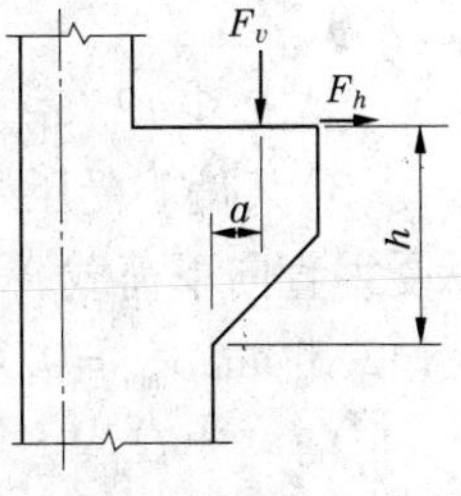

图 2-1

A. 840　　B. 955　　C. 1 074　　D. 1 105

答案：A

考点：立柱独立牛腿配筋计算。

解:《水工混凝土结构设计规范》(SL/T 191—96)第10.7条。

水平拉力设计值 $F_h=0$,计算可不考虑水平拉力影响。

$a/h_0=70/665=0.105<0.3$,取 $a/h_0=0.3$。

$$A_s=\frac{\gamma_d F_v a}{0.85 f_y h_0}=\frac{1.20\times 615\times 10^3}{0.85\times 310}\times 0.3=840(\text{mm}^2)$$

$$0.2\%<\rho=A_s/(bh_0)=840/(500\times 665)=0.25\%<0.6\%$$

牛腿中受力钢筋的截面面积 $A_s=840\ \text{mm}^2$,故选A。

【例2-41】 下列关于温度作用的设计原则(　　)是正确的。

A. 重要的大体积混凝土结构抗裂验算应考虑温度作用

B. 对限制裂缝宽度有严格要求的超静定钢筋混凝土结构设计应考虑温度作用

C. 对重要结构除温度作用外,在混凝土浇筑初期,还应考虑因湿度变化引起的混凝土干缩对结构的影响

D. 为确定温度伸缩缝位置和设计防渗止水构造设施,对结构构件进行变形计算时应考虑温度作用

答案:ABCD

考点:温度作用设计计算原则。

解:由《水工混凝土结构设计规范》(SL/T 191—96)第11.1条可知,答案为ABCD。

2.3 复习题

(1)某钢筋混凝土柱高3 m,底部固端,顶部铰接。截面尺寸 $b\times h=40\ \text{cm}\times 50\ \text{cm}$,柱顶中心承受压荷载600 kN,若混凝土强度等级为C20,$\rho_{min}=0.4\%$,$\gamma_d=1.2$,选用Ⅱ级钢筋,试计算纵向配筋(　　)。

A. 4 Φ 12　　B. 4 Φ 14　　C. 4 Φ 16　　D. 4 Φ 18

(2)某偏心受压柱高3 m,底部固端,顶部铰接。截面尺寸 $b\times h=20\ \text{cm}\times 30\ \text{cm}$,柱顶承受垂直向下荷载 $N=600$ kN,弯矩100 kN·m,若混凝土强度等级为C25,$\gamma_d=1.2$,保护层厚2.5 cm,$\rho_{min}=0.2\%$,钢筋选用Ⅱ级钢筋,受压钢筋为2 Φ 16,试求所需受拉钢筋(　　)。

A. 2 Φ 12　　B. 2 Φ 16　　C. 2 Φ 18　　D. 2 Φ 20

(3)某偏心受压柱高3 m,底部固端,顶部铰接。截面尺寸 $b\times h=30\ \text{cm}\times 40\ \text{cm}$,柱顶承受垂直向下荷载 $N=600$ kN,弯矩50 kN·m,若混凝土强度等级为C25,$\gamma_d=1.2$,保护层厚2.5 cm,$\rho_{min}=0.2\%$,钢筋选用Ⅱ级钢筋,受压钢筋为2 Φ 12,试计算所需受拉钢筋(　　)。

A. 2 Φ 12　　B. 2 Φ 16　　C. 2 Φ 18　　D. 2 Φ 20

(4)某偏心受压柱高6 m,底部固端,顶部铰接。截面尺寸 $b\times h=40\ \text{cm}\times 50\ \text{cm}$,柱顶承受垂直向下荷载 $N=600$ kN,弯矩100 kN·m,若混凝土强度等级为C25,$\gamma_d=1.2$,保护层厚2.5 cm,$\rho_{min}=0.2\%$,钢筋选用Ⅱ级钢筋,试计算所需受压钢筋和受拉钢筋(　　)。

A. 2 Φ 16、2 Φ 18　　B. 2 Φ 18、2 Φ 20　　C. 2 Φ 20、2 Φ 22　　D. 2 Φ 22、2 Φ 25

(5)某偏心受压柱高6 m,底部固端,顶部铰接。截面尺寸 $b \times h = 30\ \text{cm} \times 40\ \text{cm}$,柱顶承受垂直向下荷载 $N = 800\ \text{kN}$,弯矩40 kN · m,若混凝土强度等级为C25,$\gamma_d = 1.2$,保护层厚2.5 cm,$\rho_{min} = 0.2\%$,钢筋选用Ⅱ级钢筋,若对称配筋,试选配单侧钢筋(　　)。

A. 2 Φ 12　　B. 2 Φ 14　　C. 2 Φ 16　　D. 2 Φ 18

(6)某混凝土矩形梁高50 cm,宽20 cm,两端简支,梁跨中承受最大弯矩100 kN · m,剪力设计值50 kN,若混凝土强度等级为C25,结构系数 $\gamma_d = 1.2$,保护层厚2.5 cm,$\rho_{min} = 0.2\%$,箍筋选用4肢箍φ8@200,受拉主筋选用Ⅱ级Φ22钢筋,单排布置,试求所需受拉钢筋根数(　　)。

A. 2　　B. 3　　C. 4　　D. 5

(7)某混凝土矩形梁高70 cm,宽30 cm,两端简支,梁承受最大弯矩200 kN · m,剪力设计值300 kN,若混凝土强度等级为C25,结构系数 $\gamma_d = 1.2$,保护层厚2.5 cm,箍筋选用4肢箍φ8@200,梁底部受拉主筋选用Ⅱ级5 Φ 18钢筋,单排布置,所需弯起钢筋(弯起角度45°)(　　)根。

A. 0　　B. 1　　C. 2　　D. 3

(8)某矩形截面钢筋混凝土柱,截面尺寸 $b \times h = 400\ \text{mm} \times 600\ \text{mm}$,柱在两个方向的计算长度均为 $l_0 = 5.0\ \text{m}$,采用C25级混凝土($f_c = 12.5\ \text{N/mm}^2$),Ⅱ级钢筋($f_y = 310\ \text{N/mm}^2$,$\xi_b = 0.544$)。该柱控制截面轴心压力设计值 $N = 1\ 100\ \text{kN}$,弯矩设计值 $M = 480\ \text{kN} \cdot \text{m}$。已知 $a_s = a_s' = 40\ \text{mm}$,$\gamma_d = 1.2$,若采用对称配筋,每侧所需纵向钢筋截面面积(　　)mm^2。

A. 2 139　　B. 2 425　　C. 2 862　　D. 3 086

(9)某钢筋混凝土柱高3 m,底部固端。截面尺寸 $b \times h = 20\ \text{cm} \times 30\ \text{cm}$,柱顶中心承受拉力100 kN,若混凝土强度等级为C25,$\gamma_d = 1.2$,混凝土保护层厚2.5 cm,$\rho_{min} = 0.2\%$,选用Ⅱ级钢筋,纵向配筋(　　)。

A. 4 Φ 12　　B. 4 Φ 14　　C. 4 Φ 16　　D. 4 Φ 18

(10)某钢筋混凝土柱高3 m,底部固端。截面尺寸 $b \times h = 40\ \text{cm} \times 50\ \text{cm}$,柱顶中心承受拉力20 kN,若混凝土强度等级为C25,$\gamma_d = 1.2$,混凝土保护层厚2.5 cm,$\rho_{min} = 0.2\%$,选用Ⅱ级钢筋,纵向配筋(　　)。

A. 4 Φ 12　　B. 4 Φ 14　　C. 4 Φ 16　　D. 4 Φ 18

(11)某钢筋混凝土梁截面尺寸 $b \times h = 40\ \text{cm} \times 60\ \text{cm}$,承受弯矩20 kN · m,扭矩20 kN · m,混凝土强度等级为C25,$\gamma_d = 1.2$,混凝土保护层厚2.5 cm,若纵向抗扭钢筋分三层对称布置,则上、中、下三层配筋(　　)。

A. 2 Φ 12、2 Φ 12、4 Φ 16　　B. 2 Φ 12、2 Φ 12、2 Φ 16

C. 2 Φ 14、2 Φ 14、2 Φ 16　　D. 2 Φ 16、2 Φ 16、2 Φ 18

(12)某钢筋混凝土柱高3 m,底部固端。截面尺寸 $b \times h = 20\ \text{cm} \times 30\ \text{cm}$,柱顶承受拉力100 kN,弯矩10 kN · m,若混凝土强度等级为C25,$\gamma_d = 1.2$,混凝土保护层厚2.5 cm,$\rho_{min} = 0.2\%$,选用Ⅱ级钢筋,试计算受拉侧配筋(　　)。

A. 2 Φ 12　　B. 2 Φ 14　　C. 2 Φ 16　　D. 2 Φ 18

(13)某钢筋混凝土闸墩牛腿承受拉力100 kN,弯矩10 kN · m,计算截面尺寸 $b \times h =$

20 cm×60 cm，若混凝土强度等级为 C25，$\gamma_d=1.2$，混凝土保护层厚 2.5 cm，$\rho_{\min}=0.2\%$，选用Ⅱ级钢筋，试计算纵向受拉侧配筋(　　)。

A. 4 ⌀16　　B. 4 ⌀20　　C. 4 ⌀22　　D. 4 ⌀28

(14)一矩形截面梁，截面尺寸 $b\times h=300\ \text{mm}\times 800\ \text{mm}$，$h_0=755$ mm，采用 C20 混凝土($f_c=10\ \text{N/mm}^2$)，Ⅱ级钢筋($f_y=310\ \text{N/mm}^2$，$\xi_b=0.544$)，跨中截面承受弯矩设计值 $M=240$ kN·m，$\gamma_d=1.2$，不考虑受压钢筋，所需受拉钢筋截面面积(　　)mm²。

A. 1 036　　B. 1 352　　C. 1 487　　D. 1 672

(15)一矩形截面梁，截面尺寸 $b\times h=200\ \text{mm}\times 500\ \text{mm}$，$h_0=440$ mm，采用 C20 级混凝土($f_c=10\ \text{N/mm}^2$)，Ⅱ级钢筋($f_y=310\ \text{N/mm}^2$，$\xi_b=0.544$)，跨中截面承受弯矩设计值 $M=189$ kN·m，已知配有 3 ⌀20($A_s'=941\ \text{mm}^2$)受压钢筋，$a_s'=35$ mm，$\gamma_d=1.2$，所需受拉钢筋截面面积(　　)mm²。

A. 1 230　　B. 1 408　　C. 1 693　　D. 1 900

(16)一 T 形截面梁，腹板宽 $b=300$ mm，腹板高 $h=700$ mm，翼缘计算宽度 $b_f'=600$ mm，翼缘高 $h_f'=200$ mm，采用 C20 混凝土($f_c=10\ \text{N/mm}^2$)，Ⅱ级钢筋($f_y=310\ \text{N/mm}^2$，$\xi_b=0.544$)，跨中截面承受弯矩设计值 $M=540$ kN·m。已知 $h_0=630$ mm，$\gamma_d=1.2$，不考虑受压钢筋，所需受拉钢筋截面面积(　　)mm²。

A. 2 139　　B. 3 012　　C. 3 960　　D. 4 685

(17)某矩形截面钢筋混凝土柱，截面尺寸 $b\times h=400\ \text{mm}\times 600\ \text{mm}$，柱在两个方向的计算长度均为 $l_0=5.0$ m，采用 C25 混凝土($f_c=12.5\ \text{N/mm}^2$)，Ⅱ级钢筋($f_y=310\ \text{N/mm}^2$，$\xi_b=0.544$)。该柱控制截面轴心压力设计值 $N=1\ 100$ kN，弯矩设计值 $M=480$ kN·m。已知 $a_s=a_s'=40$ mm，$\gamma_d=1.2$，若采用不对称配筋，所需受拉和受压钢筋截面面积(　　)。

A. 受拉钢筋截面面积 2 732 mm²，受压钢筋截面面积 2 077 mm²

B. 受拉钢筋截面面积 2 732 mm²，受压钢筋截面面积 3 287 mm²

C. 受拉钢筋截面面积 3 126 mm²，受压钢筋截面面积 2 077 mm²

D. 受拉钢筋截面面积 3 126 mm²，受压钢筋截面面积 3 287 mm²

(18)某矩形截面钢筋混凝土柱，截面尺寸 $b\times h=400\ \text{mm}\times 600\ \text{mm}$，计算长度均为 $l_0=5.0$ m，采用 C25 混凝土($f_c=12.5\ \text{N/mm}^2$)，Ⅱ级钢筋($f_y=310\ \text{N/mm}^2$，$\xi_b=0.544$)。该柱控制截面轴心压力设计值 $N=2\ 580$ kN，弯矩设计值 $M=67$ kN·m。已知 $a_s=a_s'=40$ mm，$\gamma_d=1.2$，每侧所需纵向钢筋截面面积(　　)。

A. 受拉钢筋截面面积 448 mm²，受压钢筋截面面积 883 mm²

B. 受拉钢筋截面面积 448 mm²，受压钢筋截面面积 2 010 mm²

C. 受拉钢筋截面面积 663 mm²，受压钢筋截面面积 883 mm²

D. 受拉钢筋截面面积 663 mm²，受压钢筋截面面积 2 010 mm²

(19)某矩形截面钢筋混凝土受拉构件，截面尺寸 $b\times h=300\ \text{mm}\times 400\ \text{mm}$，$a_s=a_s'=35$ mm，采用 C20 混凝土($f_t=1.1\ \text{N/mm}^2$)，Ⅱ级钢筋($f_y=310\ \text{N/mm}^2$)。该构件控制截面轴向拉力设计值 $N=620$ kN，弯矩设计值 $M=70$ kN·m。已知 $\gamma_d=1.2$，若采用非对称配筋，每侧所需纵向钢筋截面面积 A_s、A_s'分别为(　　)mm²。

A. 2 021、379　　B. 1 823、379　　C. 2 021、613　　D. 1 823、613

(20)某矩形截面钢筋混凝土受拉构件，截面尺寸 $b \times h = 200\ \mathrm{mm} \times 400\ \mathrm{mm}$，$a_s = a'_s = 35\ \mathrm{mm}$，采用 C20 混凝土($f_t = 1.1\ \mathrm{N/mm^2}$)，Ⅱ级钢筋($f_y = 310\ \mathrm{N/mm^2}$，$\xi_b = 0.544$)。该构件控制截面轴向拉力设计值 $N = 550\ \mathrm{kN}$，弯矩设计值 $M = 200\ \mathrm{kN \cdot m}$。已知 $\gamma_d = 1.2$，若采用非对称配筋，每侧所需纵向钢筋截面面积 A_s、A'_s分别为(　　)$\mathrm{mm^2}$。

A. 1 897、110　　B. 3 660、110　　C. 1 897、250　　D. 3 660、250

(21)某钢筋混凝土框架柱，两端支座按固端考虑，截面尺寸 $b \times h = 400\ \mathrm{mm} \times 400\ \mathrm{mm}$，采用 C20 混凝土($f_c = 10\ \mathrm{N/mm^2}$)，箍筋用Ⅰ级钢筋($f_y = 210\ \mathrm{N/mm^2}$)。柱所受最大剪力设计值 $V = 180\ \mathrm{kN}$，与剪力 V 相应的轴向压力设计值 $N = 610\ \mathrm{kN}$。已知 $\gamma_d = 1.2$，$h_0 = 360\ \mathrm{mm}$，箍筋间距采用 100 mm，按受剪承载力要求计算箍筋截面面积为(　　)$\mathrm{mm^2}$。

A. 92　　B. 118　　C. 130　　D. 152

(22)某承受均布荷载作用的受拉构件，截面尺寸 $b \times h = 300\ \mathrm{mm} \times 400\ \mathrm{mm}$，采用 C25 混凝土($f_c = 12.5\ \mathrm{N/mm^2}$)，箍筋用Ⅰ级钢筋($f_y = 210\ \mathrm{N/mm^2}$)。柱端作用轴向拉力设计值 $N = 215\ \mathrm{kN}$，柱所受最大剪力设计值 $V = 150\ \mathrm{kN}$。已知 $\gamma_d = 1.2$，$h_0 = 360\ \mathrm{mm}$，箍筋间距采用 100 mm，按受剪承载力要求计算箍筋截面面积为(　　)$\mathrm{mm^2}$。

A. 105　　B. 123　　C. 147　　D. 162

(23)某集中荷载作用下的矩形截面独立简支梁，截面尺寸 $b \times h = 250\ \mathrm{mm} \times 600\ \mathrm{mm}$，采用 C20 混凝土($f_c = 10\ \mathrm{N/mm^2}$)，箍筋用Ⅰ级钢筋($f_y = 210\ \mathrm{N/mm^2}$)。梁上作用有距支座边缘 1.5m 的集中荷载，控制截面配有双肢箍筋Φ6@150($A_{sv} = 57\ \mathrm{mm^2}$)。已知 $\gamma_d = 1.2$，$h_0 = 550\ \mathrm{mm}$，不考虑弯起钢筋，该梁按受剪承载力要求所能承担的最大剪力设计值为(　　)kN。

A. 82　　B. 99　　C. 121　　D. 155

(24)一钢筋混凝土纯扭构件，截面尺寸 $b \times h = 250\ \mathrm{mm} \times 400\ \mathrm{mm}$，采用 C25 混凝土($f_t = 1.3\ \mathrm{N/mm^2}$)，箍筋及纵筋均采用Ⅰ级钢筋($f_y = 210\ \mathrm{N/mm^2}$)，混凝土保护层厚度 $c = 25\ \mathrm{mm}$，设计扭矩 $T = 14.5\ \mathrm{kN \cdot m}$，假设选用Φ8($A_{st1} = 50.3\ \mathrm{mm^2}$)箍筋，已知纵向钢筋与箍筋的配筋强度比 $\xi = 1.2$，$\gamma_d = 1.2$，箍筋最大间距 s 及纵筋截面面积 A_{st}分别为(　　)。

A. 75 mm、885 $\mathrm{mm^2}$　　B. 125 mm、710 $\mathrm{mm^2}$

C. 150 mm、802 $\mathrm{mm^2}$　　D. 200 mm、903 $\mathrm{mm^2}$

(25)某不配置箍筋及弯起钢筋的钢筋混凝土楼板，板厚 $b = 200\ \mathrm{mm}$，$h_0 = 180\ \mathrm{mm}$，采用 C25 混凝土($f_t = 1.3\ \mathrm{N/mm^2}$)，混凝土保护层厚度 $c = 25\ \mathrm{mm}$，$\gamma_d = 1.2$，已知集中荷载作用面积 $L \times B = 100\ \mathrm{mm} \times 100\ \mathrm{mm}$(长×宽)，不考虑其他影响，按受冲切承载力计算集中荷载最大设计值为(　　)kN。

A. 83　　B. 101　　C. 136　　D. 153

(26)某钢筋混凝土圆形水池，采用 C20 混凝土($f_{tk} = 1.5\ \mathrm{N/mm^2}$，$E_c = 2.55 \times 10^4\ \mathrm{N/mm^2}$)，Ⅰ级钢筋($f_y = 210\ \mathrm{N/mm^2}$，$E_s = 2.1 \times 10^5\ \mathrm{N/mm^2}$)，池壁厚 $h = 250\ \mathrm{mm}$，内外侧分别布置Φ12@50($A_s = 2\ 262\ \mathrm{mm^2}$)钢筋；水池在内水压力作用下，池壁单位高度内由荷

载标准值按长期效应组合产生的最大环向拉力 $N_l=250$ kN/m,试验算在荷载长期效应组合下池壁是否满足抗裂要求?( )

A.满足 B.不满足

(27)某钢筋混凝土矩形截面梁,采用 C20 混凝土($f_{tk}=1.5$ N/mm^2,$E_c=2.55\times10^4$ N/mm^2),Ⅰ级钢筋($f_y=210$ N/mm^2,$E_s=2.1\times10^5$ N/mm^2),梁截面尺寸为 $b\times h=200$ mm × 500 mm,配纵向受拉钢筋 3 Φ 18($A_s=763$ mm^2),混凝土保护层厚度 $c=30$ mm,$a_s=a_s'=40$ mm;在荷载长期效应组合下,截面最大受弯设计值 $M_l=60$ kN·m,验算荷载长期效应组合下该梁最大裂缝宽度( )mm。

A.0.230 B.0.250 C.0.270 D.0.290

(28)某钢筋混凝土矩形水池,采用 C20 混凝土($f_{tk}=1.5$ N/mm^2,$E_c=2.55\times10^4$ N/mm^2),Ⅰ级钢筋($f_y=210$ N/mm^2,$E_s=2.1\times10^5$ N/mm^2),池壁厚 $h=200$ mm,内外侧分别配置Φ10@150($A_s=A_s'=523$ mm^2)钢筋,混凝土保护层厚度 25 mm;池壁垂直截面单位高度内作用由荷载标准值按短期效应组合产生的轴向拉力为 $N_s=20$ kN/m,弯矩值为 $M_s=15$ kN·m/m,验算荷载短期效应组合裂缝宽度( )mm。

A.0.227 B.0.257 C.0.287 D.0.307

(29)某钢筋混凝土矩形截面梁,跨度 $l_0=4.5$ m,采用 C20 混凝土($f_{tk}=1.5$ N/mm^2,$E_c=2.55\times10^4$ N/mm^2),Ⅰ级钢筋($f_y=210$ N/mm^2,$E_s=2.1\times10^5$ N/mm^2),梁截面尺寸为 $b\times h=200$ mm × 500 mm,配纵向受拉钢筋 3 Φ 18($A_s=763$ mm^2),混凝土保护层厚度 $c=30$ mm,$a_s=a_s'=40$ mm,荷载短期效应组合跨中截面弯矩设计值 $M_s=73.41$ kN·m,荷载长期效应组合跨中截面弯矩设计值 $M_l=58.85$ kN·m,挠度系数取 $S=5/48$,在不考虑受压钢筋、允许开裂的条件下,荷载效应短期组合及长期组合跨中最大挠度分别为( )mm。

A.11.23、10.26 B.10.26、11.23 C.11.29、12.69 D.12.69、11.29

(30)一矩形截面短梁,计算跨度 $l_0=3.6$ m,梁截面尺寸为 $b\times h=200$ mm × 1 200 mm,$h_0=1\ 140$ mm,采用 C20 混凝土($f_c=10$ N/mm^2),Ⅱ级钢筋($f_y=310$ N/mm^2),跨中截面最大受弯设计值 $M=243$ kN·m,结构系数 $\gamma_d=1.2$,验算正截面纵向受拉钢筋截面面积 A_s 为( )mm^2。

A.871 B.968 C.1 053 D.1 123

2.4 参考答案

(1)C	(2)C	(3)A	(4)C	(5)A	(6)B
(7)C	(8)B	(9)A	(10)A	(11)A	(12)C
(13)D	(14)B	(15)D	(16)C	(17)A	(18)A
(19)A	(20)D	(21)B	(22)C	(23)B	(24)A
(25)D	(26)A	(27)D	(28)B	(29)D	(30)A

第3章　水工金属结构

3.1　考试大纲

熟练掌握水工金属结构布置、选型和闸门的主要构造设计。

熟练掌握钢闸门的受力条件、运用方式。

熟练掌握闸门构件的强度、刚度及稳定计算。

掌握闸门构件及连接件的材料和允许应力。

掌握闸门表面的防腐蚀和防冰冻工程措施。

了解闸门制造、安装及验收等有关技术要求。

了解启闭机制造、安装及验收等有关技术要求。

3.2　复习指导

3.2.1　复习要点

3.2.1.1　水工金属结构布置、选型和闸门的主要构造设计

1)水工金属结构布置与选型

水工金属结构一般包括水利水电工程所采用的各种钢闸门、拦污栅、压力钢管(明管)、升船机及操作闸门和拦污栅的启闭设备及其他附属设备。水工金属结构是水利水电工程的组成部分,应熟练掌握其在工程各系统中的布置、作用、功能、选型和主要构造设计。

水利水电工程的钢闸门,按其工作性质主要可分为:①工作闸门:指承担主要工作并能在动水中启闭的闸门;②事故闸门:指当闸门的下游(或上游)发生事故时,能在动水中关闭的闸门,当需快速关闭时,也称为快速闸门。这种闸门宜在静水中开启;③检修闸门:指水工建筑物和机械设备等检修时用以挡水的闸门,这种闸门宜在静水中启闭。

对重要的深、底孔闸门或采取水力操作的闸门,应注意选择合理的水道布置和体型,使闸门及门槽获得良好的水力条件。闸门的门槽型式、底缘型式、胸墙相关尺寸以及通气孔面积等的合理选择和设计,可按水力设计与计算的有关规定进行;同时也可吸取已建同类工程的经验,或通过一些专门的水力试验等进行验证和改进。

当水工建筑物有泄洪或发电等要求时,孔口应布置在不同高程,并从有利于水流和运行条件等考虑,在平面上应尽量错开布置,不宜重叠。引水发电系统设置的闸门,应按照机组的保护要求以及引水发电系统的布置特点,综合考虑闸门的布置、型式和操作运行方式。

闸门的门型应根据工程对闸门的运行要求、闸门设置部位和启闭机型式,通过技术经济比较选定。一般说来,平面闸门和弧形闸门普遍适用于高、中、低水头下的泄洪、引水、灌溉和导流系统的闸门,适用于各种不同水工布置条件下,做成各种规格尺寸的工作闸门、事故闸门和检修闸门。一般弧形闸门的启闭力小,无门槽,水流条件较好,但闸室尺寸较大,铰座传递荷载集中;而平面闸门可提起来离开孔口,安装检修方便,坝内预留孔较小,但启闭力大,门槽附近水流条件较差。闸门的孔口尺寸主要取决于过闸流量,但同时与闸门承受的总水压力、运行条件以及闸门和启闭机的制造安装水平等密切相关。孔口尺寸宜按现行规范系列标准选用。就闸门本身而言,水头高时,多采用宽高比小的孔口;水头低时,孔口选用的宽高比可稍大些。

启闭机布置为闸门总体布置的主要组成部分,在工程中极为重要。在总体布置中,需考虑以下因素:①比较各种类型启闭机的优缺点。尽可能按照标准系列选用,并比较其总体经济性。②分析闸门的启闭运用方式。是静水启闭还是动水启闭,要否局部开启或快速关闭;是单独或集中、就地或远方操作,或兼有之,以及操作的自动化程度等;可根据闸门的工作性质、运行法规、设计规范,以及水工建筑物运用条件等进行比较,选用运行灵活可靠、经济合理的启闭设施。③启闭机本身的功用,除操作闸门外,尚需考虑其他应用的可能性与必要性。如在工程施工期可暂作运输吊装的设备,工程建成后还可作为操作拦污栅、吊运杂物以及作为检修其他设备的设施等。

闸门应布置在水流较平顺的部位,应尽量避免门前横向流和旋涡、门后淹没出流和回流等对闸门运行的不利影响。闸门布置在进口时,尚应避免闸孔和门槽顶部同时过水。闸门型式的选择,应根据下列因素综合考虑确定:①水利枢纽对闸门运行的要求;②闸门在水工建筑物中的位置、孔口尺寸、上下游水位和操作水头;③泥沙和漂浮物的情况;④启闭机的型式、启闭力和挂脱钩方式;⑤制造、运输、安装、维修和材料供应等条件;⑥技术经济指标等。

为了便于闸门、拦污栅和启闭机的运行、维修,设计时应考虑:①根据当地情况,启闭机可设机罩、机房或机室。位于坝内或地下洞室内的机室,应考虑通风防潮设施。②启闭机设置高程和机房尺寸,应分别满足闸门和启闭机维修的要求。③露顶式闸门,当不能提升到闸墩墩面时,宜在适当高程处设置检修孔或检修台。潜孔式弧形闸门,宜在其胸墙和侧止水导板的适当高程处,设置不小于 800 mm 宽的检修台阶。在支铰处也可设检修平台。④启闭机室、闸门检修室和检修平台,宜有足够的面积和高度。此外,尚应设置栏杆或盖板,以满足运行、维修及安全的要求。⑤为便于吊装,在检修室和启闭机室内,宜埋设必要的吊环和锚钩。⑥检修闸门、备用拦污栅和其他附属设施,宜设有存放场所。⑦启闭机室和闸门检修室的上、下交通,宜设置走梯。

开敞式溢洪道或泄洪表孔工作闸门宜采用弧形闸门和平板闸门。在工作闸门的上游侧,宜设置检修闸门;对于重要工程,为保证泄洪安全,必要时也可设置事故闸门。两门槽之间的最小净距应能满足启闭机布置与运行、闸门安装与维修和水力学条件等因素的要求,一般不宜少于 1.50 m。当水库水位每年有足够的连续时间低于闸门底槛,并能满足检修要求时,可不设检修闸门。工作闸门的底槛位置宜位于溢流堰顶略偏下游侧,可压低水舌,避免溢流堰面产生负压,并可改善闸门的底缘流态。

对泄水和水闸系统的检修闸门，当设移动式启闭机时，10 孔以内者可设置 1 ~ 2 扇；10 孔以上者每增加 10 孔可增设一扇。多孔口工作闸门，当需短时间内全部开启或均匀泄水时，宜选用固定式启闭机，并有设备用动力。

泄水孔工作闸门可选用弧形闸门、平面闸门或其他型式的门、阀。当选用弧形闸门时，要注意采用合理的止水型式；当选用平面闸门时，还要注意采用合理的门槽型式。当闸门孔口尺寸较大，且操作水头大于 50 m 时，宜选用弧形闸门。为保证工作闸门及泄水孔的安全，在泄水孔工作闸门的上游侧，应设置事故闸门。对高水头长泄水孔的闸门，尚应研究在事故闸门前设置检修闸门的必要性。事故闸门一般采用平面闸门，检修闸门可采用平面闸门或叠梁闸门。

当泄水孔的泄水道为明流管道、工作闸门设置于泄水道的进口并设有移动式启闭机操作闸门时，其进口事故闸门可考虑几个孔口共用一套闸门。但当泄水孔的泄水道为有压管道、工作闸门设置于出口时，有时为避免洞身长期承压，事故闸门需经常关闭，用以挡水，则每个孔口可单独设置一扇事故闸门。事故闸门一般采用平面闸门，依水头高低可分为滑动闸门、定轮闸门或链轮闸门。

对于深式泄水孔，当下游水位经常淹没底槛时，为了水道和埋件的检修，必要时可设置下游检修闸门。对于重要工程，考虑事故闸门的检修而在泄水道的上游增设一道检修闸门，检修闸门可采用平面闸门、拱形闸门或叠梁闸门。

当工作闸门设置于泄水道的进口或中段时，宜加大门后泄水道的断面，并在门后的顶部设置通气孔以充分补气，门后宜保持明流，门前的压力段宜保持有一定的收缩率。

当泄水隧洞有弯道时，工作闸门尚宜布置在弯道下游水流平稳的直段上。

排沙孔闸门，宜设置在进口段，且宜采用上游面板和上游止水。门槽和水道边界应光滑平整，并选用合适的抗磨材料加以防护。根据排沙闸的具体条件，必要时可设高压水枪，以便冲沙启门。

施工导流孔闸门，应考虑工程施工期和初期发电的各种运行情况，截流下闸应安全可靠，必要时应有后备措施，并应尽量与永久性闸门共用。

大型工程中重要的工作闸门在运行过程中可能产生的空蚀、振动、磨损和启闭力等问题，应作专门研究。通常可从通气孔、底缘型式、门槽型式、止水型式和操作方法等方面采取有效措施，以尽量避免或减轻不利影响。若水流条件复杂，应专门进行模型试验研究。

对于高水头弧形闸门，根据具体运用条件，宜选用设有转铰式或充库压式顶止水的圆柱铰弧形闸门；对要求经常作变幅局部开启操作的闸门，经论证，可选用设有突扩门槽、压紧式止水的偏心铰弧形闸门。对突扩门槽的体型及水力学条件宜通过试验确定。

对于低水头弧形闸门，应特别注意支臂的动力稳定性，并宜从支臂的结构和构造上予以保证。

水闸、排灌系统的闸门型式，应根据工程特点，因地制宜地灵活选用。可采用平面闸门、弧形闸门、拱形闸门、升卧式闸门以及其他型式的闸门或阀等。各类水闸工作闸门的上游侧，宜设置检修闸门，对特别重要的进洪闸或泄洪闸等可设置事故检修闸门。当下游水位经常淹没底坎时，应研究设置下游检修闸门的必要性。检修闸门的型式，可选用平面闸门、叠梁、浮式叠梁和浮箱闸门等。检修闸门的存放、启吊和运输应力求方便。检修闸门的止水宜采取必要的预压措施。闸门的选型和布置，应根据闸门的受力条件、控制运用要求和闸室结构布置等因素选定：①需用闸门控制泄水的水闸宜采用弧形闸门。②有排污、排冰、过木等要求的水闸，宜采用下沉式闸门、舌瓣闸门等。③当采用分离式底板时，宜采用平面闸门。如采用弧形闸门，应考虑闸墩间可能的不均匀沉陷对闸门强度、止水和启闭的影响。④为降低启闭机排架高度，提高水闸的整体抗震性能，可采用升卧式闸门或双扉平面闸门。若选用升卧式闸门应注意选择合理的起弧高度、弧轨半径及其中心角和锁定装置等，并需要考虑闸门的检修条件。⑤为简化消能设施，提高泄流能力，降低启闭力，在泄水建筑物出口处，可采用平置式或斜置式锥形阀，但应注意喷射水雾对附近建筑物的影响和阀的检修条件。挡潮工作闸门，一般要求启闭迅速，闸门的面板应布置于迎海水侧，同时宜采用双向止水，且要求止水严密，以防止海水和泥沙倒灌。排灌闸工作闸门的主要特点是承受双向水压力，在设计其支承、止水及底缘型式时，应能适应这一特点。在有较大涌潮或风浪的水利枢纽中，当采用潜孔弧形闸门且上游水位有时低于门楣时，应在进口胸墙段上设排气孔，以减轻潮浪所产生的强压气囊对闸门的冲击力。在流量增长很快且泥沙淤积轻微，或有专门要求的河流上，可采用水力操作闸门，但应注意闸门的水力学问题和闸门检修时的排水放空设施。

泵站进水侧应设拦污栅和检修闸门。当引水建筑物有防淤或控制水位要求时，应设工作闸门。拦污栅布置应根据来污量和污物性质确定。来污量较多时，除泵站进口应设拦污栅外，还可在引渠或前池加设站前拦污栅。拦污栅应配备起吊设备，来污量较多时应有清污设施。清污平台宜结合交通桥布置，并应满足装运污物的要求。污物应有集散场地。采用拍门或快速闸门断流的泵站，其出水侧应设事故闸门或经论证设检修闸门；拍门、快速闸门及事故闸门门后应设通气孔，通气孔应有防护设施。通气孔的面积可按公式 $S \geqslant 0.01Q$ 计算确定，式中 S 为通气孔面积，m^2，Q 为设计流量，m^3/s。

事故闸门停泵闭门宜与拍门或快速闸门联动。快速卷扬启闭机、液压启闭机应能就地操作和远动控制，并应有可靠的操作电源。在严寒地区闸门和拦污栅应有防冰冻措施。多孔共用的检修闸门，其埋件的安装精度应满足一门多槽使用要求。启闭机的型式应根据泵站水工布置、闸门（拦污栅）型式、孔口尺寸与数量及运行条件等因素确定。工作闸门和事故闸门宜选用固定式启闭机，有控制的拍门和快速闸门应选用快速卷扬启闭机或液压启闭机，检修闸门和拦污栅宜选用固定式卷扬启闭机、螺杆启闭机或电动葫芦。孔口数量较多时，宜选用移动式启闭机或小车式葫芦。

引水发电系统当机组或钢管要求闸门作事故保护时，坝后式电站的进水口应设置快速闸门和检修闸门；引水式电站，除在压力管道进口处设快速闸门外，宜在长引水道进口处设置事故闸门。河床式水电站的进水口，当机组有可靠防飞逸装置时，只需设置事故闸门和检修闸门。小型电站可适当简化。

对设于调压井中的事故闸门，应考虑涌浪对闸门的停放和下降的影响。必要时，应进行专门研究。

引水发电系统，3～6 台机组可设置尾水检修闸门两套，进口检修闸门一套；6 台机组以上，每增加 4～6 台可各增设一套。特殊情况下，经论证可予增减。

电站进水口拦污设施的布置型式，应根据河流中污物的性质、数量以及对清污的要求等来确定。在污物较少的地区,可设置一道拦污栅。在污物较多的地区,宜考虑排污设施,并宜考虑设两道拦污栅或采用连通式布置。此外,尚应设置有效的清污设施及卸污设施。所有的拦污栅均宜设置可靠的清污平台。在寒冷地区,必要时应采取有效措施,以防止栅条结冰或冰屑堵塞。

抽水蓄能电站上、下水库进(出)水口应根据上、下水库构筑型式及污物源的实际情况确定设置拦污栅的必要性。设置拦污栅的进(出)水口建筑物应具有良好的水力学特性,必要时应通过水力学模型试验进行优化,达到进(出)水流平顺、均匀。一般情况下,通过拦污栅断面的平均出水流速不宜大于1.2 m/s。拦污栅的结构应进行静力核算和动力核算。静力核算所采用的水压差宜适当加大,拦污栅结构应具有足够的强度、刚度和抗振动能力。

抽水蓄能电站当引水道中采用埋藏式高压管道时,原则上应在上水库进(出)水口与每条引水道衔接的水平段适当位置设置一道事故闸门。当闸门悬挂在闸门井顶部时,应使闸门的底缘高于上水库的最高运行水位,闸门下部的正向、反向和侧向支承均应位于门槽内。当闸门处于闸门井水体中时,必须论证机组甩负荷时所产生的涌波对闸门的影响。当闸门停放在孔口顶楣附近时,还应考虑机组频繁工况转换对闸门造成晃动的影响。闸门的充水平压装置必须安全、可靠、操作灵活,其充水量应满足不同时期的充水时间要求。

对于抽水蓄能电站长尾水系统,应在每台机组尾水支管的适当位置设置一道尾水闸门。当尾水闸门为事故闸门时,应采用现地启闭操作和远方自动闭门操作,就地和远方均应设置可靠的闸门位置显示装置。闸门(启闭设备)应设置可靠的并能满足远方自动闭门操作要求的锁定(制动)装置。闸门的启闭设备应设置各种闸门位置控制开关,其电控系统与机组和机组上游侧工作阀的电控系统之间均应进行安全闭锁。

贯流式机组电站的进水口宜设拦污栅、检修闸门(或事故闸门),尾水出口宜设事故闸门(或检修闸门)。拦污栅设计应采取减少水头损失的措施,同时尚应考虑水动力影响,必要时可设清污机。

船闸应在上、下闸首设置工作闸门、检修闸门,位于重要水利水电枢纽上的船闸,因闸门失事可能引起严重后果,应设置事故闸门。船闸的输水廊道除设有工作阀门外,还应设有检修阀门。在输水廊道进出口处,应设置拦污栅。闸门、阀门的设计应包括闸门、阀门正常工作所必要的附属设备,如工作桥、爬梯、通道、护弦、缓冲设备、限位装置、平压设备以及锁定装置等。淤积严重的地区应设有闸阀门的清淤设备,冰冻地区应考虑防止闸门承受冰压力的设施。

船闸闸门、阀门的型式应根据通过能力、通航净空、孔口尺寸、水位组合、水力学条件以及水工建筑物的结构型式等因素,通过技术经济比较选定。闸门的布置不得影响船闸的有效通航尺寸。在设计工作阀门时,应尽量考虑事故情况和动水关闭的要求。平面阀门的门槽宽度、深度和门槽体型的选择,除应满足布置支承埋件的要求外,尚应注意下列两点:①为改善门槽的空穴特性,减少门槽空蚀,可选择较优的门槽体型。②当水头超过15 m,边界条件较特殊,且无类似工程可供参考时,门槽体型应通过模型试验确定。反向弧形阀门面板曲率半径与阀门处廊道高度的比值可取为1.3~1.6。反向弧形阀门的支铰中心,应布置在灌泄水时支铰和支铰梁都不受水流直接冲击的高程上,支铰中心与廊道底面的距离一般为1.1～1.3倍阀门处的廊道高度。阀门井及检修阀门井的尺寸应满足安装、检修工作的要求。井内应设置足够宽度的检修平台。检修平台至闸墙顶应设有人梯，此外尚需布置锁定、锚钩等设备。

常用启闭机有螺杆式、固定卷扬式、台车式、门式和液压式等，可根据闸门型式、尺寸、孔口数量及运行条件等因素选用。选用启闭机的启闭力应等于或大于计算启闭力；也允许略小于计算启闭力，但不得超过5%，同时还应符合启闭机系列标准规定。固定卷扬式启闭机的使用最广泛，用于操作靠自重或加重关闭的和要求在短时间内全部开启的闸门，宜布置为一门一机。台车式和门式启闭机多用于操作孔数多，且不需要同时局部均匀开启的闸门。启闭机台数应根据开启闸门的时间要求决定，并考虑有适当的备用量。采用大启闭力的门式或台车式启闭机操作多种闸门，当各闸门启闭力相差悬殊时，启闭机上宜设启闭各闸门的超载安全装置。布置门式启闭机，应照顾坝面金属结构设备及大坝的检修需要。液压启闭机，宜用于操作潜孔平面闸门和潜孔弧形闸门。当采用移动式启闭机操作多孔口闸门或闸门在操作过程中，吊杆装卸频繁时，宜采用自动挂脱梁。其型式可根据工作条件选用机构式或液压式等。

启闭机的基本参数主要有启闭力(kN)、扬程(m)、启闭速度(m/min)、跨度(m)及吊点距(m)。启闭机扬程可根据运行条件决定，并应满足对于溢流闸门可提出水面以上1～2 m，对于快速闸门可提到孔口以上0.5～1.0 m，闸门检修更换时可提到检修平台以上0.5～1.0 m。

2)钢闸门的主要构造设计

闸门的梁系宜采用同一层的布置方式，并应考虑制造、运输、安装和防锈等方面的要求。

平面闸门可按孔口型式及宽高比布置成双主梁或多主梁型式。主梁布置应考虑：①主梁宜按等荷载要求布置；②主梁间距应适应制造、运输和安装的条件；③主梁间距应满足行走支承布置的要求；④底主梁到底止水的距离应符合底缘布置的要求。工作闸门和事故闸门下游倾角应不小于30°；当闸门支承在非水平底槛上时，其夹角可适当增减。当不能满足30°的要求时，应采取适当补气措施；对于部分利用水柱的平面闸门，其上游倾角不应小于45°，宜采用60°。

露顶式的双主梁平面闸门，主梁宜布置在静水压力合力线上、下等距离的位置上，同时应注意：①两主梁间的距离要尽量大些；②上主梁到闸门顶缘的距离应小于0.45H，且不宜大于3.6 m。

主梁可按跨度和荷载采用实腹式或桁架式。实腹式主梁高度的初选，应满足最小梁高的要求，并参考经济梁高综合分析而定。为缩减门槽的尺寸和节约钢材，大跨度闸门可采用变截面的主梁，其端部梁高为跨中的0.4～0.6倍。梁高改变的位置宜距离支座1/4～1/6跨度处，同时应满足强度的要求。

平面闸门的边梁应采用实腹梁型式，滑动支承宜采用单腹板式边梁；简支轮支承宜采用双腹板式边梁。

为使闸门具有一定的刚度，应设置门背联结系(平行于面板)及竖向联结系(垂直于面板)。门背联结系宜采用桁架式结构或框架式结构。竖向联结系宜采用实腹式结构，也可采用桁架式结构。

弧形闸门面板曲率半径与闸门高度的比值可取为:①露顶式 1.0~1.5;②潜孔式 1.1~2.2。弧形闸门支铰宜布置在过流时支铰不受水流及漂浮物冲击的高程上,溢流坝上的露顶式弧形闸门支铰位置可布置在闸门底槛以上 $1/2H \sim 3/4H$ 处(H 为门高),水闸的露顶式弧形闸门支铰位置可布置在闸门底槛以上 $2/3H \sim H$ 处,深孔式弧形闸门支铰位置可布置在底槛以上大于 $1.1H$ 处。

弧形闸门主梁的布置,可根据孔口宽高比布置成主横梁或主纵梁式结构。宽高比较大的弧形闸门,宜采用主横梁式结构;宽高比较小的弧形闸门,可采用主纵梁式结构。

主横梁式弧形闸门的主框架型式有三种,可根据弧形闸门支承条件和孔口净空条件选择。弧形闸门实腹式的主横梁与支臂的单位刚度比 K_0 值,可选用 3~11(斜支臂3~7,直支臂 5~11)。

$$K_0 = \frac{I_{10}h}{I_h l_0}$$

式中 I_{10}、l_0——主横梁的截面惯性矩及计算跨度;

I_h、h——支臂的截面惯性矩及长度。

弧形闸门的支臂与主横梁应保证刚性连接。斜支臂与主横梁如采用螺栓连接,宜设抗剪板。抗剪板与连接板两端面应保证接触良好。

低水头弧形闸门的支臂,可根据具体工作条件,从结构上采取下列措施:①应充分注意主框架平面外的刚度,并从构造上予以保证;②适当考虑支铰摩阻力对支臂所引起的附加弯矩;③露顶式弧形闸门的上支臂宜适当加强。

为便于操作叠梁闸门,应考虑叠梁间的互换性,并力求减少漏水量。选用浮式叠梁或浮箱闸门时,应使结构布置对称,保证闸门操作平稳。浮式叠梁的单根浮力要选择适当,以保证按要求沉浮。

拱形闸门拱的圆心角宜采用 90°,闸门的水平剖面及竖直剖面应设置联结系,以保证闸门有足够的刚度。

平面闸门行走支承的型式,应根据工作条件、荷载和跨度选定。工作闸门和事故闸门宜采用滚轮或滑道支承。检修闸门和启闭力不大的工作闸门,可采用钢或铸铁等材料制造的滑块支承。常用的滚轮支承有悬臂轮、简支轮、多滚轮和台车滚轮等类型,一般多采用简支轮;当荷载不大时,可采用悬臂轮;当支承跨度较大时,可采用台车或其他型式支承,以保证轮子与轨道的接触良好;当荷载较大时,也可采用多滚轮。滚轮硬度应略低于轨道硬度。当轮压较大时,应对滚轮、轨道的材料及其硬度和制造工艺进行专门研究。闸门上布置多滚轮时,为调整滚轮踏面在同一平面上,宜采用偏心轴。作用在滚轮上的最大设计荷载,应按计算最大轮压考虑一定的不均匀系数,对于简支轮和设有偏心轴的多滚轮,可采用 1.1。

平面闸门行走支承采用钢、铸铁或尼龙等滑块时,应根据其构造、形状和接触特性,验算接触应力和连接螺栓的强度。工作闸门和事故闸门的滑道支承,可根据工作条件和地区特点,选用填充尼龙和钢基铜塑复合板或其他高比压低摩阻材料。滚轮、支铰的滑动轴套,根据工作条件宜选用钢基铜塑复合板轴套、青铜轴套或其他高比压低摩阻材料的轴套。固定轴上或其他活动部位,应设油孔、油槽、油塞等。油槽可设在非承压区侧。滚动轴承或在多泥沙水中工作的滑动轴承,除应采取润滑外,尚宜设密封装置,并应设排油孔。润滑设施应便于加油。

各类行走支承的计算,可根据其结构特点进行,主滚轮接触应力应进行验算。

弧形闸门的支铰型式,应根据闸门的荷载、跨度和支臂型式选。宜采用圆柱铰,也可选用锥形铰、双圆柱铰或球铰。滚轮、支铰的轴和轴套间应有良好的润滑。主轮、支铰和吊耳的轴,其表面宜镀铬,也可根据具体工作条件采取其他镀层等防腐蚀措施。处于水下工作的其他轴、螺栓和螺母等,或需经常拆卸的连接件宜做防腐蚀处理。腐蚀情况严重的重要连接件,也可采用不锈钢材料。

侧向、反向支承可根据闸门的尺寸、水压力大小、吊点、门槽型式以及采用滚轮或滑块等情况,按标准系列选用。

闸门采用单吊点或双吊点,应根据孔口大小、宽高比、启闭力、闸门及启闭机布置型式等因素综合考虑确定。当宽高比大于1.0时,宜采用双吊点。直升式平面闸门的吊耳应设置在闸门隔板或边梁的顶部,并应布置在闸门重心线上。电站尾水检修闸门的吊耳,可稍偏向止水侧,以提高止水效果。露顶式弧形闸门的吊耳,宜布置在闸门下主梁与支臂交点的面板前面,也可布置在面板后面下主梁两端。潜孔式弧形闸门的吊耳,宜布置在门顶。

作用在吊耳、吊杆、连接轴、连接板和连接螺栓上的荷载应按所选启闭机的启闭力(对操作多种类型闸门的移动式启闭机应取各门相应的计算启闭力)乘以1.1~1.2的超载系数计算,以考虑闸门启闭时的超载或不均匀影响。闸门的启闭操作,仅在下列情况下采用吊杆:①用自动挂脱梁有困难时;②为避免启闭机滑轮组长期浸在水中时;③当采用螺杆或液压启闭机扬程不够时;④经综合比较造价低、材料耗量少时。吊杆的分段长度,应按孔口高度、启闭机的扬程和对吊杆装拆、换向等要求确定。

为保证吊杆轴孔和轴的接触紧密,又便于装卸连接轴,宜将轴孔做成梨形孔。对荷载不大的吊杆,可将其轴孔加大1 mm。

闸门锁定的构造应满足操作方便,安全可靠的要求。操作锁定,应在锁定平台或检修平台上进行。有条件时,宜选用自动、半自动锁定器。锁定的结构型式应按不同用途进行设计。作用在锁定上的荷载,应按其不同用途而定,供闸门检修或存放用的锁定,应考虑闸门自重、加重、风荷载以及操作时可能引起的荷载。对于供闸门局部开启用的锁定,尚应考虑闸门在动水中可能产生的吸力和脉动荷载。锁定的活动和埋设部分,应按其受力及构造情况验算其强度、锚固与稳定性。

闸门设计时,焊缝的布置应尽量对称于构件的重心。不得任意加大焊缝,并应避免焊缝立体交叉和在一处集中多条焊缝。闸门及埋件结构,不得采用间断焊缝。承受动载或在低温(低于0 ℃)下工作的闸门,其主梁翼缘与腹板间,主梁腹板与边梁腹板间,支臂与两端支承板及承受弯矩段腹板与翼缘间的T形焊缝,应予焊透,焊缝质量不低于二级焊缝标准。腹板边缘尚应根据板厚和施焊条件进行加工。对于低温工作的二级焊缝,焊接接头尚应进行冲击试验。承受主要荷载的结构,不得采用塞焊连接。

此外,闸门设计时以下几个方面也应注意:①在进行闸门总体布置时,应考虑闸门的制造材料及定型闸门所需的零部件，其种类数量应尽量少，且尽可能地采用标准化、定型化产品，以保证供应施工期所需以及运行中便于检修维护。②闸门制造时的加工工艺与安装时的拼装焊接技术，应尽量避免采用特殊的装置与设备，尽可能减少工地工作量与高空作业量。③应研究设备的运输条件，尽可能采用便于分件、分件少、件轻、刚度大的门型或材料，尽量避免设备尺寸超限、超重的情况。④在施工或运行期间，对闸门及其部件（如吊杆、自动挂钩梁等）的存放、拼装、检修和锁定场所，无论工程大小，都应有总体设计和布置，要求便于操作、维修和安全适用。⑤应根据当地气候等情况（如日照、气温、雨量、雷雹、风沙等），考虑设置启闭机房的必要性，同时可与启闭机类型、运行与检修情况及上述闸门部件拼装、存放、检修场所等综合考虑。启闭机房与拼装场地均应考虑一些对运行操作人员的安全与方便设施，如供水排水、通风防潮、走梯栏杆、孔口盖板、吊钩锚环以及不受雨雷山洪影响的对外交通道等。机房及场地内的闸门井口边缘应设置防止杂物滚落井中的结构措施，以免影响闸门的操作。

闸门止水装置宜设在闸门活动部分上，以便维修更换，如需将止水安设在埋件上，则应提供其维修更换的条件。各部位的止水装置应具有连续性和严密性。对于大跨度上游止水的潜孔闸门，其顶止水应考虑顶梁弯曲变形的影响。应注意防止潜孔闸门顶止水橡皮在启闭过程中的翻卷现象。顶止水压板靠橡皮头的边缘宜做成翘头形式。闸门止水橡皮应预留压缩量。顶、侧止水橡皮的预留压缩量宜取 2～4 mm。

闸门的顶、侧止水可用圆头“P”形或“Ω”形断面的橡皮，潜孔和露顶式弧形闸门的侧止水可分别采用方头“P”形和“L”形断面的橡皮，底止水宜采用刀形橡皮。对于高水头弧形闸门止水型式，可根据运用条件进行研究和试验确定。止水压板的厚度不宜小于 10 mm，小型闸门可适当减薄。固定止水的螺栓间距宜小于 150 mm。

高水头弧形闸门的顶止水宜设置两道，即门上和门楣上各一道。门楣上的止水和面板弧度的配合精度，应满足闸门启闭过程中的止水要求。

采用不锈钢板制造顶、侧止水座板时，其加工后的厚度不小于 4 mm。止水座板应与所在的埋件做成一个整体，其构造型式应满足止水座板焊接、加工等要求。

闸门埋件必须能将闸门所承受的荷载安全地传递到混凝土（或其他材料）中去。为保证闸门启闭灵活，门槽混凝土面与门体间应有不小于 100 mm 的距离。闸门埋件应采用二期混凝土安装，二期混凝土宜有足够尺寸。有条件时，也可采用预制门槽安装。多泥沙河流上的排沙泄水孔闸门的门槽埋件及其附近的衬护，应结合抗磨损和抗空蚀的要求进行设计。当水流中有大量推移质过闸时，闸孔底部应采取相应的衬护措施。埋件分段时应考虑制造、运输和安装对其长度的限制及其本身刚度的要求。

闸门底槛埋件宜采用工字形断面。当水头较高时，为增加底槛埋件与混凝土的接触面并使其嵌固良好，底槛埋件的断面尺寸应适当增大。低水头小孔口闸门的底槛埋件可适当简化。

潜孔式平面工作闸门和事故闸门门槽主轨的高度，应根据使用条件确定，可按 1.5～2.0 m 的孔口高度选用。为便于闸门的入槽，轨道顶部应设导向坡度。

露顶式弧形闸门的支铰，宜支承在钢筋混凝土牛腿上；潜孔弧形闸门的支铰，可支承在钢梁上。

平面闸门门槽的上、下游两侧，宜设置金属护角。护角设置高度应根据其工作条件确定。

设计拦污栅槽埋件时，可参照平面闸门埋件的有关要求进行。

大、中型工程施工导流孔闸门底槛及其附近的衬护，应根据导流期过闸水流流态、过流时间长短及推移质过闸情况等因素确定。底槛断面高度可采用200 ~ 300 mm，必要时，可在其上、下游各设宽为800 ~ 1 500 mm的衬护板，并加强锚固设计。

拦污栅的设计荷载，应根据河流污物性质、数量及清污措施决定。引水发电系统的拦污栅，宜采用水位差2 ~ 4 m设计，特殊情况具体分析确定。在满足保护机组的前提下，栅条的净距应适当加大，以便于清污和减小水头损失。拦污栅宜做成活动式，以便提出孔口维修、更换。栅条截面高度不宜大于12倍栅条厚度，也不宜小于50 mm。栅条的侧向支承间距，不宜大于70倍栅条厚度。

3.2.1.2 钢闸门的受力条件和运用方式

水工金属结构设计应掌握闸门的受力条件和运用方式，掌握闸门的主要荷载组成、主要受力结构型式和启闭力估算等，这是金属结构设备布置和选型的必要条件。

作用在闸门上的荷载，按设计条件和校核条件划分为两类，即设计荷载和校核荷载。

设计荷载包括闸门自重（包括加重）、设计水头下的静水压力、设计水头下的动水压力、设计水头下的波浪压力、设计水头下的地震动水压力、设计水头下的水锤压力、泥沙压力、风压力、启闭力等。

校核荷载包括闸门自重（包括加重），校核水头下的静水压力，校核水头下的动水压力，校核水头下的波浪压力，校核水头下的地震动水压力，校核水头下的水锤压力，泥沙压力，风压力，冰、漂浮物和推移物的撞击力，温度荷载，启闭力等。

闸门有特殊要求（如水下爆破等）时，应专门研究作用在闸门上的荷载。

高水头下经常动水操作或经常局部开启的工作闸门，设计时应考虑闸门各部件承受不同程度的动力荷载，可按闸门不同型式及其水流条件，并将作用在闸门不同部件上的静荷载分别乘以不同的动力系数来考虑。动力系数取值范围为1.0 ~ 1.2。

大型工程中水流条件复杂的重要工作闸门，其动力系数应作专门研究。当进行闸门刚度验算时，不考虑动力系数。

作用在闸门上的荷载，可按相关公式进行计算。

在作用于闸门上的各种荷载中，静水压力是最基本的荷载，其计算方法应熟练掌握。

3.2.1.3 闸门构件的强度、刚度及稳定计算

闸门的结构计算，应按照实际可能发生的最不利的荷载组合情况，对闸门的设计条件和校核条件进行强度、刚度和稳定性验算。现行规范采用平面体系假定和容许应力方法进行结构验算，凡规范未明确规定的计算方法，只要能准确、可靠、简便地求得结构内力及应力，计算方法可酌情选择。

强度验算：对于闸门承重构件和连接件，应验算正应力和剪应力。在同时受较大正应力和剪应力作用处，尚应验算折算应力。计算的最大应力值不得超过容许应力的5%。弧形闸门的纵向梁系和面板，可忽略其曲率影响，近似按直梁和平板进行验算。

刚度验算：应验算受弯构件的挠度。最大挠度与计算跨度之比不应超过下列数值：

①潜孔式工作闸门和事故闸门的主梁1/750；②露顶式工作闸门和事故闸门的主梁1/600；③检修闸门和拦污栅的主梁 1/500；④次梁 1/250。

稳定验算：对受弯、受压和偏心受压构件，应验算整体稳定和局部稳定性。

栅条应进行强度及稳定性验算，其稳定安全系数不应小于 2。拦污栅的承重结构，应根据布置及构造情况进行内力分析，并进行验算。

3.2.1.4　**闸门构件及连接件的材料和允许应力**

强度要求是闸门正常使用的最基本要求，闸门强度的主要判别标准是闸门选用材料的允许应力。在设计中应掌握目前闸门常用的材料及其各项允许应力，应根据闸门的工作性质、操作条件、连接方法、工作温度等不同情况选择其相应的钢号。

闸门除强度要求外，还有刚度、稳定性等技术指标要求。因此，对涉及这项要求的闸门材料的力学性能（如弹性模量、屈服极限等）应有所了解，并应掌握其在闸门结构设计中的具体应用。

闸门承重结构的钢材，应根据闸门的性质、操作条件、连接方式、工作温度等不同情况选择其钢号和材质。其质量标准应分别符合现行标准《碳素结构钢》（GB/T 700）、《低合金结构钢》（GB/T 1591）等规定要求，并根据不同情况按规范选用。闸门及埋件的计算温度应按现行《采暖通风和空气调节设计规范》（GB 50019—2003）中规定的冬季空气调节室外计算温度确定。

闸门承重结构的钢材，应保证其抗拉强度，屈服点，伸长率和硫、磷的含量合乎要求，对焊接结构尚应保证碳的含量合乎要求。主要受力结构和弯曲成形部分钢材应具有冷弯试验的合格保证。承受动载的焊接结构钢材，应具有相应计算温度冲击试验的合格保证。承受动载的非焊接结构钢材，必要时，也应具有冲击试验的合格保证。

闸门支承结构（包括主轨）的铸钢件，可采用现行《一般工程用铸造碳钢件》（GB/T 11352）中规定的铸钢和现行《合金铸钢》（JB/ZQ 4297）中规定的合金铸钢。闸门所采用的铸铁件，应符合现行《灰铸铁件》（GB/T 9439）中规定的各项要求。闸门的吊杆轴、连接轴、主轮轴、支铰轴和其他轴，可采用：①现行《优质碳素结构钢》（GB/T 699）中规定的锻钢；②现行《碳素结构钢》（GB/T 700）中规定碳素结构钢；③现行《合金结构钢》（GB/T 3077）中规定的合金钢。

闸门支承滑道和止水座板所使用的不锈材料，宜采用现行《不锈钢热轧钢板》（GB/T 4237）中规定的 1Cr18Ni9 或 1Cr18Ni9Ti 不锈钢。闸门止水材料，可根据运行条件采用橡皮止水或橡塑复合止水。闸门支承和零件所用的青铜，其性能应符合现行《铸造铜合金技术条件》（GB/T 1176）中规定的各项要求。

闸门埋设件二期混凝土的强度等级，可采用 C20 ~ C30，同时应根据运行条件和地区温度提出抗渗和抗冻标号要求。

闸门钢材的容许应力应根据尺寸分组采用。对下列情况，钢材的容许应力数值应乘以调整系数：①大、中型工程的工作闸门及重要的事故闸门为 0.9 ~ 0.95；②在较高水头下经常局部开启的大型闸门为 0.85 ~ 0.9；③规模巨大且在高水头下操作而工作条件又特别复杂的工作闸门为 0.8 ~ 0.85。

闸门吊耳、连接、支承部分的零部件和铸、锻造主轨等应按机械零件的容许应力采用。

闸门结构件钢材的容许应力值：在校核条件下提高15%；在特殊情况下，除局部应力外，不超过$0.85\sigma_s$。

3.2.1.5 闸门表面的防腐蚀和防冰冻工程措施

闸门防腐蚀是水利水电工程中的重要工作之一。闸门表面防腐蚀有不同的方式，涂装涂料及喷涂金属是最为普遍的方法。这两种方法的施工方法、步骤、施工技术等是本部分的重要内容，对此应有相当程度的了解，同时，对这两种防腐方法的质量检查关键内容、检查的程序，也是必须掌握的。

防腐蚀方案应根据结构的使用环境、运行工况、维护管理条件等因素综合考虑，通过技术经济比较论证后选定。

在涂装之前必须进行表面预处理。表面预处理的质量评定应包括表面清洁度和表面粗糙度两项指标。有关表面预处理质量的具体要求，应在设计文件中明确规定。表面预处理过程中，在不利的气候条件下，应采取有效措施，如遮盖、采暖或输入净化、干燥的空气等措施，以满足对工作环境的要求。表面清洁度和表面粗糙度的评定，均应在良好的散射日光下或照度相当的人工照明条件下进行。评定表面清洁度等级时，被检基体金属的表面应与《涂装前钢材表面锈蚀等级和除锈等级》(GB 8923)中相应的照片进行目视比较评定。评定表面粗糙度时，应按照《涂装前钢材表面粗糙度等级的评定(比较样块法)》(GB/T 13288)用标准样块目视比较评定粗糙度等级，或用仪器直接测定表面粗糙度值。

用于防腐蚀的涂料，宜选用经过工程实践证明其综合性能良好的产品；对于新产品，应确认其技术性能和经济指标均能满足设计要求，方可选用。防腐蚀涂层系统应由与基体金属附着良好的底漆和具有耐候、耐水性的面漆组成，中间漆宜选用能增加与底、面漆之间结合力且有一定耐蚀性能的涂料。应根据使用环境选用涂层系统。金属热喷涂保护系统应包括金属喷涂层和涂料封闭层。金属热喷涂和涂料的复合保护系统还应在涂料封闭后涂覆面漆。用于淡水环境中的水工金属结构，金属热喷涂材料宜选用锌、铝、锌铝合金或铝镁合金；用于海水及工业大气环境中则宜选用铝、铝镁合金或锌铝合金。

闸门不得承受冰的静压力。防止冰静压力的方法，应根据气温及库水位变化等条件，因地制宜地选用。可采用潜水泵、压缩空气泡、开凿冰沟或其他方法，使闸门与冰层隔开。当特殊情况，可能承受部分冰静压力时，应进行强度验算。

3.2.1.6 闸门制造、安装及验收技术要求

全面了解闸门制造、安装及验收的主要内容，了解闸门制造过程，重点掌握闸门的焊接、检查及消应处理。了解闸门及埋件主要安装验收程序。通过查阅相关的规程、规范手册等，对金属结构制造、安装等技术要求、工艺流程、验收标准等主要指标有定量的了解。

闸门和埋件制造前，应具备下列资料：①设计图样和技术文件，设计图样包括总图、装配图及零件图；②主要钢材、焊材及防腐材料的质量证书；③标准件和非标准协作件的质量证书。

闸门和埋件安装前应具备下列资料：①设计图样和技术文件，设计图样包括总图、装配图、零件图、相关的水工建筑物图及闸门与启闭机关系图；②闸门出厂合格证；③闸门制造验收资料和质量证书；④发货清单、到货验收文件及装配编号图；⑤安装用控制点位置图。

制订零件和单个构件的制造工艺时，应充分考虑到焊接收缩量、机械加工部位的切削余量。铸钢件和锻件应根据零件的受力情况、重要性程度、工作条件进行分类。预埋在一期混凝土中的锚板（栓）应按设计图样制造，并应根据施工图在模板上划线并固定锚板（栓），锚板应与模板密贴，在混凝土开仓浇筑之前对预埋的锚板（栓）位置进行检查、核对。埋件安装前，门槽中的模板等杂物必须清除干净。一、二期混凝土的结合面应全部凿毛，二期混凝土的断面尺寸及预埋锚板（栓）的位置应符合图样要求。

整体闸门在安装前，应按设计图样对各项尺寸进行复测。平面闸门应做静平衡试验。

3.2.1.7　启闭机制造、安装及验收技术要求

启闭机的结构及拼装型式应合理和简化，并应符合国家关于铁路和公路运输的有关规定。启闭机使用的钢材必须符合设计图样的要求，优质碳素结构钢和碳素结构钢应符合 GB/T 699 和 GB/T 700 的有关规定，低合金结构钢和合金结构钢应符合 GB/T 1591 和 GB/T 3077 的有关规定，一般工程用铸造碳钢件、高锰钢铸件和合金铸钢应符合 GB/T 1352、GB/T 5680 和 JB/ZQ 4297 的有关规定，灰铸铁件应符合 GB/T 9439 的有关规定。

为减轻对钢丝绳的腐蚀，延长使用寿命，当启闭机钢丝绳经常浸水时，宜选用镀锌钢丝绳。在水位变化的部位，可涂防腐蚀剂或采取其他适当的防腐蚀措施。

启闭机验收时，制造厂应提供下列技术资料：①制造后的竣工总图、易损件图、部件装配图及产品维护使用说明书；②产品的预装检查报告和出厂试验报告；③主要材料的材质证明文件和复验记录，大型铸、锻件的探伤检验报告和热处理报告；④焊缝检验报告及有关记录；⑤设计修改通知单和零件材料代用通知单；⑥重大缺陷处理记录与返修后的检验报告；⑦产品合格证，外购件合格证及发货清单。

启闭机安装验收时，安装部门除移交制造厂提供全部技术资料外，还应提供下列技术资料：①安装竣工图；②设计修改通知书；③安装尺寸的最后测定记录和调试记录；④安装焊缝的检验报告及有关记录；⑤安装重大缺陷的处理记录；⑥出厂验收时，制造厂提供的全部资料。

3.2.2　案例分析

【例 3-1】　当深式泄水孔工作闸门孔口尺寸较大、操作水头较高，有局部开启要求时，从改善闸门水力学条件以及闸门操作条件方面考虑，工作闸门的型式宜选用（　　）。

A. 弧形闸门　　B. 平面闸门　　C. 高压闸门　　D. 锥形阀

答案：A

考点：区分几种常用闸门的使用特点，同时结合工程布置情况，对应该采用的闸门型式，在通常情况下作出定性的判断。

【例 3-2】　表孔溢洪道工作闸门的上游侧宜设置检修闸门，其型式通常为平面滑动闸门，当表孔溢洪道孔数较多，并设有移动式启闭机操作检修闸门时，一般 10 孔以内可以设置（　　）检修闸门。

A. 1 扇　　B. 2 扇　　C. 1 ~ 2 扇　　D. 3 扇以上

答案：C

考点:表孔溢洪道是水利水电工程中最为常见的泄水型式之一。孔数较多的表孔溢洪道设置移动式启闭机操作检修闸门也是金属设备最常见的布置型式。因此,需要对此类布置型式有相当程度的了解。规范规定,孔口在10孔以下的表孔溢洪道,设1~2扇检修闸门,这是根据多年工程运行经验确定的,当然这是指通常情况下,在特殊情况下,如水库的水位在工作闸门底槛以下的时间和气候条件能够满足工作闸门的检修要求,可以不设检修闸门。另外,经充分论证,1~2扇检修闸门不能满足工作闸门的检修要求,应增加检修闸门的数量。本题考虑的是通常情况。

【例3-3】 作用在闸门上的荷载,按设计条件和校核条件划分为两类,即设计荷载和校核荷载,下列哪个荷载属于校核情况荷载?(　　)

A. 风压力　　B. 温度荷载　　C. 启闭力　　D. 水锤压力

答案:B

考点:闸门的荷载作为设计的基本资料,必须对其内容和应用条件熟练掌握,应清楚设计荷载和校核荷载的区别,在闸门设计中,温度荷载是作为校核条件下的荷载情况进行考虑的。

【例3-4】 在进行闸门结构设计时,哪种类型的闸门需要考虑动力系数?(　　)

A. 发电进水口事故闸门　　B. 调压室快速闸门

C. 深孔事故闸门　　D. 表孔工作闸门

答案:D

考点:了解并区分动力系数的使用范围及实际意义,知道动力系数只与闸门的工作性质有关,与闸门的布置型式及位置、荷载的大小等没有直接的关系。

【例3-5】 对于闸门四边固定的面板,根据理论分析和试验结果,当荷载增加到设计荷载的3.5倍时,面板跨中部分才开始出现局部的塑性变形,这就说明面板的强度储备是很大的。因此,在设计面板厚度时,可以将其承载应力提高(　　)左右而仍有足够的安全度。

A. 60%　　B. 70%　　C. 100%　　D. 140%

答案:A

考点:面板的厚度初选,可以说是闸门结构设计的第一步,初步了解面板的弹塑性设计理论,有助于准确选择面板厚度,为闸门结构设计打好基础。

【例3-6】 闸门节间连接或闸门与吊具连接的吊耳孔,一般应进行(　　)强度计算。

A. 弯曲应力　　B. 剪应力　　C. 局部紧接承压应力　　D. 孔壁抗拉应力

答案:CD

考点:吊耳的计算是闸门构件设计中不可缺少的一部分,对闸门的正常启闭操作有重要作用,对其应计算的内容要熟练掌握。同时,还应注意区分吊耳板与吊耳孔在强度计算上的区别,吊耳结构除满足抗弯、抗压等结构强度要求外,其吊耳孔的局部应力情况还应满足强度要求。

【例3-7】 当闸门的次梁直接焊于面板时,焊缝两侧的面板在一定的宽度(称面板及其参与梁系有效宽度)内可以兼作次梁的翼缘参加次梁的强度、刚度等计算,有效宽度的计算不应考虑下面哪个因素?(　　)

A. 次梁所承受的荷载情况

B. 次梁作为连续梁计算时的单跨跨度

C. 正弯矩段的长度及其弯矩图形状和负弯矩的长度及其弯矩图形状

D. 次梁与两侧相邻次梁或主梁的间距

答案:A

考点:影响面板兼作翼缘次梁有效宽度计算的主要因素。面板兼作次梁翼缘的有效宽度的计算,是由有效宽度系数以及次梁与两侧相邻梁间距和的一半乘积计算得到的,有效宽度系数又需要根据次梁的单跨跨度,梁的正、负弯矩段的长度与次梁两侧相邻梁的间距和的一半乘积的比值通过查表求得。了解其主要计算过程,就能对影响有效宽度的因素作出准确的判断。

【例 3-8】 钢材的力学性能指标有哪些?(　　)

A. 抗拉(压)强度　　B. 屈服极限　　C. 剪切模量　　D. 含碳量

答案:ABC

考点:掌握各项力学指标的概念,这些力学指标决定了闸门构件设计的允许强度、刚度、稳定性等判别标准。钢材的力学指标主要包括抗拉(压)强度、屈服点、弹性模量、泊松比等,钢材的含碳量对其力学性能有很大的影响,但它并不是钢材的力学指标,而是钢材的化学成分指标。

【例 3-9】 在寒冷地区,对于冰冻期需要操作运行的露顶式闸门,除应避免闸门承受附近水域形成的冰层静压力外,尚应对闸门与门槽连接处采取保温加热措施,其措施一般是保证(　　)不冻结,从而保证闸门的正常操作。

A. 主支承　　B. 侧导向　　C. 埋件止水面　　D. 反向支承

答案:C

考点:随着水电建设的发展,在寒冷地区露顶式闸门需要冬季运行情况逐渐增多,针对这一趋势,应该有所了解,同时也应知道,保证其冬季运行的主要措施和需要解决的主要问题。对冬季运行的露顶式闸门,影响其正常操作的主要障碍是闸门埋件的止水面与闸门止水间的冻结问题。

【例 3-10】 闸门表面防腐蚀表面漆装涂料及喷涂金属是闸门表面防腐蚀应用最为普遍的两种方法,其主要步骤为(　　)。

A. 表面预处理　　B. 表面涂装或喷涂　　C. 安装焊缝补涂　　D. 涂层质量检查

答案:ABD

考点:闸门表面防腐蚀总体步骤,这是最基本的要求,当然在每个步骤中有各自的具体技术要求。无论哪种防腐蚀方法,表面预处理是取得良好的防腐蚀效果的前提,这项工作完成好后,才能进行涂料涂装或金属喷涂,最后的质量检查也是不可缺少的,只有施工质量达到要求后,才能发挥最好的防腐蚀作用。本题中要注意的是,安装焊缝两侧的防腐蚀是闸门表面防腐蚀施工中应注意的一个问题,是在整个闸门表面防腐蚀施工中极有可能发生的工作,并不是一个主要步骤。

【例 3-11】 闸门的焊缝均应进行外观检查,焊缝内部缺陷无损探伤可以采用哪几种检测方式?(　　)

A. 渗透　　B. 磁粉　　C. 射线　　D. 超声波

答案:CD

考点:闸门及埋件多为焊接结构件,焊接质量对闸门及埋件质量都有至关重要的影响,而焊缝质量检查是重要的保证措施。因此,就应掌握焊缝质量的检查手段,除外观检查外,目前焊缝表面裂缝检查多采用渗透和磁粉,而焊缝内部缺陷的探伤通常采用射线和超声波,本题指的是内部缺陷探伤,因此选择 CD。

【例 3-12】 某工程在泄洪系统布置了单向门式启闭机配液压自动抓梁用于操作平面滑动检修闸门,泄洪孔 7 孔共 1 扇闸门,另外,泄洪坝段两端各设一门库,闸门整体启闭,分两节吊运,闸门总高度 19.2 m,上节闸门高度 5.95 m,下节闸门高度 13.25 m。门机安装在泄洪坝段坝顶,坝顶高程为 70.10 m,闸门的底槛高程为 45.621 m,液压自动抓梁高度约 2 m,该门机的轨上扬程和总扬程应确定为下列选项中的(　　)最为合理。

A. 22 m、50 m　　B. 16 m、20 m　　C. 16 m、40 m　　D. 22 m、26 m

答案:B

考点:启闭机扬程的确定。

闸门共一扇且两端各有一门库,因此可不考虑门机吊一节闸门越过另一节闸门的情况。根据设计规范 SL 74—95 第 8.2.6 条,闸门检修更换可提到检修平台以上 0.5 ~1 m。

(1)轨上扬程确定:

门机的轨上扬程受门机吊运下节门时控制,则门机所需轨上扬程为下节闸门高度加上抓梁高度并留有适当的检修间隙,即 $h = 13.25 + 2 + (0.5 \sim 1) = 15.75 \sim 16.25$(m)。

靠系列圆整,门机轨上扬程取为 16 m,则闸门检修更换可提到检修平台以上 0.75 m。

(2)总扬程确定:

门机的总扬程必须保证门机带抓梁对闸门进行整体启闭,则门机所需总扬程为抓梁在上极限位置运行至抓梁抓到闸门的总行程,即 $h = (70.10 - 45.621) + 16 - 19.2 - 2 = 19.279$(m)。

靠系列圆整,考虑启闭机的扬程应留有一定富余,取门机的总扬程为 20 m。

【例 3-13】 闸门制造和安装完成并经检测合格后应进行试验,其试验内容一般包括(　　)。

A. 闸门在无水情况下的全行程启闭试验　　B. 静水情况下的全行程试验

C. 动水启闭试验　　D. 通用性试验

答案:ABCD

考点:掌握闸门试验的主要内容。闸门和埋件安装完成后进行试验,是闸门正式投入使用前的重要步骤,通过试验,可以发现闸门的连接件、闸门与埋件的配合、转动部位、止水等情况是否良好,是否存在问题,熟练掌握这部分内容有助于在闸门试验阶段发现隐患,对工程的运行提供保证。

【例 3-14】 某工程泄水洞进口设 1 扇平面事故闸门,闸门采用上游止水,孔口尺寸为 4.5 m×8.0 m(宽×高),止水尺寸 4.8 m×8.17 m(宽×高),其余数据见图 3-1,闸门在设计情况下的总水压力 P 及作用点位置 H_c 分别为(　　)。

A. 29 379 kN、74.989 m　　B. 23 040 kN、75 m

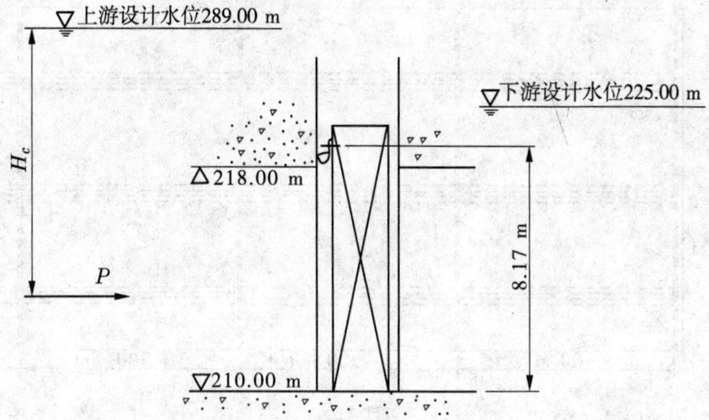

图 3-1

C. 25 098 kN、74.915 m　　　D. 27 000 kN、75.071 m

答案:C

考点:平面闸门总水压力计算。

解:根据《水利水电工程钢闸门设计规范》(SL 74—95)附录 D 表 D1 中第 4 项总水压力公式:

$$P = \gamma(H_s - H_x)hB_{zs}$$

式中 P——总水压力;

γ——水的容重,一般淡水取 10 kN/m³;

H_s——上游水头,m;

H_x——下游水头,m;

h——闸门高度(计算到顶止水),$h = 8.17$ m;

B_{zs}——两侧止水间距,$B_{zs} = 4.8$ m。

$$H_s = 289 - 210 = 79(\text{m})$$

$$H_x = 225 - 210 = 15(\text{m})$$

$$P = 10 \times (79 - 15) \times 8.17 \times 4.8 \approx 25\ 098(\text{kN})$$

总水压力 P 作用点位置:

$$H_c = H_s - h/2 = 79 - 8.17/2 = 74.915(\text{m})$$

【**例 3-15**】 某平面闸门门叶梁格采用复式布置和等高连接,水平次梁为连续梁、工字形截面,梁格布置的具体尺寸见图 3-2,门叶的主要结构材料采用 Q235B,在支座处面板兼作水平次梁翼缘的有效宽度为(　　)。

A. 158 mm　　B. 100 mm　　C. 187 mm　　D. 125 mm

答案:A

考点:闸门面板参与主、次梁系有效宽度计算。

解:根据《水利水电工程钢闸门设计规范》(SL 74—95)附录 G 第 G1.0.2 条,面板兼作主(次)梁翼缘的有效宽度 B,对于连续梁中负弯矩段或悬臂段,面板的有效宽度按下式取用:

$$B = \xi_2 b$$

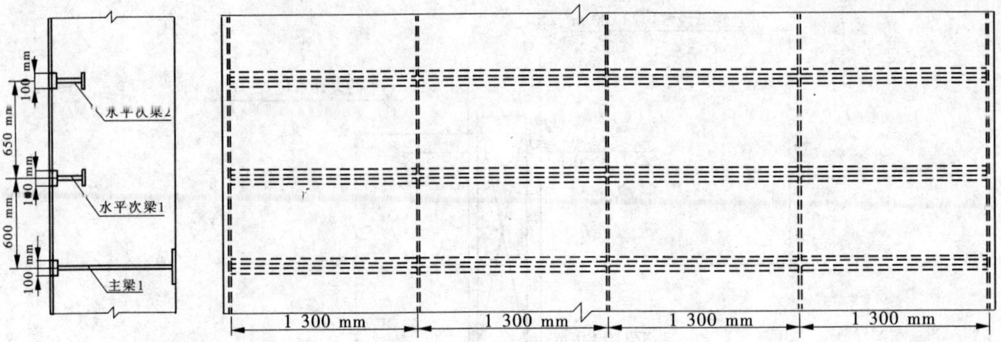

图 3-2

式中　ξ_2——有效宽度系数，适用于梁的负弯矩图近似地为三角形，ξ_2 与梁系弯矩零点之间的距离 l_0 和主、次梁间距的比值有关，并按规范 SL 74—95 表 G4 查取，l_0 为主(次)梁弯矩零点间的距离，对于简支梁 $l_0=l$，对于连续梁的正弯矩段可近似地取 $l_0=(0.6\sim0.8)l$，对于其负弯矩段可近似地取$l_0=0.4l$，其中 l 为主(次)梁的跨度。

b——主、次梁的间距。

$$b=(b_1+b_2)/2=(600+650)/2=625(\text{mm})$$

$$l_0=0.4l=0.4\times1\ 300=520(\text{mm})$$

$l_0/b=520/625=0.832$，查表 G4，并插值计算：

$$\xi_2=0.16+(0.3-0.16)/(1-0.5)\times(0.832-0.5)=0.252\ 96$$

$$B=0.252\ 96\times625=158.1(\text{mm})\approx158\ \text{mm}$$

【例 3-16】　某平面闸门上游止水，主梁采用工字形焊接组合断面材料 Q235B，主梁的受力简图及断面尺寸见图 3-3，该主梁的强度及刚度计算值为(　　)。

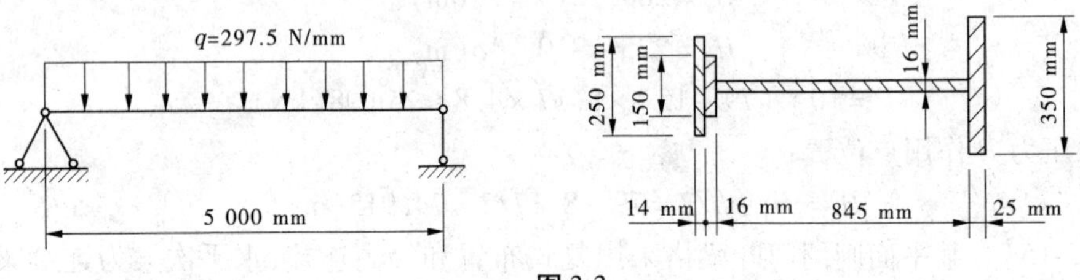

图 3-3

A. 最大压应力 106 N/mm^2，最大拉应力 129.9 N/mm^2，最大剪应力 60 N/mm^2，最大挠度 3.3 mm

B. 最大压应力 129.9 N/mm^2，最大拉应力 106 N/mm^2，最大剪应力 96 N/mm^2，最大挠度 0.66 mm

C. 最大压应力 129.9 N/mm^2，最大拉应力 106 N/mm^2，最大剪应力 60 N/mm^2，最大挠度 3.3 mm

D. 最大压应力 129.9 N/mm^2，最大拉应力 129.9 N/mm^2，最大剪应力 60 N/mm^2，最大挠度 3.3 mm

答案:B

考点:平面闸门主梁强度、刚度计算。

解:(1)内力计算,主梁按简支梁计算其弯矩和剪力。跨中弯矩为最大弯矩:

$$M_{\max} = M_{中} = \frac{1}{8}ql^2$$

式中 q——主梁水压力均布荷载,N/mm^2;

l——主梁支承跨度,mm。

$$M_{\max} = \frac{1}{8} \times 297.5 \times 5\ 000^2 = 929\ 687\ 500(N \cdot mm^2)$$

支座剪力为最大剪力:

$$Q_{\max} = \frac{1}{2}ql = \frac{1}{2} \times 297.5 \times 5\ 000 = 743\ 750(N)$$

(2)截面特性计算。截面面积为:

$$F = 250 \times 14 + 150 \times 16 + 845 \times 16 + 25 \times 350 = 28\ 170(mm^2)$$

中性轴位置计算,以面板外缘取矩:

$$y_1 = [250 \times 14 \times 7 + 150 \times 16 \times 22 + (845/2 + 14 + 16) \times 845 \times 16 + (14 + 16 + 845 + 25/2) \times 25 \times 350]/F = 495.6(mm)$$

$$y_2 = 14 + 16 + 845 + 25 - y_1 = 404.4(mm)$$

截面惯性矩:

$$I_x = (495.6 - 14/2)^2 \times 250 \times 14 + (495/6 - 14 - 16/2)^2 \times 16 \times 250 + 8\ 453 \times 16/12 + 845 \times 16 \times [845/2 - (495.6 - 14 - 16)]^2 + (404.4 - 25/2)^2 \times 350 \times 25 = 3\ 547\ 324\ 705(mm^4)$$

截面抵抗矩:

$$W_1 = I_x/y_1 = 7\ 157\ 636.6\ mm^3$$

$$W_2 = I_x/y_2 = 8\ 771\ 821.7\ mm^3$$

中和轴一侧面积矩:

$$S_x = (404.4 - 25/2) \times 350 \times 25 + 16 \times (404.4 - 25)^2/2 = 458\ 067\ 9.9(mm^3)$$

(3)主梁强度计算。最大压应力:

$$\sigma_1 = M_{\max}/W_1 = 129.9\ N/mm^2$$

最大拉应力:

$$\sigma_2 = M_{\max}/W_2 = 106\ N/mm^2$$

最大剪应力:

$$\tau_{\max} = Q_{\max}S_x/(I_x\delta)$$

式中 δ为腹板厚度,mm,$\delta = 16$ mm,$\tau_{\max} = 60\ N/mm^2$。

(4)主梁刚度计算。

$$f = \frac{5}{384}\frac{ql^4}{EI_x}$$

式中　f——主梁跨中最大挠度,mm;

l——主梁支承跨度,mm;

E——钢材弹性模量,N/mm^2,$E = 2.06 \times 10^5\ N/mm^2$。

$$f = \frac{5}{384} \times \frac{297.5 \times 5\ 000^4}{2.06 \times 10^5 \times 3\ 547\ 324\ 705} = 3.3(mm)$$

【例 3-17】 某拦污栅设计水头差 4 m,通用栅叶高为 3.2 m,双主梁对称布置,主梁间距 1.9 m,栅条净距 95 mm,栅条为长方形断面,栅条高度为 90 mm,厚度为 12 mm,栅条的最小临界荷载为(　　)。

A. 100 568 N　　B. 11 770 N　　C. 221 487 N　　D. 25 922 N

答案:D

考点:栅条的临界荷载计算。

解:栅条受均布荷载的临界荷载的计算根据支承情况,可按悬臂梁和简支梁两种情况进行计算,本拦污栅栅叶为双主梁结构,栅条支承在主梁上,因此栅条可看做带双悬臂的简支梁,栅条应按受均布荷载的悬臂梁和简支梁分别验算其临界荷载。

(1)受均布荷载的悬臂梁:

$$P_L = \frac{12.85}{l^2}\sqrt{EI_y GI_d}$$

式中　P_L——栅条整体稳定的临界荷载,N;

l——栅条的跨度,mm;

E——钢材的弹性模量,N/mm^2;

G——钢材的剪切模量,N/mm^2;

I_y——栅条对水流方向惯性矩,mm^4;

I_d——栅条断面的抗扭惯性矩,mm^4。

主梁的间距为 1 900 mm,栅叶的高度为 3 200 mm,因此栅条的悬臂段跨度 $l = (3\ 200 - 1\ 900)/2 = 650(mm)$,$E = 2.06 \times 10^5\ N/mm^4$,$G = 0.79 \times 10^5\ N/mm^2$。

$$I_y = \frac{1}{12}h\delta^3$$

式中　h——栅条高度,$h = 90$ mm;

δ——栅条厚度,$\delta = 12$ mm。

$$I_y = \frac{1}{12} \times 90 \times 12^3 = 12\ 960(mm^4)$$

$$I_d = \frac{1}{3}h\delta^3 = \frac{1}{3} \times 90 \times 12^3 = 51\ 840(mm^4)$$

代入数值　　$P_L = 100\ 568$ N

(2)受均布荷载的简支梁:

$$P_L = \frac{28.5}{l^2}\sqrt{EI_y GI_d}$$

则 $$P_L = 25\ 922\ \text{N}$$

根据以上结果,主梁间的栅条临界荷载最小,值为 25 922 N。

【例 3-18】 某工程泄洪中孔设 1 扇弧形工作闸门,孔口尺寸为 6 m×7 m,闸门的布置和主要结构尺寸见图 3-4,闸门在设计水位下的总水压力及总水压力与水平方向夹角为(　　)。

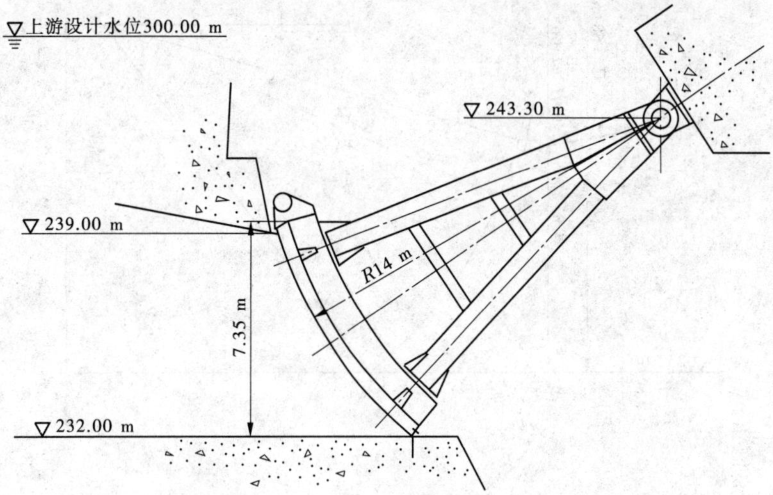

图 3-4

A. 28 367.3 kN、0°　　B. 20 206.5 kN、90°

C. 34 828.2 kN、35.462 9°　　D. 34 828.2 kN、30.121 3°

答案:C

考点:弧形闸门的总水压力计算。弧形闸门的总水压力包含两部分,水平水压力和垂直水压力,而垂直水压力与弧形闸门的布置有关,应根据弧形闸门的具体布置情况,确定弧形闸门的垂直水压力计算公式。

解:根据《水利水电工程钢闸门设计规范》(SL74—95)附录 D。

水平水压力:

$$P_s = \frac{1}{2}\gamma(H_s + H'_s)hB$$

式中 P_s——上游水平水压力,kN;

γ——水的容重,10 kN/m^3;

H'_s——上游顶止水处水头,m;

h——闸门高度(计算至顶止水),m;

B——孔口宽度,m。

$$H_s = 300 - 232 = 68(\text{m})$$

$$H'_s = 68 - 7.35 = 60.65(\text{m})$$

$$h = 7.35\ \text{m}\quad B = 6\ \text{m}$$

$$P_s = 0.5 \times 10 \times (68 + 60.65) \times 7.35 \times 6$$
$$= 28\ 367.3(\text{kN})$$

垂直水压力：

$$V_s = \frac{1}{2}\gamma\left[\frac{\pi\varphi}{180} + 2\sin\varphi_1\cos\varphi_2 - \frac{1}{2}(\sin2\varphi_1 + \sin2\varphi_2) + \frac{2H'_s}{R}(\cos\varphi_1 - \cos\varphi_2)\right]B$$

式中　R——弧形闸门面板曲率半径，m，$R = 14$ m。

计算简图见图 3-5。

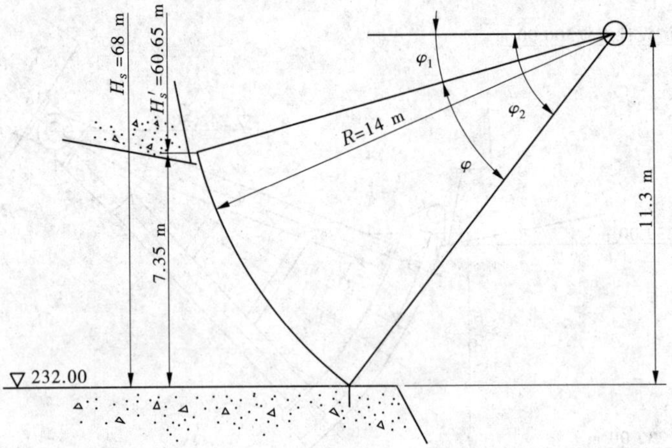

图 3-5

$$\varphi_1 = \arcsin[(243.3 - 232 - 7.35)/14] = 16.388\ 14°$$

$$\varphi_2 = \arcsin[(243.3 - 232)/14] = 53.817\ 71°$$

$$\varphi = \varphi_2 - \varphi_1 = 53.817\ 71° - 16.388\ 14° = 37.429\ 57°$$

代入数值：

$$V_s = 20\ 206.5\ \text{kN}$$

总水压力　　$P = \sqrt{P_s^2 + V_s^2} = \sqrt{28\ 367.3^2 + 20\ 206.5^2} = 34\ 828.2(\text{kN})$

总水压力 P 与水平夹角 α：

$$\alpha = \arctan(20\ 206.5/28\ 367.3) = 30.121\ 3°$$

【例 3-19】　某引水式电站进水口采用平面滑动事故闸门，孔口尺寸5 m×6.4 m(宽×高)，闸门设计水头下的总水压力 16 351 kN，利用水柱动水闭门，水柱压力 2 518 kN(闸门估算重量 250 kN，拉杆估算重量 200 kN)，闸门设计水头 52 m，闸门止水尺寸 5.12 m×6.5 m(宽×高)，闸门主轨采用不锈钢，主滑道为复合材料滑道，主滑道设计水头下单位压强为 2.9 kN/mm，侧止水采用 P60 A(普通橡胶水封)，闸门埋件上的止水座板为不锈钢。闸门底缘补气良好，可不考虑闸门下吸，侧止水预压缩不计，则该闸门的持住力为(　　)。

A. 2 123 kN　　B. 2 323 kN　　C. 2 278 kN　　D. 1 506 kN

答案：B

考点：平面滑动闸门的启闭力计算，持住力是重要的计算内容之一。

解：根据《水利水电工程钢闸门设计规范》(SL 74—95)第 8 章启闭力和启闭机式(8.1.1-2)：

$$F_T = n'_G G + G_j + W_s + P_x - P_t - (T_{zd} + T_{zs})$$

式中 F_T——闸门持住力,kN;

n'_G——计算持住力和启门力用的闸门自重修正系数,可用1.0~1.1;

G——闸门自重,kN,当有拉杆时应计入拉杆重量;

G_j——闸门加重块重量,kN;

W_s——作用在闸门上的水柱压力,kN;

P_x——下吸力,kN;

P_t——上托力,kN;

T_{Zd}——滑动支承摩阻力,kN,$T_{Zd} = f_2 p$;

T_{zs}——止水摩阻力,kN;

P_{zs}——作用在止水上的压力,kN;

f_2、f_3——滑动摩擦系数,计算持住力时取小值,可参照规范 SL 74—95 附录 M 选用。

$P = 16\ 351$ kN;$G = 200 + 250 = 450$(kN);$G_j = 0$;$W_s = 2\ 518$ kN;$P_x = 0$,$P_t = 0$

闸门主轨为不锈钢,主滑道为复合材料滑道,设计水头单位压强 >2.5 kN/mm,查得 $f_2 = 0.04$,侧止水为 P60A 普通橡胶水封,埋件止水座板为不锈钢,查得 $f_3 = 0.2$;因闸门和拉杆为估算自重,为安全计,闸门自重修正系数 n'_G 取1.1。

$$P_{zs} = 0.06 \times 10 \times (52 - 6.5) \times 5.12 + 2 \times 0.06 \times 10 \times (52 - 6.5/2) \times 6.5 = 177.8\text{(kN)}$$

$$F_T = 1.1 \times 450 + 0 + 2\ 518 + 0 - 0 - (16\ 351 \times 0.04 + 177.8 \times 0.2) = 2\ 323\text{(kN)}$$

【例 3-20】 某工作闸门门叶梁格采用同层等高布置,面板初选厚度由区格 1 控制,面板区格 1 的具体尺寸和水压力荷载见图 3-6,门叶主要结构材料为 Q345B,容许应力调整系数取 0.9,动力系数取 1.0,该闸门初选面板厚度为(　　)。

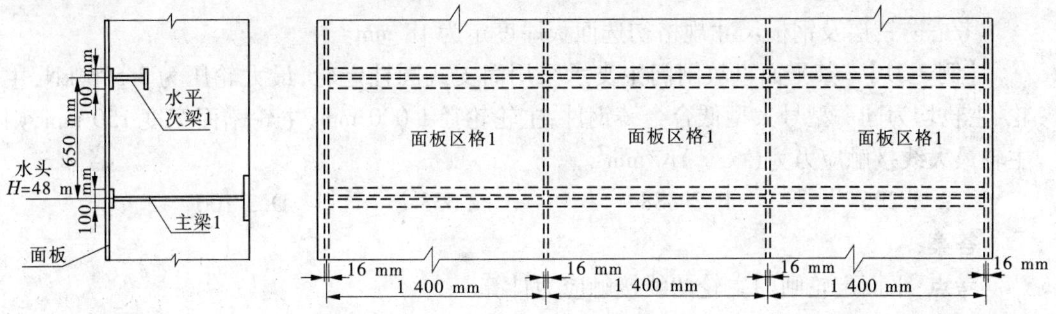

图 3-6

A. 16 mm　　B. 17 mm　　C. 18 mm　　D. 20 mm

答案:C

考点:闸门初选面板厚度计算。

解:根据《水利水电工程钢闸门设计规范》(SL 74—95)第 5 章结构设计第 5.2.6 条中式(5.2.6.1),初选面板厚度计算:

$$\delta = a\sqrt{\frac{K_\gamma q}{\alpha[\sigma]}}$$

式中 K_γ——弹塑性薄板支承长边中点弯应力系数,按附录 G 表 G2、表 G3 采用;

α——弹塑性调整系数,$b/a>3$ 时,$\alpha=1.4$,$b/a\leqslant 3$ 时,$\alpha=1.5$;

q——面板计算区格中心的水压力强度,N/mm^2;

a,b——面板计算区格的短边和长边长度,mm,从面板与主(次)梁的连接焊缝算起;

$[\sigma]$——钢材的抗弯容许应力。

$$a=650-100/2-100/2=550(\text{mm}) \quad b=1\,400-16=1\,384(\text{mm})$$

$b/a=2.52$,区格 1 按受均布荷载四边固定矩形薄板取弯应力系数,查规范 SL 74—95 附录表 G1,$K_\gamma=0.5$,$b/a<3$,则 $\alpha=1.5$。

$$q=(48-0.05-0.55/2)/100=0.476\,75(\text{N/mm}^2)$$

面板采用 Q345B 钢板,容许应力与钢材的分组有关,暂按第一组($\delta\leqslant 16$ mm)取容许应力 230 N/mm^2,如计算结果与假定不符,重新试算,考虑 0.9 的应力调整系数,$[\sigma]=0.9\times 230=207(\text{N/mm}^2)$,则:

$$\delta = a\sqrt{\frac{K_\gamma q}{\alpha[\sigma]}} = 550\times\sqrt{\frac{0.5\times 0.476\,75}{1.5\times 207}} = 15.24(\text{mm})$$

考虑 1 ~ 2 mm 防锈层及钢板的尺寸规格,面板厚度取 18 mm。从计算成果上看,面板厚度尺寸分组应为第二组,则:

$$[\sigma]=0.9\times 220=198(\text{N/mm}^2)$$

$$\delta = a\sqrt{\frac{K_\gamma q}{\alpha[\sigma]}} = 550\times\sqrt{\frac{0.5\times 0.476\,75}{1.5\times 198}} = 15.58(\text{mm})$$

考虑防锈层及钢板尺寸规格初选面板厚度定为 18 mm。

【例 3-21】 某平面事故闸门主支承采用简支式圆柱定轮,最大轮压为 3 500 kN,主轮、主轨均为同一型号大型低合金铸钢件,主轮轮径 1 000 mm,主轮踏面宽度 150 mm,则主轮最大线接触应力为(　　)N/mm^2。

A. 1 296　　B. 3 888　　C. 2 333　　D. 3 100

答案:A

考点:平面定轮闸门主轮的线接触应力计算。

解:根据《水利水电工程钢闸门设计规范》(SL 74—95)附录 J 式(J1):

$$\sigma_{\max} = 0.418\sqrt{PE/(bR)}$$

式中 P——作用在滚轮上的荷载,N;

b——轮缘宽度,mm;

R——滚轮的半径,mm;

E——钢材的弹性模量,N/mm^2,若是两种弹性模量不同的材料,应采用合成弹性模量。

$P=3\,500\text{ kN}=3.5\times 10^6\text{ N}$,$b=150$ mm,$R=1\,000/2=500(\text{mm})$,主轮、主轨均采用同

一种铸钢，因此取相同弹性模量，$E=2.06\times10^5\ \mathrm{N/mm^2}$，则：

$$\sigma_{\max}=0.418\times\sqrt{3.5\times10^6\times2.06\times10^5/(150\times500)}=1\ 296\ (\mathrm{N/mm^2})$$

【例3-22】 某事故闸门采用1×1 250 kN固定卷扬机操作，吊耳结构如图3-7所示，吊耳孔壁承压应力 σ_{cj} 和孔壁抗拉应力 σ_k 为(　　)。

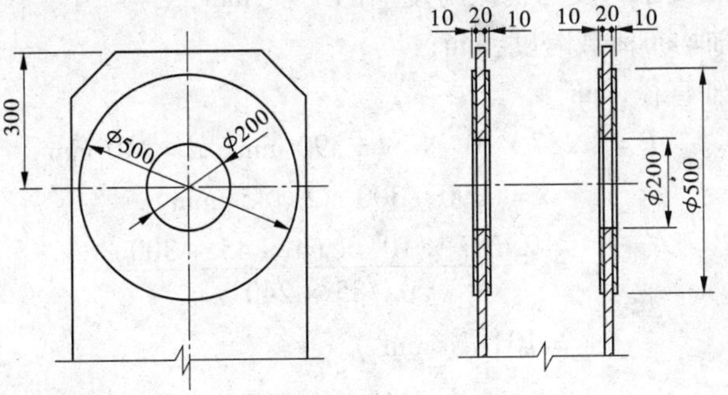

图3-7 （单位:mm）

A. $\sigma_{cj}=86\ \mathrm{N/mm^2}$、$\sigma_k=119\ \mathrm{N/mm^2}$　B. $\sigma_{cj}=119\ \mathrm{N/mm^2}$、$\sigma_k=86\ \mathrm{N/mm^2}$

C. $\sigma_{cj}=78\ \mathrm{N/mm^2}$、$\sigma_k=108\ \mathrm{N/mm^2}$　D. $\sigma_{cj}=86\ \mathrm{N/mm^2}$、$\sigma_k=62\ \mathrm{N/mm^2}$

答案:A

考点:吊耳板强度计算。

解:《水利水电工程钢闸门设计规范》(SL 74—95)附录K式(K2)、式(K3)吊耳孔壁承压应力：

$$\sigma_{cj}=P/(d\delta)$$

式中 P——吊耳孔所承受的荷载，N，启闭机重量为1 250 kN，考虑1.1的启闭机超载系数，$P=1.1\times1\ 250=1\ 375(\mathrm{kN})=1\ 375\ 000\ \mathrm{N}$；

d——吊耳孔直径，mm；

δ——吊耳板的厚度，mm。

$$\sigma_{cj}=1\ 375\ 000/(200\times80)=85.9(\mathrm{N/mm^2})=86\ \mathrm{N/mm^2}$$

吊耳孔抗拉应力：

$$\sigma_k=\sigma_{cj}\times(R^2+r^2)/(R^2-r^2)$$

式中 r——吊耳孔半径，mm；

R——一般为吊耳孔内缘至吊耳板外缘最小距离，有加强板应算至加强板外缘，mm。

$$R=250\ \mathrm{mm},r=100\ \mathrm{mm}$$

$$\sigma_k=86\times(250^2+100^2)/(250^2-100^2)=119(\mathrm{N/mm^2})$$

【例3-23】 某平面定轮工作闸门主支承采用简支式定轮，轮轴为偏心轴，布置及结构尺寸见图3-8，主轮荷载为2 287 kN，则主轮轴的最大弯曲应力为(　　)。

A. 120 $\mathrm{N/mm^2}$　　B. 328 $\mathrm{N/mm^2}$　　C. 164 $\mathrm{N/mm^2}$　　D. 101 $\mathrm{N/mm^2}$

答案:D

考点:轮轴的强度计算。

解:主轮轴内力计算应看做跨中受均布荷载的简支梁，主轮轴为圆形断面，应按图形断面计算其截面特性，经简化，弯曲应力可按下式直接计算：

$$\sigma = \frac{P(4a + l)}{0.785d^3}$$

式中 P——主轮荷载，N；

a——主轮轴支承跨度与荷载跨度差的一半，mm；

l——主轮轴均布荷载跨度，mm；

d——主轮轴直径，mm。

$$P = 2\ 287 \times 10^3\ \text{N} \quad l = 390\ \text{mm} \quad d = 240\ \text{mm}$$

$$a = (390 - 300)/2 = 45(\text{mm})$$

$$\sigma = \frac{2.287 \times 10^6 \times (4 \times 45 + 300)}{0.785 \times 240^3}$$

$$= 101(\text{N/mm}^2)$$

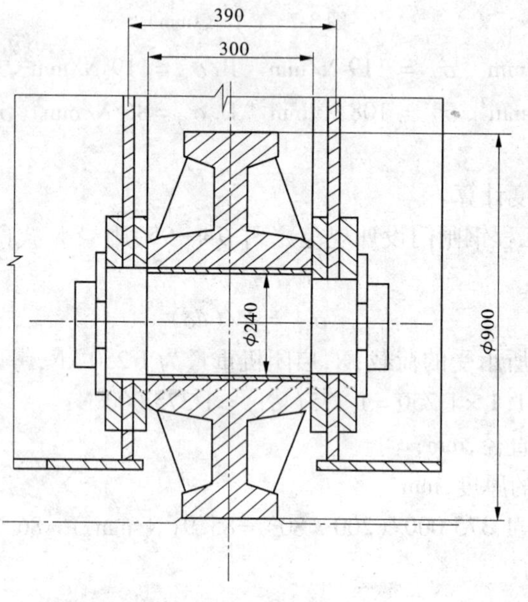

图 3-8 （单位：mm）

【例 3-24】 在图 3-8 中，如轮压荷载为 3 500 kN，则轮轴的最大剪应力为（　　）。

A. 52 N/mm² 　B. 104 N/mm² 　C. 208 N/mm² 　D. 26 N/mm²

答案：A

考点：轮轴的强度计算。

解：内力和截面特性经简化，轮轴的剪应力可按下式计算

$\tau = \frac{8P}{3\pi d^2}$或（$\tau = \frac{4Q}{3A}$，圆形断面的剪应力计算可采用此公式，$Q$ 为剪力，A 为断面尺寸）

式中 P——主轮荷载，N；

d——轮轴直径，mm。

$$P = 3\ 500 \times 10^3\ \text{N} \quad d = 240\ \text{mm}$$

$$\tau = \frac{8 \times 3\ 500 \times 10^3}{3\pi \times 240^2} = 52(\mathrm{N/mm^2})$$

【例 3-25】 在图 3-8 中，如轮压荷载为 2 500 kN，则轴套的承压应力为(　　)。

A. 40 N/mm² B. 36 N/mm² C. 38.5 N/mm² D. 17.5 N/mm²

答案:B

考点:轴套的允许承压强度计算。

解:圆柱轴承的承压应力可按下式计算：

$$\sigma_{cg} = P/(dl)$$

式中 P——主轮荷载，N；

d——轮轴直径，mm；

l——轴套承压长度，mm。

$$d = 240\ \mathrm{mm} \quad l = 300\ \mathrm{mm}$$

$$\sigma_{cg} = 2\ 500 \times 10^3/(240 \times 300) = 35.7(\mathrm{N/mm^2}) \approx 36\ \mathrm{N/mm^2}$$

【例 3-26】 某平面闸门面板区格处于两水平主梁之间，且位于门叶中心线上，区格长边 1 450 mm，短边 500 mm，且长边与水平主梁轴线方向一致，闸门按设计水位时，面格区格中心水头为 48 m，面板厚度 18 mm，与区格相邻的两主梁中，跨中最大弯曲压应力 105 N/mm²，则该面板区格折算应力为(　　)。

A. 119 N/mm² B. 69 N/mm² C. 71 N/mm² D. 214 N/mm²

答案:D

考点:闸门面板的折算应力验算。

解:《水利水电工程钢闸门设计规范》(SL 74—95)附录 G 面板验算公式及图表。长边与短边之比大于 1.5 且长边布置在主梁轴线上，只须按式(G1)验算其面板折算应力：

$$\sigma_{zh} = \sqrt{(\sigma_{my})^2 + (\sigma_{mx} - \sigma_{ox})^2 - \sigma_{my}(\sigma_{mx} - \sigma_{ox})}$$

式中 σ_{my} ——垂直于主(次)梁轴线方向面板支承长边中点的局部弯曲应力，$\sigma_{my} = K_y q a^2/\delta^2$；

σ_{mx} ——面板沿主(次)梁轴线方向的局部弯曲应力，$\sigma_{mx} = \mu\sigma_{my}$，其中 μ 为泊松比，钢材取为 0.3；

σ_{ox} ——对应于面板验算点的主(次)梁上翼缘的整体弯曲应力；

δ ——弹塑性调整系数，与面格长、短比值有关，$b/a > 3$ 时，$\delta = 1.4$，$b/a \leqslant 3$ 时，$\delta = 1.5$；

a, b——面格计算区格的长、短边长度，mm；

K_y——支承长边中点弯应力系数，按规范 SL 74—95 表 G1 查取；

δ ——计算区格的面板厚度，mm；

q——面板计算区中心的水压力强度，N/mm²。

$$a = 500\ \mathrm{mm}, b = 1\ 450\ \mathrm{mm}, q = 48/100 = 0.48(\mathrm{N/mm^2}), \delta = 18\ \mathrm{mm}$$

$$\sigma_{ox} = 105\ \mathrm{N/mm^2}, \mu = 0.3$$

$$b/a = 1\ 450/500 = 2.9，则\ \alpha = 1.5, K_y = 0.5$$

$$\sigma_{my} = K_y q a^2/\delta^2 = 0.5 \times 0.48 \times 500^2/18^2 = 185.2(\mathrm{N/mm^2})$$

$$\sigma_{mx} = 0.3\sigma_{my} = 0.3 \times 185.2 = 55.6(\text{N/mm}^2)$$

$$\sigma_{zh} = \sqrt{185.2^2 + (55.6 - 105)^2 - 185.2 \times (55.6 - 105)} = 214(\text{N/mm}^2)$$

【例 3-27】 某抽水泵站，单泵设计抽水流量 30 m³/s，泵站出口采用快速闸门作为停泵断流装置（一泵一门），孔口尺寸 4 m×5 m（宽×高），快速闸门后须设置通气孔，经计算，通气孔面积最小应为（　　）。

A. 0.24 m²　　B. 0.3 m²　　C. 0.5 m²　　D. 2.7 m²

答案：B

考点：泵站出口断流装置停泵断流时，通气孔最小面积的确定。

解：《泵站设计规范》（GB/T 50265—97）第 11 章闸门、拦污栅及启闭设备第 11.1.4 条：

$$S \geqslant 0.01Q$$

式中　S——通气孔面积，m²；

Q——设计流量，m³/s，$Q = 30$ m³/s。

$$S \geqslant 0.01 \times 30 = 0.3(\text{m}^2)$$

【例 3-28】 某平面事故闸门的设计水头为 44 m，上游止水，孔口尺寸 5 m×8 m，止水尺寸 5.3 m×8.17 m，闸门顶侧止水为 P60A，闸门止水座板厚度 20 mm，该闸门在设计水头下动水下门时止水最大上托力为（　　）。

A. 152 kN　　B. 187 kN　　C. 114 kN　　D. 234 kN

答案：A

考点：闸门顶止水上托力的计算。

解：对于上游止水的潜孔闸门，挡水和闭门时，止水上托力由顶止水处水压力产生，可按下式计算：

$$P_t = \gamma H_s' B_{zs}(B_1 + B_2)$$

式中　γ——水的容重，kN/m³；

H_s'——闸门挡水时顶止水处水头，m；

B_{zs}——侧止水间距，m；

B_1——顶止水橡皮的厚度，m；

B_2——闸门止水座板的厚度，m。

$$\gamma = 10\ \text{kN/m}^3 \qquad H_s' = 44 - 8.17 = 35.83(\text{m})$$

$$B_{zs} = 5.3\ \text{m} \qquad B_1 = 0.06\ \text{m} \qquad B_2 = 0.02\ \text{m}$$

$$P_t = 10 \times 35.83 \times 5.3 \times (0.06 + 0.02) = 151.919(\text{kN}) \approx 152\ \text{kN}$$

【例 3-29】 某工程溢流坝露顶式平面定轮工作闸门，孔口尺寸 12 m×8.5 m，止水尺寸 12.3 m×8.5 m，底止水至闸门主梁下翼缘的距离为 1.2 m，计算该闸门在启门时，可能产生的最大下吸力为（　　）。

A. 246 kN　　B. 148 kN　　C. 295 kN　　D. 0

答案：C

考点：闸门下吸力的计算，闸门下吸力的准确确定比较困难，跟闸门的下游流态和补气情况有很大关系，在某些设计条件下，可按最不利情况确定其下吸力。

解：《水利水电工程钢闸门设计规范》(SL 74—95)附录 D 式(D2)下吸力计算：

$$P_s = p_s D_2 B_{zs}$$

式中 P_s——下吸力，kN；

D_2——闸门底缘止水至主梁下翼缘距离，m；

p_s——闸门底缘平均下吸强度，可按 20 kN/m^2 确定，当为流态良好、通气充分等情况时，可适当减小；

B_{zs}——两侧止水间距，m。

$$p_s = 20\ \text{kN/m}^2 \qquad D_2 = 1.2\ \text{m} \qquad B_{zs} = 12.3\ \text{m}$$

$$P_s = 20 \times 1.2 \times 12.3 = 295.2(\text{kN}) \approx 295\ \text{kN}$$

【例 3-30】 某工程引水洞进水口设 1 扇平面定轮事故闸门，主轮、主轨均为铸钢，主轨最大轮压情况及主轨断面见图 3-9，相邻主轮之间距离大于 3 倍主轨高度，试计算主轨底板混凝土承压应力 σ_h、主轨横断面弯曲应力 σ_1、主轨径部的局部承压应力 σ_{cd}、主轨底板的弯曲应力 σ_2 分别为(　　)。

A. $\sigma_h = 4.8$ N/mm^2、$\sigma_1 = 65$ N/mm^2、$\sigma_{cd} = 58$ N/mm^2、$\sigma_2 = 96$ N/mm^2

B. $\sigma_h = 4.8$ N/mm^2、$\sigma_1 = 65$ N/mm^2、$\sigma_{cd} = 96$ N/mm^2、$\sigma_2 = 58$ N/mm^2

C. $\sigma_h = 4.8$ N/mm^2、$\sigma_1 = 89$ N/mm^2、$\sigma_{cd} = 96$ N/mm^2、$\sigma_2 = 58$ N/mm^2

D. $\sigma_h = 7.2$ N/mm^2、$\sigma_1 = 65$ N/mm^2、$\sigma_{cd} = 58$ N/mm^2、$\sigma_2 = 96$ N/mm^2

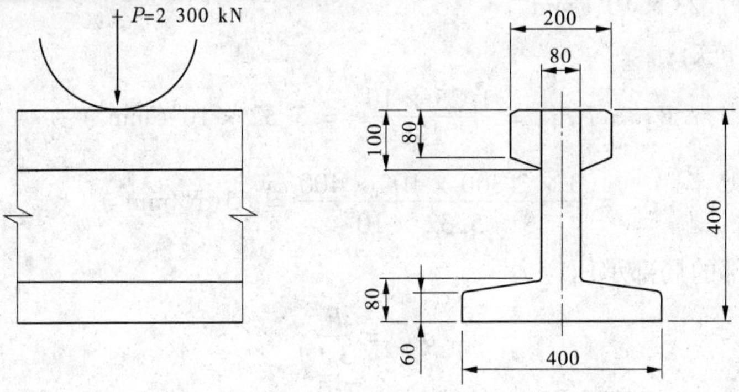

图 3-9

答案：B

考点：轮式支承闸门铸钢主轨的强度计算。

解：根据《水利水电工程钢闸门设计规范》(SL 74—95)附录 L 轨道的计算公式(L1)~式(L4)进行计算。

(1)底板混凝土承压应力：

$$\sigma_h = \frac{P}{3h_k B_k}$$

式中 σ_h——底板混凝土承压应力，N/mm^2；

P——主轮的荷载，N；

h_k——主轨高度，mm；

B_k——主轨底板宽度，mm。

$$P = 2\ 300 \times 10^3\ \text{N} \qquad h_k = 400\ \text{mm} \qquad B_k = 400\ \text{mm}$$

$$\sigma_h = \frac{2\ 300 \times 10^3}{3 \times 400 \times 400} = 4.8(\text{N/mm}^2)$$

(2)主轨横断面弯曲应力：

$$\sigma_1 = \frac{3Ph_k}{8W_k}$$

式中 σ_1——主轨横断面弯曲应力，N/mm^2；

W_k——主轨截面抵抗矩，mm^3。

主轨横断面特性计算。

主轨断面面积：

$$F = 200 \times 90 + 240 \times 80 + 400 \times 70 = 65\ 200(\text{mm}^2)$$

中性轴位置 z_1：

$$z_1 = (200 \times 90 \times 45 + 240 \times 80 \times 210 + 400 \times 70 \times 365)/F = 231(\text{mm})$$

主轨截面惯性矩：

$$I_x = (45 - 231)^2 \times 200 \times 90 + 240 \times 80 \times (120 + 90 - 231)^2 + 240^3 \times 80/12 + 400 \times 70 \times (35 - 169)^2 = 1.23 \times 10^9(\text{mm}^4)$$

主轨截面抵抗矩：

$$W_k = I_x/z_1 = \frac{1.23 \times 10^9}{231} = 5.32 \times 10^6(\text{mm}^3)$$

$$\sigma_1 = \frac{3 \times 2\ 300 \times 10^3 \times 400}{8 \times 5.32 \times 10^6} = 65(\text{N/mm}^2)$$

(3)主轨径部的局部承压应力：

$$\sigma_{cd} = \frac{P}{3st}$$

式中 σ_{cd}——轨道径部局部承压应力，N/mm^2；

s——径部至轨面的距离，mm；

t——径部的厚度，mm。

$$s = 100\ \text{mm} \qquad t = 80\ \text{mm}$$

$$\sigma_{cd} = \frac{P}{3st} = \frac{2\ 300 \times 10^3}{3 \times 100 \times 80} = 969(\text{N/mm}^2)$$

(4)主轨底板弯曲应力：

$$\sigma_2 = 3\sigma_h \frac{c^2}{\delta^2}$$

式中 σ_2——主轨底板弯曲应力，N/mm^2；

σ_h——底板混凝土承压应力，N/mm^2；

c——底板悬臂段长度，mm；

δ——底板厚度，mm。

$$\sigma_h = 4.8\ \text{N/mm}^2 \quad c = 160\ \text{mm} \quad \delta = 80\ \text{mm}$$

$$\sigma_2 = 3 \times 4.8 \times \frac{160^2}{80^2} = 58(\text{N/mm}^2)$$

3.3 复习题

(1)在通常情况下，下面哪种类型闸门常用做工作闸门？(   )

A. 人字闸门　　B. 叠梁闸门　　C. 弧形闸门　　D. 浮箱闸门

(2)设有检修闸门和工作闸门的表孔泄洪系统，两门槽之间的净距应能满足启闭机的布置，闸门的安装、运行和维修等的要求，一般不宜小于(   )。

A. 1.0 m　　B. 1.5 m　　C. 2.0 m　　D. 根据实际布置情况确定

(3)当深式泄水孔工作闸门孔口尺寸较大、操作水头较高，有局部开启要求时，从改善闸门水力学条件以及闸门操作条件方面考虑，工作闸门的型式宜选用(   )。

A. 弧形闸门　　B. 平面闸门　　C. 高压闸门　　D. 锥形阀

(4)某引水式电站，共装机 5 台，其尾水检修闸门的设置数量一般为(   )套。

A. 1　　B. 2　　C. 3　　D. 4

(5)为保证深式泄水孔工作闸门及深式泄水孔的安全运行，一般应在深式泄水道的首部设置(   )。

A. 事故闸门　　B. 工作闸门　　C. 检修闸门　　D. 拦污栅

(6)工作闸门和事故闸门在布置底主梁位置时，应符合底缘布置的要求，下游倾角应不小于(   )。

A. 30°　　B. 45°　　C. 60°　　D. 90°

(7)露顶式闸门设计时顶部应考虑超高，在无特殊要求的情况下，超高一般为(   )。

A. >0.5 m　　B. 0.3 m　　C. 0.5 m　　D. 0.3 ~ 0.5 m

(8)作为事故闸门或工作闸门，无论是滑动支承结构还是滚动支承结构，它们的主轨高度可根据使用条件按(   )的孔口高度选用。

A. 1.5 倍　　B. 1.5 ~ 2.0 倍　　C. 2.0 倍　　D. >2.0 倍

(9)主横梁结构的弧形闸门主框架，支臂在主梁上的支点一般为双悬臂简支梁结构，其悬臂段长度一般为主梁长度(即孔口宽度)的(   )倍左右。

A. 0.1　　B. 0.15　　C. 0.2　　D. 0.25

(10)泄洪系统的工作闸门，其启闭设备除应有可靠的常用的电源外，还应设有(   )，以增加工程安全性。

A. 备用电源　　B. 备用动力　　C. 应急启闭设备　　D. 增设临时启闭设备

(11)排沙孔进口一般要设置检修闸门或事故闸门，以防止泥沙在洞内淤积。闸门宜采用(   )，以防泥沙在闸门梁格内淤积，影响闸门的正常操作。

A. 上游面板上游止水　　B. 上游面板下游止水

C. 下游面板下游止水　　D. 上游面板但止水布置在上、下游均可

(12)某电站调压井后设置压力钢管,在调压井内设快速闸门对压力钢管作紧急关闭事故保护,一般要求快速闸门作事故保护时,其下降速度在接近底槛时不宜大于(　　)m/min。

A. 2　　B. 3　　C. 4　　D. 5

(13)船闸输水廊道的深孔工作闸门,工作条件恶劣且运转频繁,在中高水头船闸中,工作闸门宜选用(　　)。

A. 弧形闸门　　B. 反向弧形闸门　　C. 平面闸门　　D. 高压闸阀

(14)露顶式双主梁平面闸门,主梁宜布置在静水压力线上、下等距离位置,同时还应注意,上主梁到闸门顶缘的距离应小于(　　)倍的闸门高度,且不宜大于3.6 m。

A. 0.35　　B. 0.4　　C. 0.45　　D. 0.5

(15)施工导流闸门一般属于(　　)。

A. 检修闸门　　B. 事故闸门　　C. 工作闸门　　D. 快速闸门

(16)在进行闸门结构设计时,哪种类型的闸门需要考虑动力系数?(　　)

A. 发电进水口事故闸门　　B. 调压室快速闸门

C. 深孔事故闸门　　D. 表孔工作闸门

(17)闸门的设计中,闸门在哪类工况下需要考虑下吸力?(　　)

A. 闸门挡水时　　B. 闸门动水闭门时

C. 闸门动水启门时　　D. 闸门利用充水阀充水平压时

(18)闸门的启闭力计算时,计算内容中不包括(　　)。

A. 漂浮物撞击力　　B. 启门力　　C. 闭门力　　D. 持住力

(19)一平面闸门,上游设计水位352 m,闸门底槛高程320 m,闸门底槛至闸门顶止水距离为5 m,闸门侧止水跨度4.6 m,其挡水时,下游无水,其最大静水压力为(　　)kN。

A .7 360　　B. 6 785　　C. 6 831　　D. 7 685

(20)一平面定轮闸门,需动水启门,其支承摩阻力350 kN,止水摩阻力28 kN,闸门自重480 kN,混凝土加重130 kN,上游止水,闸门自重修正系数取1.0,其估算启闭力为(　　)kN。

A. 1 111.6　　B. 1 073.8　　C. 1 124.6　　D. 1 086.8

(21)某泄水底孔平面事故闸门,上游设计水头30 m,下游设计水头4 m,从底槛到顶止水的距离为8 m,两侧止水间距为6.0 m,闸门在设计水头挡水时的静水压力为(　　)kN。

A. 12 480　　B. 12 000　　C. 11 480　　D. 480

(22)闸门在计算持住力时,其自重调整系数为(　　)。

A. 0.9~1.0　　B. 1.0~1.1　　C. 1.1~1.2　　D. 1.2

(23)弧形工作闸门进行启闭力计算,不需计算的是(　　)。

A. 启门力　　B. 闭门力　　C. 持住力　　D. 上托力

(24)面板厚度初选计算,可以说是闸门结构设计计算的第一步,影响厚度选择的因

素很多,下面哪个因素对厚度的初选没有影响?(　　)

A. 面板四边支承边界情况

B. 面板选择的材料

C. 面板布置在闸门上游侧还是下游侧

D. 面板区格的短边和长边的长度及其比值

(25)当闸门的次梁直接焊于面板时,焊缝两侧的面板在一定的宽度(称面板及其参与梁系有效宽度)内可以兼作次梁的翼缘参加次梁的强度、刚度等计算,有效宽度的计算不应考虑下面哪个因素?(　　)

A. 次梁所承受的荷载情况

B. 次梁作为连续梁计算时的单跨跨度

C. 正弯矩段的长度及其弯矩图形状和负弯矩的长度及其弯矩图形状

D. 次梁与两侧相邻次梁或主梁的间距

(26)主梁是闸门中的主要受力构件,其结构尺寸除满足强度要求外,为防止主梁在荷载作用下挠度过大影响闸门的正常使用,还要满足刚度要求,一般要求其最大相对挠度限值,即主梁的最大挠度值与主梁计算跨度不超过一定比值,对露顶式事故闸门主梁的最大相对挠度数值不应超过(　　)。

A. 1/750　　B. 1/600　　C. 1/500　　D. 1/250

(27)主梁是平面闸门中主要受力构件,主梁的型式一般根据闸门的跨度和水头大小确定,对跨度较小、设计水头较小的闸门,一般采用(　　)型式的主梁。

A. 组合梁　　B. 轧成梁　　C. 桁架　　D. 工字形焊接组合梁

(28)采用悬臂式滚轮的平面闸门,可以不设置(　　)。

A. 侧导向　　B. 反向支承　　C. 吊耳装置　　D. 入槽埋件导向

(29)滚轮是平面闸门的主要支承之一,轮子的主要尺寸是轮缘直径和轮缘宽度,它们是根据轮缘与轨道之间接触应力的强度条件来确定的。下面主要参数中,与计算接触应力无关的是(　　)。

A. 轮缘的宽度　　B. 轮子及其轨道的弹性模量

C. 轮缘的直径　　D. 轮轴的直径

(30)闸门轨道的上端,常常做成斜坡形式,是为了(　　)。

A. 结构设计要求　　B. 安装方便

C. 闸门入槽方便　　D. 浇筑门槽二期混凝土要求

(31)某闸门采用 1×800 kN 固定卷扬式启闭机,启闭机吊头与闸门吊耳直接连接,吊轴直径为 120 mm,闸门(吊耳板)总厚度为 100 mm,考虑 1.2 的超载系数,吊耳板孔壁局部紧接承压应力为(　　)N/mm^2。

A. 80　　B. 96　　C. 160　　D. 40

(32)露顶式闸门的侧止水应布置在其闸门槽内,考虑到闸门受力时挠曲变形会使侧止水脱离埋件上的止水座板,因此设计时应考虑侧止水橡皮与止水座之间有一定的预压缩量,其值一般为(　　)mm。

A. 1~2　　B. 2~4　　C. >4　　D. 1~3

(33)某进水口平面定轮事故闸门,圆柱式主轮,主轮主轨均采用碳素铸钢,主轮直径为1 000 mm,踏面宽度为130 mm,最大轮压为800 kN,其最大接触应力为(　　)N/mm^2。

A. 666　　B. 766　　C. 471　　D. 56

(34)闸门主、次梁的计算应力,应不大于其选用材料的允许应力,抗弯容许应力应采用其(　　)。

A. 抗拉强度　　B. 屈服极限

C. 机械零件允许应力　　D. 结构件允许应力

(35)闸门埋件二期混凝土强度等级一般采用(　　)。

A. C20　　B. C20 ~ C30　　C. C30　　D. 其他

(36)同一钢号材质的钢材,其容许应力数值与钢材的(　　)有关。

A. 厚度　　B. 直径　　C. 厚度或直径　　D. 密度

(37)某大型工程的溢流坝弧形工作闸门,冬季没有操作要求,仅起挡水作用,其主要结构材料应采用(　　)。

A. Q235A　　B. Q235B　　C. Q235　　D. Q235D

(38)东北寒冷地区有一大型工程,全年下游有供水要求,当其他部位不具备放水条件时,其溢洪道工作闸门需开启放水,其工作闸门门叶为焊接结构,设计计算温度低于 -20 ℃,其主体结构宜选用(　　)。

A. Q235A　　B. Q235B　　C. Q235　　D. Q235D

(39)对用于闸门埋件安装和锚固的二期混凝土锚筋,其直径不宜小于(　　)mm。

A. 12　　B. 16　　C. 20　　D. 24

(40)在进行闸门门槽设计时,为保证闸门操作时灵活,门槽混凝土面与闸门门叶之间的最小距离不应小于(　　)mm。

A. 50　　B. 80　　C. 100　　D. 150

(41)抽水泵站的进水口拦污栅的设计水头差,一般按(　　)m 选用。

A. 1　　B. 2　　C. 1 ~ 2　　D. ≤4

(42)闸门止水压板的厚度,一般情况下不宜小于(　　)mm。

A. 6　　B. 8　　C. 10　　D. 12

(43)闸门固定橡胶止水螺栓间距宜小于(　　)mm。

A. 80　　B. 100　　C. 120　　D. 150

(44)某平面检修闸门的面板厚度为 20 mm,材料为 Q235B,其抗弯允许应力为(　　)N/mm^2。

A. 135　　B. 145　　C. 150　　D. 160

(45)为调整闸门吊耳孔位置而采用轴承板时,轴承板的总厚度应不小于吊耳板厚度的(　　)倍。

A. 1.1　　B. 1.2　　C. 1.3　　D. 1.4

(46)在水利水电工程中,闸门表面防腐蚀应用最为普遍的方法是(　　)。

A. 表面涂装涂料　　B. 喷涂金属　　C. 电镀法　　D. A 和 B

(47)闸门表面预处理是取得良好的防腐蚀效果的前提,主要的工作是将待涂装涂料或喷涂金属的表面污物清除干净，应采用(　　)方法防锈。

A. 喷射磨料　B. 抛射磨料　C. 人工或机械刷除　D. A 或 B

(48)涂装底漆应在钢材表面清理后进行，在潮湿的天气应在 4 h 内涂装完毕，在晴天和较好的天气条件下，最长也不应超过(　　)h。

A. 8　B. 12　C. 16　D. 24

(49)闸门采用表面涂装涂料防腐蚀，闸门出厂前应涂底漆，面漆宜在工地安装后漆装完成。闸门工地拼装焊缝两侧(　　)mm 范围内应在闸门拼装后补涂。

A. 100～200　B. 200～250　C. 250～300　D. 不小于 300

(50)闸门表面涂装防腐，一般采用多层喷涂的方法，在每层漆膜涂装前应对上一涂层外观进行检查，如有漏挂、流挂、皱皮等缺陷应进行处理，并测定涂层(　　)。

A. 缺陷面积　B. 涂料　C. 厚度　D. 范围

(51)闸门表面采用金属喷涂防腐蚀，当表面清理达到要求后应尽快进行喷涂，一般应在 2 h 内喷涂，如在晴天和较好的天气条件下，最长不应超过(　　)h。

A. 4　B. 6　C. 8　D. 10

(52)对涂层漆膜附着力的检查分为(　　)个等级。

A. 3　B. 4　C. 5　D. 6

(53)闸门结构各部位的焊缝，按其重要性分(　　)类。

A. 2　B. 3　C. 4　D. 5

(54)闸门主梁与边梁腹板连接的角焊缝及与翼缘板连接的对接焊缝，属于(　　)类焊缝。

A. 一　B. 二　C. 三　D. 都不是

(55)闸门的一类焊缝，采用超声波进行无损探伤检查，如图样、文件无另外规定，则其探伤长度占焊缝全长的(　　)。

A. 20%　B. 40%　C. 50%　D. 100%

(56)钢闸门及埋件的结构厚度超过规定数值时，焊接件宜做整体消除应力热处理，但如果由于条件限制，也允许分段或局部热处理，但局部热处理的加热宽度，在焊缝中心两侧应不小于(　　)倍的板厚。

A. 3　B. 4　C. 5　D. 6

(57)规范规定：闸门在承受设计水头时，任意 1 m 长止水橡皮范围内漏水量不应超过(　　)L/s。

A. 1.0　B. 0.2　C. 0.1　D. 0.05

(58)某闸门门叶为焊接结构，主体结构材料采用碳素结构钢，当板厚超过(　　)mm 时，应进行焊后消除应力处理。

A. 36　B. 42　C. 50　D. 56

(59)某闸门门叶为焊接结构，主体结构材料采用低合金结构钢，当板厚超过(　　)mm 时，应进行焊后消除应力处理。

A. 25　B. 30　C. 36　D. 42

(60)对于闸门四边固定的面板，根据理论分析和试验结果，当荷载增加到设计荷载的3.5倍时，面板跨中部分才开始出现局部的塑性变形，这就说明面板的强度储备是很大的。因此，在设计面板厚度时，可以将其承载应力提高(　　)左右而仍有足够的安全度。

A. 60%　　B. 70%　　C. 100%　　D. 140%

(61)某抽水蓄能电站尾水闸门为事故闸门，就地和远方均设置了可靠的闸门显示装置及闸门位置控制开关，此外，为保证闸门启闭操作过程中和处于挡水状态时的安全，其电控系统还必须与(　　)的电控系统之间进行安全闭锁。

A. 上水库进(出)水口事故闸门　　B. 水泵水轮机组

C. 机组上游侧工作阀　　D. 下水库进(出)水口检修闸门

(62)启闭机的起升机械应装有荷载限制器，当负荷达到额定启闭力的(　　)时，应自动切断主回路电源并报警。

A. 5%　　B. 10%　　C. 15%　　D. 20%

(63)启闭机扬程可根据运行条件决定，并应满足溢流闸门可提出水面以上(　　)。

A. 1 ~ 2 m　　B. 0.5 ~ 1 m　　C. 2 m 以上　　D. 0.5 m

(64)双吊点固定卷扬式启闭机，安装后其吊距偏差一般不应超过(　　) mm。

A. 1　　B. 2　　C. 3　　D. 4

(65)移动式启闭机配自动抓梁操作闸门时，自动抓梁吊点距与定位装置中心距偏差应不大于(　　)mm。

A. 2　　B. 3　　C. 5　　D. 8

(66)启闭机安装完成并验收合格后，在投入使用前，应进行荷载试验，其动载试验按额定荷载的(　　)进行。

A. 100%　　B. 110%　　C. 120%　　D. 125%

(67)移动式启闭机应做静荷载试验及动荷载试验，其中，静荷载试验的试验荷载应为额定荷载的(　　)倍。

A. 1.1　　B. 1.15　　C. 1.2　　D. 1.25

(68)启闭机机构的工作级别是按什么划分的？(　　)

A. 启闭容量　　B. 启闭速度　　C. 设计寿命和荷载状态　　D. 工作周期

(69)移动式启闭机携带荷载运行工况，其荷载组合不需考虑以下哪类荷载？(　　)

A. 惯性力　　B. 自重荷载　　C. 风荷载　　D. 启闭荷载

(70)某大型单向门式启闭机跨度为16 m(轨距)，该门机在组装时，其跨度允许偏差应不大于(　　)mm。

A. 5　　B. 8　　C. 10　　D. 12

(71)在水利工程中，闸门型式的选择，应根据下面(　　)等因素综合考虑确定。

A. 水利枢纽对闸门运行的要求

B. 闸门在水工建筑物中的位置、孔口尺寸、上下游水位和操作水头

C. 泥沙和漂浮物的情况

D. 技术经济指标

(72)下面哪几种类型闸门，一般来说只能作为检修闸使用？(　　)

A. 叠梁闸门　　B. 浮箱闸门　　C. 平面闸门　　D. 人字闸门

(73) 水闸与排灌系统的工作闸门,除经常采用的平面闸门和弧形闸门外,亦可根据实际情况采用(　　)。

A. 拱形闸门　　B. 升卧式闸门　　C. 翻板闸门　　D. 舌瓣闸门

(74)下面哪些设备,可作为泵站闭门断流装置?(　　)

A. 拍门　　B. 弧形闸门　　C. 快速闸门　　D. 翻板闸门

(75)布置和设计拦污栅时,应尽可能地利用水流流向及地形等有利条件,尽量避免污物进入进水口,以减轻对拦污栅的威胁,主要应考虑下面哪些因素?(　　)

A. 过栅水流平顺　　B. 水头损失小

C. 清污方便　　D. 便于安装、检修及更换

(76)抽水蓄能电站拦污栅结构设计,一般应包含哪几方面的内容?(　　)

A. 过栅流速核算　　B. 动力核算

C. 静力核算　　D. 冲击力核算

(77)闸门通常采用橡胶止水材料,其主要结构型式有(　　)。

A. P 形水封　　B. O 形密封圈　　C. L 形水封　　D. 刀形水封

(78)下面哪些荷载属于闸门的设计荷载?(　　)

A. 闸门自重　　B. 冰、漂浮物和推移物的撞击力

C. 泥沙压力　　D. 启闭力

(79)启闭机容量的选择主要依据闸门启闭力,启闭力的计算主要包括(　　)计算。

A. 下吸力　　B. 闭门力　　C. 启门力　　D. 持住力

(80)在闸门的设计中,其主要受力结构一般应进行(　　)等设计计算。

A. 强度　　B. 刚度　　C. 启闭力　　D. 稳定性

(81)主梁是平面闸门的最主要受力构件之一,其主要型式有(　　)。

A. 轧制梁　　B. 组合梁　　C. 桁架　　D. 双腹板焊接箱梁

(82)闸门材料主要根据下面哪几种情况进行选择?(　　)

A. 工作性质　　B. 操作条件　　C. 连接方法　　D. 工作温度

(83)下面哪些闸门的构件应采用机械零件允许应力?(　　)

A. 主轮　　B. 主轮轴　　C. 主、次梁　　D. 吊耳板

(84)钢材的力学性能指标有哪些?(　　)

A. 抗拉(压)强度　B. 屈服极限　　C. 剪切模量　　D. 含碳量

(85)下面哪几项是闸门止水橡皮的性能指标?(　　)

A. 与止水座板间的摩擦系数　　B. 肖氏硬度

C. 拉伸强度　　D. 拉伸弹性模量

(86)闸门表面防腐蚀中表面涂装涂料及喷涂金属是应用最为普遍的两种方法,其主要步骤为(　　)。

A. 表面预处理　　B. 表面涂装或喷涂

C. 安装焊缝补涂　　D. 涂层质量检查

(87)闸门表面进行涂料涂装防腐蚀处理,在哪些施工条件下不得进行涂装作业?(　　)

A. 空气相对湿度超过85%

B. 气温一旦超过35 ℃

C. 施工现场环境温度低于10 ℃

D. 钢材表面温度未高于大气露点3 ℃以上

(88)闸门表面防腐涂装的涂料应符合图纸规定,(　　)和涂装注意事项,应按设计文件或涂料生产厂家说明书的规定执行。

A. 涂装层数　　B. 每层厚度

C. 逐层涂装间隔时间　　D. 涂料配制方法

(89)下列闸门结构部位的焊缝,哪些属于一类焊缝?(　　)

A. 闸门主梁腹板及翼缘板的对接焊缝

B. 闸门主梁与边梁腹板连接的角焊缝及与翼缘板连接的对接焊缝

C. 闸门主梁、边梁、支臂的翼缘板与腹板的组合焊缝和角焊缝

D. 弧形闸门支臂的腹板及翼缘板的对接焊缝

(90)闸门和埋件安装可分为以下哪几个阶段验收?(　　)

A. 单元工程质量检查与评定　　B. 分部工程质量检查与评定

C. 单位工程质量检查与评定　　D. 工程设备安装竣工验收

(91)闸门的焊缝均应进行外观检查,焊缝内部缺陷无损探伤可以采用以下哪几种检测方式?(　　)

A. 渗透　　B. 磁粉　　C. 射线　　D. 超声波

(92)船闸闸门、阀门的型式,应根据通过能力、通航净空、(　　)以及水工建筑物的结构型式等因素,通过技术经济比较选定。

A. 孔口尺寸　　B. 水位组合　　C. 荷载情况　　D. 水力学条件

(93)闸门门槽埋件二期混凝土,应根据运行条件和地区温度等条件提出(　　)要求。

A. 抗渗等级　　B. 抗磨等级　　C. 抗冻等级　　D. 级配

(94)采用定轮作为支承的闸门,主轨一般可以选择(　　)。

A. 重型钢轨　　B. 起重钢轨　　C. 铸造轨道　　D. 型钢轨道

(95)室内工作的固定卷扬式启闭机设计必须考虑的荷载有(　　)。

A. 自重荷载　　B. 启闭荷载　　C. 水平荷载　　D. 碰撞荷载

(96)启闭机在制造、安装过程中,焊接是其中相当重要的环节之一,焊缝的质量控制对启闭机质量起至关重要的作用,根据焊缝的重要性,《水利水电工程启闭机制造、安装及验收规范》(DL/T 5019),将焊缝主要分为三类,下列连接焊缝中,属于一类焊缝的有哪些?(　　)

A. 门式启闭机支腿翼缘的对接焊缝　　B. 液压机活塞杆对接焊缝

C. 卷筒分段连接的对接焊缝　　D. 吊耳板连接的角焊缝

(97)启闭机制造前应具备相关的技术资料,主要有(　　)。

A. 总图、装配图零件图　　B. 主要材料出厂质量证书

C. 外购件出厂合格证　　D. 工程设备布置图

3.4 参考答案

(1)C	(2)B	(3)A	(4)B	(5)A	(6)A
(7)D	(8)B	(9)C	(10)B	(11)A	(12)D
(13)B	(14)C	(15)C	(16)D	(17)C	(18)A
(19)B	(20)A	(21)B	(22)B	(23)C	(24)C
(25)A	(26)A	(27)B	(28)B	(29)D	(30)C
(31)A	(32)B	(33)A	(34)D	(35)B	(36)C
(37)B	(38)D	(39)B	(40)C	(41)C	(42)C
(43)D	(44)C	(45)B	(46)D	(47)D	(48)B
(49)A	(50)C	(51)C	(52)C	(53)B	(54)A
(55)D	(56)A	(57)C	(58)B	(59)C	(60) A
(61)C	(62)B	(63)A	(64)C	(65)B	(66)B
(67)D	(68)C	(69)D	(70)B	(71)ABCD	(72)ABD
(73)ABCD	(74)AC	(75)ABCD	(76)BC	(77)ACD	(78)ACD
(79)BCD	(80)ABD	(81)ABC	(82)ABCD	(83)ABD	(84)ABC
(85)BCD	(86)ABD	(87)ACD	(88)ABCD	(89)ABD	(90)ABC
(91)CD	(92)ABD	(93)AC	(94)ABC	(95)AB	(96)ABC
(97)ABC					

第 4 章　碾压式土石坝设计

4.1　考试大纲

熟练掌握筑坝材料选择与填筑标准。

熟练掌握坝体结构设计:坝体材料分区、坝坡、防渗体选择、反滤与过渡层设计,坝体排水及构造要求。

熟练掌握基础处理设计:砂砾石坝基渗流控制,易液化土、软黏土和湿陷性黄土坝基处理。

掌握坝体与坝基、岸坡及其他建筑物的连接设计。

掌握坝的渗流、渗透稳定及坝坡稳定计算。

掌握混凝土面板堆石坝断面设计及周边和板间接缝止水构造设计。

了解碾压式土石坝安全监测设计。

了解碾压(浇筑)式沥青面板与心墙设计。

了解分期施工和扩建加高设计。

4.2　复习指导

4.2.1　复习内容

4.2.1.1　筑坝材料的选择标准及其填筑标准

土石坝的一个主要特点是就地取材。坝址附近土石料的种类及其工程性质,料场的分布、储量、质量、开采及运输条件等是进行土石坝设计的重要依据,应进行技术经济比较后选用。

筑坝土石料选择应遵守下列原则:①具有或经过加工处理后具有与其使用目的相适应的工程性质,并具有长期稳定性;②就地、就近取材,减少弃料,少占或不占农田,并优先考虑枢纽建筑物开挖料的利用;③便于开采、运输和压实。

防渗土料选择的标准:①渗透系数,均质坝不大于1×10^{-4} cm/s,心墙和斜墙不大于1×10^{-5} cm/s;②水溶盐含量(指易溶盐和中溶盐,按质量计)不大于3%;③有机质含量(按质量计),均质坝不大于5%,心墙和斜墙不大于2%,超过此规定需进行论证;④有较好的塑性和渗透稳定性;⑤浸水与失水时体积变化小。

在一般情况下,塑性指数大于20和液限大于40%的冲积黏土、膨胀土、开挖压实困难的干硬黏土、冻土、分散性黏土等不宜作为坝的防渗体填筑料,必须采用时,应根据其特性采取相应的措施。红黏土可用于填筑坝的防渗体,用于高坝时,应对其压缩性进行论证;经处理改性的分散性黏土仅可用于填筑3级低坝的防渗体,其所选用的反滤料应经过试验验证。防渗体与坝基、岸坡接触处等易产生集中渗流的部位,以及易受雨水冲刷的坝表面不得采用分散性黏土填筑;湿陷性黄土或黄土状土可用于填筑防渗体,但压实后应不再具有湿陷性,采用的反滤料级配应经过试验验证。

用于填筑防渗体的砾石土,粒径大于5 mm的颗粒含量不宜超过50%,最大粒径不宜大于150 mm或铺土厚度的2/3,粒径0.075 mm以下的颗粒含量不应小于15%,并且填筑时不得发生粗料集中架空现象。人工掺合砾石土中各种材料的掺合比例应经试验论证。当采用含有可压碎的风化岩石或软岩的砾石土做防渗料时,其级配和物理力学指标应按碾压后的级配设计。

反滤料、过渡层料和排水体料选择的标准:①质地致密,抗水性和抗风化性能满足工程运用条件的要求;②具有要求的级配;③具有要求的透水性;④反滤料和排水体料中粒径小于0.075 mm的颗粒含量应不超过5%。反滤料可利用天然或经过筛选的砂砾石料,也可采用块石、砾石轧制,或天然和轧制的掺合料。

坝壳料选择的标准:料场开采和建筑物开挖的无黏性土(包括砂、砾石、卵石、漂石等)、石料和风化料、砾石土均可作为坝壳料,并应根据材料性质用于坝壳的不同部位。下游坝壳水下部位和上游坝壳水位变动区应采用透水料填筑。均匀中、细砂及粉砂可用于中、低坝坝壳的干燥区,但地震区不宜采用。采用风化石料和软岩填筑坝壳时,应按压实后的级配研究确定材料的物理力学指标,并应考虑浸水后抗剪强度降低、压缩性增加等不利情况,对软化系数低、不能压碎成砾石土的风化石料和软岩宜填筑在干燥区。

护坡石料应采用质地致密、抗水性和抗风化性能满足工程运用条件要求的硬岩石料。

筑坝材料的填筑标准应根据以下因素综合研究确定:①坝的级别、高度、坝型和坝的不同部位;②土石料的压实特性和采用的压实机具;③坝料的填筑干密度和含水率与力学性质的关系,以及设计对土石料力学性质的要求;④土料的天然干密度、天然含水率,以及土料进行干燥或润湿处理的程度;⑤当地气候条件对施工的影响;⑥设计地震烈度及其他动荷载作用;⑦坝基土的强度和压缩性;⑧不同填筑标准对造价和施工难易程度的影响等因素。

含砾和不含砾的黏性土的填筑标准应以压实度和最优含水率作为设计控制指标。设计干密度应以击实最大干密度乘以压实度求得。

黏性土的压实度应符合下列要求:1、2级坝和高坝的压实度应为98%~100%,3级中、低坝及3级以下的中坝压实度应为96%~98%;设计地震烈度为Ⅷ度、Ⅸ度的地区,宜取上述规定的大值;有特殊用途和性质特殊的土料的压实度宜另行确定;黏性土的最大干密度和最优含水率应按照《土工试验规程》(SL 237—1999)规定的击实试验方法求取。对于砾石土应按全料试样求取最大干密度和最优含水率。

砂砾石和砂的填筑标准应以相对密度作为设计控制指标,并应符合下列要求:砂砾石的相对密度不应低于0.75,砂的相对密度不应低于0.70,反滤料的相对密度宜为0.70;砂砾石中粗粒料含量小于50%时,应保证细料(粒径小于5 mm的颗粒)的相对密度也符合上述要求;地震区的相对密度设计标准应符合《水工建筑物抗震设计规范》(SL 203—97)的规定。

堆石的填筑标准宜用孔隙率作为设计控制指标并应符合下列要求:土质防渗体分区坝和沥青混凝土心墙坝堆石料的孔隙率宜为20% ~28%;混凝土面板堆石坝主堆石区堆石料的孔隙率宜为20% ~25%,下游区堆石料的孔隙率宜为23% ~28%;沥青混凝土面板堆石坝堆石料的孔隙率宜在混凝土面板堆石坝和土质防渗体分区坝的孔隙率之间选择;采用软岩、风化岩石筑坝时,孔隙率宜根据坝体变形、应力及抗剪强度等要求确定;设计地震烈度为Ⅷ度、Ⅸ度的地区,可取上述孔隙率的小值。堆石的碾压质量可用施工参数(包括碾压设备的型号、振动频率及重量、行进速度、铺筑厚度、碾压遍数等)及干密度同时控制。

黏性土的施工填筑含水率应根据土料性质、填筑部位、气候条件和施工机械等情况,控制在最优含水率 -2% ~ +3%偏差范围以内。有特殊用途和性质特殊的黏性土的填筑含水率应另行确定。黏性土的填筑含水率上限值还应符合下列要求:不影响压实和运输机械的正常运行,施工期间土体内产生的孔隙压力不影响坝坡的稳定,在压实过程中不产生剪切破坏。下限值还应符合下列要求:填土浸水后不致产生大量的附加沉降而使坝顶高程不满足设计要求,坝体发生裂缝以及在水压力作用下不产生水力劈裂等,不致产生松土层而难以压实。在冬季负气温下填筑时,应使土料在填筑过程中不冻结,黏性土的填筑含水率宜略低于塑限;砂和砂砾料中的细料部分的含水率宜小于4%,并适当提高填筑密度。

4.2.1.2 坝体结构设计

坝体各种不同材料应有明确的分区,应根据就地取材和挖填平衡原则及对坝料强度、渗透性、压缩性、施工方便和经济合理等要求进行分区。均质坝宜分为坝体、排水体、反滤层和护坡等区,土质防渗体分区坝宜分为防渗体、反滤层、过渡层、坝壳、排水体和护坡等区,混凝上面板堆石坝坝体从上游向下游宜分为垫层区、过渡区、主堆石区、下游堆石区。堆石坝体上游部分应具有低压缩性。在周边缝下游侧设置特殊垫层区。100 m 以上高坝,宜在面板上游面低部位设置上游铺盖区及盖重区。防渗体在上游面时,坝体渗透性宜从上游至下游逐步增大;防渗体在中间时,坝体渗透性宜向上、下游逐步增大。下游堆石区下游水位以上的坝料不受此限制,当采用风化料或软岩筑坝时,坝表面应设保护层,保护层的垂直厚度应不小于1.5 m。

土石坝坝坡应根据坝型、坝高、坝的等级、坝体和坝基材料的性质、坝所承受的荷载以及施工和运用条件等因素,经技术经济比较后确定。均质坝、土质防渗体分区坝、沥青混凝土面板或心墙坝及土工膜心墙或斜墙坝坝坡,可参照已建坝的经验或近似方法初步拟定,最终应经稳定计算确定。沥青混凝土面板坝的上游坡不宜陡于1:1.7。混凝土面板堆石坝当筑坝材料为硬岩堆石料时,上、下游坝坡可采用1:1.3 ~1:1.4,软岩堆石体的坝坡宜适当放缓,当用质量良好的天然砂砾石料筑坝时,上、下游坝坡可采用1:1.5 ~1:1.6。

土质防渗体分区坝的防渗体断面尺寸应根据下列因素研究确定:①防渗土料的质量,如允许渗透比降、塑性、抗裂性能等;②防渗土料的数量和施工难易程度;③防渗体下面坝基的性质及处理措施;④防渗土料与坝壳材料单价比值;⑤设计地震烈度为Ⅷ度、Ⅸ度地区适当加厚。另外,土质防渗体断面应满足渗透比降、下游浸润线和渗透流量的要求,并应自上而下逐渐加厚,顶部的水平宽度不宜小于 3.0 m;底部厚度,斜墙不宜小于水头的 1/5,心墙不宜小于水头的 1/4。防渗体顶部除满足顶高程要求外,还应预留竣工后沉降超高。土质防渗体顶部和土质斜墙上游应设保护层,保护层厚度(包括上游护坡垫层)应不小于该地区的冻结和干燥深度,还应满足施工机械的需要。斜墙上游保护层的填筑标准应和坝体相同,其坡度应满足稳定要求。

土质防渗体(包括心墙、斜墙、铺盖和截水槽等)与坝壳和坝基透水层之间以及下游渗流出逸处,不满足反滤要求,均须设置反滤层。下游坝壳与坝基透水层接触区及与岩基中发育的断层、破碎带和强风化带接触部位,如不满足反滤要求,应设置反滤层。土质防渗体分区坝的坝壳内各土层间,宜满足反滤要求。坝的反滤层必须符合下列要求:①使被保护土不发生渗透变形;②渗透性大于被保护土,能畅通地排除渗透水流;③不致被细粒土淤塞失效。防渗体下游和渗流出逸处的反滤层,除应满足上述要求外,在防渗体出现裂缝的情况下,土颗粒不应被带出反滤层,裂缝可自行愈合。

反滤层的级配和层数应通过反滤层设计,经过比较选择最合理的方案。1、2 级坝和高坝还应经试验验证。反滤层每层的厚度应根据材料的级配、料源、用途、施工方法等综合确定。人工施工时,水平反滤层的最小厚度可采用 0.3 m,垂直或倾斜反滤层的最小厚度可采用 0.5 m;采用机械施工时,最小厚度应根据施工方法确定。如防渗体与坝壳料之间的反滤层总厚度不能满足过渡要求,可加厚反滤层或设置过渡层。反滤层在填筑过程中宜与坝体同时上升,且不应有明显的颗粒分离和压碎现象。

在下列情况下,应论证是否要加厚防渗体上、下游侧反滤层:①设计地震烈度为Ⅷ度、Ⅸ度地区的土石坝;②峡谷地区的高土石坝,或岸坡坡度有突变的部位;③防渗体与岩石岸坡或刚性建筑物接触面附近部位;④防渗体由塑性较低、压缩性较大的土料筑成;⑤防渗体与坝壳的刚度相差悬殊;⑥坝建于深厚覆盖层上。

土石坝的过渡层应具有协调相邻两侧材料变形的功能,混凝土面板堆石坝的垫层和堆石之间,沥青混凝土心墙和坝壳之间均应设过渡层。土质防渗体分区坝是否设过渡层应根据防渗体和坝壳材料特性及反滤层厚度综合研究确定。

土质防渗体分区坝坝壳为堆石时,过渡层应采用连续级配,最大粒径不宜超过 300 mm,顶部水平宽度不宜小于 3.0 m,采用等厚度或变厚度均可。

土石坝应设置坝体排水,降低浸润线和孔隙压力,改变渗流方向,防止渗流出逸处产生渗透变形,保护坝坡土不产生冻胀破坏。坝体排水应按反滤要求设计,必须满足能自由地向坝外排出全部渗透水并便于观测和检修。坝体排水型式可分为坝内排水(又分为竖式排水和水平排水)、棱体排水(又称滤水坝趾)、贴坡式排水及综合型排水(由上述各种排水型式中的两种或多种综合组成)。竖式排水包括直立排水、上昂式排水、下昂式排水等,水平排水包括坝体不同高程的水平排水层、褥垫式排水(坝底部水平排水层)、网状排水带、排水管等。排水型式的选择应结合坝基排水的需要及型式,根据坝型、坝体填土和坝基土的性质以及坝基的工程地质和水文地质条件,下游有水、无水与下游水位高低和持续时间以及泥沙淤积影响,施工情况及排水设备的材料,筑坝地区的气候条件等情况经技术经济比较后确定。均质坝和下游坝壳用弱透水材料填筑的土石坝,宜优先选用竖式排水,其底部可用褥垫排水将渗水引出。均质坝和坝壳用弱透水料填筑的坝,若需要降低坝体内的孔隙水压力，可在上、下游坡不同高度设置坝体水平排水层，其设置位置、层数和厚度应根据计算确定，但最小厚度不宜小于0.30 m。

棱体排水设计，其顶部高程应超出下游最高水位，超过的高度，1、2级坝应不小于1.0 m，3、4、5级坝应不小于0.5 m，并应超过波浪沿坡面的爬高；顶部高程应使坝体浸润线距坝面的距离大于该地区的冻结深度；顶部宽度应根据施工条件及检查观测需要确定，但不宜小于1.0 m；应避免在棱体上游坡脚处出现锐角。

贴坡排水设计，其顶部高程应高于坝体浸润线出逸点，超过的高度应使坝体浸润线在该地区的冻结深度以下，1、2级坝不小于2.0 m，3、4、5级坝不小于1.5 m，并应超过波浪沿坡面的爬高；底脚应设置排水沟或排水体，材料应满足防浪护坡的要求。

坝内水平排水，由砂、卵砾石组成的水平排水层的厚度和伸入坝体内的长度应根据渗流计算确定，排水层中每层料的最小厚度应满足反滤层最小厚度的要求。网状排水带中纵向排水带（平行于坝轴线）的厚度和宽度及伸入坝体内的深度应根据渗流计算确定。网状排水带中的横向排水带宽度应不小于0.5 m，其坡度不宜超过1%，或按不产生接触冲刷的要求确定。当渗流量很大，增大排水带尺寸不合理时，可采用排水管，管周围应设反滤层。坝内水平排水伸进坝体的极限尺寸，对于黏性土均质坝为坝底宽的1/2，砂性土均质坝为坝底宽的1/3；对于土质防渗体分区坝，宜与防渗体下游的反滤层相连接。

坝表面为土、砂、砂砾石等材料时应设专门护坡，堆石坝可采用堆石材料中的粗颗粒料或超径石做护坡。

除干砌石或堆石护坡外，均必须设坝面排水，应包括坝顶、坝坡、坝头及坝下游等部位的集水、截水和排水措施。除堆石坝与基岩交坡处外，坝坡与岸坡连接处均必须设排水沟，其集水面积应包括岸坡集水面积在内。

4.2.1.3　坝基及边坡处理设计

坝基（包括坝头，下同）处理应满足渗流控制（包括渗透稳定和控制渗流量）、静力和动力稳定、允许沉降量和不均匀沉降量等方面的要求，保证坝的安全运行。竣工后的坝顶沉降量不宜大于坝高的1%。对于特殊土的坝基，允许总沉降量应视具体情况确定。

砂砾石坝基渗流控制可选择垂直防渗（明挖回填截水槽、混凝土防渗墙、灌浆帷幕）、上游防渗铺盖、下游排水设备及盖重（水平排水垫层、反滤排水沟、排水减压井、下游透水盖重、反滤排水沟及排水减压井的组合）等型式。能可靠而有效地截断坝基渗透水流的垂直防渗措施，在技术条件可能而又经济合理时应优先采用。坝的防渗体、砂砾石覆盖层和基岩内的防渗设施应紧密地联结成一整体。在砂砾石坝基内建造灌浆帷幕前，宜先按可灌比（M）判别其可灌性：$M>15$ 可灌注水泥浆，$M>10$ 可灌注水泥黏土浆。可灌性应通过室内及现场试验最终确定。

岩石坝基有较大透水性、软弱夹层、风化破碎或有化学溶蚀以致通过地层的渗漏量影响水库效益，影响坝体和坝基的稳定或渗透稳定时，应对坝基进行处理。在不同的地质条件下，处理的方法也有所不同，应通过技术经济比较选定处理方法。

对地震区的坝基中可能发生液化的无黏性土和少黏性土应进行地震液化可能性的评价。对判别可能液化的土层，应挖除、换土或采取加密措施。对浅层可能液化的土层宜用表面振动压密，对深层可能液化的土层宜用振冲、强夯等方法加密，还可结合振冲处理设置砂石桩，加强坝基排水，以及采取盖重等防护措施。

软黏土不宜作为坝基。经过技术经济论证，采取处理措施后，可修建低均质坝和心墙坝。软黏土坝基宜挖除；当厚度较大、分布较广难以挖除时，可采取打砂井、插塑料排水带、加荷预压、真空预压、振冲置换，以及调整施工速率等措施处理。在软黏土坝基上筑坝应加强现场孔隙水压力和变形监测。

有机质土不应作为坝基。当坝基内存在厚度较小且不连续的夹层或透镜体，挖除有困难时，经过论证并采取有效处理措施，可不予清除。

湿陷性黄土可用于低坝坝基，但应论证其沉降、湿陷和溶滤对土石坝的危害，并做好处理工作。湿陷性黄土坝基宜采用挖除、翻压、强夯等方法，消除其湿陷性。经过论证也可采用预先浸水的方法处理。对黄土中的陷穴、动物巢穴、窑洞、墓坑等地下空洞，必须查明处理。

4.2.1.4　**坝体与坝基、岸坡及其他建筑物的连接设计**

坝体与坝基及岸坡的连接必须妥善设计和处理。连接面不应发生水力劈裂和邻近接触面岩石大量漏水，不得形成影响坝体稳定的软弱层面，不应由于岸坡形状或坡度不当引起不均匀沉降而导致坝体裂缝。

坝体与土质坝基及岸坡的连接必须遵守下列规定：①坝断面范围内必须清除坝基与岸坡上的草皮、树根、含有植物的表土、蛮石、垃圾及其他废料，并将清理后的坝基表面土层压实；②坝体断面范围内的低强度、高压缩性软土及地震时易液化的土层，应清除或处理；③土质防渗体应坐落在相对不透水土基上或经过防渗处理的坝基上；④坝基覆盖层与下游坝壳粗粒料（如堆石等）接触处应符合反滤要求，如不符合应设置反滤层。

坝体与岩石坝基和岸坡的连接应遵守下列原则：①坝断面范围内的岩石坝基与岸坡，应清除其表面松动石块、凹处积土和突出的岩石。②土质防渗体和反滤层宜与坚硬、不冲蚀和可灌浆的岩石连接。若风化层较深，高坝宜开挖到弱风化层上部，中、低坝可开挖到强风化层下部，在开挖的基础上对基岩再进行灌浆等处理。在开挖完毕后，宜用风水枪冲洗干净，对断层、张开节理裂隙应逐条开挖清理，并用混凝土或砂浆封堵。坝基岩面上宜设混凝土盖板、喷混凝土或喷水泥砂浆。③对失水很快风化的软岩（如页岩、泥岩等），开挖时宜预留保护层，待开始回填时，随挖除随回填，或开挖后喷水泥砂浆或喷混凝土保护。④土质防渗体与岩石接触处，在邻近接触面 0.5～1.0 m 范围内，防渗体应为黏土，如防渗料为砾石土，应改为黏土，黏土应控制在略高于最优含水率情况下填筑，在填土前应用黏土浆抹面。

坝体与土质防渗体连接的岸坡的开挖应符合下列要求：①岸坡应大致平顺，不应成台阶状、反坡或突然变坡，岸坡上缓下陡时，变坡角应小于 20°；②岩质岸坡不宜陡于1∶0.5，陡于此坡度时应有专门论证，并采取相应的工程措施；③土质岸坡不宜陡于 1∶1.5；④岸坡应保持施工期稳定。

坝体与混凝土坝、溢洪道、船闸、涵管等建筑物的连接，必须防止接触面的集中渗流，因不均匀沉陷而产生的裂缝，以及水流对上、下游坝坡和坝脚的冲刷等因素的有害影响。

4.2.1.5　**坝的渗流计算、渗透稳定计算、坝坡稳定计算、坝的应力与变形分析**

渗流计算应包括以下内容：①确定坝体浸润线及其下游出逸点的位置，绘制坝体及坝基内的等势线分布图或流网图;②确定坝体与坝基的渗流量;③确定坝坡出逸段与下游坝基表面的出逸比降,以及不同土层之间的渗透比降;④确定库水位降落时上游坝坡内的浸润线位置或孔隙压力;⑤确定坝肩的等势线、渗流量和渗透比降。

渗透稳定计算应包括以下内容:①判别土的渗透变形型式,即管涌、流土、接触冲刷或接触流失等;②判明坝和坝基土体的渗透稳定;③判明坝下游渗流出逸段的渗透稳定。

土石坝施工、建设、蓄水和库水位降落的各个时期不同荷载下,应分别计算其稳定性。控制稳定的有施工期(包括竣工时)、稳定渗流期、水库水位降落期和正常运用遇地震四种工况。坝坡抗滑稳定计算应采用刚体极限平衡法。对于均质坝、厚斜墙坝和厚心墙坝,宜采用计及条块间作用力的简化毕肖普法;对于有软弱夹层、薄心墙、薄斜墙坝的坝坡稳定分析及任何坝型,可采用满足力和力矩平衡的摩根斯顿－普赖斯等方法。非均质坝体和坝基稳定安全系数的计算应考虑安全系数的多极值特性。滑动破坏面应在不同的土层进行分析比较,直到求得最小稳定安全系数。

土石坝的变形分析包括沉降分析、固结分析和应力应变分析。1、2 级高坝及建于复杂和软弱地基上的坝应采用有限元计算坝体及坝基或其他相衔接的建筑物在土体自重及其他外荷载作用下和各种不同工作条件下的应力、应变。应力、应变计算宜采用非线性弹性应力应变关系分析,也可采用弹塑性应力应变关系分析。对于黏性土的坝体和坝基,宜考虑固结对坝体应力和变形的影响。

4.2.1.6 混凝土面板堆石坝断面设计及周边和板间接缝止水构造设计

混凝土面板堆石坝坝体应根据料源及对坝料强度、渗透性、压缩性、施工方便和经济合理等要求进行分区,并相应确定填筑标准。从上游向下游宜分为垫层区、过渡区、主堆石区、下游堆石区;在周边缝下游侧设置特殊垫层区;100 m 以上高坝,宜在面板上游面低部位设置上游铺盖区及盖重区。

面板的顶部厚度宜取 0.30 m,并向底部逐渐增加,在相应高度处的厚度可按 $t = 0.30 + (0.002 \sim 0.0035)H$ 确定,其中 t 为面板厚度(m),H 为计算断面至面板顶部的垂直距离(m),中低坝可采用 0.3～0.4 m 等厚面板。

混凝土面板堆石坝趾板线的选择宜按下列要求进行:①趾板建基面宜置于坚硬的基岩上;风化岩石地基采取工程措施后,也可作为趾板地基。②趾板线宜选择有利的地形,使其尽可能平直和顺坡布置;趾板线下游的岸坡不宜过陡。③趾板线宜避开断裂发育、强烈风化、夹泥以及岩溶等不利地质条件的地基,并使趾板地基的开挖和处理工作量较少。④在深覆盖层上建坝布置趾板时,应根据地基地质特性,做好地基防渗结构、与趾板以及两岸连接的布置设计;对于深覆盖层的地基防渗处理及趾板布置,经详细论证后也可采用混凝土防渗墙处理地基,将趾板置于覆盖层上。⑤在施工初期,趾板地基覆盖层开挖后,可根据具体地形地质条件进行二次定线,调整趾板线位置。

周边缝应设置止水。底部止水铜片应选为最基本的防渗线,中部 PVC 或橡胶止水片及顶部止水视情况选用。顶部止水系统一般由柔性填料、粉细砂(或粉煤灰)等材料构成,可以是其中的一种止水材料,也可以是柔性填料和无黏性材料两种止水材料。低坝和 50 m 以下的中坝可以只采用一道底部止水。中坝及 100 m 以下的高坝宜设置底、顶部两道止水。100 m 以上的高坝宜选用底、顶部两道止水,或底、中、顶部三道止水。

不同坝高的压性垂直缝均应采用硬平缝结构，都只需采用一道底部止水。缝的一侧缝面应涂沥青乳液等防粘剂。止水铜片下应设置 PVC 垫片并黏合在水泥砂浆垫座上。止水铜片两侧底角应设置沥青止浆条。高坝张性垂直缝宜采用底、顶部两道止水，中低坝可只采用一道底止水，其结构同压性缝。

面板水平施工缝须用钢筋穿过，应不设止水。趾板伸缩缝可采用铜片、PVC 或橡胶片止水，并应与周边缝止水构成封闭系统。防浪墙与面板的水平接缝，宜设置底、顶部两道止水。

中间与顶部止水均应与相接缝的底部止水连接形成封闭结构，周边缝 PVC 止水带宜用夹具与垂直缝处的底止水连接，周边缝柔性止水可用柔性填料塞与垂直缝的底部止水连接。止水面膜宜黏结或压结，固定在面板上。

寒冷地区在水位变动区不应采用角钢、膨胀螺栓作为柔性填料面膜的止水固定件，宜采用黏结材料，以避免遭到冻胀的破坏而失去其固定作用。

混凝土防渗墙与连接板之间的接缝止水，应按周边缝止水设计。

4.2.1.7 碾压(浇筑)式沥青面板与心墙设计

用做防渗的沥青混凝土应具有工程所要求的防渗性、抗裂性、水稳定性、热稳定性、可扰性、和易性、良好的密度和足够的强度。

沥青混凝土心墙有垂直的、倾斜的和上部倾斜下部垂直的三种布置型式。垂直心墙宜布置在坝轴线上游附近，倾斜心墙的坡度一般为 1(垂直)∶0.2(水平)～1∶0.4，上部倾斜下部垂直的心墙折坡点宜选在坝高的 2/3～3/4 处。心墙的最大厚度一般为坝高的 1/60～1/100，坝顶最小厚度一般不小于 30 cm，高坝不小于 50 cm。心墙两侧应设过渡层，厚度一般为 1.5～3.0 m。心墙与基础、岸坡的连接应设置钢筋混凝土座垫，与座垫及刚性建筑物连接处的沥青混凝土心墙厚度应逐渐扩大。

4.2.2 案例分析

【例 4-1】 某黏性土心墙堆石坝为 2 级建筑物，黏性土的最大干容重 $\gamma_{max}=16.00$ kN/m³，填筑干容重 $\gamma_d=15.70$ kN/m³，渗透系数 $k=3\times10^{-6}$ cm/s，堆石体填筑的孔隙率 $n=25.5\%$。下列说法正确的是(　　)。

A. 渗透系数 $k=3\times10^{-6}$ cm/s $<1\times10^{-5}$ cm/s，满足要求

B. 填筑干容重 $\gamma_d=15.70$ kN/m³ >15.68 kN/m³，满足要求

C. 填筑干容重 $\gamma_d=15.70$ kN/m³ <16.00 kN/m³，不满足要求

D. 堆石体填筑的孔隙率 $n=25.5\%<28\%$，满足要求

答案：ABD

考点：筑坝材料选择及填筑标准。

解：根据《碾压式土石坝设计规范》(SL 274—2001)中第 4.1.5 条，土质心墙(斜墙)防渗体渗透系数不大于 1×10^{-5} cm/s，坝体黏性土心墙渗透系数 $k=3\times10^{-6}$ cm/s $<1\times10^{-5}$ cm/s，满足要求。

SL 274—2001 中第 4.2.3 条，1、2 级坝和高坝的黏性土压实度应为 98%～100%。设计干容重 $=16.0$ kN/m³ $\times(98\%\sim100\%)=15.68\sim16.00$ kN/m³，坝体实际黏性土填筑

干容重为 15.70 kN/m^3，在 15.68～16.00 kN/m^3 区间内，满足要求。

SL 274—2001 中第 4.2.5 条，土质防渗体分区坝的堆石料，孔隙率宜为 20%～28%，坝体填筑堆石体的孔隙率为 25.5%＜28%，满足要求。

根据以上计算分析，答案 ABD 是正确的。

【例 4-2】 某黏性土心墙堆石坝为 2 级建筑物，坝顶高程 563.20 m。黏性土心墙底高程 511.00 m，相应心墙底宽为 11.50 m；心墙顶部高程 561.80 m；水库正常蓄水位 560.00 m，相应下游水位 515.00 m；设计洪水位 560.50 m，相应下游水位 518.00 m；校核洪水位 561.40 m，相应下游水位 519.10 m。不考虑风浪爬高、地震及坝体沉降的影响。关于心墙顶高程和心墙底部厚度下列说法正确的是（　　）。

A. 心墙底部厚度、心墙顶部高程满足要求

B. 心墙底部厚度不满足要求，心墙顶部高程满足要求

C. 心墙底部厚度满足要求，心墙顶部高程不满足要求

D. 心墙底部厚度、心墙顶部高程均不满足要求

答案：A

考点：土质防渗体断面尺寸及顶高程确定。

解：根据《碾压式土石坝设计规范》（SL 274—2001）中第 5.5.2 条，土质防渗体底部厚度，心墙不宜小于水头的 1/4。

正常蓄水位情况下心墙底部厚度不宜小于：

$$(560.00 - 515.00)/4 = 11.25(\text{m}) < 11.50\ \text{m}$$

设计洪水位情况下心墙底部厚度不宜小于：

$$(560.50 - 518.00)/4 = 10.625(\text{m}) < 11.50\ \text{m}$$

校核洪水位情况下心墙底部厚度不宜小于：

$$(561.40 - 519.10)/4 = 10.575(\text{m}) < 11.50\ \text{m}$$

SL 274—2001 中第 5.5.3 条，土质防渗体心墙顶部在正常蓄水位或设计洪水位以上的超高应为 0.30～0.60 m。非常运用条件下，心墙防渗体顶部不应低于非常运用条件的静水位。本工程不考虑风浪爬高、地震及坝体沉降的影响。

正常蓄水位情况下心墙顶部高程应为：

$$560.00 + (0.30 \sim 0.60) = 560.30 \sim 560.60(\text{m}) < 561.80\ \text{m}$$

设计洪水位情况下心墙顶部高程应为：

$$560.50 + (0.30 \sim 0.60) = 560.80 \sim 561.10(\text{m}) < 561.80\ \text{m}$$

校核洪水位情况下心墙顶部高程应为：

$$561.40\ \text{m} < 561.80\ \text{m}$$

由以上计算可知，心墙底部厚度、心墙顶部高程均满足要求，答案 A 是正确的。

【例 4-3】 某黏土心墙堆石坝心墙黏土设计级配曲线如图 4-1 所示，心墙第一层反滤料级配（　　）。

A. $0.007\ \text{mm} \leqslant D_{15} \leqslant 0.243\ \text{mm}$　　B. $0.007\ \text{mm} \leqslant D_{15} \leqslant 0.108\ \text{mm}$

C. $0.243\ \text{mm} \leqslant D_{15} \leqslant 0.7\ \text{mm}$　　D. $0.1\ \text{mm} \leqslant D_{15} \leqslant 0.243\ \text{mm}$

答案：D

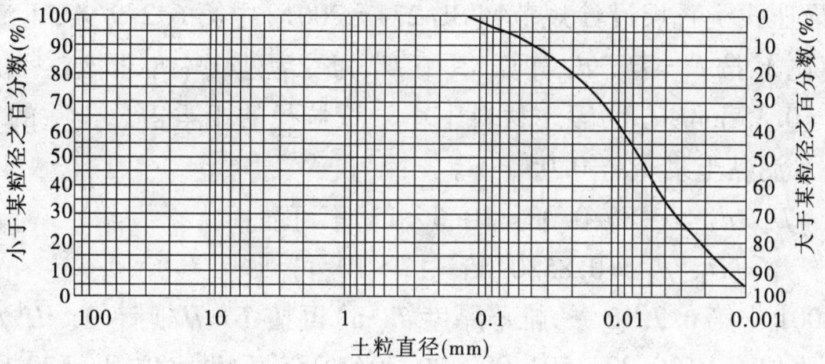

图 4-1

考点:土质防渗体反滤层设计。

解:由《碾压式土石坝设计规范》(SL 274—2001)中附录 B,被保护土分为无黏性土和黏性土。当被保护土为黏性土时,其第一层反滤层的级配应按下列方法确定。

(1)滤土要求:根据被保护土小于 0.075 mm 颗粒含量的百分数不同,而采用不同的方法。当被保护土含有大于 5 mm 颗粒时,应按粒径小于 5 mm 颗粒级配确定粒径小于 0.075 mm 颗粒含量百分数,以及按粒径小于 5 mm 颗粒级配的 d_{85} 作为计算粒径。当被保护土不含大于 5 mm 颗粒时,应按全料确定粒径小于 0.075 mm 颗粒含量的百分数,以及按全料的 d_{85} 作为计算粒径。根据心墙黏性土级配曲线可知,被保护土小于 0.075 mm 颗粒含量在 90% 以上,大于 85%,其反滤层可按式 $D_{15} \leqslant 9d_{85}$ 确定,当 $9d_{85} < 0.2$ mm 时,取 D_{15} 等于 0.2 mm。

$$d_{85} = 0.027\ \text{mm}, d_{15} = 0.001\ 8\ \text{mm}$$

$$D_{15} \leqslant 9d_{85} = 9 \times 0.027 = 0.243(\text{mm})$$

(2)排水要求:应符合 $D_{15} \geqslant 4d_{15}$,d_{15} 为全料的 d_{15},当 $4d_{15} < 0.1$ mm 时,应取 D_{15} 不小于 0.1 mm。

$$D_{15} \geqslant 4d_{15} = 4 \times 0.001\ 8 = 0.007\ 2(\text{mm}),\text{取 } D_{15} \geqslant 0.1\ \text{mm}$$

心墙第一层反滤料级配为:$0.1\ \text{mm} \leqslant D_{15} \leqslant 0.243\ \text{mm}$。

由以上计算可知,答案 D 是正确的。

【例 4-4】 某黏性土心墙堆石坝,最大坝高为 32.50 m,坝顶高程为 623.50 m;正常蓄水位为 620.20 m,下游无水;设计洪水位为 620.90 m,相应下游水位为 594.00 m;校核洪水位为 621.80 m,相应下游水位为 595.20 m;黏土心墙最低建基高程为 591.00 m,坝基为砂砾石基础,采用帷幕灌浆。已知:砂砾石基础 $D_{15} = 0.85$ mm,水泥浆 $d_{85} = 0.08$ mm,水泥黏土浆 $d_{85} = 0.05$ mm,灌水泥浆帷幕的允许渗透比降 $J = 10$,灌水泥黏土浆帷幕的允许渗透比降 $J = 3.5$,砂砾石基础(　　),帷幕厚度是(　　)。

A. 可灌水泥浆,帷幕厚度不小于 $T = 2.92$ m

B. 可灌水泥黏土浆,帷幕厚度不小于 $T = 8.34$ m

C. 可灌水泥及水泥黏土浆,水泥浆帷幕厚度 2.92 m,水泥黏土浆帷幕厚度 8.34 m

D. 均不可灌

答案:B

考点:砂砾石基础可灌性及帷幕厚度确定。

解:根据《碾压式土石坝设计规范》(SL 274—2001)中第 6.2.9 条,可灌性可用可灌比来判别,可灌比 M 按 $M = D_{15}/d_{85}$ 计算,其中 D_{15} 为受灌地层中小于该粒径的土重占总土重的 15%,$D_{15} = 0.85$ mm;d_{85} 为灌注材料中小于该粒径的土重占总土重的 85%,水泥浆 $d_{85} = 0.08$ mm,水泥黏土浆 $d_{85} = 0.05$ mm。

水泥浆:$M = D_{15}/d_{85} = 0.85/0.08 = 10.6 < 15$,不可灌;

水泥黏土浆:$M = D_{15}/d_{85} = 0.85/0.05 = 17 > 10$,可灌。

SL 274—2001 中第 6.2.12 条,帷幕厚度 T(m)可按 $T = H/J$ 计算。H 为最大设计水头(m),正常蓄水位 $H = 620.20 - 591.00 = 29.20$(m),设计洪水位 $H = 620.90 - 594.00 = 26.90$(m),校核洪水位 $H = 621.80 - 595.20 = 26.60$(m),最大设计水头为 $H = 29.20$ m;J 为帷幕的允许比降,水泥黏土浆 $J = 3.5$。

灌水泥黏土浆帷幕最小厚度 $T = H/J = 29.2/3.5 = 8.34$(m)。

由以上计算可知,答案 B 是正确的。

【例 4-5】 某均质土坝,最大坝高 42.50 m,坝基表层土土层厚度 5.0 m,渗透系数 1×10^{-3} cm/s,其下层为砂卵砾石层,渗透系数 1×10^{-2} cm/s。经渗流稳定计算,坝下无水情况下坝下游坡脚点 a 及以下 5 m 范围内的渗透比降 1.0。表层土的比重 2.68,孔隙率 0.40,水的容重取 10 kN/m^3,安全系数 K 取 1.8,如果设排水盖重层,其水上湿容重 22.0 kN/m^3,水下浮容重 10.5 kN/m^3,则坝下游坡脚点 a 及以下 5 m 范围内排水盖重层厚度为(　　)m。

A. 1.80　　B. 1.59　　C. 2.67　　D. 4.19

答案:A

考点:排水盖重层设置及其厚度确定。

解:根据《碾压式土石坝设计规范》(SL 274—2001)中第 8.2.4 条,坝基表层土的渗透系数小于下层土的渗透系数,而下游渗透出逸比降又符合下式时,应设置排水盖重层或排水减压井:

$$J_{a-x} > (G_s - 1)(1 - n_1)/K$$

式中 J_{a-x}——表层土在坝下游坡脚点 a 至 a 以下范围 x 点的渗透比降,$J_{a-x} = 1.0$;

G_s——表层土的土粒比重,$G_s = 2.68$;

n_1——表层土的孔隙率,$n_1 = 0.40$;

K——安全系数,取 1.5~2.0,$K = 1.8$。

则 $(G_s - 1)(1 - n_1)/K = 0.56 < J_{a-x} = 1.0$,需要设置排水盖重层。

排水盖重层的厚度 t(m)按下式计算:

$$t = \frac{KJ_{a-x}t_1\gamma_w - (G_s - 1)(1 - n_1)t_1\gamma_w}{\gamma}$$

式中 t_1——表层土的厚度,$t_1 = 5$ m;

γ_w——水的容重,$\gamma_w = 10$ kN/m^3;

γ——排水盖重层的容重,$\gamma = 22.0$ kN/m^3。

则:

$$t=\frac{KJ_{a-x}t_1\gamma_w-(G_s-1)(1-n_1)t_1\gamma_w}{\gamma}$$

$$=[1.8\times1\times5\times10-(2.68-1)\times(1-0.4)\times5\times10]/22=1.80(\text{m})$$

由以上计算可知,答案 A 是正确的。

【例 4-6】 某水库大坝为面板堆石坝,最大坝高为 100.00 m,总库容为 12.00×10^8 m^3,主堆石区填筑的颗粒曲线如图 4-2 所示,主堆石区堆石料级配为(　　)。

A. $C_u=48>5$,$C_c=2.08$ 在 1 ~3 区间内,为良好级配

B. $C_u=40.8>5$,$C_c=2.45$ 在 1 ~3 区间内,为良好级配

C. $C_u=22.8>5$,$C_c=0.34$ 不在 1 ~3 区间内,为不良级配

D. $C_u=48>5$,$C_c=2.45$ 在 1 ~3 区间内,为良好级配

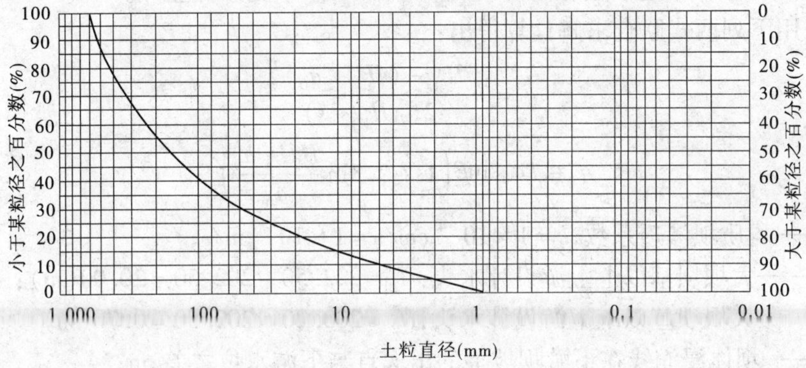

图 4-2

答案:A

考点:颗粒级配指标的应用。

解:不均匀系数 C_u 和曲率系数 C_c 公式如下:

$$C_u=\frac{d_{60}}{d_{10}}\quad 和\quad C_c=\frac{d_{30}^2}{d_{60}d_{10}}$$

式中 d_{10}——小于该粒径的土重占总土重的 10%,mm,从图 4-2 得 $d_{10}=5$ mm;

d_{30}——小于该粒径的土重占总土重的 30%,mm,从图 4-2 得 $d_{30}=50$ mm;

d_{60}——小于该粒径的土重占总土重的 60%,mm,从图 4-2 得 $d_{60}=240$ mm。

$C_u=\frac{d_{60}}{d_{10}}=\frac{240}{5}=48>5$,$C_c=\frac{d_{30}^2}{d_{60}d_{10}}=\frac{50^2}{240\times5}=2.08$ 在 1 ~3 区间内,为良好级配,因此答案 A 是正确的。

【例 4-7】 某水库大坝为均质土坝,上、下游坝坡坡比均为 1∶3,建在不透水的岩基上,无排水设备。坝顶高程为 224.50 m,正常蓄水位为 222.50 m,下游水位为 203.20 m,大坝基础高程为 202.50 m(见图 4-3)。均质土坝的渗透系数 $k=1\times10^{-4}$ cm/s,浸润线上游坝坡进坝点至下游坝脚的水平投影距离 $l=77$ m,则坝体单宽渗漏量为(　　)$m^3/(s\cdot m)$。

A. $q=2.5186\times10^{-4}$　　B. $q=2.5186\times10^{-6}$

C. $q=2.7276\times10^{-4}$　　D. $q=2.7276\times10^{-6}$

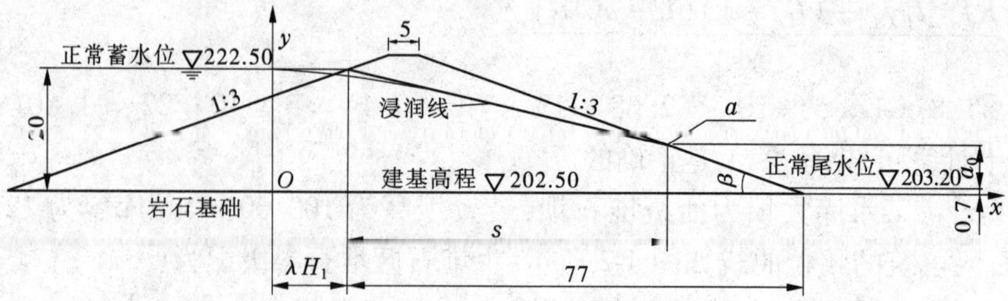

图 4-3 （单位:m）

答案:D

考点:不透水岩基上的均质土坝渗流计算。

解:均质土坝在不透水地基上,无排水设备,坝体单宽渗流量 q($m^3/(s \cdot m)$)和渗出高度 a_0 采用下列两式联合求解计算得出:

$$q = k\frac{H_1^2 - (H_2 + a_0)^2}{2(\lambda H_1 + s)} \tag{1}$$

$$q = ka_0 \sin\beta\left(1 + 2.3\ln\frac{H_2 + a_0}{a_0}\right) \tag{2}$$

式中 k——均质坝渗透系数,$k = 1\times10^{-4}$ cm/s $= 1\times10^{-6}$ m/s;

H_1——大坝坝基以上上游设计水头,$H_1 = 222.50 - 202.50 = 20.00$(m);

H_2——大坝坝基以上下游设计水头,$H_2 = 203.20 - 202.50 = 0.70$(m);

a_0——坝体浸润线在下游坝坡上的出逸点与下游水位之差,m;

λ——系数,$\lambda = m_1/(1+2m_1)$,m_1 为上游坝坡坡比,$m_1 = 3$,$\lambda = m_1/(1+2m_1) = 3/(1+2\times3) = 3/7$;

s——浸润线在上游坝坡进坝点至下游坝坡出逸点的水平距离,$s = l - m_2(a_0 + H_2)$,l 为浸润线上游坝坡进坝点至下游坝脚的水平投影距离,$l = 77$ m,m_2 为下游坝坡坡比,$m_2 = 3$,$s = l - m_2(a_0 + H_2) = 77 - 3\times(a_0 + 0.70) = 74.9 - 3a_0$(m);

β——下游坝坡与水平面的夹角,(°)。

由式(1)、式(2)得:

$$q = 1\times10^{-6}\times\frac{20^2 - (0.70 + a_0)^2}{2\times\left(\frac{3}{7}\times20 + 74.9 - 3a_0\right)} \tag{3}$$

$$q = 1\times10^{-6}\times a_0\times\left[\sin\left(\arctan\frac{1}{3}\right)\right]\times\left(1 + 2.3\times\ln\frac{0.70 + a_0}{a_0}\right) \tag{4}$$

联立式(3)、式(4)得:

$$1\times10^{-6}\times\frac{20^2 - (0.70 + a_0)^2}{2\times\left(\frac{3}{7}\times20 + 74.9 - 3a_0\right)}$$

$$= 1\times10^{-6}\times a_0\times\left[\sin\left(\arctan\frac{1}{3}\right)\right]\times\left(1 + 2.3\times\ln\frac{0.70 + a_0}{a_0}\right)$$

经试算：$a_0 = 7.09$。

坝体单宽渗流量：

$$q = k\frac{H_1^2 - (H_2 + a_0)^2}{2(\lambda H_1 + s)}$$

$$= 1 \times 10^{-6} \times \frac{20.00^2 - (0.70 + 7.09)^2}{2 \times \left(\frac{3}{7} \times 20.00 + 53.63\right)} = 2.7276 \times 10^{-6}(m^3/(s \cdot m))$$

因此，答案D是正确的。

【例4-8】 某水库大坝为黏性土心墙土坝，如图4-4所示，坝顶高程为224.50 m，坝顶宽为5.0 m，上、下游坝坡坡比均为1:3，建在不透水的岩基上，无排水设备。正常蓄水位为222.50 m，下游无水，大坝基础高程为202.50 m。坝体的渗透系数 $k_1 = 1 \times 10^{-3}$ cm/s，黏性土心墙顶宽 $\delta_1 = 3.0$ m、底宽 $\delta_2 = 6.0$ m，黏性土心墙的渗透系数 $k_2 = 1 \times 10^{-5}$ cm/s，坝体下游浸润线出逸点在下游坝坡坡脚处，则坝体单宽渗漏量为（　　）$m^3/(s \cdot m)$。

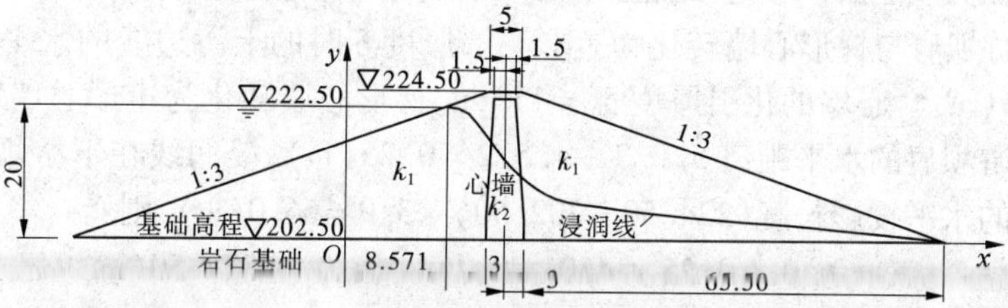

图4-4　（单位：m）

A. $q = 3.77 \times 10^{-4}$　　B. $q = 2.34 \times 10^{-5}$

C. $q = 3.77 \times 10^{-6}$　　D. $q = 2.34 \times 10^{-3}$

答案：C

考点：不透水岩基上的黏土心墙土坝渗流计算。

解：根据黏土心墙土坝在不透水地基上、下游无排水设备的渗流稳定计算，先把心墙的梯形断面简化为矩形断面（见图4-5）计算如下。

心墙平均厚度取为：$\delta = (\delta_1 + \delta_2)/2$，$\delta_1$ 为黏土心墙顶宽，$\delta_1 = 3.0$ m，δ_2 为黏土心墙底宽，$\delta_2 = 6.0$ m，$\delta = (\delta_1 + \delta_2)/2 = (3.0 + 6.0)/2 = 4.5$(m)。

将具有渗透系数 $k_2 = 1 \times 10^{-5}$ cm/s $= 1 \times 10^{-7}$ m/s 的心墙化引成具有与坝壳同一渗透系数 $k_1 = 1 \times 10^{-3}$ cm/s $= 1 \times 10^{-5}$ m/s 的均质坝，心墙的化引厚度 δ_0 由下式确定：

$$\delta_0 = \frac{k_1}{k_2}\delta = \frac{1 \times 10^{-5}}{1 \times 10^{-7}} \times 4.5 = 450(m)$$

然后可以按均质土坝进行渗流计算。由于浸润线出逸点在下游坝脚，因此不用试算即可计算坝体单宽渗流量 $q(m^3/(s \cdot m))$：

$$q = k\frac{H_1^2 - (H_2 + a_0)^2}{2(\lambda H_1 + s)}$$

式中　H_1——大坝上游水位至坝基的高差，$H_1 = 20$ m；

H_2——大坝下游水位至坝基的高差，下游无水，$H_2 = 0$；

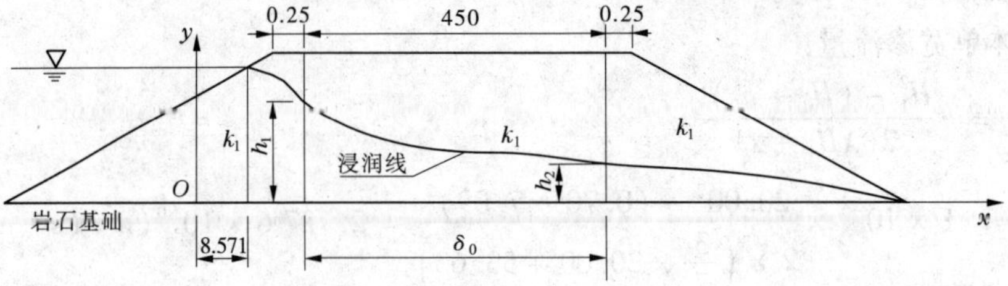

图 4-5

a_0——浸润线在大坝下游坝坡出逸点与下游水位的高差,浸润线在下游坝脚出逸,$a_0=0$;

λ——系数,$\lambda=m_1/(1+2m_1)$,m_1 为上游坝坡坡比,$m_1=3$,$\lambda=m_1/(1+2m_1)=3/(1+2\times3)=0.429$;

s——浸润线在大坝上游坝坡进坝点至下游坝坡出逸点的水平投影长度,m。

浸润线在大坝上游坝坡进坝点至上游坝肩的水平长度为(224.50 − 222.50) × 3.0 = 6.0(m);上游坝肩与梯形心墙转化为矩形心墙厚度 δ 时的上游边线的水平距离 5.0/2 − 4.5/2 = 0.25(m)。心墙的化引厚度 $\delta_0=450$ m,梯形心墙转化为矩形心墙厚度 δ 时的下游边线与下游坝肩的水平距离 5.0/2 − 4.5/2 = 0.25(m),浸润线在下游坝脚处出逸,所以下游坝坡的水平投影长度(224.50 − 202.50) × 3.0 = 66.0(m),则:

$$s=6.0+0.25+450+0.25+66.0=522.50(\text{m})$$

坝体单宽渗流量为:

$$q=k\frac{H_1^2-(H_2+a_0)^2}{2(\lambda H_1+s)}=1\times10^{-5}\times\frac{20^2-(0+0)^2}{2\times(0.429\times20.0+522.50)}=3.77\times10^{-6}(\text{m}^3/(\text{s}\cdot\text{m}))$$

由以上计算可知,答案 C 是正确的。

【例 4-9】 某山区水库大坝为黏性土斜墙土坝,斜墙中心线坡比 1:3,建在不透水的岩基上,下游坝脚设有排水棱体。坝顶高程 224.50 m,正常蓄水位 222.50 m,下游水位 203.50 m,大坝基础高程 202.50 m。土坝坝体渗透系数 $k_1=1\times10^{-3}$ cm/s,斜墙(见图 4-6)顶部厚度 $\delta_1=3.0$ m,底部厚度 $\delta_2=6.0$ m,渗透系数 $k_2=1\times10^{-5}$ cm/s,$e=0.675$ m,黏土斜墙下游坡与基岩交点至下游水位与排水棱体上游坡交点的水平投影长度 $d=98.53$ m,则坝体单宽渗漏量为(　　)$\text{m}^3/(\text{s}\cdot\text{m})$。

A. $q=8.665\times10^{-6}$　　　B. $q=9.604\times10^{-6}$

C. $q=8.665\times10^{-4}$　　　D. $q=9.604\times10^{-4}$

答案:B

考点:不透水岩基上的黏土斜墙土坝渗流计算。

解:根据黏土斜墙坝在不透水地基上,下游设有排水棱体的渗流计算,可按以下两式联立求解计算:

$$q=k_2\frac{H_1^2-h^2}{2\delta\sin\theta}\tag{1}$$

$$q=k_1\frac{h^2-H_2^2}{2(d-m_1h+e)}\tag{2}$$

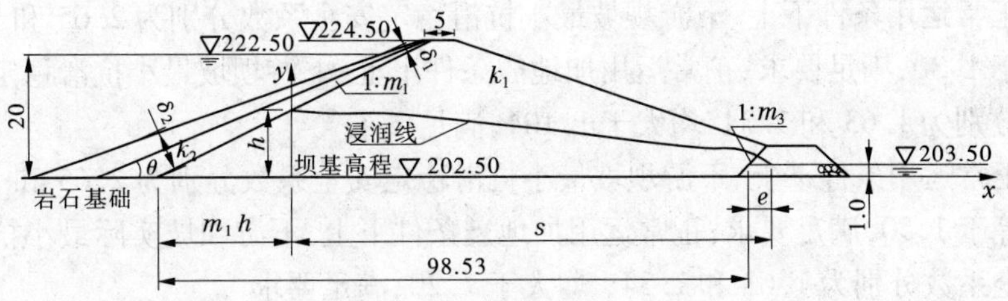

图4-6 （单位:m）

式中 q——坝体单宽渗流量,$m^3/(s \cdot m)$;

H_1——大坝上游水位至坝基的高差,$H_1 = 222.50 - 202.50 = 20(m)$;

H_2——大坝下游水位至坝基的高差,$H_2 = 203.50 - 202.50 = 1.0(m)$;

h——斜墙浸润线的逸出高度,m;

δ——将变厚度的斜墙化为等厚的斜墙,墙平均厚度 $\delta = (\delta_1 + \delta_2)/2$,$\delta_1 = 3.0$ m,$\delta_2 = 6.0$ m,$\delta = (\delta_1 + \delta_2)/2 = (3.0 + 6.0)/2 = 4.5(m)$;

k_1——土坝坝体渗透系数,$k_1 = 1 \times 10^{-3}$ cm/s $= 1 \times 10^{-5}$ m/s;

k_2——斜墙渗透系数,$k_2 = 1 \times 10^{-5}$ cm/s $= 1 \times 10^{-7}$ m/s;

s——浸润线在黏土斜墙出逸点至浸润线与下游水位交点的水平投影长度,$s = d - m_1h + e$,$d = 98.53$ m,$m_1 = 3$,$e = 0.675$ m,则 $s = 98.53 - 3h + 0.675 = 99.205 - 3h(m)$。

由式(1)、式(2)得:

$$q = k_2 \frac{H_1^2 - h^2}{2\delta\sin\theta} = 1 \times 10^{-7} \times \frac{20^2 - h^2}{2 \times 4.5\sin\left(\arctan\frac{1}{3}\right)} = 1 \times 10^{-7} \times \frac{400 - h^2}{2.846} \quad (3)$$

$$q = k_1 \frac{h^2 - H_2^2}{2(d - m_1h + e)} = 1 \times 10^{-5} \times \frac{h^2 - 1^2}{2 \times (99.205 - 3h)} \quad (4)$$

由式(3)和式(4)得:

$$1 \times 10^{-7} \times \frac{400 - h^2}{2.846} = 1 \times 10^{-5} \times \frac{h^2 - 1^2}{2 \times (99.205 - 3h)}$$

经试算:$h = 11.256$ m。

坝体单宽渗流量为:

$$q = 1 \times 10^{-5} \times \frac{11.256^2 - 1^2}{2 \times (99.205 - 3 \times 11.256)} = 9.604 \times 10^{-6}(m^3/(s \cdot m))$$

由以上计算可知,答案 B 是正确的。

【例4-10】 某水库大坝为黏土心墙土坝,最大坝高为81.50 m,总库容为12.00×10^8 m^3,上游坝坡坡比为1:3.0~1:3.5,下游坝坡坡比为1:2.0~1:3.5,坝坡抗滑稳定只计算正常运用条件下、正常运用遇地震两种工况,采用不计及条块间作用力的瑞典圆弧法计算。已知:正常运用条件下上、下游坝坡最小抗滑稳定安全系数分别为2.65和1.50,正常运用遇地震条件下上、下游坝坡最小抗滑稳定安全系数分别为1.63和1.34。问以下说法正确的是(　　)。

A. 正常运用条件下上、下游坝坡最小抗滑稳定安全系数分别为 2.65 和 1.50，均大于 1.30，满足要求；正常运用加地震条件下上、下游坝坡最小抗滑稳定安全系数分别为 1.63 和 1.34，均大于 1.104，满足要求

B. 正常运用条件下上、下游坝坡最小抗滑稳定安全系数分别为 2.65 和 1.50，大于等于 1.50，满足要求；正常运用加地震条件下上、下游坝坡实际最小抗滑稳定安全系数分别为 1.63 和 1.34，均大于 1.20，满足要求

C. 正常运用条件下上、下游坝坡最小抗滑稳定安全系数分别为 2.44 和 1.38，均大于 1.30，满足要求；正常运用加地震条件下上、下游坝坡实际最小抗滑稳定安全系数分别为 1.50 和 1.23，均大于 1.20，满足要求

D. 正常运用条件下上、下游坝坡最小抗滑稳定安全系数分别为 2.65 和 1.50，均大于 1.30，满足要求；正常运用加地震条件下上、下游坝坡实际最小抗滑稳定安全系数分别为 1.63 和 1.34，均大于 1.20，满足要求

答案：A

考点：《碾压式土石坝设计规范》(SL 274—2001)中第 8.3.10 条、第 8.3.11 条。

解：本土坝水库总库容为 $12.00\times10^8\ m^3$，为Ⅰ等工程，大坝为 1 级建筑物。

由《碾压式土石坝设计规范》(SL 274—2001)中第 8.3.10 条表 8.3.10 可知，采用计及条块间作用力的计算方法时：1 级建筑物坝坡抗滑稳定安全系数正常运用条件下为 1.50，非常运用条件Ⅰ下为 1.30，非常运用条件Ⅱ下为 1.20。

《碾压式土石坝设计规范》(SL 274—2001)中第 8.3.11 条规定，采用不计及条块间作用力的瑞典圆弧法计算坝坡抗滑稳定安全系数时，对 1 级坝正常运用条件最小安全系数应不小于 1.30，其他情况应比《碾压式土石坝设计规范》(SL 274—2001)中第 8.3.10 条表 8.3.10 规定的数值减小 8%。

本土坝采用不计及条块间作用力的瑞典圆弧法计算的坝坡抗滑稳定安全系数正常运用条件下上、下游坝坡最小抗滑稳定安全系数分别为 2.65 和 1.50，均大于规范规定的 1.30，满足要求。

正常运用遇地震条件下上、下游坝坡抗滑稳定最小安全系数规范规定为：

$$1.20\times(1-0.08)=1.104$$

正常运用遇地震条件下上、下游坝坡最小抗滑稳定安全系数为 1.63 和 1.34，均大于 1.104，满足要求。

由以上计算可知：答案 A 是正确的。

【例 4-11】 某内陆峡谷水库大坝为黏土心墙堆石坝，坝顶不设置防浪墙，水库总库容为 $0.92\times10^8\ m^3$，正常蓄水位为 315.50 m，设计洪水位为 316.80 m，校核洪水位为 317.20 m。上游坝坡坡比为 1∶3.0，主导风向垂直坝轴线，计算风区长度为 6 000 m，多年平均年最大风速为 12 m/s，为简化计算坝前水深均取为 45 m、水域平均水深均取 30 m。大坝上游采用干砌石护坡，斜坡的糙率渗透性系数取 0.80，块石密度为 2.6 t/m^3，水的密度为 1.0 t/m^3。正常运用条件下计算风速取 1.5 倍的多年平均年最大风速。不考虑地震情况。内陆峡谷水库风浪要素采用官厅水库公式计算。

①坝顶高程是(　　)。

A. 318.581 m　　B. 318.955 m　　C. 319.395 m　　D. 319.091 m

②大坝上游护坡块石平均粒径和护坡厚度是(　　)。

A. 块石平均粒径 D_{50} =0.21 m,护坡厚度 t =0.25 m

B. 块石平均粒径 D_{50} =0.24 m,护坡厚度 t =0.28 m

C. 块石平均粒径 D_{50} =0.25 m,护坡厚度 t =0.25 m

D. 块石平均粒径 D_{50} =0.28 m,护坡厚度 t =0.28 m

考点:碾压式土石坝设计规范 SL274－2001 中 5.3。

答案:①B、②C。

解:①《碾压式土石坝设计规范》(SL 274—2001)中 5.3 坝顶高程为水库静水位与坝顶超高之和,取其大值:

坝顶超高

$$y = R + e + A$$

式中 y——坝顶超高,m;

R——最大波浪在坝坡上的爬高,三级建筑物为概率 1% 的波浪爬高,m,

e——最大风壅水面高度,m,

A——安全加高,m,《水利水电工程等级划分及洪水标准》(SL 252—2000)中第 2.1.1条、第 2.2.1 条,本水库总库容为 0.92×10^8 m³,水库为中型Ⅲ等工程,大坝为 3 级建筑物,按《碾压式土石坝设计规范》(SL 274—2001)中表 5.3.1 确定。可得:

设计情况下　　A =0.70 m

校核情况下　　A =0.40 m

水库为内陆峡谷水库,风浪要素采用标准 SL 252—2000 附录 A.1.7 官厅水库公式计算:

$$\frac{gh}{w^2} = 0.007\,6w^{-1/12}\left(\frac{gD}{w^2}\right)^{1/3}$$

$$\frac{gL_m}{w^2} = 0.331w^{-1/2.15}\left(\frac{gD}{w^2}\right)^{1/3.75}$$

式中 g——重力加速度,9.81 m/s²;

w——计算风速,m/s,正常运用条件下 w =1.5×12=18(m/s)<20 m/s,满足公式要求,非常运用条件下 w =12 m/s<20 m/s,满足公式要求;

D——计算风区长度,m, D =6 000 m<20 000 m,满足公式要求;

h——当 gD/w^2 = 20 ~ 250 时,为累积概率 5% 的波高 $h_{5\%}$,m,当 gD/w^2 = 250 ~ 1 000 时,为累积概率 10% 的波高 $h_{10\%}$,m,设计情况下, gD/w^2 = 9.81 × 6 000/18² = 181.7 ,为累积概率 5% 的波高 $h_{5\%}$,校核情况下, gD/w^2 = 9.81 × 6000/12² = 408.75 ,为累积概率 10% 的波高 $h_{10\%}$;

L_m——平均波长,m。

波浪爬高计算:大坝为 3 级建筑物,波浪爬高为 $R_{1\%}$ 。

正常蓄水位情况下:

$$\frac{9.81 \times h}{18^2} = 0.0076 \times 18^{-1/12} \times \left(\frac{9.81 \times 6000}{18^2}\right)^{1/3}$$

$$\frac{9.81 \times L_m}{18^2} = 0.331 \times 18^{-1/2.15} \times \left(\frac{9.81 \times 6000}{18^2}\right)^{1/3.75}$$

得：$h = 1.117\ \text{m},\ L_m = 11.411\ \text{m}$

即 $h_{5\%} = 1.117\ \text{m}$，$h_m/H_m < h_{5\%}/H_m = 1.117/30 = 0.037 < 0.1$。

查标准 SL 252—2000 表 A.1.8 得：$h_{5\%}/h_m = 1.95$，$h_m = 1.117/1.95 = 0.573(\text{m})$。

平均波浪爬高为：

$$R_m = \frac{K_\Delta K_w}{\sqrt{1 + m^2}}\sqrt{h_m l_m}$$

式中 R_m ——平均波浪爬高，m；

K_Δ ——斜坡的糙率渗透性系数，题中已知 $K_\Delta = 0.80$；

K_w ——经验系数，由 $w/\sqrt{gH} = 18/(9.81 \times 45)^{0.5} = 0.857 < 1.0$，查标准SL 252—2000 表 A.1.12-2 得：$K_w = 1.00$；

m ——坝坡单坡的坡度系数，题中已知 $m = 3.0$。

$$R_m = \frac{K_\Delta K_w}{\sqrt{1 + m^2}}\sqrt{h_m l_m} = \frac{0.80 \times 1.00}{\sqrt{1 + 3^2}} \times \sqrt{0.573 \times 11.411} = 0.647(\text{m})$$

由 $h_m/H = 0.573/45 = 0.013 < 0.1$，查标准 SL 252—2000 表 A.1.13 得：$R_{1\%}/R_m = 2.23$，$R_{1\%} = 2.23 \times 0.647 = 1.443(\text{m})$。

设计洪水位情况下：$R_{1\%} = 1.443\ \text{m}$

校核洪水位情况下：

$$\frac{9.81 \times h}{12^2} = 0.0076 \times 12^{-1/12} \times \left(\frac{9.81 \times 6000}{12^2}\right)^{1/3}$$

$$\frac{9.81 \times L_m}{12^2} = 0.331 \times 12^{-1/2.15} \times \left(\frac{9.81 \times 6000}{12^2}\right)^{1/3.75}$$

得：$h = 0.673\ \text{m},\ L_m = 7.603\ \text{m}$

即 $h_{10\%} = 0.673\ \text{m}$，$h_m/H_m < h_{10\%}/H_m = 0.673/30 = 0.022 < 0.1$。

查标准 SL 252—2000 表 A.1.8 得：$h_{10\%}/h_m = 1.71$，$h_m = 0.673/1.71 = 0.394(\text{m})$

由 $w/\sqrt{gH} = 12/\sqrt{9.81 \times 45} = 0.571 < 1.0$，查标准 SL 252—2000 表 A.1.12-2 得：$K_w = 1.00$。

平均波浪爬高为：

$$R_m = \frac{K_\Delta K_w}{\sqrt{1 + m^2}}\sqrt{h_m l_m} = \frac{0.80 \times 1.00}{\sqrt{1 + 3^2}} \times \sqrt{0.394 \times 7.603} = 0.438(\text{m})$$

由 $h_m/H = 0.394/45 = 0.0087 < 0.1$

查标准 SL 252—2000 表 A.1.13 得：$R_{1\%}/R_m = 2.23$，$R_{1\%} = 2.23 \times 0.438 = 0.976(\text{m})$。

风壅水面高度计算。

正常蓄水位情况下：

$$e = \frac{Kw^2D}{2gH_m}\cos\beta$$

式中 e——计算点处的风壅水面高度，m；

K——综合摩阻系数，$K = 3.6 \times 10^{-6}$；

H_m——水域平均水深，m；

β——计算风向与坝轴线法线的夹角，题中已知 $\beta = 0°$。

$$e = \frac{Kw^2D}{2gH_m}\cos\beta = \frac{3.6 \times 10^{-6} \times 18^2 \times 6\ 000}{2 \times 9.81 \times 30} \times \cos 0° = 0.012(\mathrm{m})$$

设计洪水位情况下：

$$e = 0.012\ \mathrm{m}$$

校核洪水位情况下：

$$e = \frac{Kw^2D}{2gH_m}\cos\beta = \frac{3.6 \times 10^{-6} \times 12^2 \times 6\ 000}{2 \times 9.81 \times 30} \times \cos 0° = 0.005(\mathrm{m})$$

坝顶高程计算：

正常蓄水位情况下坝顶高程 = 315.50 + 1.443 + 0.012 + 0.70 = 317.655(m)

设计洪水位情况下坝顶高程 = 316.80 + 1.443 + 0.012 + 0.70 = 318.955(m)

校核洪水位情况下坝顶高程 = 317.20 + 0.976 + 0.005 + 0.40 = 318.581(m)

由以上计算可知，坝顶高程正确答案为 B。

②上游块石护坡计算。

块石粒径 D_{50}：

$$D = 0.85D_{50} = 1.018K_t \frac{\rho_w}{\rho_k - \rho_w} \frac{\sqrt{m^2+1}}{m(m+2)} h_p$$

式中 D——石块的换算球形直径，m；

D_{50}——石块的平均粒径，m；

K_t——随坡率变化的系数，查标准 SL 252—2000 表 A. 2. 1，上游护坡坡率 m = 3.0，$K_t = 1.4$；

ρ_k——块石密度，$\rho_k = 2.6\ \mathrm{t/m^3}$；

ρ_w——水的密度，$\rho_w = 1.0\ \mathrm{t/m^3}$；

h_p——累计概率为5%的波高，取正常情况下和校核情况下的最大波高 $h_p = 1.117$ m。

$$D = 0.85D_{50} = 1.018 \times 1.4 \times \frac{1.0}{2.6 - 1.0} \times \frac{\sqrt{3^2+1}}{3 \times (3+2)} \times 1.117 = 0.21(\mathrm{m})$$

$$D_{50} = D/0.85 = 0.21/0.85 = 0.25(\mathrm{m})$$

护坡厚度：

由 $L_m/h_p = L_m/h_{5\%} = 11.411/1.117 = 10.22 < 15$ 得：

$$t = \frac{1.67}{K_t}D$$

式中 t——护坡厚度，m。

$$t = \frac{1.67}{K_t}D = \frac{1.67}{1.4} \times 0.21 = 0.25\ (\text{m})$$

由以上计算可知,答案C是正确的。

【例4-12】 某黏性土坝坝高为70 m,坝底宽为390 m,从坝顶向坝底依次填筑的厚度和初始孔隙比及最终孔隙比为:①0~10 m,坝体填筑时的孔隙比为0.65,最终的竖向有效应力作用下的孔隙比为0.646;②10~22 m,坝体填筑时的孔隙比为0.65,最终的竖向有效应力作用下的孔隙比为0.645;③22~35 m,坝体填筑时的孔隙比为0.65,最终的竖向有效应力作用下的孔隙比为0.643;④35~48 m,坝体填筑时的孔隙比为0.65,最终的竖向有效应力作用下的孔隙比为0.642;⑤48~61 m,坝体填筑时的孔隙比为0.65,最终的竖向有效应力作用下的孔隙比为0.641;⑥61~70 m,坝体填筑时的孔隙比为0.65,最终的竖向有效应力作用下的孔隙比为0.641。坝体最终沉降量为(　　)。

A. $S_t = 0.382$ m　　B. $S_t = 0.313$ m　　C. $S_t = 0.339$ m　　D. $S_t = 0.298$ m

答案:D

考点:《碾压式土石坝设计规范》(SL 274—2001)中附录E.3。

解:根据《碾压式土石坝设计规范》(SL 274—2001)中附录E.3黏性土坝体最终沉降量可用分层总和法按式(E.3.3)计算:

$$S_t = \sum_{i=1}^{n} \frac{e_{i0} - e_{it}}{1 + e_{i0}} h_i$$

式中　S_t——竣工时或最终的坝体和坝基总沉降量,m;

e_{i0}——第i层的起始孔隙比;

e_{it}——第i层相应于竣工时或最终的竖向有效应力作用下的孔隙比;

h_i——第i层土层厚度,m;

n——土层分层数。

根据规范要求坝体分层的最大厚度为坝高的1/5~1/10可知,本题坝体最大分层厚度为70/5~70/10 m=14~7 m,本题最大层厚为13 m,在要求的区间内,因此不再分层。

分层沉降量计算如下:

$$S_1 = \frac{e_{10} - e_{1t}}{1 + e_{10}} h_1 = (0.65 - 0.646)/(1 + 0.65) \times (10 - 0) = 0.024(\text{m})$$

$$S_2 = \frac{e_{20} - e_{2t}}{1 + e_{20}} h_2 = (0.65 - 0.645)/(1 + 0.65) \times (22 - 10) = 0.036(\text{m})$$

$$S_3 = \frac{e_{30} - e_{3t}}{1 + e_{30}} h_3 = (0.65 - 0.643)/(1 + 0.65) \times (35 - 22) = 0.055(\text{m})$$

$$S_4 = \frac{e_{40} - e_{4t}}{1 + e_{40}} h_4 = (0.65 - 0.642)/(1 + 0.65) \times (48 - 35) = 0.063(\text{m})$$

$$S_5 = \frac{e_{50} - e_{5t}}{1 + e_{50}} h_5 = (0.65 - 0.641)/(1 + 0.65) \times (61 - 48) = 0.071(\text{m})$$

$$S_6 = \frac{e_{60} - e_{6t}}{1 + e_{60}} h_6 = (0.65 - 0.641)/(1 + 0.65) \times (70 - 61) = 0.049(\text{m})$$

坝体总的沉降量为:

$$S_t = \sum_{i=1}^{n} \frac{e_{i0} - e_{it}}{1 + e_{i0}} h_i = 0.024 + 0.036 + 0.055 + 0.063 + 0.071 + 0.049 = 0.298(\text{m})$$

根据以上计算可知,答案 D 是正确的。

【例 4-13】 某黏土斜墙堆石坝坝高为 65 m,坝底宽为 215 m,坝体容重 21.5 kN/m³,坝基为砂砾石基础,从上至下依次为:①卵砾石层厚为 9.2 m,容重为 21.3 kN/m³,变形模量为 $E = 40$ MPa;②粗砂层厚度为 6.5 m,容重为 19.3 kN/m³,变形模量为 $E = 29$ MPa;③砂砾石层厚度为 7.5 m,容重为 21.5 kN/m³,变形模量为 $E = 45$ MPa;④岩基。坝基最终沉降量为(　　)。

A. $S_\infty = 1.064$ m　　B. $S_\infty = 0.867$ m　　C. $S_\infty = 0.964$ m　　D. $S_\infty = 1.013$ m

答案:B

考点:《碾压式土石坝设计规范》(SL 274—2001)中附录 E.2、E.3。

解:《碾压式土石坝设计规范》(SL 274—2001)中附录 E.3.4 规定,非黏性土坝体和坝基的最终沉降量可用下式估算:

$$S_\infty = \sum_{i=1}^{n} \frac{p_i}{E_i} h_i$$

式中　S_∞ ——坝体或坝基的最终沉降量,m;

p_i—— 第 i 计算土层由坝体荷载产生的竖向应力,kN/m²;

E_i—— 第 i 计算土层的变形模量,kN/m²;

h_i—— 第 i 层土层厚度,m。

由规范 SL 274—2001 竖向应力计算可知:

坝底宽度 $B = 215$ m,坝基可压缩层厚度 $Y = 9.2 + 6.5 + 7.5 = 23.2$(m),则

$$\frac{Y}{B} = \frac{23.2}{215} = 0.11$$

对于 65 m 高的中坝,$\frac{Y}{B} = 0.11 < 0.25$,可不考虑坝体荷载引起的附加应力在坝基的应力扩散,取坝顶以下的最大坝体自重应力作为坝基的附加应力。

坝体自重应力:

$$p = 65 \times 21.5 = 1\,397.5(\text{kN/m}^2)$$

分层沉降量计算如下:

$$S_1 = \frac{p}{E_1} h_1 = 1\,397.5/(40 \times 10^3) \times 9.2 = 0.321(\text{m})$$

$$S_2 = \frac{p}{E_2} h_2 = 1\,397.5/(29 \times 10^3) \times 6.5 = 0.313(\text{m})$$

$$S_3 = \frac{p}{E_3} h_3 = 1\,397.5/(45 \times 10^3) \times 7.5 = 0.233(\text{m})$$

坝基最终沉降量为:

$$S_\infty = 0.321 + 0.313 + 0.233 = 0.867(\text{m})$$

由以上计算可知,答案 B 是正确的。

4.3 复习题

(1)高45.80 m的砾石土心墙砂壳坝,砾石土的击实最大干容重 $\gamma_{max}=21.0\ kN/m^3$,渗透系数 $k=6\times10^{-6}$ cm/s,填筑干容重 $\gamma_d=20.60\ kN/m^3$。砂子的最大干容重 $\gamma_{max}=18.0\ kN/m^3$,填筑的相对密度 $D_r=0.71$。下列答案( )是正确的。

A. $k=6\times10^{-6}$ cm/s $<1\times10^{-5}$ cm/s,满足要求

B. 砾石土填筑干容重 $\gamma_d=20.60\ kN/m^3$,满足要求

C. 砾石土填筑干容重 $\gamma_d=20.60\ kN/m^3<21.0\ kN/m^3$,不满足要求

D. 砂子填筑的相对密度为 $D_r=0.71>0.70$,满足要求

(2)某平原水库总库容 $12.95\times10^8\ m^3$,均质土坝,正常蓄水位362.50 m,设计洪水位366.85 m,校核洪水位368.30 m,不考虑地震作用,防浪墙高1.20 m。正常运用条件下最大波浪在坝坡上的爬高为2.85 m,最大风壅水面高度0.08 m;非常运用条件下最大波浪在坝坡上的爬高1.24 m,最大风壅水面高度0.02 m。坝顶高程( )m。

A. 365.73 B. 369.36 C. 370.08 D. 369.06

(3)某山区水库总库容为 $0.92\times10^8\ m^3$,大坝为均质土坝,最大坝高25 m,正常蓄水位226.50 m,设计洪水位227.00 m,校核洪水位227.60 m,地震设计烈度为Ⅶ度,防浪墙高1.20 m。正常运用条件下最大波浪在坝坡上的爬高为1.65 m,最大风壅水面高度0.03 m;非常运用条件下最大波浪在坝坡上的爬高0.53 m,最大风壅水面高度0.01 m;地震壅浪高度0.4 m,地震沉降0.15 m。坝顶高程( )m。

A. 228.18 B. 227.34 C. 227.68 D. 226.75

(4)某水库总库容为 $1.65\times10^8\ m^3$,大坝为黏性土斜墙堆石坝,坝顶高程563.20 m,正常蓄水位560.00 m,相应下游水位515.00 m;设计洪水位560.50 m,相应下游水位518.00 m;校核洪水位561.40 m,相应下游水位519.10 m。不考虑风浪爬高、地震及坝体沉降的影响。斜墙顶高程和斜墙底部厚度下列答案( )是正确的。

A. 斜墙底部厚度不宜小于11.25 m,斜墙顶部高程应不低于561.00 m

B. 斜墙底部厚度不宜小于11.25 m,斜墙顶部高程应不低于561.30 m

C. 斜墙底部厚度不宜小于9.00 m,斜墙顶部高程应不低于561.00 m

D. 斜墙底部厚度不宜小于9.00 m,斜墙顶部高程应不低于561.30 m

(5)某水库大坝坝壳料为无黏性土料(设计级配曲线见图4-7),上下游坝坡需要作反滤设计,心墙第一层反滤料级配( )。

A. $D_{15}\leqslant0.9$ mm B. $D_{15}\leqslant0.7$ mm

C. 0.007 mm $\leqslant D_{15}\leqslant0.4\sim0.5$ mm D. 0.025 mm $\leqslant D_{15}\leqslant0.4\sim0.5$ mm

(6)某黏性土心墙坝(见图4-8)上、下游坝坡坡比均为1:3,建在不透水的岩基上,下游坝脚设有排水棱体。坝顶高程224.50 m,正常蓄水位222.50 m,下游水位204.00 m,大坝基础高程为202.50 m。坝体的渗透系数 $k_1=1\times10^{-3}$cm/s,心墙顶宽 $\delta_1=3.0$ m、底宽 $\delta_2=6.0$ m,心墙的渗透系数 $k_2=1\times10^{-5}$cm/s,坐标原点 O 至下游水位与排水棱体上游坡交

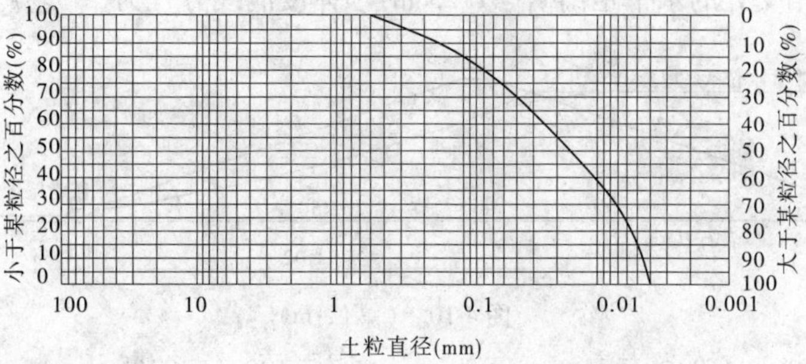

图 4-7

点处的水平投影距离为 $d=41.89$ m，$e=0.362$ m，坝体单宽渗漏量为(　　)$m^3/(s\cdot m)$。

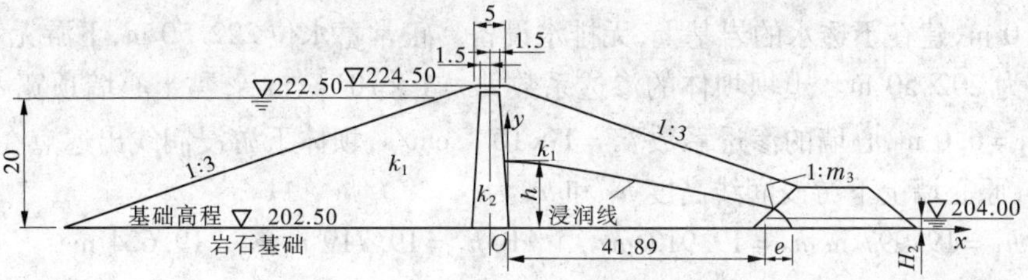

图 4-8　(单位：m)

A. $q=3.453\times10^{-6}$　　B. $q=4.04\times10^{-6}$

C. $q=3.453\times10^{-4}$　　D. $q=4.04\times10^{-4}$

(7)某均质土坝(见图 4-9)上、下游坝坡坡比均为 1∶3，建在不透水的岩基上，无排水设备。坝顶高程为 224.50 m，正常蓄水位为 222.50 m，下游水位为 203.20 m，大坝基础高程为 202.50 m。均质土坝的渗透系数 $k=1\times10^{-4}$ cm/s，坝体单宽渗漏量为 $2.727\,6\times10^{-6}$ $m^3/(s\cdot m)$，坝体浸润线在上游坝坡进坝点至下游坝坡出逸点的水平距离 $s=53.63$ m，坝体下游浸润线渗出高度 a_0(逸出点与下游水位的高差)为(　　)m。

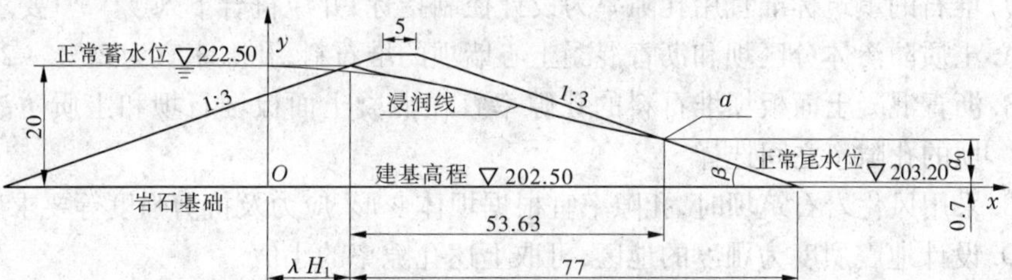

图 4-9　(单位：m)

A. $a_0=3.538$　　B. $a_0=11.832$　　C. $a_0=5.900$　　D. $a_0=7.090$

(8)某均质土坝(见图 4-10)上、下游坝坡坡比均为 1∶3，建在不透水的岩基上，下游坝脚设有排水棱体。坝顶高程 224.50 m，正常蓄水位 222.50 m，下游水位 203.20 m，大坝基础高程 202.50 m。均质土坝的渗透系数 $k=1\times10^{-4}$ cm/s，浸润线在上游坝坡进坝点至下游排水棱体上游坡出逸点的水平距离 $l=71.02$ m，浸润线在下游排水棱体上游坡出逸点至下游水位相交处的水平距离 $e_1=1.23$ m，坝体浸润线方程为(　　)。

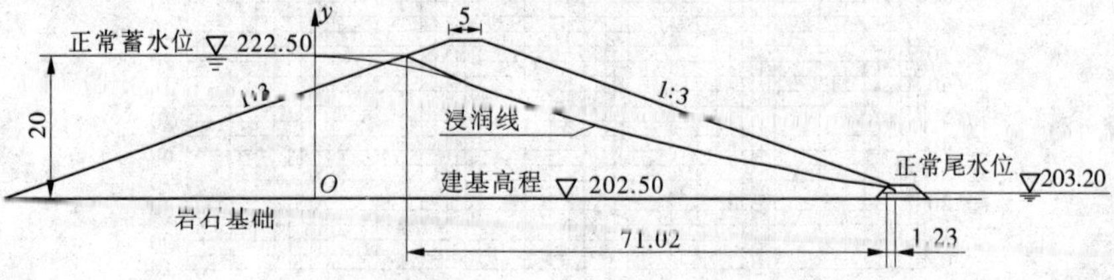

图4-10　(单位：m)

A. $y^2=400-4.942x$　　　　B. $y^2=400-5.018x$

C. $y^2=400-494.2x$　　　　D. $y^2=400-501.8x$

(9)某黏性土心墙土坝(见图4-11)上、下游坝坡坡比均为1∶3，坝顶高程224.50 m，坝顶宽5.0 m，建在不透水的岩基上，无排水设备。正常蓄水位222.50 m，下游无水，大坝基础高程为202.50 m。土坝坝体的渗透系数 $k_1=1\times10^{-3}$ cm/s，黏土心墙顶宽 $\delta_1=3.0$ m、底宽 $\delta_2=6.0$ m，心墙的渗透系数 $k_2=1\times10^{-5}$ cm/s，坝体下游浸润线出逸点在下游坝坡坡脚处，原心墙上下游浸润线高度 h_1 和 h_2 为(　　)。

A. $h_1=19.997$ m、$h_2=19.912$ m　　　　B. $h_1=19.719$ m、$h_2=19.624$ m

C. $h_1=19.719$ m、$h_2=7.037$ m　　　　D. $h_1=19.997$ m、$h_2=19.996$ m

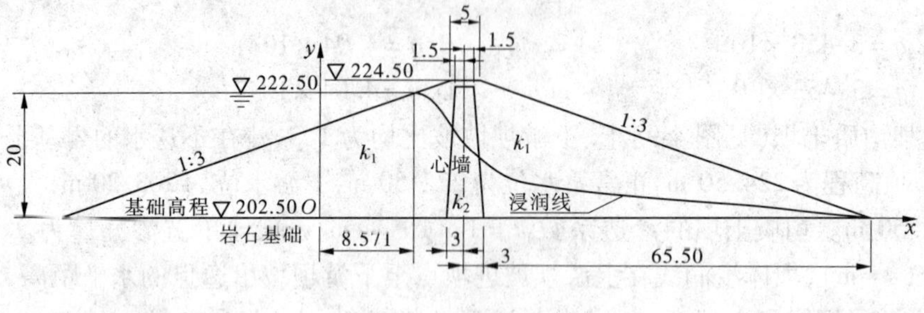

图4-11　(单位：m)

(10)堆石的填筑标准宜用孔隙率为设计控制指标，并应符合下列(　　)要求。

A. 土质防渗体分区坝和沥青混凝土心墙坝的堆石料，孔隙率宜为20%～28%

B. 沥青混凝土面板坝堆石料的孔隙率宜在混凝土面板堆石坝和土质防渗体分区坝的孔隙率之间选择

C. 采用风化岩石筑坝时，孔隙率宜根据坝体变形、应力及抗剪强度等要求确定

D. 设计地震烈度为Ⅷ度的地区，可取上述孔隙率的小值

(11)与土质防渗体连接的岸坡的开挖应符合下列(　　)要求。

A. 岸坡应大致平顺，不应成台阶状、反坡或突然变坡，岸坡上缓下陡时，变坡角应小于20°

B. 岩石岸坡不宜陡于1∶0.5

C. 土质岸坡不宜陡于1∶1.5

D. 岸坡应保持施工期稳定

(12)在下列(　　)情况下，应论证是否要加厚防渗体上、下游侧反滤层。

A. 设计地震烈度为Ⅷ度、Ⅸ度地区的土石坝

B. 峡谷地区的高土石坝,或岸坡坡度有突变的部位

C. 防渗体与岩石岸坡或刚性建筑物接触面附近部位

D. 防渗体由塑性较低、压缩性较大的土料筑成。防渗体与坝壳的刚度相差悬殊及坝建于深厚覆盖层上

(13)坝体与土质坝基及岸坡的连接必须遵守下列(　　)规定。

A. 坝断面范围内必须清除坝基与岸坡上的草皮、树根、含有植物的表土、蛮石、垃圾及其他废料,并将清理后的坝基表面土层压实

B. 坝体断面范围内的低强度、高压缩性软土及地震时易液化的土层,应清除或处理

C. 土质防渗体应坐落在相对不透水土基上,或经过防渗处理的坝基上

D. 坝基覆盖层与下游坝壳粗粒料(如堆石等)接触处,应符合反滤要求,如不符合应设置反滤层

(14)碾压式土石坝施工、建设、蓄水和库水位降落的各个时期不同荷载下,应分别计算其稳定性。控制稳定的有(　　)工况。

A. 施工期(包括竣工时)　　　　B. 稳定渗流期

C. 水库水位降落期　　　　D. 正常运用遇地震

(15)碾压式土石坝坝坡稳定计算时,计算内容包括(　　)。

A. 施工期的上、下游坝坡

B. 稳定渗流期的上、下游坝坡

C. 校核洪水位时的上、下游坝坡

D. 水库水位降落期的上游坝坡,正常运用遇地震上、下游坝坡

(16)有一座碾压式土石坝,由于工程需要坝体不同部位分别填筑土料、砂砾石料和堆石料,并且进行分期施工,对先期填筑坝段施工的横向坝坡的要求正确说法是(　　)。

A. 对先填筑坝段的横向坝坡,土料不宜陡于1∶3,砂砾石料不宜陡于1∶1.5,堆石料不宜陡于1∶1.3

B. 对先填筑坝段的横向坝坡,土料不宜陡于1∶2.5,砂砾石料不宜陡于1∶1.5,堆石料不宜陡于1∶1.3

C. 对先填筑坝段的横向坝坡,土料不宜陡于1∶2.5,砂砾石料不宜陡于1∶1.3,堆石料不宜陡于1∶1.0

D. 对先填筑坝段的横向坝坡,土料不宜陡于1∶3,砂砾石料不宜陡于1∶2.0,堆石料不宜陡于1∶1.5

(17)某碾压式土石坝,枢纽为Ⅲ等工程,大坝为3级建筑物,安全监测设计应设置的监测项目为(　　)。

A. 坝面垂直位移和水平位移

B. 渗流量

C. 根据具体情况观测坝体和坝基的孔隙压力及坝体浸润线

D. 坝基沉降、绕坝渗流、岸坡地下水位

(18)某土质防渗体堆石坝,原设计防洪标准低,需要提高防洪标准,经核算坝体需要加高,根据工程所在地的具体条件,经研究采用混凝土面板堆石坝从下游面加高,应研究以下(　　)问题。

A. 对原坝基及坝体防渗设施的适应性及可靠性进行论证,必要时作补强处理

B. 对原土质防渗体与混凝土面板之间的连接和止水作专门设计,以形成完整的防渗系统

C. 对加高后的坝体进行坝坡稳定分析,以确定上游坡是否需要加固及必要时的加固措施,并确定下游坡的坡度

D. 对加高后的大坝应研究坝肩及坝基基础渗流问题

(19)在碾压式土石坝设计中,黏性土用压实度来控制,非黏性土用相对密度来控制,在非地震区筑坝下列说法正确的是(　　)。

A. 黏性土1、2级坝和高坝的压实度应为98%～100%,3级中、低坝及3级以下的中坝压实度应为96%～98%

B. 砂砾石的相对密度不应低于0.75,砂的相对密度不应低于0.70

C. 反滤料宜为0.70

D. 砂砾石中粗粒料含量小于50%时,应保证细料(小于5 mm的颗粒)的相对密度也符合上述要求

(20)土质防渗体分区坝的防渗体断面尺寸应根据下列(　　)因素研究确定。

A. 防渗土料的质量,如允许渗透比降、塑性、抗裂性能等

B. 防渗土料的数量和施工难易程度

C. 防渗体下面坝基的性质及处理措施,防渗土料与坝壳材料单价比值

D. 设计地震烈度为Ⅷ度、Ⅸ度地区适当加厚

(21)以下(　　)黏性土不宜作为坝的防渗体填筑料,必须采用时,应根据其特性采取相应的措施。

A. 塑性指数大于20和液限大于40%的冲积黏土

B. 膨胀土

C. 开挖、压实困难的干硬黏土

D. 冻土、分散性黏土

(22)在碾压式土石坝设计中,反滤料、过渡层料和排水体料应符合下列(　　)要求。

A. 质地致密,抗水性和抗风化性能满足工程运用条件的要求

B. 具有要求的级配

C. 具有要求的透水性

D. 反滤料和排水体料中粒径小于0.075 mm的颗粒含量应不超过5%

(23)土坝坝顶高程等于水库静水位与坝顶超高之和,应按(　　)运行条件计算,取其最大值。

A. 正常蓄水位加正常运用条件的坝顶超高之和

B. 设计洪水位加正常运用条件的坝顶超高之和

C. 校核洪水位加非常运用条件的坝顶超高之和

D. 正常蓄水位加非常运用条件的坝顶超高之和，再按《碾压式土石坝设计规范》(SL 274—2001)中第5.3.2条规定加地震安全加高

(24)碾压式土坝砂砾石坝基的渗流控制，垂直防渗措施的选择应符合(　　)原则。

A. 砂砾石层深度在15 m以内，宜采用明挖回填黏土截水槽

B. 砂砾石层深度在80 m以内，可采用混凝土防渗墙

C. 砂砾石层很深时，可采用灌浆帷幕，或在深层采用灌浆帷幕，上层采用明挖回填黏土截水槽或混凝土防渗墙

D. 根据砂砾石层性质和厚度，也可沿坝轴线分段采取不同措施

(25)防渗土料应满足下列(　　)要求。

A. 渗透系数：均质坝不大于 1×10^{-4} cm/s，心墙和斜墙不大于 1×10^{-5} cm/s

B. 水溶盐含量(指易溶盐和中溶盐，按质量计)不大于3%

C. 有机质含量(按质量计)：均质坝不大于5%，心墙和斜墙不大于2%，超过此规定需进行论证

D. 有较好的塑性和渗透稳定性，浸水与失水时体积变化小

(26)碾压式土石坝坝体排水可在以下(　　)型式中选择。

A. 坝体内排水(包括竖式排水和水平排水)

B. 棱体排水(滤水坝趾)

C. 贴坡式排水

D. 综合型排水，由上述各种排水型式中的两种或多种综合组成

(27)混凝土面板堆石坝分期填筑规划应遵循下述(　　)原则。

A. 垫层料、过渡料应和相邻的部分堆石料平起填筑

B. 堆石料之间的结合坡度应不陡于1∶1.3，天然砂砾石料应不陡于1∶1.5；可以在堆石区内设置运输坝料的临时坡道

C. 坝体用临时断面挡水或坝面过水度汛时，填筑分期应与度汛要求相适应

D. 在后续断面填筑时，应对结合部位进行处理，避免大块石集中，适当清除断面松散材料，加强结合部位的碾压

(28)混凝土面板堆石坝铜片底部止水宜符合下列(　　)要求。

A. 采用退火纯铜卷材，其延伸率应大于20%，厚度0.8～1.0 mm

B. 立腿高度60～80 mm，鼻高50～80 mm，鼻宽12 mm，平段宽度不小于165 mm

C. F型不带立腿侧的平段宽度不小于150 mm

D. 铜片宜在现场加工压制成形，异形接头宜在工厂加工压制成形

(29)混凝土面板堆石坝坝坡参照已建工程选用，一般可不进行稳定分析，当存在下列(　　)情况之一时，需进行相应的稳定分析。

A. 坝基有软弱夹层或坝基砂砾石层中存在细砂层、粉砂层或黏性土夹层

B. 坝址位于地震设计烈度Ⅷ、Ⅸ度的坝

C. 施工期堆石坝体过水或堆石坝体用垫层挡水度汛且挡水水位较高时

D. 坝体用软岩堆石料填筑，地形条件不利

(30)混凝土面板堆石坝面板厚度的确定应满足下列(　　)要求。

A. 应能便于在其内布置钢筋和止水，其相应最小厚度为0.30 m

B. 控制渗透水力梯度不超过200

C. 在达到上述要求的前提下，应选用较薄的面板厚度，以提高面板柔性，降低造价

D. 混凝土面板可以等厚度，也可以变厚度

(31)混凝土面板堆石坝观测设施的选择应符合可靠、耐久、经济、适用的原则，力求先进，有条件时宜实行观测自动化。观测设施宜按下列(　　)原则布置。

A. 能较全面地反映大坝的工作状态

B. 外部表面位移观测点可大致按等距离布置

C. 内部观测设备至少沿最大坝高处的一个横断面布置，必要时可沿其他横断面或沿坝轴线的纵断面加设观测断面；内部观测设施应尽量避免施工干扰，并便于观测作业，保证在恶劣气候条件下仍能进行必要项目的观测

D. 加强混凝土面板变形、周边缝三向变位、渗流量等观测项目

(32)混凝土面板堆石坝，1、2级坝及100 m以上高坝应设置下列(　　)观测项目，其他的坝可适当简化。

A. 坝面垂直位移和水平位移　　B. 坝体内部垂直位移

C. 接缝位移，面板变形、应变　　D. 渗流

(33)混凝土面板堆石坝各区坝料填筑标准可根据经验初步确定，其值可在下列(　　)范围内选用。

A. 垫层料的孔隙率为15% ~20%

B. 过渡层细堆石料的孔隙率为18% ~22%

C. 主堆石区堆石料的孔隙率为20% ~25%，下游区堆石料的孔隙率为23% ~28%

D. 砂砾石料的相对密度为0.75 ~0.85

4.4　参考答案

(1)ABD　(2)B　(3)A　(4)D　(5)D　(6)B
(7)D　(8)A　(9)C　(10)ABCD　(11)ABCD　(12)ABCD
(13)ABCD　(14)ABCD　(15)ABD　(16)A　(17)ABC　(18)ABC
(19)ABCD　(20)ABCD　(21)ABCD　(22)ABCD　(23)ABCD　(24)ABCD
(25)ABCD　(26)ABCD　(27)ABCD　(28)ABCD　(29)ABCD　(30)ABC
(31)ABCD　(32)ABCD　(33)ABCD

第 5 章　混凝土重力坝设计

5.1　考试大纲

熟练掌握重力坝布置和设计基本要求。

掌握重力坝结构、构造设计和坝体分区。

熟练掌握重力坝泄洪、消能型式及结构设计。

熟练掌握泄水建筑物的水力计算。

熟练掌握重力坝的抗滑稳定与应力计算。

掌握坝基处理设计。

了解重力坝坝体混凝土温度控制与混凝土防裂措施。

掌握碾压混凝土重力坝材料性能、构造要求与施工特点。

了解重力坝的安全监测设计。

5.2　复习指导

5.2.1　复习内容

混凝土重力坝设计应遵循《混凝土重力坝设计规范》(DL 5108—1999)或《混凝土重力坝设计规范》(SL 319—2005)的相关规定,在应用中应根据工程所属行业分别采取不同的行业标准。

5.2.1.1　混凝土重力坝布置及设计原则

混凝土重力坝坝体布置应结合枢纽布置全面考虑,合理安排泄洪、供水、发电、灌溉、航运、排沙、排漂、过鱼等建筑物的布置,避免相互干扰。宜首先考虑泄洪建筑物的布置,使其下泄水流不致冲淘坝基和其他建筑物的基础,并使其流态和冲淤不致影响其他建筑物的使用。

坝体溢流段的前沿长度、孔数、孔口型式、尺寸和堰顶高程,应考虑下列因素综合比较决定(开敞式溢流孔,具有较大泄洪潜力,宜优先考虑):①水库运行和泄洪以及排漂浮物的要求;②坝址地形地质条件、下游河床及两岸抗冲性能;③下游水深及消能要求;④坝体分段情况,与相邻建筑物的关系;⑤闸门型式、工作条件及运行方式。

坝体泄洪消能防冲型式应根据坝体高度、坝基下游河床及两岸地形地质条件、下游河道水深变化情况,结合排冰、排漂浮物等要求合理选择。

坝体根据以下功能要求设置泄水孔:①有泄洪要求时;②地震设计烈度为Ⅷ度以上或坝基地质条件极为复杂,或有降低、放空库水要求时;③有下游供水要求时;④有排沙要求时;⑤有施工期泄洪要求,又适宜于结合为永久泄洪孔时。

泄水孔型式、位置、高程、孔数和孔口尺寸的选择应考虑以下因素:①布置条件。位于狭窄河道的泄水孔宜与溢流坝段结合,其消能方式应与溢流坝统一考虑;宽阔河道可考虑分设。排沙孔应靠近发电(或灌溉以及供水)进水口、船闸闸首等部位,其流态不得影响这类建筑物的正常运行。②运行条件。下泄流量、放水期限、检修条件、排沙及排漂等。③施工条件。泄水孔设于不同位置对施工进度和施工方法的影响,施工期泄洪及下游供水要求等。④闸门工作条件、启闭机型式及坝体结构强度等。

设于坝体内的底孔、缺口、梳齿等施工导流建筑物,应根据导流方案和地形地质、水文等条件确定,其布置应考虑下列要求(导流建筑物的封堵应有妥善的设计和施工措施):①能宣泄所承担的施工期流量;②与永久泄水建筑物布置相结合;③在通航河流上应考虑施工期通航要求或采取其他措施来满足;④当需要时,能通过浮冰或其他漂浮物;⑤泄洪时应不致冲坏永久建筑物或影响施工进度;⑥施工方便,运行可靠,便于回填封堵。

供水管道取水口高程,应根据供水期引水高程、流量和水量等要求确定,必要时宜考虑水温和泥沙情况分层设置。设于坝内的发电引水管道的进水口高程,应根据水利动能设计要求和泥沙淤积等条件确定。设置在坝上的过坝建筑物的进出口宜远离泄洪建筑物的进出口。

大型枢纽工程的重力坝布置应做水工模型试验,以验证运行期和施工期的流态与冲淤状况是否满足各项建筑物的运行需要。中型工程宜进行水工模型试验。

重力坝设计原则:①坝体结构应根据坝的受力条件以及坝址的地形地质、水文气象、建筑材料、施工工期等条件,通过综合技术经济比较确定。②各坝段上游面宜协调一致,坝段两侧横缝上游面止水设施宜呈对称布置,廊道距上游面的距离也保持一致。各溢流坝段和非溢流坝段下游面应分别保持一致,但溢流坝段与非溢流坝段间用导墙分隔,可采用不同的下游坝坡。③建在地震区的混凝土重力坝的抗震设计应符合《水工建筑物抗震设计规范》(SL 203—97 或 DL 5073—2000)的有关规定。建在寒冷地区的混凝土重力坝的抗冰冻设计应符合《水工建筑物抗冰冻设计规范》(SL 211—2006 或 DL/T 5082—1998)的规定。④经技术经济比较,坝型除采用实体重力坝外,也可考虑采用宽缝重力坝、大头坝、空腹重力坝等。⑤重力坝的断面原则上应由持久状况控制,并以偶然状况复核,此时,可考虑坝体的空间作用或采取其他适当措施,不宜由偶然状况控制设计断面。地震作用组合下的偶然状况应符合《水工建筑物抗震设计规范》(SL 203—97 或 DL 5073—2000)的有关规定。分期施工投入运行的坝,强度和稳定计算应按持久状况计算。一期施工而分阶段投入运行的坝,应研究施工期作用于坝上的荷载,坝的未完建断面(临时运行断面)的强度和稳定计算应按短暂状况计算。设计规定的坝体及其构件的施工程序不宜使施工期产生的应力导致增加坝体断面。⑥混凝土重力坝一般以材料力学法和刚体极限平衡法计算成果作为确定坝体断面的依据。高坝除用材料力学法计算坝体应力外,尚宜采用有限元法进行计算分析,必要时可采用结构模型、地质力学模型等试验验证。修建在复杂地基上的中坝,必要时,可进行有限元分析。⑦宽缝重力坝可用材料力学法计算坝体应力,局部区域如头部附近等部位,也可用有限元法计算,并允许在离上游面较远部位出现不超过坝体混凝土允许的拉应力。空腹重力坝可用结构力学法、材料力学法和有限元法计算坝体应力,并用模型试验验证。所得应力成果应避免特别不利的应力分布状态。有横缝的重力坝,其强度和稳定计算应按平面问题考虑,可取一个坝段或取单位宽度进行计算。不设横缝或横缝灌浆的整体式重力坝的稳定计算可按整体式进行,其强度计算可用试载法;在复杂空间受力条件下(河谷断面、作用和基础反力不对称等),其应力状态可按空间问题用有限元法或试验确定。⑧厂坝连接的坝后式厂房,在坝的稳定核算中,可考虑厂坝联合的抗滑作用。厂房作用于坝上的抗滑力,可根据厂坝整体分析的应力状态确定。

5.2.1.2 坝体结构设计、泄水建筑物型式和消能防冲结构设计

坝体断面形式应根据坝的受力条件以及坝址的地形地质、水文气象、建筑材料、施工工期等条件,通过综合技术经济比较确定。

非溢流坝段的基本断面呈三角形,其顶点宜位于正常蓄水位(或防洪高水位)附近。基本断面上部设坝顶结构。坝体的上游面可为铅直面、斜面或折面。实体重力坝上游坝坡宜采用1:0~1:0.2。坝坡采用折面时,折坡点高程应结合坝内发电引水管、泄水孔等布置,以及下游坝坡优选确定。下游坝坡可采用一个或几个坡度,应根据稳定和应力要求并结合上游坝坡同时选定。下游坝坡宜采用1:0.6~1:0.8。对横缝设有键槽进行灌浆的整体式重力坝,坝坡可适当变陡。

溢流坝段的堰面曲线,当设置为开敞式溢流孔时可采用幂曲线;当设置有胸墙,且胸墙起挡水作用时,可采用孔口泄流的抛物线。经过论证和试验,也可采用其他堰面曲线。在当地大气压条件下,当宣泄常遇洪水闸门全开时,表孔和浅孔溢流堰顶附近不宜出现负压,当闸门局部开启时,经论证允许出现不大的负压值。当宣泄设计洪水位闸门全开时,负压值不应超过3×9.81 kPa;当宣泄校核洪水位闸门全开时,负压值不应超过6×9.81 kPa。溢流坝段的堰面曲线、闸墩型式、门槽、堰面压力、泄流能力和反弧半径等,大型工程应经水工模型试验验证;中型工程宜经水工模型试验验证;水力条件较简单时,可参照类似工程经验,经计算确定。当溢流坝段有排冰要求时,溢流孔口尺寸还应结合冰情资料确定,堰上水深宜大于流冰期最大冰厚,冰块应能自由下泄而不致破坏下游设施。下游应有导墙、护岸等设施,闸墩墩头宜呈锐角形状,必要时宜经试验确定。

坝身泄水孔可设在溢流坝段的闸墩下部或专设泄水孔坝段,并应有消能设施,使下泄水流不冲刷下游岸坡及相邻建筑物;坝身泄水孔应避免孔内有压流与无压流交替出现。坝身泄水孔可采用明流孔,也可采用有压孔。明流孔由有压段和明流段组成。有压段包括进口段、门槽段和压坡段,该段的体型设计应使其在各种流量下保持正压,并要求断面变化均匀,泄流能力大。有压段末端设工作闸门,其上游设事故检修门。明流段的孔顶高度应留有余幅。直线段孔身为矩形时,孔顶距水面的高度可取最大流量时不掺气水深的30%~50%;孔顶为圆拱形时,其拱脚距水面的高度可取不掺气水深的20%~30%;孔顶为扁圆拱时,可参照圆拱孔顶的要求略予增加,并应保证泄流时不被淹没。明流段出口宜高出尾水位,防止在无压段出现水跃。明流段水流流速较大时,应采取掺气减蚀措施。明流孔在平面上宜布置成直线形,如需布置成弯道,应进行分析研究,并经水工模型试验验证;有压孔进口段体型布置要求与明流孔进口段基本相同,其后宜设置事故检修闸门门槽段,再接平坡或小于1:10的缓坡段。工作闸门应设在有压孔出口端,出口端上游设一压坡段。孔口断面可为矩形或圆形;明流孔的工作闸门可采用弧形闸门或平面闸门,事故检修门为平面闸门。弧形闸门的启闭机室宜设于坝内,对于中坝也可设于坝顶。平面闸门的启闭机室宜设于坝顶。位于坝内的启闭机室应设置通风、防潮及采暖等设施;有压孔的工作闸门可采用弧形闸门、平面闸门、锥形阀或其他型式的门、阀。当有压孔不设钢衬时,非汛期宜用事故检修闸门挡水;坝身泄水孔的闸门门后不能充分通气时,则应在紧靠闸门下游的孔口顶部设置通气孔,其上端应与启闭机室分开,并应有防护设施。当高坝坝身泄水孔水力条件复杂时,应做水工模型试验,必要时应进行减压箱模型试验验证;当坝身导流底孔必须与上部泄水设施同时宣泄洪水时,应考虑底孔出流受封堵的不利情况,并研究采取避免空蚀的措施;坝身泄水孔的衬护,应根据水力条件、孔口尺寸、水流含沙特性、孔口运行条件等因素确定。内水压力较高的有压孔和明流孔的有压段,宜采用钢衬或高性能混凝土,钢衬应与外围混凝土可靠结合。

泄水建筑物的消能防冲设计应满足:①消能设施应根据坝址地形地质条件、下游水深和下游河床及两岸抗冲性能,结合水库运行和泄洪以及排漂浮物的要求合理选择。当采用挑流消能时,挑流水舌应不影响其他建筑物的安全和运行,必要时应设导墙或采取其他措施。②消能设施应做到消能效果良好,结构可靠,防止空蚀和磨损,防止淘刷坝基和岸坡,保证坝体及有关建筑物的安全。③选定的消能型式应能在宣泄设计洪水及其以下各级洪水流量时,尤其是常遇洪水流量时,都具有良好的消能效果。对超过消能防冲设计标准的洪水,允许消能防冲建筑物出现不危及挡水建筑物安全,不影响枢纽长期运行并易于修复的局部损坏。④淹没于水下的消能设施(消力池、消力戽等),应为运行期的排水检修提供条件。

消能型式应根据地形地质条件、枢纽布置、运行条件、下游水深及河床抗冲能力、消能防冲要求、下游水流衔接以及对其他建筑物的影响等综合考虑,并经技术经济比较选定。挑流消能适用于坚硬岩石上的高、中坝,低坝需经论证才能选用。当坝基有延伸至下游的缓倾角软弱结构面,可能被冲坑切断而形成临空面,危及坝基稳定或岸坡可能被冲塌危及坝肩稳定时,均不宜采用。底流消能适用于中、低坝或基岩较软弱的河道,高坝采用底流消能需经论证,但不宜用于排漂和排冰。面流消能适用于水头较小的中、低坝,下游水位稳定,尾水较深,河床和两岸在一定范围内有较高抗冲能力的顺直河道,可排漂和排冰。消力戽消能适用于尾水较深(大于跃后水深),且下游河床和两岸有一定抗冲能力的河道。联合消能适用于高、中坝,泄洪量大、河床相对狭窄、下游地质条件较差或单一消能型式经济合理性差的情况。联合消能应经水工模型试验验证。

挑流鼻坎的型式一般有连续式、差动式、窄缝式和扭曲式等,应经比较选定。鼻坎最低高程宜高出宣泄洪水标准时的下游水位,但可略低于下游最高水位。挑流鼻坎的挑角可采用15°~35°,应通过比较选定。采用差动式鼻坎,鼻坎处平均流速大于16 m/s时,应合理选择反弧段半径、挑角差、高低坎宽度比和高低坎的高差,并可考虑在鼻坎和反弧段间接入直线过渡段以改善流态。差动式鼻坎的上齿坎挑角和下齿坎挑角的差值以5°~10°为宜;上齿宽度和下齿宽度之比宜大于1.0;齿高差以1.5 m为宜;高坎侧宜设通气孔,高坎顶面的棱角宜做成圆弧状。窄缝式鼻坎适用于狭谷河道高水头的溢洪道和深孔。出口断面可呈矩形、梯形、Y形及V形等,也可采用不对称型式,应经比较选定。底板的挑角宜取0°或为正负小挑角，收缩比可为0.15～0.5，长宽比在中、深孔、大流量，低弗劳德数时，宜取0.75～1.5，相应收缩比应取较大值。在表孔、高弗劳德数时，长宽比宜取1.5～3.0，相应收缩比应取较小值。扭曲式鼻坎应根据具体情况控制转向角度和入水落点。

挑流消能的安全挑距，以不影响坝趾基岩稳定为原则。冲坑最低点距坝趾的距离应大于2.5倍坑深。水舌入水宽度的选择应考虑不影响冲坑两侧岸坡或其他建筑物的稳定为宜。挑流消能应研究雾化对枢纽其他建筑物运行安全及边坡稳定的影响，尤其对干旱少雨地区更应重视。坝下游的建筑物及露天设置的电气设备、输电线路，宜避开雾化区，或采取保护措施。

底流消能应保证在消力池内形成稳定的水跃，避免产生回流。消力池内要清理干净，其尾坎前后不允许堆积石渣。

消力池宜采用等宽矩形断面。水跃前段地形许可时，可设计成斜护坦。跃前断面平均流速小于16 m/s时，护坦上可设置辅助消能设施（消力墩）。在寒冷地区，辅助消能设施应满足《水工建筑物抗冰冻设计规范》（SL 211—2006）的要求。消力池两侧导墙顶的高程，可根据跃后水深加超高决定。设在池外侧的导墙，墙外河床中如有一定水深，可适当降低墙高，允许墙顶有不大的漫溢水头。

面流消能、戽流消能流态复杂，且不稳定。宜采取下列工程措施，防止坝基和下游河床河岸的淘刷，保证工程安全：①鼻坎下设置齿墙或短护坦；②两侧设置导墙，防止横向回流；③下游设置护岸。

联合消能的防冲设施可按照上述的规定设计，但对宽尾墩与消力池联合运用型式，考虑其泄洪功率大等特点，应加强消力池底板的强度、自身以及与基础结合的整体性，并应采取措施保证消力池底板止水的可靠性。

选择消能型式时应研究雾化对枢纽其他建筑物运行安全及边坡稳定的影响，尤其对于窄河谷、干旱少雨地区更应重视。坝下游的建筑物及露天电气设备、输电线路等，宜避开强雾化区或采取保护措施。

泄水建筑物的高速水流区应注意下列部位或区域发生空蚀破坏的可能性：①进口、闸门槽、弯曲段、水流边界突变（不连续或不规则）处；②反弧段及其附近；③差动式鼻坎、窄缝式鼻坎、扭曲式鼻坎、分流墩；④溢流坝面上和泄水孔流速大于20 m/s的区域。

水流空化数估算公式为：

$$\sigma = \frac{h_0 + h_d - h_v}{v_0^2/(2g)}$$

式中 σ——水流空化数，无量纲；

h_0——计算断面处的动水压力水头，水柱高，m；

h_d——计算断面处的大气压力水头，水柱高，m，对于不同高程按10.33 − ∇/900估算，即相对于海平面，每增加高度900 m，较标准大气压力水头降低1 m，∇为海平面以上的高程；

h_v——水的汽化压力水头，水柱高，m，与水温有关；

$v_0^2/(2g)$——计算断面处的平均流速水头，m。

流速30～35 m/s的泄水建筑物应采取掺气措施，特殊重要的工程和流速大于35 m/s的建筑物应通过减压箱模型试验确定防空蚀措施。在多泥沙河流上，泄水建筑物应考虑挟沙的高速水流磨损和空蚀的相互作用。

5.2.1.3 泄水建筑物的水力计算

泄水建筑物的水力设计内容应包括：泄流能力的计算，下游水流衔接和消能防冲设施的设计，与高速水流有关的水力设计等。

1）泄流能力计算

开敞式溢流堰泄流能力计算公式为：

$$Q = Cm\varepsilon\sigma_s B\sqrt{2g}H_w^{3/2}$$

式中 Q——流量，m^3/s；

B——溢流堰净宽，m；

H_w——计入行近流速的堰上总水头，m；

g——重力加速度，m/s^2；

m——流量系数；

C——上游面坡度影响修正系数，当上游面为铅直面时，$C=1.0$；

ε——侧收缩系数，可取$\varepsilon=0.90\sim0.95$；

σ_s——淹没系数，不淹没时$\sigma_s=1.0$。

孔口泄流能力计算公式为：

$$Q = \mu A_k\sqrt{2gH_w}$$

式中 Q——流量，m^3/s；

A_k——出口处的面积，m^2；

H_w——自由出流时为孔口中心处的作用水头，淹没出流时为上下游水位差，m；

μ——孔口或管道流量系数，对设有胸墙的堰顶高孔，当$H_w/D=2.0\sim2.4$（D为孔口高，m）时，取$\mu=0.74\sim0.82$，对短有压深孔，取$\mu=0.83\sim0.93$，对长有压深孔，μ必须计算沿程及局部水头损失后确定；

g——重力加速度，m/s^2。

2）挑流消能设计

挑流消能设计应对各级下泄流量进行水力计算，挑流水舌挑射距离和跌入下游河床的最大冲坑深度可按如下方法计算。

水舌挑距：

$$L = \frac{1}{g}\left[v_1^2\sin\theta\cos\theta + v_1\cos\theta\sqrt{v_1^2\sin^2\theta + 2g(h_1 + h_2)}\right]$$

最大冲坑水垫厚度：

$$t_k = kq^{0.5}H^{0.25}$$

式中 L——水舌挑距，m，如有水流向心集中影响者，则抛距还应乘以0.90～0.95的折减系数；

v_1——坎顶水面流速，m/s，按鼻坎处平均流速v的1.1倍计，即$v_1=1.1v=$

$1.1\varphi\sqrt{2gH_0}$（H_0 为水库水位至坎顶的落差，m，φ 为堰面流速系数）；

θ——鼻坎的挑角，(°)；

h_1——坎顶垂直方向水深，m，$h_1 = h\cos\theta$（h 为坎顶平均水深，m）；

h_2——坎顶至河床面高差，m，如冲坑已经形成，可算至坑底；

g——重力加速度，m/s^2；

t_k——水垫厚度，自水面算至坑底，m；

q——单宽流量，$m^3/(s \cdot m)$；

H——上、下游水位差，m；

k——冲刷系数。

3）底流消能设计

底流消能设计应对各级下泄流量进行水力计算，确定护坦高程、长度、厚度和尾水淹没度等。护坦长度可根据其上是否设置辅助消能设施及水力特性，按如下方法计算。当护坦上无辅助消能设施时，尾水淹没度可取1.05～1.10倍跃后水深。

护坦长度计算公式如下：

（1）收缩断面的弗劳德数 $Fr \geqslant 4.5$，护坦上不设辅助消能设施时

$$L = 6(h'' - h')$$

式中 L——护坦消力池长度，m；

h'——跃前共轭水深，m；

h''——跃后共轭水深，m。

（2）当 $Fr > 4.5$，池首断面平均流速 $v' > 16$ m/s，护坦上可设梳流坎及尾坎，但不设消力墩时，其消力池长度

$$L = (3.2 \sim 4.3)h''$$

（3）当 $Fr > 4.5$，池首断面平均流速 $v' < 16$ m/s，护坦上可设梳流坎、消力墩及尾坎时

$$L = (2.3 \sim 2.8)h''$$

5.2.1.4 坝体结构计算的基本方法

《混凝土重力坝设计规范》（DL 5108—1999）规定，混凝土重力坝应分别按承载能力极限状态和正常使用极限状态进行承载能力极限状态及正常使用极限状态计算和验算。

《混凝土重力坝设计规范》（SL 319—2005）规定，混凝土重力坝应以材料力学法和刚体极限平衡法计算成果作为确定坝体断面的依据，有限元法作为辅助方法。坝体抗滑稳定计算主要核算坝基面滑动条件，应按抗剪断强度公式或抗剪强度公式计算坝基面的抗滑稳定安全系数。用材料力学法计算实体重力坝坝体上游面、下游面应力的计算。

混凝土的允许应力应按混凝土的极限强度除以相应的安全系数确定。坝体混凝土抗压安全系数在基本组合不应小于4.0；在特殊组合（不含地震情况）不应小于3.5。当局部混凝土有抗拉要求时，抗拉安全系数不应小于4.0。在地震情况下，坝体的结构安全应符合《水工建筑物抗震设计规范》（SL 203—97）的要求。

混凝土极限抗压强度是指90 d龄期的15 cm立方体强度，强度保证率为80%。

5.2.1.5 基础处理设计

混凝土重力坝的基础经处理后应满足下列要求：①具有足够的强度，以承受坝体的压

力;②具有足够的整体性和均匀性,以满足坝基抗滑稳定和减少不均匀沉陷;③具有足够的抗渗性,以满足渗透稳定,控制渗流量;④具有足够的耐久性,以防止岩体性质在水的长期作用下发生恶化。

坝基处理设计应综合考虑基础与其上部结构之间的相互关系,必要时可采取措施,调整上部结构的型式,使上部结构与其基础工作条件协调,应同时考虑坝基和两岸坝接头部位的工程地质、水文地质条件对建筑物运行的影响,研究坝基变形、渗透和坝肩边坡稳定情况,尤应考虑施工或蓄水对稳定和渗透带来的变化,必要时应采取相应的处理措施。岩溶地区的坝基处理设计,应认真查清其在坝区分布范围及特点、水文地质条件及裂隙中充填物、非岩溶岩石的封闭条件。对岩溶发育、情况复杂的基础,应进行专门的处理设计。

混凝土重力坝的建基面原则上应在考虑基础加固处理后,在满足坝的强度和稳定的基础上,减少开挖量。坝高超过 100 m 时,可建在新鲜、微风化或弱风化下部基岩上;坝高 50 ~ 100 m 时,可建在微风化至弱风化中部基岩上;坝高小于 50 m 时,可建在弱风化中部—上部基岩上。两岸地形较高部位的坝段,可适当放宽。

坝体基础的防渗帷幕和排水设计,应以坝区的工程地质、水文地质条件和灌浆试验资料为依据,结合水库功能、坝高综合考虑防渗和排水的相互作用,经分析研究确定帷幕和排水的设置。水文地质条件复杂的高坝,应进行渗流计算。防渗帷幕应符合下列要求:①减少坝基和绕坝渗漏,防止其对坝基及两岸边坡稳定产生不利影响;②防止在坝基软弱结构面、断层破碎带、岩体裂隙充填物以及抗渗性能差的岩层中产生渗透破坏;③在帷幕和坝基排水的共同作用下,使坝基面渗透压力和坝基渗漏量降至允许值以内;④具有连续性和耐久性。

帷幕的防渗标准和岩体相对隔水层的透水率根据不同坝高采用下列控制标准:①坝高在 100 m 以上,透水率 q 为 1 ~ 3 Lu;②坝高为 50 ~ 100 m,透水率 q 为 3 ~ 5 Lu;③坝高在 50 m 以下,透水率 q 为 5 Lu;④抽水蓄能电站和水源短缺水库坝基帷幕防渗标准和相对隔水层的透水率 q 值按控制标准取小值。

5.2.2 案例分析

【例 5-1】 某溢流坝采用 WES 型实用堰,溢流宽度 70 m,设 7 孔,闸墩系数 $\zeta_0 = 0.45$,边墩系数 $\zeta_k = 0.70$,设计泄流量 $Q = 5\,500\ m^3/s$,相应上、下游水位分别为 55.0 m 和 32.0 m。坝址处上游河道宽 160 m,河床高程 22.0 m,溢流坝上游面直立,下游末端挑坎坎顶高程 29.0 m。堰面曲线参数为(　　)。

A. $y = 0.069\ 32x^{1.85}$、$R_1 = 5.54$ m、$R_2 = 2.32$ m、$R_3 = 0.44$ m

B. $y = 0.073\ 67x^{1.85}$、$R_1 = 5.54$ m、$R_2 = 2.32$ m、$R_3 = 0.44$ m

C. $y = 0.062\ 86x^{1.85}$、$R_1 = 5.74$ m、$R_2 = 2.29$ m、$R_3 = 0.46$ m

D. $y = 0.082\ 76x^{1.85}$、$R_1 = 5.94$ m、$R_2 = 2.29$ m、$R_3 = 0.46$ m

答案:C

考点:开敞式溢流堰堰面曲线。

解:根据《混凝土重力坝设计规范》(SL 319—2005)附录 A 中 A. 3. 1,开敞式溢流堰泄流能力按下式计算:

$$Q = Cm\varepsilon\sigma_s B\sqrt{2g}H_w^{3/2}$$

式中 Q——流量,m^3/s;

B——溢流堰净宽,m;

H_w——计入行近流速的堰上总水头,m;

g——重力加速度,m/s^2;

m——流量系数;

C——上游面坡度影响修正系数,当上游面为铅直面时,$C=1.0$;

ε——侧收缩系数,可取 $\varepsilon=0.90\sim0.95$;

σ_s——淹没系数,不淹没时 $\sigma_s=1.0$。

对于 WES 型实用堰,当水头 $H_w=H_d$ 时,$m=m_w=0.502$。假设 $\varepsilon=0.9$,$\sigma_s=1.0$,则

$$5\ 500=1\times0.502\times0.9\times1\times70\times\sqrt{2\times9.81}H_w^{3/2}$$

$$H_w=11.60\ \text{m}$$

侧收缩系数 $\varepsilon=1-0.2[(n-1)\zeta_0+\zeta_k]H_w/B$,$H_w/b=1.16>1$,应按 $H_w/b=1$ 计算,则

$$\varepsilon=1-0.2\times[(7-1)\times0.45+0.7]H_w/7=0.903$$

假设 $\varepsilon=0.903$,$\sigma_s=1.0$,得 $H_w=11.53$ m。

$H_w/b=1.153>1$,仍按 $H_w/b=1$ 计算,则 $\varepsilon=0.903$,说明 $H_w=11.53$ m 是正确的。

上游过水断面面积 A 近似按矩形断面计算,则 $A=160\times(55-22)=5\ 280(m^2)$。

行近流速 $v_0=Q/A=5\ 500/5\ 280=1.04(m/s)$。取 $a=1.1$,则行近流速水头 $av_0^2/(2g)=1.1\times1.04^2/(2\times9.81)=0.06(m)$。

定型设计水头 $H_d=H_w-av_0^2/(2g)=11.47(m)$。

堰顶高程 $=55-11.47=43.53(m)$,高于下游水位 32.0 m,故为自由出流,即 $\sigma_s=1.0$,按自由出流计算是正确的。

由 SL 319—2005 附录 A 中 A.1.1,堰顶下游曲线为:

$$x^n=kH_d^{n-1}y$$

式中 H_d——定型设计水头,m;

k——上游面直立 $\Delta y:\Delta x=3:0$,$k=2.00$;

n——与上游坡有关的指数,$n=1.850$。

堰顶上游曲线为:

$$R_1=0.5H_d=0.5\times11.47=5.74(m)$$

$$R_2=0.2H_d=0.2\times11.47=2.29(m)$$

$$R_3=0.04H_d=0.04\times11.47=0.46(m)$$

$$x^{1.85}=2\times11.47^{0.85}y,\ y=0.062\ 86x^{1.85}$$

由上述计算可知,答案 C 是正确的。

【例 5-2】 某水库总库容为 $3.25\times10^8\ m^3$,拦河坝为混凝土重力坝,正常蓄水位为 765.00 m,校核洪水位为 768.55 m。溢流坝堰顶高程定为 755.00 m,泄洪时水温为 15 ℃,在陡槽段高程 741.00 m 处的水流平均流速为 25.5 m/s,此处的动水压力水头为 8.55 m,重力加速度取 9.81 m/s^2。此处的水流空化数为(   )。

A. 0.539 7　　B. 0.539 2　　C. 0.538 9　　D. 0.538 8

答案：A

考点：混凝土重力坝防空蚀设计。

解：《混凝土重力坝设计规范》（SL 319—2005）附录 A. 6. 1 规定，水流空化数计算公式为：

$$\sigma = \frac{h_0 + h_d - h_v}{v_0^2/(2g)}$$

式中　h_0——计算断面处的动水压力水头，$h_0 = 8.55$ m；

h_d——计算断面处的大气压力水头，$h_d = 10.33 - \nabla/900 = 10.33 - 741/900 = 9.506\ 7$（m）；

h_v——水的汽化压力水头，根据 SL 319—2005 表 A. 6. 1 查得 $h_v = 0.17$（m）。

$$\sigma = (8.55 + 9.506\ 7 - 0.17)/[25.5^2/(2 \times 9.81)] = 0.539\ 7$$

由以上计算可知，答案 A 是正确的。

【例 5-3】　某水库总库容为 10.89×10^8 m³，拦河坝为混凝土重力坝，正常蓄水位为 1 110.00 m，校核洪水位为 1 113.80 m。溢流坝溢流孔共 5 孔，每孔净宽 12.50 m，堰顶高程 1 098.00 m，开敞式溢流堰（上游采用三圆弧曲线、上游堰面直立、下游采用 WES 幂曲线），溢流堰上游相对高度为 65.00 m，定型设计水头（H_d）取最大水头（H_{max}）的 85%，侧收缩系数取 $\varepsilon = 0.93$，挑流段出口净宽 62.50 m，挑流鼻坎顶高程 1 072.50 m，挑角为 25°，堰面流速系数 $\varphi = 0.95$，下游冲坑处基岩为花岗岩，节理裂隙不发育（小于两组，规则），河床高程 1 042.50 m，泄校核洪水时下游水位 1 065.50 m。

①校核洪水位时的泄流量为（　　）m³/s。

A. 8 198　　B. 8 246　　C. 8 235　　D. 8 249

②校核洪水位时的挑距和最大冲坑深度分别为（　　）。

A. 挑距 114.77 m，最大冲坑深度 4.24 m

B. 挑距 114.77 m，最大冲坑深度 27.24 m

C. 挑距 114.43 m，最大冲坑深度 4.24 m

D. 挑距 114.43 m，最大冲坑深度 27.24 m

答案：①C、②A

考点：泄水建筑物水力计算。

解：①《混凝土重力坝设计规范》（SL 319—2005）附录 A. 3. 1 规定，泄流能力公式为：

$$Q = Cm\varepsilon\sigma_s B\sqrt{2g}H_w^{3/2}$$

式中　C——上游面影响系数，上游堰面直立 $C = 1.0$；

m——流量系数；

ε——侧收缩系数，$\varepsilon = 0.93$；

σ_s——淹没系数，不淹没 $\sigma_s = 1.0$；

B——溢流堰净宽，$B = 62.5$ m。

堰上最大水头：

$$H_{max} = 1\ 113.80 - 1\ 098.00 = 15.80(\text{m})$$

定型设计水头：

$$H_d = 0.85H_{max} = 0.85 \times 15.80 = 13.43(m)$$

$$H_w/H_d = 15.80/13.43 = 1.1765$$

$$P_1/H_d = 65.00/13.43 = 4.84$$

由 SL 319—2005 表 A3.1-1 内插求得 $m = 0.5093$。

泄流量为：

$$Q = 1.0 \times 0.5093 \times 0.93 \times 1.0 \times 62.5 \times \sqrt{2 \times 9.81} \times 15.8^{3/2} = 8235(m^3/s)$$

由以上计算可知，答案 C 是正确的。

②SL 319—2005 附录 A.4 规定，水舌挑距公式：

$$L = \frac{1}{g}[v_1^2\sin\theta\cos\theta + v_1\cos\theta\sqrt{v_1^2\sin^2\theta + 2g(h_1 + h_2)}]$$

式中 v_1——坎顶水面流速，m/s，按鼻坎处平均流速 v 的 1.1 倍计，$v_1 = 1.1v = 1.1\varphi\sqrt{2gH_0}$（$H_0$ 为水库水位至挑流鼻坎坎顶的落差，m）；

θ——鼻坎的挑角，$\theta = 25°$；

h_1——鼻坎垂直方向水深，$h_1 = h/\cos\theta$（h 为坎顶平均水深，m），$h = Q/(Bv) = 8235/(62.5 \times 29.747/1.1) = 4.872(m)$，$h_1 = h/\cos\theta = 4.872/\cos25° = 5.376(m)$；

h_2——坎顶至河床面高差，$h_2 = 1072.50 - 1042.50 = 30(m)$。

$$v_1 = 1.1 \times 0.95 \times \sqrt{2 \times 9.81 \times (1113.80 - 1072.50)} = 29.747(m/s)$$

$$L = \frac{1}{9.81} \times [29.747^2 \times \sin25°\cos25° + 29.747 \times \cos25°\sqrt{29.747^2 \times \sin^2 25° + 2 \times 9.81 \times (5.376 + 30)}]$$

$$= 114.77(m)$$

最大冲坑水垫厚度计算公式：

$$t_k = kq^{0.5}H^{0.25}$$

式中 k——冲刷系数，SL 319—2005 表 A.4.2 查得 $k = 0.9$；

q——单宽流量，$q = 8235/62.5 = 131.76(m^3/(s \cdot m))$；

H——上、下游水位差，$H = 1113.80 - 1065.50 = 48.30(m)$。

$$t_k = 0.9 \times 131.76^{0.5} \times 48.30^{0.25} = 27.24(m)$$

最大冲坑深度为 $27.24 - (1065.50 - 1042.50) = 4.24(m)$。

由以上计算可知，答案 A 是正确的。

【例 5-4】 某山区水库大坝为混凝土重力坝，开敞式泄洪，采用等宽矩形平底消力池，下游河床高程为 700.00 m。已知：上游水位为 714.076 m，设计泄流量为 836 m^3/s，相应下游水位为 702.70 m，溢流堰及消力池宽度为 42.00 m，流速系数 $\varphi = 0.90$，消力池出流的流速系数 $\varphi' = 0.95$，安全系数 $\sigma = 1.08$。消力池池深和池长（　　）。

A. 消力池池深 $s = 2.550$ m，消力池池长 $L_k = 29.061 \sim 33.212$ m

B. 消力池池深 $s = 2.510$ m，消力池池长 $L_k = 33.516 \sim 38.304$ m

C. 消力池池深 $s=2.478$ m,消力池池长 $L_k=33.516\sim38.304$ m

D. 消力池池深 $s=2.478$ m,消力池池长 $L_k=28.893\sim33.020$ m

答案:D

考点:底流消能水力计算。

解:(1)消力池池深由式(1)~式(4)联立求解计算:

$$\frac{h''_c}{h_c}=\frac{1}{2}(\sqrt{1+8Fr_c^2}-1) \tag{1}$$

$$E_0=h_c+\frac{q^2}{2g\varphi^2h_c^2} \tag{2}$$

$$\sigma h''_c=h_t+s+\Delta z \tag{3}$$

$$\Delta z=\frac{Q^2}{2gb^2}\left(\frac{1}{\varphi'^2h_t^2}-\frac{1}{\sigma^2h''^2_c}\right) \tag{4}$$

式中 h_c——收缩断面水深,m;

h''_c——跃后水深,m;

Fr_c——收缩断面弗劳德数,$Fr_c=q/(h_c\sqrt{gh_c})$;

E_0——以下游河床为基准的泄水建筑物上游总水头,如果设消力池,应以消力池底板顶高程为基准的泄水建筑物上游总水头,m;

q——收缩断面处的单宽流量,$m^3/(s\cdot m)$;

g——重力加速度,9.81 m/s^2;

φ——流速系数,$\varphi=0.90$;

σ——安全系数,$\sigma=1.08$;

s——消力池池深(以下游河床为基准的下卧深度),m;

Δz——消能池出口水面落差,m;

h_t——下游水深,$h_t=702.70-700.00=2.70$(m);

b——消力池宽度,$b=42.00$ m;

Q——设计流量,m^3/s;

φ'——消力池出流的流速系数,$\varphi'=0.95$。

①判别是否需要设置消力池:

$E_0=714.076-700.00=14.076$(m),$q=836/42.00=19.905$($m^3/(s\cdot m)$)则由式(2)得:$14.076=h_c+\frac{19.905^2}{2\times9.81\times0.90^2h_c^2}$,假设 $h_c=1.40254$ m,右边 $=14.076=$ 左边,因此$h_c=1.40254$ m,由式(1)得:

$$h''_c=\frac{1.40254}{2}\times\left[\sqrt{1+8\times\left(\frac{q}{h_c\sqrt{gh_c}}\right)^2}-1\right]$$

$$=\frac{1.40254}{2}\times\left[\sqrt{1+8\times\left(\frac{19.905}{1.40254\times\sqrt{9.81\times1.40254}}\right)^2}-1\right]$$

$$=6.920(m)>h_t=2.70\text{ m}$$

需要设置消力池。

②求消力池池深 s，试算求解，假设 $s=2.478$ m，则

$$E_0 = 714.076 - (700.00 - 2.478) = 16.554(\text{m})$$

由式(2)得：

$16.554 = h_c + \dfrac{19.905^2}{2\times 9.81\times 0.90^2 h_c^2}$，假设 $h_c=1.2775$ m，代入得：右边 $=16.554=$ 左边，因此 $h_c=1.2775$ m。

由式(1)得：

$$h_c'' = \frac{1.2775}{2}\times\left[\sqrt{1+8\times\left(\frac{q}{h_c\sqrt{gh_c}}\right)^2}-1\right]$$

$$=\frac{1.2775}{2}\times\left[\sqrt{1+8\times\left(\frac{19.905}{1.2775\times\sqrt{9.81\times 1.2775}}\right)^2}-1\right]$$

$$=7.339(\text{m})$$

$$\Delta z = \frac{Q^2}{2gb^2}\left(\frac{1}{\varphi'^2 h_t^2}-\frac{1}{\sigma^2 h_c''^2}\right)$$

$$=\frac{836^2}{2\times 9.81\times 42.00^2}\times\left(\frac{1}{0.95^2\times 2.70^2}-\frac{1}{1.08^2\times 7.339^2}\right)=2.748(\text{m})$$

将 $\Delta z=2.748$ m 代入式(3)，左边 $=1.08\times 7.339=7.926$，右边 $=h_t+s+\Delta z=2.70+2.478+2.748=7.926$，所以消力池池深 $s=2.748$ m。

(2)消力池池长 L_k 由下式计算：

$$L_k = (0.7\sim 0.8)L_j$$

式中 L_j——自由水跃长度，m。

以池长设计流量计算：

跃前水深 $h' = h_c = 1.2775$ m

弗劳德数 $Fr_1 = q/(h'\sqrt{gh'}) = (836/42)/(1.2775\times\sqrt{9.81\times 1.2775}) = 4.401$

$1.7 < Fr_1 < 9.0$，$L_j/h' = 9.5(Fr_1 - 1) = 9.5\times(4.401-1) = 32.3095$

$$L_j = 32.3095\times 1.2775 = 41.275(\text{m})$$

消力池池长为：

$$L_k = (0.7\sim 0.8)L_j = (0.7\sim 0.8)\times 41.275 = 28.893\sim 33.020(\text{m})$$

由以上计算可知，答案 D 是正确的。

【例5-5】 某水库总库容为 $10.89\times 10^8\ \text{m}^3$，大坝为混凝土重力坝，坝顶高程 1 116.50 m，正常蓄水位 1 110.00 m，相应下游无水，校核洪水位 1 113.80 m，相应下游水位 1 076.50 m。混凝土容重 24.0 kN/m^3，水的容重取 10.0 kN/m^3，浪压力和泥沙压力及地震力不计，混凝土与基岩抗剪断强度参数为 $f'=1.1$、$c'=1.0$ MPa。坝基采用帷幕灌浆。坝剖面详见图 5-1。

①抗滑稳定安全系数(　　)。

A. 正常蓄水位 $K'=7.10$、校核洪水位 $K'=6.07$

B. 正常蓄水位 $K'=5.06$、校核洪水位 $K'=6.07$

C. 正常蓄水位 $K'=6.07$、校核洪水位 $K'=5.06$

D. 正常蓄水位 $K'=3.00$、校核洪水位 $K'=2.50$

②坝基面上下游的垂直应力(　　)kPa。

A. 正常蓄水位 $\sigma_{上}=389.554$、$\sigma_{下}=413.778$，校核洪水位 $\sigma_{上}=478.143$、$\sigma_{下}=487.575$

B. 正常蓄水位 $\sigma_{上}=478.143$、$\sigma_{下}=487.575$，校核洪水位 $\sigma_{上}=389.554$、$\sigma_{下}=413.778$

C. 正常蓄水位 $\sigma_{上}=478.143$、$\sigma_{下}=413.778$，校核洪水位 $\sigma_{上}=389.554$、$\sigma_{下}=487.575$

D. 正常蓄水位 $\sigma_{上}=413.778$、$\sigma_{下}=478.143$，校核洪水位 $\sigma_{上}=389.554$、$\sigma_{下}=487.575$

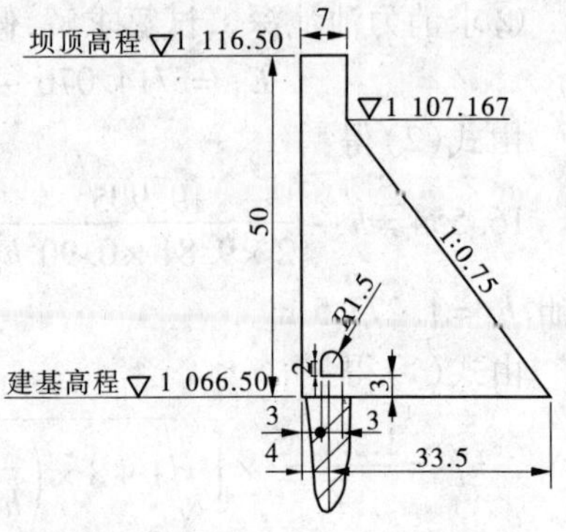

图 5-1　(单位:m)

答案:①C、②B

考点:混凝土重力坝稳定与应力计算。

解:①《混凝土重力坝设计规范》(SL 319—2005)中第 6.4 条规定:

$$K'=\frac{f'\sum W+c'A}{\sum P}$$

式中　f'——坝体混凝土与坝基接触面的抗剪断摩擦系数，$f'=1.1$;

c'——坝体混凝土与坝基接触面的抗剪断凝聚力，kPa，$c'=1.0$ MPa;

A——坝基接触面截面面积，m^2，取单位长度 1 m 计算，$A=1\times 37.5=37.5(m^2)$;

$\sum W$——作用于坝体上全部荷载(包括扬压力)对滑动平面的法向分值，kN;

$\sum P$——作用于坝体上全部荷载对滑动平面的切向分值，kN。

坝段重力:

$$W_d=\left[(7\times 50)+\frac{1}{2}\times(37.5-7)\times(1\,107.167-1\,066.5)-3\times 2-\frac{1}{2}\times 3.14\times 1.5^2\right]\times 1\times 24.0=23\,055.342\ \text{kN}(\downarrow)$$

扬压力分布见图 5-2。则正常蓄水位基础扬压力(渗透压力强度系数 0.5):

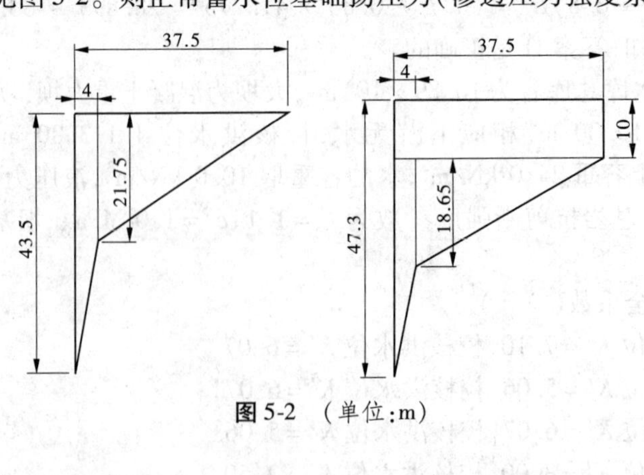

图 5-2　(单位:m)

$$U = [1/2 \times (43.5 + 21.75) \times 4 + 1/2 \times 21.75 \times (37.5 - 4)] \times 1 \times 10$$
$$= 4\,948.125(\mathrm{kN})(\uparrow)$$

校核洪水位基础扬压力(取渗透压力强度系数0.5):

$$U = [37.5 \times 10 + 1/2 \times (47.3 - 10 + 18.65) \times 4 + 1/2 \times 18.65 \times (37.5 - 4)] \times 1 \times 10 = 7\,992.875(\mathrm{kN})(\uparrow)$$

正常蓄水位:

$$\sum W = 23\,055.342 - 4\,948.125 = 18\,107.217(\mathrm{kN})(\downarrow)$$

校核洪水位:

$$\sum W = 23\,055.342 - 7\,992.875 = 15\,062.467(\mathrm{kN})(\downarrow)$$

正常蓄水位:

$$\sum P = 1/2 \times (1\,110.00 - 1\,066.50)^2 \times 1 \times 10 = 9\,461.25(\mathrm{kN})(\rightarrow)$$

校核洪水位:

$$\sum P = 1/2 \times (1\,113.80 - 1\,066.50)^2 \times 1 \times 10 - 1/2 \times (1\,076.50 - 1\,066.50)^2 \times 1 \times 10$$
$$= 11\,186.45 - 500 = 10\,686.45(\mathrm{kN})(\rightarrow)$$

正常蓄水位抗滑稳定安全系数:

$$K' = (1.1 \times 18\,107.217 + 1.0 \times 10^3 \times 37.5)/9\,461.25 = 6.07$$

校核洪水位抗滑稳定安全系数:

$$K' = (1.1 \times 15\,062.467 + 1.0 \times 10^3 \times 37.5)/10\,686.45 = 5.06$$

因此,答案C是正确的。

②由SL 319—2005中第6.3.3条可知:

$$\sigma_y = \frac{\sum W}{A} \pm \frac{\sum M_x}{J}$$

式中 $\sum W$——作用于坝体上全部荷载(包括扬压力)对滑动平面的法向分值,kN,由前面计算可知,正常蓄水位$\sum W = 18\,107.217$ kN(↓),校核洪水位$\sum W = 15\,062.467$ kN(↓);

A——坝基接触面截面面积,m^2;取单位长度1 m计算,$A = 1 \times 37.5 = 37.5(m^2)$;

J——坝段或1 m坝长的坝基截面对形心轴的惯性矩,m^4,$J = \frac{1}{12}bh^3 = \frac{1}{12} \times 1 \times 37.5^3 = 4\,394.531(m^4)$;

$\sum M_x$——作用于坝段或1 m坝长上全部荷载对坝基截面形心轴的力矩总和,kN·m。

正常蓄水位:

自重力矩

$$M = 7 \times 50 \times 1 \times 24.0 \times (1/2 \times 37.5 - 1/2 \times 7) + 1/2 \times (37.5 - 7) \times (1\,107.167 - 1\,066.5) \times 1 \times 24.0 \times [-1/2 \times 37.5 + 2/3 \times (37.5 - 7)]$$
$$= 151\,666.527(\mathrm{kN \cdot m})$$

上游水压力力矩

$$M = -1/2 \times (1\,110.00 - 1\,066.50)^2 \times 1 \times 10 \times 1/3 \times (1\,110.00 - 1\,066.50) = -137\,188.125(\text{kN} \cdot \text{m})$$

扬压力力矩

$$M = -\{4 \times 21.75 \times 1 \times 10 \times (1/2 \times 37.5 - 1/2 \times 4) + 1/2 \times 4 \times (43.5 - 21.75) \times 1 \times 10 \times (1/2 \times 37.5 - 1/3 \times 4) + 1/2 \times 21.75 \times (37.5 - 4) \times 1 \times 10 \times [-1/2 \times 37.5 + 2/3 \times (37.5 - 4)]\} = -35\,203.281(\text{kN} \cdot \text{m})$$

$$\sum M_x = 151\,666.527 + (-137\,188.125) + (-35\,203.281) = -207\,24.879(\text{kN} \cdot \text{m})$$

校核洪水位:

自重力矩

$$M = 151\,666.527\ \text{kN} \cdot \text{m}$$

上游水压力力矩

$$M = -1/2 \times (1\,113.80 - 1\,066.50)^2 \times 1 \times 10 \times 1/3 \times (1\,113.80 - 1\,066.50) = -176\,373.028(\text{kN} \cdot \text{m})$$

下游水压力力矩

$$M = 1/2 \times (1\,076.50 - 1\,066.50)^2 \times 1 \times 10 \times 1/3 \times (1\,076.50 - 1\,066.50) = 1\,666.667(\text{kN} \cdot \text{m})$$

扬压力力矩

$$M = -\{10 \times 37.5 \times 1 \times 10 \times (1/2 \times 37.5 - 1/2 \times 37.5) + 4 \times 18.65 \times 1 \times 10 \times (1/2 \times 37.5 - 1/2 \times 4) + 1/2 \times 4 \times (47.3 - 10 - 18.65) \times 1 \times 10 \times (1/2 \times 37.5 - 1/3 \times 4) + 1/2 \times 18.65 \times (37.5 - 4) \times 1 \times 10 \times [-1/2 \times 37.5 + 2/3 \times (37.5 - 4)]\} = -30\,185.802(\text{kN} \cdot \text{m})$$

$$\sum M_x = 151\,666.527 + (-176\,373.028) + 1\,666.667 + (-30\,185.802) = -53\,225.636(\text{kN} \cdot \text{m})$$

正常蓄水位坝基应力:

$$\sigma_y = 18\,107.217/37.5 \pm (-20\,724.879)/4\,394.531 = 482.859 \mp 4.716(\text{kPa})$$

$$\sigma_{\text{上}} = 478.143\ \text{kPa}, \sigma_{\text{下}} = 487.575\ \text{kPa}$$

校核洪水位坝基应力:

$$\sigma_y = 15\,062.467/37.5 \pm (-53\,225.636)/4\,394.531 = 401.666 \mp 12.112(\text{kPa})$$

$$\sigma_{\text{上}} = 389.554\ \text{kPa}, \sigma_{\text{下}} = 413.778\ \text{kPa}$$

因此,答案 B 是正确的。

【例 5-6】 某水库总库容为 $15.60 \times 10^8\ \text{m}^3$,大坝为混凝土重力坝,最大坝高为 215.50 m(建基高程为 2 365.00 m),河床坝段坝基岩石为中下部花岗岩,高程在 2 365.00 ~ 2 342.00 m岩石透水率为 15 ~20 Lu,高程在 2 342.00 ~2 331.00 m 岩石透水率为 5 ~15 Lu,高程在 2 331.00 ~2 310.00 m 岩石透水率为 3 ~5 Lu,高程在 2 310.00 ~2 305.00 m 岩石透水率为 1 ~3 Lu,在一般情况下坝基帷幕灌浆处理深度下列答案(　　)是正确的。

A. 坝基帷幕灌浆处理深度深入到高程 2 342.00 ~2 331.00 m 内 3 ~5 m

B. 坝基帷幕灌浆处理深度深入到高程 2 331. 00 ~2 310. 00 m 内 3 ~5 m

C. 坝基帷幕灌浆处理深度深入到高程 2 310. 00 ~2 305. 00 m 内 3 ~5 m

D. 坝基帷幕灌浆处理深度深入到高程 2 305. 00 m 以下 3 ~5 m

答案:C

考点:混凝土重力坝帷幕深度确定。

解:《混凝土重力坝设计规范》(SL 319—2005)第 7. 4. 5 条规定,坝高在 100 m 以上,帷幕的防渗标准和相对隔水层的透水率 q 为 1 ~3 Lu。

SL 319—2005 第 7. 4. 6 条“1”规定:封闭式帷幕,当坝基下存在可靠的相对隔水层,并且埋深较浅时,防渗帷幕应深入到该岩层内 3 ~5 m。本题最大坝高为 215. 50 m,大于 100 m。

因此,答案 C 是正确的。

【例 5-7】 某水库大坝为混凝土重力坝,坝顶不设置防浪墙,总库容为 3.85×10^8 m^3,正常蓄水位为 860. 50 m,设计洪水位为 861. 50 m,校核洪水位为 862. 30 m。已知:①正常蓄水位时波高 $h_{2\%}$ 为 2. 65 m,波浪中心线至正常蓄水位的高差为 0. 47 m;②设计洪水位时波高 $h_{2\%}$ 为 2. 75 m,波浪中心线至设计洪水位的高差为 0. 49 m;③校核洪水位时波高 $h_{2\%}$ 为 1. 18 m,波浪中心线至校核洪水位的高差为 0. 32 m。计算时假设平均波高与水域平均水深之比值为 0。坝顶高程为(　　)。

A. 864. 301 m　　B. 864. 346 m　　C. 865. 346 m　　D. 864. 12 m

答案:B。

考点:《混凝土重力坝设计规范》(SL 319—2005)第 8. 1. 1 条。《水利水电工程等级划分及洪水标准》(SL 252—2000)中第 2. 1. 1 条、2. 2. 1 条规定。

解:《混凝土重力坝设计规范》(SL 319—2005)第 8. 1. 1 条,坝顶高程等于正常蓄水位或校核洪水位与坝顶超高(Δh)之和,取两者中的大值。

坝顶超高:

$$\Delta h = h_{1\%} + h_z + h_c$$

式中 Δh——坝顶超高,m;

$h_{1\%}$——波高,m;

h_z——波浪中心线至正常蓄水位或校核洪水位的高差,m;

h_c——安全加高,m,《水利水电工程等级划分及洪水标准》(SL 252—2000)中第 2. 1. 1 条、第 2. 2. 1 条规定,总库容为 $3.85\times10^8\ m^3$,工程等别为Ⅱ等,建筑物级别为 2 级,《混凝土重力坝设计规范》(SL 319—2005)表 8. 1. 1 规定,安全加高值,正常蓄水位 $h_c=0.50$ m,校核洪水位为 $h_c=0.40$ m。

波高 $h_{1\%}$ 计算:

正常蓄水位情况下,根据题中已知条件从 SL 319—2005 表 B. 6. 3 查$\frac{h_m}{H_m}=0$得:

$$h_{1\%}/h_{2\%} = \frac{2.42}{2.23}$$

已知 $h_{2\%}=2.65$ m,则 $h_{1\%}=2.65\times\frac{2.42}{2.23}=2.876$(m)。

校核洪水位情况下，根据题中已知条件从 SL 319—2005 表 B. 6. 3 查$\frac{h_m}{H_m}=0$得：

$$h_{1\%}/h_{2\%} = \frac{2.42}{2.23}$$

已知 $h_{2\%}=1.18$ m，则 $h_{1\%}=1.18\times\frac{2.42}{2.23}=1.281$(m)。

波浪中心线至正常蓄水位或校核洪水位的高差计算：

正常蓄水位　　　　　　$h_z=0.47$ m

校核洪水位　　　　　　$h_z=0.32$ m

正常蓄水位坝顶超高为：

$$\Delta h = h_{1\%} + h_z + h_c = 2.876 + 0.47 + 0.50 = 3.846(\text{m})$$

坝顶高程为 860. 50 + 3. 846 = 864. 346(m)，大于校核洪水位 862. 30 m。

校核洪水位坝顶超高为：

$$\Delta h = h_{1\%} + h_z + h_c = 1.281 + 0.32 + 0.4 = 2.001(\text{m})$$

校核洪水位坝顶高程为 862. 30 + 2. 001 = 864. 301(m)，大于校核洪水位 862. 30 m。

由上述计算可知，坝顶高程由正常蓄水位控制，故选 B。

【例 5-8】 某内陆峡谷水库大坝为混凝土重力坝，总库容为 12.85×10^8 m^3，正常蓄水位为 2 860. 00 m，设计洪水位 2 862. 50 m，校核洪水位为 2 863. 50 m。坝前库底高程为 2 680. 00 m，计算的风区长度为 13. 00 km，50 年的年最大风速为 18 m/s，多年平均年最大风速为 15 m/s，重力加速度取 9. 81 m/s^2，坝顶以上防浪墙高为 1. 20 m，取 $h_m/H_m=0$。试确定坝顶高程为(　　)。

A. 2 862. 483 m　　B. 2 865. 142 m　　C. 2 866. 183 m　　D. 2 866. 342 m

答案：B

考点：《混凝土重力坝设计规范》(SL 319—2005)第 8. 1. 1 条，附录 B. 6. 1、B. 6. 3。《水利水电工程等级划分及洪水标准》(SL 252—2000)中第 2. 1. 1 条、第 2. 2. 1 条。

解：《混凝土重力坝设计规范》(SL 319—2005)第 8. 1. 1 条，坝顶高程等于正常蓄水位或校核洪水位与坝顶超高(Δh)之和，取两者中的大值。

坝顶超高：

$$\Delta h = h_{1\%} + h_z + h_c$$

式中　Δh——坝顶超高，m；

$h_{1\%}$——波高，m；

h_z——波浪中心线至正常蓄水位或校核洪水位的高差，m；

h_c——安全加高，m，《水利水电工程等级划分及洪水标准》(SL 252—2000)中第 2. 1. 1 条、第 2. 2. 1 条，总库容为 12.85×10^8 m^3，确定水库为大(1)型Ⅰ等工程，大坝为 1 级建筑物，由《混凝土重力坝设计规范》(SL 319—2005)表 8. 1. 1 查得，正常蓄水位情况下 $h_c=0.70$ m，校核洪水位情况下 $h_c=0.50$ m。

风浪要素计算：

此水库为内陆峡谷水库，宜采用官厅水库公式计算

$$\frac{gh}{v_0^2} = 0.0076v_0^{-1/12}\left(\frac{gD}{v_0^2}\right)^{1/3}$$

$$\frac{gL_m}{v_0^2} = 0.331v_0^{-1/2.15}\left(\frac{gD}{v_0^2}\right)^{1/3.75}$$

式中　g——重力加速度,9.81 m/s^2;

v_0——计算风速,m/s,正常运用条件下 $v_0 = 18$ m/s < 20 m/s,满足规范要求,非常运用条件下 $v_0 = 15$ m/s < 20 m/s,满足规范要求;

D——计算风区长度,m,$D = 13.00$ km = 13 000 m < 20 000 m,满足规范要求;

h——当 $gD/v_0^2 = 20 \sim 250$ 时,为累积概率 5% 的波高 $h_{5\%}$,m,当 $gD/v_0^2 = 250 \sim 1\ 000$ 时,为累积概率 10% 的波高 $h_{10\%}$,m,设计情况下 $gD/v_0^2 = 9.81 \times 13\ 000/18^2 = 393.61$,为累积概率 10% 的波高 $h_{10\%}$,校核情况下 $gD/v_0^2 = 9.81 \times 13\ 000/15^2 = 566.8$,为累积概率 10% 的波高 $h_{10\%}$;

L_m——平均波长,m。

波高计算:

正常蓄水位情况下:$D = 13\ 000$ m,$v_0 = 18$ m/s,$g = 9.81$ m/s^2。

$$\frac{9.81 \times h}{18^2} = 0.0076 \times 18^{-1/12} \times \left(\frac{9.81 \times 13\ 000}{18^2}\right)^{1/3}$$

$$\frac{9.81 \times L_m}{18^2} = 0.331 \times 18^{-1/2.15} \times \left(\frac{9.81 \times 13\ 000}{18^2}\right)^{1/3.75}$$

计算得:$h = 1.446$ m,$L_m = 14.024$ m,即 $h_{10\%} = 1.446$ m。

由题意取 $h_m/H_m = 0$,查 SL 319—2005 表 B.6.3 得:$h_{1\%} = 2.42/1.71 \times 1.446 = 2.046$ (m)。

校核洪水位情况下:$D = 13\ 000$ m,$v_0 = 15$ m/s,$g = 9.81$ m/s^2。

$$\frac{9.81 \times h}{15^2} = 0.0076 \times 15^{-1/12} \times \left(\frac{9.81 \times 13\ 000}{15^2}\right)^{1/3}$$

$$\frac{9.81 \times L_m}{15^2} = 0.331 \times 15^{-1/2.15} \times \left(\frac{9.81 \times 13\ 000}{15^2}\right)^{1/3.75}$$

计算得:$h = 1.151$ m,$L_m = 11.683$ m,即 $h_{10\%} = 1.151$ m。

由题意取 $h_m/H_m = 0$,查 SL 319—2005 表 B.6.3 得:$h_{1\%} = 2.42/1.71 \times 1.151 = 1.629$ (m)。

波浪中心线至正常蓄水位或校核洪水位的高差计算:

$$h_z = \frac{\pi h_{1\%}^2}{L_m}\mathrm{cth}\frac{2\pi H}{L_m}$$

式中　h_z——波浪中心线至计算水位的高度,m;

H——挡水建筑物迎水面前的水深,m,正常蓄水位 $H = 2\ 860.00 - 2\ 680.00 = 180.00$(m),校核洪水位 $H = 2\ 863.50 - 2\ 680.00 = 183.50$(m);

其他符号意义同前。

正常蓄水位情况下:$h_{1\%} = 2.046$ m,$L_m = 14.024$ m,$H = 180.00$ m。

$$h_z = \frac{\pi h_{1\%}^2}{L_m}\text{cth}\frac{2\pi H}{L_m} = \frac{3.14 \times 2.046^2}{14.024}\text{cth}\frac{2 \times 3.14 \times 180.00}{14.024} = 0.937(\text{m})$$

校核洪水位情况下：$h_{1\%} = 1.629$ m，$L_m = 11.683$ m，$H = 183.50$ m。

$$h_z = \frac{\pi h_{1\%}^2}{L_m}\text{cth}\frac{2\pi H}{L_m} = \frac{3.14 \times 1.629^2}{11.683}\text{cth}\frac{2 \times 3.14 \times 183.50}{11.683} = 0.713(\text{m})$$

正常蓄水位情况卜坝顶超高：

$$\Delta h = h_{1\%} + h_z + h_c = 2.046 + 0.937 + 0.70 = 3.683(\text{m})$$

坝顶高程为 2 860.00 + 3.683 − 1.20 = 2 862.483(m)，小于校核洪水位 2 863.50 m。

校核洪水位情况下坝顶超高：

$$\Delta h = h_{1\%} + h_z + h_c = 1.629 + 0.713 + 0.50 = 2.842(\text{m})$$

坝顶高程：2 863.50 + 2.842 − 1.20 = 2 865.142(m)，大于校核洪水位 2 863.50 m。

由以上计算可知，坝顶高程由校核洪水位控制，答案 B 是正确的。

【例 5-9】 某混凝土重力坝建基在弱风化安山岩上，坝顶高程为 560.000 m，基础高程(包括上、下游河床顶高程)为 510.000 m，坝顶宽为 7 m，上游坝坡直立，下游坝坡坡比为 1∶0.75，下游坝坡坡顶点高程为 550.667 m，详见图 5-3。正常蓄水位为 556.500 m，下游水位为 513.000 m；校核洪水位为 558.000 m，下游水位为 526.000 m；大坝基础有一倾向上游的 F15 断层破碎带通过，并在下游河床出露，倾角为 20°，断层破碎带的抗剪断强度指标为 $f' = 0.30$、$c' = 30$ kPa，抗剪强度指标为 $f = 0.28$。坝踵至底部破碎带上表面垂直距离为 15 m。混凝土容重为 24 kN/m³，基岩天然容重为 26.5 kN/m³，基岩饱和容重为 26.7 kN/m³，水的容重为 10 kN/m³，大坝基础防渗采用帷幕灌浆和打排水孔。计算时假设：坝踵至断层之间的岩体垂直大地裂开，帷幕和排水孔在断层处对渗透压力无影响，不考虑地震影响。

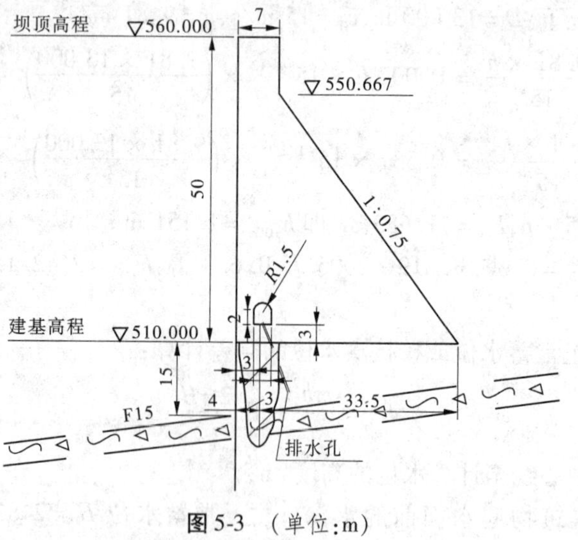

图 5-3 (单位：m)

①大坝沿基础 F15 断层破碎带处抗剪断安全系数是(　　)。

A. 正常蓄水位 $K' = 1.121$，校核洪水位 $K' = 1.068$

B. 正常蓄水位 $K' = 1.133$，校核洪水位 $K' = 1.286$

C. 正常蓄水位 $K'=1.392$，校核洪水位 $K'=1.228$

D. 正常蓄水位 $K'=1.385$，校核洪水位 $K'=1.222$

②大坝沿基础 F15 断层破碎带处抗剪安全系数是(　　)。

A. 正常蓄水位 $K=0.871$，校核洪水位 $K=0.809$

B. 正常蓄水位 $K=1.443$，校核洪水位 $K=1.557$

C. 正常蓄水位 $K=0.881$，校核洪水位 $K=0.991$

D. 正常蓄水位 $K=1.436$，校核洪水位 $K=1.549$

答案：①B、②C

考点：混凝土重力坝坝基深层单斜面抗滑稳定计算。

解：《混凝土重力坝设计规范》(SL 319—2005)第 6.4 节坝体抗滑稳定计算式(6.4.1-1)和式(6.4.1-2)转换为向上游倾斜的滑裂面公式如下：

抗剪断公式为

$$K'=\frac{f'(\sum W\cos\alpha+\sum P\sin\alpha-U)+c'A}{\sum P\cos\alpha-\sum W\sin\alpha}$$

抗剪公式为

$$K=\frac{f(\sum W\cos\alpha+\sum P\sin\alpha-U)}{\sum P\cos\alpha-\sum W\sin\alpha}$$

式中　K'——按抗剪断强度计算的抗滑稳定安全系数；

K——按抗剪强度计算的抗滑稳定安全系数；

$\sum W$——作用在 1 m 宽滑裂面上所有竖向力之和，kN；

$\sum P$——作用在 1 m 宽滑裂面上所有水平力之和，kN；

U——作用在 1 m 宽滑裂面上的扬压力，kN；

α——滑裂面与水平面的夹角，(°)，本题已给 $\alpha=20°$；

f'——滑裂面抗剪断摩擦系数；

c'——滑裂面抗剪断凝聚力，kN/m^2；

f——滑裂面抗剪摩擦系数；

A——1 m 滑裂面面积，m^2。

所有竖向力计算如下。

坝体自重：

$$W_1=24\times1\times[7\times50+0.5\times(4+33.5-7)\times(550.667-510.000)-0.5\times1.5^2\times3.14-2\times3]=23\ 055.342(kN)$$

坝基基岩岩体重量(在下游水位以下，基岩饱和容重为 $26.7\ kN/m^3$)：

$$W_2=26.7\times1\times0.5\times15^2/\tan20°=8\ 252.735(kN)$$

大坝下游岩体上部尾水重量：

正常蓄水位情况

$$W_3=10\times1\times(513.000-510.000)\times(15/\tan20°-4-33.5)+10\times1\times(513.000-510.000)^2\times0.75=111.365+67.5=178.865(kN)$$

校核洪水位情况

$$W_4 = 10 \times 1 \times (526.000 - 510.000) \times (15/\tan 20° - 4 - 33.5) + 10 \times 1 \times (526.000 - 510.000)^2 \times 0.75 = 593.946 + 1\ 920 = 2\ 513.946(\text{kN})$$

竖向力之和为：

正常蓄水位情况

$$\sum W = W_1 + W_2 + W_3 = 23\ 055.342 + 8\ 252.735 + 178.865 = 31\ 486.942(\text{kN})$$

校核洪水位情况

$$\sum W = W_1 + W_2 + W_4 = 23\ 055.342 + 8\ 252.735 + 2\ 513.946 = 33\ 822.023(\text{kN})$$

断层滑裂面面积

$$A = 1 \times 15/\sin 20° = 43.857(\text{m}^2)$$

所有水平力计算如下。

上游水推力(根据题意计算时假设坝踵处至断层之间的岩体垂直大地裂开)：

正常蓄水位情况

$$P_1 = 10 \times 1 \times 0.5 \times (556.500 - 510.000 + 15)^2 = 18\ 911.25(\text{kN})$$

校核洪水位情况

$$P_2 = 10 \times 1 \times 0.5 \times (558.000 - 510.000 + 15)^2 = 19\ 845.00(\text{kN})$$

下游水推力：

正常蓄水位情况

$$P_3 = 10 \times 1 \times 0.5 \times (513.000 - 510.000)^2 = 45.00(\text{kN})$$

校核洪水位情况

$$P_4 = 10 \times 1 \times 0.5 \times (526.000 - 510.000)^2 = 1\ 280.00(\text{kN})$$

所有水平力之和：

正常蓄水位情况

$$\sum P = P_1 - P_3 = 18\ 911.25 - 45.00 = 18\ 866.25(\text{kN})$$

校核洪水位情况

$$\sum P = P_2 - P_4 = 19\ 845.00 - 1\ 280.00 = 18\ 565(\text{kN})$$

滑裂面处扬压力计算(见图5-4)：

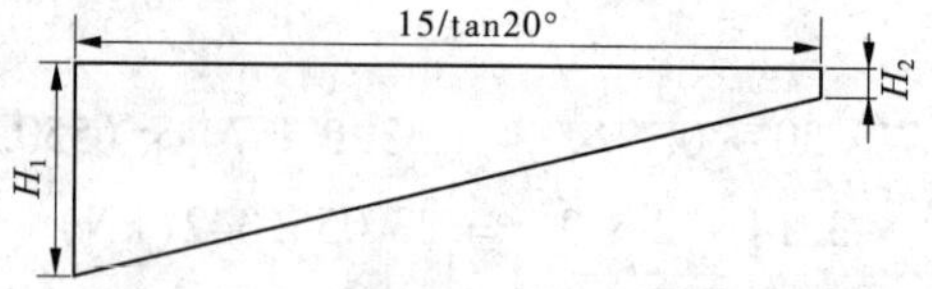

图5-4

正常蓄水位情况扬压力：

$$U_1 = 10 \times 1 \times 0.5 \times [(556.500 - 510.000 + 15) + (513.000 - 510.000)] \times 15/\sin 20° = 14\ 143.904(\text{kN})$$

校核洪水位情况扬压力：

$$U_2 = 10 \times 1 \times 0.5 \times [(558.000 - 510.000 + 15) + (526.000 - 510.000)] \times 15/\sin 20° = 17\ 323.541(\mathrm{kN})$$

大坝沿基础 F15 断层破碎带处抗剪断安全系数为：

正常蓄水位情况

$$K' = \frac{f'(\sum W\cos\alpha + \sum P\sin\alpha - U) + c'A}{\sum P\cos\alpha - \sum W\sin\alpha}$$

$$= \frac{0.3 \times (31\ 486.942 \times \cos 20° + 18\ 866.25 \times \sin 20° - 14\ 143.904) + 30 \times 43.857}{18\ 866.25 \times \cos 20° - 31\ 486.942 \times \sin 20°}$$

$$= 1.133$$

校核洪水位情况

$$K' = \frac{f'(\sum W\cos\alpha + \sum P\sin\alpha - U) + c'A}{\sum P\cos\alpha - \sum W\sin\alpha}$$

$$= \frac{0.3 \times (33\ 822.023 \times \cos 20° + 18\ 565 \times \sin 20° - 17\ 323.54) + 30 \times 43.857}{18\ 565 \times \cos 20° - 33\ 822.023 \times \sin 20°}$$

$$= 1.286$$

大坝沿基础 F15 断层破碎带处抗剪安全系数为：

正常蓄水位情况

$$K = \frac{f(\sum W\cos\alpha + \sum P\sin\alpha - U)}{\sum P\cos\alpha - \sum W\sin\alpha}$$

$$= \frac{0.28 \times (31\ 486.942 \times \cos 20° + 18\ 866.25 \times \sin 20° - 14\ 143.904)}{18\ 866.25 \times \cos 20° - 31\ 486.942 \times \sin 20°}$$

$$= 0.881$$

校核洪水位情况

$$K = \frac{f(\sum W\cos\alpha + \sum P\sin\alpha - U)}{\sum P\cos\alpha - \sum W\sin\alpha}$$

$$= \frac{0.28 \times (33\ 822.023 \times \cos 20° + 18\ 565 \times \sin 20° - 17\ 323.54)}{18\ 565 \times \cos 20° - 33\ 822.023 \times \sin 20°}$$

$$= 0.991$$

由以上计算可知，答案①B、②C 是正确的。

5.3 复习题

(1)混凝土坝坝体布置应结合枢纽布置全面考虑，合理安排泄洪、供水、发电、灌溉、航运、排沙、排漂、过鱼等建筑物的布置，避免相互干扰。宜首先考虑(　　)的布置。

A. 泄洪建筑物　　　B. 发电建筑物

C. 供水、灌溉建筑物　　　D. 航运建筑物

(2)混凝土坝泄洪设备布置时宜优先考虑(　　)。

A. 泄洪隧洞　　　　　　　　　　　　B. 开敞式溢流孔

C. 深式泄水孔　　　　　　　　　　　D. 岸坡溢洪道

(3)混凝土重力坝泄水孔型式、位置、高程、孔数和孔口尺寸的选择应考虑以下(　　)因素。

A. 布置条件:位于狭窄河道的泄水孔宜与溢流坝段结合,宽阔河道可考虑分设

B. 运行条件:下泄流量、放水期限、检修条件、排沙及排漂等

C. 施工条件:泄水孔设于不同位置对施工进度和施工方法的影响,施工期泄洪及下游供水要求等

D. 闸门工作条件、启闭机及坝体结构强度等

(4)在当地大气压条件下,当宣泄设计洪水闸门全开时,混凝土坝表孔和浅孔溢流堰顶附近负压值不应超过(　　)×9.81 kPa。

A. 6　　　　B. 9　　　　C. 3　　　　D. 1

(5)混凝土坝泄水建筑物的消能防冲设计,应满足下列(　　)要求。

A. 消能效果良好,结构可靠,防止空蚀和磨损,防止淘刷坝基和岸坡,保证坝体及有关建筑物的安全

B. 选定的消能型式在宣泄设计洪水及其以下各级洪水流量,尤其是常遇洪水流量时,都应具有良好的消能效果。对超过消能防冲设计标准的洪水,允许消能防冲建筑物出现不危及挡水建筑物安全,不影响枢纽长期运行并易于修复的局部损坏

C. 淹没于水下的消力池、消力戽等消能设施,应为运行期的排水检修提供条件

D. 坝体泄洪消能防冲型式应根据坝体高度、坝基下游河床及两岸地形地质条件,下游河道水深变化情况,结合排冰、排漂浮物等要求合理选择

(6)混凝土溢流坝水面线计算,当弗劳德数 $Fr>2$ 时,应考虑(　　)影响。

A. 波动　　　　B. 空蚀　　　　C. 掺气　　　　D. 运行

(7)挑流消能设计应对各级洪水下泄流量进行水力计算,确定挑流水舌挑射距离和跌入下游河床的最大冲坑深度;底流消能设计应对(　　)下泄流量进行水力计算,确定护坦高程、长度、厚度和尾水淹没度。

A. 设计洪水　　　　B. 校核洪水　　　　C. 常遇洪水　　　　D. 各级洪水

(8)泄水建筑物的高速水流区,应注意下列(　　)部位或区域发生空蚀破坏的可能性。

A. 进出口、闸门槽、弯曲段、水流边界突变处

B. 反弧段及其附近

C. 异形鼻坎、分流墩

D. 溢流坝面和泄水孔壁流速大于 20 m/s 的区域

(9)消力池宜采用等宽矩形断面。水跃前段,地形许可时,可设计成斜护坦。跃前断面平均流速小于(　　)m/s 时,护坦上可设置消力墩等辅助消能设施。

A. 20　　　　B. 16　　　　C. 25　　　　D. 12

(10)面流消能、戽流消能流态复杂,且不稳定。宜采取下列(　　)措施,防止坝基和

下游河岸的淘刷，保证工程安全。

A. 鼻坎下设置齿墙或短护坦

B. 两侧设置一定长度的导墙，防止横向回流

C. 下游设置护岸

D. 闸门均匀开启泄流

(11)混凝土坝防渗帷幕应符合下列(　　)要求。

A. 减小坝基和绕坝渗漏，防止渗漏水流对坝基及两岸边坡稳定产生不利影响

B. 防止在坝基软弱结构面、断层破碎带、岩体裂隙充填物以及抗渗性能差的岩层中产生渗透破坏

C. 在帷幕和坝基排水的共同作用下使坝基扬压力和坝基渗漏量降至允许值以内

D. 具有连续性和足够的耐久性

(12)混凝土坝帷幕的防渗标准和相对隔水层的透水率采用下列(　　)控制标准。

A. 坝高在 100 m 以上，透水率 q 为 1 ~ 3 Lu

B. 坝高在 50 ~ 100 m，透水率 q 为 3 ~ 5 Lu

C. 坝高在 50 m 以下，透水率 q 为 5 Lu

D. 抽水蓄能电站和水源短缺水库坝基帷幕防渗标准和相对隔水层的透水率 q 值控制标准取小值

(13)混凝土重力坝在下列(　　)情况的横缝宜采用全部或部分灌浆。

A. 对横缝有很高防渗要求时

B. 位于陡坡上的坝段或坝体承受侧向荷载，其侧向稳定或应力不能满足要求，需将相邻坝段连接成整体时

C. 河谷狭窄，经过技术经济比较后认为选用整体式重力坝有利时

D. 地震设计烈度在Ⅷ度以上或有其他特殊要求，需将大坝连接成整体，提高大坝的抗震性能时

(14)底流消力池下列说法(　　)是正确的。

A. 底流消力池水平护坦上的时均动水压力，可近似取为计算断面上的水深

B. 不设消力墩的护坦上发生水跃时，可将跃首与跃尾的水面连线作为近似水面线

C. 护坦上设有消力墩时，墩下游水深可按跃后水深计，墩上游水深按跃后水深的一半估算

D. 护坦和尾坎上的脉动压力可忽略不计

(15)某混凝土重力坝，正常蓄水位 860.50 m，校核洪水位 862.40 m。溢流坝堰顶高程定为 850.40 m，开敞式溢流堰(上游采用双圆弧曲线、上游堰面坡比为 3∶2、下游采用 WES 幂曲线)，溢流堰相对高度 65.00 m，定型设计水头(H_d)取最大水头(H_{max})的 85%，堰面曲线参数(　　)。

A. $y = 0.078\ 61x^{1.81}$、$R_1 = 4.896$ m、$R_2 = 2.244$ m

B. $y = 0.069\ 45x^{1.85}$、$R_1 = 5.100$ m、$R_2 = 2.040$ m

C. $y = 0.074\ 11x^{1.836}$、$R_1 = 6.936$ m、$R_2 = 2.142$ m

D. $y = 0.088\ 06x^{1.776}$、$R_1 = 4.590$ m、$R_2 = 0.000$ m

(16)某高混凝土重力坝，正常蓄水位为865.00 m，校核洪水位为868.55 m。溢流坝堰顶高程定为855.00 m，泄洪时水温为10 ℃，在陡槽段高程841.00 m处的水流平均流速为24.5 m/s，此处的动水压力水头为9.55 m、水流初始空化数为0.45，此处水流空化数(　　)是否满足要求。

A. 0.52、满足　　B. 0.62、满足

C. 0.42、不满足　　D. 0.72、不满足

(17)某混凝土重力坝，正常蓄水位1 110.00 m，设计洪水位1 112.20 m，校核洪水位1 113.80 m。溢流堰共3孔，每孔净宽12.50 m，堰顶高程1 098.00 m，开敞式溢流堰(WES幂曲线)，溢流堰上游相对高度65.00 m，定型设计水头(H_d)取最大水头(H_{max})的85%，侧收缩系数$\varepsilon=0.93$，挑流段出口净宽为37.50 m，挑流鼻坎顶高程为1 072.50 m，挑角为30°，堰面流速系数$\varphi=0.95$，下游冲坑处基岩为花岗岩，节理裂隙不发育，冲刷系数取平均值，河床高程1 042.50 m，泄设计洪水时下游水位1 064.90 m，泄校核洪水时下游水位1 065.50 m，重力加速度取9.81 m/s^2。

①水库的最大泄流量$Q=$(　　)m^3/s。

A. 4 169　　B. 4 948　　C. 4 941　　D. 4 919

②水库的最大挑距和最大冲坑深度(　　)。

A. 挑距114.77 m，最大冲坑深度10.29 m

B. 挑距110.897 m，最大冲坑深度8.02 m

C. 挑距114.77 m，最大冲坑深度13.31 m

D. 挑距110.90 m，最大冲坑深度10.29 m

(18)某混凝土重力坝，坝顶高程1 116.50 m，水库总库容为10.89×10^8 m^3，正常蓄水位1 110.00 m，相应下游无水，校核洪水位1 113.80 m，相应下游水位1 076.50 m。混凝土容重取24.0 kN/m^3，水的容重取10.0 kN/m^3，浪压力和泥沙压力及地震力不计，混凝土与基岩抗剪断强度参数为$f'=1.1$、$c'=1.0$ MPa。坝基采用帷幕灌浆。岸坡坝段坝剖面详见图5-5，不考虑其他坝段影响。

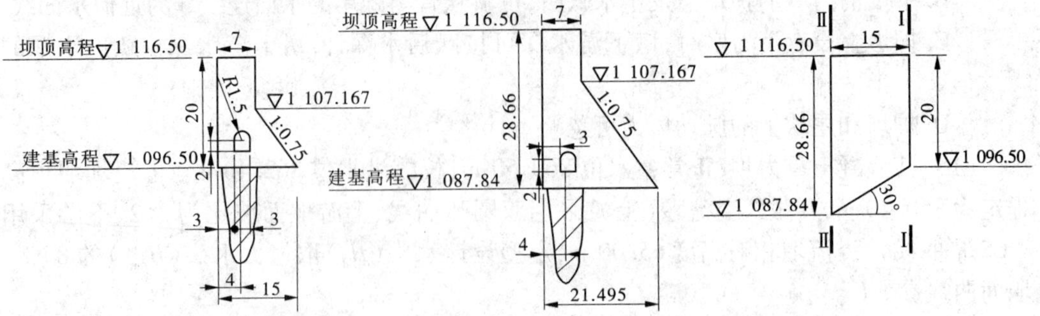

图5-5　(单位:m)

①岸坡坝段施工完毕后坝基面抗滑稳定安全系数为(　　)。

A. $K'=7.94$　　B. $K'=8.87$　　C. $K'=7.16$　　D. $K'=7.53$

②岸坡坝段运行期校核洪水位下坝基面抗滑稳定安全系数为(　　)。

A. $K'=5.70$　　B. $K'=5.13$　　C. $K'=6.81$　　D. $K'=6.92$

(19)某水库大坝为混凝土重力坝,坝顶高程为 1 116.50 m,总库容为 $10.89\times10^8\ m^3$,正常蓄水位为 1 110.00 m,相应下游无水,校核洪水位为 1 113.80 m,相应下游水位为 1 076.50 m。混凝土容重为 24.0 kN/m^3,重力加速度 g 取 9.81 m/s^2,水的容重取 10.0 kN/m^3,浪压力和泥沙压力及地震力不计,混凝土与基岩抗剪断强度参数为 $f'=1.0$、$c'=0.9$ MPa。坝基灌浆廊道内采用帷幕灌浆和打排水孔。坝剖面详见图 5-6。

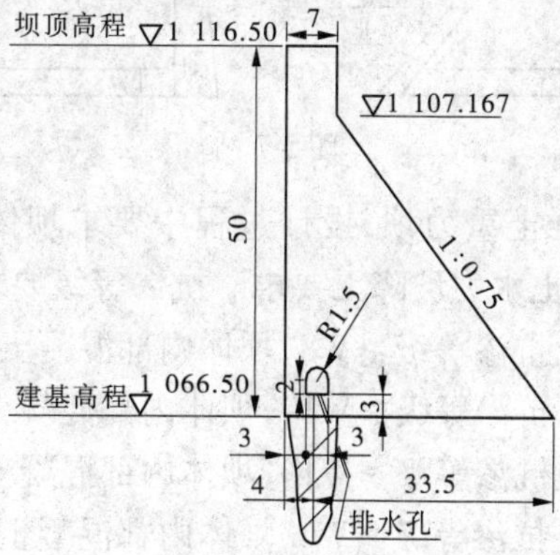

图 5-6 (单位:m)

①正常蓄水位和校核洪水位情况下的坝基面抗滑稳定安全系数是(　　)。

A. 正常蓄水位 $K'=3.00$、校核洪水位 $K'=2.50$

B. 正常蓄水位 $K'=6.07$、校核洪水位 $K'=5.06$

C. 正常蓄水位 $K'=5.70$、校核洪水位 $K'=4.68$

D. 正常蓄水位 $K'=5.14$、校核洪水位 $K'=4.31$

②正常蓄水位和校核洪水位情况下坝基面上、下游的垂直应力是(　　)。

A. 正常蓄水位 $\sigma_{上}=421.691$ kPa、$\sigma_{下}=445.051$ kPa

校核洪水位 $\sigma_{上}=534.799$ kPa、$\sigma_{下}=539.669$ kPa

B. 正常蓄水位 $\sigma_{上}=534.799$ kPa、$\sigma_{下}=539.669$ kPa

校核洪水位 $\sigma_{上}=421.691$ kPa、$\sigma_{下}=445.051$ kPa

C. 正常蓄水位 $\sigma_{上}=478.143$ kPa、$\sigma_{下}=487.575$ kPa

校核洪水位 $\sigma_{上}=389.554$ kPa、$\sigma_{下}=413.778$ kPa

D. 正常蓄水位 $\sigma_{上}=539.669$ kPa、$\sigma_{下}=534.799$ kPa

校核洪水位 $\sigma_{上}=445.051$ kPa、$\sigma_{下}=421.691$ kPa

(20)某水库大坝为混凝土重力坝,坝体混凝土分区见图 5-7,各个区域混凝土等级的主要控制因素正确说法是(　　)。

A. Ⅰ区混凝土等级的主要控制因素是抗冻,Ⅱ区混凝土等级的主要控制因素是抗冻

B. Ⅲ区混凝土等级的主要控制因素是强度和抗渗,Ⅳ区混凝土等级的主要控制因素是强度和低热

C. Ⅴ区混凝土等级的主要控制因素是强度和低热

D. Ⅵ区混凝土等级的主要控制因素是强度、抗冻、抗冲刷和抗侵蚀

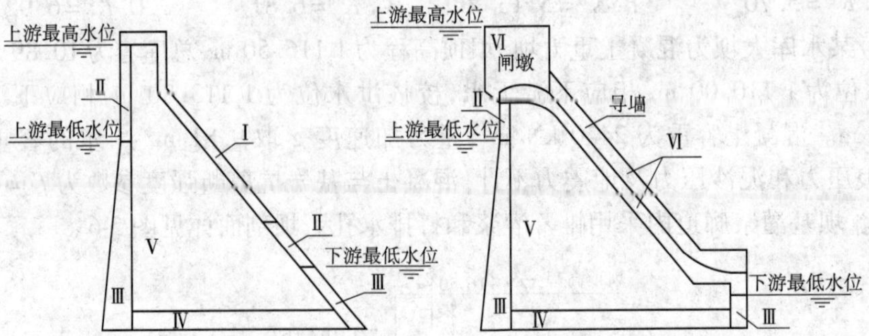

图 5-7

(21)某水库大坝为混凝土重力坝,设计过程中要求坝体上游面混凝土水力坡降按 $30\leqslant i<50$,对坝体内部混凝土水力坡降无要求。抗渗等级要求的正确说法是(　　)。

A. 坝体上游面混凝土抗渗等级≥W8,坝体内部混凝土抗渗等级≥W2

B. 坝体上游面混凝土抗渗等级≥W10,坝体内部混凝土抗渗等级≥W4

C. 坝体上游面混凝土抗渗等级≥W10,坝体内部混凝土抗渗等级≥W6

D. 坝体上游面混凝土抗渗等级≥W6,坝体内部混凝土抗渗等级≥W2

(22)某水库大坝为混凝土重力坝,坝体混凝土分区见图 5-7,根据大坝混凝土耐久性要求,各个区域混凝土的水灰比正确说法是(　　)。

A. Ⅰ区:严寒和寒冷地区最大水灰比为 0.55,温和地区最大水灰比为 0.60

B. Ⅱ区:严寒和寒冷地区最大水灰比为 0.45,温和地区最大水灰比为 0.50

Ⅲ区:严寒和寒冷地区最小水灰比为 0.50,温和地区最小水灰比为 0.55

C. Ⅳ区:严寒和寒冷地区最大水灰比为 0.50,温和地区最大水灰比为 0.55

Ⅴ区:严寒和寒冷地区最大水灰比为 0.65,温和地区最大水灰比为 0.65

D. Ⅵ区:严寒和寒冷地区最小水灰比为 0.45,温和地区最小水灰比为 0.45

(23)某水库大坝为混凝土重力坝,基础约束区(指建基面 0.4 l 高度范围内,l 为浇筑块长边尺寸)混凝土 28 d 龄期的极限拉伸值不低于 0.85×10^{-4},基础约束区混凝土浇筑时容许温差的正确说法是(　　)。

A. 距离基础面高(0~0.2)l:浇筑块长边长度 16 m 以下容许温差可采用 26~25 ℃,浇筑块长边长度 17~20 m 容许温差可采用 24~22 ℃,浇筑块长边长度 21~30 m 容许温差可采用 22~19 ℃

B. 距离基础面高(0~0.2)l:浇筑块长边长度 31~40 m 容许温差可采用 19~16 ℃,浇筑块长边长度 40 m 至通仓长块容许温差可采用 16~14 ℃

C. 距离基础面高(0.2~0.4)l:浇筑块长边长度 16 m 以下容许温差可采用 28~27 ℃,浇筑块长边长度 17~20 m 容许温差可采用 26~25 ℃,浇筑块长边长度 21~30 m 容许温差可采用 25~22 ℃

D. 距离基础面高(0.2~0.4)l:浇筑块长边长度 31~40 m 容许温差可采用 22~19 ℃,浇筑块长边长度 40 m 至通仓长块容许温差可采用 19~17 ℃

(24)混凝土重力坝安全监测设计应注意下列(　　)事项。

A. 配合坝体构造设计，合理布置观测廊道和观测站

B. 为监测设施提供良好的交通、照明、防潮、防风、排水、保温及保安条件

C. 监测设施的埋设安装，应减少施工干扰。仪器和电缆应有可靠的保护措施

D. 根据理论计算或模型试验成果，对主要监测项目宜提出预计的测值变化范围。1 级和 2 级重力坝重点监测坝段的位移值和扬压力值，宜提出警戒值

(25)混凝土重力坝专门监测项目应根据大坝级别、重要性、结构型式及施工工艺、地质条件，参照下列(　　)项目研究决定。

A. 近坝区岸坡稳定性监测　　B. 地下洞室稳定性监测

C. 地震反应监测　　D. 水力学监测

(26)混凝土重力坝的基础经处理后应符合(　　)要求。

A. 具有足够的强度，以承受坝体的压力

B. 具有足够的完整性和均匀性，以满足坝体抗滑稳定的要求和减少不均匀沉陷

C. 具有足够的抗渗性，以满足渗透稳定的要求，控制渗流量，降低渗透压力

D. 具有足够的耐久性，以防止岩体性质在水的长期作用下发生恶化

(27)混凝土重力坝，提高坝基深层抗滑稳定性处理的原则有(　　)。

A. 提高软弱结构面抗剪能力

B. 增加尾岩抗力

C. 提高软弱结构面抗剪能力与增加尾岩抗力相结合

D. 应根据软弱结构面形状、埋深、特性及其对坝体影响程度，结合工程规模、施工条件和工程进度，进行综合分析比较后选定

(28)坝基固结灌浆的设计，应根据坝基工程地质条件、坝高和灌浆试验资料确定，下列说法正确的是(　　)。

A. 宜在坝基上游和下游一定的范围内进行固结灌浆。当坝基岩体裂隙发育，且具有可灌性时，可在全坝基范围进行固结灌浆，并根据坝基应力及地质条件，向坝基外及宽缝重力坝的宽缝部位适当扩大灌浆范围

B. 防渗帷幕上游的坝基宜进行固结灌浆

C. 断层破碎带及其两侧影响带或其他地质缺陷应加强固结灌浆

D. 基础中的岩溶洞穴、溶槽等，在清挖回填后其周边应根据岩溶分布情况适当加强固结灌浆

(29)混凝土溢流坝上闸墩的强度计算应包括(　　)。

A. 闸墩承受最大纵向力、相应侧向力、竖向力及自重情况下，核算其纵向强度

B. 闸墩承受最大不平衡侧向力、相应纵向力、竖向力及自重情况下，核算其横向强度

C. 对闸门槽和弧形闸门铰支座等部位的强度进行核算

D. 必要时应核算闸墩的变位

(30)混凝土重力坝坝体应力应符合下列(　　)要求。

A. 施工期：坝体任何截面上的主压应力不应大于混凝土的允许压应力，在坝体的下游面，允许有不大于 0.2 MPa 的主拉应力

B. 运用期：坝体上游面的垂直应力不出现拉应力（计扬压力），坝体最大主压应力，不应大于混凝土的允许压应力值

C. 运用期：在地震作用下，坝体上游面的应力控制标准应符合 SL 203—97 的要求

D. 运用期：关于坝体局部区域拉应力规定，宽缝重力坝离上游面较远的局部区域，允许出现拉应力，但不应超过混凝土的允许拉应力；当溢流坝堰顶部位出现拉应力时，应配置钢筋；廊道及其他孔洞周边的拉应力区域，宜配置钢筋，有论证时，可少配或不配钢筋

（31）碾压混凝土坝设计应研究以下（　　）因素。

A. 坝址区的地形地质、水文气象条件和建筑材料的来源及适应性

B. 结合工程任务，合理安排泄水、发电、灌溉、供水及航运等建筑物的布置

C. 坝体的规模、结构布置型式和主要尺寸，坝体稳定、混凝土强度和耐久性的要求

D. 碾压混凝土筑坝的施工条件，坝体快速施工、缩短工期、节约水泥和简化温度控制措施等

（32）碾压混凝土重力坝应力分析主要包括以下（　　）内容，设计时可根据工程规模和大坝的具体情况，分析以下（　　）内容的全部或部分，或另加其他内容。

A. 坝体选定截面上的应力（包括坝基面、折坡处截面及其他需要计算的界面），高坝应重视其碾压层（缝）面的剪应力

B. 坝体廊道、孔洞、管道等坝体削弱部位的局部应力

C. 坝体上闸墩、导墙等部位的应力

D. 地质条件复杂时坝基内部的应力

（33）碾压混凝土坝的上游面应设防渗层。防渗层宜优先采用二级配碾压混凝土，其抗渗等级的最小允许值根据大坝挡水水头（H）确定，下列说法正确的是（　　）。

A. 当挡水水头 $H<30$ m 时，抗渗等级最小允许值为 W4

B. 当挡水水头 $H=30\sim70$ m 时，抗渗等级最小允许值为 W6

C. 当挡水水头 $H=70\sim150$ m 时，抗渗等级最小允许值为 W8

D. 当挡水水头 $H>150$ m 时，抗渗等级最小允许值应进行专门试验研究

（34）碾压混凝土坝的碾压混凝土的配合比应由试验确定，其材料用量应满足下列（　　）要求。

A. 碾压混凝土的总胶凝材料用量宜不低于 130 kg/m^3

B. 水泥用量应根据大坝级别、坝高并通过试验研究确定

C. 水胶比宜小于 0.70

D. 有抗侵蚀性要求时，水泥中 C_3A 含量宜低于 5%，水胶比宜小于 0.45，并应进行试验论证

（35）碾压混凝土重力坝的高坝、中坝应进行坝体温度控制设计，提出温度控制标准及防止裂缝的措施。碾压混凝土拱坝的高坝、中坝应采用三维有限元法进行坝体温度控制分析，提出温度控制标准及防止裂缝的措施。必要时，可采取下列（　　）温度控制措施。

A. 在粗骨料堆上洒水、喷雾、料堆加高、地垅取料、加设凉棚

B. 用冷却水或加片冰拌和碾压混凝土,仓面喷雾或流水养护

C. 骨料预冷,埋设冷却水管

D. 在碾压混凝土运输过程中防止热量倒灌

5.4 参考答案

(1)A	(2)B	(3)ABCD	(4)C	(5)ABCD	(6)AC
(7)D	(8)ABCD	(9)B	(10)ABCD	(11)ABCD	(12)ABCD
(13)ABCD	(14)ABC	(15)A	(16)B	(17)①C、②A	(18)①B、②A
(19)①C、②B	(20)ABCD	(21)A	(22)AC	(23)ABCD	(24)ABCD
(25)ABCD	(26)ABCD	(27)ABCD	(28)ABCD	(29)ABCD	(30)ABCD
(31)ABCD	(32)ABCD	(33)ABCD	(34)ABCD	(35)ABCD	

第 6 章　混凝土拱坝设计

6.1　考试大纲

熟练掌握拱坝布置和设计基本要求。

掌握拱坝结构、构造设计和坝体分区。

熟练掌握拱坝泄洪、消能型式及结构设计。

熟练掌握泄水建筑物的水力计算。

掌握拱坝应力与拱座抗滑稳定计算。

掌握坝基(坝肩)处理设计。

了解拱坝坝体温度控制与混凝土防裂措施。

掌握碾压混凝土拱坝材料性能、构造要求与施工特点。

了解拱坝的安全监测设计。

6.2　复习指导

6.2.1　复习要点

混凝土拱坝设计应遵循《混凝土拱坝设计规范》(DL/T 5346—2006)或《混凝土拱坝设计规范》(SL 282—2003)的相关规定,在应用中应根据工程所属行业分别采用不同的行业标准。

6.2.1.1　混凝土拱坝布置及设计原则

混凝土拱坝按其厚高比分为薄拱坝、中厚拱坝和厚拱坝(或称重力拱坝)。薄拱坝厚高比小于 0.2,中厚拱坝厚高比为 0.2 ~ 0.35,厚拱坝厚高比大于 0.35。

拱坝布置设计包括坝线选择、平面布置、拱坝体型选择、泄洪建筑物布置及引水发电建筑物布置等有关内容。

拱坝布置应符合下列要求:①混凝土拱坝宜修建在河谷较狭窄、地质条件较好的坝址上。②拱坝坝轴线应选在河谷两岸较厚实的山体上。③拱坝布置应根据坝址地形、地质、水文等自然条件及枢纽的综合利用等要求,进行全面技术经济比较,选择最优方案。④泄洪方式的选择,应根据泄洪量大小,结合工程具体情况确定。除有明显合适的岸边泄洪通道外,宜首先研究采用拱坝坝身泄洪的可行性。⑤与拱坝相邻的其他建筑物布置,应分析研究其对拱坝应力及拱座稳定的影响。⑥应分析研究拱坝两岸山体存在不利结构面、缓倾角节理、软弱夹层和下游临空面等因素对拱坝布置的影响,以及采用拱座加固措施的可行性。⑦应分析研究施工导流、工程施工等对拱坝布置的影响。⑧最终选定的 1、2 级拱坝布置方案,应进行水工模型试验,3 级拱坝必要时也应进行水工模型试验。⑨拱坝设计应进行优化,在满足坝体应力、拱座稳定的条件下,选择最优体型。

拱坝体型应根据坝址河谷形状、地质条件、拱座稳定、坝体应力、泄洪布置以及施工条件等因素进行选择。对 V 形河谷,可选用双曲拱坝;对 U 形河谷,可选用单曲拱坝;介于 V 形与 U 形之间的梯形河谷,可选用单曲拱坝或者双曲拱坝。当坝址河谷的对称性较差时,坝体的水平拱可设计成不对称的拱,或采取其他措施。当坝址河谷形状不规则或河床有局部深槽时,宜设计成有垫座的拱坝。当地质、地形条件不利时,可采用两端拱圈呈扁平状、拱端推力偏向山体深部的变曲率拱坝,或采用拱端逐渐加厚的变厚度拱或设垫座的拱坝;当坝址两岸上部基岩较差或地形较开阔时,可设置重力墩或推力墩与拱坝连接。

拱坝体型设计应符合下列要求:①坝体应力分布合理,满足应力控制标准;②合理选定水平拱圈的中心角,水平拱圈最大中心角应根据稳定、应力、工程量等因素,在 75° ~ 110°选择为宜;③合理设计垂直悬臂梁断面,在满足施工期自重拉应力控制标准及坝表孔布置的要求下,可选取较大的下游面倒悬度(水平比垂直),悬臂梁的上游面倒悬度不宜大于 0. 3∶1;④在满足应力控制标准的前提下,宜加大拱坝推力与所利用岩面等高线的夹角,拱端内弧面的切线与利用岩面等高线的夹角不应小于 30°,若夹角小于 30°,应专门研究拱座的稳定性,调整坝体作用于拱座上的各种作用力的合力方向;⑤必要时可采用坝体应力变化平缓的变厚度、变曲率拱,并满足应力控制标准。

根据坝体应力、拱座稳定及工程具体条件,可采用抛物线、椭圆、双曲线、多心圆、对数螺线、统一二次曲线等变曲率拱型。

6. 2. 1. 2　拱坝应力与稳定分析内容及方法

拱坝应力分析应包括下列内容:①各计算截面上的应力分布(包括拱端、拱冠和其他需要计算应力的部位);②坝体上、下游面在各计算点上的主应力;③坝体削弱部位(孔洞、泄水管道部位等)的局部应力;④必要时还需分析坝基内部的应力。设计时可根据工程规模、坝的具体情况和不同的设计阶段,计算上述内容的部分或全部,或另加其他内容。

拱坝应力分析中应根据其重要程度和必要性,研究下列问题:①坝体应力对体型布置及拱座稳定的影响,优选体型应满足坝体应力控制标准及拱座稳定;②分期蓄水、分期施工和施工程序对坝体应力的影响;③坝体内大孔洞对坝体应力的影响;④基础变形对坝体应力的影响;⑤封拱温度对坝体应力的影响,并优选对坝体应力有利的封拱温度;⑥混凝土徐变对坝体应力的影响;⑦在坝体横缝灌浆以前,应验算各单独坝段的坝体应力和抗倾覆稳定性;⑧拱坝设有重力墩、推力墩或周边缝时对坝体应力的影响。

坝址地质地形条件比较复杂的 1、2 级拱坝,应对坝基应力和位移作专门研究。必要时,应结合拱座稳定和基础处理方案一并研究。

拱坝应力分析应以拱梁分载法或有限元法计算成果,作为衡量强度安全的主要标准。1、2 级拱坝和高拱坝或情况比较复杂的拱坝(如拱坝内设有大的孔洞、基础条件复杂等),除用拱梁分载法计算外,还应采用有限元法计算。必要时,应进行结构模型试验加以验证。用拱梁分载法计算时,拱和梁的布置应保持均匀,并达到设计所要求的精度。用有限元法计算时,单元的剖分应达到设计所要求的精度,单元的型式应结合拱坝体型合理选用,计算模型应接近于实际情况,计算坝体自重应计及施工过程。

用拱梁分载法计算时,坝体的主压应力和主拉应力应符合下列应力控制指标的规定:①容许压应力。混凝土的容许压应力等于混凝土的极限抗压强度除以安全系数。对于基本荷载组合,1、2 级拱坝的安全系数采用 4.0,3 级拱坝的安全系数采用 3.5;对于非地震情况特殊荷载组合,1、2 级拱坝的安全系数采用 3.5,3 级拱坝的安全系数采用 3.0。②容许拉应力。在保持拱座稳定的条件下,通过调整坝的体型来减少坝体拉应力的作用范围和数值。对于基本荷载组合,拉应力不得大于 1.2 MPa;对于非地震情况特殊荷载组合,拉应力不得大于 1.5 MPa。

用有限元法计算时,应补充计算“有限元等效应力”,经等效应力处理后的坝体最大拉应力不得大于 1.5 MPa。对于非地震情况特殊荷载组合,拉应力不得大于 2.0 MPa。超过上述指标时,应调整坝的体型,减少坝体拉应力的作用范围和数值。

拱坝应力分析除研究运行期外,还应验算施工期的坝体应力和抗倾覆稳定性。在坝体横缝灌浆以前,按单独坝段分别进行验算时,坝体最大拉应力不得大于 0.5 MPa,并要求在坝体自重单独作用下,合力作用点落在坝体厚度中间的 2/3 范围内;坝体横缝灌浆前遭遇施工洪水时,坝体抗倾覆稳定安全系数不得小于 1.2。

在拱坝设计中应重视两岸拱座的稳定,并作出相应于各设计阶段工作深度的分析论证。必要时应采取相应的确保拱座稳定的工程措施。拱座抗滑稳定的数值计算方法以刚体极限平衡法为主。1、2 级拱坝或地质情况复杂的拱坝还应辅以有限元法或其他方法进行分析,必要时还应辅以地质力学模型试验。

6.2.1.3 **水力计算**

跌流消能的射距计算式:

$$L_d = 2.3q^{0.54}z^{0.19}$$

式中 L_d——射距,m;

q——泄水建筑物出口断面的单宽流量,$m^3/(s \cdot m)$;

z——鼻坎至河床高差,m。

跌流消能水舌冲击区上游水垫深度计算式:

$$t_d = 0.6q^{0.44}z^{0.34}$$

式中 t_d——水垫塘底板或护坦上内侧的水垫深度,m;

其他符号意义同前。

跌流消能水垫塘底板或护坦上的冲击流速,当水舌落点上、下游有水位差时,按下式计算:

$$v_1 = 4.88q^{0.15}z^{0.275}$$

式中 v_1——对水垫塘底板或护坦的冲击流速,m/s;

其他符号意义同前。

跌流消能当水舌落点上、下游无明显水位差时的冲击流速(适用于水舌基本布满河面)按下式计算:

$$v_1 = \frac{2.5v_0}{\sqrt{\dfrac{t_d}{h_0\sin\beta}}}$$

$$v_0 = \varphi\sqrt{2gz_0}$$

$$\beta = \arccos\left(\frac{2v_1}{v_0} - 1\right)$$

式中 h_0——水舌落至水面时的厚度，m，$h_0 = q/v_0$；

v_0——水舌落至水面时的平均流速，m/s；

β——水舌入射角，(°)；

z_0——上、下游落差，m；

g——重力加速度，m/s^2；

φ——流速系数。

6.2.1.4 **坝体混凝土标号分区**

坝体混凝土标号分区设计应以强度为主要控制指标。混凝土的其他性能指标应视坝体不同部位的要求做校验，必要时可提高局部混凝土的性能指标，设不同标号分区。高拱坝拱冠与拱端坝体应力相差较大时，可设不同标号区；坝体厚度小于20 m时，混凝土标号不宜分区。同一层混凝土标号分区最小宽度不宜小于2 m。应综合研究混凝土的力学和热学指标，在满足混凝土低热要求的同时，混凝土应有足够的强度，尤其是早期强度。

6.2.1.5 **混凝土温控**

对于高拱坝，应根据坝址气温、水温、地温等自然条件，坝体结构特点以及混凝土原材料和混凝土性能等，制定合理的温度控制标准及温控防裂措施。对于中、低坝，可参照类似工程经验进行温度控制。高拱坝除进行混凝土力学、热学性能试验外，还应进行混凝土极限拉伸、徐变和自生体积变形等变形性能的试验研究。

坝体混凝土施工温度控制措施。混凝土浇筑层厚应根据温度控制标准、混凝土浇筑能力及温度控制措施等因素，通过综合分析决定。基础约束区的浇筑层厚度宜采用1.5～2.0 m，应采取短间歇均匀上升的分层浇筑方法，层面不应长期暴露。基础约束区以外的浇筑层厚度宜采用2.0～3.0 m，可根据该部位温度控制标准和上下层温差要求，以及混凝土施工机械设备浇筑能力确定，并应做到短间歇均匀上升。基础温差和上下层新老混凝土温差的控制，应符合规定。对坝身导流底孔、深式泄水孔、闸墩等部位，在施工期或运行期过流受低温水冷冲击，应研究该部位混凝土温度低于稳定温度所产生的影响。各坝块应均匀上升，相邻块高差不超过12 m，相邻坝块浇筑时间的间隔宜小于28～30 d。应根据当地气候条件，提出各月坝体内外温差或坝体内部最高温度控制标准。遇气温骤降时，对龄期2～3 d以上(基础约束区和特殊部位)或3～4 d以上(普通部位)的新浇混凝土，必须进行表面保护。低温季节也应根据当地气候条件对混凝土外露面进行保护，在基础约束区、上下游面、结构断面突变部位及孔洞周围等应重点保护。泄水孔、廊道、竖井等孔洞进出口，在低温季节及气温骤降期间应进行遮闭或封堵。

温控措施的选用应符合下列要求：①应采用合适的混凝土原材料，改进混凝土施工管理和施工工艺，改善混凝土性能，提高混凝土抗裂能力。②应合理安排混凝土施工程序，在有利季节浇筑基础约束区混凝土，并控制相邻块、相邻坝段高差。基础约束区混凝土应连续均匀上升，不得出现薄层、长间歇情况。控制混凝土全年浇筑量，高温季节宜利用夜间浇筑，严寒地区应避免在冬季浇筑坝体混凝土。③应采用低发热量水泥、浇筑低流态混凝土、掺高效外加剂、加大骨料粒径、优选骨料级配、掺适宜的掺合料、控制浇筑层厚和层间间歇期、通水冷却等减少混凝土水化热温升措施。夏季宜减小浇筑层厚,保证正常的间歇时间,并利用天然低温水养护。④应采用在粗骨料上洒水喷雾、骨料堆高、地垄取料、混凝土拌和加冰、冷水拌和、预冷骨料等骨料及混凝土简易人工冷却措施,降低混凝土浇筑温度,并对预冷混凝土进行保温,还应降低混凝土出机口温度,严格控制混凝土运输时间和仓面浇筑坯覆盖前的暴露时间,减少混凝土运输和浇筑过程中的温度回升。⑤坝体内应埋设冷却水管通水冷却:初期通制冷水或低温河水,降低混凝土最高温度;中期可通河水冷却,控制低温季节坝体内外温差;后期通制冷水或河水降温,使坝体达到接缝灌浆温度。通水类别和通水时间应通过分析计算确定。通水时坝体混凝土温度与冷却水之间的温差不宜超过 25 ℃,坝体降温速度每天不宜大于 1 ℃。

6.2.1.6　**接缝灌浆**

横缝和纵缝都必须进行接缝灌浆。灌浆时坝体温度应降到设计规定值。缝的张开度不宜小于 0.5 mm。缝两侧坝体混凝土龄期,在采取有效措施后,不宜小于 4 个月。灌浆浆液结石达到预期强度后,坝体方能挡水受力。拱坝横(纵)缝尚未灌浆而需临时拦洪时,必须专门论证。横(纵)缝的灌浆压力,应根据坝体应力及变形条件确定。除顶层外,灌浆区上部宜有 9 m 厚的混凝土盖重。层顶灌浆压力可为 0.1 ~ 0.3 MPa。拱坝接缝灌浆时的温度场(即封拱温度场),应根据坝体混凝土温度场进行调整。冷却水管的布置和通水冷却方式选择应有利于降低拱坝温度荷载。有倒悬剖面的拱坝应及时灌浆。高温季节进行坝段接缝灌浆时,应做好坝体表面保温。

6.2.1.7　**监测**

混凝土拱坝应根据坝的级别、高度、结构型式与特点、地形与地质条件,设置必要的监测设施。监测工作应符合下列规定:①分别监视工程建筑物在施工期、蓄水期和运行期的工作状态与安全;②验证设计,指导施工;③积累科学研究资料。混凝土拱坝安全监测范围,应包括坝体、坝基、坝肩以及对拱坝安全有重大影响的近坝区岸坡和其他与大坝安全有直接关系的建筑物和设备。

安全监测设计应遵循下列原则:①应能全面、准确地反映工程建筑物在施工期、蓄水期及运行期的实际工作性态。②应结合影响工程安全的主要问题,有针对性地设置监测项目和布置监测仪器。监测断面或部位的选择应有代表性,测点布置应突出重点。③应选择性能稳定可靠,且适宜在潮湿恶劣环境中长期工作的监测仪器和设备。仪器的量程和精度应满足监测要求。监测精度应与所测物理量值变化幅度大小相适应。采用的监测方法应技术成熟,便于操作。④监测项目应统筹安排,配合布置。重要监测断面或部位的重点监测项目,宜采用两种以上监测手段。关键部位用于监测重要物理量的仪器,宜设备份。⑤宜采用先进技术或为后期技术改进留有余地。⑥1、2 级拱坝,宜设置具有数据采集和数据管理功能的自动化监测系统。3 级拱坝,必要时也可设置自动化监测系统。采用自动化监测设备的同时,应具备人工观测条件。

安全监测设计应符合下列要求:①应重视施工期和首次蓄水期的安全监测工作,及时取得主要监测项目的基准值。水库首次蓄水前应制订详细的监测工作计划,若首次蓄水前永久性监测设施未完工或不具备监测条件,应采取相应的临时监测措施。蓄水过程中,应快速整理分析监测资料并及时反馈。②在布置安全监测设施的同时,应统筹安排观测站的布设。必要时可设置专门的观测廊道、竖井及洞室。③应为监测设施提供良好的交通、照明、防潮、防风、保温及保安条件。④监测设施的埋设安装,应减少施工干扰。仪器和电缆应有可靠的保护措施。⑤宜根据理论计算或模型试验成果,并参考类似工程经验,对主要监测项目提出预计的测值变化范围。1、2 级拱坝关键部位的位移值,宜提出技术警戒值。

6.2.2 案例分析

【例 6-1】 某水库大坝为混凝土拱坝,泄水建筑物为表孔泄流,堰顶高程为 600.00 m,溢流堰上游面铅直,正常蓄水位为 610.00 m,设计洪水位为 612.00 m,校核洪水位为 614.50 m,堰顶下游堰面采用幂曲线,堰顶上游堰面采用椭圆曲线,椭圆曲线中 $a=0.30$,定型设计水头取最大作用水头的 90%。表孔堰面曲线方程为(　　)。

A. 下游幂曲线为 $y=0.060\,32x^{1.836}$,上游椭圆方程为$\frac{x^2}{3.915^2}+\frac{(2.212-y)^2}{2.212^2}=1$

B. 下游幂曲线为 $y=0.056\,32x^{1.85}$,上游椭圆方程为$\frac{x^2}{3.654^2}+\frac{(2.136\,8-y)^2}{2.136\,8^2}=1$

C. 下游幂曲线为 $y=0.056\,32x^{1.85}$,上游椭圆方程为$\frac{x^2}{3.915^2}+\frac{(2.212-y)^2}{2.212^2}=1$

D. 下游幂曲线为 $y=0.056\,32x^{1.85}$,上游椭圆方程为$\frac{x^2}{3.785^2}+\frac{(2.175-y)^2}{2.175^2}=1$

答案:C

考点:《混凝土拱坝设计规范》(SL 282—2003)附录 A.1.1。

解:由《混凝土拱坝设计规范》(SL 282—2003)附录 A.1.1 可知:

堰顶下游面幂曲线方程为

$$x^n = KH_s^{n-1}y$$

堰顶上游面曲线方程为

$$\frac{x^2}{(aH_s)^2}+\frac{(bH_s-y)^2}{(bH_s)^2}=1$$

式中　x、y——以堰顶为坐标原点,水平向下游为 x 正向,竖直向下为 y 正向的坐标;

K、n——堰顶下游面幂曲线参数,查表 A.1.1-1;

H_s——定型设计水头,m,可根据容许负压的大小按堰顶最大作用水头 H_{max} 的 75% ~95% 计算,本题已给出按堰顶最大作用水头 H_{max} 的 90%;

aH_s、bH_s——堰顶上游面椭圆曲线的长半轴和短半轴,m,其中 $a=0.30$,$a/b=0.87+3a$,则 $b=a/(0.87+3a)=0.30/(0.87+3\times0.30)=0.169\,5$。

溢流堰上游面铅直,幂曲线参数 K、n 查表 A.1.1-1 得 $K=2.000$,$n=1.850$。

定型设计水头 $H_s=90\%\times(614.50-600.00)=13.05(\text{m})$。

则堰顶下游面曲线方程为:

$$x^{1.85}=2.000\times13.05^{1.850-1}\times y$$

整理得：

$$y = 0.056\ 32x^{1.85}$$

堰顶上游面曲线方程为·

$$\frac{x^2}{(0.30 \times 13.05)^2} + \frac{(0.169\ 5 \times 13.05 - y)^2}{(0.169\ 5 \times 13.05)^2} = 1$$

整理得：

$$\frac{x^2}{3.915^2} + \frac{(2.212 - y)^2}{2.212^2} = 1$$

因此，答案是 C。

【例 6-2】 某水库大坝为混凝土拱坝，泄水建筑物为浅孔泄流，堰顶下游堰面曲线为抛物线，孔口高度为 8.00 m，堰顶高程为 820.00 m，正常蓄水位为 835.00 m，设计洪水位为 837.00 m，校核洪水位为 838.00 m，孔前设有检修闸门槽，定型设计水头取最大作用水头的 90%。浅孔下游堰面曲线方程为（　　）。

A. $y = 0.021\ 529x^2$　B. $y = 0.021\ 985x^2$　C. $y = 0.020\ 828x^2$　D. $y = 0.020\ 396x^2$

答案：B

考点：《混凝土拱坝设计规范》（SL 282—2003）附录 A. 1. 2。

解：《混凝土拱坝设计规范》（SL 282—2003）附录 A. 1. 2 可知：浅孔堰面曲线采用抛物线时，若校核情况下最大作用水头 H_{max}（孔口中心线处）与孔口高度 D 的比值 $H_{max}/D >$ 1.5，抛物线方程为：

$$y = \frac{x^2}{4\varphi^2 H_s}$$

式中　H_s——定型设计水头，m，宜取孔口中心线至水库校核洪水位水头的 75% ~95%，本题已给出 90%；

φ——孔口收缩面上的流速系数，可取 $\varphi = 0.96$，若孔前设有检修闸门槽，可取 $\varphi =$ 0.95，本题孔前设有检修闸门槽，因此 $\varphi = 0.95$。

孔口中心线最大作用水头 $H_{max} = 838.00 - (820.00 + 0.5 \times 8) = 14.00$（m）。

孔口中心线最大作用水头 H_{max} 与孔口高度 D 的比值 $H_{max}/D = 14.00/8.00 = 1.75 >$ 1.5，满足曲线方程的要求。

定型设计水头 $H_s = H_{max} \times 90\% = 14.00 \times 90\% = 12.60$（m）。

则抛物线方程为：

$$y = \frac{x^2}{4\varphi^2 H_s} = \frac{x^2}{4 \times 0.95^2 \times 12.60} = 0.021\ 985x^2$$

由以上计算可知，答案为 B。

【例 6-3】 某水库大坝为混凝土拱坝，总库容为 $0.6 \times 10^8\ m^3$，正常蓄水位为 665.00 m，设计洪水位为 666.20 m，相应下游水位为 615.00 m，校核洪水位为 666.80 m，相应下游水位为 615.85 m，拱坝上游河床高程为 604.00 m，泄流和消能方式采用坝顶自由溢流和跌流消能方式，设计洪水位泄流量为2 498 m^3/s，校核洪水位泄流量为2 701 m^3/s，共3孔，每净孔宽（出口净宽）为11.00 m，堰顶高程为655.00 m，鼻坎高程为652.00 m，下游河床底高程为605.50 m，最大挑距和最大冲坑深度（　　）。

A. $L_d=49.35$ m、$t_d=5.02$ m　　B. $L_d=51.47$ m、$t_d=5.36$ m

C. $L_d=49.35$ m、$t_d=5.36$ m　　D. $L_d=51.47$ m、$t_d=5.72$ m

答案：B

考点：混凝土拱坝消能防冲水力计算。

解：《混凝土拱坝设计规范》（SL 282—2003）附录A.4.1规定，射距：

$$L_d = 2.3q^{0.54}z^{0.19}$$

式中　q——泄水建筑物出口断面的单宽流量，$m^3/(s \cdot m)$，设计洪水位为 $q=2\ 498/(3\times 11.00)=75.70(m^3/(s\cdot m))$，校核洪水位为 $q=2\ 701/(3\times 11.00)=81.85(m^3/(s\cdot m))$；

z——鼻坎至河床高差，m，$z=652.00-605.50=46.50(m)$。

设计洪水位射距为：

$$L_d = 2.3\times 75.70^{0.54}\times 46.50^{0.19} = 49.35(m)$$

校核洪水位射距为：

$$L_d = 2.3\times 81.85^{0.54}\times 46.50^{0.19} = 51.47(m)$$

SL 282—2003中A.4.2规定，水舌冲击区上游水垫深度：

$$t_d = 0.6q^{0.44}z^{0.34}$$

设计洪水位时水舌冲击区上游水垫深度：

$$t_d = 0.6\times 75.70^{0.44}\times 46.50^{0.34} = 14.86(m)$$

冲坑深度为：

$$14.86-(615.00-605.50) = 5.36(m)$$

校核洪水位时水舌冲击区上游水垫深度：

$$t_d = 0.6\times 81.85^{0.44}\times 46.50^{0.34} = 15.37(m)$$

冲坑深度为：

$$15.37-(615.85-605.50) = 5.02(m)$$

由以上计算可知，答案为B。

【例6-4】　某水库大坝为混凝土拱坝，总库容为 $0.6\times 10^8\ m^3$，正常蓄水位为665.00 m，设计洪水位为666.20 m，相应下游水位为615.00 m，校核洪水位为666.80 m，相应下游水位为615.85 m，拱坝上游河床高程为604.00 m，泄流和消能方式采用坝顶自由溢流和挑流消能方式，设计洪水位泄流量为2 498 m^3/s，校核洪水位泄流量为2 701 m^3/s，共3孔，每孔净孔宽（出口净宽）为11.00 m，堰顶高程为655.00 m，鼻坎高程为652.00 m，挑射角为25°，下游河床底高程为605.50 m，基岩特性影响系数取1.2，堰面流速系数取0.95，重力加速度取9.81 m/s^2。最大挑距和最大冲坑深度（　　）。

A. $L_d=65.78$ m、$t_d=18.43$ m　　B. $L_d=67.87$ m、$t_d=18.66$ m

C. $L_d = 66.01$ m、$t_d = 18.43$ m　　　　D. $L_d = 67.63$ m、$t_d = 18.66$ m

答案:B

考点:混凝土拱坝消能防冲水力计算。

解:《混凝土拱坝设计规范》(SL 282—2003)附录 A. 3. 1 规定,水舌抛距:

$$L = \frac{1}{g}[v_1^2\sin\theta\cos\theta + v_1\cos\theta\sqrt{v_1^2\sin^2\theta + 2g(h_1 + h_2)}]$$

$$v_1 = 1.1v = 1.1\varphi\sqrt{2gH_0}$$

$$h_1 = h\cos\theta$$

式中　H_0——水库水位至坎顶的落差,m,设计洪水位时 $H_0 = 14.20$ m,校核洪水位时 $H_0 = 14.80$ m;

g——重力加速度,9. 81 m/s^2;

φ——堰面流速系数,已知 $\varphi = 0.95$;

v——坝顶平均流速,m/s,设计洪水位时 $v = 0.95 \times \sqrt{2 \times 9.81 \times 14.20} = 15.86$(m/s),校核洪水位时 $v = 0.95 \times \sqrt{2 \times 9.81 \times 14.80} = 16.19$(m/s);

v_1——坎顶水面流速,m/s,设计洪水位时 $v_1 = 1.1 \times 15.86 = 17.44$(m/s),校核洪水位时 $v_1 = 1.1 \times 16.19 = 17.81$(m/s);

θ——鼻坎的挑角,(°),$\theta = 25°$;

h——坎顶平均水深,m,$h = Q/(Bv)$,设计洪水位时 $h = 2\,498/(3 \times 11.00 \times 15.86) = 4.773$(m),校核洪水位时 $h = 2\,701/(3 \times 11.00 \times 16.19) = 5.055$(m);

h_1——坎顶垂直方向水深,m,设计洪水位时 $h_1 = 4.773/\cos25° = 5.266$(m),校核洪水位时 $h_1 = 5.055/\cos25° = 5.578$(m);

h_2——坎顶至河床面高差,m,如冲坑已经形成,可算至坑底,$h_2 = 655.00 - 605.50 = 49.50$(m)。

设计洪水位时:

$$L = \frac{1}{9.81} \times [17.44^2 \times \sin25°\cos25° + 17.44 \times \cos25°\sqrt{17.44^2 \times \sin^2 25° + 2 \times 9.81 \times (5.266 + 49.50)}]$$
$$= 66.01(\text{m})$$

校核洪水位时:

$$L = \frac{1}{9.81} \times [17.81^2 \times \sin25°\cos25° + 17.81 \times \cos25°\sqrt{17.81^2 \times \sin^2 25° + 2 \times 9.81 \times (5.578 + 49.50)}]$$
$$= 67.87(\text{m})$$

由 SL 282—2003 中 A. 3. 2 可知,最大冲坑处水垫厚度:

$$t_k = \alpha_1 q^{0.5} H^{0.25}$$

式中　α_1——基岩特性影响系数,$\alpha_1 = 1.2$;

q——泄水建筑物出口断面的单宽流量,m^3/(s·m),设计洪水位时 $q = Q/B = 2\,498/(3 \times 11.00) = 75.70$(m^3/(s·m)),校核洪水位时 $q = Q/B = 2\,701/(3 \times 11.00) = 81.85$(m^3/(s·m));

H——上、下游水位差,m;设计洪水位时 $H = 666.20 - 615.00 = 51.20$(m),校核洪

水位时 $H=666.80-615.85=50.95(\mathrm{m})$。

设计洪水位时最大冲坑处水垫厚度：

$$t_k = 1.2\times 75.70^{0.5}\times 51.20^{0.25} = 27.93(\mathrm{m})$$

最大冲坑深度：

$$27.93-(615.00-605.50)=18.43(\mathrm{m})$$

校核洪水位时最大冲坑处水垫厚度：

$$t_k = 1.2\times 81.85^{0.5}\times 50.95^{0.25} = 29.01(\mathrm{m})$$

最大冲坑深度：

$$29.01-(615.85-605.50)=18.66(\mathrm{m})$$

由以上计算可知，答案 B 是正确的。

【例 6-5】 某水库大坝为混凝土拱坝，总库容为 $0.6\times10^8\ \mathrm{m}^3$，正常蓄水位 665.00 m，设计洪水位 666.20 m，相应下游水位 615.00 m，校核洪水位 666.80 m，相应下游水位 618.15 m，拱坝上游河床高程 604.00 m，采用坝顶自由溢流方式，共 3 孔，每孔净宽 11.00 m，堰顶高程 655.00 m，鼻坎高程 652.00 m，下游河床底高程 605.50 m，流量系数 $m_z=0.48$，侧收缩系数 $\varepsilon=0.95$，重力加速度取 $9.81\ \mathrm{m/s^2}$。最大泄量为（　　）$\mathrm{m^3/s}$。

A. 2 498.36　　B. 2 801.79　　C. 2 701.79　　D. 2 598.36

答案：C

考点：混凝土拱坝泄洪能力计算。

解：由《混凝土拱坝设计规范》（SL 282—2003）附录 A.2.1 可知，泄流能力按下式计算：

$$Q = m_z\varepsilon\sigma_m B\sqrt{2gH_z^3}$$

式中　H_z——溢流孔堰顶作用水头，m，设计洪水位时 $H_z=666.20-655.00=11.20(\mathrm{m})$，校核洪水位时 $H_z=666.80-655.00=11.80(\mathrm{m})$；

m_z——流量系数，$m_z=0.48$；

ε——侧收缩系数，$\varepsilon=0.95$；

σ_m——淹没系数，视泄流的淹没程度而定，不淹没时 $\sigma_m=1.0$；

B——溢流孔净宽，m，$B=3\times11.00=33.00(\mathrm{m})$；

g——重力加速度，$\mathrm{m/s^2}$。

设计洪水位时泄流量为：

$$Q = 0.48\times0.95\times1.0\times33.00\times\sqrt{2\times9.81\times11.20^3} = 2\,498.36(\mathrm{m^3/s})$$

校核洪水位时泄流量为：

$$Q = 0.48\times0.95\times1.0\times33.00\times\sqrt{2\times9.81\times11.80^3} = 2\,701.79(\mathrm{m^3/s})$$

由上计算可知，校核洪水位泄流量最大为 2 701.79 $\mathrm{m^3/s}$，因此答案 C 是正确的。

【例 6-6】 某水库大坝为混凝土拱坝，总库容为 $1.35\times10^8\ \mathrm{m}^3$，正常蓄水位为 665.00 m，设计洪水位为 666.20 m，相应下游水位为 615.00 m，校核洪水位为 666.80 m，相应下游水位为 618.15 m，泄流方式采用深式泄水孔（喇叭形进口），共 3 孔，每孔净宽（出口净宽）为 11.00 m，出口孔底高程为 632.00 m，出口孔顶高程为 642.00 m，重力加速度取

9.81 m/s^2。水库最大泄量为(　　)m^3/s。

A. 6 848　　B. 6 934　　C. 6 618　　D. 6 378

答案:B

考点:混凝土拱坝泄洪能力计算。

解:《混凝土拱坝设计规范》(SL 282—2003)附录A.2.2条,孔口泄流量按下式计算:

$$Q = \mu A_k \sqrt{2gH_z}$$

式中 Q——流量,m^3/s;

H_z——自由泄流时为孔口中心线处的作用水头,淹没泄流时为上、下游水位差,m,深式泄水孔孔底高程高于下游尾水位,为自由出流,因此 H_z 取孔口中心线处的作用水头,设计洪水时 $H_z = 666.20 - 1/2 \times (642.00 + 632.00) = 29.20$(m),校核洪水时 $H_z = 666.80 - 1/2 \times (642.00 + 632.00) = 29.80$(m);

D——孔口高度,m,$D = 642.00 - 632.00 = 10.00$(m);

μ——孔口或管道的流量系数,深式进水口(喇叭形进口)按 $\mu = 0.97 - 0.3 \times D/H_z$ 计算,设计洪水时 $\mu = 0.97 - 0.3 \times 10.00/29.20 = 0.867$,校核洪水时 $\mu = 0.97 - 0.3 \times 10.00/29.80 = 0.869$;

A_k——出口处的面积,m^2,$A_k = 3 \times 11 \times (642.00 - 632.00) = 330.00$(m^2);

g——重力加速度,9.81 m/s^2。

设计洪水时泄流量:

$$Q = \mu A_k \sqrt{2gH_z} = 0.867 \times 330.00 \times \sqrt{2 \times 9.81 \times 29.20} = 6\ 848(\text{m}^3/\text{s})$$

校核洪水时泄流量:

$$Q - \mu A_k \sqrt{2gH_z} = 0.869 \times 330.00 \times \sqrt{2 \times 9.81 \times 29.80} = 6\ 934(\text{m}^3/\text{s})$$

由以上计算可知,校核洪水情况下泄流量最大,因此答案B是正确的。

【例6-7】 某水库大坝为拱坝,大坝级别为2级,其中某一特定高程单高拱对应的拱端及梁底宽的荷载为:拱端轴力为57 530 kN,拱端及相应梁底径向力22 415 kN,拱端铅直力22 500 kN,下游尾岩体自重为3 830 kN。单高拱侧滑面上的扬压力为830 kN;单高拱对应梁底宽度的底滑面上的扬压力为1 040 kN;侧滑面和底滑面的摩擦系数分别为0.45、0.8,侧滑面和底滑面的凝聚力分别为0.45 MPa、0.8 MPa,侧滑面与拱端径向的夹角为34°,该特定高程的岸坡角为67.42°,侧滑面长度为77 m。假定侧滑面为铅直面,底滑面为水平面,采用垂直二维求该高程坝肩抗滑稳定安全系数为(　　)。

A. $K = 2.73$　　B. $K = 2.20$　　C. $K = 4.30$　　D. $K = 3.54$

答案:C

考点:混凝土拱坝坝肩抗滑稳定。

解:根据《混凝土拱坝设计规范》(SL 282—2003)中第7.2.6条,拱座稳定分析计算公式如下:

$$K_1 = \frac{\sum (Nf_1 + c_1 A)}{\sum T}$$

换算成底滑面和侧滑面公式变为:

$$K = \frac{[f_1'(H_A\cos\theta - V\sin\theta - u_1) + c_1'L] + [f_2'(G + W - u_2) + c_2'L\tan\varphi]}{H_A\sin\theta + V\cos\theta}$$

式中　K——抗滑稳定安全系数；

H_A——单高拱的拱端轴力，kN，$H_A = 57\ 530$ kN；

V——单高拱的拱端及相应梁底径向力，kN，$V = 22\ 415$ kN；

G——单高拱端铅直力，kN，$G = 22\ 500$ kN；

W——单高拱对应梁底宽度的下游尾岩体重量，kN，$W = 3\ 830$ kN；

f_1'、f_2'——侧滑面和底滑面的摩擦系数，$f_1' = 0.45$，$f_2' = 0.8$；

c_1'、c_2'——侧滑面和底滑面的凝聚力，MPa，$c_1' = 0.45$ MPa，$c_2' = 0.8$ MPa；

θ——侧滑面与拱端径向的夹角，(°)，$\theta = 34°$；

φ——岸坡角，(°)，$\varphi = 67.42°$；

L——侧滑面长度，m，$L = 77$ m；

u_1、u_2——侧滑面和底滑面上的扬压力，kN，$u_1 = 830$ kN，$u_2 = 1\ 040$ kN。

$$f_1'(H_A\cos\theta - V\sin\theta - u_1) + c_1'L = 0.45 \times (57\ 530 \times \cos34° - 22\ 415 \times \sin34° - 830) + 0.45 \times 10^3 \times 77 = 50\ 099(\text{kN})$$

$$f_2'(G + W - u_2) + c_2'L\tan\varphi = 0.8 \times (22\ 500 + 3\ 830 - 1\ 040) + 0.8 \times 10^3 \times 77 \times \tan67.42° = 168\ 362(\text{kN})$$

$$H_A\sin\theta + V\cos\theta = 57\ 530 \times \sin34° + 22\ 415 \times \cos34° = 50\ 753(\text{kN})$$

$$K = \frac{50\ 099 + 168\ 362}{50\ 753} = 4.30$$

由以上计算可知，答案 C 是正确的。

【例 6-8】　某水库大坝为混凝土拱坝，总库容为 0.5×10^8 m^3，正常蓄水位为 365.00 m，设计洪水位为 366.20 m，校核洪水位为 366.80 m，坝前库底高程为 312.50 m，计算的风区长度为 6.8 km，正常运用情况下计算最大风速为 18 m/s，非常运用情况下计算最大风速为 15 m/s，重力加速度取 9.81 m/s^2，不设防浪墙。坝顶高程为(　　)。

A. 366.928 m　　B. 368.304 m　　C. 368.128 m　　D. 367.704 m

答案：B

考点：《混凝土拱坝设计规范》(SL 282—2003)中第 9.1 条，《水利水电工程等级划分及洪水标准》(SL 252—2000)中第 2.1.1 条、第 2.2.1 条。

解：由《混凝土拱坝设计规范》(SL 282—2003)中第 9.1.1 条可知，坝顶高程等于正常蓄水位或校核洪水位与坝顶超高(Δh)之和，取其大值。

坝顶超高：

$$\Delta h = h_b + h_z + h_c$$

式中　Δh——坝顶与水库正常蓄水位或与校核洪水位的高差，m；

h_b——波高，m，按附录 B.5 确定，当 $gD/v^2 = 20 \sim 250$ 时，为累积概率 5% 的波高 $h_{5\%}$，当 $gD/v^2 = 250 \sim 1\ 000$ 时，为累积概率 10% 的波高 $h_{10\%}$；

h_z——波浪中心线至正常蓄水位或校核洪水位的高差，m，按 SL 282—2003 附录 B.5 确定；

h_c——安全超高,m,《水利水电工程等级划分及洪水标准》(SL 252—2000)中第2.1.1条、第2.2.1条,总库容为0.5×10^8 m³,本工程为Ⅲ等工程,大坝为3级建筑物,由《混凝土拱坝设计规范》(SL 282—2003)表9.1.1可知,相应的超高为正常蓄水位$h_c=0.4$ m,校核洪水位$h_c=0.3$ m。

波高按《混凝土拱坝设计规范》(SL 282—2003)中官厅水库公式(B.5.1-1)和式(B.5.1-2)计算,公式如下:

$$\frac{gh_b}{v_0^2}=0.007\,6v_0^{-\frac{1}{12}}\left(\frac{gD}{v_0^2}\right)^{\frac{1}{3}} \tag{1}$$

$$\frac{gL_m}{v_0^2}=0.331v_0^{-\frac{7}{15}}\left(\frac{gD}{v_0^2}\right)^{\frac{4}{15}} \tag{2}$$

式中 g——重力加速度,9.81 m/s²;

v_0——计算最大风速,m/s,正常蓄水位为$v_0=18$ m/s<20 m/s,满足规范要求,校核洪水位为$v_0=15$ m/s<20 m/s,满足规范要求;

D——计算的风区长度,$D=6.8$ km $=6\,800$ m<20 000 m,满足规范要求;

L_m——平均波长,m。

由式(1)、式(2)计算得正常蓄水位情况下波高和平均波长:

$$\frac{9.81\times h_b}{18^2}=0.007\,6\times18^{-\frac{1}{12}}\times\left(\frac{9.81\times6\,800}{18^2}\right)^{\frac{1}{3}},h_b=1.165\ \text{m}$$

$$\frac{9.81\times L_m}{18^2}=0.331\times18^{-\frac{7}{15}}\times\left(\frac{9.81\times6\,800}{18^2}\right)^{\frac{4}{15}},L_m=11.746\ \text{m}$$

由式(1)、式(2)计算得校核洪水位情况下波高和平均波长:

$$\frac{9.81\times h_b}{15^2}=0.007\,6\times15^{-\frac{1}{12}}\times\left(\frac{9.81\times6\,800}{15^2}\right)^{\frac{1}{3}},h_b=0.928\ \text{m}$$

$$\frac{9.81\times L_m}{15^2}=0.331\times15^{-\frac{7}{15}}\times\left(\frac{9.81\times6\,800}{15^2}\right)^{\frac{4}{15}},L_m=9.788\ \text{m}$$

波浪中心线至正常蓄水位或校核洪水位的高差h_z按《混凝土拱坝设计规范》(SL 282—2003)中式(B.5.2-2)计算,公式如下:

$$h_z=\frac{\pi h_{5\%\sim10\%}^2}{L_m}\text{cth}\frac{2\pi H_1}{L_m} \tag{3}$$

式中 H_1——坝前水深,m。

正常蓄水位时的高差:

$$h_z=\frac{3.14\times1.165^2}{11.746}\times\text{cth}\frac{2\times3.14\times(365.00-312.50)}{11.746}=0.363(\text{m})$$

校核洪水位时的高差:

$$h_z=\frac{3.14\times0.928^2}{9.788}\times\text{cth}\frac{2\times3.14\times(366.80-312.50)}{9.788}=0.276(\text{m})$$

正常蓄水位坝顶超高为:

$$\Delta h=1.165+0.363+0.4=1.928(\text{m})$$

坝顶高程：

$$365.00 + 1.928 = 366.928(\text{m})$$

校核洪水位坝顶超高为：

$$\Delta h = 0.928 + 0.276 + 0.3 = 1.504(\text{m})$$

坝顶高程为：

$$366.80 + 1.504 = 368.304(\text{m})$$

由以上计算可知，坝顶高程由校核洪水位控制，因此答案 B 是正确的。

【例 6-9】 某水库大坝为混凝土拱坝，总库容为 0.75×10^8 m³，正常蓄水位为 378.00 m，消能防冲设计洪水位为 380.00 m，设计洪水位为 382.00 m，校核洪水位为 383.00 m。泄流方式采用短有压深式泄水孔（喇叭形进口），共 3 孔，每孔净宽（出口净宽）为 3.00 m，出口孔底高程为 350.00 m，出口孔顶高程为 353.00 m；以 1∶3 的坡度下接消力池，消力池宽度为 15.00 m，消力池底板顶高程为 345.00 m。计算时：泄流时为非淹没出流，上游断面到消力池收缩断面的流速系数 $\varphi=0.90$，重力加速度取 9.81 m/s²。按消能防冲洪水设计消力池。

①消力池护坦内不设置辅助消能工时消力池长度是（　　）。

A. $L_c=73.539$ m　　B. $L_c=79.617$ m

C. $L_c=81.082$ m　　D. $L_c=76.622$ m

②消力池护坦内设置辅助消能工时消力池长度是（　　）。

A. $L_c=39.619\sim53.238$ m　　B. $L_c=42.523\sim57.140$ m

C. $L_c=41.094\sim55.221$ m　　D. $L_c=43.220\sim58.077$ m

答案：①D、②C

考点：《混凝土拱坝设计规范》（SL 282—2003）附录 A.5 底流消能的水力要素计算。

解：先计算消能防冲设计洪水标准时的泄流量，根据《混凝土拱坝设计规范》（SL 282—2003）附录 A.2.2 条，孔口泄流能力计算公式如下：

$$Q = \mu A_k \sqrt{2gH_z}$$

式中　Q——流量，m³/s；

A_k——孔口出口处的面积，m²；

g——重力加速度，9.81 m/s²；

H_z——自由泄流时为孔口中心线处的作用水头，淹没泄流时为上、下游水位差，m；

μ——孔口或管道的流速系数。

出口断面面积 $A_k=3\times3\times(353.00-350.00)=27.00(\text{m}^2)$。

作用水头 H_z，本题为非淹没出流，H_z 为孔口中心线处的作用水头：

$$H_z = 380.00 - [350 + 1/2\times(353.00-350.00)] = 28.50(\text{m})$$

流速系数 μ，按式（A.2.3-1）计算：

$$\mu = 0.97 - 0.3\frac{D}{H_z}$$

式中　D——孔口高度，m。

$$\mu = 0.97 - 0.3\times3/28.5 = 0.938\,42$$

泄流量为：

$$Q = 0.938\ 42 \times 27.00 \times (2 \times 9.81 \times 28.50)^{1/2} = 599.15(\mathrm{m^3/s})$$

①消力池护坦内不设置辅助消能工时消力池长度计算。

当弗劳德数 $Fr \geqslant 4.5$，护坦上不设置消能工时，消力池长度为：

$$L_c = 6.9(h'' - h')$$

式中 L_c——消力池长度，m；

h''——消力池跃后共轭水深，m；

h'——消力池跃前共轭水深，m。

$$E_0 = h_c + \frac{q^2}{2g\varphi^2 h_c^2}$$

式中 E_0——以下游河床为基准的泄水建筑物上游总水头，如果设消力池，应以消力池底板顶高程为基准的泄水建筑物上游总水头，m；

h_c——收缩断面水深，m；

q——收缩断面处的单宽流量，$\mathrm{m^3/(s \cdot m)}$；

φ——消力池首端流速系数，$\varphi = 0.90$。

总水头：

$$E_0 = 380.00 - 345.00 = 35.00(\mathrm{m})$$

单宽流量计算式为：

$$q = Q/B$$

式中 B——消力池池首宽度，m，$B = 15.00$ m。

$$q = 599.15/15.00 = 39.943\ 3(\mathrm{m^3/(s \cdot m)})$$

所以 $$35.00 = h_c + 39.943\ 3^2/(2 \times 9.81 \times 0.90^2 \times h_c^2)$$

假设 $h_c = 1.737\ 3$ m，则左边 = 35.00，右边 $= 1.737\ 3 + 39.943\ 3^2/(2 \times 9.81 \times 0.90^2 \times 1.737\ 3^2) = 35.00$，左边 = 右边，则收缩断面水深为 $h_c = 1.737\ 3$ m，$h' = h_c = 1.737\ 3$ m。

弗劳德数：

$$Fr_c = q/(h_c\sqrt{gh_c})$$

式中 q——收缩断面处的单宽流量，$q = 39.943\ 3\ \mathrm{m^3/(s \cdot m)}$；

h_c——收缩断面水深，$h_c = 1.737\ 3$ m。

$Fr_c = 39.943\ 3/[1.737\ 3 \times (9.81 \times 1.737\ 3)^{1/2}] = 5.569\ 3 > 4.5$，满足公式要求。

消力池跃后共轭水深按下式计算：

$$h'' = h'/2(\sqrt{1 + 8Fr_c^2} - 1) = 1.737\ 3/2 \times [\sqrt{1 + 8 \times 5.569\ 3^2} - 1] = 12.842(\mathrm{m})$$

消力池长度为：

$$L_c = 6.9 \times (12.842 - 1.7373) = 76.622(\mathrm{m})$$

②消力池护坦内设置辅助消能工时消力池长度。

先计算跃首断面平均流速 v，$v = Q/(Bh_c) = 599.15/(15.00 \times 1.737\ 3) = 22.992(\mathrm{m/s}) > 16$ m/s，并且 $Fr = 5.569\ 3 > 4.5$，护坦上可设梳流坎及尾坎，但不宜设消力墩，消力池池长按下式计算：

$$L_c = (3.2 \sim 4.3)h'' = (3.2 \sim 4.3) \times 12.842 = 41.094 \sim 55.221(\mathrm{m})$$

由以上计算可知,答案①D、②C 是正确的。

6.3 复习题

(1)拱坝布置应符合下列(　　)要求。

A. 泄洪方式的选择,应根据泄洪量大小,结合工程具体情况确定。除有明显合适的岸边泄洪通道外,宜首先研究采用拱坝坝身泄洪的可行性

B. 与拱坝相邻的其他建筑物布置,应分析研究其对拱坝应力及拱座稳定的影响

C. 应分析研究拱坝两岸山体存在不利结构面、缓倾角节理、软弱夹层和下游临空面等因素对拱坝布置的影响,以及采取拱座加固措施的可行性

D. 应分析研究施工导流、工程施工等对拱坝布置的影响

(2)拱坝体型应根据坝址河谷形状、地质条件、拱座稳定、坝体应力、泄洪布置以及施工条件等因素进行选择。根据坝址河谷形状选择拱坝体型时,应符合下列(　　)规定。

A. V 形河谷,可选用双曲拱坝;U 形河谷,可选用单曲拱坝

B. 介于 V 形与 U 形之间的梯形河谷,可选用单曲拱坝或者双曲拱坝

C. 当坝址河谷的对称性较差时,坝体的水平拱可设计成不对称的拱,或采取其他措施

D. 当坝址河谷形状不规则或河床有局部深槽时,宜设计成有垫座的拱坝

(3)当采用拱坝坝身泄洪时,应符合下列(　　)要求。

A. 下泄水流与坝脚应保持足够的安全距离,下游宜保持足够的水垫深度

B. 应重视泄洪水流挑入河床对两岸山体稳定和其他建筑物运行安全的影响

C. 泄洪量较大时,宜研究落水点纵向拉开、横向扩散或采用对冲消能

D. 应重视泄洪雾化对下游两岸山体、电气设备以及交通等的不利影响,必要时应采取相应的防护措施

(4)坝身设置的中部偏上的中孔、中部偏下的深孔或底部附近的底孔应符合下列(　　)要求。

A. 孔口的位置宜避开高应力区和基础约束区

B. 孔口尺寸应根据坝体厚度、应力集中程度、水头大小、闸门允许尺寸等确定

C. 孔口数目应根据所承担的泄洪量大小、坝体应力影响程度等确定

D. 孔口断面宜采用高宽比为 0.8 ~1.6 的矩形

(5)拱坝对冲挑流消能设计,应对各级流量估算水舌挑距、范围和冲坑水垫厚度,并应符合下列(　　)要求。

A. 采用左右对冲式挑流消能时,坝身两侧泄水建筑物出口射流的交汇线在设计流量下宜与下游河流中心线基本重合。在各级流量下挑流水舌的挑距和冲坑深度、位置等应通过模型试验确定。对冲消能设计时宜提出闸门启闭方案

B. 采用上下对冲式挑流消能时,对高低坎的相对位置、布置型式以及对冲后的挑距和冲坑深度等,应通过水工模型试验确定

C. 对于安全挑距，宜根据最大冲坑深度和河床基岩节理、裂隙以及层面等软弱构造面发育情况，以不影响坝趾基岩及岸坡稳定为原则研究确定。冲坑上游侧影响范围与地质条件密切相关，可按 3 倍冲坑深度估算。水舌入水宽度的选定，应不影响冲坑两侧岸坡及有关建筑物的稳定，否则应采取安全措施

D. 按挑流设计的坝顶泄流，在坝顶水头较低时，有可能转变为跌流，应分析研究由此引发的不良后果，并采取适当的工程措施

(6)拱坝应力分析中应根据其重要程度和必要性，研究下列(　　)问题。

A. 坝体应力对体型布置及拱座稳定的影响，拱坝设有重力墩、推力墩或周边缝时对坝体应力的影响

B. 分期蓄水、分期施工和施工程序对坝体应力的影响，封拱温度对坝体应力的影响及混凝土徐变对坝体应力的影响

C. 坝体内大孔洞对坝体应力的影响以及基础变形对坝体应力的影响

D. 在坝体横缝灌浆以前，应验算各单独坝段的坝体应力和抗倾覆稳定性

(7)拱坝横缝和纵缝都必须进行接缝灌浆。灌浆时坝体温度应降到设计规定值。缝的张开度不宜小于(　　)mm。缝两侧坝体混凝土龄期，在采取有效措施后，不宜小于(　　)个月。灌浆浆液结石达到预期强度后，坝体方能挡水受力。

A. 0.4、6　　B. 0.4、4　　C. 0.5、4　　D. 0.5、6

(8)某混凝土拱坝，水库总库容 7.60×10^8 m^3，正常蓄水位 965.00 m，设计洪水位 966.50 m，相应下游水位 915.00 m，校核洪水位 968.50 m，相应下游水位 916.50 m，拱坝上游河床高程 904.00 m，泄流和消能方式采用坝顶自由溢流和挑流消能方式，鼻坎挑角为 30°，共 5 孔，每孔净宽 11.00 m，堰顶高程 955.00 m，鼻坎高程 952.00 m，下游河床底高程 905.00 m，为坚硬完整的基岩。流量系数取中值，侧收缩系数取小值，堰面流速系数取 0.95，重力加速度取 9.81 m/s^2。

①水库的最大泄流能力 $Q=$(　　)m^3/s。

A. 5 220　　B. 4 104　　C. 3 328　　D. 5 820

②最大挑距 $L=$(　　)m。

A. 65.440　　B. 71.556　　C. 65.109　　D. 71.140

③最大冲坑深度 $t=$(　　)m。

A. 15.455　　B. 10.827　　C. 17.277　　D. 12.045

(9)某 2 级拱坝，其中基本荷载组合情况下某一特定高程单高拱对应的拱端及梁底宽的荷载为：拱端轴力 57 530 kN，拱端及相应梁底径向力 22 415 kN，拱端铅直力 22 500 kN，下游尾岩体自重 3 830 kN。单高拱侧滑面上的扬压力 830 kN；单高拱对应梁底宽度的底滑面上的扬压力 1 040 kN；侧滑面和底滑面的摩擦系数分别为 0.45、0.8，侧滑面和底滑面的凝聚力分别为 0.45 MPa、0.8 MPa，侧滑面与拱端径向的夹角为 32°，该特定高程的岸坡角为 65°，侧滑面长度 62 m。假定侧滑面为铅直面，底滑面为水平面，采用垂直二维求该高程坝肩抗滑稳定安全系数是否满足规范要求？(　　)

A. $K=3.53>3.25$，满足规范要求　　B. $K=1.63<3.25$，不满足规范要求

C. $K=3.45>3.25$，满足规范要求　　D. $K=2.77<3.25$，不满足规范要求

（10）混凝土拱坝的设计应重视下列（　　）问题。

A. 充分掌握建坝地区的气象、水文、泥沙、地形、地质、地震、建筑材料、生态、环保、工业卫生、河流规划、施工及运用条件等基本资料，特别是坝址拱座的工程地质和水文地质条件

B. 认真分析拱坝的稳定和应力，合理选择拱坝体型；做好坝体防洪安全设计和泄洪消能防冲设计，并应研究薄拱坝的坝身泄洪产生的结构问题

C. 宜研究降低或放空库水的设施，以及地震区拱坝的抗震设计；合理布置安全监测系统，认真做好安全监测设计

D. 研究施工导流和度汛、浇筑设施及交通运输等施工条件，提出对坝体混凝土质量和温度控制的要求，并应研究坝体浇筑和接缝灌浆顺序、施工蓄水过程中坝体自身的稳定和应力及其度汛问题

（11）当采用坝后式或坝内式厂房时，拱坝坝内或坝面压力管道的布置应根据坝体厚度、压力管道受力状况、施工与运行条件等，经技术经济比较研究确定。布置型式有下列（　　）种。

A. 压力管道斜向或垂直布置于坝体内

B. 压力管道从进水口高程水平穿过坝体，再沿下游坝面向下"背管"布置

C. 压力管道贴坝体上游面，垂直下延到机组高程后，再水平穿过坝体布置

D. 压力管道从进水口高程水平进入坝体中间后，再向下顺着坝体体型到达机组高程后水平穿过坝体布置

（12）拱坝泄洪、消能、防冲的水力设计应包括下列（　　）内容。

A. 泄水建筑物的泄流能力设计

B. 泄水建筑物的进水口和流道体型设计

C. 泄水建筑物下游水流衔接和消能防冲建筑物设计

D. 与高速水流相关的抗空蚀、防雾化设计，其他有关的水力设计

（13）拱坝挑流消能方式适用于坚硬基岩上的高、中坝，其设计应符合下列（　　）规定。

A. 冲坑深度较大或坝基存在下倾软弱构造，并可能被冲坑切断而危及坝基稳定时，或岸坡可能被冲塌而危及拱座稳定时，应采取有效防冲措施

B. 根据挑流消能计算得出的下游河床冲刷坑深度，进行预挖冲坑并进行适当衬护

C. 挑流鼻坎的体型及挑角的大小宜通过比较确定。采用差动式鼻坎时，应合理选择反弧半径、高低坎宽度比、高程差及挑角差，亦可视需要在鼻坎与反弧段之间接入直线过渡段，或在适当部位采取通气措施

D. 鼻坎的设置高程应能保证自由挑流

（14）当拱坝采用对冲挑流消能设计时，应对各级流量估算水舌挑距、范围和冲坑水垫厚度，并应符合下列（　　）要求。

A. 采用左右对冲式挑流消能时，坝身两侧泄水建筑物出口射流的交汇线在设计流量下宜与下游河流中心线基本重合。在各级流量下挑流水舌的挑距和冲坑深度、位置等应通过模型试验确定。对冲消能设计时宜提出闸门启闭方案

B. 采用上下对冲式挑流消能时，对高低坎的相对位置、布置型式以及对冲后的挑距和冲坑深度等，应通过水工模型试验确定

C. 对于安全挑距，宜根据最大冲坑深度和河床基岩节理、裂隙以及层面等软弱构造面发育情况，以不影响坝址基岩及岸坡稳定为原则研究确定。冲坑上游侧影响范围，与地质条件密切相关，初步设计时可按3倍冲坑深度估算，水舌入水宽度的选定，应不影响冲坑两侧岸坡及有关建筑物的稳定，否则应采取安全措施

D. 按挑流设计的坝顶泄流，在坝顶水头较低时，有可能转变为跌流，应分析研究由此引发的不良后果，并采取适当的工程措施

(15)底流消能适用于坝体下游有软弱基岩、下游水位流量关系较稳定的河道，或枢纽设有过船、过木或过鱼等建筑物，而要求下游水流较平稳的情况。底流消能设计应符合下列(　　)规定。

A. 由排冰或排漂要求时，不宜采用底流消能

B. 地形适宜时，消力池的前段或全段可设计成斜护坦。护坦上是否设置辅助消能工，应结合其工作条件研究确定。当跃前断面平均流速大于16 m/s时，在消力池前段不宜设置消力墩

C. 施工时残留于消力池中和尾坎下游回流范围内的石渣、杂物等，应清除干净

D. 在寒冷地区，宜保持辅助消能工冬季淹没于水下

(16)泄水和消能建筑物应分析研究下列(　　)部位或区域发生空蚀破坏的可能性。

A. 进出口、闸门槽、弯曲段以及水流边界突变处

B. 反弧段及其附近，异型鼻坎、分流墩

C. 消力池中的趾墩、消力墩

D. 溢流面上和泄水孔内流速大于20 m/s的区域

(17)拱坝水力设计中，容易产生空蚀破坏的部位或区域，应采取下列(　　)防空蚀措施。

A. 选择合理的建筑物体型尺寸

B. 严格控制过流面的不平整度，局部突体应处理成缓坡

C. 采用抗蚀性能好的护面材料，采取掺气措施

D. 选用合理的运行方式

(18)拱坝应力分析应包括下列(　　)内容。

A. 各计算截面上的应力分布(包括拱端、拱冠和其他需要计算应力的部位)

B. 坝体上、下游面在各计算点上的主应力

C. 坝体特殊部位(孔洞、泄水管道部位等)的局部应力

D. 必要时尚需分析坝基内部的应力

(19)拱坝应力分析中应根据其重要程度和必要性，研究下列(　　)问题。

A. 坝体应力对体型布置及拱座稳定的影响，优选体型应符合《混凝土拱坝设计规范》(SL 282—2003)中第3.1.6条的规定

B. 分期蓄水、分期施工和施工程序对坝体应力的影响，坝体内大孔洞对坝体应力的影响，基础变形对坝体应力的影响

C. 封拱温度对坝体应力的影响，并优选对坝体应力有利的封拱温度；混凝土徐变对坝体应力的影响

D. 在坝体横缝灌浆以前，应验算各单独坝段的坝体应力和抗倾覆稳定性；拱坝设有重力墩、推力墩或周边缝时对坝体应力的影响

(20) 在拱坝设计中，评价两岸拱座稳定性时，应进行下列（　　）基础工作。

A. 深入了解两岸岩体的工程地质和水文地质勘探资料

B. 了解岩石、结构面及其填充物的物理力学特性等的试验条件，研究试验成果，合理选用设计数据

C. 确定作用在拱座上的各种作用力

D. 采用合理的稳定分析方法

(21) 混凝土拱坝的地基处理应符合下列（　　）要求。

A. 具有整体性和抗滑稳定性，具有足够的强度和刚度

B. 具有抗渗性、渗透稳定性和有利的渗流场

C. 具有在水长期作用下的耐久性

D. 控制地基接触面形状对坝体应力分布的不利影响

(22) 拱坝坝基固结灌浆设计应根据基础的工程地质条件，结合坝高，并参照水泥灌浆试验资料确定，并应符合下列（　　）规定。

A. 基础岩石张开、裂隙发育（包括爆破裂隙）或有松软充填物，且具有可灌性时，应根据受力条件、变形控制和稳定要求，在坝基范围内进行固结灌浆，并应根据坝基应力及地质条件，向坝基外上、下游适当扩大处理范围

B. 防渗帷幕上游区坝基，宜进行固结灌浆

C. 若基础岩石完整性较好，虽然爆破中产生岩石裂隙，但可不必进行固结灌浆

D. 断层破碎带及其两侧影响带，应加强固结灌浆

(23) 拱坝防渗帷幕应符合下列（　　）要求。

A. 控制渗漏对坝基及两岸边坡稳定的不利影响

B. 控制坝基软弱夹层、断层破碎带、岩体裂隙充填物以及抗水性能差的岩层不产生管涌

C. 控制坝基面渗透压力和渗流量

D. 具有可靠的连续性和足够的耐久性

(24) 拱坝基础帷幕灌浆处理，非岩溶地区岩体相对隔水层的透水率 q，根据不同坝高，应符合下列（　　）规定。

A. 坝高在 100 m 以上，$q = 1 \sim 3$ Lu

B. 坝高在 50 ~ 100 m，$q = 3 \sim 5$ Lu

C. 坝高在 50 m 以下，$q \leq 5$ Lu

D. 水源短缺水库可适当提高标准

(25) 拱坝止水设计中，止水片应根据其重要性、作用水头、检修条件等因素确定止水材料和布置型式，下列正确说法是（　　）。

A. 承受高水头的横缝上游面止水，宜设两道退火紫铜片或不锈钢片

B. 承受中等水头的横缝上游面止水、溢流面止水、陡坡段坝体与边坡接触面止水，宜设一道退火紫铜片或不锈钢片

C. 承受较低水头的横缝上游面止水、校核尾水位以下的横缝下游面止水，宜采用一道塑料止水带或橡胶止水带

D. 止水铜片或不锈钢片每一侧埋入混凝土内的长度，宜为 20 ~ 25 cm，止水片的接头和接缝应保证焊接质量

(26)混凝土拱坝温度控制设计中，混凝土最大水灰比可按(　　)的规定取值。

A. 水上部位：严寒和寒冷地区混凝土最大水灰比为 0.55，温和地区混凝土最大水灰比为 0.60

B. 水位变动区部位：严寒和寒冷地区混凝土最大水灰比为 0.45，温和地区混凝土最大水灰比为 0.50

C. 水下和基础部位：严寒和寒冷地区混凝土最大水灰比为 0.50，温和地区混凝土最大水灰比为 0.55

D. 抗冲部位：严寒和寒冷地区混凝土最大水灰比为 0.45，温和地区混凝土最大水灰比为 0.45

(27)混凝土拱坝，当基础约束区混凝土 28 d 龄期的极限拉伸值不低于 0.85×10^{-4}、基岩和混凝土弹性模量相近、短间歇均匀上升浇筑时，基础约束区混凝土的容许温差按(　　)的规定确定。

A. 距离基础面高$(0\sim0.2)l$：浇筑块长边长度 16 m 以下容许温差可采用 26 ~ 25 ℃，浇筑块长边长度 17 ~ 20 m 容许温差可采用 25 ~ 22 ℃，浇筑块长边长度 21 ~ 30 m 容许温差可采用 22 ~ 19 ℃

B. 距离基础面高$(0\sim0.2)l$：浇筑块长边长度 31 ~ 40 m 容许温差可采用 19 ~ 16 ℃，浇筑块长边长度为通仓长块容许温差可采用 16 ~ 14 ℃

C. 距离基础面高$(0.2\sim0.4)l$：浇筑块长边长度 16 m 以下容许温差可采用 28 ~ 27 ℃，浇筑块长边长度 17 ~ 20 m 容许温差可采用 27 ~ 25 ℃，浇筑块长边长度 21 ~ 30 m 容许温差可采用 25 ~ 22 ℃

D. 距离基础面高$(0.2\sim0.4)l$：浇筑块长边长度 31 ~ 40 m 容许温差可采用 22 ~ 19 ℃，浇筑块长边长度为通仓长块容许温差可采用 19 ~ 17 ℃

(28)混凝土拱坝在以下(　　)情况的基础约束区混凝土温差应予论证。

A. 坝块结构尺寸高长比小于 0.5，基础约束区内长间歇的浇筑块

B. 基础弹性模量和混凝土弹性模量相差较大者

C. 基础回填混凝土、混凝土塞及陡坡等浇筑块

D. 试验和实测充分证明混凝土自生体积变形有明显稳定的膨胀或收缩者

(29)混凝土拱坝应根据坝的级别、高度、结构型式与特点、地形与地质条件，设置必要的监测设施。监测工作应符合下列(　　)规定。

A. 分别监视工程建筑物在施工期、蓄水期和运行期的工作状态与安全

B. 验证设计、指导施工

C. 积累科学研究资料

D. 为拱坝设计积累经验

(30)混凝土拱坝安全监测设计应遵循下列(　　)原则。

A. 应能全面、准确地反映工程建筑物在施工期、蓄水期及运行期的实际工作性态

B. 应结合影响工程安全的主要问题,有针对性地设置监测项目和布置监测仪器。监测断面或部位的选择应有代表性,测点布置应突出重点。应选择性能稳定可靠,且适宜在潮湿恶劣环境中长期工作的监测仪器和设备。仪器的量程和精度应满足监测要求。监测精度应与所测物理量值变化幅度大小相适应。采用的监测方法应技术成熟,便于操作

C. 监测项目应统筹安排,配合布置。重点监测断面或部位的重点监测项目,宜采用两种以上监测手段。关键部位用于监测重要物理量的仪器,宜设备份。宜采用先进技术或为后期技术改造留有余地

D. 1、2 级拱坝,宜设置具有数据采集和数据管理功能的自动化监测系统。3 级拱坝,必要时也可设置自动化监测系统。采用自动化监测设备的同时,应具备人工观测条件

(31)混凝土拱坝安全监测设计应符合下列(　　)要求。

A. 应重视施工期和首次蓄水期的安全监测工作,及时取得主要监测项目的基准值。水库首次蓄水前应制订详细的监测工作计划,若首次蓄水前永久性监测设施未完工或不具备监测条件,应采取相应的临时监测措施。蓄水过程中,应快速整理分析监测资料并及时反馈

B. 在布置安全监测设施的同时,应统筹安排观测站的布设。必要时可设置专门的观测廊道、竖井及洞室。应为监测设施提供良好的交通、照明、防潮、防风、保温及保安条件

C. 监测设施的埋设安装,应减少施工干扰。仪器和电缆应有可靠的保护措施

D. 宜根据理论计算或模型试验成果,并参考类似工程经验,对主要监测项目提出预计的测值变化范围。1、2 级拱坝关键部位的位移值,宜提出技术警戒值

(32)拱坝设置专门监测项目应根据工程级别、重要性、结构型式与施工工艺、地形与地质条件,参照下列(　　)项目研究确定。

A. 近坝区岸坡稳定性监测

B. 地下洞室稳定性监测

C. 坝体地震反应监测

D. 水力学监测或其他

(33)1 级拱坝安全监测设计常规监测项目中变形监测必须设置的项目是(　　)。

A. 坝体位移监测　　B. 坝基位移监测

C. 倾斜监测和接缝监测　　D. 裂缝监测

(34)1 级拱坝安全监测设计常规监测项目中渗流监测必须设置的项目为(　　)。

A. 渗流量监测

B. 坝基扬压力及深部渗透压力监测

C. 坝体渗透压力监测

D. 绕坝渗流和水质分析监测

(35)1 级拱坝安全监测设计常规监测项目中应力监测必须设置的项目为(　　)。

A. 应力监测　　B. 应变监测

C. 混凝凝土温度监测　　D. 坝基温度监测

(36)一级拱坝安全监测设计常规监测项目中环境量监测必须设置的项目为(　　)。

A. 上、下游水位监测

B. 气温监测

C. 降水量和库水位监测

D. 坝前淤积和下游冲淤监测

6.4　参考答案

(1)ABCD　(2)ABCD　(3)ABCD　(4)ABCD　(5)ABCD　(6)ABCD

(7)C　(8)①A、②B、③C　(9)C　(10)ABCD　(11)ABC

(12)ABCD　(13)ACD　(14)ABCD　(15)ABCD　(16)ABCD　(17)ABCD

(18)ABCD　(19)ABCD　(20)ABCD　(21)ABCD　(22)ABD　(23)ABCD

(24)ABCD　(25)ABCD　(26)ABCD　(27)ABCD　(28)ABCD　(29)ABC

(30)ABCD　(31)ABCD　(32)ABCD　(33)ABCD　(34)ABD　(35)ABCD

(36)ABCD

第7章　水工隧洞设计

7.1　考试大纲

熟练掌握选择水工隧洞的基本条件与设计原则。

熟练掌握洞线选择与进、出口布置原则。

熟练掌握隧洞受力状态与隧洞断面形式及尺寸选择。

掌握隧洞水力计算与出口消能设计。

熟练掌握隧洞支护与衬砌的基本型式和选择。

掌握衬砌结构设计。

了解钢筋混凝土岔管布置。

掌握隧洞灌浆、防渗与排水设计。

7.2　复习指导

7.2.1　复习要点

水工隧洞设计应符合《水工隧洞设计规范》(SL 279—2002 或 DL/T 5195—2004)的要求。

水工隧洞是以输水为目的，在岩、土体中通过开挖形成的隧洞。包括发电引水隧洞、尾水隧洞、灌溉和供水隧洞、泄洪隧洞、排沙隧洞、施工导流隧洞等。

7.2.1.1　水工隧洞基本要求与设计原则

水工隧洞的级别按《防洪标准》(GB 50201—94)和《水利水电工程等级划分及洪水标准》(SL 252—2000)或《水电枢纽工程等级划分及设计安全标准》(DL 5180—2003)的规定执行。对于地质条件特别复杂、水头和流速特别高以及失事后将会造成严重损失的水工隧洞，经论证设计级别可提高一级(最高不高于1级隧洞)。对于低水头、低流速失事后不致造成严重损失的隧洞，经论证设计级别可降低一级。

水工隧洞设计应满足工程总体规划和环境及水土保持要求。

水工隧洞的设计除符合《水工隧洞设计规范》(SL 279—2002 或 DL/T 5195—2004)外，还应符合国家现行有关标准的规定。

7.2.1.2　水工隧洞洞线选择

水工隧洞的洞线应根据其用途，综合考虑地形、地质、水力学、施工、运行、沿线建筑物、枢纽总布置及对周围环境的影响等因素，通过技术经济比较选定。在满足枢纽总布置要求的条件下，洞线应选在线路短、沿线地质构造简单、岩体完整稳定、上覆岩层厚度适中、水文地质条件有利及施工方便的地区。

洞线布置宜避免相邻建筑物的不利影响（相互间应力、变形、渗流、稳定、施工、运行、检修等方面的影响），以减少不必要的工程措施以及可能给运行留下的不安全隐患。

洞线布置应根据隧洞区岩层及主要地质构造的分布特性，并满足下列要求：

(1)洞线与岩层、构造断裂面及主要软弱带走向宜有较大的交角。

(2)隧洞所通过地段有较大地质构造（断层及其影响带、裂隙卸荷带、软弱构造、不整合带）时，洞线布置应根据不利构造及其组合对隧洞围岩稳定的影响程度，并考虑施工、运行、工期、投资等各种因素，通过可行方案的技术经济比较后决定。

(3)选择洞线时应对不同洞段可能出现的局部不稳定岩体进行分析、预测，采取适宜的工程措施，保证所选洞线顺利实施。

隧洞沿线遇有断裂构造、不利构造面、软弱带、蚀变带、膨胀岩等时，应充分考虑地下水活动的影响，注意围岩的稳定条件。洞线宜避开可能造成地表水强补给的冲沟。

在高地应力区，水工隧洞的轴线方向宜与最大水平地应力方向有较小交角。

水工隧洞垂直和侧向最小覆盖厚度，应根据地质条件、隧洞断面形状及尺寸、施工成洞条件、内水压力、支护（衬砌）型式、围岩渗透特性等因素综合分析决定。

相邻两隧洞间的岩体厚度，应根据布置要求、地质条件、围岩承受的内水压力、围岩的应力和变形、隧洞横断面尺寸和形状、施工方法和运行情况（如一洞有水邻洞无水）等因素综合分析决定。

经论证必须穿过坝基、坝肩或其他建筑物基础的水工隧洞，与建筑物基础之间的围岩应有足够的厚度，满足建筑物基础和隧洞对应力、应变、稳定和渗透的要求。

洞线遇有沟谷时，应根据地形、地质、水文及施工条件进行绕沟或跨沟方案的技术经济比较。当采用跨沟方案时，应合理选择跨沟位置。

沿河傍山地段的土洞，洞线应向山里侧内移，避免产生偏压，防止水流冲刷山体影响洞身稳定。

洞线在平面上宜布置为直线，如需要设置弯段，应符合下列规定：

(1)流速小于20 m/s的无压隧洞，弯曲半径不宜小于5.0倍洞径（或洞宽），转角不宜大于60°。流速小于20 m/s的有压隧洞，可适当降低要求，但弯曲半径不应小于3.0倍洞径（或洞宽），转角不宜大于60°。

(2)高流速无压隧洞不应设置曲线段。高流速有压隧洞设置曲线段时，其弯曲半径和转角宜通过试验确定。

(3)应在弯段的首尾设置直线段，其长度不宜小于5.0倍洞径（或洞宽）。

洞身段设置竖向曲线时，对高流速隧洞（有压或无压），其型式和竖向曲线半径应通过试验确定。低流速无压隧洞的竖向曲线半径不宜小于5.0倍的洞径（或洞宽）。低流速有压隧洞可适当降低要求。水工隧洞设置平面或竖向曲线时，其弯曲半径尚应考虑施工方法和大型施工设备的要求。

洞身段的纵坡应根据运用要求，上、下游衔接，沿线建筑物的底部高程以及施工和检修条件等综合分析决定。水工隧洞纵坡应满足不淤流速的要求，沿程纵坡不宜变化过多，不宜设置平坡和反坡。长距离输水隧洞（灌溉隧洞和供水隧洞）的纵坡应考虑沿程分水

(取水)设施的布置要求。

布置在多泥沙河流上的排沙隧洞,其平面和竖向的转弯曲线、转弯角度、纵坡坡度均应通过水工模型试验确定。

长隧洞需设置施工支洞时,支洞的数目及长度应根据隧洞沿线地形地质条件、施工方法、对外交通情况,并考虑有利于均衡各段隧洞的工程量及工期的要求分析决定。地质条件较差时,应研究施工支洞对主洞的影响。

布置水工隧洞时应考虑临时占地、永久占地、植被破坏和恢复、施工污染、运行期地下水位变化等对环境的影响和水土保持的要求,宜使原自然环境较少破坏,较易恢复,环境投资最小。

7.2.1.3 **水工隧洞进、出口布置**

水工隧洞进、出口布置,应根据枢纽总体布置要求、地形地质条件,使水流顺畅,进流均匀,出流平稳,满足使用功能和运行安全的要求,并应考虑闸门、拦污清淤设备的设置及对外交通。水工隧洞进、出口宜选在地质构造简单、岩体完整、风化覆盖层较浅的地区,避开不良地质构造和容易发生崩塌、冲沟、危崖、滑坡的地区。水工隧洞进、出口布置应充分考虑水工隧洞的布置,在地形地质条件较复杂地区,应通过技术经济论证,选择最佳布置方案。

水工隧洞进、出口洞脸和两侧边坡宜避免高边坡开挖。无法避免时,应分析开挖后的稳定性,采取相应的加固措施。水工隧洞进、出口应有必要的清坡范围,并采取适当的工程措施,防止覆盖层、坡积物、松动岩块等在风力、地面径流、水位变化等自然因素作用下滚落,影响其正常运行。

土洞洞口应选在山坡稳定、土质条件较好处,不宜布置在卸荷带上。土洞洞口的设计边坡,应视土质和开挖高度通过边坡稳定分析确定。土洞洞口与渡槽、岩洞等建筑物连接处应设永久缝。在寒冷地区,应结合防冻要求加深洞口基础埋深,基底标高选择应满足抗冻设计要求。

有压泄水隧洞的出口洞段体型设计应符合下列要求:

(1)若隧洞沿程体型无急剧变化,出口段断面面积宜收缩为洞身断面的85% ~90%。若沿程体型变化较大,洞内水流条件差,出口段断面面积宜收缩为洞身断面的80% ~85%。收缩方式宜采用洞顶压坡的形式,对重要的隧洞工程宜进行水工模型试验验证。

(2)出口洞段的底坡宜平缓,侧向扩散宜平顺,应与下游水流良好衔接。采用突扩或底部跌落的出口时,应经过水工模型试验验证。当出口邻近主河道(主流)时,宜采取适当的出流导向措施,防止与主流对冲。

泄水隧洞的出口,应根据地形地质和水力学条件、运行方式、下游水深和变幅、下游河床的抗冲能力、水流衔接、消能防冲要求以及对相邻建筑物的影响,通过技术经济比较选择适宜的消能防冲措施。

布置泄水隧洞时,应根据可能出现的泄洪运行工况,充分研究泄水隧洞出口的位置、水流流态、冲淤范围和对相邻建筑物的影响,并宜通过技术经济比较和水工模型试验验证确定合理方案。

对有压隧洞排水补气、充水排气和无压隧洞水面线以上的通气,以及其他需要通气的洞段,应估算通气面积,并留有余地。

7.2.1.4 隧洞压力状态、隧洞断面形式及尺寸

发电引水隧洞宜采用有压隧洞。当上游水位变化不大、引用流量比较稳定时,可采用无压隧洞。发电尾水隧洞宜采用无压隧洞。当下游水位变化大,或者机组安装高程较低时,可采用有压隧洞。采用有压尾水隧洞时,应研究是否需要设置尾水调压室。与调压室连接的有压尾水隧洞,应满足调压室涌浪和稳定运行的要求。

有压隧洞严禁出现明满流交替的运行方式,在最不利运行条件下,洞顶以上应有不小于2.0 m的压力水头。

高流速的泄水隧洞严禁采用明满流交替的运行方式。低流速泄水隧洞,正常情况下按明流方式运行者,可在校核洪水位时出现明满流交替的运行方式。无压隧洞出口段允许在汛期有短时间的明满流交替运行方式。

经论证,导流隧洞在设计过流条件下水流流态不致造成洞身破坏时,可采用明满流交替的运行方式。

土洞宜采用无压隧洞。采用有压隧洞时,应根据土体抗力、内水压力、土体的渗流变形等情况,选定适宜的衬砌型式。

隧洞的横断面形状应根据隧洞的用途、水力学、工程地质与水文地质、衬砌工作条件以及地应力情况、施工方法等因素,通过技术经济分析确定。水电站、抽水蓄能电站或泵站输水隧洞(引水及尾水洞)的横断面尺寸,应进行经济断面论证。灌溉隧洞的横断面尺寸,应根据隧洞的进、出口高程和加大流量确定。泄洪隧洞的横断面尺寸,应在各种可能运行条件下均能满足规定的过流能力要求,并应通过技术经济比较确定。导流隧洞的横断面尺寸,应根据导流流量的要求,结合进口高程、围堰的高度、出口水流衔接以及过木、通航、过冰、施工要求等,通过技术经济比较确定。多用途隧洞的横断面尺寸,除应满足各自的运行要求外,共用部分应通过技术经济比较确定。横断面的最小尺寸除应满足运行要求外,还应符合施工要求。圆形断面的内径不宜小于1.8 m;非圆形断面的高度不宜小于1.8 m,宽度不宜小于1.5 m。采用掘进机、架钻台车、钢模台车等较大型设备施工时,断面尺寸应通过技术经济分析确定。在低流速无压隧洞中,若通气条件良好,在恒定流情况下,洞内水面线以上的空间不宜小于隧洞断面面积的15%,且高度不应小于400 mm;在非恒定流条件下,若计算中已考虑了涌波,上述数值允许适当减小。对较长的隧洞和不衬砌或锚喷衬砌的隧洞,上述数值可适当增加。有过木或通航要求的隧洞,弯曲半径和转角、过水断面尺寸和水面线以上的空间应符合有关标准的规定。高流速无压隧洞的横断面尺寸宜通过试验确定,并宜考虑掺气的影响。在掺气水面线以上的空间,宜为断面面积的15%~25%。当采用圆拱直墙形断面时,水面线不宜超过直墙范围。当水流有冲击波时,应将冲击波波峰限制在直墙范围内。

7.2.1.5 水工隧洞水力计算

水工隧洞水力计算应根据隧洞用途和不同设计阶段在下列项目中选择:①过流能力;②上、下游水流衔接;③水头损失;④压坡线;⑤水面线;⑥掺气、充放水方式及其他水力现象。

水工隧洞的沿程水头损失和局部水头损失应分别进行计算。

水工隧洞的过流能力计算应符合下列规定：①有压隧洞按管流计算；②无压隧洞，对开敞式进口按堰流情况计算，对深式进口按管流计算。

计算无压隧洞的水面线，首先应判别水面线的类型，在选定控制断面后，可按分段求和法或其他方法计算。

对高流速、大流量、水流条件复杂的水工隧洞，应进行整体或局部水工模型试验，验证水力计算和建筑物布置的合理性。

高流速的水工隧洞，应根据试验选定各部位的体型，并使选定体型最低压力点(或可疑点)的"初生空化数"小于该处的"水流空化数"，否则必须采取相应的措施。

高流速的水工隧洞应特别重视容易发生空蚀的部位。对易于发生空蚀的部位可采取选择合适的体型、控制水流边壁表面的局部不平整度、向水流中掺气、采用抗蚀材料、选用合理的运行方式等防空蚀措施。

对多泥沙河流泄水建筑物的过水部位，应选用抗磨损能力较强的材料。

7.2.1.6　**隧洞支护与衬砌**

隧洞支护应保持围岩稳定或提供必要的稳定时间。隧洞衬砌应符合下列规定：①保持围岩稳定；②满足运行所要求的水力学条件；③满足防渗要求；④防止水流冲刷以及温度、湿度、大气等因素对围岩的破坏作用；⑤满足环境保护要求。

隧洞支护和衬砌设计应充分发挥围岩的自承能力和承载能力，支护结构宜按围岩自承能力确定，衬砌结构宜按围岩与衬砌联合承受作用设计。

支护型式应根据工程地质、水文地质、断面大小、施工方法等，通过分析计算或工程类比决定。

隧洞衬砌型式应综合考虑断面形状和尺寸、运行条件及内水压力、围岩条件(覆盖厚度、围岩分类、承担内水压力能力、地下水分布及连通情况、地质构造及影响程度)、防渗要求、支护效果、施工方法等因素，经过技术经济比较确定。

隧洞的衬砌型式包括锚喷衬砌、混凝土衬砌、钢筋混凝土衬砌和预应力混凝土衬砌(机械式或灌浆式)。

根据防渗要求，隧洞衬砌结构设计原则可分为抗裂设计、限制裂缝开展宽度设计和不限制裂缝开展宽度设计。

隧洞衬砌结构的防渗应符合下列规定：

(1)围岩抗渗能力差，内水外渗造成的危害(围岩、边坡、相邻建筑物的渗透失稳或环境破坏)，处理费用大或很难处理时，应提出严格的防渗要求。

(2)围岩具有抗渗能力，内水外渗可能造成不良地质段的局部失稳，经处理不会造成危害者，宜提出一般防渗要求。

(3)围岩具有较好的抗渗性，内水外渗不存在渗透失稳和环境破坏问题，可不提出防渗要求。

围岩承担内水压力能力的判别，应符合围岩中初始地应力的最小主应力大于隧洞设计的最大内水压力的规定。

根据隧洞衬砌结构的不同设计原则，考虑隧洞的压力状态、围岩最小覆盖厚度、围岩分类、围岩承担内水压力的能力等四项因素，进行岩洞衬砌型式选择并通过工程类比研究确定。

7.2.1.7　**埋藏式高压钢筋混凝土岔管设计**

埋藏式高压钢筋混凝土岔管设计应包括岔管的布置、尺寸和体型选择及其结构设计；围岩的应力分析、渗透稳定分析，必要时还需研究降低外水压力的排水措施；回填灌浆和固结灌浆设计以及围岩的其他加固措施设计；施工期围岩的监测设计和运行期岔管及围岩的安全监测设计。

高压钢筋混凝土岔管宜布置在Ⅰ、Ⅱ类围岩地段。Ⅲ类围岩地段需经论证后方可布置钢筋混凝土岔管。Ⅳ、Ⅴ类围岩地段不得布置钢筋混凝土岔管。钢筋混凝土岔管及其前后一定范围的洞段，必须满足最小覆盖厚度、水力劈裂、渗透稳定的要求。施工中应进行地应力测验以及必要的围岩现场物理、力学测验。

高压钢筋混凝土岔管的分岔型式、体型、尺寸应根据运行要求、水力学条件、施工方法等进行综合分析论证后确定。分岔角宜为45°～60°，岔管体型应平顺过渡，进行修圆，避免折线连接。

高压钢筋混凝土岔管的结构设计和围岩的应力、应变分析，宜考虑下列原则，通过计算分析并结合工程类比确定：

(1)岔管结构可按限裂设计；

(2)应进行岔管开裂后的渗流量估算；

(3)岔管结构设计时，对钢筋和混凝土的应力、应变可用有限元数值计算进行复核；

(4)根据工程地质和水文地质情况并参照类似工程对衬砌结构、围岩应力应变进行设计计算时，还应考虑围岩的初始地应力(场)以及施工和运行期地应力(场)的重分布，地下水的分布以及施工和运行期渗流场的变化，地质勘测成果以及围岩的现场和实验室测试数据，防渗及排水设施对地下水的影响，固结灌浆对围岩物理、力学参数及渗透性的影响等因素。

岔管的厚度不宜过大，应根据地质条件、内外水压力、洞径及施工条件，经结构计算并结合工程类比确定。应力集中区(岔裆尖角和腰梁区)，可采取修圆、修角、加强配筋、局部加厚衬砌等措施。

高压钢筋混凝土岔管的混凝土强度等级不宜低于C25。岔管部位及其前后一定范围的洞段必须做好回填灌浆。对围岩应进行固结灌浆，必要时宜进行专门的灌浆设计。

高压钢筋混凝土岔管应进行施工期围岩和结构的监测设计，应根据监测成果进行确认或调整、修改设计参数，并应进行与监测设计相结合的运行期安全监测设计。

7.2.1.8　**隧洞灌浆、防渗和排水**

混凝土及钢筋混凝土衬砌的顶部(顶拱)必须进行回填灌浆，回填灌浆的范围、孔距、排距、灌浆压力及浆液浓度等，应根据隧洞的衬砌结构型式、运行条件及施工方法等分析决定。

围岩的固结灌浆应根据隧洞工程地质和水文地质条件、衬砌型式、施工对围岩的影响程度以及运行要求，通过技术经济比较确定。

应根据隧洞沿线的工程地质、水文地质条件和环保要求、隧洞衬砌的设计条件、运行要求，通过技术经济比较确定隧洞(洞段)的防渗和排水设计。隧洞的防渗和排水设计宜遵照“堵”、“截”、“排”的原则,选择单独或综合处理措施。

7.2.1.9　**水工隧洞进、出口边坡处理设计**

水工隧洞进、出口布置应尽量避开高边坡,若不能避开,应对高边坡采取特殊处理。对于一般边坡,根据岩层产状、节理裂隙产状、发育程度、坡高等因素,结合边坡稳定分析成果确定边坡的处理方式。可采取系统砂浆锚杆、预应力锚索(锚杆)、混凝土护面、钢纤维喷混凝土、打排水孔等加固措施。

7.2.2　案例分析

【例 7-1】　某有压输水隧洞采用混凝土衬砌(见图 7-1)。山体最小覆盖厚度为(　　)m。(坡面倾角 50°,岩体容重 27 kN/m^3,水容重取 10 kN/m^3)

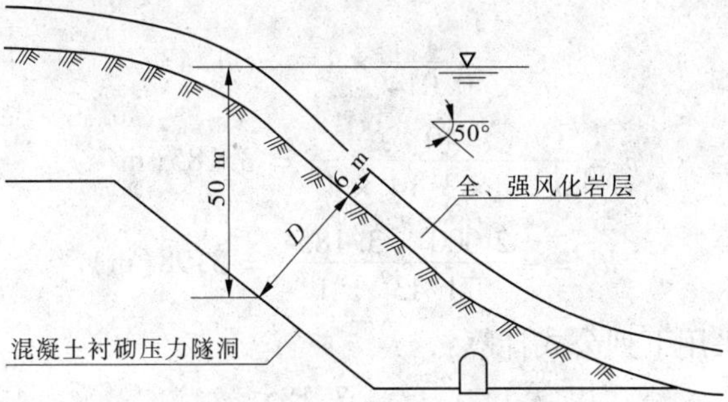

图 7-1

A. 28. 8　　　B. 20　　　C. 50　　　D. 26

答案:A

考点:隧洞选线选择。

解:《水工隧洞设计规范》(SL 279—2002)第 3. 1. 7. 2 条规定,有压隧洞洞身的垂直和侧向覆盖厚度(不包括覆盖层),当围岩较完整无不利结构面、采用混凝土衬砌时,可按不小于 0. 4 倍内水压力水头控制。

有山谷、边坡影响,按下式判断:

$$\gamma_r D\cos\alpha > K\gamma_w H$$

式中　γ_r——岩体的容重,kN/m^3;

γ_w——水的容重,kN/m^3;

D——最小岩体覆盖厚度,m;

H——最大内水压力水头,m;

K——经验系数,$K = 1.1$;

α——坡面倾角,(°),水利规范 $\alpha > 45°$时取 45°(水电规范 $\alpha > 60°$时取 60°)。

$$D = \frac{K\gamma_\omega H}{\gamma_\gamma \cos45°} = \frac{1.1 \times 10 \times 50}{27 \times \cos45°} = 26.8\ \text{m} > 0.4 \times 50 = 20.0(\text{m})$$

因此,选 A。

【例 7-2】　某有压引水隧洞的断面为圆形,洞径 4 m,设计输水流量 40 m^3/s,进水口处水位比隧洞进口洞顶高 20 m,钢筋混凝土衬砌糙率取 0. 014,隧洞纵坡 1/2 000,进口损

失系数 ζ 取为 0.5，经过 2 km 后隧洞顶点内水压力(　　)Pa。

A. 16.76×10^4　　B. 15.76×10^4　　C. 17.02×10^4　　D. 22.0×10^4

答案:A

考点:水头损失计算。

解:沿程水头损失采用下列公式计算:

$$h_f = \frac{lv^2}{C^2R} \quad C = \frac{1}{n}R^{\frac{1}{6}}$$

式中　R——水力半径，m;

n——糙率值。

$$R = \frac{A}{\chi} = 1(\text{m})$$

$$C = \frac{1}{0.014}\times 1^{\frac{1}{6}} = 71.43$$

$$v = \frac{40}{0.25\times 3.14\times 4^2} = 3.185(\text{m/s})$$

$$h_f = -\frac{2\,000\times 3.185^2}{71.43^2\times 1} = 3.98(\text{m})$$

局部水头损失采用下列公式计算:

$$h_m = \zeta\frac{v^2}{2g} = 0.5\times\frac{3.185^2}{2\times 9.81} = 0.26(\text{m})$$

则 2 km 处的水头:

$$h = 20 + 1 - 3.98 - 0.26 = 16.76(\text{m})$$

因此，选 A。

【例 7-3】　已知断面开挖宽度 B 及高度 H 均为 5.5 m，围岩为比较新鲜的、节理裂隙少的砂岩，砂岩容重为 $\gamma_r = 24\ \text{kN/m}^3$，系数采用 0.25，垂直围岩压力(　　)$\text{kN/m}^2$。

A. 31　　B. 32　　C. 33　　D. 34

答案:C

考点:围岩压力计算。

解:根据《水工隧洞设计规范》(SL 279—2002)中第 6.2.4 条式(6.2.4-1)，垂直方向围岩压力按下式计算:

$$q_v = (0.2\sim 0.3)\gamma_r B$$

式中　q_v——垂直均布围岩压力，kN/m^2;

γ_r——岩体容重，kN/m^3;

B——隧洞开挖宽度，m。

则

$$q_v = 0.25\gamma_r B = 0.25\times 24\times 5.5 = 33(\text{kN/m}^2)$$

因此，选 C。

【例 7-4】　已知断面开挖宽度 B 及高度 H 均为 5.5 m，围岩为比较新鲜的、节理裂隙少的砂岩，岩石坚固系数 $f=6$，岩石磨擦角 $\varphi = 75°$，岩石容重 $\gamma = 24\ \text{kN/m}^3$，试用普氏方法计算垂直和水平山岩压力为(　　)$kN/m^2$。

A. 9.73、1.32　　B. 0.579、0.17　　C. 0.579、2.46　　D. 0.17、0.579

答案:A

考点:山岩压力计算。

解:计算坍落拱高度:

$$h = \frac{B + 2H\tan(45° - \frac{\varphi}{2})}{2f} = 0.579(\text{m})$$

均布的垂直山岩压力强度:

$$q = 0.7\gamma h = 0.7 \times 24 \times 0.579 = 9.73(\text{kN/m}^2)$$

侧向水平山岩压力强度为:

$$E_1 = 0.7\gamma h\tan^2\left(45° - \frac{\varphi}{2}\right) = 0.17(\text{kN/m}^2)$$

$$E_2 = (0.7h + H)\gamma\tan^2\left(45° - \frac{\varphi}{2}\right) = 2.46(\text{kN/m}^2)$$

$$E = (E_1 + E_2)/2 = 1.32(\text{kN/m}^2)$$

因此,选 A。

【例 7-5】　某工程引水隧洞,采用钢筋混凝土衬砌,内半径 $r_i = 2.5$ m,衬砌厚度 60 cm,衬砌采用双层衬砌配筋,隧洞均匀内水压力 2.5×10^3 kPa,围岩的弹性抗力系数2.4×10^6 kN/m^3,钢筋的弹性模量 2×10^8 kPa,混凝土弹性模量 2.6×10^7 kPa,钢筋的允许应力 310×10^3 kPa,混凝土结构强度安全系数 1.8,该隧洞主要以内压为主,采用圆形有压隧洞衬砌结构计算内、外层钢筋配筋面积(　　)m^2,并进行校核。

A. 3.2×10^{-3}　　B. 3.5×10^{-3}　　C. 4.5×10^{-3}　　D. 5.5×10^{-3}

答案:A

考点:有压隧洞衬砌计算。

解:根据《水工隧洞设计规范》(SL 279—2002)中附录 B 中式(B.0.0-1)进行计算:

$$f_i = f_0 = \frac{pr_i + k_0\left(m - \frac{r_i[\sigma_g]}{E_g}\right)}{\left(1 + \frac{r_i}{r_0}\right)[\sigma_g] - E_g\frac{m}{r_0}}$$

式中　r_i——隧洞衬砌内半径,m;

r_0——隧洞衬砌外半径,m;

p——均匀内水压力,kPa;

k_0——围岩的弹性抗力系数,kN/m^3;

E_g——钢筋的弹性模量,kPa;

$[\sigma_g]$——钢筋的允许应力,kPa;

f_i——单位长度(m)内圈钢筋的断面面积,m^2;

f_0——单位长度(m)外圈钢筋的断面面积,m^2;

m——系数。

内、外圈钢筋应力校核按下式计算：

$$\sigma_{gi}=\frac{pr_i+\left(E_g\frac{f_0}{r_0}+k_0\right)m}{\left(f_i+f_0\frac{r_i}{r_0}\right)+\frac{k_0r_i}{E_g}}\leqslant[\sigma_g]$$

$$\sigma_{g0}=\frac{(pr_i^2-E_gf_i m)\frac{1}{r_0}}{\left(f_i+f_0\frac{r_i}{r_0}\right)+\frac{k_0r_i}{E_g}}\leqslant[\sigma_g]$$

$$[\sigma_g]=\frac{R_g}{K}$$

$$m=\frac{pr_i}{0.85E_h}\ln\frac{r_0}{r_i}$$

式中 σ_{gi}——衬砌内圈的钢筋应力，kPa；

σ_{g0}——衬砌外圈的钢筋应力，kPa；

K——混凝土结构强度安全系数；

E_h——混凝土的弹性模量，kPa；

R_g——钢筋受力设计强度，kPa。

$$m=\frac{pr_i}{0.85E_h}\ln\frac{r_0}{r_i}=\frac{2.5\times10^3\times2.5}{0.85\times2.6\times10^7}\times\ln\frac{3.1}{2.5}=0.584\times10^{-4}$$

$$[\sigma_g]=\frac{R_g}{K}=\frac{310\times10^3}{1.8}=172.2\times10^3(\text{kPa})$$

$$f_i=f_0=\frac{pr_i+k_0\left(m-\frac{r_i[\sigma_g]}{E_g}\right)}{\left(1+\frac{r_i}{r_0}\right)[\sigma_g]-E_g\frac{m}{r_0}}$$

$$=\frac{2.5\times10^3\times2.5+2.4\times10^6\times\left(0.584\times10^{-4}-\frac{2.5\times172.2\times10^3}{2\times10^8}\right)}{\left(1+\frac{2.5}{3.1}\right)\times172.2\times10^3-2\times10^8\times\frac{0.584\times10^{-4}}{3.1}}$$

$$=3.2\times10^{-3}(\text{m}^2)$$

内、外圈钢筋应力校核如下：

$$\sigma_{gi}=\frac{pr_i+\left(E_g\frac{f_0}{r_0}+k_0\right)m}{\left(f_i+f_0\frac{r_i}{r_0}\right)+\frac{k_0r_i}{E_g}}$$

$$=\frac{2.5\times10^3\times2.5+\left(2\times10^8\times\frac{3.2\times10^{-3}}{3.1}+2.4\times10^6\right)\times0.584\times10^{-4}}{\left(3.2\times10^{-3}+3.2\times10^{-3}\times\frac{2.5}{3.1}\right)+\frac{2.4\times10^6\times2.5}{2\times10^8}}$$

$$= 166.3 \times 10^3 (\text{kPa}) < [\sigma_g]$$

$$\sigma_{g0} = \frac{(pr_i^2 - E_g f_i m)\frac{1}{r_0}}{\left(f_i + f_0 \frac{r_i}{r_0}\right) + \frac{k_0 r_i}{E_g}}$$

$$= \frac{(2.5 \times 10^3 \times 2.5^2 - 2 \times 10^8 \times 3.2 \times 10^{-3} \times 0.584 \times 10^{-4}) \times \frac{1}{3.1}}{\left(3.2 \times 10^{-3} + 3.2 \times 10^{-3} \times \frac{2.5}{3.1}\right) + \frac{2.4 \times 10^6 \times 2.5}{2 \times 10^8}}$$

$$= 130.35 \times 10^3 \text{ kPa} < [\sigma_g]$$

故设计是安全的。

因此,选 A。

7.3 复习题

(1)引水发电洞和泄洪洞等永久建筑物的施工支洞封堵体主要充当(　　)作用,应按(　　)建筑物设计。

A. 围岩、永久　　B. 建筑物、永久　　C. 围岩、临时　　D. 建筑物、临时

(2)洞线与岩层层面、主要构造断裂面及软弱带的走向应有较大的夹角,其夹角不宜小于(　　)。

A. 10°　　B. 20°　　C. 30°　　D. 40°

(3)有压隧洞严禁出现明满流交替的运行方式,在最不利运行条件下,洞顶以上应有不小于(　　)cm 的压力水头。

A. 100　　B. 200　　C. 300　　D. 400

(4)流速小于 20 m/s 的无压隧洞平面弯曲半径不宜小于(　　)倍洞径(或洞宽),转角不宜大于(　　);流速小于 20 m/s 的有压隧洞转弯半径不应小于(　　)倍洞径(或洞宽)。

A. 5、90°、3　　B. 5、60°、3　　C. 3、60°、2.5　　D. 3、70°、5

(5)某一混凝土衬砌的有压引水洞,洞径 $d = 2.5$ m,洞长 $l = 4000$ m,糙率 $n = 0.014$。引水隧洞通过流量 $Q = 6.5$ m³/s 时的沿程水头损失(　　)m。

A. 2.4　　B. 2.6　　C. 2.0　　D. 2.8

(6)某输水隧洞为有压洞,最大内水压力 0.50 MPa,采用混凝土衬砌。山体最小覆盖厚度(　　)m。(坡面倾角 45°,岩体容重 27 kN/m³,水容重取 10 kN/m³)

A. 16.8　　B. 26.8　　C. 36.8　　D. 46.8

(7)相邻隧洞岩体厚度不宜小于(　　)。

A. 1 倍开挖洞径(或洞宽)　　B. 1 倍衬砌洞径(或洞宽)

C. 2 倍开挖洞径(或洞宽)　　D. 2 倍衬砌洞径(或洞宽)

(8)流速小于 20 m/s 的无压隧洞平面弯曲半径不宜小于(　　)倍洞径(或洞宽),转角不宜大于(　　);流速小于 20 m/s 的有压隧洞转弯半径不应小于(　　)倍洞径(或洞

宽)。

A. 5、90°、3　　B. 5、60°、3　　C. 3、60°、2. 5　　D. 3、70°、5

(9)有压隧洞过渡段的圆锥角易采用(　　),对承受双水流的过渡段应取小值。过渡的长度不应小于(　　)倍洞径(或洞宽)。

A. 6° ~10°、1. 5　　B. 8° ~12°、1. 5　　C. 6° ~10°、2. 0　　D. 6° ~15°、1. 5

(10)隧洞横断面的最小尺寸除应满足运行要求外,还应符合施工要求。圆形断面的内径不易小于(　　)m,非圆形断面的高度不易小于(　　)m。

A. 1. 5、1. 5　　B. 1. 6、1. 6　　C. 1. 7、1. 7　　D. 1. 8、1. 8

(11)在低流速无压隧洞中,若通气条件良好,在恒定流情况下,洞内水面线以上的空间不易小于隧洞断面面积的(　　)%,且高度不易应小于(　　)mm。

A. 13、200　　B. 14、300　　C. 15、400　　D. 16、500

(12)锚喷衬砌隧洞的允许流速不易大于(　　)m/s,锚喷衬砌的临时过水隧洞允许流速不宜超过(　　)m/s。经论证超过上述规定流速的锚喷衬砌隧洞,应采取有效的防空蚀、抗冲磨措施。

A. 8、12　　B. 9、13　　C. 10、14　　D. 11、15

(13)喷混凝土厚度,无钢筋网时易为(　　)mm,有钢筋网时易为(　　)mm。

A. 80 ~200、100 ~250　　B. 90 ~200、120 ~200

C. 100 ~220、140 ~220　　D. 110 ~250、150 ~250

(14)已知断面开挖宽度 B 及高度 H 均为 5. 0 m,围岩微弱风化,节理裂隙发育的页岩,围堰类别为Ⅳ类,岩石坚固系数 $f=1.5$,相应的 $\varphi=60°$,岩石容重 $\gamma_r=23\ \mathrm{kN/m^3}$,计算山岩压力。

①垂直山岩压力值为(　　)$\mathrm{kN/m^2}$。

A. 31. 22　　B. 41. 22　　C. 51. 22　　D. 61. 22

②侧向水平山岩压力为(　　)$\mathrm{kN/m^2}$。

A. 7. 09　　B. 8. 09　　C. 9. 09　　D. 10. 09

(15)某工程引水隧洞,采用钢筋混凝土衬砌,内半径 $r_i=1.4$ m,衬砌厚度 40 cm,衬砌采用单层衬砌配筋,隧洞均匀内水压力 0.8×10^3 kPa,围岩的弹性抗力系数 4×10^6 $\mathrm{kN/m^3}$,钢筋的弹性模量 2×10^8 kPa,混凝土弹性模量 2.6×10^7 kPa,钢筋的允许应力 310×10^3 kPa,混凝土结构强度安全系数 1. 8,该隧洞主要以内压为主,采用圆形有压隧洞衬砌结构计算钢筋配筋面积(　　)$\mathrm{m^2}$。

A. 0.325×10^{-3}　　B. 0.525×10^{-3}　　C. 0.725×10^{-3}　　D. 0.925×10^{-3}

(16)有压引水隧洞,承受均匀内水压力 $p=1\ 200\ \mathrm{kN/m^2}$,圆形钢筋(Ⅱ级)混凝土(C25)衬砌内径 $D=8$ m,衬砌厚 0. 5 m,Ⅲ类围岩弹性抗力系数 $k_0=800\ \mathrm{N/cm^3}$,若配置单层钢筋所需钢筋断面积为(　　)$\mathrm{mm^2}$。

A. 4 986　　B. 3 273　　C. 5 609　　D. 3 960

(17)引水发电隧洞为一洞两机,单机最大引用流量 50 $\mathrm{m^3/s}$,已知分岔前某段隧洞断面形式为圆形,内径 $D=6$ m,内水压力 $p_1=3.26\times10^5$ Pa,大气压力 $p_2=1.22\times10^5$ Pa,电站地区多年平均地温为 20 ℃,此段隧洞的水流空化系数(　　)。(重力加速度取 10.0

m/s^2)

A. 71. 12　　　　B. 6. 77　　　　C. 284. 46　　　　D. 90

(18)低流速无压力隧洞某段洞线平面布置见图 7-2,已知洞径 $D=5$ m,其中 R、L 最小为(　　),α 最大为(　　)。

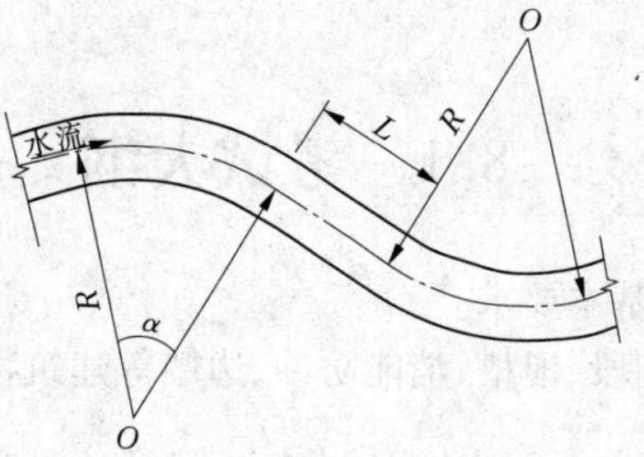

图 7-2

A. 25 m、25 m,60°　　　　B. 20 m、25 m,30°

C. 15 m、25 m,60°　　　　D. 20 m、25 m,90°

(19)某无压隧洞的断面为城门洞形,洞宽 4 m,顶拱中心角为 90°,隧洞纵坡 1/2 000,设计输水流量 30 m^3/s,钢筋混凝土衬砌糙率取 0. 014,隧洞的最小洞高(　　)m。

(提示:①按明渠均匀流基本公式计算水深;②按洞内水面线以上空间不小于断面面积 15% 确定隧洞全断面面积;③最后确定隧洞断面尺寸)

A. 3. 85　　　　D. 4. 85　　　　C. 5. 85　　　　D. 6. 85

7.4　参考答案

(1)A　(2)C　(3)B　(4)B　(5)B　(6)B

(7)C　(8)B　(9)A　(10)D　(11)C　(12)A

(13)A　(14)①B、②A　(15)B　(16)A　(17)A　(18)A

(19)B

第 8 章　溢洪道设计

8.1　考试大纲

熟练掌握溢洪道布置基本要求。

熟练掌握进水渠、控制段、泄槽、消能防冲、边墙等建筑物设计。

掌握溢洪道水力计算。

掌握溢洪道地基处理、防渗排水设计。

8.2　复习指导

8.2.1　复习内容

溢洪道设计应符合《溢洪道设计规范》(SL 253—2000 或 DL/T 5166—2002)的规定。

8.2.1.1　溢洪道布置和设计原则

溢洪道布置应根据地形、地质、工程特点、枢纽布置、坝型、施工及运用条件、经济指标等综合因素进行全面考虑。河岸式溢洪道布置可包括进水渠、控制段、泄槽、消能防冲设施及出水渠。

溢洪道布置应结合枢纽总体布置全面考虑,避免泄洪、发电、航运及灌溉等建筑物在布置上的相互干扰。

溢洪道布置应合理选择泄洪消能布置和型式,出口水流应与下游河道平顺连接,避免下泄水流对坝址下游河床和岸坡的严重淘刷、冲刷以及河道的淤积,保证枢纽其他建筑物的正常运行。

当具备合适的地形、地质条件时,经技术经济比较论证,溢洪道可布置为正常溢洪道和非常溢洪道。正常溢洪道在布置和运用上可分为主、副溢洪道,应根据地形条件、地质条件、枢纽布置、坝型、洪水特性及对下游的影响等因素研究确定。

溢洪道的位置应选择有利的地形条件和地质条件布置在岸边或垭口,并宜避免开挖而形成高边坡。溢洪道应布置在稳定的地基上,并应充分注意建库后水文地质条件的变化对建筑物及边坡稳定的不利影响。当溢洪道靠近坝肩布置时,其布置及泄流不得影响坝肩及岸坡的稳定。在土石坝枢纽中,当溢洪道靠近坝肩时,与大坝连接的接头、导墙、泄槽边墙等必须安全可靠。溢洪道的闸门启闭设备及基础抽排水设备,应设置备用电源,保证供电可靠。

溢洪道的泄量、溢流前缘总宽度及堰顶(或闸底板)高程等应根据水库特性、河段防洪规划,与其他泄水建筑物在布置和运用上的协调、地形地质条件、下游河床及两岸抗冲能力、河道特性及消能要求、与相邻建筑物的连接、闸门型式及定型尺寸、运用及维修条件及造价等因素通过技术经济比较选定。

溢洪道进、出口的布置,应使水流顺畅。溢洪道轴线宜取直线。如需转弯,宜在进水渠或出水渠段内设置弯道。

进水渠的布置应遵循的原则是:

(1)选择有利的地形、地质条件。

(2)轴线方向应使进水顺畅。

(3)当进水渠较长时,宜在控制段之前设置渐变段,其长度视流速等条件确定,不宜小于2倍堰前水深。渠道需转弯时,轴线的转弯半径不宜小于4倍渠底宽度,弯道至控制堰(闸)之间宜有长度不小于2倍堰上水头的直线段。

进水渠底宽顺水流方向收缩时,进水渠首、末端底宽之比宜为1.5~3,与控制段连接处应与溢流前缘等宽。底板宜为平底或不大的反坡。进水渠的直立式导墙的平面弧线曲率半径不宜小于2倍渠道底宽。导墙顺水流方向的长度宜大于堰前水深的2倍,导墙墙顶高程应高于泄洪时最高库水位。

控制段设计应包括控制泄量的堰(闸)及两侧连接建筑物。控制堰(闸)轴线的选定应统筹考虑:进水渠、泄槽、消能防冲设施及出水渠的总体布置要求;建筑物对地基的强度、稳定性、抗渗性及耐久性的要求;便于对外交通和两侧建筑物的布置;当控制堰(闸)靠近坝肩时,应与大坝布置协调一致;便于防渗系统的布置,堰(闸)与两岸(或大坝)的止水、防渗排水系统应形成整体。

堰型可选用开敞式或带胸墙孔口式的实用堰、宽顶堰、驼峰堰等型式。开敞式溢流堰有较大的超泄能力,宜优先选用。堰顶是否设置闸门,应从工程安全、洪水调度、水库运行、工程投资等方面论证确定。

闸墩的型式和尺寸应满足闸门(包括门槽)、交通桥和工作桥的布置、水流条件、结构及运行检修等要求。控制段的闸墩、胸墙或安全超高下限值岸墙的顶部高程,在宣泄校核洪水时不应低于校核洪水位加安全超高值;挡水时应不低于设计洪水位或正常蓄水位加波浪的计算高度和安全超高值。当溢洪道紧靠坝肩时,控制段的顶部高程应与大坝坝顶高程协调一致。

在选择泄槽轴线时,宜采用直线。泄量大、流速高的泄槽,弯道参数宜通过水工模型试验确定。

泄槽的纵坡、平面及横断面布置,应根据地形、地质条件及水力条件等进行经济技术比较确定。

溢洪道消能防冲设施的型式应根据地形地质条件、泄流条件、运行方式、下游水深及河床抗冲能力、消能防冲要求、下游水流衔接及对其他建筑物影响等因素,通过技术经济比较选定。河岸式溢洪道可采用挑流消能或底流消能,亦可采用面流、戽流或其他消能型式。

挑流消能可用于岩石地基的高、中水头枢纽。溢洪道挑流消能设施的平面型式可采用等宽式、扩散式、收缩式。挑流鼻坎可选用连续式、差动式和各种异型鼻坎等。当采用挑流消能时,应慎重考虑挑射水流的雾化和多泥沙河流的泥雾对枢纽其他建筑物及岸坡的安全和正常运行的影响。

底流消能可用于各种地基，或设有船闸、鱼道等对流态有严格要求的枢纽。底流消能设施可采用平底式、斜坡式、扩散式、收缩式等消力池及各种型式的辅助消能工，必要时可设多级消力池，并应注意泥沙磨蚀问题。

面流消能可用于下游尾水大于跃后水深且水位变幅不大，河床及两岸在一定范围内有较高的抗冲能力，或有排冰要求的枢纽。

消力戽或戽式消能工可用于下游水深大于跃后水深、下游河床及两岸有一定抗冲能力的枢纽，有排泄漂浮物要求时不宜采用。消力戽下游宜设置导墙。

当溢洪道下泄水流经消能后不能直接泄入河道而造成危害时，应设置出水渠。选择出水渠线路应经济合理，其轴线方向应顺应下游河势。出水渠宽度应使水流不过分集中，并应防止折冲水流对河岸有危害性的冲刷。

8.2.1.2　**水力设计**

溢洪道水力设计一般应包括泄流能力计算、水流边界体型设计、水面线及压坡线计算、弯道水力计算、消能防冲水力设计、高速水流区防空蚀设计等内容。对于大型工程及水力条件较复杂的中型工程，上述各项水力设计内容均应经溢洪道水工模型试验验证。溢洪道的水力设计应满足设计和校核工况下所要求的泄量、消能防冲、体型简单合理、水流平顺稳定并避免发生空蚀、下泄水流流态及水流对河床的冲淤的要求。

进水渠水力设计应使渠内水流平顺、稳定，水面波动及横向水面比降小，并应避免回流和旋涡。进水渠中的设计流速应大于悬移质不淤流速，小于渠道不冲流速，且水头损失较小。不满足上述规定时，应进行论证。渠道设计流速宜采用 3 ~5 m/s。渠道水面线可由引水渠首部到位于堰前 3 ~5 倍堰上水头处的控制断面之间建立能量方程，用分段求和法计算。

开敞式实用堰（包括正堰和侧堰），堰顶下游堰面宜优先采用 WES 型幂曲线。当选择低实用堰时，宜取上游堰高 $P_1 \geqslant 0.3H_d$，下游堰高 $P_2 \geqslant 0.6H_d$（H_d 为堰面曲线的定型设计水头），堰面曲线下接直线段，坡度宜陡于 1:1。当堰顶以上最大水头与孔口高度 D 的比值 $H_{max}/D>2$，或闸门全开仍属孔口泄流时，孔口下游堰面曲线宜采用抛物线。堰高小于 3 m 的低堰，可采用宽顶堰或驼峰堰。

实用堰堰顶附近堰面压力应符合下列规定：①对于常遇洪水闸门全开情况，堰面不应出现负压；②对于设计洪水闸门全开情况，堰顶附近负压值不得大于 0.03 MPa；③对于校核洪水闸门全开情况，堰顶附近负压值不得大于 0.06 MPa。

控制堰（闸）的泄流能力，可根据不同堰型选用不同的计算公式进行计算。

实用堰末端与泄槽连接的反弧半径 R 可取 3 ~6 倍反弧最低点最大水深。流速大时取大值。

泄槽段的水力设计，应根据布置和最大流量计算诸水力要素，确定水流边壁的体型、尺寸及需要采取的工程措施。

泄槽段的水面线，应根据能量方程用分段求和法计算，计算中应正确确定起始计算断面及其水深。当泄槽水流掺气时，应考虑水流掺气后的水深。

当泄槽段内布置收缩段时，收缩角应通过计算确定，对于收缩角较大的收缩段，应进行急流冲击波验算。对于收缩角小于6°者,可不进行冲击波验算。当泄槽在平面上布置弯道时,应计算弯道段横向水位差。

侧槽溢洪道中侧槽段水力设计应满足下列要求:

(1)侧槽底坡应取单一坡度,且小于按侧槽末端断面临界水深计算出的临界底坡。在宣泄设计流量时,槽内应为缓流。

(2)侧槽首端断面水深超过堰顶的高度应小于堰上水头的一半,保证侧槽内为非淹没出流。

(3)侧槽首、末端断面底宽比可采用0.5~1.0。

(4)侧槽内和槽末断面处均不得产生水跃。槽末宜设调整段,不宜紧接收缩段、弯道段。调整段长度可采用2~3倍的侧槽末端断面临界水深,底坡宜水平。尾部升坎高度可采用0.1~0.2倍泄槽首端断面临界水深。

(5)侧槽段横向水面差应限制在一定范围内,靠山一侧水面壅高宜取平均水深的10%~25%,必要时应经水工模型试验确定。

泄槽段底坡变化处,应采用曲线连接:当底坡由缓变陡时,可采用抛物线连接;当底坡由陡变缓时,可采用圆弧连接,圆弧半径可采用3~6倍变坡处的断面水深,流速大者宜取用大值。当泄槽段设置掺气减蚀设施时,在其保护范围内,变坡处的连接方式可不受上述限制。

泄槽段边墙高度,应根据计入波动及掺气后的水面线,再加上0.5~1.5 m的超高。对于收缩(扩散)段、弯道段等水力条件比较复杂的部位,宜取大值。

挑流消能水力设计,应对各级流量进行系列计算。安全挑距、水舌入水宽度、允许最大冲坑深度的确定,应以不影响鼻坎基础、两岸岸坡的稳定及保证相邻建筑物的安全为原则。

挑流鼻坎段反弧半径R可采用反弧最低点最大水深h的6~12倍。对于泄槽底坡较陡、反弧段内流速及单宽流量较大者,反弧半径宜取大值。挑流鼻坎挑角,应经比较选定,可采用15°~35°。当采用差动式鼻坎时,应合理选择反弧半径、高低坎宽度比、高程差及挑角差,亦可视需要采取通气孔等减蚀措施。挑流鼻坎高程应通过比较选定,在保证能形成自由挑流情况下,可略低于下游最高水位。

底流消能防冲的水力设计,应满足下列要求:

(1)保证消力池内形成低淹没度稳定水跃,并应避免产生两侧回流。

(2)消力池宜采用等宽的矩形断面。

(3)护坦上是否设置辅助消能工,应结合运用条件综合分析确定。当跃前断面平均流速超过16~18 m/s时,池内不宜设置趾墩、消力墩等辅助消能工。

底流消能的水力设计,应对各级流量进行计算,确定池底高程、池长及尾坎布置等。消力池两侧边墙高度,可根据跃后水深加适当超高确定。

当消力池的出池水流流速超过基岩的允许抗冲流速时,或当消力池下游河床为非岩基时,应设置防冲齿墙、海漫、防冲槽等保护设施。

当采用各种异型挑流鼻坎、扩散(收缩)式消力池,或池内设置辅助消能工时,其体型、布置和水力计算应经水工模型试验验证。

出水渠水流应平顺、稳定，不产生冲刷破坏。渠道的水面线，可根据下游控制断面水位流量关系，按能量方程计算。

应重视溢洪道闸墩、门槽、溢流面、平面收缩（扩散）段、平面弯曲段、陡坡变坡处、反弧段及其下游段、水流边界突变处、异型鼻坎、分流墩、消力墩及趾墩处、水流空化数较小的部位的防空蚀设计。溢洪道各部位的水流空化数 σ 应大于该处体型的初生空化数 σ_i。在多泥沙河流上，应同时考虑挟沙水流对边壁的磨损与空蚀的联合作用，选用抗蚀耐磨性能好的材料。当采用掺气减蚀设施时，应论证泥沙磨损及淤堵问题。

8.2.1.3　进水渠、控制段、泄槽、消能防冲建筑物结构设计

溢洪道的结构设计，应根据布置、水力设计、地基及运用条件，结合防渗、排水、止水及锚固等工程措施，在满足安全、耐久的前提下，选用经济合理的结构型式和尺寸。溢洪道的混凝土结构应考虑温度应力的影响，并根据当地的气候条件、结构特点、地基约束等因素，采取必要的结构措施和施工措施。

进水渠渠底需要衬砌时可采用混凝土护面、浆砌块石或干砌石等。底板衬砌的厚度可按构造确定，混凝土衬砌厚度可取为 30 cm，必要时还应进行抗渗和抗浮稳定验算。

控制段结构设计包括结构型式选择和布置，荷载计算及其组合，稳定计算，结构计算，细部设计，材料强度、抗冻、抗渗等指标及施工要求，特别是混凝土施工温度控制要求。

控制堰（闸）的结构型式可采用分离式或整体式。分离式适用于岩性比较均一的地基，整体式适用于地基均匀性比较差的情况。

控制堰（闸）的稳定分析可采用刚体极限平衡法。闸室基底应力及实用堰堰体应力分析可采用材料力学法，重要工程或受力条件复杂时可用有限元法。闸墩的应力分析可用材料力学法，大型闸墩宜用有限元法。宽顶堰及驼峰堰闸底板应力分析可采用材料力学法、有限元法或弹性地基梁法。作用在控制段上的荷载分为基本荷载和特殊荷载两类。荷载组合应分为基本组合和特殊组合。基本组合由基本荷载组成，特殊组合由基本荷载和一种或几种特殊荷载组成。

堰（闸）基底面的抗滑稳定安全系数按抗剪断强度公式计算。

用材料力学法分析堰（闸）断面的应力分布，当结构和受力均对称时，可按单向偏心受压公式计算；当结构不对称或受力不对称时，可按双向偏心受压公式进行计算。

泄槽底板的厚度应考虑溢洪道的规模及其与坝的相对位置、沿线的工程地质和水文地质条件、水力特性、气候条件、水流中挟沙情况等因素，并根据类似工程经验进行类比确定。泄槽底板的厚度不应小于 0.3 m。

泄槽底板可采取防渗、排水、止水、锚固等必要的工程措施。泄槽底板在消力池最高水位以下的部分，应按消力池护坦设计。

消力池护坦应进行抗浮稳定复核。对设有消力齿、消力墩或尾槛的护坦，还应进行抗倾及抗滑稳定复核。采用抽排降压的护坦应复核地基的渗透稳定，还应根据具体条件分析闸门启闭的不利情况，进行复核。必要时，应考虑排水设施局部或全部失效，作为校核情况复核护坦的稳定。

8.2.1.4　地基及边坡处理设计

溢洪道的地基处理设计，应结合建筑物的结构和运用特点，满足各部位对承载能力、抗滑稳定、地基变形、渗流控制、抗冲及耐久性的要求。地基处理方案,应根据工程重要性、地质条件、施工条件和运用特点等因素,通过技术经济比较确定。当地基为软弱岩石或存在规模较大、性状差的断层破碎带、软弱夹层、岩溶等缺陷时,应进行专门处理设计。

溢洪道的边坡必须保持稳定,对可能失稳的边坡应采取适当的处理措施。对地质条件复杂的高边坡尚应进行专门的研究及边坡监测设计。对易风化掉块、易软化或抗冲能力低的稳定边坡也应进行相应的防护。

地基及边坡处理,应重视防渗排水设施的设计。设计排水设施应因地制宜,合理布设,便于检修,保证排水通畅。

溢洪道的建基面,应根据建筑物对地基的要求,结合地质条件、工程处理措施等综合研究确定。

建筑物的基坑形状,应根据地形、地质条件及上部结构要求确定,开挖面宜连续平顺。控制段的基坑宜略向上游倾斜,若受地形、地质条件限制,高差过大或略向下游倾斜,可开挖成带钝角的台阶状。泄槽的衬砌段与不衬砌段应连接平顺。

溢洪道地基固结灌浆的范围和深度应根据岩石的破碎程度、风化深度、裂隙大小和基础应力情况确定,宜在控制段及消能建筑物地基范围内进行。基岩条件好时,可不进行固结灌浆。固结灌浆宜在混凝土浇筑后进行。

溢洪道地基的防渗、排水设计应根据工程地质和水文地质条件、建筑物的重要性及作用、建筑物的安全稳定,综合考虑防渗、排水的相互作用,确定相应措施。靠近坝肩的溢洪道,其防渗、排水布设应与大坝的防渗、排水系统统筹安排。

堰(闸)基及其两岸的防渗措施,宜采用水泥灌浆帷幕,也可根据条件采用混凝土齿墙、防渗墙、水平防渗板或其组合措施。

溢洪道地基的排水设施应能有效排泄通过建筑物地基、岸坡及衬砌接缝的渗水,充分降低渗透压力。

溢洪道开挖边坡坡度,应根据岩体质量、岩体结构特征、边坡高度和施工方法等条件,通过工程类比方法选择,并进行稳定复核。对边坡进行稳定性分析应考虑边坡岩性、岩体控制结构面性质、结构面产状与边坡形状的关系、施工方法等因素,还应考虑降雨、泄洪雨雾、开挖爆破、地震等影响。边坡稳定分析计算,可采用刚体极限平衡法。地质条件复杂的高边坡宜用有限元等方法进行分析。边坡加固措施,根据稳定分析成果,可分别采取削坡减载、锚喷、锚杆、锚筋桩、抗滑桩、抗剪塞、锚洞或预应力锚索等措施。溢洪道边坡应设置排水设施。宜沿边坡走向结合马道位置布设纵横排水沟排除地表水。视需要可在边坡内布置排水隧洞并钻设排水孔排除地下水。对高边坡及地质条件复杂的边坡应进行边坡监测设计,设置监测系统。

8.2.2 案例分析

【例 8-1】 某岸坡式溢洪道为开敞式溢流堰,堰顶下游堰面采用 WES 幂曲线,堰顶上游采用双圆弧曲线。水库总库容为 $3.75\times10^8\ m^3$,正常蓄水位为 567.00 m,设计洪水位为 569.20 m,校核洪水位为 571.00 m。堰顶高程为 557.00 m,上游堰坡坡比为 3∶2,上游堰高为 $P_1=6.00$ m。计算时:定型设计水头取规范规定区间的中值,幂曲线参数 $k=2.1$。

溢流堰堰面曲线为(　　)。

A. 下游堰面曲线 $y=0.070\ 90x^{1.810}$；上游堰面双圆弧半径：$R_1=5.04$ m，$R_2=2.31$ m

B. 下游堰面曲线 $y=0.067\ 76x^{1.850}$；上游堰面双圆弧半径：$R_1=5.25$ m，$R_2=2.10$ m

C. 下游堰面曲线 $y=0.072\ 34x^{1.836}$；上游堰面双圆弧半径：$R_1=7.14$ m，$R_2=2.205$ m

D. 下游堰面曲线 $y=0.076\ 78x^{1.810}$；上游堰面双圆弧半径：$R_1=5.04$ m，$R_2=2.31$ m

答案：A

考点：《溢洪道设计规范》(SL 253—2000)中附录 A.1.1、A.1.2。

解：《溢洪道设计规范》(SL 253—2000)中附录 *A*.1.1、*A*.1.2 规定，溢流堰堰顶下游幂曲线及上游双圆弧曲线计算公式为：

$$x^n = kH_d^{n-1}y \quad R_1 = 0.48H_d \quad R_2 = 0.22H_d$$

式中　H_d——堰面曲线定型设计水头（对于上游堰高 $P_1 \geq 1.33H_d$ 的高堰，取 $H_d=(0.75\sim0.95)H_{max}$，对于 $P_1<1.33H_d$ 的低堰，取 $H_d=(0.65\sim0.85)H_{max}$，$H_{max}$ 为校核流量下的堰上水头）；

x、y——原点下游堰面曲线横、纵坐标；

n——与上游堰坡有关的指数，见表 A.1.1；

k——当 $P/H_d>1.0$ 时，见表 A.1.1，当 $P/H_d\leq1.0$ 时，取 $k=2.0\sim2.2$，本题 $k=2.1$；

R_1、R_2——堰顶上游双圆弧曲线半径。

本题上游堰高 $P_1=6.00$ m，假设为低堰，因此定型设计水头计算如下：

$H_d=1/2\times(0.65+0.85)\times(571.00-557.00)=10.5(\text{m})>P_1/1.33$，假设是对的。

由表 A.1.1 查上游面坡比 3∶2时得 $n=1.810$。

堰顶下游堰面幂曲线方程为：

$$x^{1.810} = 2.1\times10.5^{1.810-1}y$$

整理得：

$$y = 0.070\ 90x^{1.810}$$

由表 A.1.1 查上游面坡比 3∶2时得堰顶上游双圆弧曲线半径为：

$$R_1 = 0.48\times10.5 = 5.04(\text{m})$$

$$R_2 = 0.22\times10.5 = 2.31(\text{m})$$

由以上计算可知，答案 A 是正确的。

【例 8-2】　某岸坡式溢洪道为带胸墙孔口式实用堰，堰面曲线采用抛物线。水库总库容为 1.5×10^8 m^3，正常蓄水位为 825.00 m，设计洪水位为 827.20 m，校核洪水位为 829.00 m。堰顶高程为 815.00 m，上游堰坡为直立，上游堰高为 $P_1=5.00$ m。计算时：定型设计水头和孔口出流收缩断面上的流速系数取规范规定区间的中值。溢流堰堰面曲线为(　　)。

A. $y=0.041\ 22x^2$　　B. $y=0.033\ 79x^2$　　C. $y=0.029\ 44x^2$　　D. $y=0.025\ 70x^2$

答案：C

考点：《溢洪道设计规范》(SL 253—2000)中附录 A.1.4。

解：由《溢洪道设计规范》(SL 253—2000)中附录 A.1.4 可知，抛物线可按下式计算：

$$y = \frac{x^2}{4\varphi^2 H_d}$$

式中　H_d——孔口出流堰面定型设计水头,取 $H_d = (0.56 \sim 0.77)H_{max}$;

φ——孔口出流收缩断面上的流速系数,取 $\varphi = 0.95 \sim 0.96$。

根据题中给定条件可得,定型设计水头:

$$H_d = 1/2 \times (0.56 + 0.77) \times (829.00 - 815.00) = 9.31(\text{m})$$

孔口出流收缩断面上的流速系数:

$$\varphi = 1/2 \times (0.95 + 0.96) = 0.955$$

抛物线方程为:

$$y = \frac{x^2}{4 \times 0.955^2 \times 9.31} = 0.029\,44x^2$$

由以上计算可知,答案 C 是正确的。

【例 8-3】　某岸坡式溢洪道由进水渠、控制段、泄槽段、挑流鼻坎及出水渠五部分组成,进水渠开阔,泄洪时不影响溢流堰堰前水位(即堰上水位与行近流速之和与库水位相等),溢流堰共 3 孔,孔口宽度为 12 m,溢流堰堰顶下游堰面采用 WES 幂曲线,上游堰面坡度为 3∶2,堰顶高程为 650.00 m,堰前进水渠底板高程为 644.00 m,设计洪水位为 663.00 m,校核洪水位为 665.00 m。计算时:定型设计水头 $H_d = 0.80H_{max}$,中墩形状系数取 $\xi_0 = 0.45$,边墩形状系数取 $\xi_k = 0.40$,淹没系数 $\sigma_s = 1.0$,重力加速度 $g = 9.81\ \text{m/s}^2$;设计洪水位和校核洪水位闸门全开时泄流量为(　　)。

A. 设计洪水位泄流量为 $Q = 3\,363.16\ \text{m}^3/\text{s}$,校核洪水位泄流量为 $Q = 4\,146.50\ \text{m}^3/\text{s}$

B. 设计洪水位泄流量为 $Q = 3\,381.56\ \text{m}^3/\text{s}$,校核洪水位泄流量为 $Q = 4\,236.72\ \text{m}^3/\text{s}$

C. 设计洪水位泄流量为 $Q = 3\,398.37\ \text{m}^3/\text{s}$,校核洪水位泄流量为 $Q = 4\,257.79\ \text{m}^3/\text{s}$

D. 设计洪水位泄流量为 $Q = 3\,389.84\ \text{m}^3/\text{s}$,校核洪水位泄流量为 $Q = 4\,247.10\ \text{m}^3/\text{s}$

答案:D

考点:《溢洪道设计规范》(SL 253—2000)中附录 A.2。

解:《溢洪道设计规范》(SL 253—2000)中附录 A.2 泄流能力按下式计算:

$$Q = Cm\varepsilon\sigma_s B\sqrt{2g}H_0^{3/2}$$

$$\varepsilon = 1 - 0.2[\xi_k + (n-1)\xi_0]\frac{H_0}{nb}$$

式中　Q——流量,m^3/s;

B——溢流堰总净宽,m,定义 $B = nb$;

b——单孔宽度,m,由题意得 $b = 12$ m;

n——闸孔数目,由题意得 $n = 3$;

H_0——计入行近流速水头的堰上总水头,m,$H_0 = H + v^2/(2g)$,本题 $H_0 = H$;

g——重力加速度,$9.81\ \text{m/s}^2$;

m——二维水流 WES 实用堰流量系数,按附录 A 中由表 A.2.1-1 查得;

C——上游堰坡影响系数(当上游堰面铅直时,$C = 1.0$,当上游面倾斜时 C 值由表 A.2.1-2 查得);

ε——闸墩侧收缩系数；

ξ_0——中墩形状系数，由题中得 $\xi_0=0.45$；

ζ_k——边墩形状系数，由题中得 $\zeta_k=0.40$；

σ_s——淹没系数，本题不淹没，$\sigma_s=1.0$。

上式适用于 $H_0/b\leqslant1.0$，当 $H_0/b>1.0$ 时，H_0/b 仍取值1.0。

(1)设计洪水位时泄流量计算如下。

$$H_0=663.00-650.00=13.00(\text{m})$$

$$B=3\times12=36(\text{m})$$

定型设计水头：

$$H_d=0.80H_{\max}=0.80\times(665.00-650.00)=12.00(\text{m})$$

$H_0/b=(663.00-650.00)/12=1.083>1.0$，取 $H_0/b=1.0$。

$$\varepsilon=1-0.2[\xi_k+(n-1)\xi_0]\frac{H_0}{nb}=1-0.2\times[0.40+(3-1)\times0.45]\times1/3=0.9133$$

上游堰高 $P_1=650.00-644.00=6.00(\text{m})$，$P_1/H_d=6.00/12.00=0.50$，查表A.2.1-2中 $\Delta y:\Delta x=3:2$ 并内插得上游堰坡影响系数 C：

$$C=(1.011+1.005)/2=1.008$$

由 $H_0/H_d=13.00/12.00=1.083$，$P_1/H_d=6.00/12.00=0.50$ 查表A.2.1-1并内插得流量系数 m：

$$m=\frac{1.083-1.0}{1.1-1.0}\times\left(\frac{0.491+0.496}{2}-\frac{0.486+0.491}{2}\right)+\frac{0.486+0.491}{2}=0.49265$$

泄流量为：

$$Q=1.008\times0.49265\times0.9133\times1.0\times36\times(2\times9.81)^{0.5}\times13.00^{1.5}=3389.84(\text{m}^3/\text{s})$$

(2)校核洪水位时泄流量计算如下。

$$H_0=665.00-650.00=15.00(\text{m})$$

$$B=3\times12=36(\text{m})$$

定型设计水头：

$$H_d=0.80H_{\max}=0.80\times(665.00-650.00)=12.00(\text{m})$$

$H_0/b=(665.00-650.00)/12=1.25>1.0$，取 $H_0/b=1.0$。

$$\varepsilon=1-0.2[\xi_k+(n-1)\xi_0]\frac{H_0}{nb}=1-0.2\times[0.40+(3-1)\times0.45]\times1/3=0.9133$$

上游堰高 $P_1=650.00-644.00=6.00(\text{m})$，$P_1/H_d=6.00/12.00=0.50$，查表A.2.1-2中 $\Delta y:\Delta x=3:2$ 并内插得上游堰坡影响系数 C：

$$C=(1.011+1.005)/2=1.008$$

由 $H_0/H_d=15.00/12.00=1.25$，$P_1/H_d=6.00/12.00=0.50$ 查表A.2.1-1并内插得流量系数 m：

$$m=\frac{1.25-1.2}{1.3-1.2}\times\left(\frac{0.499+0.500}{2}-\frac{0.495+0.499}{2}\right)+\frac{0.495+0.499}{2}=0.498$$

泄流量为：

$$Q = 1.008 \times 0.498 \times 0.9133 \times 1.0 \times 36 \times (2 \times 9.81)^{0.5} \times 15.00^{1.5} = 4\,247.10(m^3/s)$$

由以上计算可知，答案 D 是正确的。

【例 8-4】 某岸坡式溢洪道由进水渠、控制段、泄槽段、挑流鼻坎及出水渠五部分组成，溢洪道基础节理裂隙发育，以构造或风化型为主，大部分微张，胶结较差。泄流宽 42 m，采用挑流消能，挑流鼻坎为连续式，鼻坎顶高程 366.50 m，反弧半径为 25 m，挑角 25°。设计洪水位时：上游水位 445.00 m，下游水位 362.30 m，相应泄洪流量 3 610 m^3/s；校核洪水位时：上游水位 446.07 m，下游水位 364.18 m，相应泄洪流量 4 823 m^3/s。由此计算其冲刷坑最大水垫深度在设计洪水时为（　　）m，在校核洪水时为（　　）m。

A. 39.14、45.13　　B. 38.05、42.396　　C. 35.27、39.68　　D. 43.65、47.54

答案：A

考点：溢洪道挑流消能水力计算。

解：根据《溢洪道设计规范》（SL 253—2000）附录 A.4.2 公式计算。

$$T = kq^{1/2}Z^{1/4}$$

根据地质条件和表 A.4.2，取岩基冲刷系数 $k=1.4$。

（1）设计洪水位。

单宽泄量：

$$q = 3\,610/42 = 85.95(m^3/(s \cdot m))$$

上、下游水位差：

$$Z = 445.00 - 362.3 = 82.7(m)$$

冲刷坑最大水垫深度：

$$T = kq^{1/2}Z^{1/4} = 1.4 \times 85.95^{1/2} \times 82.7^{1/4} = 39.14(m)$$

（2）校核洪水位。

单宽泄量：

$$q = 4\,823/42 = 114.83(m^3/(s \cdot m))$$

上、下游水位差：

$$Z = 446.07 - 364.18 = 81.89(m)$$

冲刷坑最大水垫深度：

$$T = kq^{1/2}Z^{1/4} = 1.4 \times 114.83^{1/2} \times 81.89^{1/4} = 45.13(m)$$

因此，选 A。

【例 8-5】 某岸坡式溢洪道由进水渠、控制段、泄槽段、挑流鼻坎及出水渠五部分组成，水库正常蓄水位 444.00 m；设计洪水位 445.00 m，相应泄量 3 610 m^3/s；校核洪水位 446.07 m，相应泄量 4 823 m^3/s。WES 型实用堰，矩形断面陡槽，泄槽底板起始高程 416.72 m，底宽 42 m，底坡 $i=0.018$。泄槽起始断面水深在设计洪水时（　　）m，在校核洪水时（　　）m。

A. 3.78、4.23　　B. 5.03、5.87　　C. 4.95、5.72　　D. 4.16、5.60

答案：D

考点：溢洪道泄槽水面线水力计算。

解:根据《溢洪道设计规范》(SL 253—2000)附录 A. 3. 1 公式计算。

起始断面水深 $h_1 < h_k$ 时,可按下式计算:

$$h_1 = \frac{q}{\varphi\sqrt{2g(H_0 - h_1\cos\theta)}}$$

(1)设计洪水位时。

单宽泄量:

$$q = \frac{3\ 610}{42} = 85.95(m^3/(s \cdot m))$$

临界水深:

$$h_k = \sqrt[3]{\frac{\alpha q^2}{g}} = \sqrt[3]{\frac{1.1 \times 85.95^2}{9.81}} = 9.39(m)$$

起始断面以上总水头:

$$H_0 = 445.00 - 416.72 = 28.28(m)$$
$$\theta = \arctan 0.018 = 1.03°$$

起始断面水深:

$$h_1 = \frac{q}{\varphi\sqrt{2g(H_0 - h_1\cos\theta)}} = \frac{85.95}{0.95\sqrt{2g(28.28 - h_1\cos 1.03°)}}$$

经试算:h_1 =4. 16 m。

(2)校核洪水位时。

单宽泄量:

$$q = \frac{4\ 823}{42} = 114.83(m^3/(s \cdot m))$$

临界水深:

$$h_k = \sqrt[3]{\frac{\alpha q^2}{g}} = \sqrt[3]{\frac{1.1 \times 114.83^2}{9.81}} = 11.39(m)$$

起始断面以上总水头:

$$H_0 = 446.07 - 416.72 = 29.35(m)$$
$$\theta = \arctan 0.018 = 1.03°$$

起始断面水深:

$$h_1 = \frac{q}{\varphi\sqrt{2g(H_0 - h_1\cos\theta)}} = \frac{114.83}{0.95\sqrt{2g(29.35 - h_1\cos 1.03°)}}$$

经试算:h_1 =5. 60 m。

因此,选 D。

【例 8-6】 某岸坡式溢洪道由进水渠、控制段、泄槽段、挑流鼻坎及出水渠五部分组成,进水渠开阔,泄洪时不影响溢流堰堰前水位(即堰上水位与行近流速之和与库水位相等),溢流堰共 3 孔,孔口宽度为 8 m,溢流堰堰顶下游堰面采用 WES 幂曲线,上游堰面为铅直,堰顶高程为 450. 00 m,堰前进水渠底板高程为 442. 80 m,消能防冲设计洪水位为 462. 00 m,相应下游水位为 449. 00 m,设计洪水位为 463. 00 m,相应下游水位为 450. 00

m，校核洪水位为 465.00 m，相应下游水位为 450.50 m。采用底流消能，消力池等宽宽度（平底）为 24 m，下游河床高程为 440.00 m。计算时：定型设计水头 $H_d=0.80H_{max}$，中墩形状系数取 $\xi_0=0.45$，边墩形状系数取 $\xi_k=0.40$，淹没系数 $\sigma_s=1.0$，消力池首端流速系数 $\varphi=0.90$，重力加速度 $g=9.81\ m/s^2$。按消能防冲设计洪水标准设计的消力池池深和池长是（　）。

A. 消力池池深 $s=4.204$ m，池长 $L_k=64.199$ m

B. 消力池池深 $s=4.097$ m，池长 $L_k=68.324$ m

C. 消力池池深 $s=4.160$ m，池长 $L_k=61.576$ m

D. 消力池池深 $s=4.690$ m，池长 $L_k=62.700$ m

答案：C

考点：《溢洪道设计规范》（SL 253—2000）附录 A.5.3 底流消能的水力计算。

解：先计算泄流能力，《溢洪道设计规范》（SL 253—2000）中附录 A.2 泄流能力按下式计算：

$$Q=Cm\varepsilon\sigma_s B\sqrt{2g}H_0^{3/2}$$

$$\varepsilon=1-0.2[\xi_k+(n-1)\xi_0]\frac{H_0}{nb}$$

式中　Q——流量，m^3/s；

B——溢流堰总净宽，m，定义 $B=nb$；

b——单孔宽度，m，由题意得 $b=8$ m；

n——闸孔数目，由题意得 $n=3$；

H_0——计入行近流速水头的堰上总水头，m，$H_0=H+v^2/(2g)$，本题 $H_0=H$；

g——重力加速度，$9.81\ m/s^2$；

m——二维水流 WES 实用堰流量系数，按附录 A 中表 A.2.1-1 查得；

C——上游堰坡影响系数（当上游堰面铅直时，$C=1.0$，当上游面倾斜时，C 值由表 A.2.1-2 查得），本题上游面铅直，$C=1.0$；

ε——闸墩侧收缩系数；

ξ_0——中墩形状系数，由题意得 $\xi_0=0.45$；

ξ_k——边墩形状系数，由题意得 $\xi_k=0.40$；

σ_s——淹没系数，本题不淹没，$\sigma_s=1.0$。

上式适用于 $H_0/b\leqslant1.0$，当 $H_0/b>1.0$ 时，H_0/b 仍取值 1.0。

首先，计算消能防冲设计洪水位时泄流量。

$$H_0=462.00-450.00=12.00(\mathrm{m})$$

$$B=3\times8=24(\mathrm{m})$$

定型设计水头：

$$H_d=0.80H_{max}=0.80\times(465.00-450.00)=12.00(\mathrm{m})$$

$H_0/b=(462.00-450.00)/8=1.25>1.0$，取 $H_0/b=1.0$。

$$\varepsilon=1-0.2[\xi_k+(n-1)\xi_0]\frac{H_0}{nb}=1-0.2\times[0.40+(3-1)\times0.45]\times1/3=0.9133$$

上游堰坡影响系数 $C=1.0$。

上游堰高 $P_1=650.00-642.80=7.20$(m),由 $H_0/H_d=12.00/12.00=1$,$P_1/H_d=7.20/12.00=0.60$ 查表 A.2.1-1 得流量系数,$m=0.491$。

泄流量为:

$$Q=1.0\times0.491\times0.9133\times1.0\times24\times(2\times9.81)^{0.5}\times12^{1.5}=1\,981.65(m^3/s)$$

再计算消力池池深和池长,消力池池深由式(1)~式(4)联立求解计算。

$$\frac{h''_c}{h_c}=\frac{1}{2}(\sqrt{1+8Fr_c^2}-1) \tag{1}$$

$$E_0=h_c+\frac{q^2}{2g\varphi^2h_c^2} \tag{2}$$

$$\sigma h''_c=h_t+s+\Delta z \tag{3}$$

$$\Delta z=\frac{Q^2}{2gb^2}\left(\frac{1}{\varphi'^2h_t^2}-\frac{1}{\sigma^2h''^2_c}\right) \tag{4}$$

式中 h_c——收缩断面水深,m;

h''_c——跃后水深,m;

Fr_c——收缩断面弗劳德数,$Fr_c=q/(h_c\sqrt{gh_c})$;

E_0——以下游河床为基准的泄水建筑物上游总水头,如果设消力池,应以消力池底板顶高程为基准的泄水建筑物上游总水头,m;

q——收缩断面处的单宽流量,$m^3/(s\cdot m)$;

g——重力加速度,9.81 m/s^2;

φ——消力池首端流速系数,$\varphi=0.90$;

σ——水跃淹没度,可取 $\sigma=1.05$;

s——消力池池深(以下游河床为基准的下卧深度),m;

Δz——消能池出口水面落差,m;

h_t——下游水深,$h_t=449.00-440.00=9.00$(m);

b——消力池宽度,$b=24.00$ m;

Q——设计流量,m^3/s;

φ'——消力池出口段流速系数,$\varphi'=0.95$。

先判别是否需要设置消力池。

$E_0=462.00-440.00=22.00$(m),$q=1\,981.65/24.00=82.569(m^3/(s\cdot m))$,则由式(2)得:

$$22.00=h_c+\frac{82.569^2}{2\times9.81\times0.90^2h_c^2}$$

假设 $h_c=5.0277$ m,右边 $=22.00=$ 左边,因此 $h_c=5.0277$ m,由式(1)得:

$$h''_c=\frac{5.0277}{2}\times\left[\sqrt{1+8\times\left(\frac{q}{h_c\sqrt{gh_c}}\right)^2}-1\right]$$

$$=\frac{5.0277}{2}\times\left(\sqrt{1+8\times\left(\frac{82.569}{5.0277\times\sqrt{9.81\times5.0277}}\right)^2}-1\right)$$

$$= 14.3021(\text{m}) > h_t = 9.00\text{ m}$$

需要设置消力池。

求消力池池深 s,试算求解,假设 $s=4.160$ m。

$$E_0 = 462.00 - (440.00 - 4.16) = 26.16(\text{m})$$

由式(2)得:

$26.16 = h_c + \dfrac{82.569^2}{2\times 9.81\times 0.90^2 h_c^2}$,假设 $h_c=4.4449$ m,代入得:右边 =26.16 = 左边,因此 $h_c=4.4449$ m,由式(1)得:

$$h''_c = \frac{h_c}{2}\times\left[\sqrt{1+8\times\left(\frac{q}{h_c\sqrt{gh_c}}\right)^2}-1\right]$$
$$=\frac{4.4449}{2}\times\left[\sqrt{1+8\times\left(\frac{82.569}{4.4449\times\sqrt{9.81\times 4.4449}}\right)^2}-1\right]$$
$$=15.600(\text{m})$$

$$\Delta z = \frac{Q^2}{2gb^2}\left(\frac{1}{\varphi' h_t^2}-\frac{1}{\sigma^2 h''^2_c}\right)$$
$$=\frac{1981.65^2}{2\times 9.81\times 24.00^2}\times\left(\frac{1}{0.95\times 9.00^2}-\frac{1}{1.05^2\times 15.600^2}\right)=3.22(\text{m})$$

将 $\Delta z=3.22$ 代入式(3),左边 $=1.05\times 15.600=16.38$,右边 $=h_t+s+\Delta z=9.00+4.16+3.22=16.38$,左边 = 右边,所以消力池池深 $s=4.160$ m。

消力池池长 L_k 由下式计算:

$$L_k = 0.8L$$

式中 L——自由水跃长度,m。

跃前水深 $h'=h_c=4.4449$ m,跃后水深 $h''_c=15.600$ m。

自由水跃的长度为:

$$L = 6.9(h''_c - h_c) = 6.9\times(15.600-4.4449) = 76.970(\text{m})$$

消力池池长为:

$$L_k = 0.8L = 0.8\times 76.970 = 61.576(\text{m})$$

由以上计算可知,答案 C 是正确的。

【例 8-7】 某岸坡式溢洪道由进水渠、控制段、泄槽段、挑流鼻坎及出水渠五部分组成,由于地形地质条件的限制,进水渠较长并布置有弯段,需要在控制段之前设置渐变段。水库正常蓄水位为 365.00 m,设计洪水位为 367.20 m,校核洪水位为 369.10 m,堰顶高程为 355.00 m,堰前进水渠底板顶高程为 350.00 m。转弯处进水渠渠底宽度为 60.00 m。控制段之前渐变段长度和进水渠渠道转弯半径是(　　)。

A. 渐变段长度 $L\geqslant 30.00$ m,进水渠渠道转弯半径 $R\geqslant 240.00$ m

B. 渐变段长度 $L\geqslant 38.20$ m,进水渠渠道转弯半径 $R\geqslant 240.00$ m

C. 渐变段长度 $L\geqslant 34.40$ m,进水渠渠道转弯半径 $R\geqslant 240.00$ m

D. 渐变段长度 $L\geqslant 28.20$ m,进水渠渠道转弯半径 $R\geqslant 240.00$ m

答案:B

考点:《溢洪道设计规范》(SL 253—2000)中第2.2.1条。

解:根据《溢洪道设计规范》(SL 253—2000)中第2.2.1条规定,控制段之前设置渐变段,其长度不宜小于2倍堰前水深;进水渠渠道转弯半径不宜小于4倍渠底宽度。

校核洪水位情况下,堰前水深为:

$$H = 369.10 - 350.00 = 19.10(\mathrm{m})$$

渐变段长度不宜小于 $L = 2 \times 19.10 = 38.20(\mathrm{m})$。

进水渠渠道转弯半径不宜小于 $R = 4 \times 60.00 = 240.00(\mathrm{m})$。

由以上计算可知,答案B是正确的。

【例8-8】 某岸坡式溢洪道由进水渠、控制段、泄槽段、挑流鼻坎及出水渠五部分组成,堰前进水渠设置直立式平面弧线导墙,水库正常蓄水位为825.00 m,设计洪水位为827.00 m,校核洪水位为829.50 m。堰顶高程为815.00 m,堰前进水渠底板顶高程为810.00 m,渠道底宽为48.00 m。导墙的平面弧线曲率半径和顺水流方向的长度是(　　)。

A. 导墙的平面弧线曲率半径 $R \geqslant 96.00$ m,顺水流方向的长度 $L > 30.00$ m

B. 导墙的平面弧线曲率半径 $R \geqslant 96.00$ m,顺水流方向的长度 $L > 34.00$ m

C. 导墙的平面弧线曲率半径 $R \geqslant 96.00$ m,顺水流方向的长度 $L > 39.00$ m

D. 导墙的平面弧线曲率半径 $R \geqslant 96.00$ m,顺水流方向的长度 $L \geqslant 39.00$ m

答案:C

考点:《溢洪道设计规范》(SL 253—2000)中第2.2.5条。

解:根据《溢洪道设计规范》(SL 253—2000)中第2.2.5条规定,进水渠的直立式导墙的平面弧线曲率半径不宜小于2倍渠道底宽,导墙顺水流方向的长度宜大于堰前水深的2倍。

直立式导墙的平面弧线曲率半径不宜小于 $R = 2 \times 48.00 = 96.00(\mathrm{m})$。

校核洪水位情况下堰前水深为:

$$H = 829.50 - 810.00 = 19.50(\mathrm{m})$$

直立式导墙顺水流方向的长度宜大于 $L = 2 \times 19.50 = 39.00(\mathrm{m})$。

由以上计算可知,答案为C。

【例8-9】 某岸坡式溢洪道由进水渠、控制段、泄槽段、挑流鼻坎及出水渠五部分组成,正常蓄水位为521.00 m,设计洪水位为522.50 m,校核洪水位为524.30 m,已知正常蓄水位时起调泄流量为1 250 m^3/s,此时挑流鼻坎最低点处流速为18.00 m/s,设计洪水位泄流量为1 880 m^3/s,此时挑流鼻坎最低点处流速为19.00 m/s,校核洪水位泄流量为2 250 m^3/s,此时挑流鼻坎最低点处流速为21.00 m/s,消能防冲洪水时泄流量为1 650 m^3/s,此时挑流鼻坎最低点处流速为18.50 m/s。挑流鼻坎段泄流宽度为25 m。挑流鼻坎段反弧半径为(　　)。

A. $R = 16.668 \sim 33.336$ m　　B. $R = 23.748 \sim 47.496$ m

C. $R = 21.408 \sim 42.816$ m　　D. $R = 25.716 \sim 51.432$ m

答案:D

考点:《溢洪道设计规范》(SL 253—2000)中第3.5.2条。

解:根据《溢洪道设计规范》(SL 253—2000)中第 3.5.2 条规定,挑流鼻坎段反弧半径 R 可采用反弧最低点最大水深 h 的 6 ~ 12 倍。

正常蓄水位泄流时挑流鼻坎最低点水深为:

$$h = 1\ 250 \div 18.00 \div 25 = 2.778(\mathrm{m})$$

设计洪水位泄流时挑流鼻坎最低点水深为:

$$h = 1\ 880 \div 19.00 \div 25 = 3.958(\mathrm{m})$$

校核洪水位泄流时挑流鼻坎最低点水深为:

$$h = 2\ 250 \div 21.00 \div 25 = 4.286(\mathrm{m})$$

消能防冲洪水位泄流时挑流鼻坎最低点水深为:

$$h = 1\ 650 \div 18.50 \div 25 = 3.568(\mathrm{m})$$

因此,挑流鼻坎段反弧半径为:

$$R = (6 \sim 12) \times 4.286 = 25.716 \sim 51.432(\mathrm{m})$$

由以上计算可知,答案为 D。

【例 8-10】 某岸坡式溢洪道由进水渠、控制段、泄槽段、挑流鼻坎及出水渠五部分组成,共设 3 孔溢流堰,控制堰上游设有交通桥和工作桥,交通桥总高度为 1.20 m,工作桥总高度为 1.90 m,水库正常蓄水位为 965.00 m,泄洪时交通桥及工作桥前缘设计洪水位分别为 967.20 m 和 966.40 m,泄洪时交通桥及工作桥前缘校核洪水位分别为 968.90 m 和 968.30 m,为满足泄洪、排凌及排漂浮物的要求,交通桥及工作桥桥下净空至少为 0.50 m。根据以上泄洪条件,交通桥及工作桥桥顶高程为(　　)。

A. 交通桥桥顶高程 = 970.60 m,工作桥桥顶高程 = 970.70 m

B. 交通桥桥顶高程 = 970.60 m,工作桥桥顶高程 = 970.60 m

C. 交通桥桥顶高程 = 966.70 m,工作桥桥顶高程 = 967.40 m

D. 交通桥桥顶高程 = 968.90 m,工作桥桥顶高程 = 968.80 m

答案:A

考点:《溢洪道设计规范》(SL 253—2000)中第 2.3.6 条。

解:根据《溢洪道设计规范》(SL 253—2000)中第 2.3.6 条中的要求,当有防洪抢险要求时,交通桥与工作桥必须分开设置,桥下净空应满足泄洪、排凌及排漂浮物的要求。

本题交通桥桥顶高程等于泄洪时交通桥前缘最高水位(校核洪水位)加桥下净空,再加交通桥总高度:

$$\text{交通桥桥顶高程} = 968.90 + 0.50 + 1.20 = 970.60(\mathrm{m})$$

本题工作桥桥顶高程等于泄洪时工作桥前缘最高水位(校核洪水位)加桥下净空,再加工作桥总高度:

$$\text{工作桥桥顶高程} = 968.30 + 0.50 + 1.90 = 970.70(\mathrm{m})$$

由以上计算可知,答案为 A。

【例 8-11】 某岸坡式溢洪道由进水渠、控制段、泄槽段、挑流鼻坎及出水渠五部分组成,水库正常蓄水位为 854.50 m,设计洪水位为 856.10 m,校核洪水位为 857.90 m,水库总库容为 $6.5 \times 10^8\ \mathrm{m}^3$。正常蓄水位情况下计算的平均波高为 $h_m = 1.55$ m,波浪中心线与正常蓄水位的高差 $h_z = 0.35$ m;设计洪水位闸门挡水情况下计算的平均波高为 $h_m =$

1.62 m，波浪中心线与设计洪水位的高差 $h_z = 0.38$ m；控制段的闸墩、胸墙或岸墙的顶部高程为（　　）。

A. ≥856.90 m　　B. ≥858.30 m　　C. ≥858.40 m　　D. ≥858.60 m

答案：D

考点：《溢洪道设计规范》（SL 253—2000）中第 2.3.7 条，《水利水电工程等级划分及洪水标准》（SL 252—2000）中第 2.1 条和第 2.2 条。

解：根据《溢洪道设计规范》（SL 253—2000）中第 2.3.7 条规定，控制段的闸墩、胸墙或岸墙的顶部高程，在宣泄校核洪水时不应低于校核洪水位加安全超高值；挡水时应不低于设计洪水位或正常蓄水位加波浪的计算高度和安全超高值。波浪的计算高度取平均波高 h_m 加上波浪中心线与设计水位的高差 h_z。

根据《水利水电工程等级划分及洪水标准》（SL 252—2000）中表 2.1.1 和表 2.2.1 可知，本水库总库容为 6.5×10^8 m^3，工程等别为Ⅱ等，大（2）型，主要建筑物级别如大坝、溢洪道等为 2 级；再按《溢洪道设计规范》（SL 253—2000）中第 2.3.7 条规定，溢洪道控制段挡水时安全超高下限值为 0.5 m，溢洪道控制段泄洪时安全超高下限值为 0.4 m。

溢洪道控制段挡水时闸墩、胸墙或岸墙的顶部高程：

正常蓄水位情况下

$$顶部高程 = 854.50 + 1.55 + 0.35 + 0.5 = 856.90(m)$$

设计洪水位情况下

$$顶部高程 = 856.10 + 1.62 + 0.38 + 0.5 = 858.60(m)$$

溢洪道控制段宣泄校核洪水位情况下闸墩、胸墙或岸墙的顶部高程：

$$顶部高程 = 857.90 + 0.4 = 858.30(m)$$

由以上计算可知，溢洪道控制段的闸墩、胸墙或岸墙的顶部高程由设计洪水位控制，因此答案为 D。

【例 8-12】　某岸坡式溢洪道由进水渠、控制段、泄槽段、挑流鼻坎及出水渠五部分组成，由于地形地质条件限制，泄槽段需要设置矩形急流弯道段（简单圆曲线），已知：弯道处泄槽宽度为 48.00 m，弯道中心线曲率半径取规范规定的中值，弯道处流速为 10.00 m/s，重力加速度取 9.81 m/s^2。采用经验公式估算弯道段外侧水面与中心线最大横向水面差是（　　）。

A. $\Delta h = 1.699$ m　　B. $\Delta h = 1.274$ m　　C. $\Delta h = 1.019$ m　　D. $\Delta h = 1.133$ m

答案：B

考点：《溢洪道设计规范》（SL 253—2000）中第 2.4.2 条、附录 A.3.4 中的"2"。

解：根据《溢洪道设计规范》（SL 253—2000）附录 A.3.4 中弯道段最大横向水面差按公式（A.3.4-4）计算：

$$\Delta h = K\frac{v^2 b}{g r_0}$$

式中　Δh——弯道外侧水面与中心线水面的高差，m；

b——弯道宽度，题中已给出 $b = 48.00$ m；

r_0——弯道中心线曲率半径，m；

K——超高系数，按表 A. 3. 4 查得，本题泄槽断面为矩形简单圆曲线，查表得 $K=1.0$；

v——弯道处计算流速，本题为 $v=10.00$ m/s；

g——重力加速度，本题为 $g=9.81$ m/s^2。

弯道曲率半径 r_0 根据《溢洪道设计规范》(SL 253—2000)中第 2. 4. 2 条：矩形断面弯道的弯道半径宜采用 6 ~ 10 倍泄槽宽度，本题中给出取中值，即 $r_0=1/2\times(6+10)\times 48.00=384.00$(m)。

弯道外侧水面与中心线水面的高差为：

$$\Delta h = K\frac{v^2 b}{g r_0} = 1.0\times 10.00^2\times 48.00/(9.81\times 384.00) = 1.274(\text{m})$$

由以上计算可知，答案 B 是正确的。

【例 8-13】 某岸坡式溢洪道由进水渠、控制段、泄槽段、挑流鼻坎及出水渠五部分组成，泄槽段为矩形断面，底坡由缓变陡，之间采用抛物线连接。已知：泄槽段底宽为 24.00 m，变坡点前泄槽底坡坡度为 $i=0.15$，校核洪水时最大泄量为 $Q=2\ 250$ m^3/s，此时变坡点(抛物线起始点)处泄槽段断面垂直大地水深为 $h=5.50$ m，重力加速度取 9.81 m/s^2，抛物线系数 K 按重要工程取值。抛物线方程为(　　)。

A. $y=0.15x+0.011\ 44x^2$　　B. $y=0.15x+0.010\ 49x^2$

C. $y=0.15x+0.009\ 68x^2$　　D. $y=0.15x+0.008\ 39x^2$

答案：D

考点：《溢洪道设计规范》(SL 253—2000)中附录 A. 3. 6。

解：《溢洪道设计规范》(SL 253—2000)中附录 A. 3. 6 抛物线方程按下列公式计算：

$$y = x\tan\theta + \frac{x^2}{K(4H_0\cos^2\theta)}$$

$$H_0 = h + \frac{\alpha v^2}{2g}$$

式中　x、y——以缓坡泄槽段末端为原点的抛物线横、纵坐标，m；

θ——缓坡泄槽底坡坡角，(°)；

H_0——抛物线起始断面比能，m；

h——抛物线起始断面水深，m，本题已给出 $h=5.50$ m；

v——抛物线起始断面流速，m/s；

α——流速分布不均匀系数，取 $\alpha=1.0$；

g——重力加速度，本题已给出 9.81 m/s^2；

K——系数，对于落差较大的重要工程 $K=1.5$，对于落差较小者，取值 $K=1.1\sim 1.3$，本题已给出按重要工程取值，则 $K=1.5$。

$$\tan\theta = i = 0.15$$

$$\theta = 8.530\ 765\ 61°$$

$$\cos\theta = \cos 8.530\ 765\ 61° = 0.988\ 9 \quad \cos^2\theta = 0.978\ 0$$

抛物线起始断面流速：

$$v = Q/(hB) = 2\ 250/(5.50 \times 24.00) = 17.045(\text{m/s})$$

抛物线起始断面比能

$$H_0 = 5.50 + 1.0 \times 17.045^2/(2 \times 9.81) = 20.308(\text{m})$$

抛物线方程为：

$$y = 0.15x + \frac{x^2}{1.5 \times (4 \times 20.308 \times 0.978\ 0)} = 0.15x + 0.008\ 39x^2$$

由以上计算可知，答案为D。

8.3 复习题

(1)某溢洪道控制段采用a型驼峰堰，堰顶高程219.0 m，进口高程217.0 m，闸墩厚1.5 m，墩头为圆弧形，在设计洪水位226.0 m条件下，其流量系数 m 为(　　)。(不计入流速水头影响)

A. 0.443　　B. 0.460　　C. 0.449　　D. 0.473

(2)某山区水库库容 $5.7 \times 10^8\ \text{m}^3$，在拦河坝左侧较远处设置溢洪道宣泄洪水，水库正常蓄水位445.00 m，设计洪水位445.50 m，校核洪水位446.30 m。溢流堰共3孔，单孔净宽14 m，闸墩厚3 m。墩顶上游设有交通桥，交通桥高1.2 m，交通桥桥面高程(　　)m。

A. 448.00　　B. 447.90　　C. 447.50　　D. 447.2

(3)某岸坡式溢洪道由进水渠、控制段、泄槽段、挑流鼻坎及出水渠五部分组成。其中进水渠长约260 m，渠底为平坡，底宽50 m。进水渠在控制段前30 m布置为直线段，上游其余部分为圆弧段，则圆弧轴线的转弯半径为(　　)m。

A. 200　　B. 220　　C. 180　　D. 190

(4)某岸坡式溢洪道由进水渠、控制段、泄槽段、挑流鼻坎及出水渠五部分组成。其中进水渠长约260 m，渠底为平坡，底宽50 m。进水渠在控制段前30 m布置为直线段，并设混凝土衬砌，上游其余渠底不衬砌，则混凝土衬砌厚度取(　　)cm。

A. 50　　B. 40　　C. 30　　D. 20

(5)某岸坡式溢洪道由进水渠、控制段、泄槽段、挑流鼻坎及出水渠五部分组成，泄槽底宽42 m，下游河床高程350.00 m，采用挑流消能，挑流鼻坎为连续式，鼻坎顶高程366.50 m，反弧半径为25 m，挑角25°。设计泄洪流量3 610 m^3/s，校核泄洪流量4 823 m^3/s，根据水面线推算出鼻坎末端水深：设计洪水时2.41 m，校核洪水时3.17 m。其挑距在设计洪水及校核洪水时分别为(　　)m。

A. 148.23、153.38　　B. 152.19、157.26

C. 156.54、159.43　　D. 154.36、157.38

(6)某水库溢洪道设计流量60 m^3/s，溢流宽度16 m，堰后接矩形断面泄槽，泄槽底板采用混凝土衬砌，糙率系数 $n=0.017$。泄槽的纵坡为(　　)。

A. 0.005　　B. 0.003　　C. 0.002　　D. 0.004

(7)某山区水库库容 $5.7 \times 10^8\ \text{m}^3$，布置有岸坡式溢洪道，水库正常蓄水位445.00 m，弧门挡水。溢流堰共3孔，单孔净宽14 m，闸墩厚3 m。溢流堰采用分离式，在堰体中间分缝,溢流堰顺水流方向长 30.23 m,在距离堰体上游 4.43 m 处设有一排防渗帷幕。溢流堰建基高程 421.00 m,堰顶高程 431.00 m。基础与混凝土间抗剪断摩擦系数 $f'=0.7$,凝聚力 $c'=600$ kPa。堰体、闸墩及其上部结构自重 133 360.8 kN,则在此工况下堰基底面的抗滑稳定安全系数为(　　)。(不计入浪压力)

A. 8.82　　B. 7.80　　C. 5.54　　D. 6.69

(8)某岸坡式溢洪道由进水渠、控制段、泄槽段、挑流鼻坎及出水渠五部分组成。水库正常蓄水位 445.00 m,设计洪水位 445.50 m,校核洪水位 446.30 m。其中,进水渠长约 260 m,渠底为平坡,底宽 50 m,两侧设直立式导墙。溢流堰建基高程 423.00 m,堰顶高程 431.00 m,则导墙顺水流方向长度为(　　)m。

A. 47　　B. 45　　C. 46　　D. 44

(9)某开敞式溢洪道控制段采用 WES 型实用堰,水库正常蓄水位 353.50 m,设计洪水位 354.50 m,校核洪水位 355.00 m。溢流堰堰顶高程 346.50 m,进口底板高程 340.00 m,溢流堰上游铅直。按 $H_d=0.75H_{\max}$,其堰面曲线方程为(　　)。

A. $y=0.068\ 35x^{1.85}$　　B. $y=0.057\ 25x^{1.81}$

C. $y=0.103\ 55x^{1.85}$　　D. $y=0.103\ 55x^{1.81}$

(10)某岸坡式溢洪道由进水渠、控制段、泄槽段、挑流鼻坎及出水渠五部分组成。水库正常蓄水位 353.50 m,设计洪水位 354.50 m,校核洪水位 355.00 m。溢流堰堰顶高程 346.50 m,进口底板高程 340.00 m,其中进水渠由圆弧段和直线段组成,长约 150 m,渠底为平坡,底宽 50 m,则在控制段前的直线段长度为(　　)m。

A. 17　　B. 16　　C. 15　　D. 14

(11)某岸坡式溢洪道由进水渠、控制段、泄槽段、挑流鼻坎及出水渠五部分组成,水库正常蓄水位 444.00 m;设计洪水位 445.00 m,相应泄洪流量 3 610 m^3/s;校核洪水位 446.07 m,相应泄洪流量 4 823 m^3/s。堰体采用 WES 型实用堰,下接矩形断面陡槽,泄槽底板起始高程 416.72 m,底宽 42 m,底坡 $i=0.018$。泄槽起始断面墙高(　　)m。(对于设计洪水位边墙超高取 1.5 m,校核洪水位边墙超高取 0.5 m,修正系数为 1.4)

A. 6.86　　B. 5.60　　C. 7.71　　D. 4.16

(12)溢洪道泄槽底板的厚度,应考虑溢洪道的规模、工程地质条件、水文地质条件、水力特性、气候条件、水流中挟沙等综合因素,并可根据类似工程经验类比确定。泄槽底板的厚度不应小于(　　)m。

A. 0.2　　B. 0.3　　C. 0.4　　D. 0.5

(13)溢洪道进水渠水力设计应使渠内水流平顺、稳定,水面波动及横向水面比降小,并应避免回流和旋涡。渠道内的设计流速宜采用(　　)m/s。

A. 3 ~5　　B. 5 ~8　　C. 1 ~3　　D. 6 ~8

(14)某岸坡式溢洪道由进水渠、控制段、泄槽段、挑流鼻坎及出水渠五部分组成,水库设计流量 2 000 m^3/s。堰体采用 WES 型实用堰,下接矩形断面陡槽,泄槽底板起始高程 416.72 m,底坡 $i=0.0325$,泄槽内布置收缩段,底宽由 14 m 收缩至 12 m。收缩前后的槽内水深分别为 5.46 m 和 6.455 m,则泄槽边墙收缩角为(　　)。

A. 7.2°　　B. 4.5°　　C. 5.6°　　D. 6.5°

(15)溢洪道泄槽内布置有收缩段时，对于收缩角较大的收缩段，应进行急流冲击波验算。对于收缩角小于(　　)者，可不进行冲击波验算。

A. 5°　　B. 6°　　C. 7°　　D. 8°

(16)某山区水库库容 5.7×10^{8} m^{3}，在拦河坝左侧较远处设置溢洪道宣泄洪水，水库正常蓄水位 445.00 m，设计洪水位 445.50 m，校核洪水位 446.30 m，地震设计烈度Ⅶ度。进行溢流堰体抗滑稳定分析时，下列选项中(　　)是正确的。

A. 需计及地震荷载，同时考虑水平向和垂直向地震作用，采用拟静力法计算

B. 不要计及地震荷载

C. 需计及地震荷载，只考虑水平向地震作用，采用拟静力法计算

D. 需计及地震荷载，同时考虑水平向和垂直向地震作用，采用动力分析法计算

(17)某岸坡式溢洪道由进水渠、控制段、泄槽段、挑流鼻坎及出水渠五部分组成，溢流堰体采用 WES 型实用堰，下接矩形断面泄槽。溢流堰堰顶高程 175.00 m，进口底板高程 170.00 m，堰体上游铅直，单孔净宽 14 m。泄洪时要求在水位 190 m 时总泄量达 7 800 m^{3}/s。已知堰体定型设计水头 12.5 m，侧收缩系数 0.90，不计行近流速影响。试问溢洪道共需(　　)孔。

A. 4　　B. 5　　C. 6　　D. 7

(18)某山区水库库容 5.7×10^{8} m^{3}，在拦河坝左侧较远处设置溢洪道宣泄洪水，水库正常蓄水位 445.00 m，设计洪水位 445.50 m，校核洪水位 446.30 m，地震设计烈度Ⅶ度。溢洪道采用底流消能，进行消力池护坦抗浮稳定验算时，下列(　　)无须进行计算。

A. 宣泄消能防冲的设计洪水流量或小于该流量的控制流量

B. 宣泄消能防冲的校核洪水流量

C. 消力池排水检修

D. 地震工况

(19)某岸坡式溢洪道由进水渠、控制段、泄槽段、挑流鼻坎及出水渠五部分组成，溢流堰体采用 WES 型实用堰，下接矩形断面泄槽。溢流堰堰顶高程 175.00 m，进口底板高程 170.00 m，堰体上游铅直，溢流堰共 5 孔，单孔净宽 14 m。在设计洪水位 190 m 时相应泄量(　　)m^{3}/s。(堰体定型设计水头 12.5 m，闸墩侧收缩系数为 0.90，不计行近流速影响)

A. 7 800　　B. 8 021　　C. 8 250　　D. 8 135

(20)某岸坡式溢洪道由进水渠、控制段、泄槽段、挑流鼻坎及出水渠五部分组成，溢流堰体采用 WES 型实用堰，下接矩形断面泄槽。溢流堰堰顶高程 199.80 m，堰体上游铅直，溢流堰共 5 孔，单孔净宽 12 m。工作闸门为弧形闸门，由液压启闭机起闭。在上游库水位 206.00 m 时，闸门开启高度 3.0 m 放流，相应泄量为(　　)m^{3}/s。(不计入行近流速水头，流速系数 0.60，闸墩侧收缩系数为 0.90)

A. 1 684　　B. 2 214　　C. 1 893　　D. 1 535

(21)某岸坡式溢洪道由进水渠、控制段、泄槽段、挑流鼻坎及出水渠五部分组成，溢流堰体采用 WES 型实用堰，下接矩形断面泄槽。溢流堰堰顶高程 199.80 m，堰体上游铅直，溢流堰共 5 孔，单孔净宽 12 m。工作闸门为弧形闸门，由液压启闭机启闭。在上游库

水位 203.00 m 时，闸门开启高度 3.0 m 放流，相应泄量为(　　)m^3/s。(不计入行近流速水头，流速系数 0.495，闸墩侧收缩系数为 0.90)

A. 706　　B. 677　　C. 812　　D. 633

(22)某溢洪道控制段采用 b 型驼峰堰，堰顶高程 143.00 m，进口高程 140.00 m，单孔净宽 12 m，闸墩厚 1.5 m，墩头为圆弧形。在设计洪水位 148.3 m 时，其相应泄量为 2 400 m^3/s。已知闸墩侧收缩系数 0.90，不计行近流速影响。溢洪道共需(　　)孔。

A. 5　　B. 7　　C. 9　　D. 11

(23)某山区水库库容 5.7×10^8 m^3，在拦河坝左侧较远处设置溢洪道宣泄洪水，水库正常蓄水位 445.00 m，设计洪水位 445.50 m，校核洪水位 446.30 m，地震设计烈度Ⅶ度。溢洪道由进水渠、控制段、泄槽段、挑流鼻坎及出水渠五部分组成，溢洪道下游采用贴坡式边墙。在核算下游贴坡式边墙抗倾覆稳定时，对于检修工况必须满足(　　)，对于地震工况必须满足(　　)。

A. $K_{检修} \geqslant 1.5, K_{地震} \geqslant 1.3$　　B. $K_{检修} \geqslant 1.3, K_{地震} \geqslant 1.3$

C. $K_{检修} \geqslant 1.5, K_{地震} \geqslant 1.0$　　D. $K_{检修} \geqslant 1.3, K_{地震} \geqslant 1.0$

(24)某山区水库库容 12.8×10^8 m^3，在拦河坝左侧较远处设置溢洪道宣泄洪水，溢洪道由进水渠、控制段、泄槽段、挑流鼻坎及出水渠五部分组成，溢流堰体采用 WES 型实用堰，下接矩形断面泄槽。泄槽段宽 42 m，底坡由 $i = 0.01$ 过渡到 $i = 0.4$，在底板变坡处采用抛物线连接。溢洪道最大泄量 4 823 m^3/s，根据水面线计算结果，抛物线起始断面处水深 5.61 m，则该底板变坡处抛物线方程为(　　)。($K = 1.5$)

A. $y = 0.4x + 0.006x^2$　　B. $y = 0.01x + 0.006x^2$

C. $y = 0.4x + 0.029x^2$　　D. $y = 0.01x + 0.029x^2$

(25)某山区水库库容 5.7×10^8 m^3，拦河坝采用混凝土面板堆石坝，布置在河床及右岸，溢洪道布置在左岸，紧邻面板坝左坝肩。在面板坝趾板上布置一排防渗帷幕，防渗标准为深入 $q < 3$ Lu 的相对不透水层以下 5 m。在溢洪道控制段也布置一道防渗帷幕，关于溢洪道控制段防渗帷幕的布置，下列说法正确的是(　　)。

A. 右岸与大坝趾板帷幕相连接，左岸延伸至正常蓄水位与地下水位相交处，防渗标准为深入 $q < 5$ Lu 的相对不透水层以下 3 m

B. 右岸与大坝趾板帷幕相连接，左岸至溢洪道左坝肩，防渗标准为深入 $q < 3$ Lu 的相对不透水层以下 5 m

C. 右岸与大坝趾板帷幕相连接，左岸至溢洪道左坝肩，防渗标准为深入 $q < 5$ Lu 的相对不透水层以下 3 m

D. 右岸与大坝趾板帷幕相连接，左岸延伸至正常蓄水位与地下水位相交处，防渗标准为深入 $q < 3$ Lu 的相对不透水层以下 5 m

(26)某溢洪道位于大坝左岸，由进水渠、控制段、泄槽段和挑流鼻坎组成。堰顶高程 88.00 m，共 3 孔，每孔净宽 13 m，堰顶净宽 39 m，设计工况下泄流量 1 515.7 m^3/s，校核工况下泄流量 2 109.7 m^3/s。当地平均海拔高度 90 m，根据水工模型试验：校核洪水工况下，挑流鼻坎反弧断面上的时均压力水头为 4.23 m，平均流速 24.90 m/s，体型初生空化系数 $\sigma_i = 0.06$。校核洪水工况下，该断面处的水流空化数为(　　)，并判断是否会产生

空蚀？（按水温 20 ℃计）

A. 0.45，会产生空蚀　　B. 0.45，不会产生空蚀

C. 0.66，会产生空蚀　　D. 0.66，不会产生空蚀

(27) 为避免溢洪道在高速水流作用下产生空蚀破坏，当流速超过（　　）m/s 时，应设置掺气减蚀设施。

A. 25　　B. 30　　C. 35　　D. 40

(28) 某岸坡式溢洪道位于大坝左岸，由进水渠、控制段、泄槽段和挑流鼻坎组成。溢流堰堰顶高程 378.50 m，共 5 孔，每孔净宽 14 m，泄槽宽 96 m，水平段长 296 m。根据水工模型试验：溢洪道泄槽内最大流速达 40 ~ 44 m/s，水流空化数低于 0.2。为防空蚀破坏，在泄槽两侧边墙上各设置一个通气方孔，通气方孔最大风速达 49.3 m/s，进气量为 393.0 m^3/s，则每个通气方孔尺寸为（　　）。

A. 1.5 m×1.5 m　　B. 2 m×2 m　　C. 2.5 m×2.5 m　　D. 3 m×3 m

(29) 某岸坡式溢洪道闸墩采用弧形闸门，当门轴总推力超过（　　）kN 时，可采用预应力钢筋混凝土结构。

A. 25 000　　B. 26 000　　C. 29 000　　D. 30 000

(30) 溢洪道的泄量、溢流前缘总宽度及堰顶高程等应根据下列（　　）因素通过技术经济比较选定。

A. 水库特性，河段防洪规划，与其他泄水建筑物在布置和运用上的协调

B. 地形、地质条件，下游河床及两岸抗冲能力，河道特性及消能要求

C. 与相邻建筑物的连接，闸门型式及定型尺寸

D. 运用及维修条件

(31) 溢洪道进水渠的布置应遵循下列（　　）原则。

A. 选择有利的地形、地质条件

B. 在选择轴线方向时，应使进水顺畅

C. 进水渠较长时，宜在控制段之前设置渐变段，其长度视流速等条件确定，不宜小于 2 倍堰前水深

D. 渠道需转弯时，轴线的转弯半径不宜小于 4 倍渠底宽度，弯道至控制堰之间宜有长度不小于 2 倍堰上水头的直线段

(32) 溢洪道控制段轴线的选定，应满足下列（　　）要求。

A. 统筹考虑进水渠、泄槽、消能防冲设施及出水渠的总体布置要求，建筑物对地基的强度、稳定性、抗渗性及耐久性的要求

B. 便于对外交通和两侧建筑物的布置

C. 当控制堰靠近坝肩时，应与大坝布置协调一致

D. 便于防渗系统的布置，堰与两岸的止水、防渗排水系统应形成整体

(33) 溢洪道的泄槽在平面上设置弯道时，宜满足下列（　　）要求。

A. 横断面内流速分布均匀，冲击波对水流扰动影响小

B. 在直线段和弯道之间，可设置缓和过渡段

C. 对降低边墙高度和调整水流，宜在弯道及缓和过渡段渠底设置横向坡

D. 矩形断面弯道的弯道半径宜采用6～10倍泄槽宽度

(34)溢洪道消能防冲建筑物的设计洪水标准,下列说法正确的是(　　)。

A. 1级建筑物按100年一遇洪水设计

B. 1级建筑物按200年一遇洪水设计

C. 2级建筑物按50年一遇洪水设计

D. 3级建筑物按30年一遇洪水设计

(35)当溢洪道采用挑流消能遇有下列(　　)情况时,必须采取妥善措施处理。

A. 挑流冲刷下游河道岸边,但对岸边影响不大

B. 地基中存在延伸至下游的缓倾角软弱结构面及断层破碎带,有可能被冲坑切断,危及建筑物的安全

C. 岸坡有可能被冲塌,危及坝肩稳定,堵塞出水渠或下游河道

D. 下游涌浪及回流危及大坝与其他建筑物的安全和正常运行

(36)溢洪道水力设计宜包括如下(　　)内容。

A. 泄流能力计算,水流边界体型设计

B. 水面线及压坡线计算,弯道水力计算

C. 消能防冲水力设计

D. 高速水流区防空蚀设计

(37)溢洪道的水力设计应满足下列(　　)要求。

A. 泄流能力必须满足设计和校核工况下所要求的泄量,设计和校核洪水标准按照《水利水电工程等级划分及洪水标准》(SL 252—2000)的规定执行

B. 消能防冲设计的洪水标准按《溢洪道设计规范》(SL 253—2000)第2.5.2条执行

C. 体型合理、简单,水流平顺、稳定,并避免发生空蚀

D. 下泄水流流态及水流对河床的冲淤满足《溢洪道设计规范》(SL 253—2000)第2.1.10条的要求

(38)溢洪道采用实用堰时,实用堰堰顶附近堰面压力应符合下列(　　)规定。

A. 对于常遇洪水闸门全开情况,堰面不应出现负压

B. 对于设计洪水闸门全开情况,堰顶附近负压值不得大于0.03 MPa

C. 对于校核洪水闸门全开情况,堰顶附近负压值不得大于0.03 MPa

D. 对于校核洪水闸门全开情况,堰顶附近负压值不得大于0.06 MPa

(39)侧槽溢洪道中侧槽段水力设计应满足下列(　　)要求。

A. 侧槽底坡i,应取单一坡度,且小于按侧槽末端断面临界水深h_{ke}计算出的临界底坡i_{ke}。在宣泄设计流量时,槽内应为缓流

B. 侧槽首端断面水深超过堰顶的高度h_s,应小于堰上水头H_0的一半,保证侧槽内为非淹没出流;侧槽首、末端断面底宽比b_u/b_e可采用0.5～1.0

C. 侧槽内和槽末断面处均不得产生水跃。槽末宜设调整段,不宜紧接收缩段、弯道段。调整段长度L_2可采用$(2\sim3)h_{ke}$,底坡宜水平。尾部升坎高度d可采用0.1～0.2倍泄槽首端断面临界水深h_k

D. 侧槽横向水面差应限制在一定范围内,靠山一侧水面壅高Δh宜取平均水深h

的 10% ~25%，必要时应经水工模型试验确定

(40)溢洪道泄槽段边墙高度，应根据(　　)确定。对于收缩(扩散)段、弯道段等水利条件比较复杂的部位，宜取大值。

A. 泄槽段泄流时计算水面线，再加上 0.5 ~1.5 m 的超高

B. 泄槽段泄流时计入波动后的水面线，再加上 0.5 ~1.5 m 的超高

C. 泄槽段泄流时计入掺气后的水面线，再加上 0.5 ~1.5 m 的超高

D. 泄槽段泄流时计入波动及掺气后的水面线，再加上 0.5 ~1.5 m 的超高

(41)溢洪道挑流消能水力设计，下游冲刷坑上游坡度应根据地质情况确定，宜在(　　)之间选用。

A. 1:3 ~1:4　　B. 1:3 ~1:5　　C. 1:3 ~1:6　　D. 1:3 ~1:7

(42)溢洪道采用挑流消能时，挑流鼻坎段反弧半径 R 可采用反弧最低点最大水深 h 的(　　)倍。对于泄槽底坡较陡、反弧段内流速及单宽流量较大者，反弧半径宜取大值。

A. 6 ~12　　B. 9 ~12　　C. 6 ~9　　D. 6 ~10

(43)溢洪道采用底流消能时，底流消能防冲的水力设计，应满足下列(　　)要求。

A. 保证消力池内形成低淹没度稳定水跃，并应避免产生两侧回流

B. 消力池宜采用等宽的矩形断面

C. 护坦上是否设置辅助消能工，应结合运用条件综合分析确定。当跃前断面平均流速超过 16 ~18 m/s 时，池内不宜设置趾墩、消力墩等辅助消能工

D. 护坦上是否设置辅助消能工，应结合运用条件综合分析确定。当跃前断面平均流速超过 18 ~20 m/s 时，池内不宜设置趾墩、消力墩等辅助消能工

(44)在溢洪道设计中，应重视溢洪道下列(　　)部位和区域的防空蚀设计。

A. 闸墩、门槽、溢流面、平面收缩(扩散)段、平面弯曲段、陡坡变坡处、反弧段及其下游段、水流边界突变处

B. 异型鼻坎、分流墩、消力墩及趾墩处

C. 水流空化数较大的部位

D. 水流空化数较小的部位

(45)溢洪道容易发生空蚀的部位和区域，可采用下列(　　)防空蚀措施。

A. 选择合理的体型

B. 控制水流边界壁面的局部不平整度，包括混凝土施工中留下的接缝错台、模板印痕、钢筋头、混凝土表面的凸凹不平及其他突体、跌坎等。其标准可按《溢洪道设计规范》(SL 253—2000)附录 A.6.4 执行

C. 当流速超过 30 ~35 m/s 时应设置掺气减蚀设施，其布置要求及水力设计按《溢洪道设计规范》(SL 253—2000)附录 A.6.5 ~A.6.8 执行

D. 选择合理的运行方式，采用抗蚀性能好的材料

(46)溢洪道控制段的结构设计应包括下列(　　)内容。

A. 结构型式选择和布置

B. 荷载计算及其组合

C. 稳定计算，结构计算，细部设计

D. 提出材料强度、抗冻、抗渗等指标及施工要求,特别是混凝土施工温度控制要求

(47)溢洪道控制段堰基底面上的垂直正应力,运用期应满足下列(　　)要求。

A. 在各种荷载组合情况(地震情况除外)下,堰基底面上的最大垂直正应力σ_{max}应小于基岩的容许压应力(计算时分别计入扬压力和不计入扬压力);最小垂直正应力σ_{min}应大于零(计入扬压力)

B. 地震情况下可允许出现不大于0.1 MPa 的垂直拉应力

C. 计算双向受力情况时,基地面上可容许出现不大于0.1 MPa 的垂直拉应力。双向受力并计入地震荷载时基地面可容许出现不大于0.2 MPa 的垂直拉应力

D. 计算双向受力情况时,基地面上可容许出现不大于0.2 MPa 的垂直拉应力。双向受力并计入地震荷载时基地面可容许出现不大于0.1 MPa 的垂直拉应力

(48)溢洪道闸墩及其底板,应根据闸室的结构型式和运用条件进行下列(　　)情况的稳定和应力分析。

A. 闸墩两侧工作闸门全关闭

B. 闸墩一侧工作闸门关闭,另一侧闸门全开启泄洪

C. 闸墩一侧工作闸门关闭,另一侧检修闸门关闭

D. 其他不利的运用条件

(49)溢洪道消力池护坦应进行抗浮稳定复核。护坦抗浮稳定应按下列(　　)情况分别计算。

A. 宣泄溢洪道校核洪水流量

B. 宣泄消能防冲的设计洪水流量或小于该流量的控制流量

C. 宣泄消能防冲的校核洪水流量

D. 消力池排水检修

(50)溢洪道地基防渗和排水设施的布设应满足下列(　　)要求。

A. 减少堰基的渗漏和绕渗

B. 防止在软弱夹层、断层破碎带、岩体裂隙软弱充填物及其他抗渗变形性能差的地基中产生渗透破坏

C. 降低建筑物基底的扬压力,具有可靠的连续性和足够的耐久性

D. 防渗帷幕不得设置在建筑物底面的拉力区;在严寒地区,排水设施应防止冰冻破坏

(51)溢洪道控制段防渗帷幕的范围及深度,应遵守下列(　　)规定。

A. 当地基下存在着明显的相对隔水层时,一般帷幕应伸入到该隔水层内2~3 m。相对隔水层透水率的控制标准为小于5 Lu

B. 当地基的相对隔水层埋藏较深或分布无规律时,帷幕深度除应满足《溢洪道设计规范》(SL 253—2000)中的第5.4.2条的要求外,还应考虑水文地质、工程地质条件及基础排水措施,通过渗流计算,结合已建工程经验确定,可在0.3~0.7倍堰(闸)建基面以上最大水深范围内选择。遇透水性强的破碎带,应适当增加帷幕的深度和厚度

C. 防渗帷幕伸入岸坡的范围、深度及走向,应根据水文地质、工程地质条件确定,

宜延伸至正常蓄水位与相对隔水层范围线(或与蓄水前地下水位线)相交处。无相对隔水层或地下水位较深时,帷幕延伸范围应通过渗流计算,并类比已建工程经验确定

D. 靠近坝肩的溢洪道,其帷幕应与大坝帷幕衔接,形成整体防渗系统。远离坝肩的溢洪道,其防渗帷幕深度、伸入岸边范围可适当降低要求

(52)溢洪道地基的排水设施应能有效排泄通过建筑物地基、岸坡及衬砌接缝的渗水,充分降低渗透压力,其布设应符合《溢洪道设计规范》(SL 253—2000)中第5.4.2条的要求,并遵循下列(　　)原则。

A. 以排水廊道或集水沟(管)为主导,形成完整的排水系统;各部位(如控制段、泄槽)地基的渗水可分段分级导引至集水廊道或集水沟(管)

B. 排水系统出口应能顺利地将渗水排出

C. 应考虑防止排水失效的措施,设置必要的检测设施

D. 当必须降低地基内承压水的作用时,应选择适宜的位置设置减压排水孔或减压井

(53)溢洪道泄槽底板下的排水设施,应根据具体条件按下列(　　)方法布设。

A. 泄槽底板下,宜设纵、横向排水沟(管),构成相互贯通的沟(管)网系统

B. 软弱岩基、底板下扬压力过大或不便设锚筋的地段,可设连续的排水垫层,或垫层与排水沟(管)相结合

C. 纵、横排水沟(管)的间距宜与底板纵、横缝相对应,但不宜骑缝布设

D. 对于规模较大的溢洪道宜优先选用在边墙地基或泄槽底板下设置一条或多条纵向集水廊道的形式

(54)溢洪道消能防冲采用消力池时,当下游水位较高,消力池护坦需要采用抽排降压措施时,应符合以下(　　)规定。

A. 护坦的排水廊道与排水沟(管)等应构成可靠的排水系统

B. 在适当位置设置低于排水系统的集水井和可靠的自动抽排设备

C. 对于地质条件复杂(如岩性极不均匀,可能发生管涌或化学浸蚀、溶解作用)或不具备监测维修条件等情况,不宜采用抽排降压措施

D. 当下游高水位历时较长时,宜在护坦下游边及两侧设置阻截尾水回渗的截水墙、灌浆帷幕或其联合设施

(55)溢洪道地基的岩溶处理应与大坝及其他建筑物岩溶处理结合进行。其处理措施应根据岩溶特点、规模、埋深、水文地质条件、充填物的物理力学性质以及对建筑物结构的影响等,选用下列(　　)不同方式。

A. 在进行溶洞处理时,对岩溶水应采取妥善的疏导措施

B. 规模不大的岩洞且埋深较浅者可开挖后回填混凝土,并对洞顶及周围加强固结灌浆

C. 堰基内规模不大但埋深较大的溶洞,可钻孔灌注混凝土或水泥砂浆,若处于防渗线上,可按《混凝土重力坝设计规范》(DL 5108—1999)的规定处理

D. 对规模较大的溶洞,应先填砂砾石或混凝土,后灌浆

(56)溢洪道安全监测设计中,水力学方面监测必须设置的项目为(　　)。

A. 水流流态、流速、流量、水面线、动水压力的监测

B. 消能、冲刷的监测

C. 空蚀及磨蚀、通气及掺气的监测

D. 振动、雾化的监测

(57)溢洪道安全监测设计中,变形方面监测必须设置的项目为(　　)。

A. 垂直、水平位移的监测

B. 纵、横缝及裂缝的监测

C. 高边坡表面位移的监测

D. 高边坡内部位移的监测

(58)溢洪道安全监测设计中,渗流方面监测必须设置的项目为(　　)。

A. 渗流量的监测

B. 堰基渗流压力的监测

C. 绕堰渗流的监测

D. 高边坡内地下水位及渗流的监测

(59)溢洪道泄槽的纵坡、平面及横断面的布置,应根据地形、地质条件及水力条件等进行经济技术比较并遵循下列(　　)确定。

A. 泄槽纵坡应等于水流的临界坡度。当条件限制需要变坡时,纵坡变化不宜过多,且宜先缓后陡

B. 泄槽纵坡宜大于水流的临界坡度。当条件限制需要变坡时,纵坡变化不宜过多,且宜先缓后陡

C. 泄槽横断面宜采用矩形断面。当结合岩石开挖采用梯级断面时,边坡不宜缓于1∶1.5,并应注意由此引起的流速不均匀问题

D. 泄槽沿轴线宜为等宽,当需要变化泄槽宽度时,变化角度可按《溢洪道设计规范》(SL 253—2000)中附录 A.3.3 确定

(60)溢洪道泄槽底板应设置结构缝,其位置应满足结构布置要求。分块尺寸应考虑气候特点、地基约束情况、混凝土施工(特别是温控)条件,比照类似工程经验确定,其纵、横缝间距可采用(　　)。

A. 10 ~ 12 m　　B. 10 ~ 15 m　　C. 12 ~ 15 m　　D. 15 ~ 20 m

(61)溢洪道地基固结灌浆的范围和深度应根据岩石的破碎程度、风化程度、裂隙大小和基础应力情况确定,宜在控制段及消能建筑物地基范围内进行。固结灌浆孔可按梅花形或方格形布置。灌浆孔方向应尽量穿过较多的裂隙。固结灌浆孔的孔距、排距、孔深应根据岩石的破碎情况、节理发育程度及基础应力综合考虑。孔距、排距、孔深宜取(　　)。必要时可通过灌浆试验确定孔、排距及灌浆压力等参数。

A. 孔距和排距宜取 3 ~ 5 m,孔深宜取 3 ~ 5 m

B. 孔距和排距宜取 3 ~ 4 m,孔深宜取 3 ~ 5 m

C. 孔距和排距宜取 3 ~ 4 m,孔深宜取 5 ~ 8 m

D. 孔距和排距宜取 3 ~ 5 m,孔深宜取 5 ~ 8 m

8.4 参考答案

(1)C	(2)B	(3)A	(4)C	(5)B	(6)B
(7)B	(8)A	(9)C	(10)A	(11)C	(12)B
(13)A	(14)C	(15)B	(16)C	(17)B	(18)D
(19)B	(20)A	(21)B	(22)C	(23)A	(24)B
(25)D	(26)B	(27)C	(28)B	(29)A	(30)ABCD
(31)ABCD	(32)ABCD	(33)ABCD	(34)ACD	(35)BCD	(36)ABCD
(37)ABCD	(38)ABD	(39)ABCD	(40)D	(41)C	(42)A
(43)ABC	(44)ABD	(45)ABCD	(46)ABCD	(47)ABC	(48)ABCD
(49)BCD	(50)ABCD	(51)ABCD	(52)ABCD	(53)ABCD	(54)ABD
(55)BCD	(56)ABC	(57)AB	(58)ABC	(59)BCD	(60)B
(61)B					

第 9 章　水闸设计

9.1　考试大纲

熟练掌握水闸枢纽布置基本要求。

熟练掌握闸室、防渗排水、消能防冲及两岸连接布置。

掌握水力学及渗流计算有关内容。

掌握结构设计：一般规定，荷载计算及组合，闸室、岸墙、翼墙稳定及结构计算。

掌握地基处理设计。

了解地基稳定及沉降计算。

9.2　复习指导

9.2.1　复习要点

9.2.1.1　水闸枢纽布置

水闸枢纽一般由水闸、船闸、水电站、泵站等建筑物组成。其枢纽布置应根据闸址地形、地质、水流等条件，以及该枢纽中各建筑物的功能、特点、运用要求等确定，做到紧凑合理、协调美观，组成整体效益最大的有机联合体。

节制闸或泄洪闸的轴线宜与河道中心线正交，其上、下游河道直线段长度不宜小于 5 倍水闸进口处水面宽度。位于弯曲河段的泄洪闸，宜布置在河道深泓部位。

进水闸或分水闸的中心线与河(渠)道中心线的交角不宜超过 30°，其上游引河(渠)长度不宜过长。位于弯曲河(渠)段的进水闸或分水闸，宜布置在靠近河(渠)道深泓的岸边。分洪闸的中心线宜正对河道主流方向。

排水闸或泄水闸的中心线与河(渠)道中心线的交角不宜超过 60°，其下游引河(渠)宜短而直，引河(渠)轴线方向宜避开常年大风向。

滨湖水闸的轴线宜与上游来水方向正交。当上、下游水面较宽阔时，可根据需要设一定长度的导水堤。

水闸枢纽中的船闸、泵站或水电站宜靠岸布置，但船闸不宜与泵站或水电站布置在同一岸侧。船闸、泵站或水电站与水闸的相对位置，应能保证满足水闸通畅泄水及各建筑物安全运行的要求。

多泥沙河流上的水闸枢纽，应在进水闸进水口或其他取水建筑物取水口的相邻位置设冲沙闸(排沙闸)或泄洪冲沙闸，并应注意解决进水闸进水口或其他取水建筑物取水口处可能产生的泥沙淤堵问题。

上、下游平水机会较多且有一般通航要求的水闸，可设置通航孔。通航孔位置应根据过闸安全和管理方便的原则确定，但不宜紧靠泵站或水电站。

上、下游水位差不大，且有一般过木要求的水闸，可设置过木孔或在岸边设过木道。过木孔或岸边过木道位置应根据水流条件和漂木特点确定，但不宜紧靠泵站或水电站。

经常有水流下泄，且有过鱼要求的水闸，可结合岸墙、翼墙的布置设置鱼道。鱼道下泄水流宜与河道水流斜交，其出口位置不宜紧靠泄洪闸。

平原区上游有余水可以利用，且有发电要求的水闸，可结合岸墙、翼墙的布置设置小型水力发电机组或在边闸孔内设置可移式发电装置。

水流流态复杂的大型水闸枢纽布置，应经水工模型试验验证。模型试验范围应包括水闸上、下游可能产生冲淤的河段。

9.2.1.2　**闸室布置**

水闸闸室布置应根据水闸挡水、泄水条件和运行要求，结合考虑地形、地质等因素，做到结构安全可靠、布置紧凑合理、施工方便、运用灵活、经济美观。闸室结构可根据泄流特点和运行要求，选用开敞式、胸墙式、涵洞式或双层式等结构型式。

开敞式闸室结构可根据地基条件及受力情况等选用整体式或分离式。涵洞式和双层式闸室结构不宜采用分离式。

水闸闸顶高程应根据挡水和泄水两种运用情况确定。

闸槛高程应根据河(渠)底高程、水流、泥沙，闸址地形、地质，闸的施工、运行等条件，结合选用的堰型、门型及闸孔总净宽等，经技术经济比较确定。建造在复式河床上的水闸，当闸基为岩石或坚硬的黏性土时，可选用高、低闸槛的布置型式，但必须妥善布置防渗排水设施。

闸孔总净宽应根据泄流特点、下游河床地质条件和安全泄流的要求，结合闸孔孔径和孔数的选用，经技术经济比较后确定。闸孔孔径应根据闸的地基条件、运用要求、闸门结构型式、启闭机容量，以及闸门的制作、运输、安装等因素进行综合分析确定。闸孔孔数少于 8 孔时，宜采用单数孔。

闸室底板型式应根据地基、泄流等条件选用平底板、低堰底板或折线底板。闸室底板厚度应根据闸室地基条件、作用荷载及闸孔净宽等因素，经计算并结合构造要求确定。闸室底板顺水流向长度应根据闸室地基条件和结构布置要求，以满足闸室整体稳定和地基允许承载力为原则，进行综合分析确定。

闸室结构垂直水流向分段长度(即顺水流向永久缝的缝距)应根据闸室地基条件和结构构造特点，结合考虑采取的施工方法和措施确定。

闸墩结构型式应根据闸室结构抗滑稳定性和闸墩纵向刚度要求确定，一般宜采用实体式。上游墩头可采用半圆形，下游墩头宜采用流线形。闸墩厚度应根据闸孔孔径、受力条件、结构构造要求和施工方法等确定。平面闸门闸墩门槽处最小厚度不宜小于 0.4 m。闸门结构的选型布置应根据其受力情况、控制运用要求、制作、运输、安装、维修条件等，结合闸室结构布置合理选定。

闸室胸墙结构可根据闸孔孔径大小和泄水要求选用板式或板梁式。孔径小于或等于 6 m 时可采用板式，孔径大于 6 m 时宜采用板梁式。胸墙顶宜与闸顶齐平。胸墙底高程应根据孔口泄流量要求计算确定。胸墙上游面底部宜做成流线形。胸墙厚度应根据受力条件和边界支承情况计算确定。对于受风浪冲击力较大的水闸,胸墙上应留有足够的排气孔。胸墙与闸墩的连接方式可根据闸室地基、温度变化条件、闸室结构横向刚度和构造要求等采用简支式或固支式。当永久缝设置在底板上时,不应采用固支式。

闸室上部工作桥、检修便桥、交通桥可根据闸孔孔径、闸门启闭机型式及容量、设计荷载标准等分别选用板式、梁板式或板拱式,其与闸墩的连接型式应与底板分缝位置及胸墙支承型式统一考虑。有条件时,可采用预制构件现场吊装。工作桥的支承结构可根据其高度及纵向刚度选用实体式或刚架式。工作桥、检修便桥和交通桥的梁(板)底高程均应高出最高洪水位 0.5 m 以上;若有流冰,应高出流冰面以上 0.2 m。

松软地基上的水闸结构选型布置应符合下列要求:①闸室结构布置匀称、重量轻、整体性强、刚度大;②相邻分部工程的基底压力差小;③选用耐久、能适应较大不均匀沉降的止水型式和材料;④适当增加底板长度和埋置深度。

冻胀性地基上水闸结构选型布置应符合下列要求:①闸室结构整体性强、刚度大;②Ⅲ级冻胀土地基上的 1、2、3 级水闸和Ⅳ、Ⅴ级冻胀土地基上的各级水闸,其基础埋深不小于基础设计冻深;③在满足地基承载力要求的情况下,减小闸室底部与冻胀土的接触面积;④在满足防渗、防冲和水流衔接条件的情况下,缩短进出口长度;⑤适当减小冬季暴露的大、中型水闸铺盖,消力池底板等底部结构的分块尺寸。

地震区水闸结构选型布置应符合下列要求:①闸室结构布置匀称、重量轻、整体性强、刚度大,②降低工作桥排架高度,减轻其顶部重量,并加强排架柱与闸墩和桥面结构的抗剪连接;③在闸墩上分缝,并选用耐久、能适应较大变形的止水型式和材料;④加强地基与闸室底板的连接,并采取有效的防渗措施;⑤适当降低边墩(岸墙)后的填土高度,减少附加荷载;⑥上游防渗铺盖采用混凝土结构,并适当布筋。

9.2.1.3　**防渗排水布置**

(1)水闸防渗排水布置应根据闸基地质条件和水闸上、下游水位差等因素,结合闸室、消能防冲和两岸连接布置进行综合分析确定。

(2)均质土地基上的水闸闸基轮廓线应根据选用的防渗排水设施,经合理布置后确定。

(3)当闸基为中壤土、轻壤土或重砂壤土时,闸室上游宜设置钢筋混凝土或黏土铺盖,或土工膜防渗铺盖,闸室下游护坦底部应设滤层。黏土铺盖的渗透系数应比地基土的渗透系数小 100 倍以上。

(4)当闸基为较薄的壤土层,其下卧层为深厚的相对透水层时,应验算覆盖土层抗渗、抗浮的稳定性。必要时可在闸室下游设置深入相对透水层的排水井或排水沟,并采取防止被淤堵的措施。

(5)当闸基为粉土、粉细砂、轻砂壤土或轻粉质砂壤土时,闸室上游宜采用铺盖和垂直防渗体(钢筋混凝土板桩、水泥砂浆帷幕、高压喷射灌浆帷幕、混凝土防渗墙、土工膜垂直防渗结构等)相结合的布置型式。垂直防渗体宜布置在闸室底板的上游端。在地震区粉细砂地基上,闸室底板下布置的垂直防渗体宜构成四周封闭的形式。粉土、粉细砂、轻砂壤土或轻粉质砂壤土地基除应保证渗流平均坡降和出逸坡降小于允许值外,在渗流出口处(包括两岸侧向渗流的出口处)必须设置级配良好的滤层。

(6)当闸基为较薄的砂性土层或砂砾石层,其下卧层为深厚的相对不透水层时,闸室底板上游端宜设置截水槽或防渗墙,闸室下游渗流出口处应设滤层。截水槽或防渗墙嵌入相对不透水层深度不应小于1.0 m。当闸基砂砾石层较厚时,闸室上游可采用铺盖和悬挂式防渗墙相结合的布置型式,闸室下游渗流出口处应设滤层。当闸基为粒径较大的砂砾石层或粗砾夹卵石层时,闸室底板上游端宜设置深齿墙或深防渗墙,闸室下游渗流出口处应设滤层。

(7)当闸基为薄层黏性土和砂性土互层时,除应符合上述(3)、(5)条的规定外,铺盖前端宜加设一道垂直防渗体,闸室下游宜设排水沟或排水浅井,并采取防止被淤堵的措施。

(8)当闸基为岩石地基时,可根据防渗需要在闸室底板上游端设水泥灌浆帷幕,其后设排水孔。

(9)闸室底板的上、下游端均宜设置齿墙,齿墙深度可采用0.5~1.5 m。

(10)铺盖长度可根据闸基防渗需要确定,一般采用上、下游最大水位差的3~5倍。混凝土或钢筋混凝土铺盖最小厚度不宜小于0.4 m,其顺水流向的永久缝缝距可采用8~20 m,靠近翼墙的铺盖缝距宜采用小值。缝宽可采用2~3 cm。黏土或壤土铺盖的厚度应根据铺盖土料的允许水力坡降值计算确定,其前端最小厚度不宜小于0.6 m,逐渐向闸室方向加厚。铺盖上面应设保护层。防渗土工膜厚度应根据作用水头、膜下土体可能产生裂隙宽度、膜的应变和强度等因素确定,但不宜小于0.5 mm。土工膜上应设保护层。在寒冷和严寒地区,混凝土或钢筋混凝土铺盖应适当减小永久缝缝距,黏土或壤土铺盖应适当加大厚度,并应避免冬季暴露于大气中。

(11)钢筋混凝土板桩最小厚度不宜小于0.2 m,宽度不宜小于0.4 m,板桩之间应采用梯形榫槽连接。水泥砂浆帷幕或高压喷射灌浆帷幕的最小厚度不宜小于0.1 m,混凝土防渗墙最小厚度不宜小于0.2 m。地下垂直防渗土工膜厚度不宜小于0.25 mm;重要工程可采用复合土工膜,其厚度不宜小于0.5 mm。

(12)排水沟断面尺寸应根据透水层厚度合理确定,沟内应按滤层结构要求敷设导渗层。

(13)排水井的井深和井距应根据透水层埋藏深度及厚度合理确定,井管内径不宜小于0.2 m。滤水管的开孔率应满足出水量要求,管外应设滤层。

(14)侧向防渗排水布置(包括刺墙、板桩、排水井等)应根据上、下游水位,墙体材料和墙后土质以及地下水位变化等情况综合考虑,并应与闸基的防渗排水布置相适应。

(15)承受双向水头的水闸,其防渗排水布置应以水位差较大的一向为主,合理选择双向布置型式。

9.2.1.4 消能防冲布置

水闸消能防冲布置应根据闸基地质情况、水力条件以及闸门控制运用方式等因素,进行综合分析确定。

水闸闸下宜采用底流式消能。其消能设施的布置型式可按下列情况经技术经济比较后确定:

(1)当闸下尾水深度小于跃后水深时,可采用下挖式消力池消能。消力池可采用斜坡面与闸底板相连接,斜坡面的坡度不宜陡于1:4。

(2)当闸下尾水深度略小于跃后水深时,可采用突槛式消力池消能。

(3)当闸下尾水深度远小于跃后水深,且计算消力池深度又较深时,可采用下挖式消力池与突槛式消力池相结合的综合式消力池消能。

(4)当水闸上、下游水位差较大,且尾水深度较浅时,宜采用二级或多级消力池消能。

(5)下挖式消力池、突槛式消力池或综合式消力池后均应设海漫和防冲槽(或防冲墙)。

(6)消力池内可设置消力墩、消力梁等辅助消能工。如用于大型水闸,其布置型式和尺寸应通过水工模型试验验证。

当水闸闸下尾水深度较深且变化较小,河床及岸坡抗冲能力较强时,可采用面流式消能;当水闸承受水头较高,且闸下河床及岸坡为坚硬岩体时,可采用挑流式消能。

在夹有较大砾石的多泥沙河流上的水闸不宜设消力池,可采用抗冲耐磨的斜坡护坦与下游河道连接,末端应设防冲墙。在高速水流部位,还应采取抗冲磨与抗空蚀的措施。

对于大型多孔水闸,可根据需要设置隔墩或导墙进行分区消能防冲布置。

海漫应具有一定的柔性、透水性、表面粗糙性,其构造和抗冲能力应与水流流速相适应。海漫宜做成等于或缓于1:10的斜坡,末端应设防冲槽(或防冲墙)。海漫下面应设垫层。

水闸上、下游护坡和上游护底工程布置应根据水流流态、河床土质抗冲能力等因素确定。护坡长度应大于护底(海漫)长度。护坡、护底下面均应设垫层。必要时,上游护底首端宜增设防冲槽(或防冲墙)。

9.2.1.5　**两岸连接布置**

水闸两岸连接应能保证岸坡稳定,改善水闸进、出水流条件,提高泄流能力和消能防冲效果,满足侧向防渗需要,减轻闸室底板边荷载影响,且有利于环境绿化等。两岸连接布置应与闸室布置相适应。

水闸两岸连接宜采用直墙式结构;当水闸上、下游水位差不大时,也可采用斜坡式结构,但应考虑防渗、防冲和防冻等问题。在坚实或中等坚实的地基上,岸墙和翼墙可采用重力式或扶壁式结构;在松软地基上,宜采用空箱式结构。岸墙与边闸墩的结合或分离,应根据闸室结构和地基条件等因素确定。

当闸室两侧需设置岸墙时,若闸室在闸墩中间设缝分段,岸墙宜与边闸墩分开;若闸室在闸底板上设缝分段,岸墙可兼作边闸墩,并可做成空箱式。对于闸孔孔数较少、不设永久缝的非开敞式闸室结构,也可以边闸墩代替岸墙。

上、下游翼墙宜与闸室及两岸岸坡平顺连接。上游翼墙的平面布置宜采用圆弧式或椭圆弧式,下游翼墙的平面布置宜采用圆弧(或椭圆弧)与直线组合式或折线式。在坚硬的黏性土和岩石地基上,上、下游翼墙可采用扭曲面与岸坡连接的型式。

上游翼墙顺水流向的投影长度应大于或等于铺盖长度。下游翼墙的平均扩散角每侧宜采用7°~12°,其顺水流向的投影长度应大于或等于消力池长度。在有侧向防渗要求的条件下,上、下游翼墙的墙顶高程应分别高于上、下游最不利的运用水位。

翼墙分段长度应根据结构和地基条件确定。建筑在坚实或中等坚实地基上的翼墙分段长度可采用 15 ~ 20 m,建筑在松软地基或回填土上的翼墙分段长度可适当减短。

9.2.1.6　**水力设计**

水闸的水力设计内容包括闸孔总净宽计算、消能防冲设施的设计计算、闸门控制运用方式的拟定。

进行水力设计时,应考虑到水闸建成后上、下游河床可能发生淤积或冲刷,以及闸下水位的变动等情况对过水能力和消能防冲设施产生的不利影响。

水闸闸孔总净宽应根据下游闸槛型式和布置,上、下游水位衔接要求,泄流状态等因素计算确定。水闸的过闸单宽流量应根据下游河床地质条件,上、下游水位差,下游尾水深度,闸室总宽度与河道宽度的比值,闸的结构构造特点和下游消能防冲设施等因素选定。水闸的过闸水位差应根据上游淹没影响、允许的过闸单宽流量和水闸工程造价等因素综合比较选定。

挡潮闸闸孔的总净宽应以可能出现的最不利潮型作为设计潮型,并考虑上游河道调蓄能力、潮汐河口回淤对挡潮闸泄流的影响等因素按水库调节计算确定。

水闸闸下消能防冲设施必须在各种可能出现的水力条件下,都能满足消散动能与均匀扩散水流的要求,且应与下游河道有良好的衔接。

底流式消能设计应根据水闸的泄流条件(特别是始流条件)进行水力计算,确定消力池的深度、长度和底板厚度等。

面流式消能设计应根据水闸的各级流量和可能组合的相应水位进行水力计算,选定跌坎高度、坎顶仰角、反弧半径和跌坎长度等,并研究解决防止闸基淘刷和下游两岸岸坡冲刷问题。

挑流式消能设计应根据水闸的各级流量进行水力计算,选定挑流鼻坎坎顶高程、反弧半径和挑角等,计算下泄水流的挑射距离及最大冲坑深度,并采取必要的防护措施。

海漫的长度应根据可能出现的不利水位、流量组合情况进行计算确定。

下游防冲槽的深度应根据河床土质、海漫末端单宽流量和下游水深等因素综合确定,且不应小于海漫末端的河床冲刷深度。

上游防冲槽的深度应根据河床土质、上游护底首端单宽流量和上游水深等因素综合确定,且不应小于上游护底首端的河床冲刷深度。

闸门的控制运用应根据水闸的水力设计或水工模型试验成果,规定闸门的启闭顺序和开度,避免产生集中水流或折冲水流等不良流态。

在大型水闸的初步设计阶段,其水力设计成果应经水工模型试验验证。

9.2.1.7　**结构设计**

水闸结构设计应根据结构受力条件及工程地质条件进行,其内容应包括荷载及其组合,闸室和岸墙、翼墙的稳定计算,结构应力分析。

水闸混凝土结构除应满足强度和限裂要求外,还应根据所在部位的工作条件、地区气候和环境等情况,分别满足抗渗、抗冻、抗侵蚀、抗冲刷等耐久性的要求。

当水闸部分结构采用砌石时,选用的条石或块石应能抗风化,冻融损失率应小于1%,单块质量不宜小于 30 kg,砌筑砂浆强度等级不应低于 M7.5。砌石结构应采取有效的防渗排水措施，严寒、寒冷地区水闸砌石结构还应采取保温防冻措施。

Ⅶ度及Ⅶ度以上地震区的水闸除应认真分析地震作用和做好抗震计算外，尚应采取安全可靠的抗震措施。当地震烈度为Ⅵ度时，可不进行抗震计算，当对Ⅵ度地震区的1级水闸仍应采取适当的抗震措施。

作用在水闸上的荷载可分为基本荷载和特殊荷载两类。设计水闸时，应将可能同时作用的各种荷载进行组合。荷载组合可分为基本组合和特殊组合两类。基本组合由基本荷载组成；特殊组合由基本荷载和一种或几种特殊荷载组成，但地震荷载只应与正常蓄水位情况下的相应荷载组合。

闸室稳定计算宜取两相邻顺水流向永久缝之间的闸段作为计算单元。

当结构布置及受力情况对称时，闸室基底应力按下式计算：

$$P_{\substack{\max\\\min}} = \frac{\sum G}{A} \pm \frac{\sum M}{W}$$

式中 $P_{\substack{\max\\\min}}$——闸室基底应力的最大值或最小值，kPa；

$\sum G$——作用在闸室上的全部竖向荷载（包括闸室基础底面上的扬压力在内），kN；

$\sum M$——作用在闸室上的全部竖向和水平向荷载对于基础底面垂直水流方向的形心轴的力矩，kN·m；

A——闸室基底面的面积，m^2；

W——闸室基底面对于该底面垂直水流方向的形心轴的截面矩，m^3。

当结构布置及受力情况不对称时，闸室基底应力按下式计算：

$$P_{\substack{\max\\\min}} = \frac{\sum G}{A} \pm \frac{\sum M_x}{W_x} \pm \frac{\sum M_y}{W_y}$$

式中 $\sum M_x$、$\sum M_y$——作用在闸室上的全部竖向和水平向荷载对于基础底面形心轴 x、y 的力矩，kN·m；

W_x、W_y——闸室基底面对于该底面形心轴 x、y 的截面矩，m^3。

土基上沿闸室基底面的抗滑稳定安全系数，应按下式计算：

$$K_c = \frac{f\sum G}{\sum H}$$

$$K_c = \frac{\tan\varphi_0 \sum G + c_0 A}{\sum H}$$

式中 K_c——沿闸室基底面的抗滑稳定安全系数；

f——闸室基底面与地基之间的摩擦系数；

$\sum H$——作用在闸室上的全部水平向荷载，kN；

φ_0——闸室基底面与土质地基之间的摩擦角，(°)；

c_0——闸室基底面与土质地基之间的黏结力，kPa。

黏性土地基上的大型水闸，沿闸室基底面的抗滑稳定安全系数宜按上述公式计算。

对于土基上采用钻孔灌注桩基础的水闸，若验算沿闸室底板底面的抗滑稳定性，应计入桩体材料的抗剪断能力。

岩基上沿闸室基底面的抗滑稳定安全系数按抗剪公式或抗剪断公式进行计算。

当闸室承受双向水平向荷载作用时,应验算其合力方向的抗滑稳定性。

当沿闸室基底面抗滑稳定安全系数计算值小于允许值时,可在原有结构布置的基础上,结合工程的具体情况,采取下列一种或几种抗滑措施:

(1)将闸门位置移向低水位一侧,或将水闸底板向高水位一侧加长;

(2)适当增大闸室结构尺寸;

(3)增加闸室底板的齿墙深度;

(4)增加铺盖长度或帷幕灌浆深度,或在不影响防渗安全的条件下将排水设施向水闸底板靠近;

(5)利用钢筋混凝土铺盖作为阻滑板,但闸室自身的抗滑稳定安全系数不应小于1.0(计算由阻滑板增加的抗滑力时,阻滑板效果的折减系数可采用0.8),阻滑板应满足抗裂要求;

(6)增设钢筋混凝土抗滑桩或预应力锚固结构。

当闸室设有两道检修闸门或只设一道检修闸门,利用工作闸门与检修闸门进行检修时,应按下式进行抗浮稳定计算。

$$K_f = \frac{\sum V}{\sum U}$$

式中 K_f——闸室抗浮稳定安全系数;

$\sum V$——作用在闸室上全部向下的铅直力之和,kN;

$\sum U$——作用在闸室基底面上的扬压力,kN。

不论水闸级别和地基条件,在基本荷载组合条件下,闸室抗浮稳定安全系数不应小于1.10;在特殊荷载组合条件下,闸室抗浮稳定安全系数不应小于1.05。

岸墙、翼墙稳定计算宜取单位长度或分段长度的墙体作为计算单元。土基上的岸墙、翼墙稳定计算应满足下列条件:①在各种计算情况下,岸墙、翼墙平均基底应力不大于地基允许承载力,最大基底应力不大于地基允许承载力的1.2倍;②岸墙、翼墙基底应力的最大值与最小值之比满足规范要求;③沿岸墙、翼墙基底面的抗滑稳定安全系数满足规范要求。

岩基上的岸墙、翼墙稳定计算应满足下列条件:①在各种计算情况下,岸墙、翼墙最大基底应力不大于地基允许承载力;②翼墙抗倾覆稳定安全系数满足规范要求;③沿岸墙、翼墙基底面的抗滑稳定安全系数满足规范要求。

当沿岸墙、翼墙基底面的抗滑稳定安全系数计算值小于允许值时,可采取下列一种或几种抗滑措施:①适当增加底板宽度;②在基底增设凸榫;③在墙后增设阻滑板或锚杆;④在墙后改填摩擦角较大的填料,并增设排水;⑤在不影响水闸正常运用的条件下,适当限制墙后的填土高度,或在墙后采取其他减载措施。

岩基上翼墙的抗倾覆稳定安全系数,应按下式计算:

$$K_0 = \frac{\sum M_V}{\sum M_H}$$

式中 K_0——翼墙抗倾覆稳定安全系数；

$\sum M_V$——对翼墙前趾的抗倾覆力矩，kN·m；

$\sum M_H$——对翼墙前趾的倾覆力矩，kN·m。

不论水闸级别，在基本荷载组合条件下，岩基上翼墙的抗倾覆安全系数不应小于1.50；在特殊荷载组合条件下，岩基上翼墙的抗倾覆安全系数不应小于1.30。

水闸结构应力分析应根据各分部结构布置型式、尺寸及受力条件等进行。

开敞式水闸闸室底板的应力分析可按下列方法选用：

(1)土基上水闸闸室底板的应力分析可采用反力直线分布法或弹性地基梁法。相对密度小于或等于0.50的砂土地基，可采用反力直线分布法；黏性土地基或相对密度大于0.5的砂土地基，可采用弹性地基梁法。

(2)当采用弹性地基梁法分析水闸闸室底板应力时，应考虑可压缩土层厚度与弹性地基梁半长之比值的影响。当比值小于0.25时，可按基床系数法(文克尔假定)计算；当比值大于2.0时，可按半无限深的弹性地基梁法计算；当比值为0.25~2.0时，可按有限深的弹性地基梁法计算。

(3)岩基上水闸闸室底板的应力分析可按基床系数法计算。

开敞式水闸闸室底板的应力可按闸门门槛的上、下游段分别进行计算，并计入闸门门槛切口处分配于闸墩和底板的不平衡剪力。

当采用弹性地基梁法时，可不计闸室底板自重，但当作用在基底面上的均布荷载为负值时，则仍应计及底板自重的影响，计及的百分数则以使作用在基底面上的均布荷载值等于零为限度确定。

开敞式或胸墙与闸墩简支连接的胸墙式水闸，其闸墩应力分析方法应根据闸门型式确定。平面闸门闸墩的应力分析可采用材料力学方法，弧形闸门闸墩的应力分析宜采用弹性力学方法。

涵洞式、双层式或胸墙与闸墩固支连接的胸墙式水闸，其闸室结构应力可按弹性地基上的整体框架结构进行计算。

受力条件复杂的大型水闸闸室结构宜视为整体结构采用空间有限单元法进行应力分析，必要时应经结构模型试验验证。

水闸底板和闸墩的应力分析，应根据工程所在地区的气候特点、水闸地基类别、运行条件和施工情况等因素考虑温度应力的影响。

9.2.1.8 **地基计算及处理设计**

水闸地基计算应根据地基情况、结构特点及施工条件进行，其内容应包括地基渗流稳定性验算、地基整体稳定计算、地基沉降计算。在各种运用情况下，水闸地基应能满足承载力、稳定和变形的要求。对于岩石地基，砾石、卵石地基，中砂、粗砂地基，大型水闸标准贯入击数大于15击的粉砂、细砂、砂壤土、壤土及黏土地基，中、小型水闸标准贯入击数大于10击的壤土及黏土地基可不进行地基沉降计算。

当水闸天然地基不能满足承载力、稳定或变形的要求时，应根据工程具体情况，因地制宜地作出地基处理设计。

地基处理设计方案应针对地基承载力或稳定安全系数的不足，或对沉降变形不适应等，根据地基情况（尤其要注意考虑地基中渗流作用的影响）、结构特点、施工条件和运用要求，并综合考虑地基、基础及其上部结构的相互协调，经技术经济比较后确定。采用的地基设计方案尚应符合环境保护的要求，避免因地基处理污染地面水和地下水或损坏周围已有建筑物，防止振动噪声对周围环境产生不良影响。

水闸不宜建造在半岩半土或半硬半软的地基上；否则，必须采取严格的工程措施。

地基整体稳定计算。在竖向对称荷载作用下，可按限制塑性区开展深度的方法计算土质地基的允许承载力；在竖向荷载和水平向荷载共同作用下，可按 CK 法验算土质地基的整体稳定，也可按汉森公式计算土质地基的允许承载力。当土质地基持力层内夹有软弱土层时，还应采用折线滑动法（复合圆弧滑动法）对软弱土层进行整体抗滑稳定验算。

岸墙、翼墙地基的整体抗滑稳定及上、下游护坡工程的边坡稳定可采用瑞典圆弧滑动法或简化毕肖普圆弧滑动法计算。

当岩石地基持力层范围内存在软弱结构面时，必须对软弱结构面进行整体抗滑稳定验算。

对于地质条件复杂的大型水闸，其地基整体抗滑稳定计算应作专门研究。

水闸土质地基沉降可只计算最终沉降量，并应选择有代表性的计算点进行计算，计算时应考虑结构刚性的影响。

土质地基最终沉降量可按下式计算：

$$S_\infty = m\sum_{i=1}^{n}\frac{e_{1i}-e_{2i}}{1+e_{1i}}h_i$$

式中 S_∞——土质地基最终沉降量，m；

i——土层号；

n——土质地基压缩层计算深度范围的土层数；

e_{1i}、e_{2i}——基础底面以下第 i 层土在平均自重应力作用下的孔隙比和在平均自重应力加平均附加应力共同作用下的孔隙比；

h_i——基础底面以下第 i 层土的厚度，m；

m——地基沉降量修正系数，可采用 0.6～1.0（坚实地基取较小值，软土地基取较大值）。

对于一般土质地基，当基底压力小于或接近于水闸闸基未开挖前作用于该基底面上土的自重压力时，土的压缩曲线宜采用回弹再压缩曲线；但对于软土地基，土的压缩曲线宜采用 $e \sim p$ 压缩曲线。对于重要的大型水闸工程，有条件时土的压缩曲线也可采用 $e \sim \lg p$ 压缩曲线。

土质地基压缩层计算深度可按计算层面处土的附加应力与自重应力之比为 0.10～0.20（软土地基取小值，坚实地基取大值）的条件确定。

高饱和度软土地基的沉降量计算，有条件时可采用考虑土体侧向变形影响的简化计算方法。

土质地基允许最大沉降量和最大沉降差，应以保证水闸安全和正常使用为原则，根据具体情况研究确定。天然土质地基上水闸地基最大沉降量不宜超过 15 cm，相邻部位的最大沉降差不宜超过 5 cm。

岩基处理设计应满足下列规定：

(1)对岩基中的全风化带宜予以清除，强风化带或弱风化带可根据水闸的受力条件和重要性进行适当处理。

(2)对裂隙已发育的岩基，宜进行固结灌浆处理。

(3)对岩基中的泥化夹层和缓倾角软弱带应根据其埋藏深度和对地基稳定的影响程度采取不同的处理措施。在埋藏深度较浅且不能满足地基稳定要求时，应予以全部清除；在埋藏深度较深或埋藏深度虽较浅但能满足地基稳定要求时，可全部保留或部分保留，但应有防止恶化的工程措施。

(4)对岩基中的断层破碎带应根据其分布情况和对水闸工程安全的影响程度采取不同的处理措施，通常以开挖为主，开挖深度可取破碎带宽度的1～1.2倍，并用混凝土回填，必要时可铺设钢筋。在灌浆帷幕穿过断层破碎带的部位，帷幕灌浆孔应适当加密。

对地基整体稳定有影响的溶洞或溶沟等，可根据其位置、大小、埋藏深度和水文地质条件等，分别采用压力灌浆、挖填等处理方法。

土基可根据水闸地基情况、结构特点和施工条件等，可采用垫层法、强力夯实法、振动法水冲、桩基础、沉井基础等一种或多种处理方法。深层搅拌法、高压喷射法等其他处理方法，经论证后也可采用。

对于地基中的液化土层，可采用挖除置换、强力夯实、振动水冲、板桩(连续墙)围封或沉井基础等常用处理方法。当采用板桩(连续墙)围封或沉井基础处理时，桩(墙、井壁)体必须嵌入非液化土层。

深厚的松软土基上的水闸桩基础，当桩的中心距小于6倍桩径或边长、桩数超过9根(含9根)时应作为群桩基础，其桩尖平面处的地基压应力和沉降量不应大于该平面处地基土的允许承载力和允许沉降量。

9.2.2 案例分析

【例9-1】 某无坝取水闸为平底板宽顶堰，采用底流消能，消力池为深挖式矩形消力池，池底高程100 m，池底宽14.4 m。开闸引水时河道的最高水位为104.75 m，最大引用流量21.5 m^3/s，下游相应水深为101.25 m。则计算消力池池深为(　　)m。(不计入行近流速影响，收缩断面水深0.166 m，流速系数为0.95)

A. 0.54　　B. 0.43　　C. 0.32　　D. 0.28

答案：C

考点：水闸消能防冲水力计算。

解：根据《水闸设计规范》(SL 265—2001)附录B式(B-1)计算消力池池深。

由消力池底板顶面算起的总势能：

$$T_0 = 104.75 - 100 = 4.75(\text{m})$$

过闸单宽流量：

$$q = \frac{21.5}{14.4} = 1.493(\text{m}^3/(\text{s} \cdot \text{m}))$$

跃后水深：

$$h_c'' = \frac{h_c}{2}\left(\sqrt{1+\frac{8\alpha q^2}{gh_c^3}}-1\right) = \frac{0.166}{2}\times\left(\sqrt{1+\frac{8\times1\times1.493^2}{9.81\times0.166^3}}-1\right) = 1.57(\text{m})$$

出河床下游水深：

$$h_s' = 101.25 - 100 = 1.25(\text{m})$$

不计入行近流速影响，则：

$$\Delta Z = \frac{\alpha q^2}{2g\varphi^2 h_s'^2} = \frac{1\times1.493^2}{19.62\times0.95^2\times1.25^2} = 0.08(\text{m})$$

池深：

$$d = \sigma_0 h_c'' - h_s' - \Delta Z = 1.05\times1.57 - 1.25 - 0.08 \approx 0.32(\text{m})$$

因此，选 C。

【例 9-2】 某水闸闸室段底板宽 10 m，顺水流方向长 10.5 m，闸基由砂壤土构成，该处河床稳定，河岸土质地密实。闸室及其上部结构自重 7 180.3 kN，对上游端点力矩 36 905 kN · m。则完建期闸室基底应力最大值与最小值之比为（　　），（　　）地基应力要求。

A. 1.13、不满足　　B. 1.34、不满足　　C. 1.13、满足　　D. 1.34、满足

答案：C

考点：水闸闸室稳定结构计算。

解：泄水闸顺水流方向长 10.5 m，其偏心矩为：

$$e = \frac{B}{2} - \frac{\sum M_B}{\sum G} = \frac{10.5}{2} - \frac{36\ 905}{7\ 180.3} = 0.11(\text{m})$$

$$P = \frac{\sum G}{A}\left(1\pm\frac{6e}{B}\right) = \frac{7\ 180.3}{10\times10.5}\times\left(1\pm\frac{6\times0.11}{10.5}\right) = \frac{72.7}{64.1}(\text{kN/m}^2)\left(\begin{matrix}\text{上游端}\\ \text{下游端}\end{matrix}\right)$$

$$\eta = \frac{72.7}{64.1} = 1.13$$

完建期属于基本组合工况，根据《水闸设计规范》（SL 265—2001）表 7.3.5，闸基由砂壤土构成，岸土质地密实。闸室基底应力最大值与最小值之比允许值为 2.5，$\eta < 2.5$，所以满足地基应力要求。

因此，选 C。

【例 9-3】 某无坝取水闸位于河道右岸，闸室段采用平底板宽顶堰。该处河床稳定，河岸土质地密实，由砂砾石构成。根据土质试验资料，地基土的 d_5、d_{15}、d_{85} 分别为 0.004 mm、0.02 mm、0.35 mm，其孔隙率 $n = 0.43$，闸基出口段允许渗流坡降为（　　）。（小于 d_f 的土粒百分含量为 41%，安全系数 $K = 2.0$）

A. 0.174　　B. 0.233　　C. 0.093　　D. 0.112

答案：D

考点：水闸防渗排水计算。

解：根据《水闸设计规范》（SL 265—2001）第 6.0.5 条，验算砂砾石闸基出口段抗渗

稳定时,应首先判别可能发生的渗流破坏形式:当 $4P_f(1-n)>1.0$ 时,为流土破坏;当 $4P_f(1-n)<1.0$ 时,为管涌破坏。

$$4P_f(1-n)=4\times0.41\times(1-0.43)=0.93<1.0$$

所以,可能发生的渗流破坏形式为管涌破坏。

闸基土的粗、细颗粒分界粒径:

$$d_f=1.3\sqrt{d_{15}d_{85}}=1.3\times\sqrt{0.02\times0.35}=0.109(\text{mm})$$

砂砾石闸基出口段防止发生管涌破坏的允许渗流坡降为:

$$[J]=\frac{7d_5}{Kd_f}[4P_f(1-n)]^2=\frac{7\times0.004}{2\times0.109}\times[4\times0.41\times(1-0.43)]^2=0.112$$

因此,选 D。

9.3 复习题

(1)土基上闸室稳定计算应满足(　　)要求。

A. 各种计算情况下要求闸室平均基底应力不大于地基允许承载力,最大基底应力不大于地基允许承载力的 1.2 倍;基底应力的最大值与最小值之比不大于规定的允许值;抗滑稳定安全系数不小于规定的允许值

B. 各种计算情况下要求闸室基底应力不大于地基允许承载力,抗滑稳定安全系数不小于规定的允许值

C. 基底应力的最大值与最小值之比不大于规定的允许值,抗滑稳定安全系数不小于规定的允许值

D. 抗滑稳定安全系数不小于规定的允许值

(2)渠道水闸选用平底板宽顶堰,堰顶高程 100 m,引渠底宽 26 m,边坡 1∶1.5,闸前引渠水位 102.3 m,相应闸下渠道水位 102.1 m,引水流量为 36 m^3/s,请计算水闸总净过流宽度为(　　)m。(按流量系数 0.365,侧收缩系数为 1.0 计算)

A. 8.1　　B. 7.9　　C. 7.5　　D. 9.0

(3)建在中壤土、轻壤土地基上的水闸,当闸室前布设黏土铺盖时,铺盖的渗透系数至少应比地基的渗透系数小(　　)倍。

A. 50　　B. 100　　C. 150　　D. 200

(4)某平原地区泄水闸,设计最大过闸流量 4 000 m^3/s。闸基为砂砾石,在闸室底板上游设置混凝土截水槽,则混凝土截水槽深入相对不透水层深度不应小于(　　)m。

A. 0.5　　B. 0.8　　C. 0.9　　D. 1.0

(5)某泄水闸采用单孔平底板宽顶堰,堰顶高程 100 m,引渠底宽 26 m,边坡 1∶1.5,闸前引渠水位 102.3 m,相应闸下渠道水位 102.1 m,引水流量为 36 m^3/s。泄水闸闸孔宽度为(　　)m。(按侧收缩系数为 0.95 计算)

A. 7.0　　B. 8.0　　C. 7.5　　D. 9.0

(6)水闸的排水反滤设施一般布置在(　　)部位。

A. 上游铺盖　　B. 下游海漫

C. 闸室底板　　　　　　　　　　D. 下游护坦(消力池)

(7)某无坝取水闸为平底板宽顶堰,采用底流消能,消能设施为深挖式矩形消力池,池深0.5 m,池底高程100 m,池底宽14.4 m。消力池平台宽度0.5 m,平底闸与消力池底板采用1:4斜坡段连接。开闸引水时河道的最高水位为104.75 m,最大引用流量21.5 m^3/s,下游相应水深为101.25 m。则计算消力池池长为(　　)m。(不计入行近流速影响,收缩断面水深0.17 m,水跃长度校正系数$\beta=0.8$)

A. 10.23　　B. 11.43　　C. 9.32　　D. 12.28

(8)某无坝取水闸为平底板宽顶堰,采用底流消能,消能设施为深挖式矩形消力池,池深0.5 m,池底高程100 m,池底宽14.4 m。消力池平台宽度0.5 m,平底闸与消力池底板采用1:4斜坡段连接。开闸引水时河道的最高水位为104.75 m,最大引用流量21.5 m^3/s,下游相应水深为101.25 m。则按照抗冲要求计算出的消力池底板厚度为(　　)m。(消力池底板计算系数$k_1=0.2$)。

A. 0.23　　B. 0.43　　C. 0.53　　D. 0.33

(9)某无坝取水闸位于河道右岸,该处河床稳定,河岸土质地密实,系粉质黏土构成。闸室为平底板宽顶堰,采用底流消能,消能设施为深挖式矩形消力池,消力池末端接海漫段,消力池末端宽27 m。开闸引水时河道的最高水位为104.75 m,最大引用流量21.5 m^3/s,下游相应水深为101.25 m,下游河床高程100 m。则海漫段长度为(　　)m。(海漫长度计算系数$k_s=10$)

A. 10.46　　B. 12.23　　C. 11.53　　D. 9.33

(10)某无坝取水闸位于河道右岸,该处河床稳定,河岸土质地密实,由粉质黏土构成,允许不冲流速0.6 m/s。闸室为平底板宽顶堰,采用底流消能,消能设施为深挖式矩形消力池,消力池末端接海漫段,其末端宽27 m。开闸引水时河道的最高水位为104.75 m,最大引用流量21.5 m^3/s,下游相应水深为101.25 m,下游河床高程100 m。海漫末端的河床冲刷深度为(　　)m。

A. 0.46　　B. 0.52　　C. 0.22　　D. 0.33

(11)某无坝取水闸位于河道右岸,闸室段采用平底板宽顶堰。该处河床稳定,河岸土质地密实,由砂砾石构成。根据土质试验资料,地基土的d_5、d_{15}、d_{85}分别为0.004 mm、0.02 mm、0.35 mm,其孔隙率$n=0.39$,闸基砂壤土粗、细颗粒分界粒径为(　　)mm。

A. 0.115　　B. 0.109　　C. 0.123　　D. 0.009

(12)某无坝取水闸位于河道右岸,闸室段采用平底板宽顶堰。该处河床稳定,河岸土质地密实,由砂砾石构成。根据土质试验资料,地基土的d_5、d_{15}、d_{85}分别为0.004 mm、0.02 mm、0.35 mm,其孔隙率$n=0.39$,闸基出口段可能发生的渗透破坏形式为(　　)。(小于d_f的土粒百分含量为47%)

A. 管涌　　B. 流土　　C. 接触冲刷　　D. 接触流失

(13)某无坝取水闸位于河道右岸,闸室段采用平底板宽顶堰。该处河床稳定,河岸土质地密实,由砂壤土构成。根据土质试验资料,地基土的d_5、d_{15}、d_{50}、d_{85}分别为0.004 mm、0.02 mm、0.12 mm、0.35 mm,其孔隙率$n=0.43$。为防止闸基出口段产生渗流破坏,在渗流出口处设有反滤层。则下列(　　)土料的级配可作为第一反滤层。

A. 中砂，$D_{15}=0.18$ mm，$D_{50}=0.5$ mm，小于 0.1 mm 的泥沙含量为 4%

B. 细砾，$D_{15}=1.00$ mm，$D_{50}=3.5$ mm

C. 粗砾，$D_{15}=2.53$ mm，$D_{50}=18$ mm

D. 粗砾，$D_{15}=1.65$ mm，$D_{50}=20$ mm

(14)某水闸闸室段采用平底板宽顶堰，闸室底板高程 100.00 m，闸孔总净宽 20 m，共分 5 孔，单孔净宽 4.0 m，闸墩厚 1.0 m。闸门最高挡水位 103.50 m，开闸引水时河道的设计洪水位 104.80 m，校核洪水位 105.30 m，最大引水流量 500 m^3/s，该水闸闸顶高程为(　　)m。(正常洪水位情况下的风速 $v_0=20$ m/s，吹程 $D=1\ 000$ m，吹程范围内的平均水深 $H_m=6.5$ m)

A. 104.50　　B. 105.50　　C. 105.80　　D. 106.00

(15)某进水闸布置在多泥沙的河道上，为保证进水渠有足够的引水量，减少闸前泥沙淤积，进水闸的中心线与河道中心线的交角不宜超过(　　)。

A. 30°　　B. 45°　　C. 40°　　D. 60°

(16)某平原洼地设置排水闸，为保证能够及时有效地排除洼地积水，减免农田受淹，排水闸的中心线与河道中心线的交角不宜超过(　　)。

A. 30°　　B. 45°　　C. 40°　　D. 60°

(17)对于多孔水闸，当闸孔孔数少于(　　)时，宜采用单孔数。

A. 6　　B. 8　　C. 10　　D. 12

(18)天然土质地基上水闸地基的最大沉降量不宜超过(　　)cm，相邻部位的最大沉降差不宜超过(　　)cm。

A. 15、5　　B. 10、5　　C. 15、10　　D. 20、10

(19)某分洪闸底坎为一曲线形低堰，堰顶高程 29.00 m，渠道底部高程 27.00 m。单宽流量 $q=10.82$ $m^3/(s\cdot m)$，相应上游水位 33.96 m，下游水位 30.00 m。试判别是否需要修建消力池(　　)。(收缩断面水深 1.05 m)

A. 跃后水深 $h_c''=4.30$ m > 下游水深，不需要修建消力池

B. 跃后水深 $h_c''=2.85$ m < 下游水深，不需要修建消力池

C. 跃后水深 $h_c''=4.30$ m > 下游水深，需要修建消力池

D. 跃后水深 $h_c''=2.85$ m < 下游水深，需要修建消力池

(20)某泄水闸采用有胸墙的单孔平底板宽顶堰，闸底板高程 100 m，胸墙底圆弧半径 0.40 m，胸墙底高程 102.00 m。引渠底宽 26 m，边坡 1∶1.5，闸前引渠水位 105.00 m，相应闸下渠道水位 102.1 m，引水流量为 36 m^3/s。泄水闸闸孔宽度为(　　)m。(按淹没系数为 0.90 计算，可不计入行近流速)

A. 2　　B. 3　　C. 4　　D. 5

(21)南方地区某泄水闸位于粉质壤土地基上，相应上游水位 33.90 m，下游水位 26.40 m。在工程规划阶段，初步拟定闸基的防渗长度为(　　)m。(允许渗径系数取 8)

A. 50　　B. 55　　C. 60　　D. 65

(22)南方地区某泄水闸位于粉质壤土地基上，相应上游水位 33.90 m，下游水位 26.40 m。闸室上游设有钢筋混凝土铺盖，混凝土铺盖采用等厚，最小厚度宜为(　　)m，

铺盖长度为(　　)m。

A. 0.3、20　　B. 0.4、30　　C. 0.5、40　　D. 0.6、50

9.4 参考答案

(1)A　(2)B　(3)B　(4)D　(5)B　(6)D
(7)A　(8)D　(9)B　(10)C　(11)B　(12)B
(13)A　(14)C　(15)A　(16)D　(17)B　(18)A
(19)C　(20)B　(21)C　(22)B

第10章　水电站建筑物设计

10.1　考试大纲

熟练掌握地面厂房厂区及厂房内部布置原则。

熟练掌握地面厂房整体稳定分析及地基处理原则。

掌握地面厂房结构设计及构造要求。

掌握灯泡贯流式机组厂房厂区及厂房布置原则。

熟练掌握地下厂房位置选择及布置原则。

了解地下洞室围岩稳定分析方法。

掌握电站进水口结构布置及防沙、防污、防冰设计要求。

熟练掌握电站进水口水力计算和结构设计。

熟练掌握压力钢管的选型、安全稳定条件与构造要求。

掌握压力钢管水力计算与结构设计。

掌握边坡工程处理设计。

了解调压室选型基本要求。

10.2　复习指导

10.2.1　复习要点

10.2.1.1　水电站厂房设计

水电站厂房按结构及布置特点可分为地面式(包括河床式、坝后式、岸边式)、地下式(包括地下式、半地下式、窑洞式)、坝内式、厂顶溢流式及厂前挑流式等型式。

水电站厂房从设备布置、运行要求的空间可分为主厂房、副厂房、主变压器场和开关站。水电站厂房设计必须做到因地制宜、技术先进、经济合理、安全可靠、管理方便、美观大方,并解决好分期建设或初期运行的要求。

1)地面式厂房布置设计

熟练掌握地面式厂房厂区及厂房内部布置原则。

(1) 厂区布置。

厂区布置应根据地形、地质、环境条件,结合整个枢纽的工程布局合理布置主厂房、副厂房、主变压器场地、开关站、高低压引出线、进厂交通、发电引水及尾水建筑物等,使电站运行安全、管理和维护方便;妥善解决厂房和其他建筑物(包括泄洪、排沙、通航、过木和过鱼)布置及运用的相互协调,避免干扰,保证电站安全和正常运行;考虑厂区消防、排水及检修的必要条件;少占或不占用农田,保护天然植被,保护环境,保护文物;做好总体规划及主要建筑物的建筑艺术处理,美化环境;统筹安排运行管理所必需的生产辅助设施;综合考虑施工程序、施工导流及首批机组发电投运的工期要求,优化各建筑物的布置。

河床式厂房的特点是厂房与拦河坝一样起挡水作用,水电站建筑物集中布置在厂房坝段,进水口后边的引水道很短,紧接着就是厂房,一般适用于低水头电站。进水口设计应妥善解决泥沙、漂浮物和冰凌等对发电的影响。

坝后式厂房厂区布置的特点是布置比较集中紧凑,往往将主变压器场、开关站和副厂房等布置在厂坝之间或尾水平台上,也有将开关站布置在邻近厂房的空地上。坝后式厂房通常在厂坝之间设永久变形缝,为满足厂坝整体稳定或其他要求时,经论证可采用厂坝整体连接的形式。

岸边式厂房位置宜选在紧靠河边且较为平坦的岸边或滩地上,以减少开挖。开关站可在邻近处布置。调压室和高压引水管线路选择要考虑有足够的岩石覆盖厚度,并尽量缩短高压钢管明管段的长度。岸边式厂房选择陡峭而有高滩地的岸边地形对厂房布置最为有利。

厂房位置应避开冲沟口和崩塌体,对可能发生的山洪淤积、泥石流或崩塌体等应采取相应的防御措施;厂房位于高陡坡下时,对边坡稳定要有充分的论证,并应设有安全保护措施及排水;当压力管道采用明铺方式时,宜将厂房布置在免受事故水流直接冲击的方向,当不可避开时,应采取其他保护措施。

副厂房的位置和组成应注意与主变压器场地、主厂房的位置及环境要求相协调,经综合比较确定。

主变压器及开关站位置应结合安装检修、运输消防通道、进线出线、防火防爆等要求确定。主变压器场应尽量靠近机组出线端,节省引出线投资,运行也较为安全,电能损耗少,主要设置位置包括厂房上、下游侧或厂房附近,并且考虑相应的检修通道。主变压器位置宜靠近主厂房,并宜与安装间高程相同。主变压器场地的防火防爆及通风散热等应符合有关规范规定。开关站宜靠近主变压器和中央控制室,应选择地基及边坡稳定的地段或利用其他合适的场地进行布置,其进出线应避免跨越泄流建筑物的水跃区、射流区。开关站位置应避开冲沟口,不能避开时,应对山洪、泥石流和崩塌体等采取预防措施。户外开关站往往占地面积很大,不易在厂房附近找到理想场地,分开布置比较灵活、方便,易于找到合适场地。六氟化硫(SF_6)气体绝缘开关的出现,使开关站所占面积大大减少,主变压器场地和开关站往往被安排在副厂房中。

尾水渠布置应考虑机组运行条件、地形地质、河道流向、泄洪、排沙及其他建筑物的影响,尽量做到水流平顺,防止渠道冲刷或淤积,同时力求做到减少基础开挖、渠道衬砌和施工围堰等工程量,还应考虑枢纽泄洪建筑物泄洪及下游梯级回水引起河床变化所造成的影响。

厂区内交通应满足机电设备重件、大件的运输及运行方便的要求,主要交通在设计洪水标准条件下应保证畅通,在校核洪水标准条件下,应保证进出厂人行交通不致阻断,穿过泄水雾化区地段宜采取适当保护措施。进厂公路在厂前应设有平直段。高尾水位厂房,经论证,允许进出厂房的主要交通采用垂直运输方式。进厂公路宜从下游侧引入厂房，当因地形、地质和枢纽布置条件限制进厂公路必须由厂房端部平行于厂房轴线方向进厂时，应设置警戒标志或阻进器。

(2)厂房内部布置。

厂房内部布置应根据水电站规模、厂房型式、机电设备、环境特点、土建设计等情况合理确定和分配各部分的尺寸及空间。

主厂房主机间的长度和宽度应综合考虑机组台数、水轮机过流部件、发电机及风道尺寸、起重机吊运方式、进水阀及调速器位置、厂房结构要求、运行维护和厂内交通等因素确定。水轮机过流部件及机组支承方式应按制造厂家提供的资料结合水工结构要求选择。

厂房机组间距大多由水轮机蜗壳尺寸控制，只有高水头、小容量的机组才由发电机定子外径控制。对于金属蜗壳，其机组段长度应满足蜗壳安装所需要的空间（蜗壳周围混凝土的厚度）要求，最小空间不宜小于0.8～1.0 m。对于混凝土蜗壳，其厚度由强度、刚度及构造需要确定。

由于蜗壳尺寸与水轮机转轮直径 D_1 有关，因此具体确定机组间距 L_1 时，可由以水轮机转轮直径 D_1 为参数的经验公式来计算。对于金属蜗壳（水头为40～120 m），按 $L_1=3.6D_1+h$ 计算，其中 $h=1\sim3.5$ m，水头高时取小值，水头低时取大值；对于混凝土蜗壳（水头为10～40 m），按 $L_1=2.4D_1+h$ 计算，其中 $h=4.5\sim8$ m，水头高时取小值，水头低时取大值。

安装间面积可按一台机组扩大性检修的需要确定，其长度 L_2 在缺乏资料时可取1.25～1.5倍或2倍机组间距，多机组（超过4台）电站安装间面积可根据需要增大或加设副安装间，有时采用面积系数来确定安装间长度。

主厂房的长度是安装间的长度与机组间距总长之和。一般大型水电站在安装发电机转子时多用两台吊车联合工作，由于吊装边机组时吊钩受主厂房端墙（山墙）的限制，因此边机组需要增加一个附加长度 ΔL，$\Delta L=(0.2\sim1.0)D_1$。所以，主厂房长度可按 $L=nL_1+L_2+\Delta L$ 计算。

主厂房的宽度取决于下部块体结构的布置、桥吊的跨度与各层的布置，也可能受吊运最大部件的影响。水下部分宽度由下游侧与上游侧两部分宽度组成（以机组纵轴线为界）。下游侧宽度 B_1 主要取决于蜗壳尺寸及下游混凝土的结构厚度，上游侧宽度 B_2 主要取决于蜗壳进口布置、主阀和机组其他附属设备的布置。水上部分宽度根据发电机尺寸、调速器、油压装置以及发电机层上、下游侧通道等布置要求，结合选用相应容量的桥吊标准跨度确定。

主厂房高度由水下部分高度和水上部分高度两部分组成。水下部分高度取决于水轮机的安装高程、尾水管高度、蜗壳尺寸、座环的上环下缘面至基坑踏脚板距离、水轮机基坑高度以及尾水位高程等。水上部分高度取决于发电机的型式和尺寸、励磁机尺寸、发电机转子连轴长、水轮机转子连轴长、吊车高度以及吊装方式等。

为避免水轮机转轮受气蚀破坏，必须根据水轮机的吸出高度 H_s 来确定其安装高程。水轮机吸出高度按 $H_s=10-\nabla/900-(\sigma+\Delta\sigma)H-1$ 计算，其中：H 为计算水头；∇ 为水电站所在地点的海拔高度；σ 为气蚀系数，可由有关气蚀系数与比转速的关系曲线图查得；$\Delta\sigma$ 为气蚀系数修正值，可由有关气蚀系数修正值与水头的关系曲线查得。

为了设计与安装的方便，常常用名义吸出高度 H_s' 确定安装高程。对于立轴混流式水轮机，其名义吸出高度定义为最低尾水位（一台机组发电时的尾水位）至导水机构中心线的高度，即 $H_s' = 10 - \nabla/900 - (\sigma + \Delta\sigma)H - 1 + b_0/2$，其中 b_0 为导水机构高度。

水下部分高度 H_1（以混流式水轮机悬式发电机为例）可按 $H_1 = h + b_0/2 + h_1 + h_2 + h_3$ 计算，其中：h 为尾水管高度；h_1 为座环的上环下缘面至基坑踏脚板距离；h_2 为基坑高度；h_3 为发电机下机架底部至发电机层距离。h_1、h_2、h_3 均与机组尺寸及安装高程有关，可由厂房布置确定。在初步设计阶段，厂房水下部分高度也可由经验公式 $H_1 = 0.16D_1^2 + 2.8D_1 + 4$ 进行估算。

水上部分高度主要取决于吊车的安装高程。在确定桥吊的尺寸、发电机的型式和尺寸、励磁机尺寸、吊装方式以及吊运最大最长部件的要求后，便可决定桥吊的安装高程，然后在桥吊顶部与厂房屋顶横梁之间留出适当的安全距离（不小于 0.3 m），在此之上再加上屋顶大梁及屋面板的厚度，就得到水上部分高度。

主厂房内各层高程应符合下列原则：应满足机组及附属设备布置、安装检修、结构尺寸和建筑空间要求；水轮机安装高程应根据制造厂提供的机组特性、水轮机吸出高度、电站运行期下游最低尾水位，结合厂址的地形、地质条件，经技术经济论证确定；水轮机层地面高程应根据蜗壳进口断面尺寸及蜗壳顶部最小混凝土结构厚度确定；发电机层地面高程除应满足发电机层布置要求外，并应考虑水轮机层设备布置及母线电缆的铺设和下游水位影响；如主厂房空间许可，可在发电机层下增设电缆层，其净空应满足铺设、维护和消防要求；起重机顶高程应根据起重机规格、机组安装及检修时吊装需要确定，并应满足进厂运输车辆的货物装卸要求；屋顶高程应根据屋顶结构尺寸和型式确定，并应满足起重机部件安装与检修、厂房吊顶和照明设施布置等要求。

安装间地面高程宜与发电机层地面高程相同，如下游洪水尾水位高于发电机层地面高程，可抬高安装间高程。安装间布置应根据装机台数，满足设备运输、安装及检修或车辆进厂装卸的需要。安装间可布置于主厂房的一端、两端或中间段。

主厂房安装间面积可按一台机组扩大性检修的需要确定，多机组电站安装间面积可根据需要增大或加设副安装间。安装间地面高程宜与发电机层地面高程相同，如下游洪水尾水位高于发电机层地面高程，可抬高安装间高程。安装间布置应根据装机台数，满足设备运输、安装及检修或车辆进厂装卸的需要。安装间可布置于主厂房的一端、两端或中间段。

主厂房起重机的布置要求：应满足机组部件吊装的要求；厂内设有进水阀时，宜将其中线布置在起重机副钩工作范围以内；起重机的主钩应能将发电机转子和水轮机转轮吊起，在不影响其他机组运行的情况下，吊往装配场，被吊部件应从机组上游或下游侧通过；给出吊钩极限位置，所有的机组、蝴蝶阀、调速器、装配场上的转子及水轮机转轮等均应在吊钩工作范围之内；起重机端边至墙内侧的距离满足大车行走要求。

厂内交通应符合下列要求：发电机层及水轮机层宜设有贯穿全厂的直线水平通道；主要楼层间每一至两个机组段宜设置一个楼梯，全厂不应少于两个楼梯；蜗壳、尾水管、闸门槽等都应设置进人孔和进人孔道，在下部块体结构中应设置过道和交通廊道；对外交通的道路必须直接伸入主厂房装配场，以利用桥吊装卸，如有水运，则运货船最好能进入装配场下层，以利吊卸。此外，厂房与开关站、进水口、坝顶、办公楼及生活区等都应有公路相通。

副厂房的布置原则是既要运行、管理方便，又要最大限度地利用一切可利用的空间。一般办公室和生产管理部门不应布置在副厂房内，而应另设办公大楼，以减少厂房投资和避免不必要的人员进入厂房。副厂房的面积和内部各房间布置应根据机电设备布置、维修、试验及管理需要，结合厂房具体条件综合考虑确定。

中央控制室布置应按下列原则确定：运行、维修和监视方便，消除故障迅速；宜靠近主机间，与主机间的交通应方便；周围不宜布置空压机房、通风机房等强噪声设备的生产副厂房；中央控制室一般布置在主厂房上游侧、主厂房端部，设置在尾水平台上的中央控制室应采取防止机组振动的有效措施；尽量选择有良好自然通风和采光条件的部位与朝向；周围场地应具备良好的排水条件；应至少设置两个进出口；应设置完备的安全消防设施。

2）*灯泡贯流式机组厂房布置设计*

按发电机的种类了解厂房布置设计，主要掌握灯泡贯流式机组厂房布置设计。

卧式水斗式水轮发电机组厂房布置应遵循下列原则：机组轴线宜沿厂房纵向布置；发电机定子为分瓣结构时，机组间距可由机组总长度和两台机组间的通道决定；发电机定子为整体结构时，还应满足抽轴长度的要求；机组安装高程可由设计最高尾水位、排出高度（转轮下沿与尾水槽中最高水位之差）和1/2 转轮直径之和确定；机组中心线上游侧宽度应根据机组尺寸、球阀及其控制机构、调速设备和电气设备、墙柱厚度等确定；引水管高压阀宜布置在主厂房外专设的室内，当球阀布置在专设室内时，尚应满足球阀布置、安装和检修需要；机组中心线下游侧宽度主要由机组尺寸及安全通道确定；厂房宽度应结合吊车工作范围线一并考虑。

立式水斗式水轮发电机组厂房布置应遵循下列原则：机组中心距应根据引水管喷嘴布置、水轮机机壳尺寸、机壳间混凝土厚度、交通要求、发电机和电气设备的布置等确定；安装高程可由设计最高尾水位、排出高度和1/2 水斗宽度之和确定。

水斗式水轮机尾水槽布置应满足下列要求：保证转轮水斗在各种可能运行条件下具有足够的通气净空；在射流骤然偏转时，尾水槽内的涌浪水面不超过转轮下沿；尾水槽应具有消力池的功能，其边壁及底板应做好抗冲蚀设计。

灯泡贯流式机组厂房多为挡水厂房，厂房本身作为枢纽挡水建筑物的一部分。灯泡贯流式机组厂房通常采用的结构较为简单，厂房四周有足够高的挡水墙挡水，水库上游来水流量大于发电用水时，多余水量由泄水闸弃水。

灯泡贯流式机组厂房布置应满足下列要求：合理选择前池形状和尾水渠的型式，尽量减少上游坡降和进口流态变化造成的动能损失，应避免尾水渠水位壅高；在进水渠或进口前宜设置拦沙坎或导沙墙，必要时设置排沙设施；进水口底板高程及淹没深度应符合《水利水电工程进水口设计规范》（SL 285—2003）的规定，水流过栅流速一般采用1.0～1.4 m/s；尾水出口的淹没深度应大于 $v^2/(2g)$（v 为尾水管出口断面的平均流速），并不得小于0.5 m；应结合机组防飞逸保护的设置，合理选择闸门的型式和位置。

厂区布置应因地制宜，根据工程具体情况妥善安排好主副厂房、主变压器场地、开关站、尾水渠及进厂交通线路的相对位置，并与整体枢纽统一协调。

灯泡贯流式机组厂房永久缝一般采用一机一缝和两机一缝，根据机组尺寸大小及机组稳定、应力和施工要求确定。通常两道永久缝间构成一个独立结构体。有的工程因尾水位很高，厂房的侧向水推力很大，为避免基底产生拉应力，在施工后期将永久缝灌浆，使几个机组段连成一体抵抗侧向水推力。

厂房上、下游垂直止水一般位于上、下游挡水墙处，其中上游垂直止水应与帷幕接头。厂房的水平止水线一般布置在流道顶板，也可布置在流道底板，两种布置各有其优点。顶板处设止水可利用缝水压力平衡侧向水推力，同时机组正常运行期间边墩两侧水压力平衡，结构受力条件好，是经常采用的止水方法。

灯泡贯流式机组安装高程较低，厂房依靠设置较高的挡水墙挡水。上、下游挡水墙以进出口闸墩为支承组成挡水结构。左右两端墙跨度很大，通常设置中支撑墙和上下游挡水墙作为左右两端墙的支撑，共同组成侧向挡水结构。

进口平台和坝(闸)顶结构相连，其结构布置应与坝(闸)顶布置相协调。出口平台若布置变压器、开关站，则其结构布置应统一考虑。

厂房多为封闭式，通风、采光大多采用人工方式。若利用下游挡水墙和副厂房之间的空间协助通风、采光，在结构布置上应考虑通风、采光的要求。

灯泡贯流式机组厂房主要尺寸的确定：

(1)前缘长度的确定。厂房前缘挡水长度应满足流道、吊车限制线、安装间平面尺寸、边墩结构厚度、左右两端墙结构厚度的要求。

(2)上、下游底宽的确定。厂房上、下游方向底宽按流道长度和进出口闸门布置要求确定。上部宽度除满足下部要求外，还要满足启闭机布置、运行及进出口平台布置要求。

(3)安装高程的确定。安装高程应满足各种工况下防止空蚀和尾水口淹没深度大于0.5 m的要求。在基本高程确定后，为获得较大的发电效益，可进行降低安装高程的方案比较，经经济、技术论证后最终确定安装高程，另外还应考虑河床下切的影响，留有一定的余地。

(4)建基高程的确定。建基高程受流道和设备布置影响，通常在流道和设备布置外轮廓线，减去底板厚度即为厂房各部位的建基高程。管道电缆层高程为流道顶高程外加流道顶板厚度。

(5)运行层高程的确定。有些电站厂房不设置运行层，设置运行层的，其高程为管道电缆层高程外加5 m左右。

进出口平台及挡水墙顶的高程应满足校核水位加安全超高的要求。

3）厂房整体稳定分析及地基处理设计

引水道岸边式厂房或坝后式厂房，当尾水位不高时，一般不需要验算厂房的稳定性。但对下游水位特别高的厂房，以及厂房上游水下部分墙身有可能承受山岩压力、填土压力、地下水压力时，要验算厂房的抗浮稳定和抗滑稳定，包括尚未安装机组、二期混凝土尚未浇筑的机组段。对厂坝连接的坝后式厂房要验算厂房承受大坝推力的稳定性。

河床式厂房是挡水建筑物，必须进行厂房的总体稳定分析，其要求与大坝相同。

地面厂房在水平荷载(如水压力和土压力等)的作用下应保持整体稳定，厂基面上垂直正应力应满足规范要求。厂房整体稳定分析应根据地基情况、结构特点及施工条件进行，具体内容可包括建基面抗滑稳定计算。当厂房地基内部存在不利于厂房整体稳定的软弱结构面时，还应进行厂房沿软弱结构面的深层抗滑稳定计算，厂房基础面法向应力计算，厂房抗浮稳定验算（包括厂房二期混凝土未浇筑的情况）。非岩基上厂房尚应进行地基承载力、变形和稳定性验算。

厂房承受的荷载组合情况可分为基本组合及特殊组合两种。基本组合是厂房在正常运行情况下的荷载组合，特殊组合是厂房在非常运行情况下的荷载组合。

厂房承受的荷载如下：

(1)厂房各部分结构自重应按其几何尺寸及容重计算。

(2)厂房内机电设备重量只计算固定的主要设备，不考虑附属设备及非固定设备重量。

(3)水重应按实际体积及容重计算，对于多泥沙河流的水容重应考虑实际含沙量的影响。

(4)作用于厂房基础的扬压力，应按全部计算截面面积考虑。

①河床式厂房的扬压力计算图形，应按《混凝土重力坝设计规范》(DL 5108—1999)采用。

②坝后式与岸边式厂房的扬压力计算图形，可根据厂房基础的地质条件及防渗和排水等情况参照《混凝土重力坝设计规范》(DL 5108—1999)采用。对于厂坝整体连接或永久变形缝已用止水封闭的坝后式厂房，扬压力的计算图形应与坝体共同考虑。

当洪峰历时短时，水电站厂房扬压力的计算图形可考虑时间效应，经论证研究确定。

(5)作用于厂房的填土及堆渣的侧向压力一般按主动土压力或静止土压力计算。填土及堆渣的容重和内摩擦角或侧压力系数，可根据工程类比确定。

(6)泥沙压力、浪压力、冰压力，可按《混凝土重力坝设计规范》(DL 5108—1999)的规定采用。

(7)地震力包括地震惯性力、地震动水压力、地震动土压力等。各种地震力应按《水工建筑物抗震设计规范》(DL 5073—2000)的规定采用。

厂房整体稳定及地基应力一般情况下采用材料力学法计算，位于复杂地基上的大型电站厂房，除用材料力学法计算外，可采用有限元法或其他合适的方法进行复核计算。厂房稳定和地基应力计算要考虑厂房施工、运行和扩大检修期的各种不利情况。

厂房整体稳定及地基应力计算应分别以中间机组段、边机组段及安装间段作为一个独立的整体，按荷载组合分别进行。边机组段及安装间段有侧向水压力作用时，还必须核算双向水压力作用下的整体稳定性及地基应力。坝后式厂房采取厂坝整体连接时，应考虑厂坝联合作用。

厂房整体抗滑稳定性可按抗剪断强度公式或抗剪强度公式计算。岩基上厂房沿地基内部软弱结构面的深层抗滑稳定可采用刚体极限平衡法计算，非岩基上厂房还应校核沿齿墙基底土层内部平面滑动及深层抗滑稳定性，非岩基深层抗滑稳定可采用沿软弱土层的混合滑动法、滑弧法或专门论证的其他方法计算。

厂房抗浮稳定性按下式计算：

$$K_f = \frac{\sum W}{U}$$

式中 K_f——抗浮稳定安全系数,任何情况下不得小于1.1;

$\sum W$——机组段(或安装间段)的全部重量(力),kN;

U——作用于机组段(或安装间段)的扬压力总和,kN。

假定厂房基础为刚体,厂基面地基应力为线性分布。厂房地基面上的垂直正应力,可按下式计算:

$$\sigma = \frac{\sum W}{A} \pm \frac{\sum M_x y}{J_x} \pm \frac{\sum M_y x}{J_y}$$

式中 σ——厂房地基面上法向应力,kPa;

$\sum W$——作用于机组段(或安装间段)上全部荷载(包括或不包括扬压力)在计算截面上法向分力的总和,kN;

$\sum M_x$、$\sum M_y$——作用于机组段(或安装间段)上全部荷载(包括或不包括扬压力)对计算截面形心轴x、y的力矩总和,kN·m;

x、y——计算截面上计算点至形心轴y、x的距离,m;

J_x、J_y——计算截面对形心轴x、y的惯性矩,m^4;

A——厂房地基计算截面受压部分的面积,m^2,当尾水管底板为分离式或厚度较薄,不能将荷载传递到其下地基时,则此部分底板不应计入计算截面。

厂房地基面上的垂直正应力应符合下列要求:

(1)厂房地基面上承受的最大垂直正应力,不论是何种型式的厂房,在任何情况下均不应超过基岩的允许压应力。在地震情况下基岩允许压应力可适当提高。

(2)厂房地基面上承受的最小垂直正应力(计入扬压力):对于河床式厂房,不论是正常运行还是非常运行情况都应大于零,只有在地震情况下才允许出现不大于0.1 MPa的拉应力;对于坝后式和引水式厂房,正常运行情况下,一般应大于零,非常运行情况下,允许出现不大于0.1~0.2 MPa的局部拉应力,地震情况下,如出现大于0.1~0.2 MPa的拉应力,应进行专门论证。

非岩基上厂房地基面平均基底应力应不大于地基允许承载力,基底最大应力应不大1.2倍地基允许承载力。

非基岩上厂房地基最终沉降量可按下式计算:

$$S_\infty = \sum_{i=1}^{n} \frac{e_{1i} - e_{2i}}{1 + e_{1i}} h_i$$

式中 S_∞——地基最终沉降量,mm;

i——土层号;

n——地基压缩层计算深度范围的土层数;

e_{1i}、e_{2i}——厂房基础底面以下第i层土在平均自重应力作用下的孔隙比和在平均自重应力、平均附加应力共同作用下的孔隙比;

h_i——第i层土的厚度,mm。

地基压缩层的计算深度应按计算层面处附加应力和自重应力之比等于0.2的条件确

定。非岩基上厂房地基允许最大沉降量和沉降差,应以保证厂房结构安全和机组正常运行为原则,其值应根据工程具体情况研究确定。

厂房整体稳定和地基应力计算不满足要求时,应在厂房地基中采取防渗和排水措施,如设置灌浆帷幕和排水孔降低扬压力;坝后式厂房可以考虑厂坝整体连接,利用坝体帮助稳定;厂房地基裂隙发育的地段宜进行固结灌浆处理;对断层破碎带、深槽等不良地基,可采取局部挖除、回填混凝土和灌浆等处理措施。

厂房地基经处理后必须符合下列要求:具有足够的强度,以满足承载力的要求;满足厂房抗滑稳定和变形控制的要求;满足防渗及渗透稳定性的要求;防止在水的长期作用下地基岩石土体性质发生恶化。

厂房地基的具体开挖深度及其基坑形状,应根据厂房布置和结构要求以及地形、地质条件,并结合基础的处理措施确定。对易风化、泥化的岩石,应提出相应的保护措施。

非岩基上厂房地下轮廓尺寸以及地基处理方案应综合考虑地基性质、厂房结构特点、两岸连接方式、施工条件以及运行要求等因素,经技术经济比较确定。

非岩基上壅水厂房地基及两岸的渗流平均坡降和出逸坡降,应小于地基允许渗流坡降值。地基及两岸渗流允许坡降值应根据地基的地质条件、土壤性质、排水反滤情况及盖重等因素研究确定。在渗流逸出段宜设置反滤层及盖重以防止地基产生管涌或流土。

水电站厂房不宜建造在半岩半土地基上;否则,必须采取可靠工程措施,以防止有害的不均匀沉降。

4)地面、河床式厂房结构设计及构造要求

(1)一般规定。

①地面厂房结构采用概率极限状态设计原则,以分项系数设计表达式进行设计。

②厂房结构设计应根据承载能力极限状态及正常使用极限状态的要求,分别按下列规定进行计算和验算。

承载能力:厂房所有结构构件均应进行承载能力计算;对需要抗震设防的结构,尚应进行结构的抗震承载能力计算。

变形:对使用上需要控制变形的结构构件,如吊车梁、厂房构架等,应进行变形验算。

裂缝控制:对承受水压力的下部结构构件,如钢筋混凝土蜗壳、尾水管、闸墩、胸墙及挡水墙等,应进行抗裂或裂缝宽度验算;对使用上需要限制裂缝宽度的上部结构构件,应进行裂缝宽度验算。

③厂房结构设计应根据水工建筑物的级别,采用不同的水工建筑物结构安全级别。结构安全级别及对应的结构重要性系数 γ_0 可按表10-1的规定采用。

表10-1　水工建筑物结构安全级别及结构重要性系数

水工建筑物级别	结构安全级别	结构重要性系数
1	Ⅰ	1.1
2、3	Ⅱ	1.0

④厂房结构应根据在施工、安装、运行、检修等不同时期可能出现的不同作用、结构体系和环境条件,按持久、短暂和偶然三种设计状况设计,三种设计状况均应按承载能力极限状态进行设计。对持久状况还应进行正常使用极限状态设计,对短暂状况可根据需要进行正常使用极限状态设计,对偶然状况可不进行正常使用极限状态设计。

对应持久状况、短暂状况和偶然状况的设计状态系数 ψ 分别按 1.0、0.9 和 0.8 取值。

⑤结构上的作用,按作用随时间的变异可分为永久作用、可变作用和偶然作用三类。厂房结构作用分类及分项系数可按表 10-2 的规定采用。

表 10-2　厂房结构作用分类及分项系数

序号	作用类型	作用名称	分项系数
1	永久作用	结构自重	1.05(0.95)
2		永久机电设备重	1.05(0.95)
3		土压力	1.2
4		淤沙压力	1.2
5	可变作用	静水压力	1.0
6		浪压力	1.2
7		扬压力(包括渗透压力和浮托力)	1.0
8		水锤压力	1.1
9		淤沙压力	1.2
10		楼面活荷载	1.2
11		吊车、门机荷载	1.2
12		屋面活荷载	1.2
13		风荷载	1.3
14		冰压力	1.1
15		雪荷载	1.3
16		机电设备动力荷载	1.2
17		温度作用	1.1
18		施工或安装荷载	1.2
19	偶然作用	地震作用	1.0
20		校核洪水位时的静水压力	1.0
21		机组短路或飞逸时动力荷载	1.0

注:括号内的数值为当作用效应对结构有利时采用。

⑥按承载能力极限状态设计时,应考虑下列两种作用效应组合。

基本组合:持久状况或短暂状况下,永久作用与可变作用的效应组合,并应采用下式计算:

$$\gamma_0\psi S(\gamma_G G_K,\gamma_Q Q_K,\alpha_K)\leqslant\frac{1}{\gamma_{d1}}R\left(\frac{f_K}{\gamma_m},\alpha_K\right)$$

式中　γ_0 ——结构重要性系数,按表 10-1 取用;

ψ ——设计状态系数;

$S(\cdot)$ ——作用效应函数;

$R(\cdot)$ ——结构抗力函数;

G_K ——永久作用标准值;

γ_G ——永久作用分项系数,按表 10-2 取用;

Q_K ——可变作用标准值;

γ_Q ——可变作用分项系数,按表 10-2 取用;

α_K ——几何参数标准值;

γ_{d1} ——基本组合的结构系数,根据结构型式,按有关规范或工程经验选用;

f_K ——材料性能标准值;

γ_m ——材料性能分项系数,按有关规范选用。

偶然组合:偶然状况下,永久作用、可变作用与一种偶然作用的效应组合,并应采用下式计算:

$$\gamma_0\psi S(\gamma_G G_K,\gamma_Q Q_K,A_K,\alpha_K)\leqslant\frac{1}{\gamma_{d2}}R\left(\frac{f_K}{\gamma_m},\alpha_K\right)$$

式中　A_K ——偶然作用代表值;

γ_{d2} ——偶然组合的结构系数,根据结构型式,按有关规范或工程经验选用;

Q_K ——与偶然作用同时出现的可变作用标准值。

⑦按正常使用极限状态设计时,应考虑下列两种作用效应组合。

短期组合:持久状况或短暂状况下,可变作用的短期效应与永久作用效应的组合,应采用下式计算:

$$\gamma_0 S(G_K,Q_K,f_K,\alpha_K)\leqslant C_1$$

长期组合:持久状况下,可变作用的长期效应与永久作用效应的组合,并应采用下式计算:

$$\gamma_0 S(G_K,\rho Q_K,f_K,\alpha_K)\leqslant C_2$$

式中　C_1、C_2 ——结构功能限值;

ρ ——可变作用长期组合系数($\rho<1$),可参照有关规范规定及工程经验取用。

⑧对直接承受动荷载作用的结构在进行静力计算时应考虑动力系数,其数值可按表 10-3的规定采用。其动力作用只考虑传至直接承受动力荷载的结构,其他部分计算时可不考虑。

⑨厂房各部位混凝土除应满足强度要求外,并应根据所处环境条件、使用条件、地区气候等具体情况分别提出抗渗、抗冻、抗侵蚀、抗冲刷等耐久性要求。混凝土强度等级可按表 10-4 的规定采用,其他耐久性等级按《水工混凝土结构设计规范》(SL 191—2008)、《水工建筑物抗冰冻设计规范》(SL 211—98)中有关规定采用。

表 10-3 动力系数

序号	动荷载种类	动力系数	说明
1	吊车竖向轮压、门机轮压	1.05	
2	机动车辆轮压	1.20	包括汽车、拖车轮压
3	搬运、装卸重物	1.10~1.20	
4	电动机、通风机	1.20~1.50	
5	水轮发电机垂直、水平动荷载	1.50~2.00	圆筒式机墩取小值，环形梁柱式、构架式机墩取大值

表 10-4 厂房结构各部位混凝土强度等级

序号	结构部位	强度等级	说明
1	大体积基础	≥C15	
2	尾水管、蜗壳、机墩、风罩、尾水闸墩、水下墙等	≥C20	
3	水位变动区混凝土结构等	≥C25	
4	桥面梁、预制钢筋混凝土吊车梁、屋架等	≥C30	采用Ⅲ级钢筋时不低于 C35
5	预应力钢筋混凝土构件	≥C35	当采用高强钢丝、热处理钢筋作为预应力钢筋时，混凝土强度等级不宜低于 C40

⑩厂房结构的一般构件可只作静力计算，但对直接承受设备振动荷载的构件如发电机支承结构等，还应进行动力计算。一般结构可按结构力学法计算，对于复杂结构，除用结构力学法计算外，宜采用有限元法进行计算分析，必要时可采用结构模型试验验证。

厂房结构设计还应与《水工建筑物荷载设计规范》(DL 5077—1997)、《水工建筑物抗震设计规范》(SL 203—97)、《建筑抗震设计规范》(GB 50011—2001)、《水工混凝土结构设计规范》(SL 191—2008)配套使用。当结构设计引用其他专门设计规范时还应符合专门规范的有关标准和要求。

(2)厂房结构设计。

地面厂房结构可分为上部结构和下部结构两大部分，此外还有发电机支承结构。上部结构与一般工业厂房基本上相似，包括屋盖结构、吊车梁柱、各层楼板和梁柱系统以及围护结构等。上部结构直接承受设备重量和活荷载等，将它们传给下部结构。下部结构一般为块体结构，包括蜗壳、尾水管、尾水墩墙、下部挡墙和底板以及河床式厂房的进水口等。下部结构除承受水压力、土压力等外，在厂房中起基础作用，将上部结构传来的荷载及本身承受的荷载分散传给地基。水电站厂房在水平荷载(如水压力、土压力)的作用下应保持稳定，而下部结构在保持厂房稳定中起主要作用。发电机支承结构承受水轮发电机组的重量及动力荷载，将它们传给下部结构，发电机支承结构应进行动力计算。

上部结构主要是钢筋混凝土杆系结构。厂房构架的横向为Π形构架，在纵向则以联系梁、吊车梁等相连接，形成空间构架，厂房构架坐落在下部块体结构之上，用结构力学方法可以比较正确地求出内力。在一般的设计中都将下部结构分为若干分部结构(如蜗壳、尾水管等),再分别按杆系结构或板式结构计算其本身所受荷载作用下产生的内力。需要时可根据结构的具体情况选用近似方法,将下部结构视为整体,计算在全部外荷载作用下各部分的应力。下部结构混凝土分层分块浇筑,因而需按施工顺序分期计算内力,最后将各期产生的内力叠加起来,求得施工期的内力。

用一般结构力学或平板理论的方法进行下部结构计算是一种近似的方法,有些方法的结果与实际情况有较大的出入,重要的厂房应该用有限元法和模型试验法分析其应力状态。下部结构承受水压力的作用,不允许开裂或裂缝过宽,应进行抗裂或裂缝开展宽度的验算。此外,构件截面上存在的渗流压力对构件的内力有影响,影响大时在内力计算中应考虑渗流压力的作用,并采取措施减小渗流。

下部结构块体混凝土在施工中会出现施工温度应力,运行期温度的变化以及下部结构空腔内外的温差,会在结构内引起较大的温度应力,所以应采取措施减小温度应力和防止出现裂缝,温度应力比较大的结构应进行温度应力计算。此外,还要考虑湿度变化对应力的影响。

厂房结构通常用沉降伸缩缝分成若干段,以减小温度和不均匀沉降的影响。为了减小施工温度应力,下部结构必须分层分块浇筑混凝土,因而在下部结构中存在不少施工缝,其设计应分缝分块进行。

①尾水管结构设计。

尾水管是水电站厂房水下部分的主要承重结构之一,它的内部形状和尺寸由水轮机制造厂通过水力模型试验确定。为了减少水力损失和厂房开挖量,目前大多采用弯形尾水管。尾水管结构设计的主要内容是确定周围混凝土尺寸,进行结构应力分析和截面设计。

弯形尾水管按其构造特点分为锥管段、弯管段和扩散段三部分。锥管段四周为大块体混凝土,一般不需进行结构计算;弯管段与扩散段则为顶板、底板、边墩和中间隔墩组成的复杂空间结构,计算较为繁杂。

在水轮机安装高程和尾水管内部形状尺寸确定以后,根据安装蜗壳所需的净高及操作廊道顶板结构厚度的要求,尾水管顶板厚度即可确定下来,一般按蜗壳周围二期混凝土与尾水管顶板之间的施工浇筑缝进行划分。尾水管顶板在顺水流方向通常是变截面的。

尾水管的底板同时也是厂房的基础板。若地基是坚硬完整的岩石,而且抗冲、耐磨性好,透水性小,则尾水管底板原则上可以取消,只做混凝土护面以减小糙率。有的工程则设计成0.3~1.0 m厚的分离式底板,在结构上与中墩和边墩完全分开,整个厂房的荷载由墩子传至地基。若地基条件较差,则尾水管底板宜与边墩、中墩浇筑成整体结构,它的厚度由计算确定。大、中型工程整体式尾水管的底板厚度大多在1 m以上,有的达2~3 m。当底板为分离式时,应验算它在检修情况下的抗浮稳定。为了满足稳定要求,有时将分离式底板用锚筋锚固于基岩中,并在底板上开设排水孔,以减小浮托力。

为了减小顶板、底板的跨度,尾水管通常设置一个或两个中间隔墩,其形状、尺寸也是由制造厂通过试验确定的。边墩尺寸与机组间距和每一区段上机组台数有关,当一个区段布置一台机组时,边墩最小厚度常在1.0 m以上,有的达1.5~2.0 m。如两台机组合一区段,边墩尺寸更大一些,但两台机组的尾水管之间的边墩可不分缝,减少一个边墩。

②水轮发电机机墩设计。

机墩是水轮发电机组的支承结构,承受着巨大的静荷载和动荷载,是水电站厂房的重要结构之一。它必须具有足够的刚度、强度、稳定性和耐久性。

机墩的型式和尺寸,随水电站水头和机组容量的大小、发电机型式以及推力轴承的支承方式等的不同而不同。它必须满足机组安装、运行和检修等方面的要求,且便于施工。机墩主要有以下几种型式。

圆筒式机墩:这是目前我国大、中型水轮发电机(竖轴式)用得最多的一种型式。因为它刚度大,抗扭和抗震性能好,施工也不复杂。它的内径 d 与水轮机固定导叶的内径相同,一般为 $d=(1.30\sim1.40)D_1$ 或 $d\geqslant D_i-(600\sim1\ 500)$ mm,此处 D_1 是水轮机转轮直径,D_i 为发电机转子直径。圆筒筒壁混凝土厚度取 $\delta=(1/10\sim1/6)D$,并一般不小于 1.0 m,此处 D 为圆筒外径。在确定筒壁厚度时要兼顾到发电机定子固定螺栓的位置,以使机墩的荷载偏心距不致过大。

矮式机墩:多用于中、低水头大容量机组的支承结构。它与蜗壳顶板实际上连成一体,是在蜗壳顶板上布置若干矮小的环向支墩,以支承水轮发电机组。

环形梁式机墩:由立柱和顶部环形梁组成。这种型式在结构上刚度较差,一般用于中、小型机组的支承结构。

平行墙式机墩:由两组平行的钢筋混凝土墙和底板组成,一般可用于高水头冲击式横轴机组的中型水电站。

构架式机墩:由构架横梁和纵梁组成,机墩刚度差,一般只用于小型机组。

③蜗壳设计。

蜗壳是水轮机的过流部分,它的尺寸与断面形状由制造厂家根据水力模型试验确定。

在高、中水头的水电站中,多采用金属蜗壳。其断面形状近似于不完全的圆形,这种蜗壳的内水压力完全由金属蜗壳本身承担,蜗壳上半部与外围混凝土之间用弹性垫层隔开,使上层结构(主要是机墩)传来的荷载完全由蜗壳外围的混凝土承担,而不传给金属蜗壳本身,因此对这种蜗壳,水工设计主要在于布置蜗壳外围混凝土的结构,进行结构计算和截面设计,以及提出施工要求。至于金属蜗壳本身的设计则由制造厂家承担。

在低水头(水头低于 40 m 左右)的水电站中,多采用梯形断面的钢筋混凝土蜗壳。这种蜗壳结构既承受内水压力,又承受上部结构传来的荷载。由于这种蜗壳过流量大且防渗要求又严、体型又较复杂,因此对设计和施工的要求都较高。

④水电站厂房吊车梁设计。

吊车梁是直接承受吊车荷载的承重结构,是厂房上部的重要结构之一。

水电站厂房内大多采用电动桥式吊车。与一般工业厂房吊车相比,水电厂吊车具有以下一些特点:吊车起吊容量大;吊车工作间歇性大;操作速度缓慢;水电厂吊车大多为软钩,轮压的动力系数较小,对结构受力有利。因此,水电厂吊车的性质属于轻级工作制,吊车梁可不验算重复荷载作用下的疲劳强度。

我国水电厂吊车梁大多采用钢筋混凝土结构,也有采用钢结构的。钢筋混凝土吊车梁在施工上可分现浇、预制和叠合梁等型式。现浇的吊车梁可做成单跨简支或多跨连续结构。一般来讲，连续梁在材料利用上更合理些。例如：吊车梁采用连续梁型式，则在厂房伸缩缝处必须断开；预制的吊车梁大多做成单跨预应力混凝土结构；叠合梁也大多是单跨的。有的水电站，连续式吊车梁先按简支梁施工，留出接头处的狭槽后填混凝土，使之成为整体。这种施工方法其钢筋接头难免集中在同一截面，受力不利。

吊车梁截面常用的有矩形、T 形和 I 字形等型式，吊车梁截面型式及其尺寸的选择应根据吊车轮压的大小、分布和吊车梁的跨度等因素，并参照已建工程设计经验进行设计。由于水电厂吊车梁承受荷载较大，因此截面尺寸较一般梁大。梁的高跨比 h/l 一般取 1/4 ~ 1/7；梁的高宽比 h/b，矩形截面一般取 2 ~ 2.5，T 形和 I 字形截面，梁高与肋宽的比例有时可达 6 ~ 7；上翼缘宽度 b_i' 除满足承受水平荷载要求外，还应满足固定轨道的需要，一般取 1/3 ~ 2/3 梁高，且不小于 40 cm；下翼缘宽度 b_i 主要取决于预应力钢筋的根数和排列，一般小于或等于上翼缘宽度；翼缘高度 h_i'、h_i 一般取 1/8 ~ 1/5 梁高。

对吊车梁材料的要求：现浇混凝土强度等级不得低于 C20，预应力混凝土强度等级一般宜用 C40；钢筋宜用Ⅱ级及Ⅱ级以上，预应力钢筋宜优先选用Ⅳ级、Ⅴ级或高强钢丝。

吊车梁设计除按承载能力设计外，还应按正常使用要求验算挠度（电动桥式吊车的吊车梁短期组合最大许可挠度：钢筋混凝土吊车梁为 $L_0/600$，钢结构为 $L_0/750$，L_0 为吊车梁计算跨度，钢筋混凝土吊车梁尚应验算裂缝开展宽度（短期组合最大裂缝宽度不大于 0.3 mm）。预应力混凝土吊车梁应符合《水工混凝土结构设计规范》（SL 191—2008）的有关规定。吊车梁与柱连接的设计，应满足支座局部承压、抗扭及抗倾覆要求。

⑤水电站厂房排架设计。

水电站厂房排架是厂房上部的主要承重结构，它承受屋面、吊车、楼板、风雪等荷载，在高尾水位的电站还承受下游水压力。厂房排架一般采用钢筋混凝土结构，围护结构一般为砖墙。

与一般工业厂房相比，水电站厂房排架具有下述一些特点：

承受的荷载较大，大、中型水电站吊车容量常达百吨至数百吨，有时甚至达千吨；安装间楼板设计荷载常为 50 ~ 150 kN/m^2，有的超过 200 kN/m^2；发电机层楼板的荷载一般也有 20 ~ 70 kN/m^2。

排架高度较高，通常为 20 ~ 30 m。主厂房一般为单层排架，安装间单层、多层均有。排架跨度一般为 10 ~ 25 m，很少超过 30 m，且大多是单跨排架。

排架的构成大多采用实腹柱与实腹屋面大梁现场浇筑的整接型式，中型水电站也有采用实腹柱与预制屋架的铰接型式。有的电站因溢流或特殊需要，屋面采用整片厚板，围护结构采用钢筋混凝土墙，由厚的板、墙、柱整体浇筑构成排架。

由于厂房水下结构开有各种类型孔洞及其他布置上的原因，使排架常常形成上、下游柱脚不同高程的不等高结构。

由于水电站机组全部安装完成的历时较长，在二期混凝土未浇筑前即需使用排架，这样柱子高度增加，使排架长期处于不利的受力状态。

排架屋面大梁（或屋架）施工与相邻机组的安装有时交叉进行，即厂房未封顶以前有可能提前使用吊车，使排架柱处于独立柱承载的不利受力状态。

当屋顶采用现浇实腹屋面大梁或屋面厚板时，为了加快施工进度，节省模板支撑，有可能采用承重构架的施工方法。

由于水电站厂房布置各不相同，带来排架的型式、尺寸、承载情况也不相同，设计较难标准化和定型化。

排架设计内容主要包括结构布置、荷载确定、内力计算、截面设计、施工详图等。结构布置应在厂房布置中统盘考虑，其中包括排架的型式、高度、跨度、间距和围护结构等。构件截面尺寸一般根据经验进行估算。横梁截面按(0.6～0.8) M_0 估算，M_0 为简支梁的跨中最大弯矩，配筋率可为1.5%～2.0%。柱按轴压构件估算，计入可能发生的轴向压力，然后将所得截面尺寸加大50%～80%。初估截面尺寸时可参考已建工程的资料，并遵照有关梁、柱尺寸的构造要求。

厂房排架的柱网布置应满足机电设备的安装和检修要求，并应与机组分缝相适应。柱距应尽量统一。立柱宜避免直接落在尾水管、蜗壳或钢管的顶板上。厂房构架除满足结构强度要求外，还应具有足够的刚度。在正常使用极限状态下，吊车梁轨顶的侧向位移不得超过吊车正常行驶所允许的限值，且短期组合柱顶的最大位移不宜超过规定的允许值。

5) 地下式厂房设计

布置在地下洞室内的厂房称为地下式厂房，主厂房布置在地下，主变压器以及开关站也往往同时布置在地下。根据地下厂房在引水系统中的位置，地下厂房有首部式、中部式和尾部式三种；以厂房的埋藏方式划分有地下式、窑洞式、半地下式。地下厂房布置类型的选择与地形、地质条件密切相关，并要考虑施工和运行条件。另外，除主厂房布置在地下洞室内外，地下厂房还需要开挖各种洞室，以布置机电设备和做交通运输、出线以及通风的通道。其主要组成洞室包括交通运输洞和装配场、地下副厂房、阀门洞(室)、尾水闸门洞(室)、主变洞、开关洞和出线洞、通风洞。

地下厂房主洞室和附属洞室宜布置在地质构造简单、岩体完整坚硬、上覆岩层厚度适宜、地下水微弱以及山坡稳定的地段，宜避开较大断层、节理、裂隙发育区、破碎带以及高地应力区。地下厂房主洞室纵轴线走向，宜与围岩的主要构造弱面(断层、节理、裂隙、层面等)呈较大的夹角，同时应注意次要构造面对洞室稳定的不利影响。在高地应力地区，洞室纵轴线走向与最大主应力水平投影方向的夹角宜采用较小角度。主洞室顶部岩体厚度不宜小于洞室开挖宽度的2倍；洞室群各洞室之间的岩体厚度不宜小于相邻洞室的平均开挖宽度的1～1.5倍；上、下层洞室之间岩石厚度，不宜小于洞室开挖宽度的1～2倍；两洞室相交时，其轴线之间的夹角宜采用较大夹角；地下洞室群的布置宜遵循临时与永久相结合和一洞多用的原则，尽量减少附属洞室数目。主厂房的洞形除要适应机组设备布置的需要外，还应着重考虑围岩的稳定性和地应力的大小。主洞室最常采用的断面形状为直墙拱顶形，适用于围岩坚固完整且地应力不大的情况。常见的洞形为椭圆形或马蹄形断面，主要用于软弱破碎的围岩或水平地应力较大的中等质量围岩。

在主厂房布置上，应特别注意紧凑合理，以合理减小洞室尺寸，尤其是洞室跨度，增加厂房的安全性。减小主厂房尺寸的途径有：选用有利于厂房布置的机型；采用比较窄长形的厂房，将进水阀设在主厂房外专门的地下阀室内，以减小跨度；适当加大厂房一侧的吊运通道，以降低机组最大部件的吊运高度，减少厂房的高度；适当加大交通洞厂房进口段，并设置一些起重设备,作为临时检修场地,以减小安装场的尺寸。地下厂房中的吊车支承结构除地面厂房中通常采用的吊车梁、柱结构型式外,还可采用悬挂式吊车梁、锚着式吊车梁、岩台式吊车梁和带形牛腿吊车梁等结构型式。

副厂房应按集中与分散相结合、地面与地下相结合、管理运行方便的原则布置。必须靠近主机的附属设备,可集中布置在紧靠主机间的地下洞室内;可以远离主机放置的设备,可利用已有洞室分散布置或置于地面。

主变压器及开关站布置应根据地形、地质、洞室群规模及电气设计等综合比较选定。

交通运输洞的宽度及高度应满足设备运输要求,当运输洞兼作其他用途时,其断面尺寸还应满足其他使用要求;交通运输洞进入安装间前应有一段平直段;交通运输洞的进口宜位于校核洪水位以上及避开泄流雾化区,进口段宜做成反坡;当受地形条件限制,布置交通运输洞有困难时,经论证可采用竖井运输方式;地下厂房至少应有两个通往地面的安全出口。

引水压力管道末端阀门通常布置在单独设立的阀门室内,阀门室的布置应满足阀门的运输安装及检修等要求。

尾水管扩散段之间应保留维持围岩稳定需要的岩体厚度,应选择窄高形的尾水管,在尾水管末端宜设尾水闸门。当采用一机一洞,尾水洞长度较短且其出口设有检修闸门时,则尾水管末端可不设尾水闸门。

地下厂房应充分考虑厂房排水、通风防潮、照明、防噪声等问题。

地下厂房围岩稳定分析和支护设计所需要的地质资料和参数,应根据地质勘察、现场和室内试验成果、工程类比等综合分析研究确定。

洞室围岩稳定性应根据岩体地质构造、岩石力学性质、地应力大小与方向、地下水影响及工程布置和施工(洞室群布置、洞室形状大小、开挖顺序及施工方法)等因素采用工程类比结合计算与试验成果作出评价。地下厂房洞室整体稳定性和支护设计可采用有限元法进行计算,计算时应根据围岩性质选用合适的力学模型。对于局部不稳定岩体可采用极限平衡法进行计算分析。

地下厂房的支护设计应根据围岩的地质条件、洞室断面形式和大小及施工方法,通过工程类比和围岩稳定分析选择合适的支护型式。施工中应适时支护围岩,充分发挥围岩的自身承载能力,满足工程安全施工和运行的要求。

地下厂房各洞室应优先采用由喷混凝土(包括喷钢纤维混凝土)、钢筋网、锚杆、锚索等中的一种或几种组合而成的柔性支护。当单独使用柔性支护难以满足围岩稳定要求时,宜采用柔性支护与钢筋混凝土衬砌组合的复合式支护。Ⅳ、Ⅴ类围岩宜采用钢筋混凝土衬砌型式的刚性支护或复合式支护。

钢筋混凝土结构刚性支护可根据围岩情况选择不同的结构型式。

钢筋混凝土衬砌厚度应根据计算和构造要求,并结合施工方法确定。配置单层钢筋的混凝土厚度不宜小于 300 mm,配置双层钢筋的混凝土厚度不宜小于 400 mm。混凝土强度等级不宜低于 C20。

围岩压力应根据围岩条件、埋设深度、洞室断面形状与大小、施工方法及支护情况等因素分析确定。

顶拱衬砌顶部应做回填灌浆。围岩完整性较差,裂隙较发育者,可考虑对衬砌后岩体进行固结灌浆。

混凝土干缩及施工期温度作用宜靠浇筑分块和施工措施消除。运行期混凝土的温度应力应根据环境介质温度变化情况分析确定。

钢筋混凝土衬砌的应力分析,可采用结构力学方法进行计算。按结构力学方法计算时,应考虑围岩抗力。当地下厂房采用边开挖边衬砌的施工方法时,宜用有限元法模拟开挖、支护过程。

10.2.1.2　进水口设计

1)进水口布置与型式选择及防沙、防污、防冰设计要求

进水口位置与型式选择应根据进水口功能与规模以及在枢纽中的任务,在枢纽工程总体布置方案比选中确定;对于有防沙、防污和防冰要求的进水口建筑物,还应根据枢纽工程防沙、防污和防冰的总体规划进行合理布置。进水口应与枢纽工程其他建筑物布置相协调,并与后接水道平顺过渡。进水口在各级水位下,应水流平顺、流态平稳、进流匀称和尽量减少水头损失,并按运行需要引进所需流量或中断进水。进水口应避免产生贯通式漏斗旋涡,否则应采取消涡措施。进水口宜按直接进水布置。当采用引渠进水时,引渠的过流能力应大于或等于进水口的进流能力,进水口前方引渠宜有1~2倍渠宽的直线段,底部宜与进水口上游面衔接处等宽,渐变段长度不宜小于水深的2倍,墙顶应满足超高要求。对于引水式电站,当引渠较长并有可能发生不稳定流时,应考虑其不利影响。

泄水工程进水口流道应选用阻力小、沿程压力变化较小的合理体型。对于高流速的泄水工程进水口,应注意改善闸门槽和渐变段等部位的体型,并采取预防空蚀措施。对于大型或重要的泄水工程进水口,应通过水工模型试验验证。岸式进水口应选在水流稳定的河岸或库岸、有利的地形以及良好的地质地段上,应避免高边坡开挖,确保地基可靠和边坡稳定。

进水口所需的设备应齐全,闸门和启闭机应操作灵活可靠,充水、通气和交通设施应畅通无阻。多泥沙河流上的进水口,应设置有效的防沙设施,防止泥沙淤堵进水口,避免推移质进入引水系统。多污物河流上的进水口,应设置有效的导污、排污和清污设施,防止大量污物汇集于进水口前缘堵塞拦污栅,影响电站运行。严冬地区的进水口,应有必要的防冰设施。进水口应具备可靠的电源和良好的交通条件,以便于施工和管理。

当运用水位变幅小,能始终满足进水口流道全程明流工作条件时,应按无压式进水口设计。当运用水位变幅较大,进水口流道不能满足全程明流条件时,应按有压式进水口设计。对于泄水工程进水口,当后接水道为明流时,可按工作闸门前为有压段、闸门后为无压段设计。

整体布置进水口应与枢纽工程主体建筑物结构型式相适应。独立布置的岸式进水口应按地形、地质条件选择岸塔式进水口、岸坡式进水口、竖井式进水口,高地震区不宜选用塔式进水口。

进水口流道宜按单孔设计。当采用多孔并列的进水型式时,引水工程进水口应适当延长隔墩,并选用较小的墩尾收缩角;对于泄水工程进水口,隔(闸)墩长度由结构布置和水流条件决定,应有可靠的防空蚀措施。对于大型或重要工程,进水口体型应经水工模型

试验验证。

引水工程进水口不得设置在含有大量推移质的支流或山沟汇口附近,应避开容易积聚污物的回流区,并避免流冰和漂木直接撞击。在多泥沙河段上,岸式进水口宜选在弯曲河段凹岸的起弯点下游附近。当有较高的防污或防冰要求时,宜选在直线河段上。无压式进水口底板高程应保证在上游最低运行水位时,能够引进设计流量。有压式进水口底板高程应保证在上游最低运行水位时仍有足够的淹没深度,保证口门流态平稳,当难以达到最小淹没深度要求时,应在水面以下设置防涡梁(板)和防涡栅等防涡措施。底板高程应高于水库或天然河床冲淤平衡高程;当不能满足这一要求时,应设置排沙、沉沙和冲沙措施,保证进水口处于排沙漏斗范围内、沉沙高程以上。进水口喇叭口段体型宜为流线形或钟形,体型曲线宜选用椭圆曲线或圆曲线;对于闸门段,应合理布置门槽和通气孔,避免出现真空;对于闸门后的渐变段,体型应平顺,沿程流速不变或逐渐增加。

泄水工程进水口应根据枢纽防沙、防污和防冰要求,充分利用其泄洪,同时排沙、排污和排冰。高、中水头的泄洪孔(洞)进水口宜设计为有压式进水口,其位置应根据枢纽泄洪要求确定。当后接水道为明流时,可设工作闸门,并按闸门后为无压段、闸门前为有压段设计。紧靠闸门孔口上游应设一顶板压坡段与进口喇叭段相衔接。闸门孔口面积通常为压坡段开始断面面积的70%~85%。当闸门孔口下游侧需要突然扩大,与后接流道相衔接时,应设置掺气减蚀措施。大型泄洪隧洞进水口布置应经整体水工模型试验后确定。排沙孔(洞)进水口多数情况下,应为有压式进水口,其底板高程应根据排沙运用要求、排沙孔个数和间距,并按预期的排沙漏斗形态确定,最小淹没深度可参照《水利水电工程进水口设计规范》(SL 285—2003)附录B估算,相应上游水位为水库最低排沙运用水位。排漂孔(道)进水口应为无压式进水口,保证水面以上有足够的净空;排漂孔(道)进水口宜布置在漂污回流缓速转向区,并宜通过水工模型试验比选确定。导流孔(洞)进水口底板高程应满足初期导流无压进水要求,短期泄洪运用时,允许出现明满流交替,后期导流时,应满足有压进水要求。封堵导流孔(洞)时,闸门与启闭机工作平台应满足封堵施工和交通要求。需将导流孔(洞)改造为永久工程时,应同时满足永久工程运用要求。水库放空孔(洞)进水口应为有压式进水口。进水口孔数和孔口尺寸应按放空(或检修)任务、应用时段、入库流量、闸门和启闭机设备容量等因素综合确定。

防沙问题是我国水电站经常遇到的很重要而又困难的问题。对进水闸和库深较小的进水口、开敞式和浅孔式进水口,防沙问题更为突出。在选择枢纽位置、进行总体布置、设置泄洪建筑物和拟定水库运行方式时,都应把防沙问题放在重要地位予以考虑。深孔式进水口应根据水库地形、库区淤积形态和进水口底板高程等因素考虑排沙设施。如需设置排沙底孔,其位置和高程的选定应使排沙漏斗足以控制进水口,以满足"门前清"的要求。

合理地选择进水口在枢纽总体中的位置。要使进水口的水流平顺、对称,不发生回流和旋涡,不使漂浮物堆积,不出现泥沙淤积。无压进水口宜设于河道凹岸,凹岸不易产生回流,而且河道弯段形成的横向环流使表层清水进入进水口,而河中底沙被带向凸岸。

防沙的措施主要有导(将泥沙导离进水口)、拦(将泥沙阻拦在进水口前缘)、排(将进水口前的泥沙排往下游)、沉(将越过进水口的泥沙沉淀在沉沙池内)和冲(将沉沙池内的泥沙冲往下游)。

在河流进水口前设置拦污栅是进水口拦阻漂浮物的主要措施。拦污栅可以布置成垂直的或倾斜的,进水面可以是多边形的或平面的,倾斜布置和平面拦污栅便于清污。拦污栅前污物堵塞时,形成栅前、后水位差,不仅增加水头损失,还会压坏栅片,因此需要清污,可以用顶部平台上的清污设备来完成。

进水口防冰应对下列冰害采取相应的防冰措施:①动、静荷载引起的破坏;②孔口堵塞阻碍引水或减少水头;③设施冻结失去控制;④建筑物和设备磨损。

防止流冰对建筑物的破坏可采取下列措施:①进水口布置应避开流冰的直接撞击;②设置导冰和排冰措施;③调整水库(包括上、下游梯级水库)运行方式,限制流冰的产生。

2)进水口水力计算

水电站进水口的水力计算应根据进水口型式进行,计算内容包括:各式进水口的水头损失、开敞式进水口的引水流量、有压进水口的通气面积、有压进水口的管道充水时间、竖井式进水口竖井上游管道的水锤压力。

(1)水头损失计算。

有压进水口喇叭段最小断面水头损失

$$\Delta h_1 = \xi_1 \frac{v_1^2}{2g} \quad (\mathrm{m})$$

式中 $\frac{v_1^2}{2g}$——喇叭段最小断面平均流速水头,m;

ξ_1——进水口水头损失系数。

拦污栅水头损失

$$\Delta h_2 = \xi_2 \frac{v_2^2}{2g} \quad (\mathrm{m})$$

$$\xi_2 = \beta\left(\frac{s}{b}\right)^{4/3} \sin\alpha$$

式中 $\frac{v_2^2}{2g}$——过栅平均流速水头,m;

ξ_2——拦污栅水头损失系数;

β——栅条形状系数;

s——栅条宽度,cm;

b——栅条间距,cm;

α——栅条倾角,rad。

对大跨度拦污栅,若考虑拦污栅栅体结构梁系的影响,可适当加大拦污栅水头损失。

闸门槽水头损失

$$\Delta h_3 = \xi_3 \frac{v_3^2}{2g} \quad (\mathrm{m})$$

式中 $\frac{v_3^2}{2g}$——闸门槽断面平均流速水头,m;

ξ_3 ——闸门槽水头损失系数,一般取 0.05 ~ 0.15。

渐变段(矩形断面变圆)水头损失

$$\Delta h_4 = \xi_4 \frac{v_4^2}{2g} \quad (\mathrm{m})$$

式中 $\frac{v_4^2}{2g}$ ——渐变段最小断面平均流速水头,m;

ξ_4 ——渐变段水头损失系数,一般取 0.05。

沿程损失

$$\Delta h_5 = \frac{v_5^2}{C^2 R} L \quad (\mathrm{m})$$

$$C = \frac{1}{n} R^{1/6} \quad (\text{用曼宁公式时})$$

式中 v_5 ——输水道平均流速,m/s;

L——输水道计算长度,m;

R——断面水力半径,m;

C——谢才系数,$m^{1/2}/s$;

n——输水道表面糙率。

(2)有压进水口的最小淹没深度。

从防止产生贯通式漏斗旋涡考虑,建议按戈登公式估算,即:

$$S = cvd^{1/2}$$

式中 S ——进水口淹没深度,m;

v ——闸孔断面平均流速,m/s;

d ——闸孔高度,m;

c ——与进水口集合形状有关的系数,进水口设计良好和水流对称取 0.55,边界复杂和侧向水流取 0.73。

从防止产生负压考虑,建议按下式估算:

$$S = K(\Delta h_1 + \Delta h_2 + \Delta h_3 + \Delta h_4 + \Delta h_5 + \frac{v_5^2}{2g})$$

式中 K ——不小于 1.5 的安全系数。

S 的最终取值不应小于 1.5 ~ 2.0 m。

(3)开敞式进水口流量。

开敞式进水口流量按下式计算:

$$Q = m\sigma_s B \sqrt{2g} H_0^{3/2}$$

式中 Q ——设计引水流量,m^3/s;

m ——流量系数,一般取 0.32 ~ 0.36;

σ_s —— 淹没系数,取决于 h_s/H_0;

H_0 ——包括行近流速水头的堰前水头,m;

B ——闸孔总净宽,m。

3)进水口结构设计

(1)开敞式进水口布置及孔口尺寸拟定。

工程上常将开敞式进水口设在河道主流比较集中、河床稳定、河岸坚固的河段上,防止因主流左右摆动而影响取水。进水口中心线与河道水流的交角最好为30°~45°,交角太大水流条件不好。地质上应尽量避免高边坡开挖和需处理的地段。

从防沙考虑,应充分利用河流弯道的环流作用,将进水口设在凹岸,引进河流表层清水,将底沙挟带到凸岸,以减轻泥沙对进水口的威胁,减少入渠泥沙,同时避免回流引起漂浮物的堆积。进水口位置应设在弯道顶点以下水最深、单宽流量最大、环流作用最强的地方。这个地点距弯道起点的距离 L 可由下式初步确定,即:

$$L = mB\sqrt{4\frac{R}{B}+1}$$

式中 B——河道水面宽度,m;

R——河道中心线半径,m;

m——系数,取0.8~1.0。

当受地形条件所限,不能将进水口设在凹岸而必须设在凸岸时,应将进水口设在凸岸中点偏上游处。因该处环流作用较弱,泥沙较少。必要时也可在河流对岸设丁坝,使河流的主流偏向凸岸,以利于引水。

决定底板高程时需考虑的因素较多,实际工程中要通过技术经济比较确定。一般情况下,底板顶面的高程比闸前设计水位的河床平均高程至少高出1.0~2.0 m,视河道含沙量的多少而定,以便引水防沙,与后接的总干渠底部高程相同或稍高。

开敞式进水口孔口尺寸拟定时可按已确定的过闸流量、上下游流量、闸孔型式以及闸底板高程等,利用水力学公式确定孔口总宽度,然后拟定闸孔数及孔口尺寸。孔口总宽度算出后,单孔宽度愈小,闸孔数愈多。因闸墩妨碍水流,从水力学条件看,以孔数少为佳。而单孔宽度 b 的确定常取决于闸门的型式、闸门材料、启闭设备和闸孔运用要求等。用卷扬机启闭的钢丝网平面闸门,每孔宽一般不超过6~8 m,弧形钢闸门一般为8~12 m。每孔宽度选定后,闸孔数目 n 按孔口总宽 B 除单孔宽度 b 计算,n 应为整数,最好取用奇数。分孔后,需进一步验算闸孔的过水能力。

(2)深式进水口高程选择及尺寸拟定。

深式进水口高程选择时需考虑的因素:①进水口顶部高程应在水电站运行中可能出现的最低水位以下,并有一定的淹没深度,以免产生旋涡而吸入空气和漂浮物,引起振动和噪声,减少流量,降低水轮机的出力。②进水口底板高程必须在水库设计淤沙高程以上,以免堵塞进水口。如无法满足此项要求,应设置冲沙设施,保证进口门前不被淤积。③考虑闸门结构、启闭设备及引水道的造价,进水口高程应尽可能提高。④进水口高程应考虑综合利用的要求,如满足灌溉、渔业、航运、供水等要求。

进水口底部高程通常应在水库设计淤沙高程以上0.5~1.0 m。当设有冲沙设施时,应根据排沙条件决定。

深式进水口的轮廓尺寸拟定时,要保证最优的水流条件,减少水头损失,并满足设备布置要求。此外,还要简化结构,便于施工。

进水口段的形状一般根据水电站进水口的布置方式以及引水流量来考虑,其横断面一般为矩形,可为单孔或双孔。为使水流平顺地引入引水道,减小水头损失,进水口流速不宜太大,一般控制在 1.5 m/s 以内。

进水口曲线形状必须适合于水流收缩状态,以免在曲线段处形成负压区。进口段顶板曲线目前常用 1/4 椭圆曲线,少数工程采用双曲线。坝式进水口顶板常做成斜坡,以便于施工,当水电站引用流量及流速不大时,也可做成圆弧曲线。重要的工程应根据模型试验决定顶板曲线形状。进水口两侧边墙的轮廓曲线,可用椭圆曲线、圆弧曲线或直线。

根据国内外实践经验,进水口顶板的椭圆曲线方程为:

$$\frac{x^2}{a^2} + \frac{y^2}{b^2} = 1$$

式中,$a = (1 \sim 1.5)D$,常用 $1.1D$,D 为引水道直径;$b = (1/3 \sim 1/2)D$。

一般情况下,椭圆曲线的 $a/b = 3 \sim 4$。

进水口流速一般不宜太大,建议其面积不小于下式的计算值,即:

$$A = \frac{A'}{c\cos\theta}$$

式中 A'——引水道断面面积;

θ——引水道中心线与水平面之夹角;

c——收缩系数,一般取 0.6 ~ 0.7。

进水口段的长度无一定标准,视结构布置和水流流畅条件而定。

闸门段是进水口段和渐变段的连接段,是安装闸门和启闭设备的部分。闸门段通常设计成横断面为矩形的水平段,其高度一般等于或稍大于引水道直径 D,宽度一般等于或稍小于引水道直径 D,但整个闸门段过水断面常取后接的引水道面积的 1.1 倍左右。闸门段的长度取决于整套闸门的布置需要,检修闸门和工作闸门之间净距一般不小于工作闸门净高、宽的 0.4 倍,且不小于闸门的安装、维护工作所需的净空间。

渐变段是矩形闸门段到圆形压力引水道的过渡段,为保证过渡段的水流平顺,减小水头损失,避免产生真空或气蚀现象,由矩形变到圆形的过渡段常用在四边过渡,圆弧的中心位置和圆角半径 r 均按直线规律变化。渐变段长度,根据经验一般为压力引水道直径的 1.5 ~ 2.0 倍。收缩角一般不超过 10°,以 6° ~ 8°为宜,收缩斜率不大于 1:5 ~ 1:8。坝式进水口的渐变段长度一般取引水道直径的 1.0 ~ 1.5 倍。渐变段轴线通常为直线,也可根据引水道需要布置成曲线。在此情况下必须注意,当利用闸门局部开启冲水时,要避免水舌与底板分离,产生负压。

引水管道在进行充气或防空过程中,闸门后需要排气和补气,特别是在动水关闭时,问题更为突出,为此应紧靠闸门后设置通气孔。通气孔的布置原则:①通气孔的顶部高程应在水库最高水位以上,以防止水流溢出,并加拦栅保护,防止堵塞;②通气孔内口应尽量靠近闸门下游面,并设在门后管道顶部;③通气孔运用方便,形体平顺,以减小气流阻力;④有条件时尽可能将通气孔与闸门井和检查竖井结合共用,以节省投资。

为便于压力引水道内部的检修,需设置进人孔。进水口进人孔常和通气孔共用,在通气孔设爬梯供检修人员上下。此时,进人孔多采用 1 m 见方的方形。

(3)进水口结构设计。

①进水口应进行沿建基面整体抗滑稳定与地基应力计算。对于有深层软弱面的地基,还应对深层软弱面进行整体抗滑稳定与地基应力计算;当水深较大时,应复核检修工况下整体抗浮稳定性。

②隧洞式进水口是在河岸岩石中开挖而成的,闸门设置在开挖竖井之中,故结构设计时可完全按地下结构(隧洞和竖井)考虑。

③岸坡式进水口紧靠在山岩之上,因进水口长期浸在水中,进水口背坡的稳定性需要充分论证(包括地震力作用)。否则,进水口将承受背坡山岩压力和填土压力(背坡有回填土)。

④塔式进水口承受着冰压力、风浪压力的作用,还要承受地震惯性力和地震动水压力的作用。为加强进水塔的稳定性,可将塔基嵌入岩石中,利用岩石的支承作用来增加塔体的稳定。

⑤布置在混凝土重力坝上的坝式进水口,结构计算主要是计算坝体开孔的孔口应力和配置孔口的加强钢筋,以及按空间钢架计算拦污栅支承结构等。

10.2.1.3 压力钢管设计

压力管道是从水库或引水道末端的前池或调压室,将水在有压的状态下引入水轮机的输水管。它是集中了水电站全部和大部分水头的输水管道。其特点是:坡度陡;承受电站最大水头,且承受水锤动水压力;靠近厂房。因此,它的安全性和经济性受到特别的重视。压力管道的主要荷载是内水压力,管道内径 D (m)和水压 H (m)及其乘积 HD 是标志压力管道规模及其技术难度的最重要特征值。HD 值也与该管道所提供的装机容量 N_g (kW)直接有关。

压力管道型式分为明管、地下埋管、坝内埋管、钢衬钢筋混凝土管和设置在坝下游面的钢衬钢筋混凝土管(也称为坝后背管)。

1)压力管道的布置

管道线路应符合枢纽总体布置要求,并考虑地形、地质、水力学、施工及运行等条件,经技术经济比较后确定。管道条数应根据机组台数、管线长短、地形和地质条件、机组安装的分期、制作安装和运输条件、电站的运行方式及其在电力系统中的地位等因素,经技术经济比较后确定。管径应根据技术经济比较确定。管道顶部至少应在最低压力线以下 2 m。

明管、坝内埋管以及水轮机前不设进水阀的地下埋管,在管道首端必须设置快速闸门(阀)和必要的检修闸门等设施。地下埋管,若自取水口至钢管前的引水道较长,或钢管内压较大而埋深不大,应在首端设事故闸门(阀),钢管宜设过流保护装置。快速闸门(阀)或事故闸门(阀)必须有远方(中央控制室)和就地操作装置,操作装置必须有可靠电源。快速闸门(阀)和事故闸门(阀)下游必须设置通气孔或通气阀。充水阀出水水流不得封堵通气孔下端孔口。通气孔上端应设在启闭室之外,孔口高于该处可能发生的最高洪水水位,孔口通到坝顶时应有防护设施。管道进口处应设充水阀或旁通充水管。

2)明管的布置

明管线路应避开可能产生滑坡或崩坍的地段。为避免钢管发生意外事故危及电站设备和人员的安全,应设置事故溢洪道和工程防冲设施。明管底部至少应高出其下部地面 0.6 m。明管宜采用分段式布置。分段式明管转弯处宜设置镇墩,其间钢管用支墩支承,两镇墩间设置伸缩节。伸缩节宜设在镇墩下游侧。当直线管段超过 150 m 时,宜在中间加设镇墩。钢管穿过主厂房上游墙处,宜设软垫层。

支墩间距应通过钢管应力分析,并考虑安装条件、支墩型式和地基条件等因素确定。支座型式可按管径等因素选择鞍形滑动支座、平面滑动支座、滚动支座、摇摆支座等。管道沿线应布置排水沟并应在钢管下设置横向排水沟。

3)地下埋管布置

地下埋管线路的进出口位置应选择在地形、地质条件相对优良的地段,且尽可能避开成洞条件差、活动断层、滑坡、地下水位高和涌水量很大的地段。洞井型式(平洞、斜井、竖井)及坡度,应根据布置要求、工程地质条件和施工因素等选用,长度和高差过大的斜井和竖井,可布置中间平段。

地下埋管宜减少主管条数。对于埋置较深的钢管,若外水压力较大,应采取防渗排水措施,并监测地下水位变化。防渗、排水设施必须安全可靠,便于检修。地下埋管的起始位置应根据内水压力和地质条件,并结合工程布置的具体情况确定。

4)坝内埋管及钢衬钢筋混凝土管布置

坝内埋管的平面位置宜位于坝段中央,其布置应考虑钢管对坝体稳定和应力的影响及对施工的干扰。坝内埋管在穿越厂坝分缝处应考虑厂坝间不均匀变形等因素的影响,并采取适当技术措施。

钢衬钢筋混凝土管适用于布置在坝后式厂房混凝土坝下游面的管道及引水式电站沿地面布置的管道等。混凝土坝下游面钢衬钢筋混凝土管(也称坝后背管)的平面位置宜位于坝段的中央,对于拱坝宜沿径向布置。

10.2.1.4 调压室设计

调压室是一种典型的平水建筑物,用于反射水锤波,减小压力管道中的水锤压力,限制水锤压力向引水道或尾水道传播,并改善机组在负荷变化时的运行条件。

1)调压室的设置条件和位置选择

(1)调压室的基本要求。

根据调压室的的功用,它应满足下列要求:

①调压室的布置应尽量靠近厂房,以缩短压力水管的长度。

②能较充分的反射压力管道传来的水锤波。调压室除具有自由水面外,底部和压力水管连接处应具有足够的断面面积,并应考虑到减小正常运行时水流通过调压室底部的水头损失。

③调压室的顶部,应满足水库在最高设计水位当电站瞬时丢弃全部负荷时,水涌入调压室所需的容积及高度,如为溢流式调压室,堰顶及泄水道断面应满足溢流量的要求。调压室的底部高程应保证在最低设计水位电站急增负荷、调压室水位下降时,压力水管内无空气进入。

④调压室的工作必须满足稳定条件,即在任何情况下负荷变化时,引水道和调压室中水体的波动必须是逐渐衰减的。

⑤调压室的结构安全可靠,施工简单方便,造价经济合理。

(2)调压室的设置条件。

根据《水电站调压室设计规范》(DL/T 5058—1996)设置调压室,应在机组调节保证计算和运行条件分析的基础上,考虑水电站在电力系统中的作用,地形、地质条件和压力管道布置等因素,进行技术经济比较后确定。

①设置上游调压室的条件,可按下式作初步判别:

$$T_w = \frac{\sum L_i v_i}{g H_p} > [T_w]$$

式中 T_w ——压力管道中水流惯性时间常数,s;

L_i ——压力管道及蜗壳和尾水管(无下游调压室时应包括压力尾水道)各分段的长度,m;

v_i ——各分段内相应的流速,m/s;

g ——重力加速度,m/s^2;

H_p ——设计水头,m;

$[T_w]$ —— T_w 的允许值,取2~4 s。

$[T_w]$的取值随电站在电力系统中的作用而异。当水电站作孤立运行或机组容量在电力系统中所占的比重超过50%时,宜用小值;当比重小于10%~20%时,可取大值。

②设置下游调压室的条件,以尾水管内不产生液柱分离为前提,可按下式作初步判断:

$$L_w > \frac{5T_s}{v_{w0}}\left(8 - \frac{\nabla}{900} - \frac{v_{wj}^2}{2g} - H_s\right)$$

式中 L_w ——压力尾水道的长度,m;

T_s ——水轮机导叶关闭时间,s;

v_{w0} ——稳定运行时压力尾水道中的流速,m/s;

v_{wj} ——水轮机转轮后尾水管入口处的流速,m/s;

H_s ——吸出高度,m;

∇ ——机组安装高程,m。

当机组丢弃全负荷时,尾水管内的最大真空度不宜大于8 m水柱。

高海拔地区应作高程修正:

$$H_v = \Delta H - H_s - \varphi\frac{v_{wj}^2}{2g} > -\left(8 - \frac{\nabla}{900}\right)$$

式中 H_v ——尾水管内的绝对压力水头,m;

ΔH ——尾水管入口处的水击值,m;

φ ——考虑最大水击真空与流速水头真空最大值之间相位差的系数,对于末相水击 $\varphi=0.5$,对于第一相水击 $\varphi=1.0$。

(3)调压室位置选择。

①调压室的位置需根据压力管道的地形、地质条件与厂房的位置统一考虑,应尽可能靠近厂房,以减小压力管道与水轮机的水锤压力。

②调压室位置宜设在地下，当因地形、地质条件受到限制，调压室需部分或全部设在地面时，需进行综合技术经济比较，并满足机组调节保证计算要求。

③调压室距厂房较近，且多设在临近山坡处，宜避开不利的地质条件，以减轻电站运行后渗水对围岩及边坡稳定的不利影响，以免由于地下水位的改变，导致围岩失稳坍滑。

2）调压室的基本布置方式、基本类型及选择

（1）调压室的基本布置方式。

根据调压室与厂房的相对位置的相互关系，调压室有下列四种基本布置方式：

①引水调压室（上游调压室）。调压室位于厂房上游的引水道上，在长的压力引水道中，多采用这种型式。

②尾水调压室（下游调压室）。当厂房下游具有较长的压力水道时，需设置尾水调压室以减少水锤压力，特别是防止丢弃负荷时产生过大的负水锤。尾水调压室应尽可能地靠近水轮机。

③上、下游双调压室系统。在有些地下式水电站中，厂房的上、下游都有比较长的压力水道，为减少水锤压力，改善机组运行条件，在厂房的上、下游都需设置调压室，成为上、下游双调压系统。

④上游双调压室系统。在上游有较长的压力引水道中，有时设置两个调压室。靠近厂房的调压室对于反射水锤波起主要作用，称为主调压室；靠近上游的调压室用以反射越过主调压室的水锤波，改善引水道的工作条件，帮助主调压室衰减引水系统的波动，称为辅助调压室。引水系统的波动衰减由两个调压室共同保证，增加一个调压室的断面可以减小另一个调压室的断面，但两个调压室面积之和总是大于只设置一个调压室所需的断面面积。

（2）调压室的基本类型。

按水力特性调压室的基本类型可分为以下几种：

①简单圆筒式调压室。是水电站建设中最早出现的型式。其特点是自上而下具有相同的断面，结构简单，反射水锤波较好，但正常运行时水流通过底部的水头损失较大，产生波动时振幅大，衰减慢。多用于低水头小容量的水电站。

②阻抗式调压室。将简单圆筒式调压室的底部收缩成孔口而成阻抗式调压室，由于底部存在附加阻抗，故与简单圆筒式调压井相比，波动的振幅小，衰减快，正常运行时水头损失小，但反射水锤波较差。

③双室式调压室。由一个断面较小的竖井和上下两个断面扩大的储水室组成。上室供丢弃负荷时蓄水之用，下室供增加负荷时补充水量之需。双室式调压室适用于水头较高、水库的工作深度较大的水电站中。

④溢流式调压室。当丢弃负荷时，调压室中水位迅速上升，升到堰顶后开始溢流，因此溢流堰能限制水位继续上升。溢出的水量可以排至下游河床，也可以在上室储存，待竖井水位下降时，储存的水量经底部孔口流回竖井。

⑤差动式调压室。由两个直径不同的同心圆筒组成。中间圆筒的直径较小，上有溢流堰，通常称为升管，其底部以阻抗孔与外面的大室连通。

⑥气垫式调压室。是一种将自由水面与大气隔开的调压室，室内水面气压大于大气

压力，水面波动时，气体体积与压力亦随之变化。

(3)调压室的选型。

调压室的选型应根据水电站的工作特点，结合地形、地质条件，全面地分析各类调压室的优缺点及适用条件，进行技术经济比较后确定。调压室选型的基本原则如下：

①能有效地反射由压力管道传来的水锤波；

②在无限小负荷变化时，能保持稳定；

③大负荷变化时，水面振幅小，波动衰减快；

④在正常运转时，经过调压室与压力水道连接处的水头损失较小；

⑤结构简单，经济合理，施工方便。

3)调压室水力计算

(1)调压室水力计算的基本原理。

进行调压室水力计算的目的，主要解决以下两个问题：

①求出调压室中可能出现的最高和最低水位及水位变化过程，从而确定引水道的设计压力和布置高程，并确定调压室的高度。

②根据波动衰减的要求，求出调压室所需的最小稳定面积。

(2)调压室的稳定断面面积。

满足调压室波动稳定的最小断面称为托马稳定断面，上游调压室的稳定断面面积按托马准则计算并乘以系数 K 决定：

$$A = KA_{th} = K\frac{LA_1}{2g\left(\alpha + \frac{1}{2g}\right)\left(H_0 - H_{w0} - 3h_{wm0}\right)}$$

$$\alpha = \frac{h_{w0}}{v^2}$$

式中 A_{th}——托马临界稳定断面面积，m^2；

L——压力引水道长度，m；

A_1——压力引水道断面面积，m^2；

α——自水库至调压室水头损失系数（包括局部水头损失与沿程摩擦水头损失），s^2/m，在无连接管时用 α 代替 $\left(\alpha + \frac{1}{2g}\right)$；

H_0——发电最小静水头，m；

v——压力引水道流速，m/s；

h_{w0}——压力引水道水头损失，m；

h_{wm0}——压力管道水头损失，m；

K——系数，一般可采用1.0~1.1，选用 $K<1.0$ 时应有可靠的论证。

稳定断面面积的计算公式和原则，也适用于压力尾水道上单独设置的调压室。但需将压力引水道改为压力尾水道，压力管道改为尾水管后的延伸段的长度、断面面积、水头损失系数等值，用 α 代替 $\left(\alpha + \frac{1}{2g}\right)$。

(3)调压室的涌波计算。

调压室的涌波水位可不计压力管道水锤的影响，当采用气垫式调压室时则应与压力管道水锤联合计算。

①调压室最高涌波水位计算工况。

上游调压室：按上库正常蓄水位时，共用同一调压室的全部机组满载运行瞬时丢弃全部负荷，作为设计工况；按上库校核洪水位时，相应工况作校核。

下游调压室：按厂房下游设计洪水位时，共用同一调压室的全部 n 台机组由 $n-1$ 台增至 n 台或全部机组由 2/3 负荷突增至满载作为设计工况；按厂房下游校核洪水位时相应工况作校核，并复核设计洪水位时共用同一调压室的全部机组瞬时丢弃全负荷的第二振幅。

②调压室最低涌波水位计算工况。

上游调压室：上库死水位时，共用同一调压室的全部 n 台机组由 $n-1$ 台增至 n 台或全部机组由 2/3 负荷突增至满载，并复核上库死水位时共用同一调压室的全部机组瞬时丢弃全负荷的第二振幅。

下游调压室：共用同一调压室的全部机组在满载及相应下游水位瞬时丢弃全部负荷。

③调压室最高涌波水位以上的安全超高不宜小于 1 m。上游调压室最低涌波水位与调压室处压力引水道顶部之间的安全高度不应小于 2 ~ 3 m，调压室底板应留有不小于 1.0 m 的安全水深。下游调压室最低涌波水位与尾水管出口顶部之间的安全高度应不小于 1 m。

(4)调压室的结构设计。

①调压室的整体稳定。

调压室位于压力隧洞末端、压力管道入口处。为了缩短压力管道的长度和减少调压井的开挖工程量，总希望调压井尽量靠近厂房，因此调压室常需在靠近山坡的岩体中布置。调压室的内水压会传到岩体上，因此必须保证岩体受载后的稳定。此外，调压室内的水可能经衬砌渗到岩体中，给山坡岩体稳定带来不利影响。大型及高水头电站，调压室可能很大，岩体稳定问题会更加突出。

为了保证调压室及岩体的整体稳定，应尽量选择在良好地质条件的岩体中布置调压室；应使调压室外岩体有足够厚度；应正确设计衬砌结构，以减少围岩承担的内水压力并防止内水外渗；采用灌浆措施加固岩体；岩体中设置排水措施以降低渗水压力。

②调压室的荷载。

调压室结构所承受的荷载，分为基本荷载和特殊荷载两类。

基本荷载：包括围岩压力、设计情况下的内水压力、稳定渗流情况下的外水压力及衬砌自重、设备自重、风荷载(地面塔式结构)等。

特殊荷载：包括校核水位时的内水压力、外水压力、温度作用、灌浆压力及地震荷载等。

计算荷载应根据运行、施工、检修不同工况，分别组合为基本组合和特殊组合两类。在结构计算中应采用各自最不利的组合。具体配筋计算，按《水工混凝土结构设计规范》(SL 191—2008)及《水工隧洞设计规范》(DL/T 5195—2004)规定采用。

③调压室结构设计方法。

调压室一般靠近山坡，又有内水压力，因此除岩体质量很好，可以承受水压和防渗作用，只需极薄衬砌，甚至不用衬砌的情况外，通常都采用钢筋混凝土衬砌承载及防渗。这样，调压室是由室身衬砌和外围岩体两部分组成的复合结构，两部分共同工作。

工程中常用的方法是将调压室的衬砌分成室壁、底板、其他（顶盖、差动调压室的升管）等构件，分别进行分析。由于调压室衬砌的厚度与调压室的尺寸相比并不大，因此各部件都可看做是杆件、薄板或薄壳结构，可采用结构力学及薄壁弹性力学的方法计算内力。室壁可看做是位于弹性介质（岩体）中的长圆筒，顶端自由，下端固结；底板可作为弹性地基（基岩）上的圆板，岩体的抗力可按与其变位成正比的原则，由岩体变形模量推得，其原理和地下埋管围岩抗力的作用一样；顶板可作为四周简支的圆形平板或球壳；升管可看做长圆筒。通过这样的计算分析可以求得各构件的内力，根据钢筋混凝土构件理论和方法进行配筋并进行抗裂或限裂验算。

对衬砌与围岩间的缝隙进行接缝灌浆，对衬砌外岩体进行固结灌浆，有利于使岩体和衬砌联合工作，而且增加围岩抗力，减轻衬砌的负担。

4）水锤及调节保证计算

在水电站实际运行中常常会遇到负荷在较大范围内的突然变化，此时调速器自动关闭或开启导叶，引起流量变化，从而在水电站的压力管道、蜗壳及尾水管中引起水锤。对于水锤计算，起控制作用的是事故引起的负荷变化，如输电线或母线短路、主要设备发生故障及有关建筑物发生事故等。

水锤通常有直接水锤和间接水锤，间接水锤又有第一相水锤和极限水锤之分。第一相水锤是高水头水电站水锤的特征，而极限水锤是中、低水头电站水锤的特征。水锤的大小主要受起始开度和关机规律的影响。丢弃负荷（阀门或导叶关闭）时的水锤计算公式见表 10-5。

表 10-5　水锤计算公式

阀门状态	水锤类型	开度		计算公式	近似公式
		起始	结束		
关闭	直接水锤	τ_0	τ_c	$\tau_c\sqrt{1+\xi}=\tau_0-\frac{1}{2\rho}\xi$	$\xi=\frac{2\rho(\tau_0-\tau_c)}{1+\rho\tau_c}$
	间接水锤	τ_0	0	$\xi_m=\frac{\sigma}{2}(\sqrt{\sigma^2+4}+\sigma)$	$\xi_m=\frac{2\sigma}{2-\sigma}$

注：τ_0 为水电站因事故丢弃负荷的起始开度；τ_c 为终了开度；T_s 为导叶的有效关闭时间；$\rho=\frac{cv_{\max}}{2gH_0}$，其中 c 为波速，H_0 为初始水头，$v_{\max}$ 为管道中水流的最大流速；$\sigma=\frac{Lv_{\max}}{gH_0T_s}$，其中 L 为管道长度，ξ 为水锤相对压强。增加负荷（阀门或导叶开启）时，在所有公式中只需用 $-\eta$ 代替 ξ 即可。

水锤和机组转速变化计算统称调节保证计算，其主要任务是根据水电站输水系统和水轮发电机组的特性合理选择阀门（导叶）的调节时间和调节规律，进行水锤和机组转速变化计算，使两者均在允许的范围之内，并尽可能降低水锤压强。

调节保证计算一般包括以下内容:

(1)丢弃全部或部分负荷时,求转速的最大升高值、压力管道和蜗壳内的压力最大升高值及最大降低值(负水锤),尾水管内的最大真空值。

(2)增加全部负荷或部分负荷时,求转速的最大降低值、压力管道和蜗壳内的压力最大降低值。

应根据电力系统的要求和水轮机输水系统的特性进行调节保证计算,必要时应对调速器参数整定的范围和调速系统的稳定性进行计算分析。

机组甩负荷的最大转速升高率按以下不同情况考虑:

(1)当机组容量占电力系统工作总容量的比重较大且担负调频任务时,宜小于45%。

(2)当机组容量占电力系统工作总容量的比重不大或担负基荷时,宜小于55%。

机组甩负荷的蜗壳最大压力升高率按以下不同情况考虑:

(1)额定水头小于40 m时,宜为50%~70%。

(2)额定水头在40~100 m时,宜为30%~50%。

(3)额定水头大于100 m时,宜小于30%。

蜗壳最大压力值应按在额定水头和最高水头两种情况下,机组发出额定功率甩全负荷的条件进行计算,根据较大值确定。

研究改变导叶关闭规律、改变输水管道尺寸、增加发电机转动惯量或设置调压室等措施,以合理控制压力升高值和转速升高值。

具有分岔管的水电厂,机组最大转速升高率和蜗壳最大压力升高率应根据机组台数和电气主接线的连接方式,按可能同时甩负荷的机组台数进行计算。

当机组突增负荷时水轮机压力输水管不应出现负压脱流现象。

机组甩全负荷时尾水管内的最大真空度不宜大于8 m水柱(1 m水柱 $=1\times10^4$ Pa)。

调节过程中水轮机与发电机间的不平衡能量导致机组转速变化。转速变化的大小还与机组转动部分的惯性矩(即转动惯量) GD^2 有关,G 为机组转动部分的重量,D 为惯性直径。

全甩负荷情况下,机组转速变化率的计算公式为:

$$\beta = \sqrt{1 + \frac{365 N_0 T_{s1} f}{n_0^2 GD^2}} - 1$$

式中 N_0 ——机组负荷;

n_0 ——机组转速;

f ——修正系数;

T_{s1} ——对于混流式和水斗式水轮机取(0.8~0.9) T_s,对于轴流式水轮机取(0.6~0.7) T_s。

调节保证计算往往要多次反复计算分析,才能得到合理的转速变化、导叶关闭规律和水锤压力。如经过调整、转速变化或水锤压力仍不能满足要求,则应采取适当的工程措施如设置调压室,装设减压阀。如计算结果与调节保证的要求相差不远,则适当增加 GD^2 或降低输水系统的流速也可能是合理的方案。

10.2.1.5　边坡处理设计

1)一般要求

边坡处理设计的一般要求包括以下几个方面:

(1)边坡开挖坡度,应根据岩体质量、岩体结构特征、边坡高度和施工方法等条件,通过工程类比法或必要的计算分析确定,并保证其安全稳定。

(2)开挖边坡宜分级设置马道,马道的布置应考虑边坡岩体结构、边坡高度、坡度等条件。边坡马道分级高度可选用10~30 m,马道宽度1.5~3 m,结合施工设施及交通道路可适当加宽。

(3)边坡应设置排水设施。宜沿边坡走向结合马道位置布设纵、横排水沟排除地表水。视需要可在边坡内布置排水隧洞,并钻设排水孔排除地下水。

(4)边坡表面进行防护处理时,可根据地质条件分别采用植被、砌石、挂网锚固喷浆或喷混凝土等措施。

(5)对边坡岩体应根据岩体结构特征进行分类,判断边坡可能发生破坏的形式,采用相应处理措施。

(6)对边坡进行稳定性分析应考虑边坡岩性、岩体控制结构面性质、结构面产状与边坡形状的关系、施工方法等因素,还应考虑降雨、泄洪雨雾、开挖爆破、地震等影响。

(7)边坡稳定分析计算,可采用刚体极限平衡法。地质条件复杂的高边坡宜采用有限元等方法进行分析。

(8)极限平衡分析方法是边坡稳定分析的基本方法,适用于滑动破坏类型的边坡。对于Ⅰ级、Ⅱ级边坡,应采用2种或2种以上的计算分析方法,包括有限元、离散元等方法进行变形稳定分析,综合评价边坡变形与抗滑稳定安全性。

(9)对于特别重要的、地质条件复杂的高边坡工程,应进行专门的应力变形分析和仿真分析,研究其失稳破坏机理、破坏类型和有效的加固处理措施。

(10)边坡稳定计算中,岩体综合抗剪强度和控制性结构面的抗剪强度指标,可根据类似工程的指标选用。高边坡或地质条件复杂的边坡应进行岩石试验。

(11)对高边坡及地质条件复杂的边坡应进行边坡监测设计,设置监测系统。

2)边坡稳定分析

(1)边坡上的作用及其组合。

①岩土体的自重作用。

在地下水位以上时,岩土体的自重采用天然容重;在地下水位以下时,则应根据计算方法正确选择。在边界面上和计算的分条、分块面上以面力计算水压力时采用饱和容重,以体力法计算水压力时采用浮容重,同时在滑面上扣除自坡外水位起算的静水压力;降雨情况下的非饱和岩土体采用具一定含水量的容重,根据测试或估算确定。上述各种容重应取平均值。

坡体上的建筑物,包括加固治理结构物,应作为坡体自重计。各种材料的容重应采用平均值。

②地下水作用。

边坡各部位孔隙水、裂隙水或层间承压水的压力应根据水文地质资料和地下水位长期观测资料确定。采用地下水最高水位作为持久状态水位，以特大暴雨或久雨、可能的泄流雾雨发生的暂态高水位作为短暂状态水位。

对具有疏排地下水设施的边坡，应首先确定经疏排作用后的地下水位线，再确定地下水压力。为提高计算可靠性，应视工程具体情况，乘以大于1的增大系数。将局部排水失效和施工期排水设施不完善作为短暂工况。

在地下水位以下的岩体内的贯通性结构面和强卸荷裂隙带，按地下水等水位线图内插或外延，确定作用在其面上的地下水压力。

岩质边坡深部潜在不稳定体边界面并非完全贯通时，裂隙水压力可以相应折减。具体方法可参照大坝防渗帷幕或地下洞室外水压力折减方法将裂隙水压力乘以小于1的折减系数。

对于有地下水渗流的水下岩土体，当采用体力法以浮容重计算时，应考虑渗透水压力作用，对于没有被河水完全淹没的滑体部分，其渗透水压力或动水压力值 P_{wi} 按下式计算：

$$P_{wi} = \gamma_w V_i J_i$$

式中 γ_w ——水的容重，kN/m^3；

v_i ——第 i 计算条块单位宽度岩土体的水下体积，m^3/m；

J_i ——第 i 计算条块地下水渗透比降。

③加固力作用。

加固力是指采用加固结构将不稳定岩体（或潜在不稳定岩体）固定到滑面以下稳定岩体的力。

计算安全系数时加固力应按增加的抗滑力考虑。

④地震作用。

在地震基本烈度为Ⅶ度和Ⅶ度以上的地区，应计算地震作用力的影响。

⑤边坡设计按下列两类作用组合。

基本组合：自重＋岸边外水压力＋地下水压力＋加固力。

偶然组合：基本组合＋地震作用。

⑥边坡工程应按下列三种设计工况进行设计。

持久设计工况：主要为边坡正常运用工况，此时应采用基本组合设计。

短暂设计工况：包括施工期缺少或部分缺少加固力，缺少排水设施或施工用水形成地下水位增高，运行期暴雨或久雨、可能的泄流雾化雨以及地下排水失效形成的地下水位增高，水库水位骤降等情况。此时，应采用基本组合设计。

偶然设计工况：主要为遭遇地震、水库紧急放空等情况，此时应采用偶然组合设计。

（2）边坡抗滑稳定分析。

①滑坡体稳定分析计算应符合以下规定：

对于岩质、土质滑坡体，当滑面近似圆弧形时，推荐采用简化毕肖普法，也可采用詹布法；当为复合形滑面时，推荐采用摩根斯坦－普莱斯法，也可采用传递系数法。

具有次滑面的滑坡体，应计算分析沿不同滑面或滑面组合构成滑体的整体稳定性和局部稳定性。

对于具有特定滑面的滑坡，经过处理已经满足设计安全系数后，应检验在滑体内部是否存在沿新的滑面发生破坏的可能性。

②岩质边坡稳定分析计算应符合以下规定：

对于新开挖形成的或长期处于稳定状态岩体完整的自然边坡，可采用上限解法做稳定分析，推荐采用条块侧面倾斜的萨尔玛法、潘家铮分块极限平衡法和能量法（EMU）。在计算中，侧面的倾角应根据岩体中相应结构面的产状确定。

对于风化、卸荷的自然边坡，开挖中无预裂和保护措施的边坡，岩体结构已经松动或发生变形迹象的边坡，宜采用下限解法做稳定分析，推荐采用摩根斯坦－普莱斯法，也可采用詹布法和传递系数法。

对于边坡上潜在不稳定楔形体，推荐采用楔形体稳定分析方法。

岩质边坡内有多条控制岩体稳定性的软弱结构面时，应针对各种可能的结构面组合分别进行块体稳定性分析，评价边坡局部和整体稳定安全性。

对于碎裂结构、散体结构和同倾角多滑面层状结构的岩质边坡，应采用试算法推求最危险滑面和相应安全系数。

③土质边坡稳定分析计算应符合以下规定：

砂、碎石或砾石堆积物宜按平面滑动计算，抗滑稳定安全系数定义为内摩擦角的正切值与坡角正切值之比。

黏性土、混合土和均质堆积物宜按圆弧滑面计算，宜采用下限解法做稳定分析，推荐采用简化毕肖普法求解最危险滑面和相应安全系数，也可以采用詹布法。

沿土或堆积物底面或其内部特定软弱面发生滑动破坏时，宜采用下限解法按复合形滑面计算，推荐采用摩根斯坦－普莱斯法，也可采用传递系数法。

对于紧密土体或密实堆积物内部的滑动破坏，可采用上限解法做稳定分析，推荐采用能量法（EMU）求解其最危险滑面和相应安全系数。

对于均质土边坡或多层结构土边坡，应采用试算法得出最危险滑面和相应安全系数。

（3）边坡应力应变分析。

对于重要的或工程地质条件复杂的边坡，可假设为连续介质或非连续介质，采用数值方法计算分析边坡的变形、稳定和运动形式，如有限元法、离散元法、块体元法、有限差分法、流形元法等。边坡应力应变分析范围应涵盖所研究边坡自重应力受到影响的高度和深度。

有限元网格划分应满足对边坡岩层、控制性结构面、抗滑结构体、排水洞、井等的模拟要求，满足应力与位移计算的精度要求。

有限元分析中整体安全系数的计算采用强度储备安全系数法，变形开始不收敛时的安全系数即为边坡安全系数。

有限元分析计算成果应满足以下规定：

①边坡在天然条件下形成的初始位移场为零位移场。分析成果应是边坡及其荷载条件变化后的应力场和变位场。

②成果中应包括应力矢量图和等值线图、变位场的矢量图和等值线图以及点安全度分布图，塑性区、拉力区、裂缝和超常变形分布范围等。

3)边坡工程治理设计

水利水电工程设计中,应明确边坡危害或影响的对象,划分边坡类型和安全级别,确定设计安全系数,并进行失稳风险分析。边坡工程治理包括边坡开挖、地表及地下截排水、边坡加固与支护等。

(1)边坡开挖设计。

在选择枢纽布置方案和建筑物设计时,应尽量避免形成人工高陡边坡。

枢纽布置无法避免高边坡时,应根据地质条件和岩土特性,充分研究开挖边坡的稳定性,按照经验判断或稳定分析确定边坡坡形、坡度。

人工边坡应尽量避开深厚堆积体、较大断层和顺坡向软弱层发育地段。在高地应力地区应研究边坡走向与地应力的关系,采取措施避免或预防开挖引起的强卸荷现象。

人工边坡的坡形、戗道宽度、梯段高度与坡度应参考地质建议的坡比,结合水工布置和施工条件,考虑监测、维护及检修需要以及拟采用的施工方法等研究确定。通常戗道(平台)宽度不宜小于2 m,梯段高度岩质边坡不宜大于30 m,土质边坡不宜大于10 m。

总体上,人工边坡的开挖坡度在考虑排水条件下应能达到自稳条件。局部存在地质缺陷的边坡,也应保证在临时喷锚支护条件下达到自稳。对层状同向结构边坡和顺向边坡,开挖坡度应考虑层面和结构面的倾角,尽量避免切脚开挖。

(2)边坡截排水设计。

①地表截排水。

边坡综合治理时,应根据地形地质条件因地制宜地进行边坡地表截水和排水系统设计。

边坡地表截排水设计内容应包括:边坡开挖或治理边界以外的截排水沟;边坡开挖或治理边界以内的截排水沟;边坡防水措施,如跨缝构造、填缝夯实等。

②地下截排水。

根据边坡所处位置、边坡与建筑物关系、工程地质和水文地质条件,确定地下截排水系统的整体布置设计方案。

边坡地下截排水工程措施主要包括截水渗沟、排水孔、排水井、排水洞。

(3)边坡加固与支护设计。

①边坡坡面保护。

边坡坡面受损影响工程安全的边坡,应进行坡面保护设计。

边坡坡面保护措施包括喷混凝土、贴坡混凝土、模袋混凝土、钢筋笼、砌石、土工织物和植被覆盖等,应结合地形、地质、环境条件和环境保护要求,选择保护措施。

②边坡浅表层加固。

当边坡浅表层岩体存在不利的层理、片理、节理、裂隙和断层等结构面,组合成较普遍分布的不稳定块体和楔体,容易发生滑动、倾倒或溃决等破坏时,应对边坡浅表层岩体进行稳定分析和加固处理。

边坡浅表层加固措施包括锚杆、挂金属网、喷混凝土、贴坡混凝土、混凝土格构等,应根据岩土体力学特性、边坡结构、边坡变形与破坏机制,因地制宜地选择加固措施,并提出设计参数。

③抗滑桩。

当边坡滑动面以下为稳定的基岩或密实的土层,能提供可靠的锚固力时,可采用抗滑桩加固边坡。

根据边坡工程地质条件和下滑推力大小,可选用悬臂桩、椅式桩墙、门型钢架桩、排架桩、锚杆抗滑桁、桩洞联合体和预应力锚索抗滑桩等措施。

④抗剪洞与锚固洞。

对于初始稳定边坡,当可能发生深层软弱结构面滑动而结构面上下盘为坚硬完整岩体时,可采用抗剪洞加固。抗剪洞沿潜在滑面走向水平布置,将潜在滑动带用混凝土或钢筋混凝土置换。

⑤预应力锚索。

预应力锚索属于主动抗滑结构,适用于有条件施加预应力的边坡预加固和边坡加固。

⑥边坡的支挡。

枢纽工程区需要保护的土质边坡、堆积体边坡、填方边坡和坡脚受水流冲刷、风化破碎或软岩构成的岩质边坡,宜设置支挡结构。

支挡结构型式可分为锚杆(索)挡墙、贴坡挡墙、重力式挡墙和扶壁挡墙。锚杆挡墙又分为板肋式锚杆挡墙、格构式锚杆挡墙、排桩式锚杆挡墙、非预应力锚杆挡墙和预应力锚杆(索)挡墙。应根据边坡组成与成因类型、边坡高度和稳定性,选择支挡结构型式。

(4)边坡监测设计。

边坡监测包括前期监测、施工期安全监测和运行期安全监测。

安全监测系统应结合边坡特点进行设计。一般边坡应以整体稳定性监测为主,兼顾局部稳定性监测;稳定性监测以变形监测为主;对于滑动面确定的滑坡,以地表变形监测为主。

Ⅰ级、Ⅱ级边坡和 100 m 以上的高边坡应设置下列观测项目:

①位移与变形监测。

外部监测主要有坡面位移和沉降监测,坡面裂缝长度与开度监测。

内部监测主要有地下变形监测,滑面或断层活动监测。

②地下水监测。

地下水监测主要有地下水位或水压力监测,排水点水量监测,地下水质监测。

③边坡加固结构监测。

边坡加固结构监测主要有抗滑桩、抗剪洞与锚固洞、锚杆锚索、挡墙的应力应变监测。

④专项监测。

用于重要工程边坡的专项监测,如降雨量、地应力、地震监测等。

10.2.2 案例分析

【例 10-1】 某水电站厂房,厂家提供资料:金属蜗壳外形尺寸 $+x=4.65$ m, $-x=3.35$ m,尾水管出口宽 $B=6.80$ m,尾水管边墩最小厚度取 1.20 m,发电机风罩内径 $d=6.60$ m,风罩厚度取 0.40 m,发电机外侧检修通道取 1.00 m。机组段最小长度为(　　)m。

A. 9.2　　　　B. 9.4　　　　C. 9.6　　　　D. 9.8

答案:C

考点:主厂房主要尺寸的确定。

解:厂房的机组间距大多由水轮机蜗壳的尺寸控制,只有高水头、小容量的机组才由发电机定子外径控制。《水电站厂房设计规范》(SL 266—2001)第2.3.2条规定:金属蜗壳最小空间尺寸不宜小于0.8 m。

蜗壳的尺寸控制:

$$L = 4.65 + 3.35 + 2 \times 0.8 = 9.6(\mathrm{m})$$

尾水管的尺寸控制:

$$L = 6.80 + 2 \times 1.20 = 9.2(\mathrm{m})$$

发电机的尺寸控制:

$$L = 6.60 + 2 \times 0.40 + 2 \times 1.00 = 9.4(\mathrm{m})$$

所以,机组段最小长度为9.6 m。

【例10-2】 某引水式电站,内装两台单机容量14×10^4 kW水轮发电机组,水轮机型号为HLA883 - LJ - 500,总装机容量28×10^4 kW,机组段长20 m,安装间位于厂房左侧。根据上述基本资料,厂房最小长度为(　　)m。

A. 64　　　　B. 66　　　　C. 68　　　　D. 70

答案:B

考点:主厂房主要尺寸的确定。

解:主厂房长度可按下式计算:

$$L = nL_1 + L_2 + \Delta L$$

式中　L——主厂房长度,m;

L_1——机组间距,m;

L_2——安装间长度,m;

ΔL——主厂房边机组段的附加长度,m;

n——机组台数。

根据《水电站厂房设计规范》(SL 266—2001)第2.3.3条规定:安装间长度可取1.25~1.5倍机组段长度,本题安装间长度最小取1.25倍机组段长度,$L_2 = 1.25 \times 20 = 25$(m)。

主厂房边机组段的附加长度一般为0.2~1.0倍转轮直径,本题主厂房边机组段的附加长度最小取0.2倍转轮直径,即:$\Delta L = 0.2 \times 5 = 1.0$(m)。

所以,厂房最小长度$L = 2 \times 20 + 25 + 1.0 = 66$(m)。

【例10-3】 某坝后式电站厂房,采用有压式进水口、单机单管引水,发电最低运行水位为167 m,单机引用流量为104.0 m³/s。进水口对称,孔口尺寸为5.20 m×6.25 m(宽×高),进水口最小淹没深度为(　　)m。

A. 5.90　　　　B. 5.84　　　　C. 4.40　　　　D. 4.25

答案:C

考点:有压进水口的最小淹没深度。

解:根据《水利水电工程进水口设计规范》(SL 285—2003)附录 B. 2. 1 规定,为防止产生贯通式漏斗旋涡,按戈登公式估算:

$$S = cv\sqrt{d}$$

式中 S——进水口淹没深度,m;

v——闸孔断面平均流速,m/s;

d——闸孔高度,m;

c——与进水口集合形状有关的系数,进水口设计良好和水流对称取 0. 55,边界复杂和侧向水流取 0. 73。

$$S = cv\sqrt{d} = 0.55 \times \frac{104.0}{5.20 \times 6.25} \times \sqrt{6.25} = 4.40(\text{m})$$

【例 10-4】 某水电站有压进水口喇叭段为一矩形三面收缩喇叭口,喇叭口前后断面平均流速分别为 1 m/s 和 3. 6 m/s,此有压进水口喇叭段最小水头损失为(　　)cm。(g 取 9. 8 m/s^2)

A. 0. 26　　B. 0. 51　　C. 3. 31　　D. 6. 61

答案:C

考点:水头损失计算。

解:《水利水电工程进水口设计规范》(SL 285—2003) 附录 B. 1. 2 条规定,有压进水口喇叭段水头损失可按下式计算:

$$\Delta h_2 = \xi_2 \frac{v_2^2}{2g}$$

式中 Δh_2——有压进水口喇叭段水头损失,m;

$\frac{v_2^2}{2g}$——喇叭段最小断面平均流速水头,m;

ξ_2——进水口水头损失系数。

根据题意,求最小水头损失时,进水口水头损失系数取 0. 05,故最小水头损失

$$\Delta h_2 = \xi_2 \frac{v_2^2}{2g} = 0.05 \times \frac{3.6^2}{2 \times 9.8} = 0.033\ 1(\text{m}) = 3.31\ \text{cm}$$

【例 10-5】 已知某电站压力钢管内径为 4 500 mm,按构造要求确定钢管壁的最小厚度,下列选项中(　　)为符合规范要求的钢管壁厚。

A. 8. 5 mm　　B. 9. 6 mm　　C. 9. 0 mm　　D. 10. 0 mm

答案:D

考点:压力管道设计方法。

解:根据《水电站压力钢管设计规范》(SL 281—2003)第 8. 1. 1 条规定,管壁最小厚度不宜小于下式的计算值,也不应小于 6 mm。

$$t \geqslant D/800 + 4 = 4\ 500/800 + 4 = 5.625 + 4 = 9.625(\text{mm})$$

该条还规定,式中单位为 mm,t 值若有小数,应予进位,故 $t = 10.0$mm。

【例 10-6】 某一水平压力隧洞,洞内静水压力水头为 60 m,该部位岩石为花岗岩,岩体的容重为 26 kN/m^3,水的容重为 10 kN/m^3,河谷岸边边坡倾角为 0°,则洞身岩体最小

覆盖厚度为(　　)m。

A. 20　　B. 25　　C. 30　　D. 35

答案:C

考点:压力隧洞围岩覆盖厚度。

解:《水工隧洞设计规范》(DL/T 5195—2004)第6.2.3条规定,对于有压隧洞,洞身部位岩体最小覆盖厚度按洞内静水压力小于洞顶以上岩体重力的要求确定,可按下式计算:

$$C_{RM}=\frac{h_s\gamma_w F}{\gamma_R\cos\alpha}$$

式中 C_{RM}——岩体最小覆盖厚度(不包括全、强风化厚度),m;

h_s——洞内静水压力水头,m,本题中取60 m;

γ_w——水的容重,N/m³,本题中取10 000 N/m³;

γ_R——岩体的容重,N/m³,本题中取26 000 N/m³;

α——河谷岸边边坡倾角,(°),本题中取0°;

F——经验系数,一般取1.30~1.50。

根据题意,求最小覆盖厚度时,经验系数取1.30,故洞身岩体最小覆盖厚度

$$C_{RM}=\frac{h_s\gamma_w F}{\gamma_R\cos\alpha}=\frac{60\times 10\,000\times 1.3}{26\,000\times 1}=30(\text{m})$$

【例10-7】 某水电站机墩结构为圆筒式机墩,机墩的内直径 $d=5.45$ m,外直径 $D=9.50$ m,发电机出力为41 180 kVA,机组额定转速为200 r/min,发电机功率因数为0.85。则由正常扭矩标准值 T 引起的剪应力 τ 为(　　)kN/m²。

A. 19.60　　B. 26.12　　C. 34.12　　D. 38.20

答案:C

考点:水电站厂房圆筒式机墩结构内力计算。

解:《水电站厂房设计规范》(SL 266—2001)第4.3.4.5条,正常扭矩标准值 T 由下式计算:

$$T=9.75\frac{N\cos\varphi}{n}$$

式中 N——发电机容量,kVA;

$\cos\varphi$——发电机功率因数;

n——机组额压转速。

剪应力的计算公式为:

$$\tau=\frac{\eta C_0 TR}{I_p}$$

式中 τ——剪应力,kN/m²;

I_p——机墩极惯性矩,$I_p=\frac{\pi}{32}(D^4-d^4)$,m⁴;

η——动力系数,取 $\eta=1.5$;

C_0——疲劳系数，取 $C_0=2$；

R——机墩的外半径。

由以上计算可知，正常扭矩标准值 T 引起的剪应力 τ 为 34.12 kN/m²。

因此，选 C。

10.3 复习题

（1）某引水式电站，内装两台单机容量 14 万 kW 水轮发电机组，水轮机型号为 HLA883－LJ－500，总装机容量 28 万 kW，机组段长度 20 m，安装间位于厂房左侧。根据上述基本资料，厂房最小长度为（　　）m。

A. 64　　B. 66　　C. 68　　D. 70

（2）某水电站机墩结构为圆筒式机墩，机墩的内直径 $d=5.45$ m，外直径 $D=9.50$ m，机组额定转速为 200 r/min，机组转动部分总重 1 670 kN，机组转动部分质量中心与机组中心偏心距 e 为 0.5 mm。则由机组转动部分质量中心和机组中心偏心距 e 引起的水平离心力标准值 P_m(kN) 引起的剪应力 τ 为（　　）kN/m²。

A. 2.10　　B. 2.32　　C. 2.46　　D. 2.60

（3）某水电站机墩结构为圆筒式机墩，水轮机导叶叶片数 $x_1=24$，水轮机转轮叶片数 $x_2=5$，机组额定转速为 200 r/min，则水力冲击引起的振动频率 n_2 为（　　）r/min。

A. 22 000　　B. 23 000　　C. 24 000　　D. 25 000

（4）某水电站机墩结构为圆筒式机墩，机墩自重 $P_0=350$ kN，蜗壳顶板重为 $P_a=135$ kN，机组垂直荷载（不计动力系数）$\sum P_i=600$ kN，单位垂直力作用下的结构垂直变位（包括机墩压缩变位和蜗壳顶板垂直变位）为 $\delta_1=0.5\times10^{-6}$ m/kN，则机组的垂直自振频率 n_1 为（　　）r/min。

A. 1 282　　B. 1 284　　C. 1 286　　D. 1 288

（5）某水电站机墩结构为圆筒式机墩，机组额定转速为 200 r/min，机墩自重 $P_0=350$ kN，蜗壳顶板重为 $P_a=135$ kN，机组垂直荷载（不计动力系数）$\sum P_i=600$ kN，作用于机墩上的动荷载 $P_1=120$ kN，单位垂直力作用下的结构垂直变位（包括机墩压缩变位和蜗壳顶板垂直变位）为 $\delta_1=0.5\times10^{-6}$ m/kN，则机组的垂直振幅 A_1 为（　　）mm。

A. 0.062　　B. 0.070　　C. 0.075　　D. 0.079

（6）某水电站吊车梁采用焊接工字形钢吊车梁，吊车梁跨度为 $l=14.0$ m，材质采用 Q345(16Mn) 钢，$f=295$ N/mm²，$f_v=170$ N/mm²，腹板与上翼缘采用焊透的 T 形连接，经内力计算，跨中最大竖向弯矩 $M_{max}=7\ 700$ kN·m，支座最大剪力 $V_{max}=4\ 900$ kN，则初选钢吊车梁梁高及腹板厚度为（　　）mm。

A. $h=1\ 900$，$t_w=17$　　B. $h=1\ 900$，$t_w=18$

C. $h=1\ 950$，$t_w=17$　　D. $h=1\ 950$，$t_w=18$

（7）某水电站工程引水发电系统由进水口、引水隧洞、调压室、压力管道和发电厂房组成，装机 2 台，单机容量为 35 MW，单机设计引用流量为 28 m³/s，又知该引水隧洞长 $L_1=2\ 500$ m，隧洞直径 $D=4.3$ m，压力管道长 $L_2=1\ 000$ m，压力管道直径 $D=3.9$ m，则引水系统调压室前的局部水头损失约为(　　)m,局部水头损失系数见表10-6。

A. 0.135　　B. 0.145　　C. 0.115　　D. 0.122

表10-6　局部水头损失系数

序号	部位	局损系数 ξ
1	拦污栅	0.11
2	进口喇叭口	0.1
3	进口检修门槽	0.1
4	进口事故门槽	0.1
5	事故门槽后渐变段	0.05
6	平面转弯1	0.085
7	调压室前渐变段	0.1
8	过调压室	0.1
9	调压室后渐变段	0.1
10	平面转弯2	0.063
11	立面转弯1	0.098
12	立面转弯2	0.095
13	岔管	0.912
14	蝶阀	0.2

注:表中系数 ξ 值参考《水电站调压室设计规范》(DL/T 5058—1996)和《水电站进水口设计规范》(SD 303—88)等有关资料选取。

(8)某水电站工程压力管道直径 $D=4.5$ m,计算管段轴线倾角 $\alpha=45°$,岩层覆盖厚度 $h=96.0$ m,设计内水压强 $p=2.5$ MPa。钢管周围回填混凝土厚度50 cm,地下钢管的初始缝隙 $\Delta=0.088$ cm,混凝土弹性模量 $E_c=2.55\times10^4$ MPa,泊松比 $\mu_c=0.2$,围岩的弹性模量 $E_0=6.0\times10^3$ MPa,泊松比 $\mu_0=0.2$。钢管采用Q345(16Mn)钢,$E_s=2.06\times10^5$ MPa,泊松比 $\mu_s=0.3$,线膨胀系数 $\alpha_s=1.2\times10^{-5}$ ℃$^{-1}$,屈服应力 $\sigma_s=300$ MPa,允许应力 $[\sigma_s]=200$ MPa。钢管灌浆时的温度与运行时的最低水温之差 $\Delta t=120$ ℃,与最高水温之差 $\Delta t=30$ ℃。混凝土垫层的内半径 $r_c=r_s=2.25$ m,开裂岩层的内半径 $r_0=2.75$ m,完整岩层的内半径 $r_e=4.11$ m。钢衬的结构厚度为(　　)mm。

A. 8.6　　B. 12.6　　C. 15.6　　D. 20.6

(9)某小水电站压力水管内半径 $r=800$ mm,管壁厚120 mm,采用C20混凝土及Ⅱ级钢筋,内水压力标准值 $p=0.2$ N/mm^2,结构重要性系数 $\gamma_0=1.0$,设计状况系数 $\psi=1.0$,则该引水隧洞配筋面积为(　　)mm^2。

A. 734.2　　B. 737.2　　C. 740.2　　D. 743.2

(10)某水电站厂房吊车柱为钢筋混凝土排架柱,对称配筋,截面尺寸 $b\times h=400$ mm $\times500$ mm,计算长度 $l_0=7.6$ m,采用C20混凝土及Ⅱ级钢筋,已知该吊车柱在使用期间截面承受内力设计值为：$N = 556$ kN，$M = 275$ kN·m，则该吊车柱配筋面积为(　　)mm^2。

A. 1 946　　B. 2 068　　C. 2 138　　D. 2 246

(11)某水电站风罩为圆筒式结构，已知风罩外直径为 1 070 cm，风罩内直径为 950 cm，风罩高为 3.9 m，风罩内部与外部的温度差 $\Delta t = 20$ ℃。混凝土骨料为安山岩，混凝土温度线膨胀系数 $\alpha_t = 1 \times 10^{-5}$ ℃$^{-1}$，则该圆筒式风罩结构在内部与外部温度差 $\Delta t = 20$ ℃作用下所受的最大剪力值 V_x 为(　　)kN。

A. -136.5　　B. -138.5　　C. -140.5　　D. -142.5

(12)某水电站风罩为圆筒式结构，已知风罩外直径为 1 380 cm，风罩内直径为 1 260 cm，风罩高为 4.45 m，风罩内未设置千斤顶，风罩顶部所受的弯矩值为 $M_0 = 175$ kN·m，又知风罩内部与外部的温度差 $\Delta t = 25$ ℃。混凝土骨料为安山岩，混凝土温度线膨胀系数 $\alpha_t = 1 \times 10^{-5}$ ℃$^{-1}$，则该圆筒式风罩结构所受的最大竖向弯矩 M_x 为(　　)kN·m。

A. -260.2　　B. -270.2　　C. -275.2　　D. -281.2

(13)某引水式地面水电站厂房，水轮机安装高程 473.80 m(导叶中心)，主机间段建基高程 459.60 m，岩石基础。厂内装机 2 台，2 号机组段长度 19.00 m，1 号边机组段长度 22.50 m，主机间长 41.50 m，安装间长 31.50 m，厂房总长 73.00 m，厂房宽度 22.00 m。发电厂房设计洪水标准为 100 年一遇($P = 1\%$)，相应下游水位 484.91 m，校核洪水标准为 500 年一遇($P = 0.2\%$)，相应下游水位 486.20 m。安装间地面高程与发电机层地面同高，均为 486.60 m 。已知 2 号机组段 486.60 m 以下一期混凝土共为 8 800 m^3，二期混凝土共为2 550 m^3，486.60 m 以上一期混凝土共为 780 m^3，红砖共为 520 m^3，钢吊车梁以及屋面钢结构共重 2 200 kN，机电设备共重 14 250 kN。厂房两端墙及下部基础均未设置止水，厂房上游侧可按无水考虑，又知该工况下，作用于该机组段尾水闸墩上的垂直水压重 $W = 15\ 750$ kN，则 2 号机组段在特殊组合中的非常运行情况下的抗浮稳定安全系数 K_f 为(　　)。

A. 5.0　　B. 5.5　　C. 6.0　　D. 6.5

(14)某引水式地面水电站厂房，水轮机安装高程 435.27 m(导叶中心)，主机间段建基高程 422.82 m，岩石基础，滑动面的抗剪断摩擦系数 $f' = 0.7$，抗剪断凝聚力 $C' = 0.9$ kPa。厂内装机 2 台，2 号机组段长度 17.70 m，1 号边机组段长度 21.00 m，主机间长 38.70 m，安装间长 29.50 m，厂房总长 68.20 m，厂房宽度 18.70 m。发电厂房设计洪水标准为 100 年一遇($P = 1\%$)，相应下游水位 451.31 m，校核洪水标准为 200 年一遇($P = 0.5\%$)，相应下游水位为 452.21 m。安装间地面高程与发电机层地面同高，均为 446.80 m 。已知 2 号机组段 446.80 m 以下一期混凝土共为 8 000 m^3，二期混凝土共为2 200 m^3，446.80 m 以上一期混凝土共为 650 m^3，红砖共为 500 m^3，屋面钢结构共重2 000 kN，机电设备共重为 12 500 kN。厂房上游侧回填砂砾石，容重 17 kN/m^3，内摩擦角 $\varphi = 35°$，回填至 446.80 m ，回填砂砾石高 $H = 16$ m。厂房两端墙及下部基础均未设置止水，厂房上游侧可按无水考虑，又知该工况下，作用于该机组段尾水闸墩上的垂直水压重 $W = 13\ 550$ kN，则 2 号机组段在特殊组合中的非常运行情况下进行抗滑稳定计算时的 $\sum W$、$\sum P$ 分别为(　　)kN。

A. 249 951、3 700　　　　B. 249 951、3 729

C. 249 961、3 700　　　　D. 249 961、3 729

(15)某抽水蓄能电站地下厂房区地应力场水平方向最大主应力为 5 ~ 9 MPa,垂直方向主应力为 5 ~ 7 MPa,最大水平主应力与垂直方向应力比值平均为 1.32,该区原岩应力近似等压分布,厂房区地应力场最大主应力方向 NW70°。根据厂房地质探洞揭露的地质情况,厂房区未发现大的断层,主要为节理裂隙,以陡倾角为主。地下厂房区主要发育 4 组节理,其中以 NW 向节理为主,NE 向节理次之,地下厂房岩石节理走向玫瑰花图见图 10-1。根据以上条件确定地下厂房轴线(　　)。

A. NW70°　　　　B. NW30°

C. NE20°　　　　D. NE60°

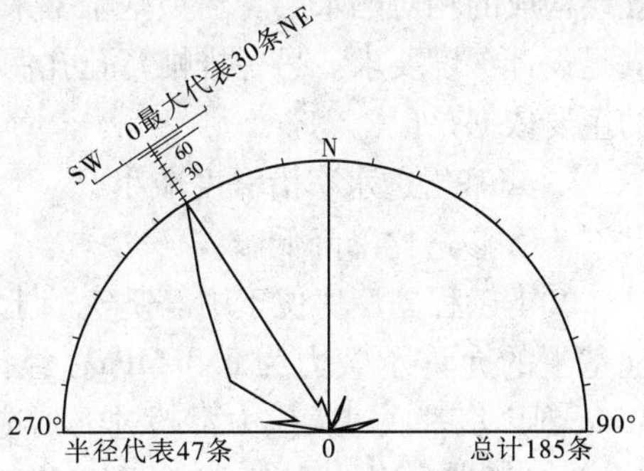

图 10-1

(16)某水电站厂房吊车梁为一矩形截面简支梁(结构安全级别为 2 级),$b \times h$ = 200 mm×500 mm;由承载力计算已配置纵向受拉Ⅱ级钢筋 3 Φ 20,混凝土为 C20 级;梁的计算跨度 l_0 = 5.6 m;承受均布荷载,其中永久荷载(包括自重)标准值 g_k = 12.4 kN/m,可变荷载标准值 q_k = 8 kN/m;可变荷载标准值的长期组合系数 ρ = 0.5。该吊车梁的跨中挠度:

①荷载效应短期组合梁的跨中挠度 f_s/l_0(　　)。

A. 3.48×10^{-3}　　　　B. 4.58×10^{-3}

C. 3.11×10^{-3}　　　　D. 2.70×10^{-3}

②荷载效应长期组合梁的跨中挠度 f_l/l_0(　　)。

A. 3.90×10^{-3}　　　　B. 3.11×10^{-3}

C. 2.21×10^{-3}　　　　D. 4.40×10^{-3}

(17)某水电站厂房中控室基础坐落在均质黏性土上。基础长度 L = 10 m,宽度 B = 5 m,埋置深度 D = 1.5 m,其上作用着中心荷载 P = 10 000 kN。地基土的天然湿容重 γ = 20 kN/m^3,饱和容重 γ_m = 21 kN/m^3,土的压缩曲线如图 10-2所示,若地下水位距基底 2.5 m,分层厚度取 2.5 m,基础中心点的沉降量为(　　)mm。

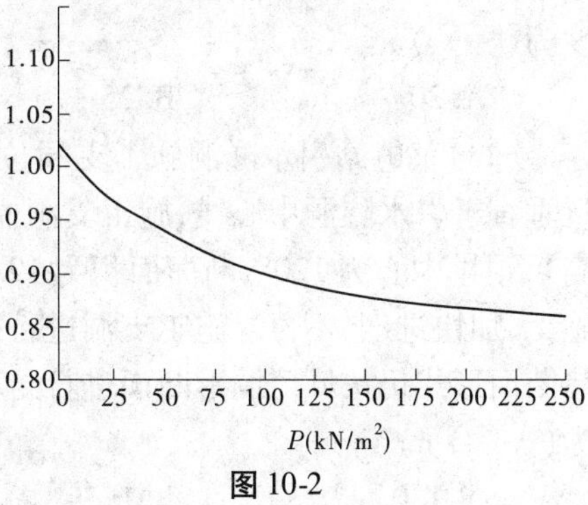

图 10-2

A. 10.5　　　　B. 18.5　　　　C. 36.5　　　　D. 44.5

(18)某水电站厂房采用单跨简支吊车梁,L = 8 m,吊车一侧 2 个轮子,轮距 K = 2.4 m,单个轮压 P = 250 kN,梁最大弯距(不计梁自重)是(　　)。

A. 925.5 kN · m　　　　B. 825.5 kN · m

C. 722.5 kN · m　　　　D. 650.0 kN · m

(19)某河床式电站,总装机容量 400 MW。电站坝段坝高 42 m,坝基底宽 75 m,建基面高程 860 m，上游设计洪水位 896.5 m，下游设计洪水位 865.0 m，坝前淤沙高程 866.0 m，清水容重 10 kN/m^3，淤沙饱和容重 22 kN/m^3，内摩擦角 10°。灌浆帷幕和主排水孔设在坝体上游灌浆排水廊道内，帷幕中心线在建基面处距上游坝踵 5.0 m，主排水孔距帷幕中心线 2.0 m。

①本工程坝基为中等透水的奥陶纪灰岩，下部有一层厚 5 ~ 8 m 的泥质白云岩、页岩互层构成的相对隔水层。当坝基帷幕采用两排孔时，其中一排孔进入相对隔水层 3.0 m，满足设计深度要求。另一排帷幕孔孔深取设计深度的 1/2，满足规范规定要求，这一规定的主要依据是（　　）。

A. 基岩透水率沿深度减小　　B. 节省工程量

C. 渗透比降降低　　D. 减小钻孔施工难度

②本工程副厂房位于中等坚实的土基上，建基面为水平面，根据地基勘察资料，选定地基土的允许承载力为 0.3 MPa。经计算，基本组合时，副厂房基底最小应力为 0.17 MPa，副厂房基底最大应力不超过下列选项中的（　　）。

A. 0.36 MPa　　B. 0.34. MPa　　C. 0.32 MPa　　D. 0.30 MPa

(20)某水电站有压进水口喇叭段为一矩形三面收缩喇叭口，喇叭口最小断面平均流速 3.6 m/s，此有压进水口喇叭段最小水头损失为（　　）cm。（g 取 9.8 m/s^2）

A. 1.26　　B. 2.51　　C. 3.31　　D. 5.61

(21)某泄水工程进水口底板高程为 600 m，最高洪水位为 650 m，平均水温为 20 ℃，当在最高洪水位泄水时，该部位流速为 10 m/s，则进水口的水流空化数为（　　）。（g 取 9.8 m/s^2）

A. 11.64　　B. 12.31　　C. 12.91　　D. 13.21

(22)某一水平压力隧洞，洞内静水压力水头为 60 m，该部位岩石为花岗岩，岩体的容重为 26 kN/m^3，水的容重为 10 kN/m^3，河谷岸边边坡倾角为 0°，则洞身岩体最小覆盖厚度为（　　）m。

A. 20　　B. 25　　C. 30　　D. 35

(23)某电站引水隧洞施工支洞位于调压室上游山体内，预对其封堵，封堵段中心线近垂直于引水隧洞中心线，施工支洞原开挖断面为城门洞形，尺寸为 5.2 m × 5.2 m（宽 × 高），顶拱中心为 120°，断面面积为 12.64 m^2，周长为 18.78 m。从施工程序考虑，为简化施工，加快进度，不再对施工支洞进行扩挖或二期开挖齿槽等封堵措施，因此施工支洞封堵断面形式仍按城门洞形断面进行封堵。施工支洞中心线水头为 80 m，封堵体长度至少为（　　）m。

A. 1.0　　B. 1.79　　C. 2.0　　D. 2.35

(24)已知某隧洞开挖断面为城门洞形，开挖宽度 B 及高度 H 均为 5.5 m，围岩为比较新鲜的、节理裂隙较少的砂岩，岩石坚固系数 $f = 6$，摩擦角为 75°，容重为 24 kN/m^3，采用普氏公式计算该断面的垂直山岩压力为（　　）kN/m^2。

A. 9.73　　B. 8.73　　C. 7.62　　D. 6.31

(25)某工程导流隧洞采用钢衬衬砌，外包 80 cm 素混凝土，洞身具有足够岩体覆盖厚度，钢材采用低合金钢 Q345—C，屈服点强度 $\sigma_s = 345\ N/mm^2$，抗拉、抗压、抗弯强度设

计值 $f_s = 290\ N/mm^2$，钢衬采用双面对接焊，压力钢管内径 $D=3.1$ m，压力钢管中心线高程 81.19 m，假设施工缝隙 $\Delta_0 = 2.0$ mm，钢管冷缩缝隙 $\Delta_s = 0.8$ mm，围岩冷缩缝隙 $\Delta_R = 0.9$ mm，根据水利行业标准，试求当运行水位 196.5 m 时，所需最小钢衬厚度(　　)mm。

A. 8　　B. 10　　C. 12　　D. 16

(26)某工程高压引水隧洞采用钢衬衬砌，外包 80 cm 素混凝土，洞身具有足够岩体覆盖厚度，钢材采用低合金钢 Q345—C，屈服点强度 $\sigma_s = 345\ N/mm^2$，压力钢管内径 $D = 3.1$ m，钢衬厚度采用 16 mm；在施工期，外水压力水头最大，其值为 70 m，压力钢管需设加劲环，加劲环厚度采用 16 mm，高度采用 200 mm，则根据水利行业标准，不考虑外水折减，加劲环的间距最大可取(　　)m。

A. 1.8　　B. 1.6　　C. 1.0　　D. 0.8

(27)某水库为满足泄洪要求，考虑布置一条有压泄洪洞，泄洪洞长约 300 m，此泄洪洞设计断面应满足水头为 40 m 时，泄量达到 70 m^3/s，隧洞各局部损失系数之和为 0.6，沿程损失系数为 0.3，初步拟定隧洞最小内径为(　　)m。

A. 3.0　　B. 4.0　　C. 5.0　　D. 6.0

(28)某山区建一座 2 亿 m^3 库容的水库，拦河坝修建在流向自北向南转向正东方向的河谷弯道上，凸岸山坡坡度 45°，覆盖层厚 20 m，岩性为千枚岩，岩层走向北西 350°，倾向南东，倾角 70°。施工期修一个北西向的导流洞，洞径 8.0 m，宣泄 5 年一遇洪水 1 200 m^3/s，后期改建为龙抬头式泄洪洞，并在其左侧建一输水隧洞。

①为满足洞线布置要求，下列选项中正确的是(　　)。

A. 进口段走向北西 330°，转角 30°，转弯半径 60 m，出口段为北东 180°

B. 进口段走向北西 270°，转角 30°，转弯半径 60 m，出口段为北东 120°

C. 进口段走向北西 285°，转角 25°，转弯半径 35 m，出口段为北东 130°

D. 进口段走向北西 270°，转角 45°，转弯半径 60 m，出口段为北东 135°

②输水洞从泄洪洞左侧开挖通过时，泄洪洞龙抬头段已开挖完毕，两洞间最小岩体厚度，下列选项正确的是(　　)。(D 为开挖洞径)

A. 1.5D　　B. 2.0D　　C. 2.5D　　D. 3.0D

(29)某地拟建一引水式水电站，电站装机两台，根据调压室设置条件需设置一引水调压室，调压室前压力引水道长度为 500 m，调压室后压力管道长 100 m，压力引水道和压力管道均为圆形断面，断面面积均为 15 m^2。当最小静水头为 60 m 时，压力引水道发电流量为 57.5 m^3/s，压力引水道水头损失为 1.2 m，压力管道水头损失为 0.66 m；当额定水头为 80 m 时，压力引水道发电流量为 65.5 m^3/s，压力引水道水头损失为 1.8 m，压力管道水头损失为 1.0 m；当最大水头为 100 m 时，压力引水道发电流量为 47.6 m^3/s，压力引水道水头损失为 0.8 m，压力管道水头损失为 0.42 m。按托马准则确定引水调压室的最小稳定断面面积为(　　)m^2。

A. 34.99　　B. 50.70　　C. 29.95　　D. 56.23

(30)某引水电站工程，厂房共设四台机组，电站装机 1 200 MW，设计水头 415 m，单机流量 42 m^3/s，引水发电系统采用一洞两机，共两洞四机布置，单条引水隧洞长 1 510 m，洞径 6.7 m，单条引水支洞长 288 m，洞径 4.7 m，试初步计算压力水道中水流惯性时间常

数 T_w，从而判断调压室的设置条件。T_w 值为(　　)s。

A. 1　　B. 2　　C. 3　　D. 4

(31)某水电站厂房，厂家提供资料：金属蜗壳外形尺寸 $+x=4.65$ m，$-x=3.35$ m，尾水管出口宽 $B=6.80$ m，尾水管边墩最小厚度取 1.20 m，发电机风罩内径 $d=6.60$ m，风罩厚度取 0.4 m，发电机外侧检修通道取 1.0 m。机组段最小长度为(　　)m。

A. 9.2　　B. 9.4　　C. 9.6　　D. 9.8

(32)某坝后式电站厂房，采用有压式进水口、单机单管引水，发电最低运行水位为 167 m，单机引用流量为 104.0 m^3/s。进水口对称，孔口尺寸为 5.20 m×6.25 m(宽×高)，进水口最小淹没深度为(　　)m。

A. 5.90　　B. 5.84　　C. 4.40　　D. 4.25

(33)已知某电站压力钢管内径为 4 500 mm，按构造要求确定钢管壁的最小厚度，下列选项中(　　)符合规范要求的钢管壁厚。

A. 8.5 mm　　B. 9.6 mm　　C. 9.0 mm　　D. 10.0 mm

(34)某水电站厂房吊车梁为一矩形截面简支梁(结构安全级别为 2 级)，处于露天环境，$b\times h=250\ \text{mm}\times 600\ \text{mm}$；由承载力计算已配置纵向受拉Ⅱ级钢筋 3 Φ 20($A_s=$ 1 140 mm^2)，混凝土为 C20；梁的计算跨度 $l_0=7.2$ m。使用期间承受均布荷载，荷载标准值为：永久荷载(包括自重)标准值 $g_k=13$ kN/m，可变荷载标准值 $q_k=7.2$ kN/m，可变荷载标准值的长期组合系数 $\rho=0.5$。该吊车梁的最大裂缝宽度：

①荷载效应短期组合梁的最大裂缝宽度 w_{max} 为(　　)mm。

A. 0.265　　B. 0.352　　C. 0.390　　D. 0.452

②荷载效应长期组合梁的最大裂缝宽度 w_{max} 为(　　)mm。

A. 0.156　　B. 0.232　　C. 0.332　　D. 0.376

(35)某引水式电站，采用有压式进水口、单机单管引水，单机引用流量为 104.0 m^3/s。进水口对称，拦污栅过栅流速为 1.0 m/s，闸门孔口流速为 3.2 m/s，进水口拦污栅及进水口闸门孔口尺寸为(　　)。

A. 5.50 m×9.50 m(双孔宽×高)、5.30 m×6.0 m(宽×高)

B. 4.0 m×13.0 m(双孔宽×高)、5.0 m×6.25 m(宽×高)

C. 7.20 m×7.20 m(双孔宽×高)、5.20 m×6.25 m(宽×高)

D. 6.0 m×7.0 m(双孔宽×高)、5.50 m×6.50 m(宽×高)

(36)某输水洞为有压洞，最大内水压力 0.40 MPa，洞顶山坡岩体上覆盖层厚 20 m，要满足山体最小覆盖厚度要求，下列选项中正确的是(　　)。(其经验系数 K 取 1.1，岩体容重取 25 kN/m^3，水容重取 10 kN/m^3)

A. 25 m　　B. 40 m　　C. 50 m　　D. 35 m

(37)某隧洞式进水口设置三孔拦污栅，栅面与水平成 80°角，椭圆形拦污栅支墩间净距 7.0 m，支墩厚度 2 m，拦污栅孔口净高 21.5 m，为直径 12 mm 的圆形栅片，栅片间净距 110 mm，发电最低运行水位 167 m，设计引用流量 428.7 m^3/s，过栅后水位降落值为(　　)m。

A. 0.018　　B. 0.015　　C. 0.01　　D. 0.02

(38)非对称Y形月牙肋岔管按构造要求,主管和支管轴线最小夹角可以是(　　)。

A. 20°　　B. 35°　　C. 40°　　D. 50°

(39)一对称Y形球形岔管,球壳内半径0.5 m,球壳壁厚26 mm,试求相邻两支管孔口最小净距为(　　)mm。(钢材泊松比取0.3)

A. 200　　B. 279　　C. 300　　D. 400

(40)某引水式电站压力管道为明钢管,管径2.0 m,发电最大流速8 m/s,通气孔设置通气阀,通气孔最小开孔面积(　　)m^2。

A. 0.331　　B. 0.352　　C. 0.452　　D. 0.498

(41)试计算某厂房内引水发电压力钢管最小厚度为(　　)mm。其中,内水压力 $P_0 = 26.4\ kg/cm^2$,钢管内半径 $r = 35$ cm,钢板屈服强度为3 450 kg/cm^2,抗拉强度为4 700 kg/cm^2。

A. 6　　B. 7　　C. 8　　D. 9

(42)某段引水式电站地下埋管,加劲环高度300 mm,厚度25 mm,间距1.8 m,钢管内半径1.5 m,管壁厚22 mm,钢管及加劲环均采用16Mn钢,钢板屈服强度为3 450 kg/cm^2,加劲环的临界外压为(　　)N/mm^2。

A. 1.80　　B. 1.70　　C. 1.90　　D. 2.0

(43)某处地面高程为650.0 m,风化层厚2 m,若在此处布置水平地下埋管,已知钢管内半径2 m,壁厚30 mm,混凝土衬砌厚度50 cm,进水口水位为680.0 m,不计水头损失,假设在内水压力作用下,钢管承受的最小环向正应力为零,钢管中轴线的最大高程为(　　)m。(围岩容重取2.4 t/m^3,重力加速度取10 m/s^2)

A. 620.81　　B. 624.23　　C. 632.29　　D. 630.0

(44)某引水式电站压力管道长200 m,水平布置,进水口正常蓄水位550 m,机组安装高程500 m,机组满发时突然全部丢弃负荷,在压力管道末端出现极限水锤,最大压强升高到100 m水头,问压力管道中间点(长度100 m处)最大压强可以达到(　　)m水头。

A. 50　　B. 75　　C. 100　　D. 150

(45)水平钢衬钢筋混凝土地下埋管,需对顶拱进行回填灌浆,钢管与混凝土间进行接触灌浆,对围岩进行固结灌浆。其灌浆顺序宜(　　)。

A. 回填灌浆、接触灌浆、固结灌浆　　B. 回填灌浆、固结灌浆、接触灌浆

C. 接触灌浆、固结灌浆、固结灌浆　　D. 固结灌浆、固结灌浆、接触灌浆

(46)已知某电站压力钢管内径为1 000 mm,壁厚20 mm,按构造要求确定该钢管转弯处最小环向焊缝间距,下列选项中(　　)mm符合规范要求的最小环向焊缝间距。

A. 200　　B. 300　　C. 350　　D. 400

(47)已知某电站压力钢管内径为4 500 mm,根据构造要求确定钢管壁的最小厚度,下列选项中(　　)mm符合规范要求的钢管壁厚。

A. 8.5　　B. 9.6　　C. 9.0　　D. 10.0

(48)某引水式电站,采用两机一管引水。引水主管直径为6 000 mm,岔管直径为4 300 mm,钢管壁厚均为24 mm。根据压力钢管构造要求,岔管环向焊缝的间距应不

小于(　　)mm。

A. 500　　B. 300　　C. 240　　D. 795

(49)某引水式电站,采用两机一管引水。采用三梁岔管,岔管最大内直径4 800 mm,内水压力1.8 N/mm^2,钢管半锥顶角$\alpha=8°$,焊缝系数$\varphi=0.95$,钢材采用16MnR,屈服强度$\sigma_s=325$ N/mm^2,计算系数$K_1=1.05$、$K_2=1.6$、$[\sigma]_1=0.5\sigma_s$、$[\sigma]_2=0.67\sigma_s$,初步近似计算该节管段膜应力区的管壁厚度和局部应力区管壁厚度。如果钢板锈蚀厚度2 mm。钢管壁厚:

①膜应力区的管壁厚度(　　)mm。

A. 30　　B. 32　　C. 34　　D. 36

②局部应力区管壁厚度(　　)mm。

A. 30　　B. 32　　C. 34　　D. 36

③管壁厚度最终选定(　　)mm。

A. 30　　B. 32　　C. 34　　D. 36

(50)某工程导流洞为7 m×9 m(宽×高)的矩形断面,平均底高程为830 m,水库最高蓄水位890 m,围岩为薄层灰岩岩体,节理构造密集,工程后期将导流洞采用混凝土封堵,下列选项中满足规范对封堵体设计要求的是(　　)。

A. 封堵体长度为3.9 m,顶部回填灌浆,接触灌浆,封堵体周边岩体进行固结灌浆

B. 封堵体长度为2.8 m,顶部回填灌浆,接触灌浆,封堵体周边岩体进行固结灌浆

C. 封堵体长度为4.2 m,顶部回填灌浆,封堵体周边岩体进行固结灌浆

D. 封堵体长度为5.4 m,接触灌浆,封堵体周边岩体进行固结灌浆

(51)某引水式电站,采用一管一机引水。压力钢管采用明钢管,钢管最大内直径$D_0=$ 4 500 mm,加筋环间距为900 mm,内水压力1.8 N/mm^2,压力管道水平布置,钢材采用16MnR,钢材弹性模量$E=2.06\times10^5$ N/mm^2,管壁厚度为$t=36$ mm,泊松比$\mu=0.3$,光面钢管径向均布的临界外压P_{cr}为(　　)N/mm^2。

A. 0.20　　B. 0.19　　C. 0.21　　D. 0.24

(52)有压引水发电洞,进水口最低发电水位650.0 m,机组安装高程550.0 m,引用流量60 m^3/s,布置简单式上游调压室,进水口至调压室洞长8 km,断面面积20 m^2,机组满发时水头损失12 m,调压室至厂房压力管道长500 m,水头损失2 m,调压室稳定断面面积(　　)m^2。(系数K取1.1,重力加速度取9.81 m/s^2)

A. 82.25　　B. 79.22　　C. 99.19　　D. 87.39

(53)有压引水发电洞,进水口最高发电水位650.0 m,引用流量40 m^3/s,布置简单式上游调压室,进水口至调压室洞长5 km,断面面积20 m^2,机组满发时水头损失8 m,调压室断面面积90 m^2,调压室最低点高程(　　)m^2。(重力加速度取9.81 m/s^2)

A. 669.9　　B. 668.9　　C. 677.9　　D. 676.9

(54)某引水发电系统为一洞三机型式,机组功率相同,总设计引用流量90 m^3/s,布置一阻抗式上游调压室,进水口至调压室洞长5 km,断面面积20 m^2,机组满发时水头损失8 m,调压室断面面积90 m^2,当两台机组满载运行,另一台机组投入满载运行时,调压室最低涌波(　　)m。(重力加速度取9.81 m/s^2)

A. 15.83　　B. 15.5　　C. 13.2　　D. 17.5

(55)某引水发电系统为一洞两机型式，机组功率相同，总设计引用流量 60 m^3/s，布置一水室式上游调压室，进水口至调压室引水隧洞长 2 km，断面面积 20 m^2，机组满发时水头损失 3 m，已知增荷后调压室最低涌波 12 m，调压室下室最小容积(　　)m^3。(重力加速度取 9.81 m/s^2)

A. 428.13　　B. 15.5　　C. 13.2　　D. 17.5

(56)某输水隧洞为有压洞，最大内水压力 0.50 MPa，采用混凝土衬砌。问山体最小覆盖厚度是(　　)(坡面倾角 45°，岩体容重 27 kN/m^3，水容重取 10 kN/m^3)。

A. 20　　B. 24.5　　C. 26.8　　D. 29

(57)某无压隧洞的断面为城门洞形，洞宽 4 m，顶拱中心角为 90°，隧洞纵坡 1/2 000，设计输水流量 30 m^3/s，钢筋混凝土衬砌糙率取 0.014，隧洞的最小洞高是(　　)m。

A. 4.50　　B. 4.85　　C. 5.25　　D. 5.50

(58)有压隧洞严禁出现明满流交替的运行方式，在最不利运行条件下，洞顶以上应有不小于(　　)的压力水头。

A. 100 cm　　B. 200 cm　　C. 300 cm　　D. 400 cm

(59)流速小于 20 m/s 的无压隧洞平面弯曲半径不宜小于(　　)倍洞径(或洞宽)，转角不宜大于(　　)；流速小于 20 m/s 的有压隧洞转弯半径不应小于(　　)倍洞径(或洞宽)。

A. 5,90°,3　　B. 5,60°,3　　C. 3,60°,2.5　　D. 3,70°,5

(60)某引水式电站，采用一管一机引水。压力钢管采用明钢管，钢管最大内直径为 $D_0 = 4\ 500$ mm，内水压力 1.8 N/mm^2，压力管道水平布置，钢材采用 16MnR，钢材弹性模量 $E = 2.06 \times 10^5\ N/mm^2$，管壁厚度为 $t = 36$ mm，泊松比 $\mu = 0.3$，光面钢管径向均布的临界外压 P_{cr} 为(　　)N/mm^2。

A. 0.20　　B. 0.19　　C. 0.21　　D. 0.24

(61)某抽水蓄能电站地下厂房深埋于地下 400 m 左右，地处高地应力区。厂房开挖长×宽×高＝200 m×33 m×48.5 m，断面形状为卵形。洞室附近岩石主要为硅质砂岩和角砾岩，岩体坚硬，岩体内发育有走向 NW75°、倾向 NE85°和走向 NW5°、倾向 NE85°两组节理结构面，其中前者较后者发育。现场地应力监测表明，岩体初始最大主应力方向为 NW45°。根据以上条件确定地下厂房轴线是(　　)。

A. NW5°　　B. NW45°

C. NE45°　　D. NW35°

(62)某地区厂房后边坡存在一不稳定边坡，假设滑面下部不透水，不考虑两侧抗剪，按刚体单宽计算，见图 10-3，$h = 10$ m，边坡与水平面的夹角 $\alpha = 40°$，滑面与水平面夹角 $\beta = 26°$，滑面的凝聚力 $c = 10$ kPa，滑面的内摩擦角 $\varphi = 30°$，设滑体重 $W = 5\ 000$ kN，在不考虑地下水压力的情况下，计算其安全系数最接近的是(　　)。

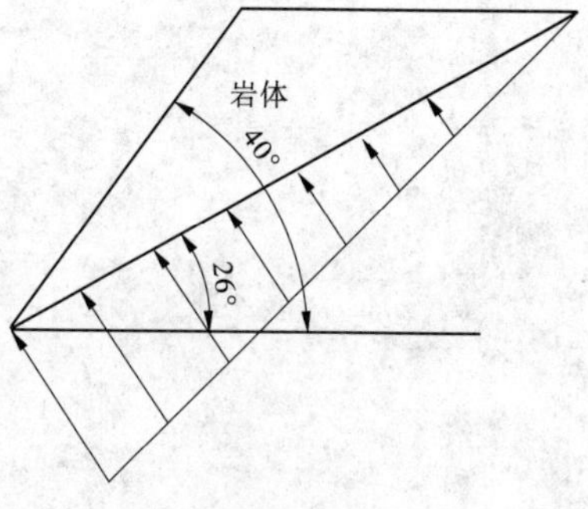

图 10-3

A. 0.9　　B. 1.1

C. 1.3　　D. 1.5

(63)在题(62)条件下,在考虑地下水静水压力的情况下,计算其静水压力 P 为(　　)kN。(水的容重按 10 kN/m^3 考虑)

A. 778　　B. 1 000　　C. 1 141　　D. 1 500

(64)在考虑地下水静水压力的情况下,采用刚体极限平衡法,下列写出的安全系数计算公式正确的是(　　)。

A. $K=\dfrac{c\dfrac{h}{\sin\beta}+(W\cos\beta-P)\tan\varphi}{W\sin\beta}$　　B. $K=\dfrac{c\dfrac{h}{\sin\alpha}+(W\cos\alpha-P)\tan\varphi}{W\sin\alpha}$

C. $K=\dfrac{c\dfrac{h}{\sin\beta}+(W\cos\beta-P)\tan\alpha}{W\sin\beta}$　　D. $K=\dfrac{c\dfrac{h}{\sin\beta}+(W\cos\alpha-P)\tan\varphi}{W\sin\alpha}$

(65)在题(62)条件下,在考虑地下水静水压力的情况下,根据写出的安全系数计算公式,安全系数最接近于(　　)。

A. 0.53　　B. 0.99　　C. 1.13　　D. 1.39

10.4　参考答案

(1)B	(2)B	(3)C	(4)D	(5)A	(6)D
(7)D	(8)B	(9)D	(10)B	(11)A	(12)D
(13)C	(14)D	(15)D	(16)①A、②B	(17)B	(18)C
(19)①C、②D	(20)C	(21)A	(22)C	(23)B	(24)A
(25)B	(26)C	(27)B	(28)①B、②B	(29)B	(30)A
(31)C	(32)C	(33)D	(34)①A、②B	(35)C	(36)C
(37)A	(38)D	(39)C	(40)B	(41)D	(42)A
(43)A	(44)B	(45)B	(46)C	(47)D	(48)D
(49)①A、②C、③D		(50)D	(51)A	(52)A	(53)A
(54)A	(55)A	(56)C	(57)B	(58)B	(59)B
(60)C	(61)C	(62)C	(63)C	(64)A	(65)B

第 11 章　堤防建筑物设计

11.1　考试大纲

熟练掌握堤线布置及堤型选择。

熟练掌握堤身设计。

掌握堤岸防护设计。

掌握软弱堤基、透水堤基、多层堤基处理设计与技术要求。

掌握堤基的防渗处理设计与技术要求。

熟练掌握堤防渗流与渗透稳定、抗滑稳定、沉降计算。

了解堤防与各类建筑物、构筑物的交叉、连接设计。

了解堤防工程加固、改建与扩建设计。

11.2　复习指导

11.2.1　复习要点

11.2.1.1　堤线布置及堤型选择

1)堤线布置

堤线布置应根据防洪规划,地形、地质条件,河流或海岸线变迁,结合现有及拟建建筑物的位置、施工条件、已有工程状况以及征地拆迁、文物保护、行政区划等因素,经过技术经济比较后综合分析确定。

堤线布置应遵循下列原则:河堤堤线应与河势流向相适应,并与大洪水的主流线大致平行;一个河段两岸堤防的间距应大致相等;堤线应力求平顺;堤线应布置在占压耕地、拆迁房屋等建筑物少的地带,避开文物遗址,利于防汛抢险和工程管理;堤防工程应尽量能利用现有堤防和有利地形,尽量避开软弱地基、深水地带、古河道、强透水地基;湖堤、海堤应尽可能避开强风或暴潮正面袭击。

海涂围堤、河口堤防及其他重要堤段的堤线布置应与地区经济社会发展规划相协调,并应分析论证对生态环境和社会经济的影响,必要时应做模型试验。

2)坝型选择

(1)堤防工程的型式应按照因地制宜、就地取材的原则,根据堤段所在的地理位置、重要程度、堤址地质、筑堤材料、水流及风浪特性、施工条件、运用和管理要求、环境景观、工程造价等因素综合确定。

(2)根据筑堤材料,可选择土堤、石堤、混凝土或钢筋混凝土防洪墙、分区填筑的混合材料堤等;根据堤身断面形式,可选择斜坡式堤、直墙式堤或直斜复合式堤等;根据防渗体设计,可选择均质土堤、斜墙式或心墙式土堤等。

(3)同一堤线的各堤段可根据具体条件采用不同的堤型。在堤型变换处应做好连接处理,必要时应设过渡段。

11.2.1.2 **堤身设计**

堤身设计应符合以下规定:

(1)堤身结构应经济实用、就地取材、便于施工,并应满足防汛和管理的要求。

(2)堤身设计应依据堤基条件、筑堤材料及运行要求分段进行。堤身各部位的结构与尺寸,应经稳定计算和技术经济比较后确定。

(3)土堤堤身设计应包括确定堤身断面布置、填筑标准、堤顶高程、堤顶结构、堤坡与戗台、护坡与坡面排水、防渗与排水设施等。防洪墙设计应包括确定墙身结构型式、墙顶高程和基础轮廓尺寸及防渗、排水设施等。

(4)通过古河道、堤防决口堵复、海堤港汊堵口等地段的堤身断面,应根据水流、堤基、施工方法及筑堤材料等条件,结合各地的实践经验,经专门研究后确定。

11.2.1.3 **堤基处理**

堤基处理应根据堤防工程级别、堤高、堤基条件和渗流控制要求,选择经济合理的方案。

堤基处理应满足渗流控制、稳定和变形的要求:①渗流控制应保证堤基及背水侧堤脚外土层的渗透稳定。②堤基稳定应进行静力稳定计算。按抗震要求设防的堤防,其堤基还应进行动力稳定计算。③竣工后堤基和堤身的总沉降量和不均匀沉降量应不影响堤防的安全运用。

对堤基中的暗沟、古河道、塌陷区、动物巢穴、墓坑、窑洞、坑塘、井窖、房基、杂填土等隐患,应探明并应采取处理措施。

11.2.1.4 **堤岸防护**

堤岸受风浪、水流、潮汐作用可能发生冲刷破坏的堤段,应采取防护措施。堤岸防护工程的设计应统筹兼顾,合理布局,并宜采用工程措施与生物措施相结合的防护方法。

根据风浪、水流、潮汐、船行波作用,地质、地形情况,施工条件,运用要求等因素,堤岸防护工程可选用下列型式:①坡式护岸;②坝式护岸;③墙式护岸;④其他防护型式。

堤岸防护工程的结构、材料应符合下列规定:①坚固耐久,抗冲刷、抗磨损性能强;②适应河床变形能力强;③便于施工、修复、加固;④就地取材,经济合理。

堤岸防护长度,应根据风浪、水流、潮汐及堤岸崩塌趋势等分析确定。

堤岸顶部的防护范围,应符合下列规定:①险工段的坝式护岸顶部应超过设计洪水位0.5 m及以上;②堤前有窄滩的防护工程顶部应与滩面相平或略高于滩面。

堤岸防护工程的护脚延伸范围应符合下列规定:①在深泓逼岸段应延伸至深泓线,并应满足河床最大冲刷深度的要求;②在水流平顺段可护至坡度为1:3~1:4的缓坡河床处;③堤岸防护工程的护脚工程顶部平台应高于枯水位0.5~1.0 m。

堤岸防护工程与堤身防护工程的连接应良好。

防冲及稳定加固储备的石方量,应根据河床可能冲刷的深度、岸床土质情况、防汛抢险需要及已建工程经验确定。

11.2.1.5　堤防渗流、渗透、抗滑稳定及沉降计算

1)渗流及渗透稳定计算

河堤、湖堤应进行渗流及渗透稳定计算,计算求得渗流场内的水头、压力、坡降、渗流量等水力要素,进行渗透稳定分析,并应选择经济合理的防渗、排渗设计方案或加固补强方案。海堤的渗流计算宜根据实际情况决定。

土堤渗流计算断面应具有代表性,并应进行下列计算:①应核算在设计洪水或设计高潮持续时间内浸润线的位置,当在背水侧堤坡逸出时,应计算出逸点的位置、逸出段与背水侧堤基表面的出逸比降。②当堤身、堤基土渗透系数 $k \geqslant 10^{-3}$ cm/s 时,应计算渗流量。③应计算洪水或潮水水位降落时临水侧堤身内的自由水位。

河、湖的堤防渗流计算应计算下列水位的组合:①临水侧为设计洪水位,背水侧为相应水位。②临水侧为设计洪水位,背水侧为低水位或无水。③洪水降落时对临水侧堤坡稳定最不利的情况。

海堤或感潮河流河口段的堤防渗流计算应计算下列水位的组合:①以设计潮水位或台风期大潮平均高潮位作为临海侧水位,背海侧水位为相应的水位、低水位或无水等情况。②以大潮平均高潮位计算渗流浸润线。③以平均潮位计算渗流量。④潮位降落时对临水侧堤坡稳定最不利的情况。

进行渗流计算时,对比较复杂的地基情况可作适当简化,并按下列规定进行:①对于渗透系数相差5倍以内的相邻薄土层可视为一层,采用加权平均的渗透系数作为计算依据。②双层结构地基,当下卧土层的渗透系数比上层土层的渗透系数小100倍及以上时,可将下卧土层视为不透水层;表层为弱透水层时,可按双层地基计算。③当直接与堤底连接的地基土层的渗透系数比堤身的渗透系数大100倍及以上时,可认为堤身不透水,仅对堤基按有压流进行渗透计算,堤身浸润线的位置可根据地基中的压力水头确定。

渗透稳定应进行以下判断和计算:①土的渗透变形类型;②堤身和堤基土体的渗透稳定;③堤防背水侧渗流出逸段的渗透稳定。

土的渗透变形类型的判定应按《水利水电工程地质勘察规范》(GB 50487—2008)的有关规定执行。

背水侧堤坡及地基表面逸出段的渗流比降应小于允许比降;当出逸比降大于允许比降时,应采取设置反滤层、压重等保护措施。

2)抗滑稳定计算

抗滑稳定计算应根据不同堤段的防洪任务、工程等级、地形地质条件,结合堤身的结构型式、高度和填筑材料等因素选择有代表性断面进行。

土堤抗滑稳定计算可分为正常情况和非常情况。正常情况稳定计算应包括下列内容:①设计洪水位下的稳定渗流期或不稳定渗流期的背水侧堤坡;②设计洪水位骤降期的临水侧堤坡。非常情况稳定计算应包括下列内容:①施工期的临水侧、背水侧堤坡;②多年平均水位时遭遇地震的临水侧、背水侧堤坡。

多雨地区的土堤,应根据填筑土的渗透和堤坡防护条件,核算长期降雨期堤坡的抗滑稳定性,其安全系数可按非常情况采用。

土堤抗滑稳定计算可采用瑞典圆弧滑动法。当堤基存在较薄软弱土层时,宜采用改

良圆弧法。

土堤抗滑稳定计算应符合《堤防工程设计规范》(GB 50286—98)的规定。

土的抗剪强度应根据各种运用条件选用。

作用在防洪墙上的荷载可分为基本荷载和特殊荷载两类。基本荷载应包括:自重,设计洪水位时(或多年平均水位)的静水压力、扬压力及风浪压力,土压力,冰压力,其他出现机会较多的荷载。特殊荷载应包括地震荷载及其他出现机会较少的荷载。

防洪墙设计的荷载组合可分为正常情况和非常情况两类。正常情况由基本荷载组合,非常情况由基本荷载和一种或几种特殊荷载组合。根据各种荷载同时出现的可能性,选择不利的情况进行计算。

防洪墙的抗滑和抗倾覆稳定安全系数计算应符合《堤防工程设计规范》(GB 50286—98)的有关规定。

防洪墙在各种荷载组合的情况下,基底的最大压应力应小于地基的允许承载力。土基上的防洪墙基底的压应力最大值与最小值之比的允许值,黏土宜取 1.5 ~ 2.5,砂土宜取 2.0 ~ 3.0。

岩基上的防洪墙基底不应出现拉应力。土基上的防洪墙除计算堤身或沿基底面的抗滑稳定性外,还应核算堤身与堤基整体的抗滑稳定性。

3)沉降计算

沉降量计算应包括堤顶中心线处堤身和堤基的最终沉降量。

根据堤基的地质条件、土层的压缩性、堤身的断面尺寸和荷载,将堤防分为若干段,每段选取代表性断面进行沉降量计算。

11.2.1.6 堤防与各类建筑物、构筑物的交叉、连接

堤防与各类建筑物、构筑物的交叉、连接应符合下列规定:

(1)与堤防交叉的各类建筑物、构筑物宜选用跨越的型式。需要穿堤的建筑物、构筑物应合理规划并应减少其数量。

(2)与堤防交叉、连接的各类建筑物、构筑物,应根据自身的结构特点、运用要求、堤防工程的级别和结构等情况选择安全合理的位置和交叉、连接结构型式。

(3)与堤防交叉、连接的各类建筑物、构筑物不得影响堤防的管理和防汛运用,不得影响防汛安全。

(4)位于淤积性江、河、湖、海的堤防上的穿堤和跨堤建筑物、构筑物的设计应按设计使用年限计及淤积影响。

11.2.2 案例分析

【例 11-1】 某堤防吹程 $F=4.5$ km,风速 $v=17$ m/s,平均水深 $d=10$ m,混凝土板护坡。

①采用莆田试验站波浪要素公式,平均波高 H、平均波周期 T 和波长 L 分别为(　　)。

A. $H=0.48$ m, $T=3.07$ s, $L=14.04$ m　　B. $H=0.44$ m, $T=2.80$ s, $L=14.04$ m

C. $H=0.48$ m, $T=2.80$ s, $L=12.04$ m　　D. $H=0.44$ m, $T=2.80$ s, $L=12.04$ m

②该堤防为2级水工建筑物,迎水侧堤坡1∶3,参数$K_{\Delta}=0.9$,$K_V=1.08$,$K_P=2.07$,则波浪爬高R_P为(　　)m。

A. 1. 50　　B. 1. 61　　C. 1. 30　　D. 1. 80

③假定风向夹角$\beta=0°$,风壅水面高度e为(　　)m。

A. 0. 011　　B. 0. 017　　C. 0. 024　　D. 0. 028

④由上面计算成果,确定堤防的堤顶超高为(　　)m。

A. 2. 43　　B. 2. 45　　C. 2. 34　　D. 2. 24

答案:①A、②B、③C、④A

考点:堤防顶高程计算。

解:①根据《堤防工程设计规范》(GB 50286—98)附录C.1中式(C.1.2-1)~式(C.1.2)及式(C.1.3-1),风浪要素按下式计算:

$$\frac{g\overline{H}}{v^2}=0.13\text{th}\left[0.7\left(\frac{gd}{v^2}\right)^{0.7}\right]\text{th}\left\{\frac{0.0018\left(\frac{gF}{v^2}\right)^{0.45}}{0.13\text{th}\left[0.7\left(\frac{gd}{v^2}\right)^{0.7}\right]}\right\} \tag{1}$$

$$\frac{g\overline{T}}{v}=13.9\left(\frac{g\overline{H}}{v^2}\right)^{0.5} \tag{2}$$

$$L=\frac{g\overline{T}^2}{2\pi}\text{th}\left(\frac{2\pi d}{L}\right) \tag{3}$$

式中　$\overline{H}$——平均波高,m;

$\overline{T}$——平均波周期,s;

v——设计风速,m/s;

F——吹程,m;

d——水域平均水深,m;

g——重力加速度,9.81 m/s²。

已知吹程$F=4.5$ km,风速$v=17$ m/s,平均水深$d=10$ m,$g=9.81$ m/s²,由式(1)知:

$$\frac{9.81\overline{H}}{17^2}=0.13\text{th}\left[0.7\left(\frac{9.81\times10}{17^2}\right)^{0.7}\right]\text{th}\left\{\frac{0.0018\times\left(\frac{9.81\times4.5}{17^2}\right)^{0.45}}{0.13\text{th}\left[0.7\times\left(\frac{9.81\times10}{17^2}\right)^{0.7}\right]}\right\}$$

解得$\overline{H}=0.48$ m。

由式(2)知:

$$\frac{9.81\overline{T}}{17}=13.9\times\left(\frac{9.81\times0.48}{17^2}\right)^{0.5}$$

解得$T=3.07$ s。

由式(3)知:

$$L=\frac{9.81\times3.07^2}{2\pi}\text{th}\left(\frac{2\pi\times10}{L}\right)=14.04(\text{m})$$

因此,选A。

②根据《堤坊工程设计规范》(GB 50286—98)附录C.3中式(C.3.1-1),$m=3.0$,波浪爬高 R_P 按下式计算:

$$R_P=\frac{K_\Delta K_V K_P}{\sqrt{1+m^2}}\sqrt{\overline{H}L}$$

式中 R_P——累积频率为 P 的波浪爬高,m;

K_Δ——斜坡的糙率及渗透性系数,混凝土板护坡,$K_\Delta=0.9$;

K_V——经验系数,$v/\sqrt{gd}=1.72$,$K_V=1.05$;

K_P——爬高累积频率换算系数,对于不允许越浪的堤防,爬高累积频率宜取2%,$\overline{H}/d=0.05<0.1$,$K_P=2.07$;

m——斜坡坡率,$m=3.0$;

L——堤前波浪的波长;

$\overline{H}$——堤前波浪的平均波高。

则:

$$R_P=\frac{0.9\times1.05\times2.07}{\sqrt{1+3.0^2}}\times\sqrt{0.48\times14.04}=1.61(\text{m})$$

因此,选B。

③根据《堤防工程设计规范》(GB 50286—98)附录C.2中式(C.2.1),风壅水面高度按下式计算:

$$e=\frac{Kv^2F}{2gd}\cos\beta$$

式中 e——计算点的风壅水面高度,m;

K——综合摩阻系数,取 $K=3.6\times10^{-6}$;

β——风向与垂直于堤轴线的法线夹角,(°);

v——设计风速,m/s;

F——由计算点逆风向到对岸距离,m;

d——水域平均水深,m。

则:

$$e=\frac{Kv^2F}{2gd}\cos\beta=\frac{3.6\times10^{-6}\times17^2\times4\,500}{2\times9.81\times10}\cos0°=0.024(\text{m})$$

因此,选C。

④根据《堤防工程设计规范》(GB 50286—98)第6.3.1条,堤顶高程为设计洪水位加堤顶超高。堤顶超高按下式计算确定:

$$y=R_P+e+A$$

式中 y——堤顶超高,m;

R_P——设计波浪爬高,m,$R_P=1.61$ m;

e——计算点的风壅水面高度,m,$e=0.024$ m;

A——安全加高,m,$A=0.8$ m。

堤顶超高

$$y=1.61+0.024+0.8=2.43(\text{m})$$

因此,选A。

【例 11-2】 某堤防填筑材料为壤土和砂壤土，堤防迎水坡边坡系数 3.0，迎水侧坡脚处为壤土，该段堤防的设计水位 177.81 m，堤前地面高程 175.52 m，平均流速 1.529 m/s，实测堤防局部冲深 0.34 m（水流与堤坡平行），估算河床面不冲流速为（　　）m/s。（取 $n=0.25$）

A. 1.18　　B. 1.08　　C. 0.98　　D. 0.88

答案：D

考点：堤岸冲刷计算。

解：《堤防工程设计规范》（GB 50286—98）附录 D 中式（D.2.2-1），水流平行于岸坡产生的冲刷按下式计算：

$$h_B = h_p \times [(v_{cp}/v_{允})^n - 1]$$

式中 h_B——局部冲深，m；

h_p——冲刷处水深，m，以近似设计水位最大深度代替；

v_{cp}——平均流速，m/s，$v_{cp}=1.529$ m/s；

$v_{允}$——河床面允许不冲流速，m/s；

n——与防护岸坡在平面上的形状有关，一般取 1/4。

冲刷处水深 $h_p=177.81-175.52=2.29$（m）。

则：
$$0.34 = 2.29 \times [(1.529/v_{允})^{0.25} - 1]$$

$$v_{允} = 0.88 \text{ m/s}$$

所以，河床面不冲流速为 0.88 m/s。

因此，选 D。

【例 11-3】 某堤防堤身为壤土填筑的均质土堤，堤顶宽度 6.0 m，迎水坡1:3，背水坡1:2.5，当堤身高度大于 6 m 时，需在背水坡堤顶以下 3.0 m 处设宽 6.0 m 的马道。堤基上部为壤土、砂壤土，下部为卵砾石，为强透水层。堤前设计水深为 3 m，堤防安全超高 2 m，该段堤防堤基砂砾石渗透系数 $k_0=4.05\times10^{-3}$ m/s，堤身的渗透系数 $k=8.87\times10^{-6}$ m/s，堤防单宽渗透流量 $q=6.08\times10^{-3}$ m³/(s·m)，假定背水侧无水（下游有褥垫排水），则下游出逸点高度为（　　）m。

A. 0.66　　B. 0.62　　C. 0.60　　D. 0.58

答案：A

考点：透水堤基渗流计算。

解：《堤防工程设计规范》（GB 50286—98）附录 E.3 中式（E.3.2-3），特征水深 h_0 采用下式计算：

$$h_0 = \frac{q}{k + \dfrac{k_0}{0.44}}$$

式中 h_0——下游出逸点高度，m；

q——单位宽度渗流量，m³/(s·m)；

k——堤身渗透系数，m/s；

k_0——堤基渗透系数，m/s。

代入上式得：

$$h_0 = \frac{6.08\times10^{-3}}{8.87\times10^{-6}+\dfrac{4.05\times10^{-3}}{0.44}}$$

求得下游逸出点高度 $h_0 = 0.66$ m。

因此，选 A。

【例 11-4】 某堤防为透水地基，堤基渗透系数 $k_0 = 6.7\times10^{-5}$ m/s，设计水头 $H = 5$ m，堤顶宽度 $B = 8$ m，上游坡坡率 $m_1 = 4.0$，下游坡坡率 $m_2 = 5.0$，透水地基厚 $T = 30$ m，堤基单宽渗流量 $q_2 = 1.2\times10^{-4}$ $m^3/(s\cdot m)$，堤身单宽渗流量 $q_1 = 6.7\times10^{-5}$ $m^3/(s\cdot m)$，出逸点高度 $h_0 = 1.22$ m，背水侧无水。堤防下游沿渗出段 $y = 0.2$ m 及地基段 $x = 0.4$ m 的出逸比降分别为（　　）。

A. $J_y = 0.20, J_x = 0.22$　　B. $J_y = 0.20, J_x = 0.39$

C. $J_y = 0.31, J_x = 0.39$　　D. $J_y = 0.31, J_x = 0.22$

答案：C

考点：渗流出逸比降。

解：根据《堤防工程设计规范》（GB 50286—98）附录 E.5，按透水堤基均质土堤坡面渗流比降公式（E.5.3-1）、式（E.5.3-2）计算。

沿渗出段 $y = 0.2$ m 出逸比降：

$$J_y = \frac{1}{\sqrt{1+m_2^2}}\left(\frac{h_0}{y}\right)^{0.25}$$

沿地基段 $x = 0.4$ m 出逸比降：

$$J_x = \frac{1}{2\sqrt{m_2}}\sqrt{\frac{h_0}{x}}$$

式中　m_2——下游坡坡率；

h_0——浸润线出逸点高度，m；

x、y——以下游坡脚处为原点的纵、横坐标。

则：

$$J_y = \frac{1}{\sqrt{1+5^2}}\times\left(\frac{1.22}{0.2}\right)^{0.25} = 0.31$$

$$J_x = \frac{1}{2\sqrt{5}}\times\sqrt{\frac{1.22}{0.4}} = 0.39$$

因此，选 C。

【例 11-5】 一悬臂式钢筋混凝土防洪墙，防洪墙高 3.80 m，顶宽 0.25 m，底宽 3.6 m，地基土摩擦系数取 $f = 0.4$，地基土容许承载力 400 kPa。水平方向合力 $\sum P = 71.35$ kN，垂直方向合力 $\sum W = 270.28$ kN，倾覆力矩 $M_H = 82.08$ kN·m，抗倾覆力矩 $M_Y = 430.49$ kN·m，该防洪墙的抗滑稳定系数 K_c 和抗倾覆稳定系数 K_0 分别为（　　）。

A. 1.52、3.78　　B. 1.32、3.78　　C. 1.32、5.20　　D. 1.52、5.24

答案：D

考点：防洪墙稳定计算。

解:依据为《堤防工程设计规范》(GB 50286—98)附录 F 式(F. 0. 4)~式(F. 0. 6)。

(1)防洪墙抗滑稳定安全系数按下式计算:

$$K_c = f\sum W/\sum P$$

式中 K_c——抗滑稳定安全系数;

f——底板与堤基之间的摩擦系数;

$\sum W$——作用于墙体上的全部垂直力的总和,kN;

$\sum P$——作用于墙体上的全部水平力的总和,kN。

则: $$K_c = f\sum W/\sum P = 0.4\times 270.28/71.35 = 1.52$$

(2)防洪墙抗倾覆稳定性按下式计算:

$$K_0 = \sum M_Y/\sum M_H$$

式中 K_0——抗倾覆稳定安全系数;

$\sum M_Y$——抗倾覆力矩,kN·m;

$\sum M_H$——倾覆力矩,kN·m。

则: $$K_0 = \sum M_Y/\sum M_H = 430.49/82.08 = 5.24$$

【例 11-6】 某河道设计波高 $H=1.35$ m,波长 $L=109.15$ m,护岸修整后的坡率为 3,护坡坡长 18.5 m,$\eta=0.075$。混凝土护面板厚度为( )m。

A. 0. 12　　B. 0. 15　　C. 0. 18　　D. 0. 20

答案:A

考点:混凝土护面板厚度计算。

解:根据《堤防工程设计规范》(GB 50286—98) 附录 D. 3 中式(D. 3. 3),混凝土护面板厚度按下式计算:

$$t=\eta H\sqrt{\frac{\gamma}{\gamma_b-\gamma}\frac{L}{Bm}}$$

式中 t——混凝土护面板厚度,m;

η——系数;

γ_b——混凝土板容重,24 kN/m³;

γ——水的容重,10 kN/m³;

m——斜坡坡率;

B——沿斜坡方向护面板长度,m;

H——计算波高,m;

L——波长,m。

则: $$t=\eta H\sqrt{\frac{\gamma}{\gamma_b-\gamma}\frac{L}{Bm}}=0.075\times 1.35\times\sqrt{\frac{10}{24-1}\times\frac{109.15}{18.5\times 3}}=0.12(\text{m})$$

11.3 复习题

(1)某堤防设计防洪标准为 $P=1\%$,混凝土板护坡,坡比 1:2.5,$K_\Delta = 0.9$,$K_V = 1.0$,

K_P = 2.23，平均波高 H=0.16 m，波长 L=4.98 m。该堤防的波浪爬高为(　　)m。

A. 0.67　　B. 0.83　　C. 0.75　　D. 0.56

(2)某堤防采用粉细砂填筑，迎水坡边坡系数4.0，堤防基础为壤土，当量粒径(中等密实) d=2 cm。该堤防某水文断面的设计水位143.50 m，堤前地面高程139.73 m，实测水流局部冲刷流速1.53 m/s，水流流向与堤坡交角为78.49°，水流斜冲岸坡冲深为(　　)m。

A. 0.49　　B. 0.59　　C. 0.69　　D. 0.79

(3)长江护岸工程早期通常在枯水位以下采用抛石、柴枕、沉梢、铰连排、软体排、石笼、透水体等不同材料固脚，枯水位以上护坡工程多采用干砌块石、浆砌块石、混凝土预制块等不同材料护坡。水的容重 γ=9.81 kN/m^3，混凝土的容重 γ_b = 24 kN/m^3，边坡系数 m=3，波长 L=32.26 m，波高 H=2.5 m，沿斜坡方向的护面板长度 B=12 m，系数 η 取0.075。混凝土预制块护坡厚度为(　　)cm。

A. 8　　B. 15　　C. 30　　D. 35

(4)某均质土堤，迎水侧采用干砌块石护坡，块石容重 γ_b = 27 kN/m^3，堤前水深15 m，波高1.5 m，波长38.5 m，迎水侧坡比为1∶3.0，干砌块石护坡的护面厚度为(　　)m。

A. 0.20　　B. 0.30　　C. 0.40　　D. 0.50

(5)某均质土堤，堤顶宽6.0 m，迎水侧边坡为1∶3.0，背水侧边坡1∶2.5，下游坡无排水设备。堤身壤土的渗透系数为 $k=0.466\times10^{-5}$ cm/s，堤基为砂卵砾石，厚度为4.6 m，砂卵砾石渗透系数为 k_0 =175 m/d。堤前设计水位为 H=4.0 m，堤后无水。则堤身单宽渗流量为(　　)m^3/(s·m)，堤基单宽渗流量为(　　)m^3/(s·m)。

A. 1.10×10^{-6}、9.5×10^{-2}　　B. 1.28×10^{-6}、8.655×10^{-2}

C. 1.28×10^{-6}、9.5×10^{-2}　　D. 1.10×10^{-6}、8.655×10^{-2}

(6)某均质土堤的设计洪水标准为重现期200年，堤顶宽8.0 m，迎水侧边坡1∶3.0，背水侧边坡1∶2.5(见图11-1)。一转弯处两岸堤防距离700 m，其中该断面主河槽宽200 m，左、右岸滩地宽度分别为150 m、350 m。重现期200年一遇设计洪水流量 Q = 6 700 m^3/s，其中主河床过流1 200 m^3/s，左、右岸滩地过流分别为2 000 m^3/s、3 500 m^3/s，左岸滩地水深3.5 m，右岸滩地水深3.0 m。水流方向分别与左岸堤防轴线成30°角，与右岸堤防轴线成60°角，左、右两岸堤防水流的局部冲刷流速分别为(　　)m/s。

A. 3.80、3.33　　B. 4.57、4.61　　C. 3.80、4.61　　D. 4.57、3.33

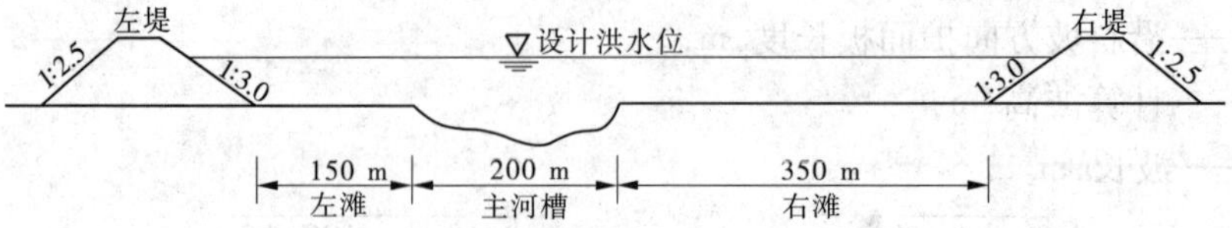

图11-1

11.4　参考答案

(1)A　　(2)A　　(3)B　　(4)C　　(5)B　　(6)B

第 12 章　取水建筑物

12.1　考试大纲

熟练掌握引水枢纽工程的布置、设计基本要求。

熟练掌握泵站布置、设计的基本要求。

掌握进水闸、冲沙闸与沉沙池设计。

了解泵房、进水池与出水池的结构设计与水力计算。

12.2　复习指导

12.2.1　复习要点

12.2.1.1　引水枢纽工程布置、设计基本要求

1）引水枢纽的设计原则

（1）做好河源水沙分析工作，以满足灌溉、发电及其他用水要求，落实用水计划；

（2）坝（或拦河闸）、进水闸和冲沙闸的布置要协调，并采取有效的防沙措施，以免引起渠道淤积，影响渠道正常输水；

（3）应采取措施防止漂浮物、冰凌进入渠道；

（4）应因地制宜地修建枢纽上、下游河道整治工程，以稳定河槽，保证渠首引水顺畅；

（5）有综合利用的枢纽，要保持各建筑物互不干扰，运行正常，以发挥最大经济效益；

（6）应使管理运用灵活、方便。

引水枢纽布置必须满足引水防沙的要求。对于每一个引水枢纽布置，都应根据其本身的特点和条件，多作比较论证，包括进行模型试验，以便作出切合实际的最优布置方案。

2）渠首的引水防沙

（1）引水枢纽的位置选择。

引水口高程应满足自流灌溉的要求，并应符合渠道输水输沙条件。当灌区不能实现全部自流灌溉时，可考虑自流与提灌相结合的方案。

应选择河槽比较稳定、河岸比较坚实的河段，且坝（闸）址的地质条件应较好，避免在淤泥或流沙基础上建坝（闸）。

坝（闸）址所在河段断面应比较匀称，且河道水流应垂直坝轴线，避免斜流过坝。

若为一岸引水，可考虑选在具有适宜弯曲的凹岸河段，这对引水防沙有利；若为两岸引水，则不宜选在弯段。

最好不要在支流汇入处设置引水工程，以避免水流干扰。

冲沙闸和进水闸应尽量设在靠岸的低水河梢一侧,以利引水冲沙。

(2)引水角。

侧向分流的引水口,采用较小的引水角可起缓和副流的作用,即进沙浓度可相对降低(不能完全解决进沙问题)。因此,在布置侧面引水(即河岸引水)时,无坝引水渠首的引水角宜在30°~60°选用。此外,还应改善引水口的边界条件,如降低行近流速、加大进水口前沿宽度、设置曲线形的导流墙等。

(3)弯道引水口的位置。

弯曲河段水流结构的主要特点是存在横向环流。横向环流将流速较高的表层少沙水流推向凹岸,使凹岸遭到冲刷,形成深槽,与此同时,横向环流将河底挟沙量较高的水流推向凸岸,使凸岸堆积,形成边滩。横向环流与纵向水流结合形成螺旋流。

在引水工程中,利用这种弯道环流的特点,把引水口设在凹岸一侧,作为引水防沙措施之一。引水口一般选在凹岸弯道顶点下游,并结合实际情况选定。

(4)进水闸前沿拦沙坎的高度。

在多泥沙河流上,进水闸前沿拦沙坎高度的选择,对防沙入渠关系很大。如果选择得过高,将增加坝(闸)高或加大进水口宽度,这是不适宜的。如果坎高选得偏低,则降低防沙作用,入渠泥沙比较严重。当设计方案采用冲沙槽形式(考虑槽内淤积厚度的影响)时,坎高应在1/2~2/3的冲沙槽正常水深之间选择。对山区河流窄深断面,坝长较短,可选用高值;对平原河道宽浅断面,可选用低值。索克洛夫总结取水工程拦沙坎的经验提出:对于无坝取水工程,在含沙量小的稳定河床中,拦沙坎坎高可采用0.5~0.8 m;在卵石河床中,坎高可采用1.0~1.5 m;在沙质河床中,坎高可采用2.0~3.0 m,有时尚嫌不足。

有坝引水进水闸前的拦沙坎顶高程宜比设计水位时的河床平均高程高0.5~1.0 m。

拦沙坎的高度增大,能加深冲沙槽的深度和降低槽中行近流速,有利于泥沙沉积和削弱入渠水流产生的副流影响。有的在坎上增设悬臂式平板,形成"Γ"形坎,以加强拦沙作用。

(5)引水率与河道淤积。

在多泥沙河流上,若引水率过高,将会引起下游河道流量减小,挟沙量增高,以致超过水流输沙能力而造成下游河道的严重淤积。据统计,当引水率超过50%时,下游河道将存在泥沙淤积问题。另外,引水率大小也说明引水工程对河源水量的利用程度。如泾、洛、渭几个引水枢纽的引水率都不到30%,虽未造成下游河道淤积,但由于河流洪枯流量悬殊和洪水时挟沙量大等特点,有70%的水量未能利用,致使灌区用水不足。新疆地区根据当地气候特征、河道特性和来水来沙条件,引水工程的引水率都超过50%,甚至达60%~70%,对水的利用较充分,但有的也往往造成枢纽下游河道淤积。规范规定,无坝引水渠首的引水率宜小于50%,多泥沙河流上无坝引水的引水率宜小于30%,如经专门论证,引水率可适当提高。

确定引水率时,需要考虑本地区的条件和相应的工程措施,既要避免引水率过大而引起下游河道的淤积,也要注意克服因引水率偏低而造成水资源不能充分利用的问题。

(6)分水墙与冲沙槽。

分水墙位于坝和冲沙闸连接处，与坝轴线相垂直，或成5°~10°向外扩散。它的作用是：分水分沙，阻挡坝前淤沙入渠，与进水闸上游翼墙共同组成冲沙槽。分水墙的高度，不应低于溢流坝顶，而应高出坝顶0.5 m左右，这样可有利于防止过坝洪水挟带的底沙进入冲沙槽。分水墙长度，一般与进水口宽度相等，或选用1.3倍的进水口宽。将分水墙作成弧形以起导流作用的叫做导流墙。有的做成人工岛式，有的利用天然有利地势，劈开崖头。如陕西梅惠渠鸡冠石分水，起到了良好的分水分沙作用。

冲沙槽是渠首引水防沙设施的重要组成部分。冲沙闸通过不同的运用方式，阻止底沙进入引水口，并将冲沙槽中的沉沙或来沙排泄到下游。

(7)渠首冲沙。

冲沙闸是渠首防沙冲沙的主要建筑物，除执行冲沙任务使进水闸“门前清”外，在汛期还用以宣泄一部分洪水，以维护原河槽不致淤塞。在对上游河道加以整治的前提下，冲沙闸宽度等于或略大于进水闸宽度。按照进水闸分流比小于50%的要求，冲沙槽在连续冲沙运行情况下，过槽流量一般不得小于进水闸设计流量的2倍，这样才能使进水闸分沙比有所降低。对冲沙闸设计，有的采用冲沙闸断面为河道断面的1/20~1/5，有的采用冲沙闸宽度为河道过水宽度的1/10~1/3。上述两种幅度变化较大，选用时要加以分析论证。还有的采用多年平均流量，或者采用按50%频率的日平均流量。不论采用哪种方法，都必须经过综合分析来选定，使冲沙槽中的流态适应引水口要求，确保在正常情况下起到防沙冲沙的效果。

有坝引水，如有泄洪排沙要求，可在冲沙闸旁另设河道排沙闸，并用分水墙与冲沙闸隔开。根据经验，这种布置型式对维护进水闸正常运行和河道排沙较为有利。

(8)干渠排沙闸。

渠首防沙很难做到完全解决底沙入渠问题，仍会有一些底沙进入渠道，淤在渠首段。在进水闸以下200~300 m，设干渠排沙闸是排沙行之有效的措施。在设计渠首时，对干渠排沙闸的位置选择、排沙水头、泄入河道的地形及水力条件等，都应加以考虑。

(9)渠首冲沙运行方式。

渠首冲沙运行方式与引水防沙效果有密切关系。冲沙闸的运行方式如下：

①定期冲沙。缺水季节河道流量小于引水流量，应将冲沙闸关闭，将水流全部截引入渠，经过一定时期，打开冲沙闸将槽中积沙冲走。

②连续冲沙。当河道流量大于引水流量时，可边引水边冲沙，将多余的流量从冲沙闸下泄。冲沙闸闸门可根据排泄流量的大小来操纵，将远离进水闸的边孔开大，其他各孔依次递减。这样可加强闸前冲沙槽内的横向环流，有利于冲沙。连续冲沙，可充分发挥弧形冲沙槽的环流排沙作用。

在洪水上涨阶段，不宜将冲沙闸打开，在洪峰过后的落峰阶段，可根据沙峰过程线特征适时地将冲沙闸打开，泄洪冲沙，以免进水河槽被淤塞。

(10)引水防沙设计有以下几种方法。

利用弯道环流原理，凹岸引水，凸岸排沙；

利用悬沙垂线分布不均匀原理，上层引水，底层排沙；

应用拦河闸壅水沉沙，撇清排浑；

水面导流，水底导沙；

格栅滤水拦沙；

底栏栅和立栏栅；

设置沉沙池；

避沙峰引水。

上述方法，各有其特点和适用范围，也可以互相配合使用，视枢纽布置具体情况研究确定。

3）无坝引水的布置型式

（1）有导流堤的无坝引水。

导流堤在河道中顺河道方向布置，与水流成10°~20°的夹角，其下游端与冲沙闸相接。导流堤与岸边形成引水道。进水闸布置在近乎正面引水位置，与冲沙闸成小于90°的夹角。冲沙闸排泄多余水量，并冲刷进水闸前的泥沙。

（2）弯道无坝引水。

在多泥沙河流上无坝引水，要选择比较合适的弯道，在凹岸引水。如山东打渔张引水渠首，位于黄河下游，弯道比较稳定，引水角为40°，弯道环流作用正常，在进水闸前增设一道拦沙潜堰，防沙效果良好。

（3）引水渠式无坝引水。

当河岸土质较差易被水流冲刷变形时，进水闸应布置在距河岸较远的地方，使其不受河岸冲刷变形的影响。这时，将引水渠略为加深加宽，即可作为沉沙池，并在引水渠末端，按正面引水、侧面排沙的原则布置进水闸和冲沙闸。一般冲沙闸与引水渠轴线的夹角为30°~60°。冲沙闸底板高程比进水闸底板低0.5~1.0 m。进水闸前设拦沙坎一道，以利于导沙。

（4）多首制无坝引水。

在我国北方多泥沙河流上，有的采用多首制无坝引水，其运用方法是：若一个引水口被淤塞，可由其他引水口引水，洪水时能引入较大流量，引洪淤灌。这种布置型式由于工程简陋，淤积比较严重，清淤量大，故采用者较少。

4）有坝（闸）引水的布置型式

（1）侧面引水。

侧面引水主要有矩形冲沙槽式、弧形冲沙槽式、冲沙廊道式、两岸引水布置型式。

（2）正面引水。

正面引水主要有在河道中正面引水式、引渠式、人工弯道式。

（3）底面引水。

底面引水是指底栏栅式引水（又叫跌落式引水），即在溢流堰顶铺设栏栅，水流透过栅孔跌落于坝内廊道，并经进水闸流入渠道。凡大于栅孔的砾石或粗沙被阻于栅外，随过堰水流排至河道下游，小于栅孔的粗沙进入渠道，并由渠道沉沙池或排沙闸等进行处理。这种型式适用于砂砾和漂石多、河道比降陡的山溪性河流上的中、小型引水工程（引水流量通常在10 m^3/s以下，有条件的地方引水流量可达到30 m^3/s）。

5)引水枢纽上、下游河道的整治

渠首工程附近河道的演变直接影响取水口能否正常运用，大量的实际工程运行经验表明，很多情况下必须对渠首附近的河道进行整治，才能使其按设计要求运行。有时为了稳定河势或维持河道河相关系，即使没有渠首工程，也需要修建整治建筑物。

河道整治的目的在于防止引水枢纽上、下游河道演变，保证具有良好的引水条件，维护渠首正常运行。对引水枢纽上、下游河道整治工程，要求做到：①河道主流靠近取水口，并能维持所需的水位，以便取其所需的水量；②消除坝前横向水流、岔流及有碍引水的洲滩等；③创造有利于引水防沙的适宜弯曲水流；④保护上游农田、工矿、交通等不受回水淹没和浸没影响。

12.2.1.2 泵站站址选择与枢纽布置

1)灌溉泵站

(1)站址选择。

站址处应有较高的出水池，能有效地控制整个灌区，便于渠系布置，同时渠系建筑物工程量较少；便于泵站枢纽布置，并能节省建站投资及运行费用。

水源和水质要适于灌溉：以河流为水源的泵站，应尽量选择河段顺直、主流靠近岸边、不易淤积、河床稳定的地段；从水库取水的泵站，在坝上游的取水口应选在淤积范围之外，要远离河流入库处；以湖泊为水源的泵站，应选在靠近湖泊出口处，远离河流入口；在潮汐河道上建站，应选在淡水充沛、含盐量低、可取到适于灌溉用水之处；在盐渍化较重地区，排水河道应与引水灌溉渠道分开，泵站应从引水河道取水。

地质条件应较好，适于建泵站。

电力灌溉泵站应尽量靠近电源，以节省输电线路投资。交通运输方便，靠近居民点，便于运输、管理及综合利用。

应注意已有水工建筑物、码头、桥梁以及长远水利规划对本站的影响。

(2)枢纽布置时应考虑的问题。

枢纽布置必须服从地区治理规划要求，根据站址情况，并参考已建泵站的经验，应作出几个方案进行比较；

要创造良好的水流条件，引水、进水流态要平稳，避免产生回流、死水区和水流旋涡；

从多泥沙河流上取水的泵站，应设置有效的沉沙、冲沙或排沙设施；

对于运行时水源有冰凌的泵站，应采取有效的防冰、导冰设施；

尽量减少挖、压废农田及原有建筑物的拆迁；

尽可能满足综合利用的要求，如排灌结合、抽水与自流结合、泵站与交通结合等。

(3)枢纽布置型式。

枢纽布置型式一般有：有引水渠的枢纽布置型式，无引水渠的枢纽布置型式，从水库中取水的布置型式。

2)排水泵站

(1)站址选择。

站址应选在排水区的低处或外河水位较低处，充分利用原有排水系统，以便减少挖渠土方和挖压面积，并减少提水扬程。

以河流作为容泄区的排水站，出水口位置要选在河床稳定的地段，尽量避免迎溜、岸崩或淤积严重的地方。

站址应选在地质条件较好之处，尽可能避开淤泥软土、粉细砂层、废河道、水潭及深沟等。

站址要充分考虑能自排的条件，尽可能使自排与抽排相结合。

其他要求与建灌溉泵站相同，如应接近电源，交通方便，对现有建筑物的影响及长远的水利工程规划等要予以考虑。

(2)枢纽布置型式。

分建式：泵房与排水闸分开建造，引渠从排水河中引水，如有足够的曲率半径，则属于正面进水型式。这种型式其水流条件良好，适用于已有排水闸的情况下。对于新围垦区，分建式可能会增加投资。

合建式：泵房设于排水闸两侧，它们的基础连在一起，从而降低了工程造价。这种型式布置简化，管理方便，投资较省。

3)排灌结合泵站。

排灌结合泵站一般有一站两用泵站(排灌结合布置型式之一)，引水与泄水二洞合一(排灌结合布置型式之二)，双向流道泵站(排灌结合布置型式之三)，灌、排、航结合泵站。

4)工业和城市生活用水泵站枢纽

工业和城市生活用水泵站枢纽一般有岸边式布置型式，水库取水泵站。

12.2.1.3 进水闸、冲沙闸及沉沙池设计

(1)进水闸设计。

进水闸设计包括进水闸前拦沙坎，进水闸下游护坦及消能设备，进水闸的水力计算。

(2)冲沙闸设计。

冲沙闸设计包括冲沙闸底高程的确定，冲沙槽设计，冲沙道设计，冲沙闸水力计算。

(3)沉沙池设计。

沉沙池设计包括沉沙池布置，结构计算，水力计算。

12.2.1.4 泵房、进水池与出水池

泵房是泵站的主体建筑物。泵房设计包括选择结构类型、内部布置、泵房尺寸的确定、整体稳定校核及结构计算等内容。其设计原则为：①在保证便于设备安装、检修及运行的前提下，使泵房布局紧凑，尺寸合理。②在可能遇到的各种外力(包括地震力)作用及其最不利组合情况下，泵房均能满足整体稳定要求，各构件满足强度、刚度要求。③泵房水下结构部分要进行防渗处理及抗裂校核。④节省建筑材料，减少工程投资。⑤整齐美观。

进水池与出水池主要是水力学设计。

12.2.2 案例分析

【例 12-1】 某河道进水闸底板高程与上游河床高程相同(见图 12-1)，为 72.00 m，闸孔共 20 孔，孔宽 8 m，闸墩厚 1.8 m，墩头为半圆形，边墩为 1/4 圆弧，圆弧半径为 2.0 m，上游河宽 $B_0=320.0$ m，含侧收缩的流量系数 $m=0.367$，当上游水位为 76.00 m，下游

水位为 72.00 m 时的过闸流量为(　　)m^3/s。

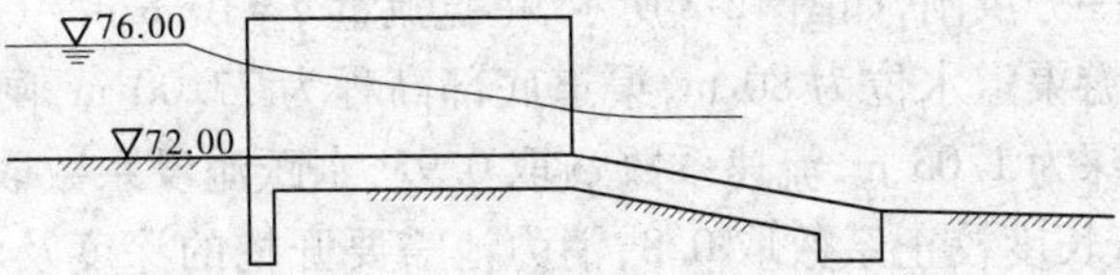

图 12-1

A. 2 200　　B. 4 500　　C. 3 800　　D. 1 500

答案:A

考点:宽顶堰水力计算。

解:依据为《水闸设计规范》(SL 265—2001)附录 A. 0. 1 中式(A. 0. 1-1)。

对于平底闸,当为堰流时,闸孔总净宽按下式计算:

$$B_0 = \frac{Q}{\sigma \varepsilon m \sqrt{2g} H_0^{3/2}}$$

式中 Q——过闸流量,m^3/s;

B_0——闸孔总净宽,m;

H_0——计入行近流速水头的堰上水深,m;

g——重力加速度,9.81 m/s^2;

m——堰流流量系数;

ε——堰流侧收缩系数;

σ——堰流淹没系数。

当下游水位为 72.00 m 时,下游水位与堰顶齐平,过闸水流为无坎宽顶堰自由出流,则 $\sigma = 1.0$。

上下游水位差 $H = 76.0 - 72.0 = 4.0$(m)。

因过闸流量未知,故可用 H 代替 H_0 进行试算过闸流量,即 $H_0 = H = 4.0$ m,则:

$$8 \times 20 = \frac{Q}{0.367 \times 1.0 \times \sqrt{2 \times 9.81} \times 4.0^{3/2}}$$

解之得,$Q = 2\ 080.7\ m^3/s$。

$Q = 2\ 080.7\ m^3/s$ 时的行近流速

$$v_0 = Q/A = 2\ 080.7/(320 \times 4) = 1.626(m/s)$$

则:

$$H_0 = H + v_0^2/(2g) = 4 + 1.626^2/(2 \times 9.81) = 4.13(m)$$

$$8 \times 20 = \frac{Q}{0.367 \times 1.0 \times \sqrt{2 \times 9.81} \times 4.13^{3/2}}$$

解之得,$Q = 2\ 183\ m^3/s$

$Q = 2\ 183\ m^3/s$ 时的行近流速

$$v_0 = Q/A = 2\ 183/(320 \times 4) = 1.71(m/s)$$

$$H_0 = H + v_0^2/(2g) = 4 + 1.71^2/(2 \times 9.81) = 4.15(m)$$

将 $H_0 = 4.15$ m 代入上式进一步计算,得 $Q = 2\ 198\ m^3/s$。

按 $Q = 2\ 198\ m^3/s$ 推算出 $H_0 = 4.15$ m。

因此，选 A。

【例 12-2】 有一分洪闸，如图 12-2 所示，单宽流量 $q=10.8\ m^3/(s\cdot m)$，相应的上游水位为 84.00 m，下游渠道水位为 80 m，渠道底部高程为 77.00 m，闸底板高程为 77.00 m，过闸后的收缩水深为 1.05 m，流速系数 φ 取 0.95，水跃淹没系数取 1.05，水流动能校正系数取 1.03，水跃长度校正系数取 0.8，消力池需要开挖的深度及消力池长度分别为（　　）m。（注：消力池首、末端宽度相同，消力池斜坡段水平投影长度为 6 m）

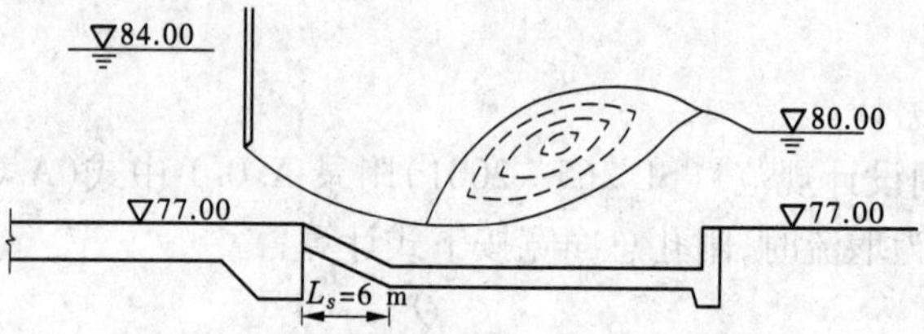

图 12-2

A. 0.72、15.10　　B. 1.12、24.10　　C. 1.52、20.10　　D. 2.12、28.10

答案：B

考点：消力池计算。

解：根据《水闸设计规范》（SL 265—2001）附录 B.1 消力池计算，采用公式如下：

$$d=\sigma_0 h_c''-h_s'-\Delta Z \tag{1}$$

$$h_c''=\frac{h_c}{2}\left(\sqrt{1+\frac{8aq^2}{gh_c^3}}-1\right)\left(\frac{b_1}{b_2}\right)^{0.25} \tag{2}$$

$$\Delta Z=\frac{aq^2}{2g\varphi^2 h_s'^2}-\frac{aq^2}{2gh_c''^2} \tag{3}$$

$$L_{sj}=L_s+\beta L_j \tag{4}$$

$$L_j=6.9(h_c''-h_c) \tag{5}$$

式中　d——消力池深度，m；

σ_0——水跃淹没系数，$\sigma_0=1.05$；

h_c''——跃后水深，m；

h_c——收缩水深，m，$h_c=1.05$ m；

a——水流动能校正系数，$a=1.03$；

q——过闸单宽流量，$m^3/(s\cdot m)$，$q=10.8\ m^3/(s\cdot m)$；

b_1——消力池首端宽度，m；

b_2——消力池末端宽度，m；

ΔZ——出池落差，m；

φ——流速系数，$\varphi=0.95$；

h_s'——出池河床水深，m；

L_{sj}——消力池长度，m；

L_s——消力池斜坡段水平投影长度，m，$L_s=6$ m；

L_j——水跃长度，m；

β——水跃长度校正系数，$\beta = 0.8$。

(1)消力池深度计算。

$h_s' = 80 - 77 = 3(\text{m})$，等宽矩形消力池，$b_1 = b_2$。

将以上条件代入式(2)得：

$$h_c'' = \frac{1.05}{2} \times \left(\sqrt{1 + \frac{8 \times 1.03 \times 10.8^2}{9.81 \times 1.05^3}} - 1\right)\left(\frac{b_1}{b_2}\right)^{0.25} = 4.33(\text{m})$$

将 $h_c'' = 4.33\text{m}$ 代入式(3)得：

$$\Delta Z = \frac{1.03 \times 10.8^2}{2 \times 9.81 \times 0.95^2 \times 3^2} - \frac{1.03 \times 10.8^2}{2 \times 9.81 \times 4.33^2} = 0.43(\text{m})$$

由式(1)得：

$$d = \sigma_0 h_c'' - h_s' - \Delta Z = 1.05 \times 4.33 - 3 - 0.43 = 1.12(\text{m})$$

(2)消力池长度计算。

由式(4)得：

$$L_j = 6.9 \times (4.33 - 1.05) = 22.63(\text{m})$$

由式(5)得：

$$L_{sj} = 6 + 0.8 \times 22.63 = 24.1(\text{m})$$

【例 12-3】 某溢流坝采用 WES 型实用堰，共 8 孔，每孔宽 $b = 9$ m，平面闸门挡水，闸门开启高度 $e = 2.5$ m，堰顶高程为 186.00 m，水库水位为 192.00 m，下游水位 182.00 m，通过溢流坝的流量为(　　) m^3/s。(不计行近流速水头)

A. 1 142　　B. 1 230　　C. 1 352　　D. 1 672

答案：B

考点：实用堰上的闸孔出流水力计算。

解：实用堰上的闸孔出流量采用下式计算：

$$Q = \sigma_s \mu_0 nbe\sqrt{2gH_0}$$

式中　Q——流量，m^3/s；

μ_0——闸孔自由出流的流量系数；

σ_s——淹没系数；

b——单孔净宽，m；

n——孔数；

e——闸门开启高度，m；

H_0——自由出流时为孔口中心处的作用水头，m。

由于下游水位低于堰顶高程，为自由出流($\sigma_s = 1$)。

闸前水头(不计行近流速水头)

$$H = H_0 = 192.00 - 186.00 = 6.00(\text{m})$$

$e/H = 2.5/6.00 = 0.42 < 0.75$，为闸孔出流。

$$\mu_0 = 0.745 - 0.274 \times e/H = 0.745 - 0.274 \times 2.5/6.00 = 0.630$$

将已知条件代入公式计算：

$$Q = 0.630 \times 8 \times 9 \times 2.5 \times \sqrt{2 \times 9.8 \times 6.00} = 1\,230(\text{m}^3/\text{s})$$

因此，选 B。

【例 12-4】 某泵站工程输水压力管道为钢筋混凝土结构，混凝土管外径 $D=0.85$ m，管壁厚 0.15 m，输水管水平设置 30°转角，转角处设置混凝土镇墩，管道在镇墩处的中心水头为 60.0 m，水锤压力升高值为 7.6 m，管道转弯处的内水压力为(　　)kN。

A. 189.41　　B. 188.41　　C. 187.41　　D. 186.41

答案：C

考点：管道转弯处的内水压力计算。

解：根据《泵站设计规范》(GB/T 50265—97)附录 C 中表 C.0.1，管道转弯处的内水压力按下式计算：

$$A_2=\frac{\pi}{4}D_0^2H_P\gamma$$

式中 A_2——管道转弯处的内水压力，kN；

D_0——管道内径，m；

H_P——管道断面中心的计算水头，m；

γ——水的容重，取 9.81 kN/m^3。

则：

$$A_2=\frac{3.14}{4}\times 0.60^2\times 67.6\times 9.81=187.41(\text{kN})$$

因此，选 C。

【例 12-5】 某泵站工程输水压力钢管某处设有混凝土镇墩，镇墩底部为砂砾石垫层，摩擦系数为 0.30，上侧管段中心线与镇墩水平面的夹角为 30°，下侧管段中心线与镇墩水平面的夹角 10°。钢管内径为 0.6 m，管道中水的平均流速为 1.76 m/s。管道转弯处的内水压力为 187.37 kN，水管自重及水重在座垫上产生的摩擦力为 50.03 kN，水管中水与管壁之间的摩擦力为 0.41 kN，温度变化伸缩接缝填料的摩擦力为 16.67 kN，温度变化管道沿支墩的摩擦力为 18.93 kN，作用于镇墩上的水平主动土压力为 5.89 kN，依据抗滑稳定要求确定混凝土镇墩的重量为(　　)kN。(抗滑稳定安全系数取值为 1.3)

A. 8.01　　B. 9.01　　C. 10.01　　D. 11.01

答案：A

考点：镇墩抗滑稳定计算。

解：根据《泵站设计规范》(GB/T 50265—97)附录 C 中表 C.0.1，混凝土镇墩的重量可按下式计算：

$$K_c=\frac{f(\sum Y+G)}{\sum X} \tag{6}$$

式中 K_c——抗滑稳定安全系数；

f——镇墩底面与地基的摩擦系数；

G——镇墩自重，kN；

$\sum X$、$\sum Y$——荷载在 x、y 轴方向的投影之和，kN。

根据上述已知条件尚需计算管道转弯处的离心力。

根据《泵站设计规范》(GB/T 50265—97)附录 C 中表 C.0.1，管道转弯处的离心力按下式计算：

$$A_9=\frac{\pi}{4}D_0^2\frac{v^2}{g}\gamma \tag{7}$$

式中 A_9——管道转弯处的离心力，kN；

D_0——管道内径，m；

v——管道中水的平均流速，m/s；

γ——水的容重，kN/m^3。

将管道内径 0.6 m 及管道内水的平均流速 1.76 m/s 代入式(7)，得：

$$A_9=\frac{3.14}{4}\times0.6^2\times\frac{1.76^2}{9.81}\times9.81=0.88(kN)$$

$$\sum X=(187.37+50.03+0.41+16.67+0.88)\cos30^\circ-(187.37+18.93+0.88)\cos10^\circ$$
$$=17.12(kN)$$

$$\sum Y=(187.37+50.03+0.41+16.67+0.88)\sin30^\circ-(187.37+18.93+0.88)\sin10^\circ$$
$$=91.7(kN)$$

将上述数值代入式(6)计算：

$$1.3=\frac{0.30/(91.7+G)}{17.12+5.89}$$

得，$G=8.01$ kN。

因此，A。

【例 12-6】 某取水泵站进水池水位高程为 36.20 m，出水池水位高程为 45.28 m，输水管路为钢管，输水管有一 30°转角，钢管内径为 1.8 m，输水管总长度为 8.0 m，管路雷诺数 Re 取用 580，该泵站的设计流量为 $Q=5.79\ m^3/s$，确定该泵站设计扬程为(　　)m。

A. 9.23　　B. 9.38　　C. 9.53　　D. 9.68

答案：A

考点：泵站设计扬程计算。

解：根据《泵站设计规范》(GB/T 50265—97)第 3.4.1 条规定，设计扬程应按泵站进出水池水位差，并计入水头损失确定。

首先计算水头损失 h_w，水头损失 h_w 包括沿程水头损失 h_f 和局部水头损失 h_j 两部分，即 $h_w=h_f+h_j$。

沿程水头损失

$$h_f=\lambda\frac{l}{d}\frac{v^2}{2g}$$

$$\lambda=\frac{64}{Re}$$

式中 h_f——沿程水头损失，m；

λ——沿程水头损失系数；

Re——雷诺数，圆管取 580；

v——断面平均流速，m/s；

l——管长,m;

d——管径,m。

其中沿程水头损失系数

$$\lambda = \frac{64}{Re} = \frac{64}{580} = 0.11$$

$$v = \frac{Q}{\pi d^2/4} = \frac{5.79}{3.14 \times 1.8^2/4} = 2.276(\text{m/s})$$

$$h_f = 0.11 \times \frac{8}{1.8} \times \frac{2.276^2}{2 \times 9.81} = 0.13(\text{m})$$

局部水头损失

$$h_j = \zeta \frac{v^2}{2g}$$

式中 h_j——局部水头损失,m;

ζ——局部水头损失系数;

v——断面平均流速,m/s。

其中局部水头损失系数

$$\zeta = 0.946\sin^2\left(\frac{\theta}{2}\right) + 2.05\sin^4\left(\frac{\theta}{2}\right) = 0.946\sin^2\left(\frac{30°}{2}\right) + 2.05\sin^4\left(\frac{30°}{2}\right) = 0.072\ 57$$

$$h_j = 0.072\ 57 \times \frac{2.276^2}{2 \times 9.81} = 0.02(\text{m})$$

水头损失

$$h_w = 0.13 + 0.02 = 0.15(\text{m})$$

$$设计扬程 = 45.28 - 36.2 + 0.15 = 9.23(\text{m})$$

因此,选 A。

【例 12-7】 某泵站工程采用立式机组,叶轮调节机构为手动操作,电动机安装后高出电动机层地面高度为 1.5 m,水泵的安装中的最大吊件为水泵轴,水泵轴长为 7.6 m,吊钩与吊件之间的千斤绳长为 0.5 m,吊钩与行车轨面的最小距离为 0.3 m,行车轨面至行车顶部的距离为 2.7 m。确定主泵房电动机层以上最小净空高度为(　　)m。

A. 13.7　　B. 13.6　　C. 13.5　　D. 13.4

答案:D

考点:主泵房电动机层最小净空高度计算。

解:根据《泵站设计规范》(GB/T 50265—97)第 9.11.8 条,立式机组主泵房电动机层以上净空高应满足水泵轴或电动机转子连轴的吊运要求。《泵站设计规范》(GB/T 50265—97)第 9.11.8.3 条,起重机最高点与屋面大梁底部距离不应小于 0.3 m。《泵站设计规范》(GB/T 50265—97)第 9.11.9.1 条,采用柔性吊具时,吊运设备与固定物垂直方向的距离不应小于 0.5 m。

主泵房电动机层以上最小净空高度可采用下式计算:

$$h = h_1 + h_2 + h_3 + h_4 + h_5 + h_6 + h_7$$

式中 h——主泵房电动机层以上最小净空高度,m;

h_1——电动机安装后高出电动机层地面高度,m;

h_2——水泵轴长,m;

h_3——吊钩与吊件之间的千斤绳长,m;

h_4——吊钩与行车轨面的最小距离,m;

h_5——行车轨面至行车顶部的距离,m;

h_6——起重机最高点与屋面大梁底部的最小距离,m;

h_7——吊运设备与固定物垂直方向的最小距离,m。

将已知条件代入上式计算:

$$h = 1.5 + 7.6 + 0.5 + 0.3 + 2.7 + 0.3 + 0.5 = 13.4(\text{m})$$

因此,选 D。

12.3 复习题

(1)闸孔淹没出流的条件是(　　)。

A. $h_c'' = h_t$　　B. $h_c'' > h_t$　　C. $h_c'' < h_t$　　D. 与 h_t 无关

(2)某一进水闸,闸底槛为平底堰,那么该闸过水时为闸孔出流的条件是(　　)。(e 为闸门开启高度,H 为闸前水位)

A. $e/H > 0.65$　　B. $e/H < 0.65$　　C. $e/H > 0.75$　　D. $e/H < 0.75$

(3)某修建在一中砂河道上的泄水闸,底板高程与河道高程相同,均为 167.00 m,闸孔总宽 10 m,设计过闸最大泄流量 80 m^3/s,相应的上游水位 172.00 m,下游河道水位 169.00 m,为防止下游冲刷,设计修建了一长 15 m,首端宽 10 m、末端宽 15 m,深 1.0 m 的消力池,那么需在消力池末端修建的海漫长度最小是(　　)m。(中砂地基海漫长度计算系数假定为 11)

A. 27　　B. 30　　C. 33　　D. 38

(4)某水闸基础为细砂(出口允许渗透比降为 0.25),底板高程为 320.00 m,最大挡水水位为 325.00 m,底板轮廓线展开长度为 8.0 m,为防止该水闸末端发生渗透破坏,用直线比例法计算需要在闸底板首部修建板桩的最小长度是(　　)m。

A. 5　　B. 6　　C. 7　　D. 8

(5)某一单孔带胸墙进水闸,闸底槛为平底堰,闸孔高度为 4.5 m,当闸前水深为 6.0 m 时,则该闸在开启下述哪几种高度时为闸孔出流(　　)。

A. 4.2 m　　B. 4.0 m　　C. 3.8 m　　D. 3.5 m

(6)某拦河闸设计流量为 3 183 m^3/s,闸前设计水位 10.50 m,相应下游水深 7.67 m。泄洪闸溢流堰为开敞式平底宽顶堰,堰顶高程为 1.50 m,基本与原河床齐平。泄洪闸收缩断面水深 $h_c = 2.85$ m,消力池单宽流量 $q = 27.97$ m^3/(s·m),消力池底高程为 0.50 m,泄水闸消力池长度为(　　)m。(水流动能校正系数取 1.0,流速系数取 0.9,消力池首端和末端宽度相同)

A. 23.06　　B. 27.82　　C. 19.28　　D. 31.73

(7)某取水工程由进水闸和冲沙闸组成,河道多年平均流量为 31.07 m^3/s,进水闸设计引用流量为26.20 m^3/s,河道平均比降为1.9‰,底沙平均粒径为0.045 m,冲沙闸设计流量为148.5 m^3/s,相应上游设计水头为4.5 m,综合流量系数为0.36,冲沙闸闸孔宽度为(　　)m。

A. 13.8　　B. 12.8　　C. 9.8　　D. 13.6

(8)某泵房为半地下式结构,水泵的安装使得泵轴低于进水井的最低液面,因而水泵为自灌式工作,已知水泵的最低启动水位高程为31.26 m,水泵进水管的中心标高为28.80 m。进水管下缘距进水井底板高0.70 m,进水管直径为0.8 m,汛期泵房挡水高程为40.36 m,泵房操作平台安全超高采用1.0 m。则此半地下式泵房的设计高度约为(　　)m。

A. 15.68　　B. 13.66　　C. 12.58　　D. 11.56

(9)某泵站级别为1级,基础为黏性土,土质软弱,泵房与基础之间摩擦系数为$f=0.25$,按基本荷载组合计算作用于泵房基础底面以上的全部竖向荷载为$\sum G=1\ 500$ kN,作用于泵房基础底面以上的全部水平向荷载$\sum H=250$ kN,根据以上条件算得此泵房的抗滑稳定安全系数为(　　),可判断其稳定性为(　　)。(注:土基上的1级泵房在基本荷载组合情况下的抗滑稳定安全系数允许值为1.35)

A. 1.4,稳定　　B. 1.5,稳定　　C. 1.3,不稳定　　D. 1.25,不稳定

(10)南方某联围区内设一排水泵站,排水泵站前池由排水渠道与调蓄区相连,在确定进水池的设计水位时,下面哪些选项的内容是正确的(　　)。

A. 以调蓄区设计低水位加上排水渠道的水头损失后作为设计水位

B. 以调蓄区设计高水位加上排水渠道的水头损失后作为设计水位

C. 以排水区内部耕作区90%以上耕地不受涝的高程作为设计水位

D. 以调蓄区设计低水位与设计蓄水位的平均值加上排水渠道的水头损失后作为设计水位

(11)水泵站的设计扬程与用户的位置、高度、管路布置及给水系统的工作方式等有关。某泵站设计条件:最低枯水位4.51 m,常水位5.82 m,最高水位7.2 m,河岸标高7.8 m,水厂水池标高30 m(要求泵站取水保证率100%)。设计总管路水头损失为2.5 m,水泵稳定工作安全水头为10.0 m。该泵站设计流量为$Q=1.05\times580=609(m^3/h)$。根据以上已知条件,表12-1中最合适的水泵型号为(　　)。

表12-1　水泵特性

型号	转速 (r/min)	流量 (m^3/h)	扬程 (m)	效率 (%)	电机功率 (kW)	必需气蚀余量 (m)	质量 (kg)
A	1 450	790	32	87	110	4.8	709
B	1 350	612	38	83	150	4.9	780
C	1 300	900	28	80	120	4.5	680
D	1 280	800	25	81	100	4.2	650

(12)某泵有单独的吸水管和压水管,吸水管和压水管设计流速要求如表12-2所示。

表 12-2　吸水管和压水管设计流速

管径(mm)	$d<250$	$250\leq d\leq 1\ 000$	$1\ 000<d<1\ 600$	$d\geq 1\ 600$
吸水管流速(m/s)	1.0 ~ 1.2	1.2 ~ 1.6	1.5 ~ 2.0	1.5 ~ 2.0
压水管流速(m/s)	1.5 ~ 2.0	2.0 ~ 2.5	2.0 ~ 2.5	2.0 ~ 3.0

吸水管流量 948 m^3/h，吸水管直径 500 mm，流速 1.34 m/s，吸水管长 8 m，$1\ 000i=4.30$，吸水管局部阻力系数见表 12-3。

表 12-3　吸水管局部阻力系数

名称	喇叭口	90°弯头	闸阀	渐缩管	水泵进口
DN(mm)	1 000	500	500	500 ~ 300	300
数量	1	1	1	1	1
局部阻力系数	0.30	0.68	0.06	0.20	1.0
流速(m/s)	1.34	1.34	1.34	3.73	3.73

压水管流量 948 m^3/h，压水管直径 400 mm，流速 2.10 m/s，压水管长 20 m，$1\ 000i=14.30$，压水管局部阻力系数见表 12-4。

表 12-4　压水管局部阻力系数

名称	渐扩管	蝶阀	止回阀	三通	90°弯头	水泵吐口
DN(mm)	200 ~ 400	400	400	等径	400	200
数量	1	1	1	1	2	1
局部阻力系数	0.30	0.06	1.7	3.0	0.68	1.0
流速(m/s)	8.38	2.10	2.10	2.10	2.10	8.38

根据以上已知条件求得水泵吸水管路和压水管路的总水头损失分别为(　　)m。

A. 0.981、6.34　　B. 1.203、6.52　　C. 1.254、6.623　　D. 1.345、6.852

12.4　参考答案

(1)C　(2)B　(3)C　(4)B　(5)CD　(6)A
(7)C　(8)B　(9)B　(10)AD　(11)B　(12)A

第13章 渠系(输水)建筑物设计

13.1 考试大纲

熟练掌握渠线、管线选择的基本要求。

熟练掌握渠道横断面选择,防渗、衬砌与护面结构设计。

熟练掌握渠道比降、流速与渗漏计算。

掌握管道选(材)型及水力计算。

掌握渡槽、倒虹吸、涵洞的类型与一般设计要求。

了解渠道防冻胀基本要求。

13.2 复习指导

13.2.1 复习要点

13.2.1.1 渠线选定基本要求

(1)渠道选线一般要求在满足输水任务的前提下,使工程量小而且造价低。对于灌溉渠道,应尽可能布置在灌区的脊线,以争取最大的自流灌溉面积;对于排水沟道,应尽可能布置在排水区的洼线,以争取最大的排水效果。

(2)干渠穿过地形起伏较大的不平坦或丘陵地区,其线路大致沿等高线布置,尽量避免深挖和高填。

(3)渠线穿越铁路、公路、河流、沟渠应尽量正交,避免将弯线部分放在建筑物上。避免穿越较大的居民点、沼泽地及地形破碎地带等。

(4)在某些情况下,通过山地、丘陵,为了安全可靠和经济合理,可采用隧洞以缩短渠道长度和建筑物的数量。为了降低跨河(沟)建筑物的高度并使其具有适宜的过河位置,可采用绕线的比较方案。

(5)要考虑工程远近期规划、行政区的结合,平整土地、机耕及道路等因素。

(6)综合利用渠道,应考虑灌溉与航运、水能利用相结合,灌溉与防洪、排水相结合,灌溉与供水、养殖相结合,蓄、引、提相结合(安徽淠史杭大灌区的规划就体现了一水多用、一渠多利的原则)。

灌溉渠道线路布置要考虑排水系统的布置和不打乱天然排水流势,并使排水通畅。排水沟渠应布置在低洼地带而与灌溉系统相适应。

渠道上的水电站位置,应尽可能布置在工厂、城镇附近的有利地形处,并使渠线落差集中。动力渠道要求能量损失最少。航运渠道要有较缓纵坡,并使船闸数目最少、线路最短，施工条件较好，又尽可能地减少交叉建筑物等。

(7)为适应地形变化，渠道需要采用弯道时，弯道半径应在可能范围内选择较大值。未衬砌的灌溉、动力渠道的弯道半径应不小于5倍水面宽度。

(8)傍山渠线所遇的地形、地质、水文地质等条件比较复杂，因此对渠线的选定要进行足够的地质勘探、调查研究工作，并要反复论证提出的各种线路方案。渠线选定的原则是要确保安全，比较经济，容易施工，便于管理。要合理地考虑河流左右岸的具体地形、地质条件，既要注意渠线外侧坡度安全，又要尽量考虑渠线内侧人工开挖边坡的安全。傍山渠道一般以明渠通过山麓、丘陵、塬边。对于滑坡地区的渠线选择，渠线应尽量避免通过滑坡地区；在无法避免时，应进行详细的地质勘探和资料分析，须采取确保安全的必要措施。

13.2.1.2 渠道横断面选择

1)横断面形式

渠道横断面形式有梯形、矩形、多边形、抛物线形、弧形、U形及复式断面。梯形断面广泛适用于大、中、小型渠道，其优点是施工简单，边坡稳定，便于应用混凝土薄板衬砌。矩形断面适用于坚固岩石中开凿的石渠，如对于傍山或塬边渠道以及渠宽受限制的城镇工矿区，就可以采用石矩形断面或钢筋混凝土矩形断面。多边形断面适用于在粉质砂土地区修建的渠道，当渠床位于不同土质的大型渠道时，亦多采用多边形断面。为了使渠道尽量接近天然河床的断面形式，也有采用抛物线形断面的。在砂砾石地层修建渠道可采用弧形断面，具有水力条件较好、渠底能抵抗较大的浮托力、能节省衬砌工程量等优点。U形渠槽为目前发展的中、小型渠道混凝土衬砌断面形式，具有水力条件较好、占地少的优点，但施工比较复杂。复式断面适用于深挖方渠段，渠岸以上部分可将坡度改陡，每隔一段留一平台，以节省土方开挖量。

2)横断面选择

横断面选择应考虑满足以下条件：

(1)渠床稳定或冲淤平衡；

(2)有足够的输水能力；

(3)渗漏损失最小；

(4)施工、管理、运用方便；

(5)工程造价最小；

(6)满足综合利用对渠道的结构要求；

(7)梯形渠道应考虑水力最佳断面、水力最佳断面的水深、实用经济断面。

3)渠道边坡

(1)渠道内边坡系数。

渠道内边坡系数须根据土质稳定条件来选择。水深小于3 m的渠道，最小边坡系数可按规范选用。航运渠道内边坡系数 m 根据土的特性而定。对于岩石和半岩土，$m=0\sim0.5$；对于松软的黏土和细粒砂土，$m=2.5\sim6.0$，但挖方水上岸坡可稍陡于水下边坡。大型渠道水深大于3 m时，渠道内边坡要考虑水面骤降对渠坡的影响，进行稳定验算。

(2)渠岸以上的边坡。

渠岸以上的边坡分低边坡和高边坡，小于15～20 m的为低边坡，大于15～20 m的为高边坡。低边坡系数一般采用比拟法及图表法选择。高边坡应进行稳定分析，常用的有圆弧条分法，对于黄土边坡则采用裂隙圆弧法及图解法。

安全系数K值，一般根据工程等级及地质条件采用1.15～1.25；当考虑地震荷载时，应不小于1.05～1.10。

坡形一般有三种：直线形（一坡到顶，只应用于低边坡）、折线形（上缓下陡）及阶梯形（小平台和大平台）。高边坡常用阶梯形。单级阶梯的高度一般采用5～12 m。小平台宽一般为1～3 m，大平台宽5～12 m。

4）渠岸超高

（1）灌溉渠道。一般挖填方渠道，渠岸超高可根据加大水深确定。目前，国内大型灌溉渠道实际采用超高值为0.5～2.0 m。宝鸡峡塬边渠道超高为正常水位以上1.35 m。灌溉与航运相结合的安徽淠史杭灌区渠道，其超高为正常水位以上2 m。

（2）动力渠道。一般渠岸超高为0.3～1.0 m，或用规范公式计算。

（3）衬砌超高。灌溉渠道、动力渠道衬砌超高，一般采用0.15～0.65 m，对于傍山渠道采用大值；航运渠道一般衬砌高度，应高出最高航行水面1.0～1.5 m，其最大值可采用2 m，而衬砌底部高度应低于最低水位1.0 m。安徽淠史杭灌区渠道的衬砌高度低于渠顶0.5 m，高出正常水位1.5 m；兼作防洪堤岸的衬砌超高，应采用较大值；渠道防渗的塑料薄膜的顶端在最高水位以上的超高范围，根据流量的不同，在0.2～0.8 m内选用。

（4）弯道超高。当弯道半径小于5倍水面宽度及平均流速大于2 m/s时，弯道凹岸顶端的超高应予增加，其增加值可按规范公式进行计算。

5）渠岸宽度

渠岸宽度一般为2～3 m，当兼作道路时，其宽度应根据公路工程技术标准确定。挖方渠岸可以比填方堤顶宽度小，但必须满足维修管理的要求。灌溉渠道只满足管理运用要求时，渠岸宽度只需在渠道加大流量的水深增加0.3 m。动力渠道渠岸宽度一般为2～3.5 m。航运渠道挖方渠岸宽度一般为3～4 m，填方渠岸宽度一般为4～5 m。安徽淠史杭灌区渠道所采用的渠岸宽度为6 m，靠山、塬一侧为3 m。

6）弃土和取土

挖方渠段的弃土堆坡脚至开口线的距离：当挖深在10 m以内时，不少于2 m；当挖深在10～15 m时，不少于2.5 m；当挖深超过15 m时，不少于3 m。弃土要尽可能整平造地返耕。填方渠道的取土坑至渠堤坡脚的距离不小于2 m，取土深度不超过1.5 m，配水渠道的取土坑深度一般不超过0.8 m，以便于平整土地时填平。

13.2.1.3 渠道衬砌与护面结构设计

1）渠道衬砌与护面结构的选择

渠道衬砌与护面结构的主要作用如下：

（1）减少渗漏损失，提高渠道水的利用系数，便于控制地下水位上升，防止土壤沼泽化和次生盐碱化等；

（2）减少渠道糙率，加大流速，增大输水能力，防止渠道冲刷破坏，减少土方开挖量。

目前，我国各地常用的渠道衬砌材料有土料、水泥土、石料、埋铺式膜料、沥青混凝土和混凝土等。

2)混凝土衬砌

(1)结构型式与尺寸。

渠道的混凝土衬砌广泛采用板形结构,其边坡截面有矩形、楔形、肋形、中部加厚形、槽形等。矩形板适用于无冻胀地区的渠道。楔形板、肋形板适用于有冻胀地区的渠道。肋形板的缺点是:在施工中增加挖梁槽的工序,铺筑混凝土时大骨料易于集中,砂浆不匀,使强度不足,故施工中应特别注意。中部加厚板对防止冻胀也是有效的。槽形板适用于小型渠道预制安砌,大型渠道则现场浇筑。U形槽水力性能、结构性能好,占地少,适用于小型渠道预制安砌。喷射混凝土作为渠道衬砌,具有强度高、厚度薄、抗冻性及防渗性好、施工方便等优点,但目前尚未普遍采用。

混凝土衬砌厚度与施工方法、气候因素、渠道大小及混凝土强度等级有关。现浇接缝少,造价低(约低10%),适用于挖方渠道;预制安砌适用于填方渠道(特别是灌区配水渠道)。现浇混凝土比预制安砌的厚度稍大,有冻胀破坏地区的渠道衬砌厚度比无冻胀破坏地区的一般要厚一些,阴坡的比阳坡的要厚一些。当水流含推移质泥沙较多且颗粒大时,应考虑增加磨损厚度。预制板一般厚度为5~10 cm,在无冻胀破坏地区可采用4~8 cm。

预制混凝土板的大小,按安砌时容易搬动、施工方便来考虑确定,最小为50 cm×50 cm,最大为100 cm×100 cm。

(2)伸缩缝间距和接缝型式。

①伸缩缝。

混凝土衬砌渠道为适应温度变化、冻胀、基础不均匀沉陷等原因引起的变形,需要留伸缩缝。纵向缝一般设在边坡与渠底连接处,当渠底宽度超过6~8 m时,可在渠底中部,另加纵缝,渠道边坡上一般不设纵向缝或腰缝,渠道较深、边坡较大时可适当分成2~3块错缝砌筑。混凝土衬砌一般都设有横向伸缩缝,其间距与基础、气候、厚度、混凝土强度等级及施工等因素有关,设计时可参照规范要求结合具体条件适当增减。

②缝型。

混凝土衬砌的主要接缝型式有矩形缝和梯形缝。矩形缝中有塑料止水的防渗性能最好,但造价较高;梯形缝中用聚氯乙烯胶泥做填料的防渗漏效果最好。宝鸡峡的98 km长的塬边总干渠衬砌采用此型,运用已达若干年,经测定,渠道水利用系数达0.990~0.994(Q=20~25 m^3/s,95 km长的渠道的损失流量为0.100~0.258 m^3/s),衬砌下边土层含水率为17%~19%,接近自然含水率,这说明基本不漏水。

③缝宽。

缝宽取决于间距、温度变幅、干缩系数、线膨胀系数、填料伸缩性能、黏结力、施工要求等,一般采用1~4 cm。

④填料。

填料性能是决定衬砌效果和寿命的重要因素,其要求:高温不流淌,低温不冻裂剥落,伸张时不裂缝,收缩时不挤出,黏结力强,负温下仍能黏着不脱离,耐久性好。目前,实际工程中采用的填料有沥青混合物、聚氯乙烯胶泥和沥青油毡板等。

⑤喷射混凝土。

喷射混凝土衬砌渠道的优点是施工速度快、质量高，每 1 m^3 混凝土用水泥 350 kg，衬砌厚度一般为 3 ~ 12 cm。其适用于大型渠道和 U 形渠道，是机械化衬砌渠道发展的方向。

3）*石衬砌*

（1）干砌卵石（挂淤）。

干砌卵石适用于砂砾石基础或沙漠地带（坡度大、渗漏性强）的渠道。渠道断面形式一般采用梯形或渠底部分为弧形。弧形半径等于水深或小于水深。边坡系数值采用 1 ~ 2。最大允许流速与卵石粒径大小有关。

干砌卵石的垫层，在砂砾石渠床上，当流速小于 3.5 m/s 时，可不设垫层；当流速超过 3.5 m/s 时，需设粒径 2 ~ 4 cm、厚 15 cm 的砂砾石垫层。在黏土、黄土、砂土等的渠床上，垫层可做成双层，总厚度大于 25 cm。

（2）浆砌石。

浆砌石护面的防渗、防冲效果均较干砌石为优。单层厚度一般为 25 ~ 30 cm，用 M5 号、M10 水泥砂浆。伸缩缝间距为 20 ~ 50 m，缝宽为 3 cm 左右，以沥青砂浆灌注。糙率 n 值一般为 0.022 5 ~ 0.027 5；单层浆砌允许流速为 2.5 ~ 4.5 m/s，双层浆砌石允许流速为 3.5 ~ 5.0 m/s；最大抗冲能力为 6 ~ 8 m/s。勾缝一般采用比砌筑砂浆高一级的砂浆。

4）*沥青混凝土衬砌*

沥青混凝土衬砌渠道的断面形式有梯形和弧形。大型渠道一般采用就地浇筑，用机械振动压实，其厚度一般为 10 ~ 15 cm，防渗层下为反滤层，在反滤层上面涂一层沥青胶或沥青乳剂。当不设反滤层时，可设 3 ~ 4 cm 的沥青混凝土结合层，以便与沥青混凝土防渗层结合。小型渠道一般采用预制板，其厚度为 5 ~ 6 cm。若渠道地下水位较高并有补给，在边坡设排水；否则，可在渠床喷洒一层稀释沥青，其用量为每平方米喷洒 1 kg，使土壤固结（可不做垫层）。防渗要求高的沥青混凝土衬砌，其表面应平整光滑，并应在其上面涂抹厚度为 2 mm 以上的沥青胶，以增强其防渗能力。

5）*塑料薄膜衬砌*

塑料薄膜具有造价低（运输量少，施工简单）和效果好（适用性强，耐腐蚀性强）等优点。多采用埋藏式，可用于铺设矩形、梯形、复式梯形、锯齿形等断面。为了施工方便，一般多采用梯形边坡（可以较陡一些），保护层可用素土夯实或加铺防冲材料，其总厚度应不小于 30 cm。在寒冷、冻深较大的地区，保护层厚度常采用冻深的 1/3 ~ 1/2。塑料薄膜防渗的关键是要铺好保护层，以延长其使用年限。

6）*其他材料护面*

其他材料护面一般有水泥土护面、黏土护面、灰土护面防渗、人工挂淤防渗。

13.2.1.4　渠道比降、流速与渗漏计算

1）*渠道比降*

渠道比降应根据渠线所经过地区的地形、土质、水流流量及含沙量等条件所规定的允许流速确定。各类渠道比降设计原则如下：

（1）灌溉渠道。①输水渠道尽可能采取较缓的比降以满足自流灌溉的要求。②渠道

比降应尽量接近地面比降，避免挖、填方量过大。③对于土壤易冲刷的渠道，其比降应缓；对于地质条件较好的渠道，其比降可适当陡一些。④清水渠道应考虑防止冲刷，比降宜缓，如安徽淠史杭灌区渠道，其输水渠道比降为1/10 000～1/28 000。浑水渠道应考虑防止淤积，比降宜适当加大，如陕西宝鸡峡渠道比降为1/4 000～1/5 000，陕西泾惠渠灌区比降为1/2 000。⑤对于流量过大的渠道，其比降可缓。如安徽淠史杭灌区渠道的过流量较大（300 m^3/s），其相应的比降较缓，取为1/28 000。⑥对于抽水灌溉输水渠道，在满足泥沙不淤的条件下，其比降应尽量放缓。

（2）排水沟道。各级输水沟道采用的比降，主要取决于排水面积上的地面坡度以及满足沟道不淤不冲的条件；沟道比降与容泄区的水位高程衔接有关；沟道比降接近地面比降可节约土方；在地面坡度变化较大时，也要尽可能地使沟道下游的流速大于上游流速，以免排水不畅；过大的沟道比降会引起土壤的冲刷，反之又会引起淤积和生长杂草，所以选择沟道比降应使实际流速介于不冲不淤流速之间；为保证在通过日常流量的情况下沟道不发生壅水现象，在沟口汇流处应具有适当的水面落差（一般为0.1～0.2 m）。

（3）航运渠道（运河）。航运渠道最小可能比降可按规范公式计算；航运渠道平均流速应小于最大容许航行流速，适宜航行的流速一般不超过0.3～0.6 m/s；水流中如含有悬移质，必须验算运河的不淤渠道的设计流速应满足不冲不淤的条件。

2）渠道流速

（1）渠道流速包括设计流速、平均流速、临界不冲流速、临界不淤流速。

（2）渠道设计流速的选择。渠道的设计流速一般应根据渠道的用途、工作条件及渠床地质状况确定。在某些情况下，可通过技术经济综合分析来确定。其原则为：渠床稳定，不发生冲刷或淤积；渠道中不生长杂草；适应工作条件，满足特殊运用要求；渠道造价合理。

对于灌溉渠道，土渠设计流速通常在0.6～1.0 m/s内选用。对于清、浑水两用的渠道，允许在浑水时稍有淤积，清水时稍有冲刷，而在一年之内保持冲淤平衡。

对于航运渠道，设计流速应根据运用条件选用，一般不超过1.0 m/s。

对于动力渠道，设计流速一般在1～2m/s内选用。

（3）冬季流冰问题。解决寒冷地区渠道冬季流冰问题主要有两种方法：一是在渠道内造成冰盖，二是保持渠道内不结冰的流速。关于造成冰盖的条件及有关问题，一般是按经验进行近似的估算，通常形成冰盖的流速应不大于0.5 m/s，冰盖厚度一般可控制在10～15 cm内。保持渠道内不结冰的流速，通常不小于1.5 m/s，当流速达到2～3 m/s时，可防止渠道水面结冰。

3）渠道渗漏计算

（1）自由渗漏情况下渠道渗漏损失计算一般采用比拟法、实测法、经验公式法。

（2）顶托渗流情况下渠道渗漏损失计算，现有的理论方法比较复杂，通常用自由渗漏有关公式乘以顶托渗漏损失校正系数作近似估算。

（3）有衬砌及其他防渗措施的渠道渗漏损失计算，一般按经验公式估算。

13.2.1.5 渠道抗冻胀设计

渠道抗冻胀设计步骤如下：

(1)收集基本资料。

(2)对渠道分段。

(3)选取代表性横断面。

(4)计算设计冻深和冻胀量。

(5)选取最大冻胀位移值。

(6)判断冻胀性类别。

(7)进行衬砌渠道冻胀安全校核。按《渠系工程抗冻胀设计规范》(SL 23—2006)的规定,用常用材料衬砌渠道允许冻胀位移值进行校核,判定每一渠段按采用常用材料及结构型式时是否满足冻胀安全要求。

(8)选择抗冻胀措施。

(9)进行抗冻胀结构和工程措施的详细设计。

13.2.1.6 输水管道管材选择及水力计算

1)管材选择

管道按材料一般分为金属管和非金属管。金属管包括铸铁管和钢管。非金属管包括混凝土管、玻璃钢管、石棉水泥管、PVC 管等。应根据工程具体情况,合理选用管材,以保证输水安全。

2)水力计算

(1)流速和管径的确定。输水管内的流速应根据技术经济比较和管内不淤条件选定。当通过设计流量时,管内流速通常为 1.5 ~3.0 m/s,最大可达 4 m/s。最大流速一般按允许水头损失控制,最小流速按通过最小流量时管内流速应大于挟沙流速来确定。

(2)输水能力按有压流计算。

13.2.1.7 渡槽、倒虹吸管、涵洞的类型与一般设计要求

1)渡槽

(1)位置选择。

渡槽宜置于地形、地质条件较好的地段。要尽量缩短槽身长度,降低槽墩高度。进、出口应力求与挖方渠道相接,如为填方渠道,填方高度不宜超过 6 m,并需做好夯实加固和防渗排水设施。

跨越河流的渡槽应选在河床稳定、水流顺直的地段,渡槽轴线尽量与水流流向正交。渠道与槽身在平面布置上应成一直线,切忌急剧转弯。

(2)型式选择。

渡槽型式一般有梁式渡槽和拱式渡槽。

(3)渡槽设计。

渡槽设计包括纵横断面设计、渡槽水力计算、进出口与渠道的连接。

2)倒虹吸管

选定倒虹吸管位置所遵循的原则与渡槽基本相同;管路与所穿过的山谷河流、道路等保持正交,以缩短管路长度;进、出口应力求与挖方渠道相连,如为填方渠道,则需做好夯实加固和防渗设施;为减少开挖,管身宜随地形坡度铺设,但弯道不能过多,以减少水头损失,也不宜过陡,以便施工。

倒虹吸管可做如下布置:对于高度不大的小倒虹吸管,常用斜管式和竖井式;对于高度较大的倒虹吸管,当跨越山沟时,管路一般沿地面铺设;当穿过深河谷时,可在深槽部分建桥。

倒虹吸管由进口段、管身和出口段三部分组成。进口段包括渐变段、闸门、拦污栅,有的工程还设有沉沙池。进口段与渠道平顺衔接以减少水头损失。渐变段可以做成扭曲面或八字墙等形式,长度为3~4倍渠道设计水深。闸门用于管内清淤和检修。不设闸门的小型倒虹吸管,可在进口侧墙上预留检修门槽,需用时临时插板挡水。拦污栅用于拦污和防止人畜落入渠内被吸进倒虹吸管。

在多泥沙河流上,为防止渠道水流挟带的粗颗粒泥沙进入倒虹吸管,可在闸门与拦污栅前设置沉沙池。对于含沙量较小的渠道,可在停水期间进行人工清淤;对于含沙量大的渠道,可在沉沙池末端的侧面设冲沙闸,利用水力冲淤。沉沙池底板及侧墙可用浆砌石或混凝土建造。

出口段的布置型式与进口段基本相同。单管可不设闸门;若为多管,可在出口段侧墙上预留检修门槽。出口渐变段比进口渐变段稍长。由于倒虹吸管的作用水头一般都很小,管内流速仅在2.0 m/s左右,因而渐变段的主要作用在于调整出口水流的流速分布,使水流均匀平顺地流入下游渠道。

管身断面可分为圆形或矩形。圆形管因水力条件和受力条件较好,大、中型工程多采用这种形式。矩形管仅用于水头较低的中、小型工程。根据流量大小和运用要求,倒虹吸管可以设计成单管、双管或多管。管身与地基的连接形式及管身的伸缩缝和止水构造等与土坝坝下埋设的涵管基本相同。在管路变坡或转弯处应设置镇墩。为防止管内淤沙和放空管内积水,应在管段上或镇墩内设冲沙放水孔(可兼作进人孔),其底部高程一般与河道枯水位齐平。管身常埋入地下或在管身上填土。当管路通过冰冻地区时,应在冰冻层以下;穿过河床时,应置于冲刷线以下。管路所用材料可根据水头、管径及材料供应情况选定,常用浆砌石、混凝土、钢筋混凝土及预应力钢筋混凝土等,其中后两种应用较广。

倒虹吸管水力计算的任务是在给定的设计流量和最大、最小流量,允许的水位降落值,渠道断面,上游渠底高程和水位流量关系的条件下,利用压力流公式,选定虹吸管的断面尺寸,并检验上、下游水位差和进出口水面的衔接情况。

3)涵洞

当渠道与道路相交而又低于路面时,可设置输水用的涵洞;当渠道穿过山沟或小溪而沟溪流量又不大时,可用一段填方渠道,下面埋设用于排泄沟、溪水沟的涵洞。前者称为输水涵洞,后者称为排水涵洞。

涵洞由进口段、洞身和出口段三部分组成。进口段、出口段是洞身与渠道或溪沟的连接部分,其型式选择应使水流可以平顺地进出洞身,以减小水头损失。为防止水流冲刷,进口段需做一段浆砌石或干砌石护底与护坡,长度不小于3~5 m。出口段应结合工程的实际情况决定是否采取适当的消能防冲措施。

洞内水流形态可以是无压、有压或半有压。输水涵洞为减小水头损失,多是无压的。排水涵洞可以是无压的,有时为缩小洞径,也可设计成有压或半有压,但对有压涵洞在泄洪时可能出现的明满流交替而引起的振动应予注意。

小型涵洞的进口段、出口段都用浆砌石建造。大、中型工程可采用混凝土或钢筋混凝土结构。为适应不均匀沉降，常用沉降缝与洞身分开，缝间设止水。

按洞身断面形状，涵洞可以做成圆管涵、盖板涵、拱涵或箱涵。圆管涵因水力条件和受力条件较好，且有压、无压均可，是普遍采用的一种型式，管材多用混凝土或钢筋混凝土。盖板涵的断面呈矩形，其底板、侧墙可用浆砌石或混凝土，盖板多为钢筋混凝土结构，当跨度小时，也可用条石，适用于洞顶铅直、荷载较小、跨度较小的无压涵洞。拱涵由拱圈、侧墙及底板组成，可用浆砌石或混凝土建造，适用于填土高度大、跨度较大的无压涵洞。箱涵为四周封闭的钢筋混凝土结构，适用于填土高度大、跨度大和地基较差的无压或低压涵洞。当洞身较长时，为适应地基不均匀沉降，应设沉降缝，间距不大于10 m，也不小于2～3倍洞高，缝间设止水。

涵洞轴线一般应与渠堤或道路正交以缩短洞身长度，并尽量与来水流向一致。为防止涵洞上、下游水道遭受冲刷或淤积，洞底高程应等于或接近于原水道的底部高程，洞底纵坡应等于或稍大于原河道的纵坡，一般为1%～3%。当涵洞穿过土渠时，其顶部至少低于渠底0.6～0.7 m，否则渠水下渗，容易沿管周围产生集中渗漏，引起建筑物破坏。洞线应选在地基承载能力较大的地段，在松软的地基上，常设置刚性支座或用桩基础，以加强涵洞的纵向刚度。

13.2.2 案例分析

【例13-1】 某无压隧洞的断面为城门洞形，洞宽4 m，顶拱中心角90°，隧洞纵坡0.000 5，设计输水流量30 m^3/s，钢筋混凝土衬砌糙率取0.014，隧洞的最小洞高为(　　)m。

A. 3.85　　B. 4.85　　C. 5.85　　D. 6.85

答案：B

考点：明渠均匀流计算。

解：明渠均匀流公式：

$$Q = AC\sqrt{Ri}$$

$$C = \frac{1}{n}R^{1/6}$$

式中 C——谢才系数；

R——水力半径 m；

i——渠道纵坡；

A——过水断面面积，m^2；

n——糙率系数。

过水断面面积

$$A = bh_0 = 4h_0$$

湿周

$$\chi = b + 2h_0 = 4 + 2h_0$$

水力半径

$$R=\frac{A}{\chi}=\frac{4h_0}{4+2h_0}$$

谢才系数

$$C=\frac{1}{n}R^{1/6}=\frac{1}{0.014}\times\left(\frac{4h_0}{4+2h_0}\right)^{1/6}$$

则：
$$30=4h_0\times\frac{1}{0.014}\times\left(\frac{4h_0}{4+2h_0}\right)^{1/6}\times\sqrt{\frac{4h_0}{4+2h_0}\times0.0005}$$

经试算，水深 $h_0=3.9$ m。

按洞内水面线以上空间不小于断面面积的15%确定隧洞全断面面积，边墙最小高度4.02 m，隧洞最小高度4.85 m。

【例13-2】 某梯形断面渠道，边坡系数 $m=2.0$，渠道糙率 $n=0.02$，底坡 $i=0.005$，底宽 $b=2$ m。当正常水深 $h_0=1.0$ m时通过的流量为（　　）m^3/s。

A. 10.26　　B. 8.48　　C. 13.48　　D. 9.48

答案：A

考点：明渠均匀流计算。

解：过水断面面积

$$A=(b+mh_0)h_0=(2+2.0\times1.0)\times1.0=4.0(m^2)$$

湿周

$$\chi=b+2h_0\sqrt{1+m^2}=2+2\times1.0\times\sqrt{1+2.0^2}=6.472(m)$$

水力半径

$$R=A/\chi=4.0/6.472=0.618(m)$$

谢才系数

$$C=\frac{1}{n}R^{1/6}=\frac{1}{0.02}\times0.618^{1/6}=46.146(m^{0.5}/s)$$

流量

$$Q=AC\sqrt{Ri}=4.0\times46.146\times\sqrt{0.618\times0.005}=10.26(m^3/s)$$

因此，选A。

【例13-3】 某梯形断面渠道，渠床糙率 $n=0.018$，设计流量 $Q=90\ m^3/s$，渠道内边坡系数 $m=2.0$，渠底比降 $i=0.0002$，水力最佳断面面积为（　　）m^2。

A. 66.97　　B. 77.37　　C. 62.07　　D. 65.97

答案：C

考点：梯形渠道水力最佳断面面积计算。

解：根据《灌溉与排水工程设计规范》（GB 50288—99）附录H中公式知：

$$h_0=1.189\left\{\frac{nQ}{[2(1+m^2)^{1/2}-m]\sqrt{i}}\right\}^{3/8} \tag{1}$$

$$b_0=2[(1+m^2)^{1/2}-m]h_0 \tag{2}$$

$$A_0=b_0h_0+mh_0^2 \tag{3}$$

式中　h_0——水力最佳断面水深，m；

b_0——水力最佳断面底宽,m;

A_0——水力最佳断面的过水断面面积,m^2。

已知:$Q=90\ m^3/s$, $n=0.018$, $m=2.0$, $i=0.000\ 2$。

由式(1)得:

$$h_0=1.189\times\left\{\frac{0.018\times 90}{[2\times(1+2.0^2)^{1/2}-2.0]\sqrt{0.000\ 2}}\right\}^{3/8}=5.01(m)$$

由式(2)得:

$$b_0=2\times[(1+2.0^2)^{1/2}-2.0]\times 5.01=2.37(m)$$

由式(3)得:

$$A_0=2.37\times 5.01+2.0\times 5.01^2=62.07(m^2)。$$

因此,选 C。

【例 13-4】 某梯形断面黏土渠道,边坡系数 $m=1.25$,渠道糙率 $n=0.025$,底坡 $i=0.000\ 4$,流量 $Q=2.2\ m^3/s$,不淤流速 $v''=0.5\ m/s$。

①最佳断面时的底宽为(　　)m。

A. 0.80　　B. 0.85　　C. 0.95　　D. 1.05

②渠道的流速为(　　)m/s。

A. 0.55　　B. 0.62　　C. 0.53　　D. 0.70

答案:①C、②B

考点:梯形渠道水力最佳断面计算。

解:①渠道的水力最佳断面。

梯形渠道水力最佳断面宽深比只与边坡系数 m 有关,当 m 值确定后,β_m 也就确定了。

水力最佳断面的宽深比

$$\beta_m=\frac{b_0}{h_0}=2(\sqrt{1+m^2}-m)=0.70$$

则水力最佳断面的面积

$$A=(\beta_m+m)h_0^2=1.95h_0^2$$

水力最佳断面的水力半径

$$R_0=h_0/2$$

由曼宁公式,谢才系数

$$C_m=\frac{1}{n}R_0^{1/6}=35.636h_0^{1/6}$$

明渠均匀流公式 $Q=AC\sqrt{Ri}$,则:

$$2.2=1.95h_0^2\times 35.636h_0^{1/6}\times\sqrt{\frac{h_0}{2}\times 0.000\ 4}$$

水深　　$h_0=1.35\ m$

底宽　　$b_0=\beta_m h_0=0.70\times 1.35=0.95(m)$

因此,选 C。

②渠道的流速。

由渠道最大允许流速值表查得黏土在水深 $h=0.4\sim1.0$ m 时,不冲最大允许流速 $v'=0.75\sim0.95$ m/s,而 2.0 m $>h_m>$ 1.0 m,取修正值系数 $k=1.25$。

则不冲允许流速

$$v'=(0.75\sim0.95)\times1.25=0.94\sim1.19(\text{m/s})$$

由已知,不淤允许流速 $v''=0.5$ m/s。

渠道断面平均流速

$$v=\frac{Q}{(b_0+mh_0)h_0}=0.62(\text{m/s})$$

因为 $v''<v<v'$,所以设计断面满足允许流速的要求。

因此,选 B。

【例 13-5】 某梯形断面土渠,$n=0.025$,流量 $Q=17\ \text{m}^3/\text{s}$,底宽 $b=4$ m,底坡 $i=1/2\,500$,边坡系数 $m=2.0$,按均匀流计算渠道的正常水深为(　　)m。

A. 0.96　　B. 2.36　　C. 2.16　　D. 1.56

答案:C

考点:梯形渠道水力计算。

解:采用试算法。假设一系列的正常水深 h_0 的值,代入明渠均匀流公式 $Q=AC\sqrt{Ri}$,计算出相应的流量 Q 值。根据水深和流量绘出 $h_0\sim Q$ 关系曲线,然后根据已知流量 Q,在曲线上查出需求解的均匀流水深 h_0。

设 $h_0=1.8$ m、2.0 m、2.2 m、2.4 m,分别计算出相应的面积 A、湿周 χ、水力半径 R、谢才系数 C 及流量值(见表 13-1)。

表 13-1　各种特征值关系

h_0(m)	A(m^2)	χ(m)	R(m)	C(m$^{0.5}$/s)	$Q=AC\sqrt{Ri}$(m^3/s)
1.8	13.68	12.05	1.14	40.88	11.94
2.0	16.00	12.94	1.24	41.46	14.77
2.2	18.48	13.84	1.34	42.00	17.97
2.4	21.12	14.73	1.43	42.46	21.45

由表 13-1 中数据绘出 $h_0\sim Q$ 关系曲线,如图 13-1 所示。根据设计流量 $Q=17\ \text{m}^3/\text{s}$,在曲线上查得渠道正常水深 $h_0=2.16$ m。

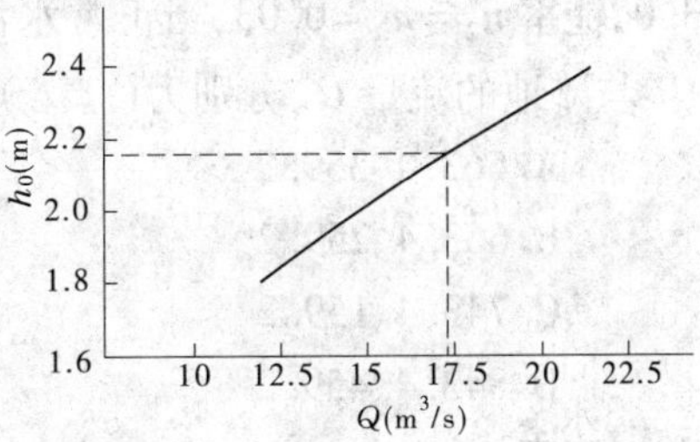

图 13-1

因此,选 C。

【例 13-6】 某梯形断面渠道,底宽 $b=2.0$ m,边坡系数 $m=1.5$,当通过流量 $Q=10\ \text{m}^3/\text{s}$ 时,渠道中的实际水深 $h=1.0$ m。

①临界水深 h_c 为(　　)m。

A. 1.05　　B. 2.05　　C. 3.05　　D. 4.05

②水流流态为(　　)。

A. 急流　　B. 缓流　　C. 临界流　　D. 陡坡

答案:①A、②A

解:用试算法求 h_c。

计算公式:

$$\frac{aQ^2}{g}=\frac{A^3}{B},A=(b+mh)h,B=b+2mh$$

$$aQ^2/g=1\times10^2/9.81=10.2$$

假设不同的水深 h,算出相应 A^3/B,计算结果列于表 13-2 中。

表 13-2　临界水深计算成果

水深 h(m)	A(m²)	B(m)	A^3/B
0.5	1.38	3.50	0.75
0.8	2.56	4.40	3.81
1.0	3.50	5.00	8.58
1.1	4.02	5.30	12.26
1.2	4.56	5.60	16.93

根据表 13-2 中数据,绘制 $A^3/B \sim h$ 关系曲线,如图 13-2 所示。已知 $aQ^2/g=10.2$。在图 13-2 中横坐标找到一点 $a=10.2$,过 a 点作垂线交曲线于 b 点的纵坐标值,即得要求值 $h_c=1.05$ m。由于 $h_c>h$,水流流态为急流。

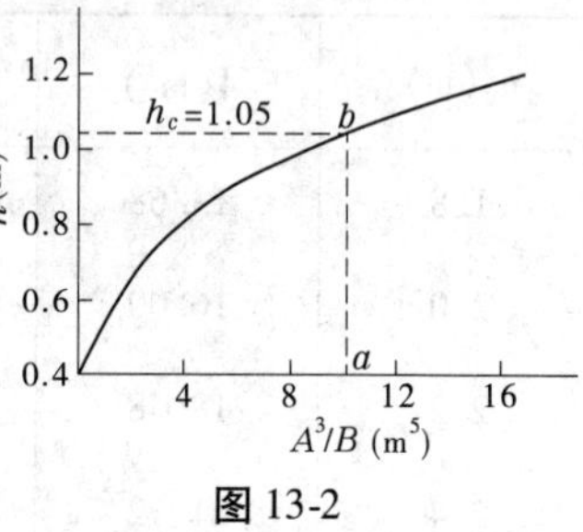

图 13-2

因此,①选 A,②选 A。

【例 13-7】 某复式断面渠道如图 13-3 所示。底坡 $i=0.003$,渠道深槽底宽 $b_1=20$ m,糙率 $n_1=0.025$,边坡系数 $m_1=2.5$;两侧滩地宽度 $b_2=b_3=30$ m,边坡系数 $m_2=m_3=3.0$,糙率 $n_2=n_3=0.03$,当正常水深 $h_1=4.0$ m,$h_2=h_3=2.0$ m时通过渠道深槽的流量 Q_1 与滩地的流量 Q_2 分别为(　　)m³/s。

A. 563.4、359.2

B. 663.4、259.2

C. 743.4、159.2

D. 843.4、459.2

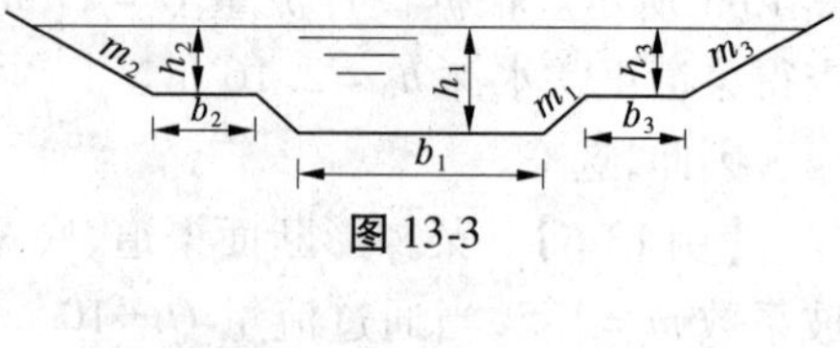

图 13-3

答案:A

解:(1)深槽。

宽度

$$b_0 = b_1 + 2(h_1 - h_2)m_1 = 20 + 2 \times (4.0 - 2.0) \times 2.5 = 30(\text{m})$$

过流面积

$$A_1 = (b_1 + b_0)(h_1 - h_2)/2 + b_0 h_0 = (20 + 30) \times (4.0 - 2.0)/2 + 30 \times 2.0 = 110(\text{m}^2)$$

湿周

$$\chi_1 = b_1 + 2(h_1 - h_2)\sqrt{1 + m_1^2} = 20 + 2 \times (4.0 - 2.0) \times \sqrt{1 + 2.5^2} = 30.77(\text{m})$$

水力半径

$$R_1 = A_1/\chi_1 = 110/30.77 = 3.575(\text{m})$$

谢才系数

$$C_1 = \frac{1}{n}R_1^{1/6} = 3.575^{1/6}/0.025 = 49.46(\text{m}^{0.5}/\text{s})$$

流量

$$Q_1 = A_1 C_1 \sqrt{R_1 i} = 110 \times 49.46 \times \sqrt{3.575 \times 0.003} = 563.4(\text{m}^3/\text{s})$$

(2)左岸滩地。

宽度

$$b_{01} = b_2 + h_2 m_2 = 30 + 2.0 \times 3.0 = 36(\text{m})$$

过流面积

$$A_2 = (b_2 + b_{01})h_2/2 = (30 + 36) \times 2.0/2 = 66(\text{m}^2)$$

湿周

$$\chi_2 = b_2 + h_2\sqrt{1 + m_2^2} = 30 + 2.0 \times \sqrt{1 + 3.0^2} = 36.32(\text{m})$$

水力半径

$$R_2 = A_2/\chi_2 = 66/36.32 = 1.82(\text{m})$$

谢才系数

$$C_2 = \frac{1}{n_2}R_2^{1/6} = 1.82^{1/6}/0.03 = 36.83(\text{m}^{0.5}/\text{s})$$

流量

$$Q_2' = A_2 C_2 \sqrt{R_2 i} = 66 \times 36.83 \times \sqrt{1.82 \times 0.003} = 179.6(\text{m}^3/\text{s})$$

滩地部分过流量

$$Q_2 = 2Q_2' = 2 \times 179.6 = 359.2(\text{m}^3/\text{s})$$

因此,选 A。

13.3 复习题

(1)某渠道设计流量 $Q = 50\ \text{m}^3/\text{s}$,中等密实轻壤土地基,边坡系数 2.0,渠道底宽 10 m,水深 3.5 m,下列哪个选项接近渠道允许不冲流速值(　　)m/s。

A. 0.60 ~ 0.80　　B. 0.84 ~ 1.15　　C. 0.74 ~ 1.00　　D. 0.86 ~ 1.20

(2)一复式断面渠道,各部分尺寸如图 13-4 所示。底坡 $i = 1/4\ 000$,深槽部分糙率

$n_1 = 0.02$,滩地部分糙率 $n_2 = 0.025$,渠道的流量为(　　)m^3/s。

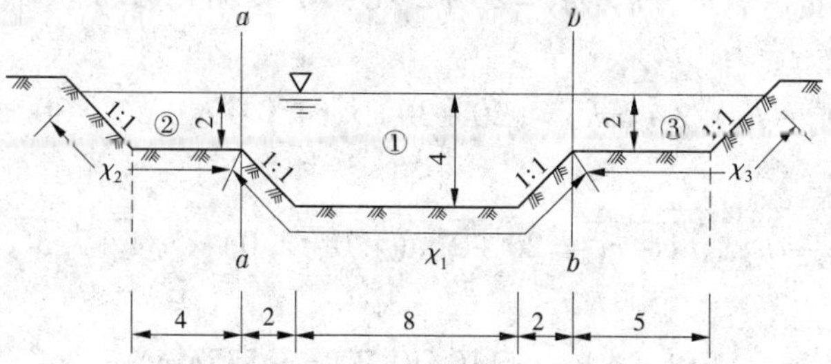

图 13-4　(单位:m)

A. 84.1　　B. 94.1　　C. 104.1　　D. 114.1

(3)某矩形断面渠道,底宽 1.5 m,水深 1.0 m,流量 2.0 m^3/s,渠道中水流的流态为(　　)。

A. 急流　　B. 缓流　　C. 临界流　　D. 陡坡

(4)某矩形断面渠道,底宽 10 m,水深 3 m,糙率 $n = 0.014$,底坡 0.001,流量(　　)m^3/s,该明渠水流属于(　　)。

A. 93.04、急流　　B. 103.04、缓流　　C. 113.04、临界流　　D. 123.04、水跌

(5)某梯形断面渠道,底宽 $b = 10$ m,边坡系数 $m = 1.5$,糙率 $n = 0.020$,底坡 $i = 0.005$。当流量为 45 m^3/s 时的渠底类型为(　　)。

A. 缓坡　　B. 陡坡　　C. 急流　　D. 缓流

(6)某矩形断面混凝土渡槽,糙率 0.014,底宽 2.5 m,槽长 140 m。进口处槽底高程 64.65 m,出口槽底高程 64.03 m,当水深 1.8 m 时,求:

①渡槽底坡 i(　　)。

A. 0.004 43　　B. 0.000 443　　C. 0.044 3　　D. 0.443

②通过流量 Q(　　)m^3/s。

A. 7.47　　B. 17.47　　C. 27.47　　D. 37.47

③水流流态属于(　　)。

A. 急流　　B. 缓流　　C. 临界流　　D. 跌水

(7)某矩形断面引水渡槽,底宽 1.5 m,长 116.5 m,糙率 0.011,进口处槽底高程 52.06 m,当通过流量 7.65 m^3/s 时的正常水深 1.7 m。渡槽的底坡及出口处的槽底高程分别为(　　)。

A. 0.002 6 m、51.76 m　　B. 0.003 6 m、51.56 m

C. 0.004 6 m、51.36 m　　D. 0.005 6 m、51.46 m

(8)表面粗糙的混凝土($n = 0.017$)沟管的直径为 700 mm,底坡 $i = 0.02$,则水深 $h = 0.28$ m 时的泄水量和平均流速分别是多少?

①泄水量(　　)m^3/s。

A. 0.237　　B. 0.337　　C. 0.437　　D. 0.537

②平均流速(　　)m/s。

A. 1.348　　B. 2.348　　C. 3.348　　D. 4.348

(9)一非对称的梯形断面渠道见图 13-5,左边墙为直立挡土墙,底宽 $b=5.0$ m,正常水深 $h_0=2.0$ m,若边坡系数 $m_1=1$、$m_2=0$,糙率 $n_1=0.02$、$n_2=0.014$,底坡 $i=0.0004$。

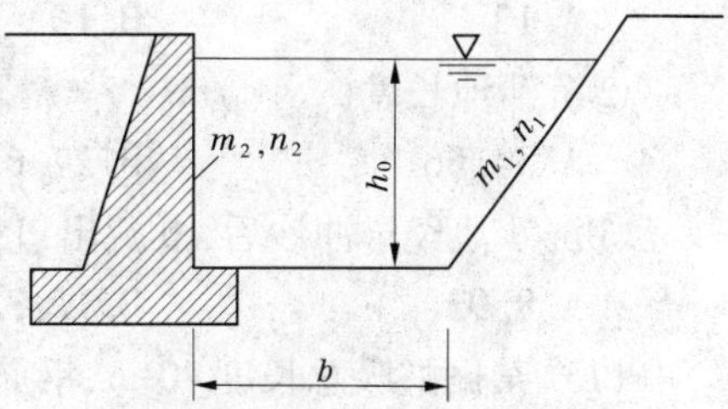

图 13-5

①渠道平均流速为(　　) m/s。

A. 1.02　　B. 1.22

C. 1.42　　D. 1.62

②渠道流量为(　　) m^3/s。

A. 4.6　　B. 24.6

C. 34.6　　D. 44.6

(10)某段河道水流均匀平缓,如果在此段河道上布置引水渠首,最佳位置应为图 13-6 中的(　　)。

A. *A*　　B. *B*　　C. *C*　　D. *D*

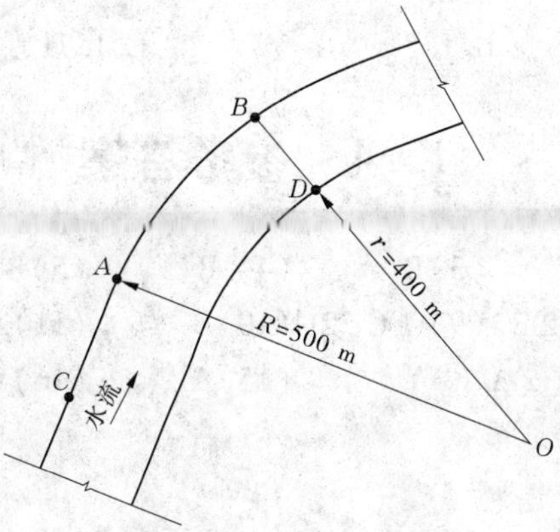

图 13-6

(11)某渠道设计流量 10 m^3/s,水深 2 m,渠道下游接一 40 m 长矩形断面渡槽,设计宽度 4 m,槽底比降 1/900,渡槽糙率 0.015,渡槽最小净高(　　)m。

A. 1.48　　B. 1.32　　C. 2.0　　D. 1.68

(12)某等腰梯形明渠为 4 级建筑物,底宽 1.5 m,边坡坡度 1∶1,加大流量 8.1 m^3/s,水深 1.5 m,经过一转弯半径为 15 m 的弯段,则转弯处凹岸的顶部超高为(　　)m。

A. 0.625　　B. 0.575　　C. 0.05　　D. 0.675

(13)某平直段明渠渠道土质为黏土,开挖断面为等腰梯形,底宽 2 m,挖深 4 m,加大流量水深 2.0 m,开挖产生的弃土直接对称堆积在渠道两侧作为渠岸,以满足管理运用要求,渠道最小占地宽度(　　)m。

A. 28.6　　B. 24.6　　C. 24.0　　D. 23.6

(14)某输水渠道,流量 12 m^3/s,含沙量 40 kg/m^3,泥沙平均粒径 0.4 mm,在其下游设置一沉沙池,定期冲沙,沉沙池工作水深 2 m,当地日常气温多 20 ℃。

①沉沙池最小宽度(　　)m。

A. 12　　B. 10　　C. 6　　D. 30

②沉沙池长度(　　)m。

A. 34.56　　B. 27.65　　C. 13.82　　D. 20.77

③沉沙池经过冲沙后,下游出口处的含沙量(　　)kg/m^3。

A. 8.93　　B. 12.33　　C. 40　　D. 21.58

(15)某倒虹吸总长度 40 m,钢筋混凝土矩形断面 3 m × 2 m(宽 × 高),糙率 0.015,上、下游水位差为 0.1 m,若局部水头损失为 0.45 m,倒虹吸的设计过水能力(　　)m^3/s。(重力加速度取 9.81 m/s^2)

A. 10.03　　B. 6.0　　C. 8.43　　D. 12.61

(16)某梯形断面渠道,底宽 4 m,边坡系数 1.5,流量 30 m^3/s,平均水深 3 m,采用 10 cm 厚混凝土衬砌,1 000 m 长度渠道的渗漏损失为(　　)$\times 10^{-3}$ m^3/d。

A. 2.4　　B. 2.0　　C. 1.5　　D. 1.2

(17)某矩形断面渠道,渠宽 4 m,流量 13.6 m^3/s,当渠中发生水跃时,跃前水深 0.6 m,跃后水深(　　)m。

A. 1.91　　B. 1.81　　C. 1.71　　D. 1.61

13.4　参考答案

(1)C　(2)B　(3)B　(4)B　(5)B　(6)①A、②B、③B
(7)A　(8)①B、②B　(9)①C、②A　(10)B　(11)A　(12)A
(13)A　(14)①A、②A、③A　(15)A　(16)A　(17)C

第14章 施工组织设计

14.1 考试大纲

熟练掌握施工导截流标准和方式。

熟练掌握主要导截流建筑物设计。

熟练掌握基坑排水及基坑稳定。

熟练掌握主体工程施工方法及施工交通运输。

掌握料场开采规划设计。

掌握施工工厂设施规划布置基本要求和规模。

熟练掌握砂石加工、混凝土生产、混凝土预冷(热)系统的设计。

了解风、水、电、通信系统和机械修配设计。

掌握施工总布置的基本要求和主要内容。

掌握施工总进度安排的基本要求。

了解工程施工分标原则。

14.2 复习指导

14.2.1 复习要点

14.2.1.1 施工导截流

1)施工导流标准

导流建筑物应根据其保护对象、失事后果、使用年限和工程规模划分为3、4、5级。

当导流建筑物按分级指标分属不同级别时,应以其中最高级别为准,但列为3级导流建筑物时,至少应有两项指标符合要求。规模巨大且在国民经济中占有特殊地位的水利水电工程,其导流建筑物的级别和设计洪水标准,应经充分论证后报主管部门批准。导流建筑物级别应根据不同的导流分期划分。同一导流分期中的各导流建筑物级别,应根据其不同作用划分;各导流建筑物的洪水标准应相同,以主要挡水建筑物的洪水标准为准。利用围堰挡水发电时,围堰级别可提高一级,但应经过技术经济论证。当4、5级导流建筑物地基地质条件复杂或工程具有特殊要求采用新型结构的导流建筑物,其结构设计级别可提高一级,但设计洪水标准不提高。当按分级指标和上述各规定所确定的级别不合理时,可根据工程具体条件和施工导流阶段的不同要求,经充分论证,予以提高或降低。

导流建筑物设计洪水标准应根据建筑物的类型和级别确定。当枢纽所在河段上游建有水库时,导流建筑物采用的洪水标准及设计流量可考虑上游梯级水库的调蓄及调度的影响，并应通过技术经济比选确定。过水围堰的挡水标准，宜结合水文特点、施工工期、挡水时段，经技术经济比较后在重现期3～20年范围内选定。当水文系列不小于30年时，可根据实测流量资料分析选用；过水围堰过水时的设计洪水标准宜根据过水围堰的类型和级别确定，当水文系列不小于30年时，也可按实测典型年资料分析并通过水力学计算或水工模型试验选用。

截流标准可采用截流时段重现期5～10年的月或旬平均流量。在有20年以上的水文实测资料的河道，截流设计流量可采用实测资料分析确定。若由于上、下游梯级水库的调蓄作用而改变了河道的水文特性，则截流设计流量宜经专门论证确定。

当坝体填筑高程超过围堰堰顶高程时，坝体临时度汛洪水标准应根据坝型及坝前拦洪库容确定；导流泄水建筑物封堵后而永久泄洪建筑物尚未具备设计泄洪能力，坝体度汛洪水标准应在分析坝体施工和运行要求后根据坝型和建筑物级别确定。汛前坝体上升高度应满足拦洪要求，帷幕灌浆及接缝灌浆高程应能满足蓄水要求。

封堵工程在施工阶段的导流设计洪水标准，可根据工程重要性、失事后果等因素在该时段5～20年重现期范围内选定。封堵下闸的设计流量可用封堵时段5～10年重现期的月或旬平均流量，或按实测水文统计资料分析确定。水库施工期蓄水标准应根据发电、灌溉、通航、供水等要求和大坝安全加高值等因素分析确定，蓄水保证率宜为75%～85%。蓄水过程中，应满足下游必需的供水要求。

2）施工导流方式

施工导流可划分为分期围堰导流和断流围堰（一次拦断河床围堰）导流两种基本方式。与之配合的包括明渠导流、隧洞导流、涵管导流，以及施工过程中的坝体底孔导流、缺口导流和不同泄水建筑物的组合导流。施工导流方式应经过全面比较后拟定。

施工导流方式选择原则：①适应河流水文特性和地形、地质条件。②工程施工期短，发挥工程效益快。③工程施工安全、灵活、方便。④结合利用永久建筑物，减少导流工程量和投资。⑤适应通航、排冰、供水等要求。⑥河道截流、围堰挡水、坝体度汛、封堵导流孔洞及蓄水和供水等初、后期导流在施工期各个环节能合理衔接。

采用分期围堰导流方式时，一期围堰位置应在分析水工枢纽布置、纵向围堰所处地形、地质和水力学条件，施工场地及进入基坑的交通道路等因素后确定。发电、通航、排冰、排沙及后期导流用的永久建筑物宜在第一期施工。采用隧洞导流时，隧洞断面尺寸和数量视河流水文特性、岩石完整情况以及围堰运行条件等因素确定。当导流隧洞的使用经过不同导流分期时，应根据控制阶段的洪水标准进行设计。当一个枯水期能将永久建筑物（或临时挡水断面）修筑至坝体度汛标准的汛期洪水位以上或汛期虽淹没基坑，但对工程进度影响较小且淹没损失不大时，宜采用枯水期围堰挡水的导流方式。

3）导流建筑物设计

导流建筑物包括导流泄水建筑物和挡水建筑物。导流泄水临时建筑物主要有导流明渠、导流隧洞、导流涵洞、坝体临时底孔、坝体缺口、坝体梳齿等。挡水临时建筑物主要是围堰。

（1）围堰。

围堰型式选择原则：①安全可靠，能满足稳定、抗渗、抗冲要求。②结构简单，施工方便,易于拆除,并能利用当地材料及开挖渣料。③堰基易于处理,堰体便于与岸坡或已有建筑物连接。④在预定施工期内修筑到需要的断面及高程,能满足施工进度要求。⑤具有良好的技术经济指标。

土石围堰应能充分利用当地材料,造价低,施工简便。混凝土围堰宜采用重力式。当堰址河谷狭窄且堰基和两岸地质条件良好时,可用混凝土拱围堰;采用碾压混凝土围堰时,应做到造价低、工期短、工艺简单。钢板桩格型围堰或钢管桩格型围堰最高挡水水头宜小于30 m。低水头情况可结合材料、环境保护和施工队伍情况考虑采用木笼、竹笼、草土围堰等型式。土石围堰防渗体土料渗透系数不宜大于10^{-4} cm/s,当地富有风化料或砾质土料,并经过试验验证能满足防渗要求时,可选用;心墙或斜墙土石围堰堰壳填筑料应为无凝聚性材料,渗透系数大于10^{-2} cm/s,宜采用天然砂卵石或石渣;围堰堆石体水下部分不宜采用软化系数值大于0.8的石料。

围堰堰基覆盖层防渗处理,当覆盖层及水深较浅时,设临时低围堰抽水开挖齿槽,或在水下开挖齿槽,修建截水墙防渗;根据覆盖层厚度和组成情况,可比较选用高压喷射灌浆、混凝土防渗墙或自凝灰浆槽、水泥或黏土水泥灌浆、板桩灌注墙、防渗土工膜等处理方式;采用铺盖防渗时,堰基覆盖层渗透系数与铺盖土料渗透系数的比值宜大于50,铺盖厚度不宜小于2 m;卵石和漂石含量多的地层,不宜采用钢板桩。

土石围堰与泄水道接头处,宜适当加长导水墙或设丁坝将主流挑离围堰,防止水流冲刷堰基。土石围堰迎水面堰坡保护范围可自最低水位以下2 m起至堰顶。保护材料在水下部分可用沉排、柳枕、竹笼或混凝土柔性排等;水上部分可用砌石或钢筋石笼,根据材料获得条件、水流流速、施工难度及经济等因素综合比较选定。

过水围堰在各级流量时的流态和水力要素可采用水工模型试验验证。对最不利的溢流情况,可通过有效措施改善其流态及上、下游水面衔接,并可采用防护措施。

围堰的平面布置应考虑地形地质条件、施工交通、基坑开挖范围和防冲等因素。不过水围堰堰顶高程不低于设计洪水的静水位与波浪高度及堰顶安全加高值之和。土石围堰防渗体顶部在设计洪水静水位以上的加高值:斜墙式防渗体为0.6 ~0.8 m,心墙式防渗体为0.3 ~0.6 m。考虑涌浪或折冲水流影响,当下游有支流顶托时,应组合各种流量顶托情况,校核围堰堰顶高程。可能形成冰塞、冰坝的河流,应考虑其造成的壅水高度;过水围堰堰顶高程应按静水位加波浪高度确定,不必另加堰顶安全加高值。堰顶宽度应能适应施工需要和防汛抢险要求。

围堰结构设计荷载组合只考虑正常情况。混凝土围堰、浆砌石围堰与土石围堰的稳定安全系数及混凝土围堰的应力应满足规范要求。

(2)导流明渠。

导流明渠布置原则:①渲泄能力大,开挖量小;②弯道少,避开滑坡、崩塌体及高边坡开挖区;③便于布置进入基坑交通道路;④进出口与围堰接头满足堰基防冲要求;⑤避免横向水流形成过大的水位差,避免泄洪时对下游沿岸及施工设施冲刷。明渠底宽、底坡和进出口高程应使上、下游水流衔接条件良好,满足导流、截流和施工期通航、排冰要求。设在软基上的明渠,宜通过动床水工模型试验,改善水流衔接和出口水流条件,确定冲坑形态和深度,采取有效消能防冲设施;明渠断面形式应方便后期封堵。应在分析地质条件、水力条件并进行技术经济比较后确定衬砌方式。

(3)导流隧洞。

导流隧洞选线应根据地形、地质及水力条件,保证隧洞施工和运行安全。相邻隧洞间净距、隧洞与永久建筑物之间间距、洞脸和洞顶岩层厚度均应满足围岩稳定及安全运行的要求。有条件时宜与永久隧洞相结合,其结合部分的洞轴线、断面形式与衬砌结构等应同时满足永久运行与施工导流要求。隧洞断面形式、进出口高程宜兼顾导流、截流及其他需要,进口水流顺畅、水流衔接良好、不产生气蚀破坏。洞身断面宜方便施工,洞底纵坡根据施工泄流等条件选择。应注意出口的消能防冲及对岸坡的冲刷。导流隧洞在运用过程中,若遇明满流交替流态或有压流为高速水流,应采取措施防止产生空蚀、冲击波、振动等对洞身造成破坏。隧洞衬砌范围、型式及封堵措施应通过技术经济比较后确定。

(4)导流底孔。

导流底孔设置数量、高程及其尺寸宜兼顾截流、排冰等要求。进口型式选择可通过水工模型试验确定。利用永久泄洪底孔、排沙底孔和水库放空底孔兼作导流底孔时,应同时满足永久运用和临时运用的要求。坝内临时导流底孔完成其使用功能后,应用与坝体同强度等级的混凝土回填封堵,并采取措施保证新老混凝土结合良好。坝内导流底孔宽度不宜超过该坝段宽度的一半,并宜骑缝布置。可通过水工模型试验确定导流底孔水流流态。当底孔内发生高速水流时,应采取预防空蚀措施。底孔上方设有缺口或梳齿双层泄流时,应进行水工模型试验。应研究导流底孔的出口消能方式,以防止出口水流对下游坝基破坏。

(5)导流涵管。

导流涵管轴线宜顺直,其进口要求与隧洞和底孔进口要求相同,但涵管内不应发生明满流交替出现的流态。导流涵管出口消能防冲措施宜通过水工模型试验确定。为避免管顶与两侧坝体的不均匀沉陷,全部或大半部涵管宜嵌入基岩。当涵管设在软基上时,应对管道结构或基础采取加固措施。为避免涵管由于产生不均匀沉陷和温度应力引起裂缝,宜分段设置伸缩缝。

(6)导流缺口。

在施工过程中,混凝土重力坝、拱坝等实体结构可预留缺口或梳齿,与其他导流设施共同泄流;在封腔前,支墩坝、坝内厂房等非实体结构不宜过流,如需过流,应采取措施保证坝体安全。坝体泄洪缺口或梳齿宜设在河床部位,避免下泄水流冲刷岸坡;施工过程中未形成曲面的泄水坝段,可经水工模型试验确定空蚀指数,当空蚀指数小于0.3时,应采取掺气措施降低坝体负压值。高坝设置缺口泄洪时,应妥善解决缺口形态、坝面水流流态、下游防冲及过流时引起的振动等问题,并应进行水工模型试验验证。施工中的土石坝体泄洪,应通过水工模型试验专门论证确定坝体填筑高度、过流断面形式、水力学条件及相应防护措施。厂房施工期不宜过流。经论证需要过流时,应进行水工模型试验,确定过流方式、泄流能力及相应防护措施。

4)截流工程

河道截流方式主要有戗堤法、定向爆破法、建闸法、浮运结构法。一般采用戗堤法截流。戗堤法按物料抛投方式不同,分为立堵和平堵两种基本方式;按戗堤数量不同,又分为单戗、双戗和多戗截流。

截流方式应充分分析水力学参数、施工条件和截流难度、抛投物数量和性质，进行技术经济比较，并根据截流落差、截流流量进行选择。河道水深超过 20 m 时，应研究采用平抛垫底等防止堤头坍塌的措施。戗堤轴线应根据河床和两岸地形、地质、交通条件、围堰防渗、主流流向、通航要求等因素综合分析选定。戗堤宜为围堰堰体组成部分。

龙口宽度及位置确定原则：①河床宽度小于 80 m 时，可不安排预进占，不设置龙口；②保证预进占段裹头不发生冲刷破坏；③截流龙口位置宜设于河床水深较浅、覆盖层较薄或基岩出露处；④龙口工程量宜小。

若龙口段河床覆盖层抗冲能力低，可预先在龙口抛石、抛铅丝（钢筋）笼或合金网兜等护底。护底范围可通过水工模型试验或参照类似工程经验拟定。立堵截流的戗堤轴线下游护底长度可按龙口平均水深的 2～4 倍取值，轴线以上可按最大水深的 1～2 倍取值。护底顶面高程在分析水力学条件及护底材料后确定。护底宽度根据最大可能冲刷宽度确定。

重要或难度较大的截流工程的设计，应通过水工模型试验验证，并提出截流期间相应的观测设施。

5）基坑排水

初期排水总量应按围堰闭气后的基坑积水量、抽水过程中围堰及基础渗水量、堰身及基坑覆盖层中的含水量，以及可能的降水量等四部分组成计算。其中，可能的降水量可采用抽水时段的多年日平均降水量计算。

经常性排水应分别计算围堰和基础在设计水头的渗流量、覆盖层中的含水量、排水时降水量及施工弃水量。其中，降水量按抽水时段最大日降水量在当天抽干计算，施工弃水量与降水量不应叠加。基坑渗水量可根据围堰型式、防渗方式、堰基情况、地质资料可靠程度、渗流水头等因素适当扩大。确定基坑初期抽水强度时，应根据不同围堰型式对渗透稳定的要求确定基坑水位下降速度。抽水设备应有一定备用和可靠电源。

6）水力计算

熟练掌握各种导流泄水建筑物及截流水力计算方法。

14.2.1.2 主体工程施工方法

掌握主体工程各类土石方开挖的基本方法，了解各类土石的物理力学性质并掌握其分类分级标准，合理确定开挖层高度。熟练掌握开挖施工机械的设备选型及设备台数计算。掌握各种地基处理的施工方法，能结合施工工期合理地进行施工设备选型及数量计算。掌握土石坝施工的基本方法，特别是碾压式土石坝综合机械化施工设备配备的基本原则，掌握坝面作业施工程序，根据施工进度要求合理确定上坝强度，正确划分工段。掌握混凝土坝施工的基本方法，合理确定混凝土浇筑仓块的体积，正确选择混凝土运输浇筑设备。

14.2.1.3 料场开采规划设计

一般工程所在地附近大多有天然砂石料场可以利用。按其产地位置的相对高低，可分为陆上料场、河滩料场和河心水下料场三类，通常为河滩料场和河心水下料场。

湿抗压强度在 40 MPa 以上的致密块状岩石一般可作为人工骨料的原石料，岩石料场宜选距离近、覆盖及风化层薄、岩层厚、贮量丰富、施工干扰少的产地。大、中型工程，如主要砂石用户附近无规模相当的天然砂石料场，均应考虑研究人工骨料方案与天然骨料进行比较。

料场的可开采量和质量应满足工程要求。勘探贮量应是圈定范围内有用层的埋藏量，它已扣除无用层、有害夹层、风化层、上覆无用层和边缘带以及零星夹层和边角地带的厚度为0.2～0.3 m的有用层贮量。可采贮量是指按料场的开采条件和设备的技术性能可能采得的贮量。为使料场有选择比较的余地，在可行性研究阶段，料场的可采贮量应不少于需要贮量的3倍，在初设阶段应不少于2倍。如果主料场的开采条件明显优越、贮量为需要贮量的60%以上，也可适当降低对可采贮量的要求。选定料场的可采贮量在可行性研究阶段应不小于需要贮量的1.5倍，初设阶段则不小于1.15倍。原石料的质量应满足水工混凝土施工技术规范的要求，一般应避免采用含有碱活性的原料。混凝土的砂石级配关系到混凝土的性能与水泥用量，一般应通过试验确定。人工骨料只要工艺设计合理，可以按选用的最优级配生产。在混凝土级配试验时，要考虑天然级配的实际情况，尽量把两者统一起来，取得最大的综合技术经济效果。

料场选择的原则和方法：①首先要了解工程的需要和河流梯级（或地区）的近期发展规划、料场状况，以确定建立几个梯级共用或地区性的砂石生产基地，或建工程专用的砂石系统。②根据工程的设计要求与混凝土的级配资料，计算各级和总的砂石需用量。混凝土级配应结合料源的实际情况，通过综合的技术经济比较确定。成品骨料的利用率一般宜在90%以上，低于90%时，应考虑采取级配调整措施的经济合理性。③根据料源的分布、贮量、质量和采运条件，对采用天然骨料与人工骨料作出初步的判断。只有确认天然骨料或人工骨料明显有利时，才能采用一种骨料方案。凡有相当数量的工程弃渣时，都应考虑利用弃渣的可能性和合理性。④对采石场，首先应从岩性、夹层、埋藏状况来判断其开采和加工条件。一般地说，岩石的强度大，特别是冲击强度大，岩石的可碎性、可磨性差，石英含量高，对设备的磨蚀性强。通常石灰岩、花岗岩的加工性能较好，玄武岩、安山岩较差，砂岩的岩性变化较大。对砂砾料场，须进行质量评价，对于不符合质量要求的砂砾料，应研究采取措施改善质量的可能性和经济性。⑤根据各料场原料的贮量、质量、级配和开采运输条件，拟订料场的组合方案。⑥如果一个工程采用两个以上料场，宜对各个料场的开采量用电算法优选。优选可分两步进行，先按扩大指标或粗算的采运、加工、弃料和土建费进行初步优选，然后根据初步选定的方案进行设计，修订费用系数，再代入优选。如果第二次选出的方案与第一次计算结果出入较大，则可再次迭代优选。料场状况较简单或无条件采用优选法时，可通过级配平衡计算进行选择。⑦进行综合的技术经济分析，最后选定方案。

在料场选择时应优先考虑具有下列有利条件的料场：①可采贮量为工程需要量50%以上的主料场；②与砂石用户或现成标准轨铁路、码头距离在5～10 km以内的料场；③有用成分在80%以上的料场；④平均剥采比，砂砾料场在0.2以下，采石场在0.4以下，覆盖层的厚度不超过12～15 m的料场；⑤有用料层的厚度，砂砾料场在3 m以上，采石场在12～15 m以上；⑥料场的地形具备建立必要的作业面的条件；⑦具备陆上开采条件的料场；⑧采石场与周围建筑物、交通干线、施工场地有足够的安全距离；⑨不占或少占农田，不拆迁或少拆迁现有生活、生产建筑物的料场。

14.2.1.4 施工工厂设施

掌握砂石加工厂系统生产规模计算。掌握混凝土工厂设厂原则及规模确定，掌握混凝土骨料的冷却和加热计算，熟悉加冰设施的设计。了解工程施工供风规模的确定方法。了解工程施工给水系统由几部分组成，根据施工强度确定供水规模。了解机械修配厂的布置原则及建厂规模。

1）*砂石加工系统*

砂石加工系统的加工处理能力可按混凝土高峰时段月平均骨料需用量及其他砂石需用量计算。

砂石加工厂的厂址要在砂石混凝土系统总体规划时与料场、运输方案综合比较选定。除遵循一般的选址原则外，还应考虑：①多料场供料的天然砂石加工厂，一般应尽量在主料场附近集中设厂。②人工骨料加工厂，如采石场距离较近，宜在其附近设厂，与混凝土厂共用堆料场和其他设施。如距离较远，可在采石场设厂，而将其余设施布置在混凝土工厂附近或适当位置。③砂石加工厂应尽可能远离职工生活区，尽量靠近运输干线，并便于供水和供电。④厂址应具备为建厂所需要的地基条件，大、中型加工成厂区地面应高出20年一遇的洪水位，否则应有防洪工程措施。⑤厂址处应有足够和合适的场地布置各项设施和堆放弃料。

在确定各生产车间、辅助车间、附属设施、交通运输线路及管线工程等的平面布置时应注意：①充分利用有利地形，缩短工艺流程路线，简化运输过程，并尽可能做到自流下料。根据一般经验，破碎筛分设施布置在15°～20°的缓坡上比较有利。②铁路线和建筑物的延伸方向应尽可能与地形等高线平行，铁路和公路应保证物料装卸方便、运输畅通。③把安有重型和强烈振动设备的建筑物（如破碎、棒磨、筛分车间）布置在条件良好的地段。④适当将系统分成几个相对独立的部分，各部分之间设置中间调节料仓。⑤辅助车间尽量靠近服务对象，接入电源、水源应靠近主要用户。⑥噪声强的车间（声级在90 dB（A）级以上者）应尽量集中布置，噪声源具有方向性时，应不使噪声高的一面朝向生活区。⑦砂石加工厂必须离爆破地点有一定的安全距离。

2）*混凝土生产系统*

混凝土生产应满足质量、品种、出机口温度和浇筑强度的要求，小时生产能力可按月高峰强度计算，月有效生产时间可按500 h计，不均匀系数按1.5考虑，并按充分发挥浇筑设备的能力校核。

混凝土的供料方式有集中设厂、两岸设厂、多厂供料等。

其厂址宜设在大坝下游、靠近用户、地基良好、地形比较平缓、不受洪水影响、附近没有爆破作业的地方，同时选厂工作要和混凝土的施工方法的研究密切结合起来，以求得最大的综合效益。工厂附近如有爆破作业，安全距离一般不少于300 m。如果没有明显有利的厂址可选，特别是在地形地质复杂的条件下，应结合混凝土施工方法进行必要的方案比较和优选。

在选定厂址的范围内，确定适当的拌和楼（站）的位置。对于混凝土有降温要求的拌和楼，一般要设冷冻楼（厂）供冰、冷风和冷水。冷冻楼的位置应紧靠拌和楼进冰侧，必要时冷冻楼可架空跨接在混凝土出料线上。大、中型混凝土工厂的水泥仓库一般采用水泥储罐，其位置要结合水泥卸载站和拌和楼考虑。从水泥储罐到拌和楼采用机械输送时，其水平运距一般不宜超过 100 m，水泥储罐地面高程也不宜低于拌和楼，水泥进料方向应与拌和楼的结构相适应。混凝土工厂堆料场应设在地形平坦和排水良好的地段，便于受料和向拌和楼供料。对粗骨料有加热、冷却和二次冲洗筛分要求时，需在堆料场和拌和楼之间（或在拌和楼顶）分别设置相应的设施。二次筛分既可设在拌和楼下，也可设在拌和楼上。如设在拌和楼下，为调节骨料交替上楼，二次筛分后要有小料仓。水泥输送用压缩空气的压力一般仅需 0.2 ~0.4 MPa，为减少电耗，混凝土工厂宜设专用的压缩空气站。为便于料罐冲洗，应在运输线附近设料罐冲洗间，冲洗用水的压力一般为 0.2 ~0.3 MPa。为便于处理废弃的混凝土，应在拌和楼或出料线附近设置适当的废料弃料设施。

3）混凝土预冷、预热系统

为了防止混凝土冷却时发生裂缝，混凝土体内的最高温度必须加以严格的限制。在气温较高的季节，混凝土在自然条件下的出机口温度往往超过施工所要求的限度，此时就必须采取人工降温措施，使用预冷却材料拌制混凝土，降低出机口温度。混凝土冬季作业时，对混凝土材料须采取适当的预热措施，融化含在骨料内的冰，提高出机口温度，以防止施工早期混凝土受凉。

材料的冷却方式：①堆料场骨料初冷。包括料堆表面喷水、料堆内部通风冷却以及设置遮阳棚、保持一定的贮料量和料层厚度等措施，以稳定降低骨料的初始温度。②冷冻水拌和。③以冰代水加冰拌和。④风冷粗骨料。⑤水冷粗骨料。有浸泡冷却、罐内循环水冷却和喷淋水冷却等方法。⑥真空汽化法冷却粗、细骨料。⑦在热交换器内冷却水泥和砂子。⑧在气力输送系统中用液氮冷却水泥，用液氮直接冷却水或正在拌和中的混凝土。

混凝土材料的加热设施有拌和水的加热和骨料加热。拌和用水可在锅炉房加热后用泵送至拌和楼贮水箱，也可在拌和楼的贮水箱内直接加热。加热的方式有蒸汽直接加热和热交换器加热两种。骨料可在料堆内或贮仓内加热，亦可利用解冻室加热。蒸汽和热风可用以直接加热，亦可用以间接加热，热水一般用于间接加热。

4）压缩空气系统

压缩空气系统（亦称“施工供风系统”）的主要任务是供应石方开挖、混凝土施工、水泥输送、灌浆作业和机电设备安装等所需的压缩空气，其组成包括压缩空气站和外部压气管网两大部分。

5）施工给水系统

施工给水系统的任务是经济可靠地供给全工地的生活、生产和消防用水，主要用户有主体工程施工用水、施工机械用水、施工辅助企业生产用水、生活用水、消防用水和其他用水。在保证供应足够水量的同时，尚须满足各类用户对水质、水压的要求。

施工给水系统一般由取水工程、净水工程和输配水工程等三部分组成。

6）施工供电系统

施工供电系统的主要任务是把来自电力系统的 35 ~220 kV 高压电能经过降压，或把自备发电厂发出的电能，或将两者联合起来输送到各分区变电站，再供给工地各用户生产用电和生活用电。它由施工总降压变电站（有时包括自备发电厂）、分区配电所、高低压配电线路和用电设备所组成。施工供电设计的任务主要是确定施工用电最高负荷,估算各年用电量,选定电源方案以及进行各降压变电站、自备发电厂、配电所和配电线路等的设计。

7)施工通信系统

保证各种施工管理信息和水情信息迅速、准确地传递,保持与上级主管部门的通信联系,通过地方邮电系统保持同当地各部门和全国各地的通信联系。

系统的组成是根据工程规模大小、自动化程度和施工总平面布置来确定的。施工机械化水平不高的中、小型工程一般只设施工管理电话。大型水利水电工程和机械化水平较高的中型工程,需要有较完整的有线、无线通信系统。

8)施工机械修配企业

施工机械修配企业一般由中心机械修配厂和工区机械修配站组成。

14.2.1.5 施工交通运输

了解对外交通运输方案确定原则,掌握各种坝型外来物资运输量的估算方法,掌握年、月及昼夜高峰运输强度的计算方法。了解场内交通运输方案的确定原则,根据施工进度及工程量估算混凝土骨料、坝体填筑料、土石方弃料运输量。

14.2.1.6 施工总体布置

掌握施工总布置的设计内容及设计原则,了解主要施工工厂和临时设施布置施工洪水的设防标准,掌握各类仓储库房规模估算方法,掌握施工管理及生活福利区建筑面积计算方法。掌握施工场地施工期排水设计方法。掌握工程土石方平衡设计原则,熟悉各类土石方松实系数,合理选择堆、弃料场的总容积。

14.2.1.7 施工总进度

掌握施工总进度计划编制原则及编制方法。熟悉施工筹建期、施工准备期、主体工程施工期、工程完建期、首台机组发电工期及工程总工期的计算方法。掌握控制性关键工程的选择及其控制性施工进度的安排方法。掌握横道图、网络图的绘制方法。

14.2.1.8 工程施工分标原则

了解工程施工标段划分的总体设想。了解工程施工分标的基本原则。文中数字、符号及字母采用 Times New Roman 字体。

14.2.2 案例分析

【例 14-1】 某工程坝高 70 m,采用分期导流,一期采取束窄河床的导流方式,坝址处河床平均宽度 1 325 m,两岸边坡坡比 1:1.8,河床底高程 216.65 m,一期导流平面布置及混凝土纵向围堰剖面见图 14-1。一期导流设计流量 43 500 m^3/s,相应的下游水位 230.00 m,流速系数取 0.85,根据布置确定一期上游围堰挡水位为(　　)m。

A. 237.52　　B. 235.52　　C. 238.52　　D. 239.52

答案:B

考点:束窄河床水力计算。

解:根据《水利水电工程施工组织设计手册》第五章束窄河床泄流能力计算可知,对于淹没堰流,束窄河床的泄流量按下式计算:

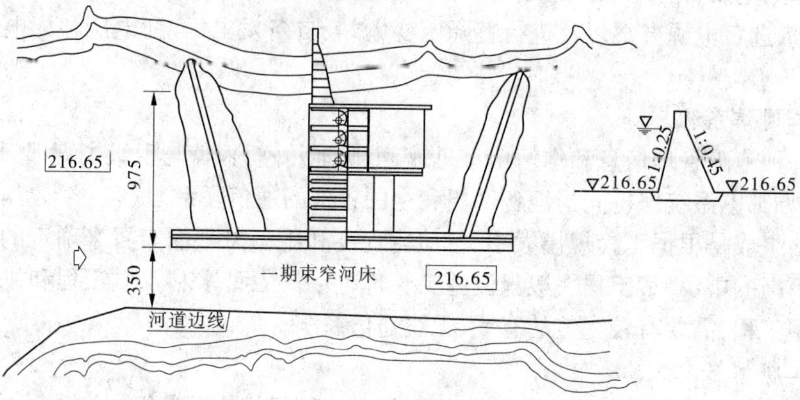

图 14-1 （单位:m）

$$z = \frac{v_c^2}{\varphi^2 2g} - \frac{v_0^2}{2g}$$

式中 φ——流速系数；

v_0——上游天然河道的水流行近流速；

v_c——束窄河床收缩断面水流行近流速。

z——上、下游水位差。

收缩断面处的水深可近似按束窄河床出口处天然河道的水深代替，一期导流设计流量为 43 500 m^3/s，相应的下游水位为 230.00 m，下游水深为 230.00 − 216.65 = 13.35 (m)。天然河岸边坡坡比 1:1.8，纵向围堰一期导流迎水面坡比 1:0.25，取束窄河床最窄处计算收缩断面的水流行近流速

$$v_c = \frac{43\ 500}{0.5 \times [350 \times 2 + 13.35 \times (1.8 + 0.25)] \times 13.35} = 8.96(\mathrm{m/s})$$

根据束窄河床的泄流量计算公式，采用试算法，假设上、下游水位差 $z = 5.52$ m，上游天然河道的水深：13.35 + 5.52 = 18.87(m)，上游天然河道的水流行近流速 v_0 计算如下：

$$v_0 = \frac{43\ 500}{0.5 \times [1\ 325 \times 2 + 18.87 \times (1.8 + 1.8)] \times 18.87} = 1.7(\mathrm{m/s})$$

将 v_c、v_0 值代入上式，求得 $z = 5.52$ m，与假设相符。

上游围堰挡水水位 = 216.65 + 5.52 + 13.35 = 235.52(m)。

因此，选 B。

【例 14-2】 某工程在实际截流过程中，实测到某时段的龙口下泄流量 $Q = 365\ m^3/s$，上游水深 6.35 m，如流量系数 $m = 0.315$，下游水深 4.70 m，龙口的过流宽度是 16.35 m，龙口过水断面近似为矩形，则龙口的平均流速为(　　)m/s。

A. 4.75　　B. 6.03　　C. 7.51　　D. 8.12

答案：B

考点：龙口最大流速的计算。

解：根据《水利水电工程施工组织设计手册》可知，当龙口为淹没流时，计算龙口最大

流速的水深取下游水深，非淹没流时，计算龙口最大流速的水深取临界水深。龙口上游水深6.35 m，龙口下游水深4.70 m，4.70/6.35 = 0.74 < 0.8，因此龙口处堰流为自由出流。龙口处的临界水深按下式计算：

$$h_k = \sqrt[3]{\frac{aq^2}{g}}$$

式中 q——单宽流量；

a——水流动能修正系数，取 $a = 1.0$。

单宽流量

$$q = 365/16.35 = 22.32(\mathrm{m^3/(s \cdot m)})$$

临界水深

$$h_k = \sqrt[3]{\frac{1.0 \times 22.32^2}{9.81}} = 3.7(\mathrm{m})$$

龙口平均流速

$$v = \frac{Q}{Bh_k} = \frac{365}{16.35 \times 3.7} = 6.03(\mathrm{m/s})$$

因此，选B。

【例14-3】 某堆石坝工程，施工高峰日堆石填筑强度3 600 $\mathrm{m^3/d}$，每天分三班作业，用3 $\mathrm{m^3}$ 挖掘机挖装堆石料，88 kW推土机集料，20 t自卸汽车运料上坝填筑，运距3 km。机械设备生产定额如表14-1所示。此工序需要挖掘机、推土机和自卸汽车各(　　)台。

表14-1 施工机械设备生产定额 单位：100 $\mathrm{m^3}$ 实方

项目	单位	运距(km)					每增运1 km
		0.5	1	2	3	4	
挖掘机 3 $\mathrm{m^3}$	台班	0.23	0.23	0.23	0.23	0.23	
推土机 88 kW	台班	0.24	0.24	0.24	0.24	0.24	
自卸汽车 20 t	台班	0.79	0.92	1.10	1.27	1.45	0.18

A. 5、5、23　　B. 27、27、144　　C. 3、3、16　　D. 9、9、48

答案：C

考点：土石坝施工机械设备数量计算。

解：

$$机械设备台数 = \frac{高峰日施工强度}{每天的班数} \times \frac{生产定额}{定额单位数量}$$

$$3\ \mathrm{m^3}\ 挖掘机台数 = \frac{3\ 600}{3} \times \frac{0.23}{100} = 2.76(台)，取3台。$$

同理，88 kW推土机取3台，20 t自卸汽车取16台。

因此，选C。

【例14-4】 某工程由挡水坝、左岸船闸、左右岸厂房、泄水闸以及副坝组成，其中主体工程混凝土量427.36 × 10^4 $\mathrm{m^3}$，临时及导流工程混凝土量52.51 × 10^4 $\mathrm{m^3}$，主体土石方填筑量230 × 10^4 $\mathrm{m^3}$，导流工程土石方填筑量439 × 10^4 $\mathrm{m^3}$。用估算法中限值计算本工程对外交通运输量为(　　) × 10^4 t。

A. 285.92　　　　B. 286.92　　　　C. 287.92　　　　D. 288.92

答案:C

考点:估算法计算对外交通运输量。

解:采用估算法计算(混凝土坝型枢纽),其计算公式如下:

$$N = VD$$

式中　N——运输量,t;

V——混凝土总工程量(包括主体工程和施工临建工程),m^3;

D——每立方米混凝土需用外来器材物资运输量,t/m^3,$D = 0.45 \sim 0.75$,取中限值为0.6。

则:

$$N = (427.36 \times 10^4 + 52.51 \times 10^4) \times 0.6 = 287.92 \times 10^4 (t)$$

因此,选C。

【例14-5】　某混凝土闸坝工程,混凝土骨料采用公路专用线运输,混凝土骨料高峰月运输强度 18.72×10^4 t,运输车辆载重吨位为45 t,车辆运输采用两班制,运输不均衡系数考虑采用1.25,该路段单向行车密度(　　)辆/h。

A. 20　　　　B. 21　　　　C. 22　　　　D. 23

答案:C

考点:行车密度计算。

解:行车密度按下式计算:

$$N = \frac{Q_{月} KI}{tTG_i K_1 K_2}$$

式中　N——路段单向行车密度,辆/h;

$Q_{月}$——一个路段上物料单向高峰月运输量,t;

K——运输不均衡系数,1.15~1.25;

I——车辆折算系数,场内运输车辆可平均取为1.0;

T——月工作日数,取为22.5 d;

t——日工作小时,二班制取16 h;

G_i——运输车辆载重吨位,t;

K_1——时间利用系数,二班制取0.85;

K_2——车辆载重利用系数,砂石骨料为0.75~0.80。

则:　$N = 18.72 \times 10^4 \times 1.25 \times 1.0 / (16 \times 22.5 \times 45 \times 0.85 \times 0.80) = 21.24$(辆/h)

因此,选C。

【例14-6】　某工程混凝土总量为 $38.54 \times 10^4\ m^3$。根据水工建筑物的分布情况和混凝土浇筑、运输条件,设一处混凝土拌和系统。混凝土浇筑高峰月发生在第2年7~9月,强度 $2.0 \times 10^4\ m^3$/月。综合不均衡系数1.5,按有效生产时间 $N = 25$ d、$D = 20$ h计算,混凝土单位小时生产能力(　　)m^3/h。

A. 40.00　　　　B. 50.00　　　　C. 60.00　　　　D. 70.00

答案:C

考点:混凝土生产系统规模确定。

解:根据《水利水电工程施工组织设计规范》(SL 303—2004)第 6.3.1 条规定,混凝土生产系统单位小时生产能力按下式计算:

$$Q_h = K_h Q_m/(20 \times 25)$$

式中 Q_h——单位小时生产能力,m^3/h;

K_h——小时不均匀系数,取 1.5;

Q_m——混凝土的高峰月浇筑强度。

则: $$Q_h = K_h \times Q_m/(20 \times 25) = 1.5 \times 20\ 000/(20 \times 25) = 60.00(m^3/h)$$

因此,选 C。

【例 14-7】 某工程混凝土总量 $557.00 \times 10^4\ m^3$。由 3 种级配、4 种强度等级组成 4 种混凝土。成品骨料需要量 $1\ 261.71 \times 10^4$ t。经骨料平衡计算,需要骨料开采量 $1\ 750.54 \times 10^4$ t。无其他砂石料需要量。混凝土浇筑高峰月发生在第 5 年 1 ~ 4 月,强度 $11.66 \times 10^4\ m^3$/月。每天两班制生产,每班工作时间 7 h,每月按 25 d 工作计算,砂石加工厂生产规模(   )t/h。

A. 747　　B. 847　　C. 947　　D. 1 047

答案:D

考点:砂石加工厂生产规模确定。

解:参考《水利水电工程施工组织设计手册》有关计算公式,砂石加工厂单位小时生产能力

$$Q_h = (Q_m A + Q_0) K_s/(25 \times 14)$$

式中 Q_h——单位小时生产能力,t/h;

Q_m——混凝土的高峰月浇筑强度(给定),m^3/月;

Q_0——工程其他砂石料需要量(无),t/月;

A——每立方米混凝土的骨料用量,t/m^3;

K_s——包括级配不平衡弃料在内的运输、堆存、加工浇筑的总损耗补偿系数。

则:

$$A = 1\ 261.71/557.00 = 2.265(t/m^3)$$

$$K_s = 1\ 750.54/1\ 261.71 = 1.387$$

$$Q_h = (Q_m A + Q_0) K_s/(25 \times 14)$$

$$= (116\ 600 \times 2.265 + 0) \times 1.387/(25 \times 14) = 1\ 046.59(t/h)$$

由以上计算知,砂石加工厂小时生产能力记为 1 047 t/h。

因此,选 D。

【例 14-8】 某工程大坝基础采用四级配、C20 混凝土。当地 7 月份平均气温 21.90 ℃,水温 18.43 ℃。混凝土材料用量及温度计算见表 14-2(常温混凝土机械热为 2 094 kJ/m^3)。计算 7 月份混凝土出机口温度(   )℃。

A. 22.64　　B. 23.64　　C. 24.64　　D. 25.64

答案:A

考点:混凝土出机口温度确定。

解:根据拌和前混凝土原料总热量与拌和后流态混凝土的总热量相等的原理,可求得混凝土的出机口温度。

表 14-2 混凝土出机口温度计算(自然拌和)

序号	材料	质量 G_i (kg/m³)	比热 C_i (kJ/(kg ℃))	温度 T_i (℃)	G_iC_i	$G_iC_iT_i$
1	水泥	218	0.796	36.9	173.53	6 403.26
2	砂	618	0.963	19.9	595.13	11 843.09
3	石子	1 627	0.963	21.9	1 566.80	34 312.92
4	砂的含水	30.9	4.18	19.9	129.16	2 570.28
5	石子含水	16.27	4.18	21.9	68.01	1 489.42
6	拌和水	77.83	4.18	18.43	325.33	5 995.83
合计		2 588.00			2 857.96	62 614.80

混凝土出机口温度

$$T_0 = (\sum G_iC_iT_i + Q_j) \div \sum G_iC_i$$

式中 T_0——混凝土出机口计算温度,℃;

T_i——组成混凝土第 i 类材料的平均进料温度($i=1$、2、3、4、5、6,分别为水泥、砂、石子、砂的含水、石子含水及拌和水),℃;

G_i——每立方米混凝土中第 i 类材料的质量,kg/m³;

C_i——第 i 类材料的比热,kJ/(kg·℃);

Q_j——每立方米混凝土拌和产生的机械热,kJ/m³。

则: $$T_0 = 64\ 708.80 \div 2\ 857.96 = 22.64(℃)$$

由以上计算知,混凝土出机口计算温度为22.64 ℃。

因此,选 A。

【例 14-9】 某工程夏季混凝土施工,混凝土骨料经预冷后,拌制成品混凝土出机口温度 $T_0=10$ ℃,混凝土施工环境气温 $T_a=30$ ℃,混凝土用自卸汽车载 2 m³ 罐水平运输 10 min,用门机吊罐下料 10 min,平仓振捣到新混凝土覆盖完共 120 min,混凝土浇筑温度为(　　)℃。(混凝土装、卸和转运,每次 $\theta=0.032$;汽车运输,$\theta=0.003\times10=0.03$;门机吊运 $\theta=0.001\ 3\times10=0.013$)

A. 17　　B. 19　　C. 21　　D. 23

答案:B

考点:确定混凝土入仓温度和浇筑温度。

解:根据《水利水电工程施工组织设计手册》有关计算公式计算入仓温度和浇筑温度。

混凝土入仓温度

$$T_r = T_0 + (T_a - T_0)(\theta_1 + \theta_2 + \cdots + \theta_n)$$

混凝土浇筑温度

$$T_P = T_r + 0.003\tau(T_a + T_r)$$

式中 T_r——混凝土入仓温度,℃;

T_P——混凝土浇筑温度,℃;

T_0——混凝土出机口温度,℃;

T_a——混凝土运输时的气温,℃;

θ_i——有关的系数,其数值为混凝土装、卸和转运,每次 $\theta = 0.032$,混凝土运输时,$T_0 = At$,t 为运输时间,单位为 min;

τ——浇筑平仓振捣到上层混凝土覆盖前的全部时间,min;

A——系数。

由题意知,装料 $\theta_1 = 0.032$,汽车运输 $\theta_2 = 0.03$,转运 $\theta_3 = 0.032$,门机吊运长方吊斗 $\theta_4 = 0.013$,卸料 $\theta_5 = 0.032$。

混凝土入仓温度

$$T_r = 10 + (30 - 10) \times (0.032 + 0.03 + 0.032 + 0.013 + 0.032) = 12.8(℃)$$

混凝土浇筑温度

$$T_P = 12.8 + 0.003 \times 120 \times (30 - 12.8) = 19(℃)$$

由以上计算:混凝土浇筑温度为 19 ℃。

因此,选 B。

【例 14-10】 某水利枢纽工程,大坝为混凝土面板堆石坝,在右岸垭口处布置溢洪道。可行性研究阶段坝体堆石总填筑量为 $354.50 \times 10^4\ m^3$,溢洪道土方开挖 $56.80 \times 10^4\ m^3$,溢洪道石方开挖 $302.40 \times 10^4\ m^3$,根据溢洪道地质资料分析结果,可用于上坝石方料为 $213.47 \times 10^4\ m^3$,估算此工程溢洪道土石方开挖需要弃渣场容积(　　)$\times 10^4\ m^3$。(土石方松实系数换算见表 14-3)

表 14-3　土石方松实系数换算

项目	自然方	松方	实方	码方
土方	1	1.33	0.85	
石方	1	1.53	1.31	
砂方	1	1.07	0.94	
混合料	1	1.19	0.88	
块石	1	1.75	1.43	1.67

A. 145.73　　B. 192.86　　C. 211.60　　D. 164.47

答案:C

考点:土石方换算关系。

解:　土方松方容积 = 土方自然方 × 松方系数

$$= 56.80 \times 10^4 \times 1.33 = 75.54 \times 10^4 (m^3)$$

石方松方容积 = 石方自然方 × 松方系数

$$= (302.40 \times 10^4 - 213.47 \times 10^4) \times 1.53 = 136.06 \times 10^4 (m^3)$$

弃渣场容积 = 土方松方容积 + 石方松方容积

$$= 75.54 \times 10^4 + 136.06 \times 10^4 = 211.60 \times 10^4 (m^3)$$

因此,选 C。

【例 14-11】 根据例 14-10 条件,溢洪道开挖石方直接上坝方量占利用方量的 47%,平均运距 2.3 km,运输损耗系数取 1.03;剩余方量为二次倒运,二次倒运方量堆存损失按 10% 计,运输损耗系数取 1.02;石料场开采损耗 16%,运输损耗按 2% 计。坝体堆石需从石料场取(　　)$\times 10^4\ m^3$ 料。

A. 86.81　　B. 89.12　　C. 86.84　　D. 89.09

答案:B

考点:利用方量计算。

解:直接上坝利用方量 = 利用方量/运输损耗系数 × 实方系数

$= 213.47\times10^4\times47\%/1.03\times1.31 = 127.61\times10^4(m^3)$

二次倒运利用方量 = 利用方量 × 暂存料堆损失系数/运输损耗系数 × 实方系数

$= 213.47\times10^4\times53\%\times(1-10\%)/1.02\times1.31$

$= 130.78\times10^4(m^3)$

需从石料场取料 = (坝体总填筑量 − 坝体利用方量)/料场开采损失系数/运输损耗系数/实方系数

$= (354.50\times10^4-127.61\times10^4-130.78\times10^4)/(1-16\%)/(1-2\%)/1.31$

$= 89.12\times10^4(m^3)$

因此,选 B。

【例 14-12】 某混凝土坝工程,混凝土总量为 $20\times10^4\ m^3$,土石方填筑工程需要砂砾料 $4.0\times10^4\ m^3$,砂砾石料运输、加工总损耗补偿系数为 1.2,每立方米混凝土骨料用量为 2.2 t,砂砾石天然密度为 1.9 t/m^3,该工程所需开采砂砾石量为(　　)$\times10^4$ t。

A. 28.8　　B. 57.6　　C. 61.92　　D. 51.6

答案:C

考点:混凝土坝砂砾石料需要量计算。

解:全工程所需砂砾石料的开采量计算如下式:

$$V_d = (V_c A + V_0)K_s$$

式中 V_d——砂砾石原料的总开采量,t;

V_c——全工程混凝土总量,m^3;

A——每立方米混凝土的骨料用量,t/m^3;

V_0——其他工程砂砾石用量,t;

K_s——包括级配不平衡弃料在内的运输、堆存、加工、浇筑的总损耗补偿系数。

$$V_d = (V_c A + V_0)K_s = (20\times10^4\times2.2+4.0\times10^4\times1.9)\times1.2 = 61.92\times10^4(t)$$

因此,选 C。

【例 14-13】 某砂砾石料场,勘探水上方有用层贮料量为 $100\times10^4\ m^3$,覆盖层为 $10\times10^4\ m^3$,计算误差为 0.90,砂砾石天然密度为 1.9 t/m^3,料场可采率为 0.85,该料场的可采贮量为(　　)$\times10^4$ t。

A. 143.7　　B. 169.1　　C. 75.6　　D. 145.4

答案:A

考点:砂砾石料场可采贮量计算。

解:可采贮量可按下式计算:

$$V_p = P(eV_s - V_f)\gamma_n$$

式中 V_p——可采贮量,t;

P——料场可采率;

e——计算误差;

V_s——包括表土在内的料场总体积,m^3;

V_f——表土量,m^3;

γ_n——天然密度,t/m^3。

$$V_P = P(eV_s - V_f)\gamma_n = 0.85 \times [0.90 \times (100 \times 10^4 + 10 \times 10^4) - 10 \times 10^4] \times 1.9$$

$$= 143.7 \times 10^4 (t)$$

因此,选 A。

14.3 复习题

(1)某工程为面板堆石坝,施工导流采用隧洞泄流的方式,枢纽工程为大(1)型,大坝为1级建筑物。已知该河流的水文实测资料系列为15年,大坝上、下游围堰为土石围堰,大坝围堰建筑物级别及设计洪水标准[洪水重现期(年)]( )。

A. 4级、10年 B. 4级、20年 C. 3级、20年 D. 5级、10年

(2)某工程为混凝土重力坝,施工分两期导流,一期先围左岸,利用右岸束窄河床过流,二期围右岸,利用一期建成的溢流坝导流。一、二期共用纵向混凝土围堰,一、二期上下游横向均为土石围堰。工程为大(1)型,大坝为1级建筑物,为了使工程尽早发挥效益,二期施工导流期间利用围堰挡水发电。一、二期围堰建筑物级别分别为( )。

A. 4级、4级 B. 4级、3级 C. 3级、3级 D. 5级、4级

(3)某水库工程为Ⅰ等工程,大坝为1级建筑物,厂房为3级建筑物,水库总库容3.4亿m^3,可行性研究阶段,水工枢纽布置有两个方案。方案一:大坝为混凝土重力坝,最大坝高63 m,厂房为坝后式厂房,装3台单机容量60 MW的水轮发电机组;方案二:厂房为引水发电式厂房(距坝下7.3 km,厂址到坝址区间的河道比降3.5‰)。该工程施工导流方式:围堰一次拦断河流,隧洞泄流,全年施工导流方式。大坝采用土石围堰,厂房采用混凝土围堰。各方案厂房围堰建筑物设计挡水标准为( )[洪水重现期(年)]。

A. 20、10 B. 50、10 C. 30、5 D. 10、5

(4)依据第(3)题条件,水库工程的施工洪水成果见表14-4,坝址下游300 m处水位流量关系见表14-5,导流隧洞泄量见表14-6。根据上题方案一水工枢纽布置确定的大坝施工围堰标准,波浪爬高设为1.0 m,最大风壅水面高度设定为零。该工程大坝上游围堰设计顶高程( )m。

表 14-4　施工洪水成果

施工分期	Q_P(m^3/s)				
	$P=1\%$	$P=2\%$	$P=5\%$	$P=10\%$	$P=20\%$
春汛期	1 430	1 180	861	627	406
汛前期	2 460	1 980	1 570	945	560
大汛期	4 530	3 830	2 920	2 240	1 570
汛后期	757	649	506	398	290
枯水期	213	189	156	131	104

表 14-5　坝址下游 300 m 水位流量关系

水位(m)	292.00	293.00	294.00	295.00	296.00	297.00	298.00	299.00
流量(m^3/s)	60	230	500	860	1 330	1 980	2 760	3 600

表 14-6　导流隧洞泄量

上游水位（m）	295.00	300.00	305.00	310.00	315.00	320.00	325.00
泄量(m^3/s)	40	1 000	1 500	1 890	2 200	2 470	2 710

A. 316.50　　B. 317.24　　C. 318.00　　D. 320.00

(5)根据第(3)、(4)题给定的条件，波浪爬高设为 0.7m，最大风壅水面高度设定为零。方案二厂房围堰的设计顶高程(　　)m。

A. 274.67　　B. 273.26　　C. 272.87　　D. 271.82

(6)某工程为混凝土拱坝(工程为Ⅰ等工程，大坝为 1 级建筑物)，根据水利工程枢纽布置，结合工程地形、地质条件，大坝施工导流采用隧洞导流方案，为节省工程投资，大坝上游围堰采用土石过水围堰，设计挡水时段为汛前期施工洪水，导流隧洞泄量见表 14-7，施工洪水成果见表 14-8，估算波浪高为 1.4 m，大坝上游围堰设计顶高程为(　　)m。

表 14-7　导流隧洞泄量

上游水位(m)	290.00	295.00	300.00	305.00	310.00	315.00	320.00
泄量(m^3/s)	0	20	502	783	991	1 160	1 305

A. 309.39　　B. 309.59　　C. 309.89　　D. 310.29

表 14-8　施工洪水成果

施工分期	$Q_P(m^3/s)$				
	$P=1\%$	$P=2\%$	$P=5\%$	$P=10\%$	$P=20\%$
春汛期	1 210	1 030	796	620	445
汛前期	2 270	1 840	1 400	945	560
大汛期	4 430	3 640	2 620	1 880	1 200
汛后期	680	540	364	251	151
枯水期	184	136	106	80	54

（7）某水库工程大坝为混合坝型，采用分期导流，一期采取束窄河床导流（束窄河床断面见图 14-2），一期导流设计流量 4 580 m^3/s，相应的下游水位 196.30 m。计算一期上游围堰挡水位（　　）m。（流速系数取 0.85）

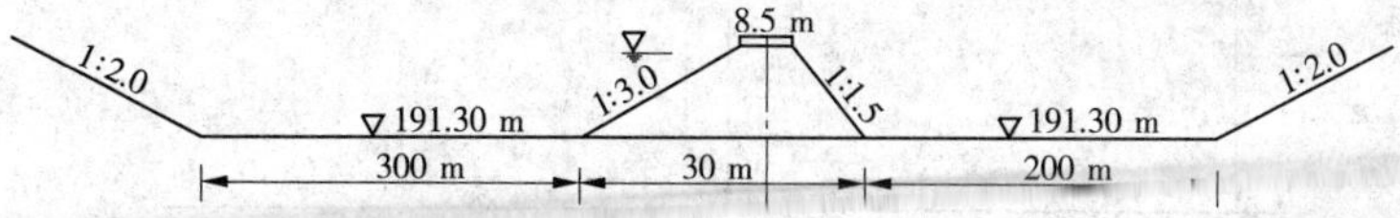

图 14-2

A. 196.50　　B. 196.83　　C. 197.52　　D. 198.23

（8）某水利枢纽工程为混凝土闸坝，二期导流利用一期建成的 3 个 8 m×10 m（宽×高）矩形底孔导流，导流底孔底板高程 234.00 m。底孔压力流泄流公式 $Q=\mu A_k\sqrt{2gH_w}$（$\mu=0.8$），底孔明流泄流公式 $Q=\sigma_s mnb\sqrt{2g}H^{1.5}$（$m=0.36$，$\sigma_s$ 的取值见表 14-9）。二期导流设计流量 1 520 m^3/s，相应的下游水位 240.00 m，二期上游围堰挡水位（　　）m。

表 14-9　宽顶堰淹没系数

h_s/H_0	≤0.80	0.81	0.82	0.83	0.84	0.85	0.86	0.87	0.88	0.89
σ_s	1.00	0.995	0.99	0.98	0.97	0.96	0.95	0.93	0.90	0.87
h_s/H_0	0.90	0.91	0.92	0.93	0.94	0.95	0.96	0.97	0.98	
σ_s	0.84	0.82	0.78	0.74	0.70	0.65	0.59	0.50	0.40	

A. 241.19　　B. 245.64　　C. 246.64　　D. 247.75

（9）依据第（8）题给定的条件，二期施工至第 3 年汛期，坝体浇筑高程已超过围堰高程，坝体临时度汛标准为 50 年重现期洪水，洪峰流量 $Q=2\ 340\ m^3/s$，相应的下游水位 244.50 m，坝体度汛措施是导流底孔与坝体缺口联合泄流，预留坝体缺口宽度 30 m，缺口

高程 250. 00 m，坝体拦洪度汛水位(　　)m。(坝体缺口过流流量系数取 0. 32)

A. 250. 56　　B. 251. 56　　C. 252. 56　　D. 253. 56

(10)某工程在二期截流中，实测到某时段的龙口下泄流量 $Q=365\ m^3/s$，上游水深 6. 35 m，如流量系数 $m=0.315$，此时龙口的平均宽度为(　　)m。

A. 17. 35　　B. 16. 35　　C. 18. 35　　D. 19. 35

(11)某工程大坝上游围堰为黏土心墙土石围堰，黏土心墙渗透系数 $k=1.6\times10^{-6}$ cm/s，上游围堰水深 16. 8 m，因围堰基础覆盖层较深(平均厚度 32 m)，其渗透系数 $k=2.3\times10^{-3}$ cm/s，基础防渗采用悬挂式高喷灌浆防渗墙，墙厚 0. 5 m，墙深 15 m，围堰剖面见图 14-3。估算围堰单宽渗透量(　　)$cm^3/(s\cdot cm)$。

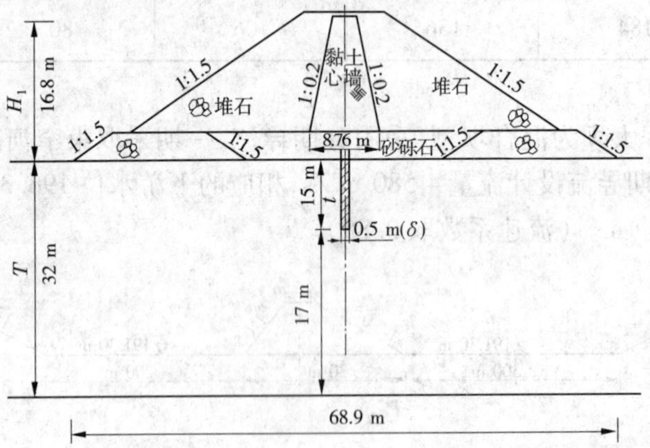

图 14-3

A. 1.178×10^{-2}　　B. 1.178×10^{-4}　　C. 2.296×10^{-4}　　D. 4.312×10^{-2}

(12)某工程大坝围堰采用黏土心墙砂砾石围堰，天然砂砾石料场勘探试验成果显示：砂砾石料最大干密度 2. 16 g/cm^3，最小干密度 2. 00 g/cm^3，围堰填筑压实度确定为 0. 65，计算设计干密度(　　)g/cm^3。

A. 2. 12　　B. 2. 08　　C. 2. 10　　D. 2. 06

(13)某工程二期截流后，基坑内平均水深 3. 4 m，上、下游围堰之间的距离 480 m，二期基坑平均宽度 187 m，初期排水时间按 3. 5 d 考虑，估算初期排水强度(　　)m^3/h。(初期基坑内其他进水量按 1. 5 倍基坑积水量考虑)

A. 9 083　　B. 5 450　　C. 3 633　　D. 3 179

(14)混凝土坝施工，高峰月浇筑强度 $4\times10^4\ m^3$，用 20 t 缆式起重机吊 6 m^3 吊罐运送混凝土，吊罐循环时间 6 min，时间利用系数为 0. 75，吊罐有效容积利用系数为 0. 98，综合利用系数为 0. 85，缆机月有效工作天数为 25 d，每日有效工作时数为 20 h，浇筑月内，日、小时不均匀系数为 1. 1、1. 2，缆机台数为(　　)台。

A. 1　　B. 2　　C. 3　　D. 4

(15)某工程为沥青混凝土心墙砂砾石坝，进度安排的坝体施工高峰日砂砾石填筑强度为 6 800 m^3/d，每天分三班作业，料场开采用 3 m^3 装载机挖装砂砾石料，20 t 自卸汽车运料上坝填筑，运距 5 km。施工机械设备生产定额见表 14-10。此工序需要装载机、自卸

汽车各(　　)台。(每班按 8 h 计算)

表 14-10　施工机械设备生产定额　　单位:100 m^3 实方

项目	单位	运距(km)				每增运 1 km
		1	2	3	4	
装载机　3 m^3	台时	0.76	0.76	0.76	0.76	
自卸汽车　20 t	台时	4.01	4.99	5.90	6.75	0.75

A. 2、21　　B. 3、22　　C. 18、170　　D. 3、48

(16)某土坝工程,坝面长 500 m,坝底宽 300 m,土方填筑强度为 15 000 m^3/班,填筑层厚度为 40 cm,坝面应分(　　)个工段。

A. 4　　B. 10　　C. 25　　D. 1

(17)某黏土心墙坝工程,为适应坝面雨季作业,用砂砾石料与黏土按 1∶1(质量比)掺和,土料体积为 3 000 m^3,密度为 1.7 t/m^3, 砂砾石料颗粒分析成果如表 14-11 所示,砾卵石(≥5 mm 粒径)料占全部材料的百分比为(　　)。

表 14-11　砂砾石料颗粒分析成果

粒径(mm)	>40	20 ~ 40	5 ~ 20	2 ~ 5	0.5 ~ 2	0.007 5 ~ 0.5	<0.007 5
占总质量的百分比(%)	15.4	21.3	21.5	4.3	26.1	10.6	0.8

A. 20.1%　　B. 29.1%　　C. 50%　　D. 58.2%

(18)某土坝工程,土料上坝强度为 3 000 m^3/班,土料的可松性系数为 1.17,土料密度为 1.65 t/m^3,上坝土料需要含水量为 22.5%,运输水量损失为 2%,料场土料天然含水量为 21%,每班需要加(　　)t 水才能满足坝料要求。

A. 31　　B. 54.4　　C. 202.7　　D. 148.1

(19)某混凝土重力坝工程,混凝土浇筑高峰强度为 2 000 m^3/d,每天分三班作业,混凝土用 10 t 自卸汽车运 2 km,用履带式起重机(15 t)吊运入仓,施工机械设备生产定额见表 14-12,自卸汽车和履带式起重机各需(　　)台。

表 14-12　施工机械设备生产定额　　单位:100 m^3 实方

项目	单位	综合定额	说明
履带式起重机　15 t	台时	0.54	
自卸汽车　10 t	台时	3.07	运 2 km

A. 2、13　　B. 32、6　　C. 63、12　　D. 21、4

(20)某混凝土重力坝工程,坝体横缝间距为 20 m,坝底宽为 30 m,每层混凝土铺料厚度为 50 cm,在 25 ℃环境温度下施工,允许层面间隔时间为 2 h,混凝土运输时间为 20 min,混凝土运输延误系数为 0.85,浇筑仓面要求的混凝土运输强度为(　　)m^3/h。

A. 211.8　　B. 180　　C. 423.6　　D. 360

(21)某枢纽工程主要由挡水坝、右岸厂房、左岸溢洪道及副坝组成,其中主体工程混凝土量 23.56×10^4 m^3,临时及导流工程混凝土量 2.21×10^4 m^3,枢纽工程土石方填筑总量 230×10^4 m^3。用估算法计算本工程对外交通运输总量为(　　) $\times10^4$ t。(外来物资运输量 1.02 t/m^3)

A. 26.29　　B. 26.55　　C. 234.60　　D. 236.95

(22)某工程为引水发电工程,大坝为混凝土面板堆石坝,有一条长引水隧洞。工程石方明挖量 347.67×10^4 m^3,洞挖石方量 24.28×10^4 m^3,根据本工程地质条件,石方明挖需爆破材料 0.53 kg/m^3,石方洞挖需爆破材料 1.21 kg/m^3,爆破材料采用木箱包装,包装质量按 15% 计取,则该工程爆破材料运输量为(　　)t。

A. 3 235.97　　B. 2 456.90　　C. 3 721.36　　D. 2 136.44

(23)某枢纽工程共安装水轮发电机组 4 台,单台机组装机容量 80 MW,总装机 320 MW。其中:水轮发电机组每台重 568.25 t;主变压器单台重 98 t,共两台;厂内桥机重 40 t。其他机电设备按上述主要机电设备质量的 45% 计取,该工程永久机电设备运输量(　　)t。

A. 2 509　　B. 1 025　　C. 4 009　　D. 3 639

(24)某枢纽工程计划工期为 4.5 年,估算外来器材物资总量为 37.87×10^4 t,施工不均匀系数取 1.85,估算本工程年高峰运输强度为(　　) $\times10^4$ t/a。

A. 15.57　　B. 16.57　　C. 17.57　　D. 18.57

(25)某枢纽工程年高峰运输强度 23.67×10^4 t/a,月施工不均匀系数 1.3,外来器材物资供应不均匀系数 1.02,运输不均匀系数 1.15,本工程月高峰运输强度(　　) $\times10^4$ t/月。

A. 1.98　　B. 2.57　　C. 2.62　　D. 3.01

(26)某枢纽工程对外交通运输方案有四个:方案一是公路 A 线运输,方案二是水路+公路运输,方案三是水路运输,方案四是公路 B 线运输。各方案对外交通基建费用见表 14-13,本工程外来器材物资运输总量 185×10^4 t,根据给定的条件确定最优方案为(　　)。

表 14-13　各种运输方案技术经济指标汇总

项目	单位	方案一	方案二	方案三	方案四
新(扩)建道路	万元	3 910	2 050	1 850	1 905
新(扩)建桥梁	万元	900			500
新(扩)建码头	万元		750	1 700	
综合运输距离	km	35	62	78	42
综合运费	元/(t·km)	1.05	0.55	0.35	1.05

A. 方案一　　B. 方案二　　C. 方案三　　D. 方案四

(27)某枢纽工程位于平原区河流上，对外交通运输考虑采用水运方案，码头设置处 $P=2\%$ 频率洪水的洪水位为 43.7 m，$P=5\%$ 频率洪水的洪水位为 42.5 m，$P=10\%$ 频率洪水的洪水位为 41.5 m，考虑货物及装卸设备受淹将造成一定损失，该枢纽工程码头前沿高程为(　　)m。(超高值取 0.5 m)

A. 44.2　　B. 43.0　　C. 42.0　　D. 43.5

(28)某工程货运码头位于岩质地区，船型尺寸有两种，300 t 级货船尺寸为 35 m × 9.2 m × 1.3 m(总长 × 型宽 × 设计吃水)，500 t 级货船尺寸为 45 m × 10.8 m × 1.6 m(总长 × 型宽 × 设计吃水)，由于受水流回流影响，码头区有淤泥回淤，需经常采用挖泥船清淤，挖泥船一次最小挖泥厚度为 30 cm，满足上述两种船型停靠码头的设计水深为(　　)m。

A. 2.4　　B. 2.1　　C. 1.9　　D. 1.6

(29)某工程货运码头采用多船位直立式码头，货物运输采用 1 000 t 级驳船队(船队尺寸 160 m × 10.8 m × 1.6 m)，确定每个船位长(　　)m。(相邻两船净距 d 值采用 $0.15Lc$)

A. 165　　B. 176　　C. 194　　D. 184

(30)某枢纽工程主要由挡水坝、左岸船闸、左右岸厂房、泄水闸以及副坝组成，其中工程混凝土总量为 $529.17\times10^4\ m^3$，混凝土骨料采用天然骨料，成品骨料需要量为 $1\ 233.47\times10^4$ t，混凝土高峰年浇筑量 $135.3\times10^4\ m^3$，成品骨料堆场与混凝土拌和系统之间需修建一条公路专用线运输混凝土骨料，则该条公路专用线设计等级为(　　)。(运输不均衡系数按 1.5 取值)

A. 一　　B. 二　　C. 三　　D. 四

(31)某工程为混凝土坝，混凝土月高峰浇筑强度 42 860 m^3，混凝土骨料采用公路专用线运输，该条线路同时兼作弃渣运输道路，混凝土骨料高峰月运输强度 10.87×10^4 t，开挖弃渣月高峰运输强度 $34.25\times10^4\ m^3$(弃渣 1.92 t/m^3)，车辆载重吨位弃渣为 32 t，骨料为 20 t，车辆运输采用三班制，运输不均衡系数采用 1.20，时间利用系数 0.80，车辆载重利用系数骨料取 0.8，弃渣取 0.75，分别计算该路段骨料及弃渣单向行车密度(　　)辆/h。

A. 19、40　　B. 18、40　　C. 19、39　　D. 18、39

(32)某工程混凝土总量为 $78.36\times10^4\ m^3$。根据水工建筑物布置及施工导流条件，确定该工程混凝土浇筑拌和系统分两岸设置。一期施工左岸，混凝土浇筑高峰月发生在第 2 年 5 ~ 10 月，强度为 $3.2\times10^4\ m^3$/月，二期施工右岸，混凝土浇筑高峰月发生在第 3 年 6 ~ 10 月，强度为 $2.4\times10^4\ m^3$/月。综合不均衡系数 1.4，按有效生产时间 $N=25$ d、$D=20$ h 计算，确定左、右岸混凝土小时生产能力(　　)m^3/h。

A. 89.6、72　　B. 96、72　　C. 96、67.2　　D. 89.6、67.2

(33)某工程混凝土总量为 $57.43\times10^4\ m^3$，由 2 种级配、3 种强度等级组成 4 种混凝土，成品骨料需要量为 137.84×10^4 t。经骨料平衡计算，需要骨料开采量为 248.10×10^4 t，工程其他部位砂石料需要量 17.27×10^4 t。混凝土浇筑高峰月发生在第 3 年 3 ~ 6 月，强度为 $6.95\times10^4\ m^3$/月，其他部位砂石料需要量 2.12×10^4 t/月。按每天两班制生产，每班工作时间为 7 h，每月按 25 d 工作计算，砂石加工厂生产规模(　　)t/h。

A. 966　　B. 967　　C. 968　　D. 969

(34)某工程大坝采用三级配、C25 混凝土。当地 8 月份平均气温 24.20 ℃，水温 21.60 ℃。混凝土材料用量及温度计算见表 14-14（常温混凝土机械热为 2 094 kJ/m³）。8 月份混凝土出机口温度为(　　)℃。

表 14-14　混凝土出机口温度计算（自然拌和）

序号	材料	质量 G_i (kg/m³)	比热 C_i (kJ/(kg·℃))	温度 T_i (℃)	G_iC_i	$G_iC_iT_i$
1	水泥	202	0.796	39.2		
2	砂	608	0.963	22.2		
3	石子	1 483	0.963	24.2		
4	砂的含水	30.4	4.18	22.2		
5	石子含水	14.83	4.18	24.2		
6	拌和水	88	4.18	21.6		
合计		2 426.23				

A. 23.03　　B. 23.68　　C. 24.98　　D. 25.65

(35)混凝土材料用量及温度等指标同第(34)题。根据大坝混凝土温控要求，坝体混凝土浇筑要求出机口温度为 14 ℃，需对石子（大骨料）进行冷却。需要将石子冷却到(　　)℃时满足要求。（出机口温度 14 ℃时，机械热为 4 187 kJ/m³，其他材料各项数据不变）

A. 2.67　　B. 3.67　　C. 4.67　　D. 5.67

(36)某工程夏季施工混凝土，骨料经预冷后混凝土出机口温度达 $T_0 = 10$ ℃，当混凝土施工环境气温 $T_a = 32.5$ ℃时，混凝土水平运输需 12 min，门机吊运下料需 8 min，混凝土入仓温度(　　)℃。（注：混凝土装、卸和转运，每次 $\theta = 0.032$；汽车运输，$\theta = 0.003 \times 12 = 0.036$；门机吊运 $\theta = 0.001\ 3 \times 8 = 0.010$）

A. 12.8　　B. 13　　C. 13.2　　D. 13.4

(37)依据第(36)题给定的条件，混凝土平仓振捣到上层混凝土覆盖前所需要的时间 200 min，混凝土浇筑温度为(　　)℃。

A. 18.19　　B. 18.39　　C. 18.69　　D. 18.99

(38)某堆石坝工程，可行性研究阶段坝体堆石总填筑量为 72.50×10^4 m³，溢洪道土方开挖量 13.20×10^4 m³，石方开挖量 45.80×10^4 m³（50% 利用到坝体填筑），土石方松实系数换算见表 14-3。粗算此工程需要(　　) $\times 10^4$ m³ 的弃渣场。

A. 36.1　　B. 59.0　　C. 52.6　　D. 41.2

(39)某水利枢纽工程，年平均劳动人数为 3 120 人，根据规范要求，本工程需要办公及生活建筑面积约为(　　)m²。

A. 15 600　　B. 40 560　　C. 24 960　　D. 62 400

(40)某混凝土双曲拱坝工程，初步设计阶段混凝土总量为 $79.80\times10^4\ m^3$，施工年限为 4 年，每立方米混凝土需用的水泥运输量为 0.25 t，年度施工不均匀系数为 2.0，年工作日数为 300 d，水泥贮存天数为 10 d，材料需要不均匀系数为 1.3，水泥仓库每平方米有效面积的水泥存放量为 7.5 t，其利用系数为 0.30，估算水泥的贮存量为(　　)t 和水泥仓库面积为(　　)m^2。

A. 3 645.2、1 620　　B. 3 848.5、1 710　　C. 4 932.8、2 192　　D. 4322.5、1 921

(41)某黏土心墙堆石坝工程，坝体堆石总填筑量为 $115.20\times10^4\ m^3$，溢洪道石方开挖量 $56.40\times10^4\ m^3$(50% 利用到坝体填筑)，引水洞石方洞挖量 $12.50\times10^4\ m^3$(60% 利用到坝体填筑)，施工过程中装运损失系数为 3%，开采损失系数为 7%，土石方松实系数换算见表 14-3。工程需要从石料场开采石方(　　)$\times10^4\ m^3$。

A. 80.10　　B. 57.33　　C. 52.24　　D. 56.17

(42)依据第(41)题条件，坝体黏土心墙土方总填筑量为 $30.20\times10^4\ m^3$，溢洪道土方开挖 $25.80\times10^4\ m^3$(30% 利用到坝体填筑)，施工过程中装运损失系数为 3%，开采损失系数为 7%，土石方松实系数换算见表 14-3，试计算本工程需土料场开采(　　)$\times10^4\ m^3$ 及溢洪道土方弃渣容积(　　)$\times10^4\ m^3$。

A. 22.46、24.76　　B. 30.13、24.02　　C. 27.79、23.30　　D. 29.88、35.34

(43)某一长隧洞引水工程(隧洞布置见图 14-4)，施工设 5 条支洞，进水口混凝土供给由大坝枢纽区供料，$1^{\#}\sim5^{\#}$施工支洞及隧洞出口需要集中布置 个混凝土拌和厂。根据每条施工支洞承担的工作量分析，从 $1^{\#}$支洞到出口有 6 个混凝土浇筑点，混凝土的浇筑量分别为 2 400 m^3、3 800 m^3、3 200 m^3、2 800 m^3、4 000 m^3、4 200 m^3，拌和厂到各浇筑点的运输方式均采用 20 t 自卸汽车载 6 m^3 混凝土罐运输，水泥、骨料来自于进口方向，混凝土拌和厂应布置在哪点附近较为合理(　　)。

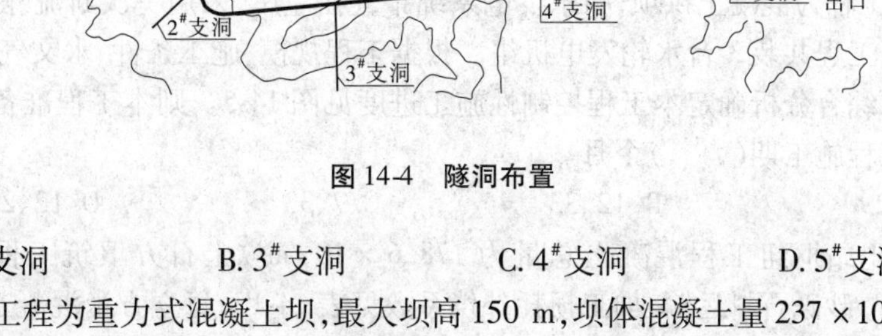

图 14-4　隧洞布置

A. $2^{\#}$支洞　　B. $3^{\#}$支洞　　C. $4^{\#}$支洞　　D. $5^{\#}$支洞

(44)某工程为重力式混凝土坝，最大坝高 150 m，坝体混凝土量 $237\times10^4\ m^3$，根据工程施工及导流条件，拟定坝体施工速度控制指标见表 14-15。分别计算按坝体上升速度控制及按坝体浇筑强度控制的坝体混凝土浇筑工期(　　)月。

表 14-15 坝体施工速度控制指标

项目	单位	第二施工年	第三施工年	第四施工年
施工期限	月	6	12	12
坝体上升速度	m/月	3	5.3	6
坝体浇筑强度	m^3/月	4.2×10^4	9.85×10^4	9.36×10^4

A. 30.4、31.0　　B. 29.4、28.0　　C. 30.4、28.0　　D. 29.4、31.0

(45)水利水电工程中的大坝开挖,通常情况下划分为岸坡开挖和河床开挖,若以枯水期常水位适当加高作为分界线,应在枯水期常水位适当加高(　　)m。

A. 1~2　　B. 1.5~3　　C. 2~3　　D. 2~3.5

(46)某引水工程,采用长隧洞输水,根据地形、地质条件,可布置 3 条施工支洞,通过分析和参考类似工程经验,确定的施工进度参数见表 14-16,若通过施工支洞进行主洞施工,要求主洞必须一侧开挖(不允许两侧同时开挖)。根据给出的条件可得,支洞加主洞开挖总工期(　　)个月。

表 14-16 引水隧洞施工速度控制指标

项目	支洞长(m)	承担主洞长(m)	支洞开挖平均月进(m/月)	主洞开挖平均月进(m/月)	主洞(支洞)洞身开挖起始时间
引水洞进口		2 880		120	第一年 11 月 1 日
1#施工支洞	1 210	上:1 800 下:2 400	110	100	第一年 5 月 1 日
2#施工支洞	1 800	上:1 620 下:1 530	100	90	第一年 3 月 1 日
3#施工支洞	960	上:2 530 下:2 200	120	110	第一年 6 月 1 日
引水洞出口		3 240		120	第一年 11 月 1 日

A. 50　　B. 53　　C. 54　　D. 55

(47)某工程为混凝土拱坝,引水发电系统布置在左岸,采用一次断流、隧洞导流的施工导流方式,工程共装 3 台水轮发电机组。根据工程规模、施工条件、水文气象资料、地质条件等因素,综合分析确定本工程控制性施工进度见图 14-5。则本工程准备工期(　　)个月,主体工程施工期(　　)个月。

A. 7、29　　B. 12、33　　C. 7、33　　D. 12、29

(48)某电站枢纽工程混凝土总量为 $178.6\times10^4\ m^3$,土石方填筑工程需要砂砾料 $24.8\times10^4\ m^3$,砂砾石料运输、加工损耗补偿系数见表 14-17,每立方米混凝土骨料用量为 2.2 t,砂砾石天然密度为 1.9 t/m^3,平均砂率取 0.3。如本工程采用天然混凝土骨料,不设级配调整设施,则该工程所需砂砾石料总开采量为(　　)$\times10^4$ t。

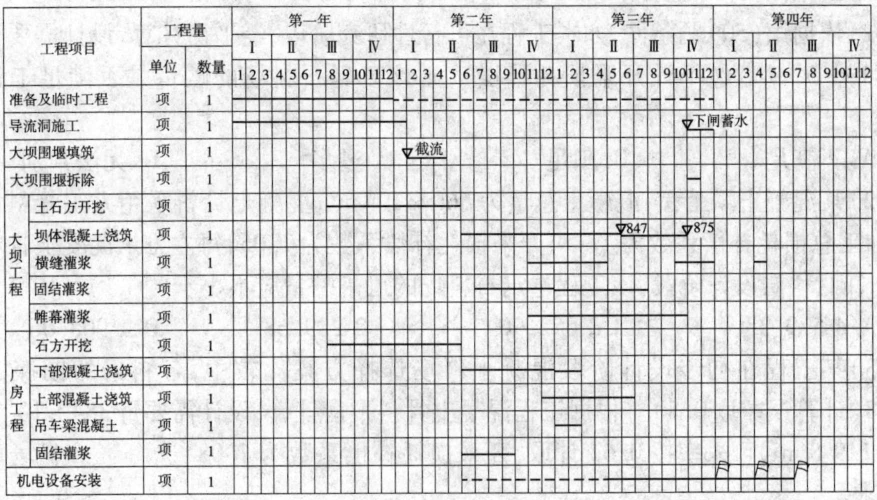

图 14-5

表 14-17　砂砾石料运输、加工损耗补偿系数

项目		代号	人工骨料	天然骨料	
				有级配调整设施	无级配调整设施
制砂和洗砂	石粉和细砂流失	K_1	1.20	1.25	
	储运	K_2	1.02	1.02	
筛选或中细碎	冲洗	K_3	1.03	1.04	1.09
	储运	K_4	1.02	1.01	1.01
粗碎和超径处理	预洗	K_5	1.05	1.02	1.13
	储运	K_6	1.01	1.02	1.02
级配不平衡		K_7	1.05	1.08	1.23
成品骨料储运		K_8	1.02	1.02	1.02
混凝土运输浇筑		K_9	1.01	1.01	1.01

A. 455.27　　B. 465.27　　C. 485.27　　D. 495.27

(49)依据第(48)题条件，如本工程采用天然混凝土骨料，设级配调整设施，则该工程所需砂砾石料总开采量为(　　) $\times 10^4$ t。

A. 482.84　　B. 492.84　　C. 502.84　　D. 512.84

(50)某砂砾石料场，勘探总贮料量 173.4×10^4 m^3，其中覆盖层 13.7×10^4 m^3，计算误差 0.90，砂砾石天然密度 1.93 t/m^3，料场可采率 0.70，该料场的可采贮量(　　) $\times 10^4$ t。

A. 172.33　　B. 182.33　　C. 192.33　　D. 202.33

(51)依据第(50)题条件,如本工程在可行性研究阶段,经平衡计算,设计需要混凝土骨料量 136.5×10^4 t(不计开采损耗补偿),则该砂砾石料场的贮量是否满足工程要求(　　)。

A. 不满足　　B. 满足　　C. 过多　　D. 无法判别

(52)某混凝土坝工程,混凝土总量为 $560\times10^4\ m^3$,混凝土骨料采用人工骨料。骨料运输、加工总损耗补偿系数为1.18,开采损耗补偿系数为1.05,每立方米混凝土骨料用量为2.2 t,问:科研设计阶段,该工程选定石料场的可采贮量应不小于(　　)$\times10^4$ t。

A. 4 579.35　　B. 3 052.90　　C. 2 289.68　　D. 1 908.06

(53)某工程在初步设计阶段混凝土料场选择方案比较中,各料场的勘探贮量见表14-18(计算误差取0.8)。根据工程混凝土骨料平衡计算,设计需要量 384×10^4 t,砂砾石密度1.9 t/m³,可采率按0.67计取,开采损耗补偿系数为1.08,选(　　)料场可满足设计要求。

表14-18　天然砂砾石料场产地贮量

料场代号	无用层体积($\times10^4\ m^3$)	有用层贮量($\times10^4\ m^3$)		
		水上	水下	合计
1#料场	13	372	128	500
2#料场	44	210		210
3#料场	0		325	325

A. 1#、2#　　B. 1#、3#　　C. 2#、3#　　D. 2#、1#

(54)三峡二期工程的6年建设中,不仅进一步推广了一期工程的科技成果,而且广泛引进、研究和应用了国内外先进技术和工艺,成功攻克了施工中的各项难题,取得了巨大的综合经济效益。这些技术主要包括大规模水平预裂爆破技术、混装炸药车技术等。以下对水平预裂爆破技术说法正确的是(　　)。

A. 水平预裂爆破只能进行建基面无保护层的开挖

B. 水平预裂爆破使原生裂隙有扩张现象

C. 建基面无保护层的一次开挖,起爆网络设计底部水平孔与周边预裂孔先起爆,随后上部爆破孔从自由边起,依次以正弦波形顺序起爆

D. 采用水平预裂爆破半孔率不高,不平度较小

(55)某黏土心墙坝,土料上坝强度为 $Q_D=2\ 550\ m^3/d$(压实方),黏土料场位于坝址下游1.5 km右岸二级阶地上,土料干容重 $\gamma_e=17\ kN/m^3$,坝面碾压要求的含水量 $\omega_0=18\%$,装车和运输过程中含水量损失 $\omega=2\%$,某施工时段内料场测定的天然含水量 $\omega_e=15\%$,设土方松实系数为:1自然方=1.33松方=0.85压实方。则该施工时段内土料需加水(　　)t/d才能满足施工质量要求。

A. 250　　B. 260　　C. 270　　D. 280

(56)土石坝坝面填土干容重取样试验结果,其合格率应不小于(　　)%,不合格的

干容重不得低于设计干容重的(　　)%，且不合格样不得集中。

A. 90、90　　B. 90、98　　C. 95、95　　D. 95、98

(57)项目法人应提前(　　)d将"竣工验收申请报告"送达验收主持单位，并应在竣工验收会(　　)d前将资料送达验收委员会成员单位各1套。验收主持单位在接到项目法人"竣工验收申请报告"后，应同有关单位进行协商，拟定验收时间、地点及验收委员会组成单位等有关事宜，批复验收申请报告。

A. 28、28　　B. 14、14　　C. 28、14　　D. 14、28

(58)某水利枢纽工程，枢纽建筑物由沥青混凝土心墙堆石坝、岸坡溢洪道、引水发电系统及地面开关站等组成。工程施工组织设计物料平衡结果，溢洪道开挖料大部分用于上坝，引水发电系统开挖的部分石料用于本工程混凝土骨料，碱性骨料外购。根据工程特点，拟定四个分标方案，各分标方案见表14-19，根据分标原则推荐分标方案(　　)。

表14-19　分标方案

标段	方案一	方案二	方案三	方案四
Ⅰ标段	大坝(不含心墙)	大坝	大坝及溢洪道(不含心墙)	大坝及溢洪道
Ⅱ标段	溢洪道	溢洪道	引水发电系统及地面开关站	引水发电系统及地面开关站
Ⅲ标段	引水发电系统	引水发电系统	沥青混凝土心墙	
Ⅳ标段	地面开关站	地面开关站		
Ⅴ标段	沥青混凝土心墙			

A. 方案一　　B. 方案二　　C. 方案三　　D. 方案四

14.4　参考答案

(1)B　(2)B　(3)D　(4)B　(5)C　(6)D
(7)B　(8)B　(9)B　(10)B　(11)B　(12)C
(13)A　(14)C　(15)B　(16)A　(17)B　(18)D
(19)D　(20)A　(21)A　(22)B　(23)D　(24)A
(25)D　(26)C　(27)B　(28)A　(29)D　(30)B
(31)A　(32)D　(33)B　(34)C　(35)A　(36)C
(37)D　(38)C　(39)B　(40)D　(41)B　(42)B
(43)C　(44)B　(45)C　(46)B　(47)A　(48)D
(49)B　(50)C　(51)A　(52)C　(53)B　(54)C
(55)B　(56)B　(57)C　(58)C

工程地质篇

第1章　水利水电工程地质勘察

1.1　考试大纲

熟练掌握各勘察设计阶段工程地质勘察的任务和要求。

熟练掌握各勘察设计阶段对水库区主要工程地质问题（包括渗漏、浸没、滑坡、崩塌、坍岸等）的勘察内容、方法。

熟练掌握各勘察设计阶段各类建筑物地质勘察工作的布置原则、勘察内容、方法及试验要求。

掌握抽水蓄能电站勘察的内容和要求。

1.2　复习指导

1.2.1　复习要点

1.2.1.1　工程地质勘察的基本任务和内容

掌握大型、中小型水利水电工程地质勘察阶段工作的基本任务和主要工作内容。

掌握新建或已建堤防各工程地质勘察阶段工作的基本任务和主要工作内容。

1.2.1.2　水库区工程地质勘察

掌握《水利水电工程地质勘察规范》（GB 50487—2008）关于水利水电工程各阶段水库区工程地质勘察工作的主要内容。由于水库蓄水后库水位抬高，库区及其邻近地带水文地质条件和地质环境的变化，可能会产生或引发影响水库安全和运行的各工程地质问题，如水库渗漏问题、水库浸没问题、水库塌岸或边坡失稳及水库诱发地震问题等。因此，在全面调查水库区水文地质、工程地质条件的基础上，针对可能存在问题的库段进行重点勘察。

熟练掌握水利水电工程各设计阶段水库渗漏、水库浸没、水库库岸稳定和水库滑坡工程地质勘察工作的内容、基本方法和要求。

1.2.1.3　水工建筑物工程地质勘察

掌握《水利水电工程地质勘察规范》（GB 50487—2008）关于坝（闸）址区、地下洞室、溢洪道和渠道工程各阶段工程地质勘察的基本任务、主要内容和布置原则。

1.2.1.4　抽水蓄能电站工程地质勘察

掌握抽水蓄能电站选点规划阶段、预可行性研究阶段、可行性研究阶段、招标设计阶段、施工详图设计阶段工程地质勘察的基本任务和主要内容。

掌握抽水蓄能电站各设计阶段对区域地质调查、区域构造稳定性研究、水库区、坝址区、输水系统、厂房系统、天然建筑材料工程地质勘察的基本任务和主要内容。

1.2.2　案例分析

【例 1-1】　可行性研究阶段区域工程地质勘察工作的主要内容应包括(　　)。

A. 了解工程的区域地质和地震概况

B. 复核或补充区域构造稳定性研究与评价

C. 进行区域构造稳定性研究，确定场地地震动参数，并对工程场地的构造稳定性作出评价

D. 了解工程的区域地质、水文地质和地震概况，并初步评价工程场地的构造稳定性

答案：C

考点：可行性研究阶段区域地质勘察应包括的主要工作内容。

解：根据《水利水电工程地质勘察规范》(GB 50487—2008)第 5.1.2 条规定，可行性研究阶段工程地质勘察包括下列内容：

(1)进行区域构造稳定性研究，确定场地地震动参数，并对工程场地的构造稳定性作出评价；

(2)初步查明工程区及建筑物的工程地质条件、存在的主要工程地质问题，并作出初步评价；

(3)进行天然建筑材料初查；

(4)进行移民集中安置点选址的工程地质勘察，初步评价新址区场地的整体稳定性和适宜性。

因此，选 C。

【例 1-2】　初步查明库岸稳定条件、预测水库坍岸情况和水库浸没范围等勘察工作应在(　　)阶段进行。

A. 规划　　B. 项目建议书　　C. 可行性研究　　D. 初步设计

答案：C

考点：可行性研究阶段水库区勘察时应调查的主要工作内容。

解：根据《水利水电工程地质勘察规范》(GB 50487—2008)规定，可行性研究阶段水库工程地质勘察包括下列内容：

(1)初步查明水库区的水文地质条件，确定可能的渗漏地段，估算可能的渗漏量；

(2)初步查明库岸稳定条件，确定崩塌、滑坡、泥石流、危岩体及潜在不稳定岸坡的分布位置，初步评价其在天然情况及水库运行的稳定性；

(3)初步查明可能坍岸位置，初步预测水库运行后的坍岸形式、范围，初步评价其对工程、库区周边城镇、居民区、农田等的可能影响；

(4)初步查明可能产生严重浸没地段的地质和水文地质条件，初步预测水库浸没范围和严重程度；

(5)初步研究并预测水库诱发地震的可能性、发震位置及强度；

(6)调查是否存在影响水质的地质体。

因此,选 C。

【例 1-3】 产生水库渗漏的工程地质条件主要包括(　　)。

A. 岩性条件　　B. 地形地貌条件　　C. 地质构造条件　　D. 水文地质条件

答案:ABCD

考点:在进行水库渗漏勘察时应调查的主要工程地质条件。

解:产生水库渗漏的工程地质条件主要包括岩性条件、地形地貌条件、地质构造条件及水文地质条件。岩性条件主要调查分析库底和库周有无透水岩层分布。地形地貌条件主要调查分析水库与相邻河谷分水岭的规模和邻谷切割深度等与水库渗漏的关系。地质构造条件主要调查分析水库所处向斜、背斜、单斜构造部位、岩层产状、断裂构造与水库渗漏的关系。水文地质条件主要调查分析分水岭地区地下水出露分布特征及其与水库正常蓄水位的关系。

因此,选 ABCD。

【例 1-4】 溢洪道建筑物可行性研究阶段工程地质勘察需初步评价的主要内容应包括(　　)。

A. 溢洪道边坡稳定条件　　B. 泄洪闸地基抗滑和渗透稳定条件

C. 下游消能段岩体的抗冲条件　　D. 冲刷坑岸坡的稳定条件

答案:ABCD

考点:可行性研究阶段溢洪道工程地质勘察的主要内容。

解:根据《水利水电工程地质勘察规范》(GB 50487—2008)第 5.6.1 条规定,可行性研究阶段溢洪道勘察应包括下列内容:

(1)初步查明溢洪道区的地形地貌特征及滑坡、泥石流、崩塌体等的分布和规模;

(2)初步查明溢洪道区地层岩性、覆盖层厚度、物质组成,基岩风化、卸荷深度和岩土体透水性;

(3)初步查明溢洪道区断层、破碎带、软弱夹层、缓倾角结构面等的性质、产状、规模和展布情况,结构面的组合关系;

(4)进行岩土体物理力学性质试验,初步提出有关物理力学参数;

(5)初步评价溢洪道边坡、泄洪闸基的稳定条件以及下游消能段岩体的抗冲条件和冲刷坑岸坡的稳定条件。

因此,选 ABCD。

1.3 复习题

(1)水利水电工程地质勘察宜分为(　　)阶段。

A. 规划、项目建议书、可行性研究、初步设计和施工图设计

B. 项目建议书、可行性研究、初步设计和招标设计

C. 规划、可行性研究、初步设计和技施设计

D. 规划、项目建议书、可行性研究、初步设计、招标设计和施工详图设计

(2)新建堤防工程勘察可分为(　　)阶段。

A. 规划、项目建议书、可行性研究、初步设计

B. 项目建议书、可行性研究、初步设计、招标设计

C. 规划、可行性研究、初步设计

D. 规划、项目建议书、可行性研究、初步设计、招标设计和施工图设计

(3)根据《水利水电工程地质勘察规范》(GB 50487—2008)规定,在某流域河段上了解各梯级坝的工程地质条件,分析是否有建坝的可能性,应在(　　)阶段进行。

A. 规划　　B. 项目建议书　　C. 可行性研究　　D. 初步设计

(4)根据《水利水电工程地质勘察规范》(GB 50487—2008)规定,水利水电工程初步设计阶段工程地质勘察的基本任务是(　　),并应提供工程地质资料。

A. 选择工程的建设位置,对选定的坝址、场址、线路等和推荐的建筑物基本型式、代表性工程布置方案进行地质论证

B. 为河流开发方案和水利水电近期开发工程选择进行工程地质论证

C. 查明各类建筑物及水库区的工程地质条件,为选定建筑物型式、轴线、工程总布置提供地质依据,对选定的各类建筑物的主要工程地质问题进行评价

D. 检验、核定前期勘察的地质资料与结论,补充论证专门性工程地质问题

(5)根据《水利水电工程地质勘察规范》(GB 50487—2008)规定,对选择近期开发的梯级坝址进行工程地质勘察和工程地质论证,应是(　　)设计阶段完成的内容。

A. 规划　　B. 项目建议书　　C. 可行性研究　　D. 初步设计

(6)根据《水利水电工程地质勘察规范》(GB 50487—2008)规定,水利水电工程可行性研究阶段工程地质勘察应是在(　　)的基础上选择坝址,对选定的方案进行工程地质论证,并提供相应的工程地质资料。

A. 工程地质勘探　　B. 地质调查

C. 项目建议书　　D. 河流(河段)规划选定方案

(7)水利水电中小型工程与大型工程在初步设计阶段工程地质勘察要求上的区别是(　　)。

A. 勘察的任务和内容有所不同,勘察工作量及工作深度和精度也不同

B. 勘察的任务和内容有所不同,勘察工作量及工作深度和精度相同

C. 勘察的任务和内容相同,勘察工作量及工作深度和精度有所不同

D. 勘察的任务和内容相同,勘察工作量及工作深度和精度相同

(8)根据《水利水电工程地质勘察规范》(GB 50487—2008)要求,水利水电工程可行性研究阶段工程地质勘察的基本任务应是在河流规划选定方案的基础上,对选定的(　　)方案进行工程地质论证,并提供相应的工程地质资料。

A. 坝址位置　　B. 推荐基本坝型

C. 代表性工程布置方案　　D. 引水线路

(9)根据《水利水电工程地质勘察规范》(GB 50487—2008)要求,可行性研究阶段坝址区勘察应包括下列内容(　　)。

A. 查明各类水利水电工程建筑物区的工程地质条件,对存在的工程地质问题进行分析评价,为建筑物设计和地基处理方案提供地质资料和建议

B. 了解梯级坝址的工程地质条件和主要工程地质问题

C. 初步查明工程区及建筑物的工程地质条件、存在的主要工程地质问题,并作出初步评价

D. 优化设计所需的专门性工程地质勘察

(10)根据《水利水电工程地质勘察规范》(GB 50487—2008)规定,可行性研究阶段区域地质勘察的主要工作应为(　　)。

A. 了解工程的区域地质和地震概况

B. 复核或补充区域构造稳定性研究与评价

C. 进行区域构造稳定性研究,确定场地地震动参数,并对工程场地的构造稳定性作出评价

D. 了解工程的区域地质、水文地质和地震概况,并初步评价工程场地的构造稳定性

(11)根据《水利水电工程地质勘察规范》(GB 50487—2008)规定,应在(　　)阶段查明各类水利水电工程建筑物区的工程地质条件,对存在的工程地质问题进行分析评价,为建筑物设计和地基处理方案提供地质资料和建议。

A. 规划　　B. 项目建议书　　C. 可行性研究　　D. 初步设计

(12)根据《水利水电工程地质勘察规范》(GB 50487—2008)规定,初步设计阶段水库区勘察应包括(　　)。

A. 了解梯级水库的工程地质条件和主要工程地质问题

B. 查明水库区水文地质、工程地质条件,评价存在的工程地质问题,预测蓄水后的变化,提出工程处理措施建议

C. 复核水库区的工程地质条件、存在的主要工程地质问题,查明前一设计阶段遗留的工程地质问题

D. 初步查明水库区的工程地质条件、存在的主要工程地质问题,并作出初步评价

(13)根据《水利水电工程地质勘察规范》(GB 50487—2008)规定,初步设计阶段水利水电工程天然建筑材料勘察应(　　)。

A. 进行天然建筑材料初查　　B. 了解工程天然建筑材料赋存情况

C. 进行天然建筑材料详查　　D. 复核前期工程天然建筑材料赋存情况

(14)根据《水利水电工程地质勘察规范》(GB 50487—2008)规定,检验、核定前期勘察的地质资料与结论,补充论证专门性工程地质问题,进行施工地质工作,为工程设计及优化设计等提供工程地质资料,应是(　　)阶段完成的基本任务。

A. 项目建议书　B. 可行性研究　　C. 初步设计　　D. 施工详图设计

(15)根据《水利水电工程地质勘察规范》(GB 50487—2008)要求,施工详图设计阶段工程地质勘察应包括(　　)。

A. 对招标设计报告评审中要求补充论证的和施工中出现的工程地质问题进行勘察

B. 水库蓄水过程中可能出现的专门性工程地质问题

C. 提出施工期和运行期工程地质监测内容、布置方案和技术要求的建议

D. 优化设计所需的专门性工程地质勘察

(16)根据《堤防工程地质勘察规范》(SL 188—2005)规定,规划阶段堤防工程勘察的主要内容为(　　)。

A. 了解区域地质构造稳定性和历史地震

B. 了解主要地层成因类型、分布概况、性质和存在的主要工程地质问题

C. 基本查明物理地质现象的发育情况、形成原因及分布范围,并分析其对工程的影响

D. 了解工程区附近天然建筑材料分布情况,并估算储量

(17)根据《堤防工程地质勘察规范》(SL 188—2005)规定,可行性研究阶段新建堤防建筑物区勘察的主要任务为(　　)。

A. 了解各堤线方案地区的区域地质背景、基本地质条件和主要工程地质问题

B. 基本查明新建堤防各堤线的水文地质、工程地质条件及存在的主要工程地质问题,对各堤线进行比较,初步预测堤防挡水后可能出现的环境地质问题

C. 验证前期勘察成果,预测、预报施工中可能出现的不良地质现象,并提出处理建议

D. 查明各堤线的水文地质、工程地质条件及存在的主要工程地质问题;对各堤线进行比较,预测堤防挡水后可能出现的环境地质问题

(18)根据《堤防工程地质勘察规范》(SL 188—2005)规定,调查拟加固堤段堤基险情隐患类型、分布位置,出险和抢险情况,临时加固措施及效果,初步分析险情产生的原因,应是(　　)勘察设计阶段进行的工作。

A. 项目建议书　B. 可行性研究　C. 初步设计　D. 技施设计

(19)根据《堤防工程地质勘察规范》(SL 188—2005)规定,对新建堤防下列哪项勘察工作应在初步设计阶段进行?(　　)

A. 对各堤线工程地质条件进行比较,对选定线路主要工程地质问题进行初步评价,并对堤线工程地质条件进行初步的分段评价

B. 对地基的渗漏、渗透稳定、抗滑稳定、饱和砂土振动液化、振陷、沉陷变形等问题进行评价,并对堤线进行分段工程地质评价,提出处理措施的建议

C. 基本查明基岩浅埋或出露区基岩的时代及岩性特征、岩层产状、风化程度、喀斯特发育特征、岩土接触面起伏变化情况等

D. 查明堤基土洞、喀斯特洞穴等的分布、规律、充填情况及充填物的形状,分析其对堤基渗漏、稳定的影响

(20)大型水利水电工程初步设计阶段水库区工程地质勘察主要应对水库地质条件及(　　)等工程地质问题分析评价。

A. 水库渗漏、水库浸没、水库淤积

B. 水库渗漏、水库浸没、库岸稳定、水库诱发地震

C. 水库渗漏、水库浸没、水库坍岸、水库淤积

D. 水库渗漏、水库浸没、水库坍岸、水库淹没

(21)根据《水利水电工程地质勘察规范》(GB 50487—2008)要求,规划阶段水库区工

程地质勘察的内容应包括(   )。

A. 了解可能威胁水库安全的滑坡、潜在不稳定岸坡、泥石流等的分布范围,并分析其可能影响

B. 调查库岸稳定条件,初步预测水库运行后的坍岸形式和范围

C. 初步查明可能产生浸没地段的地质和水文地质条件,预测水库浸没范围和严重程度

D. 了解透水层与隔水层的分布范围、可溶岩地区的喀斯特发育情况、河谷和分水岭的地下水位,对水库封闭条件及渗漏的可能性进行分析

(22)根据《水利水电工程地质勘察规范》(GB 50487—2008)规定,可行性研究阶段水库区工程地质勘察的主要内容为(   )。

A. 了解可溶岩地区的喀斯特发育情况,含水层和隔水层的分布范围并对水库产生的渗漏的可能性进行分析

B. 了解重要矿产和名胜古迹的分布情况

C. 初步查明水库区的水文地质条件,确定可能的渗漏地段,估计可能的渗漏量

D. 查明可溶岩地区主要漏水地段或主要通道的位置、形态和规模,估算渗漏量,并提出防渗处理范围和深度的建议

(23)根据《水利水电工程地质勘察规范》(GB 50487—2008)规定,针对水库存在的工程地质问题,开展专门性工程地质勘察工作应在(   )阶段进行。

A. 可行性研究　B. 预可行性研究　C. 初步设计　D. 施工详图设计

(24)根据《水利水电工程地质勘察规范》(GB 50487—2008)规定,初步研究并预测水库诱发地震的可能性、发震位置及强度应在(   )阶段进行。

A. 规划　B. 可行性研究　C. 初步设计　D. 施工详图设计

(25)水库通过与库外相通的、具有渗漏性的岩土体长期向水库下游、库外邻谷或洼地渗入而产生的渗漏称为(   )。

A. 季节性渗漏　B. 突发性渗漏　C. 暂时性渗漏　D. 永久性渗漏

(26)为调查水库渗漏的原因,应查明(   )工程地质条件。

A. 岩性　B. 地形地貌　C. 地质构造　D. 水文地质

(27)水库蓄水后,库区周围地下水相应壅高而接近或高于地面,导致(   )等,这种现象称为浸没。

A. 荒地盐碱化、沼泽化及建筑物地基条件恶化

B. 农田根系及建筑物地基位于地下水位以下

C. 土层毛细水上升高度接近农作物根系及建筑物地基

D. 农田盐碱化、沼泽化及建筑物地基条件恶化、矿坑涌水

(28)初步设计阶段对已经圈定的浸没区应进行详细勘察,其主要内容除查明土的层次、厚度、物理性质、渗透系数、地下水位及其动态、给水度、产生浸没的地下水临界深度外,还应查明以下哪些内容?(   )

A. 地下水水质　B. 相对隔水层或基岩的埋深

C. 土的毛管水上升高度　D. 土壤含盐量

(29)为调查某水库是否存在重大渗漏、坍岸、浸没、滑坡等工程地质问题,应先通过(　　)勘察方法初步查明整个库区的地形地貌、地质构造、地层岩性和水文地质条件。

A. 钻探　　B. 工程物探

C. 工程地质测绘　　D. 现场岩土渗透试验

(30)某水电站通过规划阶段地质调查,了解有一村屯位于正常蓄水位以上库岸附近,地形为向库内倾斜的缓坡,地表为较厚黏性土层,地下水位埋藏较浅并补给库内,当水库蓄水后可能存在(　　)工程地质问题。

A. 水库渗漏　　B. 水库浸没　　C. 水库坍岸　　D. 水库淹没

(31)由于某大型水库库区岩层喀斯特发育,可能存在严重的库水外渗问题,可行性研究阶段对可能渗漏地段除进行地下水动态和化学性质研究外,还应进行(　　)等工作。

A. 连通试验　　B. 堵洞试验　　C. 暗河流量测验　　D. 水量均衡研究

(32)根据《水利水电工程地质勘察规范》(GB 50487—2008)规定,初步设计阶段对主要坍岸区应进行详细勘察,其勘察的主要内容为(　　)。

A. 岸坡的自然稳定坡角　　B. 浪击带稳定坡角

C. 土的水下浅滩坡角　　D. 土的渗透系数

(33)根据《水利水电工程地质勘察规范》(GB 50487—2008)规定,可行性研究设计阶段水库库岸稳定勘察内容应为(　　)。

A. 预测施工期和水库运行期不稳定岸坡失稳的可能性,并应对水工建筑物、城镇、居民点及主要交通线路的可能影响作出评价

B. 调查水库区对工程建筑物、城镇和居民区环境有影响的滑坡、崩塌和其他潜在不稳定岸坡以及泥石流的分布、大致范围和体积,初步评价水库蓄水前和蓄水后的稳定性及危害程度

C. 抽水蓄能电站的上、下库,应调查库水位频繁变动对岸坡稳定的影响

D. 第四纪沉积物组成的库岸,应预测水库坍岸带的范围

(34)初步设计阶段对水库区可能存在严重渗漏地段进行水文地质测绘,测绘比例尺一般选用(　　)。

A. 1∶1 000 ~ 1∶500　　B. 1∶2 000 ~ 1∶1 000

C. 1∶5 000 ~ 1∶1 000　　D. 1∶10 000 ~ 1∶2 000

(35)可行性研究阶段对水库区可能存在渗漏地段应(　　)布置水文地质勘探剖面线。

A. 平行山坡　　B. 垂直山坡

C. 垂直地下水流向或平行渗漏带　　D. 平行地下水流向或垂直渗漏带

(36)某水库在库水位达到正常蓄水位高程时,库周一县城将存在严重浸没问题,为查明水文地质条件,圈定可能浸没范围,评价其危害程度,初步设计阶段勘探工作应按(　　)布置。

A. 勘探剖面应平行库岸或垂直地下水流向,剖面间距应为 200 ~ 500 m

B. 勘探剖面应平行库岸或垂直地下水流向,剖面间距应为 500 ~ 1 000 m

C. 勘探剖面应垂直库岸或平行地下水流向，剖面间距应为 500 ~ 1 000 m

D. 勘探剖面应垂直库岸或平行地下水流向，剖面间距应为 200 ~ 500 m

(37)某水电站通过可行性研究阶段勘察，预测库周有一较大面积的农田区可能发生浸没，为查明该地段水文地质条件和工程地质条件，初步设计阶段按规定布置勘探剖面线，勘探剖面线上钻孔布置原则为(　　)。

A. 钻孔间距应为 200 ~ 500 m，每个地貌单元钻孔不应少于 2 个，水库正常蓄水位线附近应布置钻孔，孔深应达到相对隔水层以下 1 m

B. 钻孔间距应为 500 ~ 1 000 m，每个地貌单元钻孔不应少于 2 个，水库正常蓄水位线附近应布置钻孔，孔深应达到相对隔水层以下 1 m

C. 钻孔间距应为 200 ~ 500 m，每个地貌单元钻孔不应少于 1 个，水库正常蓄水位线附近应布置钻孔，孔深应达到相对隔水层以下 1 m

D. 钻孔间距应为 500 ~ 1 000 m，每个地貌单元钻孔不应少于 1 个，水库正常蓄水位线附近应布置钻孔，孔深应达到相对隔水层以下 1 m

(38)根据《水利水电工程地质勘察规范》(GB 50487—2008)规定，可行性研究阶段对水库区可能发生严重渗漏或浸没的地段，宜埋设长期观测装置，进行地下水动态观测，观测时间(　　)。

A. 不少于一个月　　B. 不少于半年

C. 不少于一个水文年　　D. 不少于两个水文年

(39)根据《水利水电工程地质勘察规范》(GB 50487—2008)规定，初步设计阶段对水库区可能发生浸没的地段应进行土的物理性质和化学成分试验，每个浸没区主要土层试验组数累计应(　　)。

A. 不少于 3 组　B. 不少于 5 组　C. 不少于 6 组　D. 不少于 10 组

(40)为查明水库区渗漏问题，初步设计阶段对可能发生喀斯特库区严重渗漏的岩溶通道应进行(　　)。

A. 压水试验　B. 抽水试验　C. 注水试验　D. 连通试验

(41)某水电站在可行性研究阶段勘察时发现水库近坝库岸存在滑坡体，预测滑坡体范围为 200 m^2，滑动带最大厚度约 25 m，为查明滑坡体的工程地质条件并预测其稳定性和变化趋势，沿滑坡可能滑移方向布置 2 条钻孔勘探线，勘探线上应按(　　)布置。

A. 每条勘探线布置钻孔 2 个，计 4 个孔，每孔设计深度为 25 m，每个钻孔进行物探测井并取 1 组滑动带试样

B. 每条勘探线布置钻孔 2 个，计 4 个孔，每孔设计深度为 35 m，每个钻孔进行物探测井并取 1 组滑动带试样

C. 每条勘探线布置钻孔 3 个，计 6 个孔，每孔设计深度为 25 m，每个钻孔进行物探测井并取 1 组滑动带试样

D. 每条勘探线布置钻孔 3 个，计 6 个孔，每孔设计深度为 35 m，每个钻孔进行物探测井并取 1 组滑动带试样

(42)根据《水利水电工程地质勘察规范》(GB 50487—2008)规定，各规划梯级坝区的工程地质勘察布置应以(　　)为主。

A. 工程地质钻探　　B. 工程地质钻探和工程物探

C. 工程地质测绘和地面物探　　D. 工程地质测绘和工程地质试验

(43)根据《水利水电工程地质勘察规范》(GB 50487—2008)规定,规划阶段坝址区的工程地质勘察在有重大工程地质问题段,以及近期开发工程的坝段可布置(　　)。

A. 工程物探　　B. 大量勘探工作

C. 少量勘探工作　　D. 少量现场原位力学试验

(44)根据《水利水电工程地质勘察规范》(GB 50487—2008)要求,规划阶段坝址区的工程地质测绘峡谷区应采用(　　)的比例尺。

A. 1∶5 000 ~ 1∶2 000　　B. 1∶10 000 ~ 1∶5 000

C. 1∶25 000 ~ 1∶10 000　　D. 1∶50 000 ~ 1∶10 000

(45)根据《水利水电工程地质勘察规范》(GB 50487—2008)规定,规划阶段坝址区工程地质测绘的范围应包括(　　)。

A. 枢纽布置地段　　B. 永久建筑物和临时建筑物

C. 施工场地及其枢纽布置地段　　D. 各可能比较坝址及其枢纽布置地段

(46)根据《水利水电工程地质勘察规范》(GB 50487—2008))规定,规划阶段坝址区工程地质测绘,当比较坝址相距(　　)km 以上时可分别单独进行地质测绘。

A. 1　　B. 2　　C. 3　　D. 4

(47)根据《水利水电工程地质勘察规范》(GB 50487—2008)要求,在地形和岩性条件适合的情况下,规划阶段坝址勘察时物探剖面可布置(　　),近期开发工程应适当增加。

A. 1 条顺河和 1 条横河　　B. 1 条顺河和 1 ~ 3 条横河

C. 1 ~ 3 条顺河和 1 条横河　　D. 1 ~ 3 条顺河和 1 ~ 3 条横河

(48)根据《水利水电工程地质勘察规范》(GB 50487—2008)要求,规划阶段坝址轴线勘探剖面上可布置(　　)个钻孔,近期开发工程可适当增加。

A. 1 ~ 2　　B. 1 ~ 3　　C. 2 ~ 5　　D. 3 ~ 5

(49)根据《水利水电工程地质勘察规范》(GB 50487—2008)规定,规划阶段各梯级坝址勘察内容应包括(　　)。

A. 了解第四纪沉积的成因类型,两岸及河床覆盖层的厚度、层次和组成物质,特殊土的分布及土的渗透性

B. 了解坝址的地质构造、大断层、缓倾角断层和第四纪断层的发育情况

C. 了解透水层和隔水层的分布情况,地下水埋深及补给、径流、排泄条件

D. 进行岩土体物理力学试验,初步选定各项岩土物理力学性质参数

(50)某水电站作为近期开发梯级工程进行规划阶段坝址勘探,该坝址设计坝长 400 m,最大坝高为 80 m,根据《水利水电工程地质勘察规范》(GB 50487—2008)规定,坝址轴线河床部位控制性钻孔设计深度宜为(　　)。

A. 40 m　　B. 50 m　　C. 80 m　　D. 160 m

(51)规划阶段坝址轴线勘探剖面基岩钻孔应进行(　　)。

A. 取岩样试验　B. 压水试验　　C. 孔内声波测试　　D. 孔内电视录像

(52)各规划梯级坝址的工程地质勘察应进行天然建筑材料(　　)。

A. 调查　B. 普查　C. 初查　D. 详查

(53)规划阶段对于峡谷地区坝址两岸勘察宜布置(　　)。

A. 物探剖面　B. 勘探平硐　C. 坑槽探　D. 钻探

(54)可行性研究阶段坝址应初步查明基岩的岩性、岩相特征,进行详细分层,特别是(　　)等的分布和厚度,分析其对坝基或边坡岩体稳定的可能影响。

A. 强透水岩层　B. 沉积岩

C. 构造岩　D. 软岩、易溶岩、膨胀性岩层和软弱夹层

(55)可行性研究阶段坝址应初步查明坝址区地形地貌特征,平原区河流坝址应初步查明(　　)等的分布、埋藏情况、规模及形态特征。

A. 古风化壳　B. 牛轭湖、决口口门、沙丘、古河道

C. 河漫滩、阶地　D. 洪积扇、坡积裙

(56)初步查明坝址区内主要断层、破碎带,特别是顺河断层和缓倾角断层的性质、产状、规模、延伸情况、充填和胶结情况,进行节理裂隙统计,分析各类结构面的组合对坝基、边坡岩体稳定和渗漏的影响,应是(　　)阶段勘察的内容。

A. 规划　B. 可行性研究　C. 初步设计　D. 施工详图设计

(57)某大型水电站坝址区不同性质的断层破碎带较发育,为初步评价其对坝基稳定性的影响,在可行性研究阶段应初步查明主要断层、破碎带,特别是(　　)的性质、产状、规模、延伸情况、充填和胶结情况。

A. 横河断层　B. 压性断层

C. 顺河断层和缓倾角断层　D. 陡倾角断层

(58)可行性研究阶段为初步评价坝址区建筑物的稳定性,应调查(　　)。

A. 滑坡　B. 卸荷岩体　C. 倾倒体　D. 潜在不稳定岩体

(59)根据《水利水电工程地质勘察规范》(GB 50487—2008)规定,可行性研究阶段坝址区的工程地质测绘应采用的比例尺为(　　)。

A. 1∶2 000～1∶1 000　B. 1∶5 000～1∶2 000

C. 1∶5 000～1∶10 000　D. 1∶50 000～1∶100 000

(60)根据《水利水电工程地质勘察规范》(GB 50487—2008)规定,可行性研究阶段坝址区的工程地质测绘范围应包括的地段为(　　)。

A. 各比较坝址　B. 副坝　C. 溢洪道　D. 导流工程

(61)根据《水利水电工程地质勘察规范》(GB 50487—2008)规定,可行性研究阶段峡谷河流坝址勘察时,各比较坝址应布置一条勘探剖面线,坝高(　　)m 及以上的主要坝址,应在主要勘探剖面线上、下游增加辅助剖面线。

A. 30　B. 50　C. 70　D. 100

(62)根据《水利水电工程地质勘察规范》(GB 50487—2008)规定,可行性研究阶段坝址区的工程物探布置应(　　)。

A. 物探方法应根据坝址区地形、地质条件等确定

B. 物探剖面线应结合勘探剖面线布置

C. 利用平硐进行岩体弹性波测试

D. 充分利用勘探孔进行综合测井

(63)根据《水利水电工程地质勘察规范》(GB 50487—2008)规定，可行性研究阶段坝址的主要勘探剖面线上勘探点的间距为(　　)。

A. 不大于 30 m　B. 不大于 50 m　C. 不大于 100 m　D. 不大于 150 m

(64)提出坝基岩土体的渗透系数、允许渗透水力比降和各项物理力学参数，对地基的沉陷、湿陷、抗滑稳定、渗透变形、液化等问题作出评价，应是(　　)设计阶段土石坝坝址勘察的内容。

A. 规划　B. 项目建议书　C. 可行性研究　D. 初步设计

(65)根据《水利水电工程地质勘察规范》(GB 50487—2008)规定，可行性研究阶段对峡谷河流坝址进行勘探，当坝高大于 70 m、覆盖层厚度小于 40 m 时，河床钻孔深度应为(　　)。

A. 30 ~ 50 m　B. 大于 50 m

C. 0.5 ~1 倍坝高　D. 应达到相对隔水层

(66)某水电站拟在平原区建 30 m 高的大坝，据规划阶段工程地质勘察了解坝址处覆盖层为黏性土、细砂、砂砾石层，最大厚度 35 m，下伏基岩为花岗岩，可行性研究阶段为初步查明坝基的工程地质条件、水文地质条件，坝址钻孔深度宜(　　)。

A. 不小于 15 m　B. 不小于 25 m

C. 不小于 30 m　D. 不小于 45 m

(67)为分析、评价混凝土坝坝基、坝肩稳定问题，初步设计阶段工程地质勘察应查明坝基、坝肩(　　)等工程地质条件。

A. 岩体的完整性　B. 结构面的产状、延伸长度

C. 结构面的组合关系　D. 岩体相对隔水层分布

(68)根据《水利水电工程地质勘察规范》(GB 50487—2008)规定，在分析坝基地质构造、岩体结构、岩体应力、风化特征、岩体强度和变形性质的基础上进行坝基岩体工程地质分类，提出各类岩体的物理力学性质参数，并对坝基工程地质条件作出评价，应在(　　)阶段完成。

A. 可行性研究　B. 预可行性研究　C. 初步设计　D. 施工详图设计

(69)根据《水利水电工程地质勘察规范》(GB 50487—2008)规定，初步设计阶段混凝土坝坝址区的工程地质测绘应采用的比例尺为(　　)。

A. 1∶1 000 ~1∶500　B. 1∶2 000 ~1∶1 000

C. 1∶5 000 ~1∶1 000　D. 1∶10 000 ~1∶5 000

(70)根据《水利水电工程地质勘察规范》(GB 50487—2008)规定，初步设计阶段混凝土坝坝轴线勘探剖面线上勘探点的间距可采用(　　)。

A. 不大于 20 m　B. 20 ~50 m　C. 50 ~70 m　D. 不大于 100 m

(71)根据《水利水电工程地质勘察规范》(GB 50487—2008)规定，初步设计阶段混凝土坝帷幕线钻孔深度应为(　　)。

A. 进入拟定的建基面高程以下不少于 10 m

B. 0.5 ~1 倍坝高

C. 1 倍坝高或进入相对隔水层不少于 5 m

D. 1 倍坝高或进入相对隔水层不少于 10 m

(72)根据《水利水电工程地质勘察规范》(GB 50487—2008)规定,初步设计阶段拱坝坝肩及抗力岩体部位宜按(　　)布置平硐。

A. 每隔 10 ~ 30 m 高差　　B. 每隔 30 ~ 50 m 高差

C. 每隔 50 ~ 80 m 高差　　D. 每隔不超过 100 m 高差

(73)根据《水利水电工程地质勘察规范》(GB 50487—2008)规定,初步设计阶段土石坝坝基岩土层的物理力学性质试验应符合以下哪些规定?(　　)

A. 主要岩石和土层各不少于 5 组

B. 主要岩石和土层各不少于 6 组

C. 坝基细粒土应进行标准贯入试验和触探试验

D. 主要土层累计不少于 12 组

(74)根据《水利水电工程地质勘察规范》(GB 50487—2008)规定,初步设计阶段土石坝坝轴线上勘探点的间距宜采用(　　)。

A. 不大于 20 m　　B. 20 ~ 50 m

C. 50 ~ 70 m　　D. 50 ~ 100 m

(75)根据《水利水电工程地质勘察规范》(GB 50487—2008)规定,初步设计阶段土石坝勘探钻孔深度应符合(　　)。

A. 覆盖层地基钻孔,基岩埋深小于坝高时,宜进入基岩以下 10 m

B. 基岩地基钻孔为坝高的 1/3 ~ 1/2

C. 防渗线上钻孔应深入相对隔水层不少于 10 m 或不小于 1 倍坝高

D. 0. 5 ~ 1 倍坝高

(76)水利水电工程地下洞室工程地质勘察主要是在(　　)阶段进行。

A. 规划　　B. 可行性研究　　C. 初步设计　　D. 施工详图设计

(77)根据《水利水电工程地质勘察规范》(GB 50487—2008)规定,水利水电工程可行性研究阶段地下洞室工程地质勘察的任务是(　　)。

A. 对洞线进行方案选择

B. 查明地下工程的工程地质条件、主要工程地质问题

C. 调查建筑区有无活动断层分布

D. 了解区域地应力情况

(78)水利水电工程可行性研究阶段引水隧洞线路工程地质勘察重点调查(　　)等工程地质性质不良岩层的分布。

A. 松散、软弱、膨胀　　B. 可溶岩层

C. 含放射性矿物　　D. 含有害气体

(79)水利水电工程可行性研究阶段引水隧洞线路工程地质测绘要求为(　　)。

A. 可选用比例尺 1∶5 000 ~ 1∶1 000

B. 可选用比例尺 1∶25 000 ~ 1∶5 000

C. 范围应为各比较线路及其两侧各 300 ~ 1 000 m

D. 范围应为各比较线路及其两侧各 100 ~ 500 m

(80)水利水电工程可行性研究阶段引水隧洞线路勘探钻孔可布置在(　　)等地段。

A. 隧洞进出口　　B. 傍山浅埋洞段

C. 跨沟洞段　　D. 存在重大工程地质问题的地段

(81)水利水电工程可行性研究阶段引水隧洞及地下厂房勘探平硐可布置在(　　)等地段。

A. 隧洞进出口　　B. 洞顶上覆岩体最厚洞段

C. 压力管道　　D. 地下厂房区

(82)根据《水利水电工程地质勘察规范》(GB 50487—2008)规定,水利水电工程初步设计阶段地下洞室勘察的主要内容(　　)。

A. 洞室地段的岩性

B. 洞室地段的地下水位、水压、水温和水化学成分

C. 主要断层、节理密集带的位置、产状、规模、性状及组合关系

D. 进行围岩工程地质分类

(83)某引水发电工程地下厂房跨度 30 m、地下压力管道水头为 400 m、厂房最大埋深为 360 m,在初步设计阶段除查明主要软弱结构面的分布和组合情况外,还应查明的主要内容有(　　)。

A. 洞室地段基础岩体的承载力　　B. 洞室地段的地温情况

C. 压力管道段岩体的高压渗透特性　　D. 洞室的岩体应力情况

(84)水利水电工程初步设计阶段地下式电站厂址以及隧洞进出口、傍山浅埋段等地质条件复杂时,应进行专门性地质测绘,比例尺可选用(　　)。

A. 1∶5 000 ~ 1∶1 000　　B. 1∶2 000 ~ 1∶1 000

C. 1∶1 000 ~ 1∶500　　D. 1∶10 000 ~ 1∶1 000

(85)根据《水利水电工程地质勘察规范》(GB 50487—2008)规定,岸坡溢洪道工程地质勘察的基本任务主要是对以下(　　)工程地质问题作出工程地质评价,为设计与施工提供必要的工程地质资料。

A. 深挖方边坡稳定问题

B. 溢洪道堰槛段的闸基稳定问题

C. 陡槽段和消能段的地基冲刷问题

D. 对于陡槽段、消能池及尾水渠段地下水扬压力对面板稳定性影响

(86)根据《水利水电工程地质勘察规范》(GB 50487—2008)规定,溢洪道的工程地质勘察工作重点应放在初步设计阶段进行,工程地质测绘采用的比例尺一般为(　　)。

A. 1∶500 ~ 1∶1 000　　B. 1∶1 000 ~ 1∶2 000

C. 1∶2 000 ~ 1∶5 000　　D. 1∶5 000 ~ 1∶10 000

(87)根据《水利水电工程地质勘察规范》(GB 50487—2008)规定,溢洪道纵向勘探剖面线上的坑孔位置,应尽量照顾到不同的地形地质条件和工程的布置情况,如在(　　)等部位应有勘探孔控制。

A. 溢流堰　　B. 溢洪道进水渠　　C. 挑流鼻坎　　D. 消力池

(88)根据《水利水电工程地质勘察规范》(GB 50487—2008)规定,为查明溢洪道工程地质问题,勘探钻孔布置原则为(   )。

A. 钻孔深度宜进入设计建基面高程以下 10 ~ 20 m

B. 钻孔深度宜进入设计建基面高程以下 20 ~ 30 m

C. 布置在泄洪闸基,钻孔深度应满足防渗要求

D. 钻孔宜布置在泄洪闸、泄槽及消能等主要建筑物部位

(89)水利水电渠系工程常遇见的主要工程地质问题有(   )。

A. 渠道渗漏问题　　B. 渠道基础抗滑稳定问题

C. 边坡稳定问题　　D. 涵闸、渡槽等建筑物的地基稳定问题

(90)渠道的选线工作是渠道工程地质勘察工作的主要内容之一,渠道线路的确定主要考虑地质条件的优劣,在渠道选线时,一般遵循以下哪些原则?(   )

A. 尽量避开深挖方、高填方及沟谷密集地段

B. 尽量避开和减少通过物理地质现象不良地段

C. 尽量避开不良岩土层分布地段

D. 尽量避开地下水埋藏较浅的地段

(91)可行性研究阶段工程地质勘察,对于盘山和傍山渠道应以工程地质测绘为主,测绘应选用比例尺为(   )。

A. 1∶1 000　1∶500　　D. 1∶5 000 ~ 1∶1 000

C. 1∶10 000 ~ 1∶5 000　　D. 1∶25 000 ~ 1∶5 000

(92)某引水渠道工程进行可行性研究阶段工程地质勘察,应沿渠道中心线布置勘探坑、孔,各勘探点间距为(   )。

A. 小于 100 m　　B. 100 ~ 500 m

C. 500 ~ 1 000 m　　D. 1 000 ~ 2 000 m

(93)可行性研究阶段工程地质勘察,对渠道的进出口和主要建筑物地段,应布置(   )工作。

A. 坑探　　B. 钻探　　C. 工程物探　　D. 水文地质试验

(94)根据《水利水电工程地质勘察规范》(GB 50487—2008)规定,查明渠道沿线和建筑物场地的地质和水文地质条件,基岩和第四纪地层的分布,重点查明强透水、易溶的岩土层、湿陷性黄土、膨胀土和喀斯特的分布及其对渗漏和稳定的影响,应是(   )阶段的勘察任务。

A. 可行性研究　B. 预可行性研究　　C. 初步设计　　D. 技施设计

(95)某引水渠道工程进行初步设计阶段工程地质勘察,分别沿渠道中心线和不同工程地质单元布置纵、横勘探剖面线,其各勘探线上勘探点布置原则为(   )。

A. 渠道中心线勘探点间距 100 ~ 200 m

B. 渠道中心线勘探点间距 200 ~ 500 m

C. 每条横剖面上勘探点数应为 1 ~ 3 个

D. 每条横剖面上勘探点数不应少于 3 个

(96)某引水渠道工程进行初步设计阶段工程地质勘察,根据《水利水电工程地质勘

察规范》(GB 50487—2008)规定，为查明渠道和渠系建筑物地基岩土层的物理力学性质而取原状样进行室内试验，取样要求为(　　)。

A. 主要岩土层累计试验组数不应少于 5 组

B. 主要岩土层累计试验组数不应少于 6 组

C. 主要岩土层累计试验组数不应少于 10 组

D. 主要岩土层累计试验组数不应少于 12 组

(97) 根据《水利水电工程地质勘察规范》(GB 50487—2008)规定，为查明渠道和渠系建筑物地基岩土层可能存在渗透、基坑涌水问题，在初步设计阶段应布置(　　)工作。

A. 对于强透(含)水层，抽(注)水试验不应少于 3 段

B. 对于强透(含)水层，抽(注)水试验不应少于 5 段

C. 渠道底部和建筑物岩石地基应进行压水试验

D. 渠道底部和建筑物岩石地基应进行抽水试验

(98) 某引水渠系工程渡槽采用墩(桩)基方案设计，根据《水利水电工程地质勘察规范》(GB 50487—2008)规定，在初步设计阶段勘探钻孔孔深布置原则为(　　)。

A. 桩基钻孔深度应进入桩端以下 5 m

B. 桩基钻孔深度应进入桩端以下 10 ~ 20 m

C. 墩基钻孔深度宜进入墩基以下 5 m

D. 墩基钻孔深度宜进入墩基以下 10 ~ 20 m

(99) 抽水蓄能电站工程地质勘察应分为(　　)阶段。

A. 规划、可行性研究、初步设计和施工详图设计

B. 规划、项目建议书、可行性研究、初步设计和施工图设计

C. 规划、预可行性研究、可行性研究、招标设计和施工详图设计

D. 规划、项目建议书、预可行性研究、可行性研究、招标设计和施工图设计

(100) 抽水蓄能电站规划阶段水库区渗漏问题的勘察除按常规水利水电工程相应勘察阶段的规定外，还应重点了解水库周边(　　)。

A. 低矮垭口、薄分水岭、古河道分布情况

B. 喀斯特化岩层分布情况

C. 贯穿库岸分水岭的断层破碎带分布情况

D. 泉、井的分布情况

(101) 抽水蓄能电站预可行性研究阶段工程勘察的主要任务是(　　)。

A. 对选择站址代表性方案的水库及各主要建筑物场地进行工程地质论证

B. 初步查明站址代表性枢纽方案的水库及主要建筑物的工程地质条件，对影响方案成立的主要工程地质问题作出初步评价

C. 查明水库及建筑物区的工程地质条件，为选定坝址、坝型、坝线、输水线路和发电厂房位置及其轴线方向提供地质依据

D. 补充和完善上一阶段选定方案的工程地质勘察成果，对前期勘察未涉及的建筑物进行地质勘察

(102) 为评价抽水蓄能电站水库区的渗漏条件，查明水库主要漏水地段或渗漏通道

的位置、规模和估算水库渗漏量，应是(　　)阶段的勘察内容之一。

A. 规划　　B. 预可行性研究　　C. 可行性研究　　D. 招标设计

(103)为评价抽水蓄能电站水库区的库岸稳定性，可行性研究阶段工程地质勘察需查明的主要内容是(　　)。

A. 库水位变幅带的边坡稳定条件

B. 上水库库岸单薄分水岭外侧边坡的工程地质条件

C. 对岸坡稳定有影响的软弱结构面和软弱岩体

D. 分水岭相对隔水层

1.4 参考答案

(1)D	(2)C	(3)A	(4)C	(5)A	(6)D
(7)C	(8)ABCD	(9)C	(10)C	(11)D	(12)B
(13)C	(14)D	(15)ABCD	(16)ABD	(17)B	(18)B
(19)BD	(20)B	(21)AD	(22)C	(23)C	(24)B
(25)D	(26)ABCD	(27)D	(28)ABCD	(29)C	(30)B
(31)ABCD	(32)ABC	(33)BCD	(34)D	(35)D	(36)D
(37)B	(38)C	(39)C	(40)D	(41)D	(42)C
(43)C	(44)B	(45)D	(46)B	(47)B	(48)B
(49)ABC	(50)C	(51)B	(52)B	(53)B	(54)D
(55)B	(56)B	(57)C	(58)ABCD	(59)B	(60)ABCD
(61)C	(62)ABCD	(63)C	(64)D	(65)C	(66)D
(67)ABC	(68)C	(69)B	(70)B	(71)D	(72)B
(73)CD	(74)D	(75)ABC	(76)BC	(77)ACD	(78)ABCD
(79)BC	(80)ABCD	(81)ACD	(82)ABCD	(83)BCD	(84)B
(85)ABCD	(86)B	(87)ACD	(88)BCD	(89)ACD	(90)ABC
(91)C	(92)C	(93)B	(94)C	(95)BD	(96)D
(97)AC	(98)AD	(99)C	(100)ABCD	(101)B	(102)C
(103)ABC					

第2章　勘察技术方法

2.1　考试大纲

熟练掌握水利水电工程地质测绘的精度要求及主要内容。

掌握常用工程物探方法的工作原理、适用条件及成果应用。

了解钻探设备、不同钻进方法和钻进工艺的适用条件，钻探中水文地质观测和岩心编录的有关规定。

熟练掌握压水试验的技术方法、试段压力值确定、成果整理方法及曲线类型分析。

掌握注水试验的技术方法、适用条件及成果整理方法。

掌握抽水试验方法的技术方法、技术要求、适用条件及成果整理方法。

熟练掌握岩石(体)、土体及结构面物理力学性质试验的技术方法、适用条件、成果整理方法及取值原则。

掌握水利水电工程地质观测的技术方法及要求。

2.2　复习指导

2.2.1　复习要点

2.2.1.1　勘察技术方法的选用原则

熟练掌握水利水电工程地质勘察常用的主要技术方法，主要包括五大类，即工程地质测绘、工程地质勘探、工程地质测试与试验、工程地质观测及监测、工程地质物理模拟与数值分析。

掌握工程地质测绘、工程地质勘探、工程地质测试与试验、工程地质观测及监测、工程地质物理模拟与数值分析五个大类各自所包括的具体方法和主要内容。

熟练掌握水利水电工程地质勘察常用的主要技术方法的应用原则。水利水电工程地质勘察工作具有研究范围广、涉及学科领域多、勘察工作量大且周期长、采用的方法和手段需要有针对性等特点。因此，勘察技术方法选择与勘察工作效率和成果质量关系十分密切。

2.2.1.2　水利水电工程地质测绘

了解水利水电工程地质测绘的基本要求和准备工作的内容。

掌握野外地质测绘工作的基本步骤，对测制地层柱状图的要求，对填图单位划分的要求，测绘的基本方法，对图件精度的要求，地质遥感测绘技术的规定，对地质点和地质线路的要求，对测制地质剖面图的要求等。

熟练掌握野外地质测绘工作的调查内容，包括地貌调查、地层岩性调查、第四纪地层调查、地质构造调查、水文地质调查、物理地质现象调查、喀斯特调查等。

了解工程地质测绘内业资料整理的基本内容与要求。

2.2.1.3　**水利水电工程物探**

了解水利水电工程物探工作的主要方法。

掌握电法勘探、地震勘探、弹性波测试、地球物理测井等方法的基本原理、适用条件、应用范围及在水利水电地质勘察中解决具体的工程地质问题。

2.2.1.4　**水利水电工程钻探**

了解水利水电工程钻探的主要钻进方法。

了解覆盖层及特殊地层适用的钻探、取样方法和规定。

了解《水利水电工程钻探规程》(SL 291—2003)关于对不同地层、岩层钻探取心质量要求和破碎地层钻进的规定。

了解岩心编录应遵守的规定。

2.2.1.5　**水利水电工程钻孔压水试验**

掌握钻孔压水试验的原理及试验对钻孔孔径的要求。

掌握钻孔压水试验的方法、试段长度的规定、试验压力值及压力阶段的确定原则和试验设备要求。

掌握现场试验操作的有关技术要求，即洗孔、试段隔离、试验前地下水观测、压力和流量观测等工作的技术要求。

掌握试验资料整理的有关规定，即绘制 $P \sim Q$ 曲线、确定 $P \sim Q$ 曲线类型、计算试段透水率、用压水试验成果计算岩体渗透系数等工作的技术规定。

2.2.1.6　**水利水电工程钻孔抽水试验**

掌握钻孔抽水试验的原理及通过抽水试验可确定的水文地质参数。

掌握钻孔抽水试验的类型、抽水试验工作设计、单孔试验与多孔试验的选择和布置原则、试验孔与观测孔的安装结构、试验设备要求、抽水试验降深与稳定延续时间的规定。

掌握现场试验的操作的有关技术要求，即钻探成孔、设备安装、洗孔、试验抽水、水位观测、正式抽水试验的有关技术要求。

掌握试验资料整理的有关规定，即绘制 $Q \sim S$ 曲线或 $Q \sim \Delta h^2$ 曲线、计算渗透系数、相关水文地质条件分析。

2.2.1.7　**水利水电工程注水试验**

掌握试坑单环注水试验、试坑双环注水试验、钻孔常水头注水试验和钻孔降水头注水试验的适用条件、现场试验方法、渗透系数计算公式选择。

2.2.1.8　**室内试验**

掌握土的基本物理性质试验，即测定土的含水率、密度、比重的基本试验方法及原理，并计算干密度、饱和密度、孔隙比、孔隙率饱和度等其他常用的物理性质指标。

了解细粒土的液限、塑限、缩限等界限含水率试验的方法。

了解颗粒分析试验、土的渗透试验、土的击实试验、土的自由膨胀率试验、土的压缩试验、土的抗剪强度试验、黄土湿陷试验、土的膨胀性试验等试验的原理和方法。

掌握土的不均匀系数、砂土的相对密度、土的渗透系数、土的最大干密度、土的最优含水率、土的压缩系数、土的压缩模量、土的抗剪强度等指标的定义及计算方法。

2.2.1.9 岩石(体)物理力学性质试验

掌握岩石的物理性质试验,即测定岩石的含水率、吸水性、孔隙率、颗粒密度、块体密度、渗透性、膨胀性、耐崩解性、抗冻性等岩石的物理性质指标的试验原理和方法。

掌握岩石的力学性质试验,即测定岩石的变形性质、抗压强度、抗拉强度、抗剪强度等岩石的力学性质指标的室内试验原理和方法。

掌握岩石的变形模量、弹性模量、泊松比、单轴抗压强度、三轴抗压强度、抗拉强度、抗剪强度等指标的计算方法。

掌握承压板法变形试验、混凝土与岩体接触面抗剪试验、结构面直剪试验、岩体直剪试验、岩体声波测试等现场试验的原理和方法。

了解钻孔径向加压法试验、隧洞变形试验、岩体三轴强度试验、岩体载荷试验、钻孔套心应力解除法、水压致裂法等岩体的现场试验原理和方法。

2.2.1.10 水利水电工程地地质观测

掌握水利水电工程地质勘察中的地下水观测内容,即地下水简易观测和地下水动态观测项目及要求。了解地下水分层水位观测和地下水动态观测网的布置原则。

掌握水利水电工程地质勘察中边坡变形观测的观测对象、观测内容、观测布置原则、观测方法、观测频度和观测精度要求。

掌握水利水电工程地质勘察中区域构造稳定性观测、断裂活动性观测和地震活动性观测的范围、观测的布置要求和观测方法。

2.2.2 案例分析

【例 2-1】 在水利水电工程地质勘察的大比例尺测绘工作中,对地层相变较大、构造复杂、需查清重要地质现象的地段,应采取(　　)测绘方法更为适宜。

A. 航空遥感法　B. 实地测绘法　C. 陆摄照片调绘法　D. 地面遥感法

答案:B

考点:工程地质测绘基本方法的运用。

解:根据《水利水电工程地质测绘规程》(SL 299—2004)第 5.0.5 条规定,工程地质测绘的基本方法可分为利用遥感影像技术进行地质调查的地质遥感测绘法和进行地质点标测及地质界线穿越、追索观测的实地测绘法。各种地质测绘方法的选择应根据所测绘调查内容的比例尺精度要求确定,应符合下列规定:

(1)小比例尺测绘宜以地质遥感测绘法为主。

(2)中比例尺测绘宜采用地质遥感与实地测绘相结合的方法。

(3)大比例尺测绘或对地层相变较大、构造复杂、需查清重要地质现象的地段,应采用实地测绘法。

因此,选 B。

【例 2-2】 在水利水电工程地质勘察中,一般地质图上宽度大于(　　)的地质现象应予测绘。

A. 1 mm　　B. 2 mm　　C. 5 mm　　D. 10 mm

答案:B

考点:工程地质测绘对地质图件精度的要求。

解:根据《水利水电工程地质测绘规程》(SL 299—2004)第5.0.7条规定,地质图件的精度和详细程度应与地质测绘的比例尺相适应,图上宽度大于2 mm的地质现象应予测绘。

因此,选B。

【例2-3】　根据《水利水电工程钻孔压水试验规程》(SL 31—2003)规定,钻孔压水试验一般情况下,都需要进行(　　)的试验。

A. 一个压力、一个阶段　　B. 三个压力、三个阶段

C. 三个压力、五个阶段　　D. 五个压力、五个阶段

答案:C

考点:《水利水电工程钻孔压水试验》(SL 31—2003)关于钻孔压水试验压力值与压力阶段规定的掌握。

解:《水利水电工程钻孔压水试验规程》(SL 31—2003)第3.2.1条规定,钻孔压水试验一般情况下都需要进行三个压力、五个阶段的试验。三个试验压力一般为 $P_1=0.3$ MPa,$P_2=0.6$ MPa,$P_3=1.0$ MPa。五个压力阶段为 $P_1—P_2—P_3—P_4(=P_2)—P_5(=P_1)$。

因此,选C。

【例2-4】　在水利水电工程地质勘察中,为确定渗透性不大的非饱和土层、全强风化层、残积土层的渗透系数,采用(　　)水文地质试验方法较适宜。

A. 压水试验　　B. 抽水试验　　C. 注水试验　　D. 室内渗透试验

答案:C

考点:注水试验对不同地质层条件的选择。

解:在水利水电工程地质勘察中,为测定岩(土)体渗透系数,一般是通过压水试验、抽水试验、注水试验、室内渗透试验方法取得的,但这些试验方法都有各自的局限性。压水试验一般用于较完整、较坚硬的岩石,抽水试验一般用于地表埋藏较浅、地下水位以下、渗透性较大的砂卵砾石层,室内渗透试验一般用于可以取得原装样的黏性土层,注水试验多用于非饱和土层、全强风化层、残积土层、地下水埋深较大的松散地层、强透水的断层破碎带、岩溶发育带、无法进行压水试验的试段等。

因此,选C。

【例2-5】　在水利水电工程地质勘察工作中,以下哪些部位应布置硐探工作?(　　)

A. 混凝土拱坝坝肩　　B. 输水隧洞进出口

C. 地下厂房顶拱　　D. 当地材料坝坝基

答案:ABC

考点:硐探在水电工程地质勘察工作中的运用。

解:在工程地质勘察工作中,硐探工作的最大优点是揭露地质现象充分,可以有效地进行各种地质数据的调查统计,可以长期保留进行反复观察研究,可以进行多种测试和试

验,也是目前提供进行现场岩(土)力学试验最常用的场地,所以对混凝土拱坝坝肩、输水洞进出口、地下厂房顶拱等重要部位,硐探是最有效的勘探手段。

因此,选 ABC。

2.3 复习题

(1)工程地质勘察常用的技术方法主要包括(　　)。

A. 工程地质测绘、工程地质钻探、工程地质试验、工程物探

B. 工程地质测绘、工程地质勘探、工程地质试验、工程地质观测

C. 工程测绘、工程地质勘探、岩土试验、工程地质观测及监测、工程物探

D. 工程地质测绘、工程地质勘探、工程地质测试与试验、工程地质观测及监测、工程地质物理模拟与数值分析

(2)工程地质测绘主要包括(　　)。

A. 区域地质测绘、工程区地质测绘、水库区地质测绘、建筑物区地质测绘、天然建材地质测绘

B. 区域地质测绘、工程地质测绘、水文地质测绘、地貌地质测绘

C. 区域地质测绘、工程测绘、工程地质测绘、水文地质测绘、综合工程地质测绘

D. 区域地质测绘、工程地质测绘、水文地质测绘、综合工程地质测绘和专门性(工程)地质测绘

(3)专门性工程地质测绘包括(　　)。

A. 区域构造地质测绘、区域地貌地质测绘、区域水文地质测绘

B. 区域地质测绘、工程地质测绘、水文地质测绘、地貌地质测绘

C. 坝址区地质测绘、水库区地质测绘、建筑物区地质测绘、天然建材地质测绘

D. 滑坡地质测绘、水库浸没区地质测绘、重要大型断裂专门性地质测绘、岩溶水文地质测绘等

(4)工程地质测绘是工程地质勘察工作的基础,是地质工作者认识地质条件的最直接、最全面的手段,它是指导和布置(　　)工作的依据。

A. 钻探　　B. 井硐探　　C. 物探　　D. 岩土力学试验

(5)在水利水电工程地质勘察中,应采用(　　)手段了解地基岩土层的岩性、构造、进行准确分层和水文地质试验。

A. 地质测绘　　B. 井硐探　　C. 工程物探　　D. 工程地质钻探

(6)在水利水电工程地质勘察工作中,为了能充分揭露地质现象,进行各种地质数据的调查统计,反复观察研究,还可进行多种测试和现场岩土力学试验,应采用(　　)方法。

A. 坑槽探　　B. 硐探　　C. 工程物探　　D. 工程地质钻探

(7)在水利水电工程地质勘察工作中,以下(　　)部位应布置硐探工作。

A. 调压井　　B. 输水隧洞进出口

C. 高陡人工开挖边坡　　D. 当地材料坝坝肩

(8)在水利水电工程地质勘察工作中,采用钻孔压水试验方法解决下列哪个具体技术问题将更有效?(　　)

A. 确定岩体的透水特性,为坝基防渗帷幕设计提供依据

B. 确定岩土体的渗透破坏比降,为防止坝基岩土体产生渗透破坏提供依据

C. 查明岩溶泉和岩溶暗河的补排关系,确定库周分水岭地段可能存在的渗漏情况

D. 查明坝基覆盖层及全强风化岩的渗透特性,为坝基防渗设计提供依据

(9)在水利水电工程地质勘察工作中,为了确定基坑涌水及围堰防渗设计,需要了解河床覆盖层的渗透特性,应采用下列哪一个试验方法?(　　)

A. 压水试验　　B. 注水试验　　C. 抽水试验　　D. 管涌试验

(10)在水利水电工程地质勘察工作中,注水试验一般适用于以下哪些岩土层?(　　)

A. 渗透性不大的非饱和土,如全强风化岩层、残积土

B. 地下水埋藏较深的松散地层

C. 强透水的断层破碎带、岩溶发育带

D. 地下水埋藏较浅的砂卵砾石层

(11)在水利水电工程地质勘察工作中,为了探明大型滑坡的滑动面位置及其力学参数,应采用(　　)勘察手段。

A. 工程地质钻探　B. 工程物探　　C. 硐探　　D. 工程地质监测

(12)在水利水电大跨度地下厂房工程地质勘察工作中,通过探硐中现场试验可获得下列哪些主要岩石力学指标提供设计使用?(　　)

A. 围岩分类　　B. 岩石饱和抗压强度

C. 岩体弹性模量、变形模量　　D. 岩体地应力

(13)在水利水电工程地质勘察工作中,为研究(　　)工程区或工程地质问题,应进行地下水长期观测。

A. 水库可能产生严重浸没和严重渗漏地段

B. 大型滑坡体

C. 可能产生严重坝基渗漏和绕坝渗漏的地段

D. 大坝围堰地段

(14)为确定砂砾层基础的承载力指标,应进行(　　)。

A. 室内压缩试验　　B. 重型动力触探

C. 标准贯入试验　　D. 承压板法变形试验

(15)多点位移计是目前使用最广泛的岩土位移变形监测仪器,一般多用于(　　)部位的位移监测。

A. 地基或坝体　　B. 岩质边坡　　C. 地下洞室顶拱　　D. 地下洞室边墙

(16)工程地质数值分析法在水利水电工程地质问题的分析和研究中,除可对工程地质现象形成机制和演化过程的数值模拟外,还能起到(　　)作用。

A. 代替外业勘察　　B. 代替岩(土)体力学试验

C. 对岩体稳定性评价和预测　　　　D. 代替工程地质监测

(17)工程地质测试与试验主要包括(　　)。

A. 岩矿基本性质鉴定

B. 岩(土)体物理力学性质试验及现场力学性质试验

C. 水文地质试验

D. 水质分析

(18)岩体位移及变形监测、水文地质观测、岩(土)体形状变化监测、地形变及地震监测属(　　)。

A. 边坡稳定观测及监测　　　　B. 工程地质观测及监测

C. 水文地质观测及监测　　　　D. 工程地质原位试验

(19)水文地质观测包括(　　)。

A. 河水水位观测　　　　B. 地下水位长期观测

C. 地下水水温观测　　　　D. 地下水水质观测

(20)目前应用最广泛的数值分析方法包括(　　)。

A. 边界元法　　　　B. 离散元法

C. 二维有限元法　　　　D. 三维(线性、非线性)有限元法

(21)工程地质勘探包括(　　)。

A. 工程地质测绘、钻探、工程地质试验、工程物探

B. 钻探、硐(井)探、坑槽探、工程物探、工程地质试验

C. 钻探、硐(井)探、坑槽探、工程物探

D. 钻探、硐(井)探、坑槽探、工程物探、工程地质观测

(22)岩矿基本性质鉴定内容为(　　)。

A. 岩(土)的矿物组成、化学成分、矿物的蚀变

B. 岩(土)的矿物组成、化学成分、岩石风化程度

C. 岩(土)的矿物组成、化学成分、结构、构造

D. 岩矿的物理力学性质

(23)岩石(体)物理性质试验项目包括:(　　)、吸水量、颗粒密度、块体密度、膨胀性、耐崩解性等。

A. 岩石的含水量　　　　B. 岩石的相对密度

C. 岩石的渗透　　　　D. 岩石的声波波速

(24)岩石力学试验项目包括:岩石单轴压缩变形、(　　)、三轴抗压强度、抗拉强度、直剪强度等。

A. 岩石的崩解性　B. 岩石的应力　　C. 单轴抗压强度　　D. 岩石的耐磨性

(25)现场岩体力学试验应包括:岩体变形试验、(　　)、结构面直剪试验、岩体直剪试验及岩体应力测试等。

A. 岩体的弹模测试　　　　B. 岩体的载荷试验

C. 混凝土与岩体接触面直剪试验　　D. 岩体旁压试验

(26)土体常规的物理性质试验项目有:含水率试验、密度试验、比重试验、颗粒分析

试验、界限含水率试验、相对密度试验、(　　)、固结试验等。

A. 膨胀试验　　B. 湿陷试验　　C. 渗透试验　　D. 冻胀试验

(27)土的室内力学性质试验包括:(　　)、三轴压缩试验、直接剪切试验、排水反复直剪试验、弹性模量试验等。

A. 载荷试验　　B. 无侧限抗压强度试验

C. 抗拉强度试验　　D. 旁压试验

(28)土体现场原位力学性质试验包括:(　　)、静力触探试验、动力触探试验、十字板直剪试验、旁压试验及载荷试验等。

A. 弹模试验　　B. 应力试验　　C. 剪切试验　　D. 标准贯入试验

(29)在水利水电工程地质勘察的测绘工作中,地层岩性调查应包括(　　)基本内容。

A. 地层年代及岩性类别、名称

B. 地层的分布、变化规律、层序与接触关系

C. 标志层的岩性特征及分布、发育规律

D. 岩土层的物理力学性质

(30)水利水电工程地质勘察的基础工作是(　　)。

A. 工程物探　　B. 工程钻探　　C. 工程地质测绘　　D. 山地开挖

(31)调查与水利水电工程建设有关的各种地质现象,分析其性质和规律,为研究工程地质条件和问题、初步评价测区工程地质环境提供地质资料,并为钻探、试验和专门性勘察工作提供依据是(　　)的主要任务。

A. 工程物探　　B. 地质遥感　　C. 工程地质测绘　　D. 工程地质观测

(32)水利水电工程地质测绘应针对(　　),深入调查研究,加强综合分析,应用先进的地质理论和技术方法。

A. 与工程有关的地质条件　　B. 地层岩性

C. 水文地质问题　　D. 地质灾害

(33)运用地质理论和技术方法对工程场区各种地质现象进行观察、测量和描述,并标识在地形图上的勘察工作称为(　　)。

A. 工程测绘　　B. 工程地质勘察　　C. 工程地质测绘　　D. 工程地质观测

(34)工程地质测绘应按(　　)的程序进行。

A. 野外测绘、资料整理

B. 准备工作、野外测绘、资料整理

C. 收集资料、野外测绘、资料整理

D. 准备工作、野外测绘、资料整理、资料检验

(35)开展工程地质测绘工作之前,应编制(　　)。

A. 测绘作业计划　　B. 测绘技术要求　　C. 测绘任务书　　D. 测绘工作方法

(36)工程地质测绘比例尺 S 关于小比例尺分级的规定为(　　)。

A. $S \leqslant 1:5\,000$　　B. $S \leqslant 1:10\,000$　　C. $S \leqslant 1:50\,000$　　D. $S \leqslant 1:100\,000$

(37)工程地质测绘比例尺 S 关于大比例尺分级的规定为(　　)。

A. $S \geqslant 1:2\ 000$　　B. $S \geqslant 1:1\ 000$　　C. $S \geqslant 1:5\ 000$　　D. $S \geqslant 1:10\ 000$

(38)在进行(　　)工程地质测绘时，宜采用地质遥感技术。

A. 大比例尺　　B. 物理地质现象调查

C. 小比例尺　　D. 地貌调查

(39)工程地质测绘工作应以测绘成果(　　)勘探工作。

A. 验证　　B. 补充　　C. 修改　　D. 指导

(40)在工程地质勘察中，应用勘探成果可以(　　)测绘成果。

A. 验证　　B. 补充　　C. 修改　　D. 代替

(41)工程地质测绘准备工作的基本内容应包括(　　)。

A. 收集资料　　B. 勾绘测区地质草图

C. 测区现场踏勘　　D. 编制测绘作业计划

(42)工程地质勘察野外测绘工作的基本步骤为(　　)。

A. 观察描述、标测地质点和地质线路，测制地层柱状图，勾绘地质图，测制典型地质剖面图

B. 测制地层柱状图，观察描述、标测地质点和地质线路，勾绘地质图，测制典型地质剖面图

C. 测制地层柱状图，勾绘地质图，观察描述、标测地质点和地质线路，测制典型地质剖面图

D. 测制地层柱状图，测制典型地质剖面图，观察描述、标测地质点和地质线路，勾绘地质图

(43)工程地质测绘使用的地形图应是符合精度要求的(　　)。

A. 小于地质测绘比例尺精度的地形图　　B. 小比例尺地形图

C. 同等或大于地质测绘比例尺的地形图　　D. 大比例尺地形图

(44)工程地质测绘测制地层柱状图应选择(　　)。

A. 特殊地层　　B. 变化大地层

C. 标志层和划分填图单位　　D. 简单地层

(45)工程地质测绘所用图件的精度和详细程度应与地质测绘比例尺相适应，图上宽度(　　)的地质现象应予测绘。

A. 小于 2 mm　　B. 大于 2 mm　　C. 小于 5 mm　　D. 大于 5 mm

(46)工程地质测绘地质点应(　　)布置。

A. 均匀等距　　B. 在地质构造复杂处

C. 在基岩露头　　D. 地质界线和其他有意义的地质现象上

(47)工程地质测绘布置地质点间距应控制在相应比例尺图上距离(　　)，地质条件复杂、对工程影响较大地段，可适当加密。

A. 1 ~ 2 cm　　B. 1 ~ 3 cm　　C. 2 ~ 3 cm　　D. 3 ~ 4 cm

(48)大比例尺工程地质测绘的地质点和地质线路，应采用(　　)定位。

A. 目测　　B. 罗盘交会　　C. 手持 GPS　　D. 仪器

(49)在中、小比例尺工程地质测绘中，对(　　)的地质点，应采用仪器定位。

A. 控制主要地质界线及重要地质现象 B. 全部

C. 地貌界线 D. 地层岩性界线

(50)在工程地质测绘测制地质剖面工作中,必要时剖面图可采用变态比例尺,但最大变态比例不宜大于(　　)倍。

A. 3 B. 4 C. 5 D. 6

(51)野外地质测绘的调查内容除地貌、地层岩性、第四纪地层外,还应包括(　　)。

A. 地质构造 B. 水文地质 C. 物理地质现象 D. 喀斯特

(52)野外地质测绘的地质构造调查基本内容应包括(　　)。

A. 各类地质构造的性质、分布、形态、规律、级别序次及组合关系

B. 各类地质构造的形成年代和发展过程

C. 构造结构面的发育程度、分布规律、性质和形态特征

D. 构造岩的物质组成、结构特征和工程地质特征

(53)在水利水电工程地质勘察中,工程物探的主要方法除地震波法、声波法和电法外,常用的方法还有(　　)。

A. 磁法 B. 电磁法 C. 层析成像法 D. 物探测井法

(54)以岩石和矿物存在的电性差异为基础,通过研究电场的分布特征来解决具体不同电性物质的分布,从而解决与之有关的工程地质问题的方法,称为(　　)。

A. 电法 B. 电磁波法 C. 声波法 D. 地震波法

(55)电法勘探适用于下列哪些条件?(　　)

A. 被探测目的层与相邻地层之间有电性差异,电性界面与地质界面相关

B. 地形起伏不大、接地良好

C. 各地层或地质体电性稳定

D. 水上工作时,水流速度稳定

(56)电测深法可用于解决哪些地质条件?(　　)

A. 覆盖层厚度 B. 地下水埋深

C. 隐伏断层破碎带 D. 岩体风化带厚度

(57)浅层地震勘探的基本原理是通过人工激发产生的地震波在岩石中的传播,当遇到弹性物质不同的分界面时,弹性波在界面产生折射和反射,用地震仪器记录(　　)等信息,分析波的运动学和动力学特征,进而研究岩石的性质,推断地下结构。

A. 声波、面波 B. 横波、纵波

C. 电磁波、地震波 D. 反射波、折射波、面波

(58)在工程地质勘察中,对地基的饱和砂土液化进行判定,应采用工程物探中的(　　)方法效果最好。

A. 声波法 B. 电测深法 C. 瑞雷面波法 D. 高密度电法

(59)在工程地质勘察中,采用声波法进行工程地质勘察,其测试应符合(　　)。

A. 地下洞室洞壁应尽可能平整,存在掉块的洞段应有支护

B. 在钻孔中进行波速测量时,只能在无套管、有井液耦合的孔段中进行

C. 需要进行动、静弹模对比的工区,应选取具有代表性的不同岩性组,同时进行

静力法和动力法的测试，并建立相关关系

D. 在钻孔中进行波速测量时，无论有无套管及井液均可应用

(60)在工程地质勘察中，单孔声波可用于测试岩体或混凝土横波、纵波速度和相关力学参数，探测不良地质结构、岩体风化带和卸荷带厚度，还可以测试(　　)。

A. 岩土物理力学参数测试　　B. 洞室围岩松弛圈的厚度

C. 检测建基岩体质量　　D. 灌浆效果

(61)在工程地质勘察中，电测井主要用于划分地层，区分岩性，确定软弱夹层、裂隙和破碎带位置及厚度，还能测试(　　)。

A. 含水层的位置、厚度　　B. 划分咸、淡水分界面

C. 岩层电阻率　　D. 洞室松弛圈的厚度

(62)在工程地质勘察中，钻孔电视除用于划分地层、区分岩性、观察井下物体外，还主要用于确定(　　)。

A. 岩层节理、破碎带、软弱夹层的位置和产状

B. 钻孔揭露的喀斯特洞穴情况

C. 检查灌浆质量

D. 混凝土浇筑质量

(63)通过钻探采取岩心可以直接观察确定(　　)。

A. 岩石透水性、岩石完整情况

B. 岩性组成、岩石结构构造、岩石的物理力学性质

C. 地质构造组成及组合关系、地质构造的性质及产状

D. 地层岩性、地质构造、岩体风化特征

(64)覆盖层及特殊地层钻探方法的选择主要取决于土层的(　　)等。

A. 物理力学性质、水理性质

B. 成因、结构、构造

C. 分布、变化规律、层序

D. 岩性的颗粒组成、与地下水水位的关系，以及对采样的要求严格程度

(65)下列哪种钻探方法适宜于土层钻进？(　　)。

A. 清水金刚石回转钻进　　B. 泥浆护壁硬质合金钻进

C. 金刚石冲击回转钻进　　D. 冲击管钻

(66)冲击管钻取样钻进方法适用于(　　)地层。

A. 黏性土　　B. 碎石土

C. 卵砾石最大粒经小于 130 mm 的松散　　D. 粉土

(67)有阀打入或压入取样钻进方法适用于(　　)地层。

A. 黏性土　　B. 碎石土

C. 非饱和的粉细砂和软土　　D. 饱和的粉细砂和软土

(68)根据《水利水电工程钻探规程》(SL 291—2003)规定，为保证钻探取心质量，要求较破碎的弱风化、微风化岩层岩心采取率应为(　　)。

A. ≥70%　　B. ≥85%　　C. ≥90%　　D. ≥95%

(69)岩心编录应遵守下列哪些规定?(　　)

A. 应按从岩心管退出岩心的先后顺序排列在岩心箱内,每一回次用岩心牌隔开,按岩心牌上的要求用钢笔填写

B. 易冲蚀、风化、崩解的岩心,应按地质要求进行封存

C. 岩心在岩心箱内的排放次序应自上而下、由左向右排放,不得颠倒和混乱。岩心长度超过 50 mm 的,应按序用红油漆编号。编号应同一方向,书写清晰

D. 岩心箱侧面应用红油漆标明"坝址名称,孔号,第几箱,孔深从几米到几米"字样

(70)水文地质试验包括(　　)。

A. 抽水试验　　B. 压水试验　　C. 地下水流速流向测定　D. 注水试验

(71)钻孔压水试验是水利水电工程地质勘察中最常用的在钻孔内进行的(　　)。

A. 岩体水压致裂试验　　B. 土层原位渗透试验

C. 岩体连通试验　　D. 岩体原位渗透试验

(72)《水利水电工程钻孔压水试验规程》(SL 31—2003)是采用吕荣试验方法以透水率为衡量岩体透水性的尺度,并以在(　　)MPa 压力作用下每米试段内每分钟压入 1 L 的水量为 1 Lu 作为透水单位。

A. 0.3　　B. 0.6　　C. 1.0　　D. 1.2

(73)钻孔压水试验一般采用(　　)计算得出透水率。

A. 最小压力阶段的压力值和相应的流量

B. 最大压力阶段的压力值和相应的流量

C. 最大流量

D. 平均的流量

(74)根据《水利水电工程钻孔压水试验规程》(SL 31—2003)规定,钻孔压水试验试段长度一般为 5 m,对于(　　)的孔段,试段长度应根据具体情况确定。

A. 岩心完整　　B. 岩石节理发育

C. 岩性变化较大　　D. 含断层破碎带、强透水带

(75)根据《水利水电工程钻孔压水试验规程》(SL 31—2003)规定,钻孔压水试验试验压力一般选择为(　　)。

A. $P_1=0.1$ MPa、$P_2=0.2$ MPa、$P_3=0.3$ MPa

B. $P=0.3$ MPa

C. $P_1=0.3$ MPa、$P_2=0.6$ MPa、$P_3=0.9$ MPa

D. $P_1=0.3$ MPa、$P_2=0.6$ MPa、$P_3=1$ MPa

(76)根据《水利水电工程钻孔压水试验规程》(SL 31—2003)规定,钻孔压水试验一般按(　　)压力阶段进行。

A. 一个

B. 三个(即 $P_1—P_2—P_3$)

C. 五个(其中 $P_1<P_2<P_3<P_4<P_5$)

D. 五个(即 $P_1—P_2—P_3—P_4(=P_2)—P_5(=P_1)$)

(77)根据《水利水电工程钻孔压水试验规程》(SL 31—2003)规定,当试验压水逐级升至最大值后,如该试段的(　　),可不再进行降压阶段的试验。

A. 各级压力的流量均非常稳定　　B. 透水率小于 0.1 Lu

C. 透水率小于 1 Lu　　D. 透水率小于 3 Lu

(78)根据《水利水电工程钻孔压水试验规程》(SL 31—2003)规定,当地下水位在试段以内时,压力计算零线为(　　)。

A. 通过试段中心的水平线

B. 稳定地下水水位线

C. 通过地下水水位以上试段中心的水平线

D. 通过试段中心的水平线

(79)根据《水利水电工程钻孔压水试验规程》(SL 31—2003)规定,当压水试段位于(　　)时,应适当降低试验压力,以防止试验时岩体抬动、破坏。

A. 基岩面以下 10 m 范围内或岩体软弱

B. 基岩面以下 20 m 范围内或岩体软弱

C. 基岩面以下 30 m 范围内或岩体软弱

D. 强透水层

(80)在钻孔压水试验过程中,当栓塞试段隔离无效时,应采取(　　)等措施进行处理。

A. 移动栓塞止水位置　　B. 起栓塞进行检查

C. 更换栓塞　　D. 灌制混凝土塞位

(81)根据《水利水电工程钻孔压水试验规程》(SL 31—2003)规定,压水试验前应进行地下水位观测,观测每 5 min 进行一次,当水位(　　)时,观测工作即可结束。

A. 达到静止　　B. 下降速度连续 2 次均小于 1 cm/min

C. 连续 2 次值之差小于 5 cm　　D. 下降速度连续 2 次均小于 5 cm/min

(82)根据《水利水电工程钻孔压水试验规程》(SL 31—2003)规定,试验流量观测一般每隔 2 min 进行一次,当流量无持续增大趋势,且(　　)时,观测工作即可结束。

A. 2 次流量观测读数中最大值与最小值之差小于最终值的 10%

B. 5 次流量观测读数中最大值与最小值之差小于最终值的 10%,或最大值与最小值之差小于 1 L/min

C. 5 次流量观测读数中最大值与最小值之差小于最终值的 5%,或最大值与最小值之差小于 1 L/min

D. 5 次流量观测读数中最大值与最小值之差小于 10 L/min

(83)根据《水利水电工程钻孔压水试验规程》(SL 31—2003)规定,钻孔压水试段的 $P \sim Q$ 曲线类型分为(　　)5 种。

A. 层流型、扩张型、充填型、管涌型、流土型

B. 直线型、凹线型、凸线型、折线型、抛物线型

C. 层流型、扩张型、充填型、渗透型、冲蚀型

D. 层流型、紊流型、扩张型、冲蚀型、充填型

(84)根据《水利水电工程钻孔压水试验规程》(SL 31—2003)规定,钻孔压水试段的 $P\sim Q$ 曲线形状呈(　　)为扩张型。

A. 升压曲线凸向纵轴,降压曲线与升压曲线基本重合

B. 升压曲线凸向纵轴,降压曲线与升压曲线不重合

C. 升压曲线凸向横轴,降压曲线与升压曲线基本重合

D. 升压曲线为通过原点的直线,降压曲线与升压曲线不重合

(85)根据《水利水电工程钻孔压水试验规程》(SL 31—2003)规定,钻孔压水试段的 $P\sim Q$ 曲线形状为升压曲线凸向横轴,降压曲线与升压曲线不重合,逆时针环状,该 $P\sim Q$ 曲线类型属(　　)。

A. 紊流型　　B. 扩张型　　C. 冲蚀型　　D. 充填型

(86)钻孔抽水试验是通过测量从试验钻孔中抽出的水量和在距抽水一定距离处的观测孔中量测的水位降低值,根据钻孔涌水的稳定流和非稳定流理论来确定(　　)的一种野外渗透试验方法。

A. 含水层的埋藏条件、分布特征

B. 相对隔水层的埋藏条件、分布特征

C. 含水层涌水量

D. 含水层水文地质参数和判断某些水文地质边界条件

(87)钻孔抽水试验是确定含水层(　　)等水文地质参数的重要方法。

A. 天然含水量、水的化学成分和水的化学类型

B. 透水率、涌水量

C. 渗透系数、导水率、储水系数、给水度和导压系数

D. 渗透系数、渗透比降

(88)钻孔抽水试验的主要类型有(　　)。

A. 稳定流抽水试验、非稳定流抽水试验

B. 单孔抽水试验、多孔抽水试验

C. 完整孔抽水试验、非完整孔抽水试验

D. 潜水孔抽水试验、承压水孔抽水试验

(89)对枢纽工程的重要建筑物地段或水文地质条件复杂的地段,必要时为能比较准确地测定含水层渗透系数,则应进行一定数量的(　　)。

A. 单孔抽水试验　　B. 多孔抽水试验

C. 完整孔抽水试验　　D. 非完整孔抽水试验

(90)根据水利水电工程涉及的中强透水层的深度范围及实际的可能用于抽水试验的设备能力,一般在均质含水层厚度(　　)时,试验孔宜采用完整孔结构。

A. 小于 10 m　　B. 大于 10 m　　C. 小于 15 m　　D. 大于 15 m

(91)根据《水利水电工程钻孔抽水试验规程》(SL 320—2005)规定,对于透水的单层厚度大于等于 6 m 的非均质含水层,为测得其渗透系数,可进行非完整孔的分段抽水,过滤器置于单层透水层的中部,其长度为(　　)。

A. 不大于单层厚度的 1/3,但不宜小于 2 m

B. 不大于单层厚度，但不宜小于 2 m

C. 不大于单层厚度的 1/2，但不宜小于 2 m

D. 不大于单层厚度的 0.9 倍

(92)根据《水利水电工程钻孔抽水试验规程》(SL 320—2005)规定，钻孔抽水试验试验孔采用完整孔结构时，其过滤器的实际长度不应(　　)。

A. 小于 2 m　　B. 小于 1/3 倍含水层厚度

C. 小于 0.9 倍含水层厚度　　D. 超过含水层厚度

(93)根据《水利水电工程钻孔抽水试验规程》(SL 320—2005)规定，河床进行抽水试验时，一般采用非完整孔结构，过滤器顶端至河底的距离不应(　　)。

A. 大于 2 m　　B. 大于 5 m　　C. 小于 2 m　　D. 小于 5 m

(94)根据《水利水电工程钻孔抽水试验规程》(SL 320—2005)规定，抽水试验一般应进行(　　)降深，每次降深间的差值宜相等。

A. 一次　　B. 二次　　C. 三次　　D. 五次

(95)根据《水利水电工程钻孔抽水试验规程》(SL 320—2005)规定，单孔抽水试验一般选择最小降深不应小于(　　)。

A. 0.1 m　　B. 0.3 m　　C. 0.5 m　　D. 1.0 m

(96)根据《水利水电工程钻孔抽水试验规程》(SL 320—2003)规定，抽水试验过程中在稳定延续时间内，在涌水量无持续的升或降的变化时，涌水量的稳定标准一般应满足(　　)的要求。

A. 最大值与最小值之差小于常见值的 5%

B. 最大值与最小值之差小于常见值的 10%

C. 最大值与最小值之差小于最终值的 5%

D. 最大值与最小值之差小于最终值的 10%

(97)根据《水利水电工程钻孔抽水试验规程》(SL 320—2005)规定，采用离心泵抽水时，抽水过程中抽水孔和观测的动水位波动值分别不大于(　　)。

A. 10 cm 和 5 cm　　B. 5 cm 和 2 cm　　C. 3 cm 和 1 cm　　D. 1 cm 和 3 cm

(98)根据《水利水电工程钻孔抽水试验规程》(SL 320—2005)规定，采用空气压缩机抽水时，抽水过程中抽水孔的动水位波动值不大于(　　)。

A. 1 cm　　B. 5 cm　　C. 10 cm　　D. 20 cm

(99)根据《水利水电工程钻孔抽水试验规程》(SL 320—2005)规定，抽水试验各次降深稳定延续时间均不应少于(　　)。

A. 2 ~ 4 h　　B. 4 ~ 6 h　　C. 4 ~ 8 h　　D. 5 ~ 10 h

(100)抽水试验中抽水孔和观测孔一般均不应采用(　　)。

A. 干钻　　B. 清水钻进　　C. 冲击管钻　　D. 泥浆钻进

(101)正式抽水试验前的水位应在冲洗钻孔后每隔 10 ~ 20 min 观测一次，当(　　)时，且无连续上升或下降，即可视为稳定。

A. 连续两次观测值之差小于 5 cm/min

B. 连续两次观测值之差小于 5 cm

C. 2 h 内变幅不大于 1 cm

D. 2 h 内变幅不大于 5 cm

(102)正式抽水试验前一般要进行试验抽水,通过试验抽水可检查水泵、动力、测试工具的运转情况和工作效果,并实测(　　)。

A. 含水层的透水强弱程度　　B. 可能达到的最大降深

C. 含水层的涌水量　　D. 含水层的降落漏斗范围

(103)在潜水含水层进行稳定流或非稳定流抽水试验中,若采用离心泵抽水,其吸水龙头在各次降深中应放在同一深度处,宜放在(　　)处。

A. 最大降深动水位以下 0.5 ~1.0 m　　B. 含水层顶板

C. 含水层底板　　D. 含水层中部

(104)根据多孔抽水试验成果,进行相关水文地质条件分析,主要应包括以下哪些内容?(　　)

A. 地下水、地表水以及各含水层之间的水力联系

B. 含水层及含水岩体渗透性的各向异性

C. 强透水带的分布及其特征

D. 断层的阻水性和透水性

(105)水利水电工程注水试验是适用于(　　)渗透性测定的一种原位试验方法。

A. 地表黏性土层

B. 较深部的黏性土层

C. 能进行抽水试验和压水试验的岩土层

D. 不能进行抽水试验和压水试验、取原状样进行室内试验又较困难的松散岩土体

(106)试坑单环注水试验是适用于水位以上(　　)渗透性的测定。

A. 破碎岩石　　B. 完整岩石

C. 砂土、砂砾石层　　D. 黏性土层

(107)根据《水利水电工程注水试验规程》(SL 345—2007)规定,试坑单环注水试验结束的稳定条件是,向环内注水使之保持 10 cm 高的水深,开始每隔 5 min 量测一次,连续观测 5 次,之后每隔 20 min 量测一次,并至少连续量测 6 次,当(　　)时,试验即可结束。

A. 连续 5 次量测的注入量中最大值与最小值之差不大于最后一次流量的 10%

B. 连续 2 次量测的注入量之差小于 1 L/min

C. 连续 2 次量测的注入量之差不大于最后一次流量的 10%

D. 连续 2 次量测的注入量之差小于 10 L/min

(108)试坑双环注水试验适用于(　　)。

A. 地下水以下的粉土层和黏土层

B. 地下水以上的粉土层和黏土层

C. 地下水以下的砂层和砂砾石层

D. 地下水以上的砂层和砂砾石层

(109)某引水渠工程计划有一段明渠在二级阶地上通过,该段地形较平缓,地表土层为 6 m 厚的砂砾石层,地下水位埋深为 8 m 左右,为了解砂砾石层的渗透性勘察时宜采用

(　　)原位测试方法。

A. 抽水试验　B. 压水试验　C. 注水试验　D. 渗透试验

(110)根据《水利水电工程注水试验规程》(SL 345—2007)规定,试坑双环注水试验结束的稳定条件是,向内外环同时注水使之保持 10 cm 高的水深,开始每隔 5 min 量测一次,连续观测 5 次,之后每隔 15 min 量测一次,连续量测 2 次,以后每隔 30 min 量测一次并至少量测 6 次,当连续 2 次观测的注入量之差不大于最后一次注入量的 10% 时,试验即可结束,取(　　)作为计算值。

A. 最大注入量　B. 最小注入量

C. 平均注入量　D. 最后一次注入量

(111)某抽水蓄能电站上水库库周存在一处相对单薄低矮分水岭,该处地表覆盖层为 1.5 m 厚,下部为约 20 m 厚的全强风化花岗岩,地下水位埋深大于 40 m,为查明全风化岩、强风化岩的渗透特性,评价该处渗漏问题,宜采用(　　)原位测试方法。

A. 试坑单环注水试验　B. 试坑双环注水试验

C. 钻孔压水试验　D. 钻孔常水头注水试验

(112)钻孔降水头注水试验适用于(　　)地层。

A. 地下水以下的粉土层、黏性土层或渗透系数较小的岩层

B. 地下水以上的粉土层、黏性土层或渗透系数较小的岩层

C. 地下水以下的砂砾石层或渗透系数较大的岩层

D. 地下水以上的砂砾石层或渗透系数较大的岩层

(113)在土的基本物理性质试验中,一般室内采用(　　)测定土的含水率。

A. 烘干法　B. 比重瓶法　C. 灌水法　D. 灌砂法

(114)通过土的基本物理性质试验可测定以下哪些常用的物理性质指标?(　　)

A. 饱和度　B. 含水率　C. 比重　D. 密度

(115)在土的基本物理性质试验中,一般采用(　　)测定黏性土的密度。

A. 环刀法　B. 比重法　C. 灌水法　D. 烘干法

(116)在土的基本物理性质试验中,在野外一般采用(　　)测定砂和砾质土的密度。

A. 比重瓶法　B. 蜡封法　C. 环刀法　D. 灌水法或灌砂法

(117)在土的基本物理性质试验中,一般测定粒径小于 5 mm 土的比重应采用(　　)。

A. 环刀法　B. 虹吸筒法　C. 浮称法　D. 比重瓶法

(118)根据土的基本物理性质试验测定含水率、密度和比重可计算求得土常用的物理性质指标有(　　)。

A. 渗透系数　B. 饱和度　C. 孔隙比　D. 干密度

(119)在土的基本物理性质试验中,滚搓法是将制备的土样在毛玻璃板上用手掌滚搓,当土条直径达到 3 mm 时产生裂缝,并开始断裂,此时土条的含水率即为(　　)。

A. 塑限　B. 液限　C. 最优含水率　D. 天然含水率

(120)在土的基本物理性质试验中,颗粒分析试验的方法有(　　)。

A. 筛析法　B. 密度计法　C. 移液管法　D. 环刀法

(121)在土的基本物理性质试验中,采用筛析法适用于粒径大于(　　)mm 土的颗粒分析试验。

A. 0.075　　B. 0.5　　C. 1　　D. 2

(122)从土的颗粒分配曲线上可以查得(　　),进而可以计算土的不均匀系数与曲率系数等颗粒组成指标。

A. 界限粒径　　B. 平均粒径　　C. 中间粒径　　D. 有效粒径

(123)在土的颗粒组成中,小于该粒径的颗粒占总质量的30%,称(　　)。

A. 界限粒径　　B. 平均粒径　　C. 有效粒径　　D. 中间粒径

(124)在土的颗粒组成中,有效粒径是指小于该粒径的颗粒占总质量的(　　)。

A. 10%　　B. 30%　　C. 50%　　D. 60%

(125)相对密度是度量(　　)紧密程度的指标。

A. 无黏性土　　B. 黏性土　　C. 岩石　　D. 矿物

(126)砂的最小孔隙比是指砂在(　　)状态的孔隙比。

A. 最松散　　B. 最紧密　　C. 天然　　D. 饱和

(127)渗透系数的物理意义为当水力梯度等于 1 时水在多孔介质中的(　　)。

A. 渗透水量　　B. 渗透速度　　C. 单位面积的渗透水量　　D. 过水面积

(128)室内测定土的渗透系数的方法有(　　)。

A. 大水头渗透试验　　B. 小水头渗透试验

C. 常水头渗透试验　　D. 变水头渗透试验

(129)根据击实试验成果,可绘制含水率与干密度的关系曲线,在曲线上的峰值点对应的纵、横坐标值称为土的(　　)。

A. 天然密度、天然含水率　　B. 最大干密度、塑限

C. 最大干密度、最优含水率　　D. 最大干密度、液限

(130)对填筑土进行击实,使其达到最大密实程度时的含水率称为(　　)。

A. 液限　　B. 塑限　　C. 最优含水率　　D. 缩限

(131)在一定的击实作用下,使填筑土的含水率达到最优含水率时土呈(　　)状态。

A. 最疏松　　B. 中密　　C. 较密实　　D. 最密实

(132)用压缩系数来判定土的压缩性,当压缩系数 $a_1-2=0.1\sim0.5\ \mathrm{MPa}^{-1}$时,土呈(　　)状态。

A. 高压缩性　　B. 中等压缩性　　C. 低压缩性　　D. 中低压缩性

(133)在无侧向膨胀条件下,垂直压力增量与垂直应变增量的比值为(　　)。

A. 抗压强度　　B. 无侧限抗压强度　　C. 变形模量　　D. 压缩模量

(134)一组不少于 4 个试样,分别在不同的垂直压力下,在固定的剪切面上施加水平剪应力,使土样剪切破坏,求得破坏时的剪应力称为(　　)。

A. 压缩试验　　B. 直接剪切试验　　C. 三轴压缩试验　　D. 排水剪切试验

(135)直接剪切试验适用于测定(　　)的抗剪强度参数。

A. 砂砾石　　B. 砾质土

C. 碎石土　　D. 细粒土及粒径小于 2 mm 砂土

(136)土的残余抗剪强度参数可通过(　　)试验来测定。

A. 直接剪切　B. 固结快剪　C. 排水反复直接剪切　D. 慢剪法

(137)三轴压缩试验是测定土的(　　)参数的一种试验方法。

A. 压缩强度　B. 压缩模量　C. 抗剪强度　D. 变形模量

(138)一组不少于3个试样,分别在不同的恒定周围压力下,施加轴向压力,进行剪切直到破坏而得到的抗剪强度的试验方法称(　　)。

A. 直接剪切试验　B. 压缩试验

C. 三轴压缩试验　D. 无侧限抗压强度试验

(139)原状土的抗压强度与重塑土的抗压强度之比称为(　　)。

A. 压缩系数　B. 压缩模量　C. 变形模量　D. 灵敏度

(140)黄土的湿陷特性和力学指标主要包括(　　)。

A. 压缩变形系数　B. 渗透溶滤变形系数

C. 湿陷变形系数　D. 自重湿陷系数

(141)土的膨胀性试验主要包括(　　)。

A. 膨胀率试验　B. 膨胀力试验　C. 收缩试验　D. 自由膨胀率试验

(142)岩石试件在105~110 ℃温度下烘至恒量时所失去水的质量与试件干质量的比值称为(　　),以百分数表示。

A. 岩石饱和吸水率B. 岩石含水率　C. 岩石饱水系数　D. 岩石孔隙率

(143)岩石吸水性主要用(　　)指标表示。

A. 饱和吸水率　B. 自然吸水率　C. 岩石饱水系数　D. 岩石孔隙率

(144)岩石饱和吸水率是试件在(　　)与试件固体质量的比值,以百分数表示。

A. 最小吸水量　B. 天然状态吸水量

C. 常温状态下吸水量　D. 强制饱和状态下的最大吸水质量

(145)岩石饱和吸水率是反映岩石内部张开型孔隙和裂隙的发育程度,对岩石的(　　)有较大影响。

A. 耐压性　B. 膨胀性　C. 耐崩解性　D. 抗冻性和抗风化能力

(146)岩石的渗透性与岩石的下列哪些性质有关(　　)。

A. 岩石的种类　B. 岩石的结构

C. 岩石的孔隙裂隙　D. 岩石的应力状态

(147)野外测定岩体的渗透系数主要采用以下哪些试验方法(　　)。

A. 抽水试验　B. 注水试验　C. 压水试验　D. 岩石渗透仪法

(148)岩石耐崩解性试验是模拟干燥及湿润过程,测试岩石对软化和崩解作用所表现的抵抗能力,适用于(　　)。

A. 火成岩　B. 变质岩　C. 沉积岩　D. 黏土类岩石及风化岩石

(149)冻融质量损失率是岩石在±20 ℃范围内经过多次(20次或25次)反复冻融后的(　　),以百分数表示。

A. 饱和质量与冻融前的饱和质量之比

B. 质量损失与冻融前的饱和质量之比

C. 质量损失与冻融后的饱和质量之比

D. 饱和质量与冻融后的质量损失之比

(150)反复冻融后岩石饱和单轴抗压强度和冻融前的饱和抗压强度之比称为(　　),以百分数表示。

A. 岩石抗力系数　B. 孔隙压力系数　C. 冻融系数　D. 灵敏度

(151)采用单轴抗压缩变形试验研究岩石变形特征,在轴向载荷作用下测定岩石试件的轴向变形和横向变形,由此可计算岩石的(　　)。

A. 变形模量　B. 孔隙压力系数　C. 弹性模量　D. 泊松比

(152)岩石试件在轴向应力作用下,应力与相对的轴向应变之比称为(　　)。

A. 压缩模量　B. 变形模量　C. 弹性模量　D. 压缩系数

(153)岩石的泊松比是指岩石试件在轴向应力作用下,所产生的(　　)之比。

A. 横向应变与纵向应变　B. 横向应力与纵向应力

C. 纵向应力与横向应变　D. 纵向应力与横向应力

(154)岩石的抗压强度可分为(　　)。

A. 单轴抗压强度　B. 三轴抗压强度

C. 无侧限抗压强度　D. 极限抗压强度

(155)岩石在无侧限条件下受轴向力作用而破坏的试验方法称为(　　)。

A. 岩石单轴抗压试验　B. 岩石三轴抗压试验

C. 岩石抗剪试验　D. 岩石压缩试验

(156)根据岩石试件在不同侧向压力($\sigma_2=\sigma_3$)下取得的轴向抗压强度 σ_1,在剪应力与正应力 σ 的坐标系中,绘制莫尔应力圆簇和莫尔强度包络线,按莫尔—库仑准则确定岩石的三轴的抗剪强度参数的方法称为(　　)。

A. 岩石单轴抗压试验　B. 岩石三轴抗压试验

C. 岩石直剪试验　D. 岩石三轴抗剪试验

(157)在混凝土与岩石接触面抗剪试验中,影响混凝土与岩体接触面抗剪强度的主要因素有(　　)。

A. 试件尺寸　B. 基岩面起伏差

C. 混凝土抗压强度　D. 岩石风化程度

(158)结构面直剪试验的主要目的是测定(　　)的抗剪强度参数和剪应力与剪位移关系曲线,研究其受剪切荷载时的变形特性和破坏规律,为坝基、边坡、地下洞室岩体变形稳定分析提供抗剪参数。

A. 混凝土与岩石接触面　B. 节理面

C. 层面　D. 软弱结构面

(159)通过岩体载荷试验可确定岩体强度中以下哪些特征点?(　　)

A. 比例极限　B. 屈服极限　C. 破坏极限　D. 极限载荷点

(160)目前国内外应用最为普遍、技术发展最为成熟的岩体地应力测量方法有(　　)。

A. 声波测试法　B. 高压压水试验法

C. 钻孔套心应力解除法　　D. 水压致裂法

(161)水利水电工程地质勘察中的地下水观测主要包括(　　)。

A. 地下水静态观测　　B. 地下水动态观测

C. 地下水简易观测　　D. 地下水综合观测

(162)根据《水利水电工程地质观测规程》(SL 245—1999)规定,地下水简易观测应包括(　　)。

A. 钻孔初见水位　B. 终孔稳定水位　C. 流量观测　D. 水温

(163)根据《水利水电工程地质观测规程》(SL 245—1999)规定,地下水动态观测应包括(　　)。

A. 水质　B. 水温　C. 泉水流量　D. 降水量

(164)在水利水电工程地质勘察工作中,地下水长期观测的周期除一些特殊重要地段,如可能产生水库严重渗漏、严重浸没、坝基或坝肩严重渗漏等地段,需要较长观测时间,甚至延续到工程运行以后一段时间外,多数情况下地下水长期观测都规定观测期为(　　)。

A. 初步设计阶段勘察结束　　B. 半年

C. 一个水文年　　D. 两个水文年

(165)根据《水利水电工程地质观测规程》(SL 245—1999)规定,对平原区松散地层进行地下水动态观测宜布设观测线,观测点的布设要求为(　　)。

A. 观测点距在 100 ~ 500 m,主要观测线上的观测点不宜少于 5 个

B. 观测点距在 500 ~ 1 000 m,主要观测线上的观测点不宜少于 5 个

C. 观测点距在 100 ~ 500 m,主要观测线上的观测点不宜少于 3 个

D. 观测点距在 500 ~ 1 000 m,主要观测线上的观测点不宜少于 3 个

(166)根据《水利水电工程地质观测规程》(SL 245—1999)规定,对坝址区、库区和移民新址等处的不稳定和潜在不稳定边坡进行边坡变形观测的项目应包括(　　)。

A. 边坡地表的垂直位移、水平位移　　B. 滑坡深层滑面的位移

C. 滑坡体的沉降　　D. 滑坡体周边裂缝的张合

(167)根据《水利水电工程地质观测规程》(SL 245—1999)规定,在进行边坡变形观测的同时还应进行对边坡可能产生影响的因素(　　)的观测。

A. 降水量、地下水位

B. 降水量、地下水位、地表水体水位

C. 降水量、地下水位、地表水体水位、地下水水质

D. 降水量、地下水位、地表水体水位、地下水水质、地下水水温

(168)根据《水利水电工程地质观测规程》(SL 245—1999)规定,边坡变形观测的方法包括(　　)。

A. 地质巡视　　B. 简易观测

C. 大地测量观测　　D. 埋设仪器观测

(169)根据《水利水电工程地质观测规程》(SL 245—1999)规定,符合(　　)的水利水电工程应进行区域稳定性观测。

A. 坝高大于 100 m 或库容大于 10 亿 m^3 的大(1)型工程

B. 坝高大于 200 m 或库容大于 100 亿 m^3 的大(1)型工程

C. 地震基本烈度为Ⅶ度地区的坝高大于 150 m 的大(1)型工程

D. 地震基本烈度为Ⅷ度地区的坝高大于 150 m 的大(1)型工程

(170)根据《水利水电工程地质观测规程》(SL 245—1999)规定,水利水电工程区域稳定性观测包括的内容为(　　)。

A. 边坡稳定性观测　　B. 断裂活动性观测

C. 地震活动性观测　　D. 大坝沉降变形观测

(171)根据《水利水电工程地质观测规程》(SL 245—1999)规定,断裂活动性的观测范围应包括水利水电工程建筑物周围(　　)。

A. 8 km 范围内的活动断层　　B. 20 ~ 40 km 范围内的活动断层

C. 8 km 范围内的区域性断层　　D. 20 ~ 40 km 范围内的区域性断层

(172)根据《水利水电工程地质观测规程》(SL 245—1999)规定,当可行性研究阶段确认发生(　　)时,应布设水利水电工程专用地震台网。

A. 水库区范围内存在活动断层

B. 水库区范围内存在区域断层

C. 大于Ⅵ度的水库诱发地震的可能性较大

D. 大于Ⅷ度的水库诱发地震的可能性较大

2.4　参考答案

(1)D	(2)D	(3)D	(4)ABCD	(5)D	(6)B
(7)BC	(8)A	(9)C	(10)ABC	(11)C	(12)CD
(13)ABC	(14)B	(15)BCD	(16)C	(17)ABCD	(18)B
(19)B	(20)ABCD	(21)C	(22)C	(23)A	(24)C
(25)C	(26)C	(27)B	(28)D	(29)ABC	(30)C
(31)C	(32)A	(33)C	(34)D	(35)A	(36)C
(37)C	(38)C	(39)D	(40)ABC	(41)ABCD	(42)B
(43)C	(44)C	(45)B	(46)D	(47)C	(48)D
(49)A	(50)C	(51)ABCD	(52)ABCD	(53)ABCD	(54)A
(55)ABCD	(56)ABCD	(57)D	(58)C	(59)ABC	(60)BCD
(61)ABC	(62)ABCD	(63)D	(64)D	(65)B	(66)B
(67)D	(68)B	(69)ABCD	(70)ABCD	(71)D	(72)C
(73)B	(74)D	(75)D	(76)D	(77)C	(78)C
(79)C	(80)ABCD	(81)D	(82)B	(83)D	(84)A
(85)D	(86)D	(87)C	(88)ABC	(89)B	(90)C
(91)A	(92)C	(93)C	(94)C	(95)C	(96)A
(97)C	(98)C	(99)C	(100)D	(101)C	(102)B

(103) A	(104) ABCD	(105) D	(106) C	(107) C	(108) B
(109) C	(110) D	(111) D	(112) A	(113) A	(114) BCD
(115) A	(116) D	(117) D	(118) BCD	(119) A	(120) ABC
(121) A	(122) ABCD	(123) D	(124) A	(125) A	(126) B
(127) B	(128) CD	(129) C	(130) C	(131) D	(132) B
(133) D	(134) B	(135) D	(136) C	(137) C	(138) C
(139) D	(140) ABCD	(141) ABCD	(142) B	(143) ABC	(144) D
(145) D	(146) ABCD	(147) ABC	(148) D	(149) B	(150) C
(151) ACD	(152) B	(153) A	(154) AB	(155) A	(156) D
(157) ABCD	(158) D	(159) ABCD	(160) CD	(161) BC	(162) ABC
(163) ABCD	(164) C	(165) D	(166) ABCD	(167) B	(168) ABCD
(169) BC	(170) BC	(171) AD	(172) C		

第 3 章　区域构造稳定性

3.1　考试大纲

掌握区域构造稳定性研究的内容和评价方法。

熟练掌握活断层的判别标志、主要研究内容和方法，常用测年方法的基本要求和适用条件。

掌握《中国地震动参数区划图》(GB 18306—2001)的基本内容和使用要求。

了解地震安全性评价的工作内容及水利水电工程对地震危险性分析工作的有关规定。

3.2　复习指导

3.2.1　复习要点

3.2.1.1　概述

了解区域构造稳定性的概念和区域构造稳定性综合评价的作用。

正确理解和区分区域构造稳定性和区域稳定性研究的差异与区别。

3.2.1.2　区域构造稳定性研究评价

掌握各勘察设计阶段区域地质、区域构造稳定性研究工作的范围。

掌握区域构造稳定性研究的工作内容和工作方法，能够正确地进行区域构造稳定性分级和评价。

3.2.1.3　活断层的判别和研究方法

掌握活断层的界定地质年代和绝对年龄。

掌握活断层判别的直接标志、间接标志和参考标志。

了解活断层的主要研究内容、研究方法，能够正确界定活断层。

3.2.1.4　常用的断层活动性测年方法

掌握放射性碳(^{14}C)法、热释光(TL)法、铀系不平衡法的基本要求和适用条件。

了解光释光(OSL)法、电子自旋共振(ESR)法、石英颗粒表面显微观测(SEM)法、钾－氩(K－Ar)法、裂变径迹(FT)法、第四纪孢粉分析法的基本要求和适用条件。

3.2.1.5　地震安全性评价

掌握《水利水电工程地质勘察规范》(GB 50487—2008)关于场地地震安全性评价的有关规定。

掌握《工程场地地震安全性评价技术规范》(GB 17741—1999)关于工程场地安全性

评价工作分级和各级的工作内容。

了解《地震安全性评价管理条例》的有关规定。

了解《地震监测管理条例》的有关规定。

了解《水工建筑物抗震设计规范》(SL 203—97)和《水工建筑物抗震设计规范》(DL 5073—2000)的有关规定。

3.2.1.6 《中国地震动参数区划图》(GB 18306—2001)

掌握《中国地震动参数区划图》(GB 18306—2001)的主要内容。

掌握《中国地震动参数区划图》(GB 18306—2001)的使用范围和使用要求。

掌握地震动峰值加速度与地震基本烈度的关系。

掌握地震反应谱特征周期调整表的使用方法。

能够正确使用《中国地震动参数区划图》(GB 18306—2001)确定工程场地的地震动峰值加速度、地震动反应谱特征周期,确定工程场地的类型、进行场地反应谱特征周期调整。

3.2.1.7 地震反应谱的基本概念

掌握地震反应谱的基本概念。

掌握抗震设计反应谱的基本概念和各类水工建筑物设计反应谱最大值、最小值的取值原则。

3.2.1.8 水库诱发地震

掌握水库诱发地震的基本类型。

了解水库诱发地震的定义和基本特征,了解水库诱发地震的地质背景,了解水库诱发地震的主要研究内容,了解水库诱发地震危险性预测方法。

3.2.2 案例分析

【例 3-1】 在大型水利水电工程勘察设计工作过程中,需要对工程区的区域构造稳定性进行评价和研究,评价和研究的内容包括:区域构造背景研究、活断层及活动性质判定、确定地震动参数。在进行区域构造背景研究时,坝区专门性构造地质测绘应在坝址周围半径(　　)km 范围内进行。

A. 150　　　　B. 40　　　　C. 25　　　　D. 8

答案:D

考点:在进行区域构造背景研究时远场区、近场区和工程场区的范围和工作内容。

解:《水利水电工程地质勘察规范》(GB 50487—2008)第 5.2.2 条规定,区域构造背景研究应符合下列要求:

(1)收集研究坝址周围半径不小于 150 km 范围内的沉积建造、岩浆活动、火山活动、变质作用、地球物理场异常、表层和深部构造、区域性活断层、现今地壳形变、现代构造应力场、第四纪火山活动情况及地震活动性等资料,进行Ⅱ、Ⅲ级大地构造单元和地震区(带)划分,复核区域构造与地震震中分布图。

(2)收集与利用区域地质图,调查坝址周围半径不小于 25 km 范围内的区域性断裂,鉴定其活动性。当可能存在活动断层时,应进行坝址周围半径 8 km 范围内的坝区专门性构造地质测绘，测绘比例尺可选用1∶50 000～1∶10 000。评价活断层对坝址的影响。

(3)引调水线路区域构造背景研究按本条第(1)款进行，范围为线路两侧50～100 km。

因此，选D。

【例3-2】 某水利水电工程枢纽区有一规模较大的断层，属区域性断裂的分支断层。沿断层有后期侵入的岩脉，经对岩脉两侧断层泥进行绝对年龄测定，其形成年代距今30万年以上；但岩脉破碎有受构造挤压的痕迹，经对岩脉挤压破裂面进行绝对年龄测定，其形成年代距今约8.8万年，该断层可判定为(　　)。

A. 非活动性断层　　　　B. 活动性断层

C. 结合其他资料才能判定　　　　D. 不能判定

答案：B

考点：活断层判定的直接证据。

解：《水利水电工程地质勘察规范》(GB 50487—2008)第5.2.4条规定了活断层判定的5个直接证据，其中的第2个直接证据为：断裂带中的构造岩或被错动的脉体，经绝对年龄测定，最后一次错动年代距今小于10万年。

因此，选B。

【例3-3】 常用的活断层测年方法有多种，但每种测年方法都有一定的适用测年范围，放射性碳(^{14}C)法和铀系不平衡法的测年适用范围分别为(　　)。

A. 200～50 000年和100～1 000 000年

B. 200～50 000年和5 000～350 000年

C. 1 000～50 000年和100～1 000 000年

D. 5 000～50 000年和100～1 000 000年

答案：B

考点：不同的测年方法的适用年限。

解：常用测年方法的适用范围分别为：放射性碳(^{14}C)法为200～50 000年，热释光(TL)法为10^2～10^6年，电子自旋共振(ESR)法为10^3～10^6年；铀系不平衡法为5 000～35万年，钾－氩(K－Ar)法为10^4～10^9年，裂变径迹(FT)法为10^2～10^9年。

因此，选B。

【例3-4】 某峡谷水库库容9.9亿m^3，主坝为混凝土双曲拱坝，最大坝高225 m，坝顶长238 m。坝址所在地的地震动峰值加速度为0.05g，按《水利水电工程地质勘察规范》(GB 50487—2008)规定，该工程(　　)工作。

A. 应进行专门的地震危险性分析

B. 应进行地震基本烈度复核

C. 应进行合成基岩地震动时程确定式

D. 可按现行《中国地震区划图》(GB 18306—2001)确定地震基本烈度

答案：A

考点：水利水电工程进行专门性场地地震安全性评价的规定。

解：《水利水电工程地质勘察规范》(GB 50487—2008)第5.2.8条第1款规定：坝高

大于 200 m 的工程或库容大于 $10 \times 10^9\ m^3$ 的大(1)型工程,以及 50 年超越概率 10% 地震动峰值加速度≥0.1g 地区的坝高大于 150 m 的大(1)型工程,应进行场地地震安全性评价工作。

因此,选 A。

【例 3-5】 构造型水库诱发地震是对水利水电工程影响最大的一类水库诱发地震,也是国内外研究最多的一类。其主要发震条件有(　　)条。

A. 3　　B. 4　　C. 5　　D. 7

答案:C

考点:构造型水库诱发地震的发震条件。

解:构造型水库诱发地震主要发震条件有如下几条:①区域性断裂或地区性断裂通过库坝区;②断层有现今活动(Q_3 以来)的直接地质证据;③沿断层线有可靠的历史地震记载或仪器记录的地震活动;④断裂带有一定的规模和导水能力,有可能成为通往地质体深处的水文地质结构面;⑤断裂带与库水直接接触或通过次级旁侧断层、横断层等与库水保持一定的水力联系。

因此,选 C。

3.3 复习题

(1)区域构造稳定性是指建设场地所在的一定范围、一定时段内,内动力地质作用可能对(　　)产生的影响程度。

A. 工程管理　　B. 工程建筑物　　C. 工程建筑区　　D. 工程建设

(2)区域构造稳定性评价是在工程勘察设计过程中论证工程的可行性、合理选择建设场址和建筑物形式的基础工作;在现代构造活动强烈,区域构造条件特别复杂的地区,有时可能成为确定规划方案和选择建筑场址的(　　)。

A. 重要因素之一　　B. 主要因素之一　　C. 根本因素之一　　D. 决定性因素之一

(3)在水利水电工程地质勘察的实践中,倾向于把主要研究内动力地质作用对建设场地的直接影响工作,明确称这为(　　)。

A. 区域构造稳定性研究　　B. 区域稳定性研究

C. 区域构造稳定性分析　　D. 区域稳定性分析

(4)规划阶段对规划河流或河段内的区域构造应了解主要构造单元、褶皱和断裂的类型、产状、规模和(　　),历史地震情况和地震烈度等。

A. 地震活动史　　B. 构造活动史　　C. 地震记录　　D. 构造运动

(5)规划阶段的区域地质和地震工作应在收集和分析已有的各类最新区域地质志和区域地质图的基础上,编绘规划河流或河段的区域综合地质图。当河流或河段缺乏区域性资料时,应进行(　　)解译和路线地质调查,编制区域综合地质图。

A. 卫星照片　　B. 卫星图片　　C. 航空图片　　D. 卫片或航片

(6)区域构造稳定性研究应包括(　　)。

A. 区域构造背景研究　　B. 活断层判定

C. 场地地震安全性评价　　　　　　　　D. 水库诱发地震的潜在危险性预测

(7)在进行区域构造背景研究时应调查坝址周围(　　)km 范围内的区域性断裂及其活动性。

A. 300　　B. 20 ~ 40　　C. 25　　D. 8

(8)区域构造背景研究属于基础性的地质工作,是区域构造稳定性各项专题研究和综合评价的基础,也是水利水电工程各项工程地质和水文地质研究的重要基础之一。此项工作一般安排在(　　)阶段进行。

A. 规划和可行性研究　B. 初步设计　　C. 招标设计　　D. 技施设计

(9)在进行区域构造背景研究时,根据研究区域的大小分为远场区、近场区和工程区三个层次。远场区是指工程场地周围(　　)的范围,工程场区是指坝址周围(　　)的范围。

A. 300 km,25 km　B. 300 km,8 km　C. 150 km,25 km　D. 150 km,8 km

(10)引调水线路区域构造背景研究范围一般为线路两侧(　　)km。

A. 300 ~ 200　　B. 200 ~ 100　　C. 100 ~ 50　　D. 50 ~ 20

(11)规划河流或河段的区域综合地质图的比例尺可选用(　　)。

A. 1∶100 万 ~ 1∶50 万　　　　　B. 1∶50 万 ~ 1∶10 万

C. 1∶10 万 ~ 1∶5万　　　　　　D. 1∶5万 ~ 1∶1万

(12)在进行区域构造背景研究时应进行坝址周围 8km 范围内的坝区专门性构造地质测绘,判定对坝址有影响的活断层。构造地质测绘比例尺宜选用(　　)。

A. 1∶50 万 ~ 1∶20 万　　　　　B. 1∶20 万 ~ 1∶10 万

C. 1∶10 万 ~ 1∶5万　　　　　　D. 1∶10 万 ~ 1∶2.5 万

(13)在进行区域构造背景研究时应进行(　　)级大地构造单元划分。

A. Ⅰ　　B. Ⅱ　　C. Ⅰ、Ⅱ　　D. Ⅱ、Ⅲ

(14)水利水电工程对区域构造稳定性提出的三分法方案,将区域构造稳定性分为(　　)三级。

A. 稳定性好、稳定性较差、稳定性差

B. 稳定、较稳定、不稳定

C. 稳定、较不稳定、不稳定

D. 稳定性好、稳定性差、不稳定

(15)某工程场区域 25 km 范围内无现代活动断层,150 km 范围内有 $M \geq 5$ 级地震活动,动峰值加速度 $\leq 0.025g$。该工程场区属于(　　)地区。

A. 较稳定　　B. 稳定性好　　C. 较不稳定　　D. 稳定性较差

(16)《水利水电工程地质勘察规范》(GB 50487—2008)规定,坝址不宜选在 50 年超越概率 10% 的动峰值加速度大于或等于(　　)的强震区。

A. $0.05g$　　B. $0.15g$　　C. $0.2g$　　D. $0.4g$

(17)《水利水电工程地质勘察规范》(GB 50487—2008)规定,大坝等主体工程不宜建在(　　)及与之有构造活动联系的分支断层上。

A. 活断层　　B. 可能的活断层　C. Ⅱ级区域性断层　D. Ⅲ级区域性断

层

(18)在水利水电工程建设中，进行区域构造稳定性研究时所称的活断层是指晚更新世(　　)以来有过活动，今后还可能活动的断层。

A. 绝对年龄 30 万 ~15 万年　　B. 绝对年龄 15 万 ~10 万年

C. 绝对年龄 10 万 ~8 万年　　D. 绝对年龄 8 万 ~5 万年

(19)某水电站在距坝址 5 km 处有一区域性断层，宽 8 ~40 m，延伸数十千米。经精密仪器观测断层两盘每年的垂直位移量为 0.06 mm，每年的水平位移量为 0.08 mm。该断层为(　　)。

A. 非活动性断层　　B. 活动性断层

C. 结合其他资料才能判定　　D. 不能判定

(20)某水库坝址左岸为冲刷岸，仅有几米厚的现代冲积层。右岸为堆积岸，有两级堆积阶地，厚度 60 ~80 m。勘察发现该坝址处有一顺河向陡倾角断层，该断层可判定为(　　)。

A. 非活动性断层　　B. 活动性断层

C. 结合其他资料才能判定　　D. 不能判定

(21)某水电站坝址区有一断层，沿断层有后期侵入的岩脉，岩脉破碎有受构造挤压的痕迹。经对岩脉两侧断层泥进行绝对年龄测定，其最后一次活动距今约 16 万年；但对岩脉挤压破裂面进行绝对年龄测定，其形成年代距今约 9 万年，该断层可判定为(　　)。

A. 非活动性断层　　B. 活动性断层

C. 结合其他资料才能判定　　D. 不能判定

(22)某引调水工程在河道上筑坝建供水水库，向 150 km 外的受水水库送水。受水水库是一名为达兰诺尔的天然湖泊，从该湖泊起由西北向东南依次排列有白音诺尔、乌斯诺尔、阿卡诺尔等天然湖泊。经勘察几个天然湖泊是同一区域断裂洼地形成的，湖泊中均见有上升泉。该断裂是(　　)。

A. 非活动性断层　　B. 活动性断层

C. 结合其他资料才能判定　　D. 不能判定

(23)某水电站近坝库区基岩为大面积的安山岩，河谷底部安山岩上覆盖有 Q_3 玄武岩；左岸山顶分布有 Q_4 玄武岩。在安山岩中发现一条斜切河谷和两岸的断层，在 Q_3 玄武岩中发现有被断层错动的痕迹，在 Q_4 玄武岩中未发现断层错动迹象。该断层可判定为(　　)。

A. 非活动性断层　　B. 活动性断层

C. 结合其他资料才能判定　　D. 不能判定

(24)活断层的活动年龄应根据(　　)鉴定结果综合判定。

A. 活断层上覆的未被错动地层的年龄

B. 断层中侵入岩脉的年龄

C. 断层中最新构造岩的年龄

D. 被错动的最新地层和地貌单元的年龄

(25)可供 ^{14}C 测年的物质种类比较多，有(　　)、淤泥、腐殖土、珊瑚、贝壳、骨头以及次生碳酸盐等。

A. 岩石、矿物　B. 砂、砾石　C. 水、气　D. 木头、木碳、泥炭

(26)放射性碳(^{14}C)法是一种放射性同位素衰减的测年方法。铀系不平衡法是(　　)的测年方法。

A. 放射性辐射　B. 电磁辐射　C. 热能辐射　D. 放射性同位素衰减

(27)采用热释光法研究断层活动性时,常用的样品为(　　)、具有构造意义的方解石脉、能够反映活动年代意义的细粒松散沉积物和钟乳石等。

A. 破碎岩　B. 角砾岩　C. 糜棱岩　D. 断层泥

(28)自然界沉积物中含有微量的长寿命放射性元素(　　),它们在衰变过程中分别释放出α、β射线和γ射线。

A. 铀、钍和钾　B. 铀、钍和钴　C. 钾、钠和镁　D. 钙、镁和钠

(29)第四纪孢粉分析法用于断层活动性研究,主要是通过鉴定断层上覆盖的第四纪地层的年代,测定断层(　　)的大致时间。

A. 开始活动　B. 再次活动　C. 停止活动　D. 今后活动

(30)裂变径迹法测定活动断层年龄的前提是:大规模的压扭性断层在活动时产生的温度足以使断层泥中的(　　)完全退火。

A. 磷灰石　B. 石英　C. 钾长石　D. 蒙脱石

(31)SEM法又称为扫描电镜形貌分析法,属于相对测年法,所测样品为断层泥中的(　　)。

A. 方解石　B. 斜长石　C. 角闪石　D. 石英

(32)各种测年方法都有一定的适用测年范围,放射性碳(^{14}C)法和热释光(TL)法的测年适用范围分别为(　　)。

A. 200~50 000年和100~1 000 000年

B. 200~50 000年和1 000~1 000 000年

C. 1 000~50 000年和100~1 000 000年

D. 5 000~50 000年和100~1 000 000年

(33)石英颗粒表面显微观测(SEM)法可用于测定(　　)以来的样品的相对年龄。

A. 三迭纪　B. 第三纪　C. 晚第三纪　D. 第四纪

(34)常用的测年方法有放射性碳(^{14}C)法、热释光(TL)法、铀系不平衡法、第四纪孢粉分析法等(　　)种。

A. 8　B. 9　C. 10　D. 11

(35)光释光(OSL)法是在热释光(TL)法的基础上形成的一种测年方法,其信号机理与热释光信号相同。在同等沉积条件下,光释光法与热释光法测定的结果相比较(　　)。

A. 结果相同　B. 结果更差　C. 结果更可靠　D. 无法比较

(36)《水利水电工程地质勘察规范》(GB 50487—2008)规定,工程场地地震动参数和(　　)应根据工程的重要性和地区的地震地质条件,按规定进行。

A. 地震安全性评价　B. 地震破坏性分析

C. 地震危险性分析　　　　　　　　　　　　D. 地震活动性分析

(37)地震危险性分析应包括工程使用期限内,不同超越概率水平下,坝、库区可能遭受的地震烈度,(　　)。

A. 坝址基岩地震峰值水平加速度及反应谱等地震动参数

B. 地震发生的时间

C. 合成基岩地震动时程

D. 地震历时长度

(38)《水利水电工程地质勘察规范》(GB 50487—2008)规定,(　　)应进行专门的场地地震安全性评价。

A. 坝高大于 200 m 或库容大于 10×10^{8} m^{3} 的大(1)型工程,以及 50 年超越概率 10% 地震动峰值加速度≥0.1g 地区的且坝高大于 150 m 的大(1)型工程

B. 坝高大于 200 m 或库容大于 10×10^{9} m^{3} 的大(1)型工程,以及 50 年超越概率 10% 地震动峰值加速度≥0.1g 地区的且坝高大于 150 m 的大(1)型工程

C. 坝高大于 300 m 或库容大于 10×10^{8} m^{3} 的大(1)型工程,以及 50 年超越概率 10% 地震动峰值加速度≥0.1g 地区的且坝高大于 200 m 的大(1)型工程

D. 坝高大于 300 m 或库容大于 10×10^{9} m^{3} 的大(1)型工程,以及 50 年超越概率 10% 地震动峰值加速度≥0.1g 地区的且坝高大于 200 m 的大(1)型工程

(39)《工程场地地震安全性评价技术规范》(GB 17741—1999)规定,工程场地地震安全性评价工作共分(　　)级。

A. Ⅱ　　　　B. Ⅲ　　　　C. Ⅳ　　　　D. Ⅴ

(40)《工程场地地震安全性评价技术规范》(GB 17741—1999)规定,地震安全性评价内容包括区域地震活动性和地震构造、近场及场区地震活动性和地震构造、场地工程地震条件、地震烈度与地震动衰减关系、地震危险性的确定性分析、地震危险性的概率分析、区域性地震区划、场地地震动参数确定和地震地质灾害评价、地震动小区划等(　　)内容。

A. 6 部分　　　　B. 7 部分　　　　C. 8 部分　　　　D. 9 部分

(41)《工程场地地震安全性评价技术规范》(GB 17741—1999)规定,工程场地地震安全性评价Ⅰ级工作包括地震危险性的概率分析和确定性分析、活动断层鉴定、场地地震动参数确定和地震地质灾害评价。适用于地震安全性要求高的(　　)中的主要工程。

A. 主要建设工程项目　　　　　　　　　　B. 重要建设工程项目

C. 重点建设工程项目　　　　　　　　　　D. 重大建设工程项目

(42)《工程场地地震安全性评价技术规范》(GB 17741—1999)规定的 9 部分地震安全性评价工作内容中,对水利水电工程场地来说,一般不进行(　　)的内容。

A. 区域地震活动性和地震构造

B. 场地地震动参数确定和地震地质灾害评价

C. 地震烈度与地震动衰减关系

D. 区域性地震区划和地震动小区划

(43)《地震安全性评价管理条例》规定,下例建设工程必须进行地震安全性评价:

(一)国家重大建设工程;

（二）受地震破坏后可能引发水灾、火灾、爆炸、剧毒或者腐蚀性物质大量泄露或者其他严重次生灾害的建设工程，包括（　　）的设施以及其他可能发生严重次生灾害的建设工程；

（三）受地震破坏后可能引发放射性污染的核电站和核设施建设工程；

（四）省、自治区、直辖市认为对本行政区域有重大价值或者有重大影响的其他建设工程。

A. 水库大坝、堤防　　B. 储油、储气

C. 储存易燃易爆、剧毒　　D. 强腐蚀性物质

（44）《地震安全性评价管理条例》规定，地震安全性评价报告应当包括工程概况和地震安全性评价的技术要求，（　　）其他有关技术资料等内容。

A. 地震活动环境评价　　B. 地震地质构造评价

C. 设防烈度或者设计地震动参数　　D. 地震地质灾害评价

（45）《地震监测管理条例》规定，下列建设工程应当建设专用地震监测台网：

（一）（　　）且可能诱发5级以上地震的水库；

（二）受地震破坏后可能引发严重次生灾害的油田、矿山、石油化工等重大建设工程。

A. 坝高100 m以上、库容5亿m^3以上

B. 坝高100 m以上、库容10亿m^3以上

C. 坝高150 m以上、库容10亿m^3以上

D. 坝高200 m以上、库容10亿m^3以上

（46）《水工建筑物抗震设计规范》（SL 203—97）和（DL 5073—2000）规定，坝高大于100 m、库容大于5亿m^3的水库，如有可能发生高于（　　）的水库诱发地震，应在水库蓄水前就进行地震前期观测。

A. Ⅴ度　　B. Ⅵ度　　C. Ⅶ度　　D. Ⅷ度

（47）某水利枢纽工程主坝坝高75 m，坝长920 m，坝型为碾压混凝土心墙砂壳坝，水库库容为142亿m^3。枢纽所在地的地震动峰值加速度为0.05g，按《水利水电工程地质勘察规范》（GB 50487—2008）规定，该工程应进行（　　）。

A. 专门的地震危险性分析　　B. 地震动参数复核

C. 地震动参数确定　　D. 合成基岩地震动时程确定

（48）某水利枢纽工程主坝坝高97 m，坝顶长1 020 m，坝型为沥青混凝土心墙堆石坝，水库库容为1.52亿m^3。枢纽所在地的地震动峰值加速度为0.05g，按《水利水电工程地质勘察规范》（GB 50487—2008）规定，该工程（　　）。

A. 应进行专门的地震危险性分析

B. 应进行地震动参数复核

C. 应进行地震动参数确定

D. 可按现行《中国地震动参数区划图》（GB 18306—2001）确定地震动参数

（49）某峡谷水库库容8.9亿m^3，主坝为混凝土拱坝，最大坝高235 m，坝顶长387 m。坝址所在地的地震动峰值加速度为0.05g，按《水利水电工程地质勘察规范》（GB 50487—2008）规定，该工程（　　）。

A. 应进行专门的地震危险性分析

B. 应进行地震动参数复核

C. 应进行合成基岩地震动时程确定

D. 可按现行《中国地震动参数区划图》(GB 18306—2001)确定地震基本烈度

(50)某水利枢纽工程主坝坝高 138 m,坝顶长 810 m,坝型为混凝土面板堆石坝,水库库容为4.65 亿 m^3。工程所在地较为偏僻,历史地震资料很少。按《中国地震动参数区划图》(GB 18306—2001)枢纽所在地的地震动峰值加速度为 0.05g,按《水利水电工程地质勘察规范》(GB 50487—2008)规定,该工程(　　)。

A. 应进行专门的地震危险性分析

B. 应进行地震动参数复核

C. 应进行地震动参数确定

D. 可按现行《中国地震动参数区划图》(GB 18306—2001)确定地震基本烈度

(51)某水库库容 7.8 亿 m^3,主坝为混凝土重力坝,最大坝高 165 m,坝顶长 508 m。坝址所在地的地震动峰值加速度为 0.2g,按《水利水电工程地质勘察规范》(GB 50487—2008)规定,该工程(　　)。

A. 应进行专门的地震危险性分析

B. 应进行地震动参数复核

C. 应进行合成基岩地震动时程确定

D. 可按现行《中国地震动参数区划图》(GB 18306—2001)确定地震动参数

(52)《中国地震动参数区划图》(GB 18306—2001)是根据《中华人民共和国防震减灾法》的有关规定和工程建设的需要制定的,其全部内容为(　　)。

A. 参考性　　B. 对照性　　C. 选择性　　D. 强制性

(53)《中国地震动参数区划图》(GB 18306—2001)按其目次内容包括:前言、范围、技术要素、使用规定和(　　)。

A. 附录 A　　B. 附录 A、附录 B

C. 附录 A、附录 B、附录 C　　D. 附录 A、附录 B、附录 C、附录 D

(54)《中国地震动参数区划图》(GB 18306—2001)有(　　)。

A. 1 个标准附录、2 个提示附录　　B. 2 个标准附录、2 个提示附录

C. 3 个标准附录、1 个提示附录　　D. 4 个标准附录、1 个提示附录

(55)《中国地震动参数区划图》(GB 18306—2001)适用于新建、改建、扩建(　　)建设工程抗震设防,以及编制社会经济发展和国土利用规划。

A. 普通　　B. 一般　　C. 重要　　D. 重点

(56)下列工程或地区抗震设防要求不应直接采用《中国地震动参数区划图》(GB 18306—2001),需做专门研究:

①抗震设防要求高于地震动参数区划图抗震设防要求的重大工程、可能发生严重次生地质灾害的工程、(　　)和其他有特殊要求的核设施建设工程;

②位于地震动参数区划分界线附近的新建、扩建、改建建设工程;

③某些地震研究程度和资料详细程度较差的国家边远地区;

④位于复杂工程地质条件区域的大城市、大型厂矿企业、长距离生命线工程以及新建开发区等。

A. 风电站　　B. 火电站　　C. 水电站　　D. 核电站

(57)"中国地震动峰值加速度区划图"和"中国地震动反应谱特征周期区划图"的比例尺为(　　)。

A. 1∶100 万　　B. 1∶200 万　　C. 1∶400 万　　D. 1∶500 万

(58)"中国地震动峰值加速度区划图"和"中国地震动反应谱特征周期区划图"的设防水准为(　　)。

A. 30 年超越概率 10%　　B. 50 年超越概率 5%

C. 50 年超越概率 10%　　D. 100 年超越概率 5%

(59)"中国地震动峰值加速度区划图"和"中国地震动反应谱特征周期区划图"适用的场地条件为平坦稳定的一般(　　)场地。

A. 坚硬　　B. 中硬　　C. 中软　　D. 软弱

(60)"中国地震动峰值加速度区划图"将地震动峰值加速度分为 $<0.05g$、(　　)、$>0.4g$ 七种类别区。

A. $0.05g$、$0.1g$、$0.2g$、$0.3g$、$0.4g$　　B. $0.05g$、$0.15g$、$0.25g$、$0.35g$、$0.4g$

C. $0.05g$、$0.1g$、$0.15g$、$0.25g$、$0.3g$　　D. $0.05g$、$0.1g$、$0.15g$、$0.2g$、$0.3g$

(61)"中国地震动反应谱特征周期区划图"将地震动反应谱特征周期划分为(　　)类别区。

A. 0.35 s,0.40 s,0.45 s　　B. 0.25 s,0.30 s,0.35 s,0.45 s

C. 0.25 s,0.30 s,0.35 s,0.40 s,0.45 s　　D. 0.30 s,0.35 s,0.45 s

(62)"地震动反应谱特征周期调整表"采用(　　)场地划分。

A. 坚硬、中等、软弱三类　　B. 极硬、坚硬、中等、软弱、极软五类

C. 坚硬、中硬、中软、软弱四类　　D. 极硬、坚硬、软弱、极软四类

(63)某工程场地,在"中国地震动峰值加速度区划图"和"中国地震动反应谱特征周期区划图"上查得地震动峰值加速度为 $0.2g$,地震动反应谱特征周期为 0.35 s,其相应的地震基本烈度为(　　)。

A. Ⅵ度　　B. Ⅶ度　　C. Ⅷ度　　D. Ⅸ度

(64)"地震动反应谱特征周期调整表"规定,特征周期为 2 区的软弱场地其特征周期由 0.40 s 调整为(　　)s。

A. 0.45　　B. 0.55　　C. 0.65　　D. 0.75

(65)某水电站枢纽建于基岩坚硬完整的中低山区,按《中国地震动参数区划图》(GB 18306—2001)直接查得场地的动峰值加速度为 $0.05g$,反应谱特征周期为 0.35 s。考虑场地条件,反应谱特征周期应调整为(　　)s。

A. 0.25　　B. 0.30　　C. 0.45　　D. 0.55

(66)某水利枢纽工程建于平原河流的中、下游,建筑物区第四系冲积层厚 150 m 以上,按《中国地震动参数区划图》(GB 18306—2001)直接查得场地的动峰值加速度为 $0.2g$,反应谱特征周期为 0.40 s。考虑场地条件,反应谱特征周期应调整为(　　)s。

A. 0.25　　B. 0.35　　C. 0.75　　D. 0.90

(67)反应谱是抗震设计的基础,关系到地面运动输入作用和设防的标准。关于反应谱,首先要区分实际地震反应谱和(　　)。

A. 抗震设计反应谱　B. 速度反应谱　C. 位移反应谱　D. 加速度反应谱

(68)实际地震反应谱是在地震过程中根据记录仪记录的加速度曲线计算得到的,包括(　　)。

A. 速度反应谱和位移反应谱

B. 加速度反应谱和位移反应谱

C. 加速度反应谱和速度反应谱

D. 加速度反应谱、速度反应谱和位移反应谱

(69)设计反应谱是根据建筑场地类别和建筑物结构(　　)确定的。

A. 自振加速度　B. 自振速度　C. 自振振幅　D. 自振周期

(70)《水工建筑物抗震设计规范》(SL 203—97)规定,拱坝的设计反应谱最大值的代表值 β_{max} 为(　　)。

A. 2.00　　B. 2.25　　C. 2.50　　D. 3.00

(71)《水工建筑物抗震设计规范》(SL 203—97)规定,设计反应谱下限的代表值 β_{min} 应不小于设计反应谱最大值的(　　)。

A. 10%　　B. 15%　　C. 20%　　D. 30%

(72)《水工建筑物抗震设计规范》(SL 203—97)规定,Ⅳ类场地的的特征周期 T_g 取值为(　　)。

A. 0.20　　B. 0.30　　C. 0.40　　D. 0.65

(73)《水工建筑物抗震设计规范》(SL 203—97)规定,设计烈度不大于Ⅷ度且基本自振周期大于1.0 s的结构,特征周期宜(　　)。

A. 延长0.05 s　B. 延长0.02 s　C. 缩短0.05 s　D. 缩短0.02 s

(74)因水库蓄水而引起库盆及其邻近地区原有(　　)发生明显变化的现象称为水库诱发地震。

A. 地质构造　B. 地形地貌　C. 水文地质条件　D. 地震活动性

(75)据国内外统计资料表明,目前发生水库诱发地震的工程占水利水电工程总数不足(　　),但随着坝高和库容的增大,其所占比例明显增高。

A. 0.1%　　B. 1%　　C. 3%　　D. 5%

(76)水库诱发地震平面分布上,震中的主体部分集中在库盆和距库岸(　　)以内的地方。

A. 1 ~ 3 km　　B. 3 ~ 5 km　　C. 5 ~ 8 km　　D. 8 ~ 10 km

(77)水库诱发地震一般属于极浅震,震源深度在(　　)以内。

A. 0.5 ~ 1 km　　B. 1 ~ 5 km　　C. 3 ~ 5 km　　D. 5 ~ 10 km

(78)水库诱发地震的初震大都是在库水位刚刚上涨到该震中区并(　　)的时刻,几乎没有滞后。

A. 超过水库死水位　　B. 超过当地天然最高洪水位

C. 超过水库正常蓄水位　　D. 超过水库校核洪水位

(79)在我国的水库诱发地震中,弱震和微震占总数的(　　)。

A. 60%　　B. 70%　　C. 80%　　D. 90%

(80)水库诱发地震大体上可分为(　　)大类。

A. 二　　B. 三　　C. 四　　D. 五

(81)在水库诱发地震中,(　　)水库诱发地震是对水利水电工程影响最大的一类,也是国内外研究最多的一类。

A. 构造型　　B. 地表卸荷型　　C. 喀斯特型　　D. 混合型

(82)在水库诱发地震中,(　　)水库诱发地震是水利水电工程中最常见的一类。

A. 构造型　　B. 地表卸荷型　　C. 喀斯特型　　D. 混合型

(83)构造型水库诱发地震的主要发震条件是:(　　);断裂带有一定的规模和导水能力,有可能成为通往地质体深处的水文地质结构面;断裂带与库水直接接触或通过次级旁侧断层、横断层等与库水保持一定的水力联系。

A. 区域性断裂或地区性断裂通过库坝区

B. 断层有现今活动的直接地质证据

C. 断层深入地表以下数十千米

D. 沿断层线有可靠的历史地震记载或仪器记录的地震活动

(84)喀斯特型水库诱发地震发生的主要条件为(　　)。

A. 库区有较大面积的碳酸盐岩分布,其中包括某些地层厚度较大且质纯的厚层块状灰岩

B. 现代喀斯特作用发育,可见明显的喀斯特管道系统,蓄水前已有天然喀斯特塌陷或喀斯特地震记录

C. 一定的气候和水文条件

D. 合适的喀斯特水文地质结构条件

(85)水库诱发地震的研究和分析预测工作一般分三个阶段进行。第一阶段是在区域构造背景研究和库坝区工程地质测绘的基础上,进行库坝区诱震环境分区,定性评价拟建水库诱发地震的可能性和可能诱震的库段。这阶段工作在工程的(　　)阶段进行。

A. 规划　　B. 项目建议书　　C. 可行性研究　　D. 技施

3.4　参考答案

(1)B	(2)D	(3)A	(4)B	(5)D	(6)ABCD
(7)B	(8)A	(9)B	(10)C	(11)B	(12)D
(13)D	(14)A	(15)B	(16)D	(17)A	(18)B
(19)B	(20)C	(21)B	(22)C	(23)B	(24)ACD
(25)D	(26)D	(27)D	(28)A	(29)C	(30)A
(31)D	(32)A	(33)C	(34)B	(35)C	(36)A
(37)AC	(38)B	(39)C	(40)D	(41)D	(42)D

(43) ABCD	(44) ABCD	(45) A	(46) B	(47) A	(48) D
(49) A	(50) B	(51) A	(52) D	(53) D	(54) C
(55) B	(56) D	(57) C	(58) C	(59) B	(60) D
(61) A	(62) C	(63) C	(64) D	(65) A	(66) C
(67) A	(68) D	(69) D	(70) C	(71) C	(72) D
(73) A	(74) D	(75) A	(76) B	(77) C	(78) B
(79) C	(80) B	(81) A	(82) C	(83) ABD	(84) ABCD
(85) C					

第 4 章　水库工程地质

4.1　考试大纲

熟练掌握水库渗漏的类型、形成条件及渗漏量计算方法。

掌握水库浸没的地形地质条件、判别标准与方法。

熟练掌握库岸稳定性的评价方法和内容。

掌握滑坡的分类及稳定性评价。

了解水库诱发地震的基本特征、类型、产生的地震地质背景和主要研究内容。

4.2　复习指导

4.2.1　复习要点

4.2.1.1　概述

掌握水库可能存在的几类主要工程地质问题。

4.2.1.2　水库渗漏

了解水库渗漏的类型,掌握水库渗漏的岩性条件、地形地貌条件、地质构造条件和水文地质条件,正确分析水库产生渗漏的可能性。

掌握不同渗漏条件下水库渗漏量的估算原则,能够根据不同的渗漏情况和已经取得的地质资料选择合适的渗漏估算公式,正确进行水库渗漏量的估算。

了解水库渗漏的主要处理方法和手段。

4.2.1.3　水库浸没

掌握产生水库浸没的地形地貌条件、地层结构和地层岩性条件、水文地质条件。

掌握水库浸没评价的标准,掌握水库浸没初判和复判的方法与步骤。

能够根据浸没区的地形地貌、地层结构和地层岩性、水文地质条件和相应勘察资料,正确分析评价浸没范围和浸没程度。

了解水库浸没区的防护措施和手段。

4.2.1.4　水库库岸稳定

了解引起水库库岸失稳的原因。

掌握水库库岸稳定性分析的主要内容。

了解水库滑坡的危害性,掌握水库滑坡的涌浪计算方法。

了解水库塌岸的危害性,掌握影响水库塌岸的主要因素,掌握水库塌岸预测的方法。

掌握水库库岸稳定的勘察方法、手段和勘察内容。根据勘察结果能够正确计算滑坡量、塌岸范围、涌浪高度等，评价其危害性。

4.2.1.5 水库其他环境问题

了解水库的其他环境问题的主要类型、危害性和调查评价方法，以及防治措施和手段。

掌握泥石流的类型、组成物质、发生条件及其危害性。

4.2.2 案例分析

【例 4-1】 如图 4-1 所示，某水库的一段库岸存在邻谷渗漏，渗漏带宽 1 200 m。两谷间的距离为 600 m，两谷间岩土体的渗透系数为 8×10^{-2} cm/s，透水层底板高程为 120 m，邻谷水位高程为 200 m，水库正常蓄水位高程为 280 m。这段库岸的渗漏量约为(　　) m^3/s。

A. 5　　B. 10　　C. 15　　D. 20

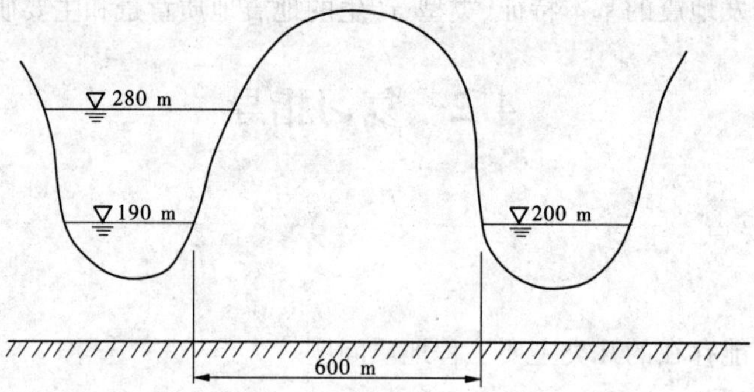

图 4-1

答案：C

考点：最基本的水库向邻谷渗漏计算。

解：《水利水电工程地质手册》和很多专业书籍都给出了潜水透水层均一、底板水平的渗漏计算公式，即：

$$q = k \cdot \frac{H_1 - H_2}{L} \cdot \frac{H_1 + H_2}{2}$$

$$Q = q \cdot B$$

式中 q——单宽渗漏量，$m^3/(d \cdot m)$；

k——岩土体的渗透系数，m/d；

H_1——相对隔水层以上的水库水头，m；

H_2——相对隔水层以上的邻谷水头，m；

L——渗漏距离，m；

B——渗漏总宽度，m；

Q——渗漏总量，m^3/s。

已知相对隔水层以上的水库水头 $H_1 = 280 - 120 = 160$(m)，相对隔水层以上的邻谷水头 $H_2 = 200 - 120 = 80$(m)，渗漏距离 $L = 600$ m，渗透系数 $k = 8\times10^{-2}$ cm/s $= 69.12$ m/d。

将上述数据代入公式中，即：

单宽渗漏量 $q=69.12\times\frac{160-80}{600}\times\frac{160+80}{2}=1\ 105.92(m^3/(d\cdot m))$

总渗漏量 $Q=1\ 105.92\times1\ 200=1\ 327\ 104(m^3/d)=15.36\ m^3/s$

由上面的计算可知，该段库岸的渗漏量约为 15 m^3/s。

因此，选 C。

【例 4-2】 如图 4-2 所示，一平原水库，河谷平缓开阔，水库蓄水前河水位高程为 120 m，水库设计正常蓄水位为 180 m。水库左岸一段库岸由弱透水的土层组成，表部为农田。经勘察，在距库岸 400 m 的 A 剖面处，地下水位高程为 160 m，该处的透水层底板高程为 100 m，透水层底板近于水平，其下为不透水的黏土层。不考虑地表入渗的影响，水库蓄水后，该处的地下水位高程约为(　　)m。

A. 166　　B. 176　　C. 186　　D. 196

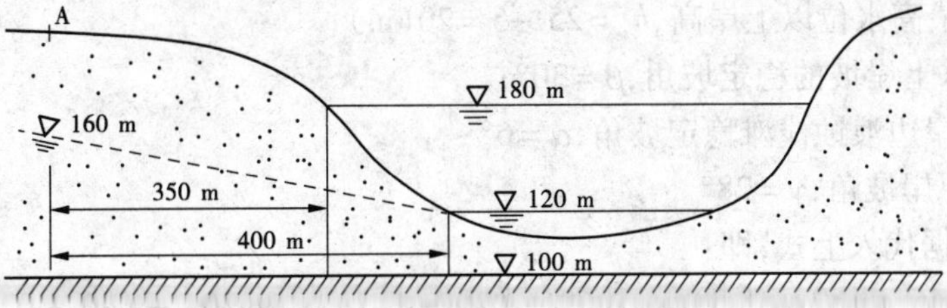

图 4-2

答案：D

考点：最基本的地下水回水壅高计算。

解：开阔平缓河谷地下水回水壅高计算公式为：

$$y=\sqrt{\frac{L'}{L}(h_2^2-h_1^2)+H^2}$$

式中 y——透水层底板至回水壅水位的高度，m；

L'——水库正常蓄水位水边线至计算点距离，m；

L——水库蓄水前河水位水边线至计算点距离，m；

h_1——水库蓄水前河水位，m；

h_2——水库蓄水前计算点水位，m；

H——水库正常蓄水位，m。

将有关数据代入上述公式，得：

$$y=\sqrt{\frac{350}{400}\times(60^2-20^2)+80^2}=96(m)$$

则该剖面处地下水位高程为：

$$100+96=196(m)$$

因此，选 D。

【例 4-3】 某水库设计最高水位(频率 10%)为 155 m，正常蓄水位为 150 m，死水位为 110 m。库岸为细砂，无防护，正常蓄水位以上库岸 25 m，水上岸坡的稳定坡角为 30°，边岸浪蚀浅滩稳定坡角为6°,原岸坡角为28°。波浪爬高1.2 m,波浪影响深度0.8 m。按卡丘金法预测库岸的最终塌岸宽度约为(　　)m。

A. 218　　B. 228　　C. 201　　D. 248

答案:C

考点:卡丘金法预测库岸的最终塌岸宽度。

解:采用卡丘金公式:

$$S_t = N[(A + h_B + h_p)\cot\alpha + (h_s - h_B)\cot\beta - (B + h_p)\cot\gamma]$$

式中　N——与土的颗粒成分有关的系数,砂土 $N=0.5$;

A——水库水位变化幅度,$A=155-110=45(\mathrm{m})$;

B——正常蓄水位与最低水位之差,$B=150-110=40(\mathrm{m})$;

h_B——波浪爬升高度,$h_B=1.2\ \mathrm{m}$;

h_p——暴风时波浪影响深度,$h_p=0.8\ \mathrm{m}$;

h_s——最高水位以上岸高,$h_s=25-5=20(\mathrm{m})$;

β——水上岸坡的稳定坡角,$\beta=30°$;

α——岸边浪蚀浅滩稳定坡角,$\alpha=6°$;

γ——原岸坡角,$\gamma=28°$。

将有关数据代入上式,即:

$$S_t = 0.5\times[(45+1.2+0.8)\times\cot 6° + (20-1.2)\times\cot 30° - (40+0.8)\times\cot 28°] \approx 201(\mathrm{m})$$

因此,选C。

4.3　复习题

(1)在大型水库勘察设计工作中,除对水库的(　　)三大工程地质问题进行重点研究外,还要对水库诱发地震和水库其他环境工程地质问题进行分析和评价。

A. 矿产资源　　B. 渗漏　　C. 浸没　　D. 库岸稳定

(2)水库渗漏分为暂时性渗漏和永久性渗漏,一般所说的水库渗漏是指库水通过与库外相通的、具有较强透水性的岩(土)体向库外产生的渗漏。这种渗漏称为(　　)。

A. 集中性渗漏　　B. 连通性渗漏　　C. 暂时性渗漏　　D. 永久性渗漏

(3)水库产生渗漏的地质条件包括(　　)。

A. 地层岩性条件　　B. 地形地貌条件　　C. 地质构造条件　　D. 水文地质条件

(4)产生水库渗漏的首要条件是水库库底和水库周边有通向库外的强透水岩(土)层,这些强透水层可以是不同成因的地质体,下列哪些可能成为水库渗漏的岩(土)层?(　　)

A. 透水性较大的砂土层　　B. 宽大的断层破碎带或裂隙密集带

C. 膨胀土　　D. 古风化壳

(5)水库周边的地形条件对水库的渗漏具有重要影响,从地形条件分析下列哪些地段容易产生水库渗漏?(　)

A. 宽厚的山体库岸　　B. 邻谷切割很深的单薄分水岭

C. 低矮而又不宽的分水岭　　D. 库外有深沟的垭口

(6)水库周边基岩地质构造对水库渗漏有一定的影响,下列哪些构造条件易产生水库渗漏?(　　)

A. 倾向库外邻谷的中、缓倾角单斜岩层

B. 倾向库内的中、缓倾角单斜岩层

C. 通向库外邻谷的斜切陡倾角岩层

D. 通向库外邻谷的水平岩层

(7)水库具备了渗漏的岩性、地形地貌、地质构造条件,能否产生渗漏的决定性因素就是水文地质条件。其中,最为关键的就是地下水分水岭高程与水库(　　)的关系。

A. 死水位　　B. 正常蓄水位　　C. 校核洪水位　　D. 最大洪水位

(8)如图 4-3 所示,某水库存在邻谷,水库蓄水前邻谷水位高于库内河水位,但低于水库正常蓄水位。勘察发现两谷间无地下水分水岭,邻谷河水直接补给库内河水。在这种情况下,水库蓄水后库水能否向邻谷产生渗漏?(　　)

A. 产生渗漏　　B. 不产生渗漏

C. 结合其他资料判断　　D. 说不清楚

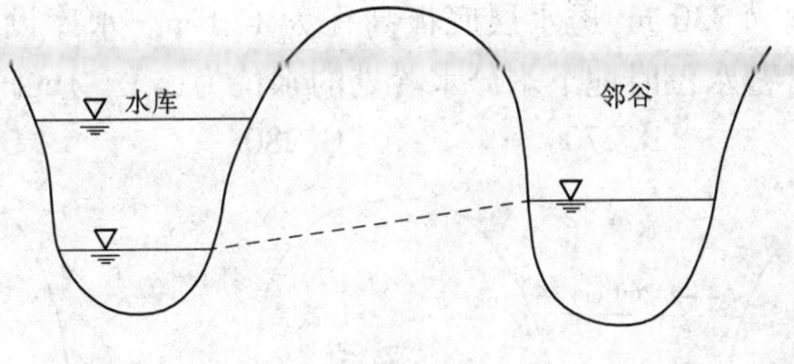

图 4-3

(9)如图 4-4 所示,某水库邻谷水位高于水库蓄水前河水位,且存在地下水分水岭,两谷水流无直接补排关系。但地下水分水岭高程远低于水库正常蓄水位,地层有一定的透水性。在这种情况下,水库蓄水后库水能否向邻谷产生渗漏?(　　)

A. 产生渗漏　　B. 不产生渗漏

C. 结合其他资料判断　　D. 说不清楚

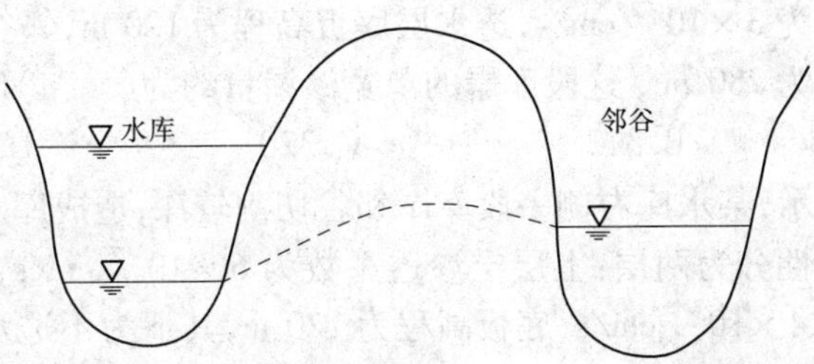

图 4-4

(10)某水库建于厚层石灰岩地区,喀斯特发育。水库右岸坝址上下游均发现有喀斯特下降泉,泉水出逸点均在江水面附近,远低于水库正常蓄水位。在远高于正常蓄水位处发育有落水洞,并有地表水跌落洞中。在落水洞中投放示踪剂进行观测,坝址上下游的喀斯特泉均发现示踪剂成分,表明坝址上下游的喀斯特泉是同源。在此种情况下,该水库(　　)。

A. 会产生喀斯特管道渗漏

B. 不会产生喀斯特管道渗漏

C. 需查明喀斯特泉的地下分水岭才能判定

D. 需根据泉水量判定

(11)某水库建于可溶岩地区,其左岸有一喀斯特盲谷,谷内正常蓄水位以下发现有落水洞。向落水洞投放示踪剂后对坝下游河边泉水进行观测,表明二者是相通的。此水库蓄水后是否会产生渗漏?(　　)

A. 产生渗漏　　B. 不产生渗漏

C. 结合其他资料判断　　D. 说不清

(12)在喀斯特地区修建水库常常遇到喀斯特型水库渗漏,按喀斯特渗漏通道形式一般划分为:溶隙型渗漏、脉管型渗漏、(　　)和复合型渗漏 4 种渗漏形式。

A. 集中型渗漏　　B. 分散型渗漏　　C. 快速型渗漏　　D. 管道型渗漏

(13)如图 4-5 所示,某水库蓄水前河水位为 180 m,相对隔水层顶板高程为 150 m;右岸地下水分水岭高程为 230 m,透水层底板高程为 170 m。水库设计正常蓄水位为 260 m,当水库蓄水至正常蓄水位时地下水分水岭处的水位为(　　)m。

A. 260　　B. 270　　C. 280　　D. 290

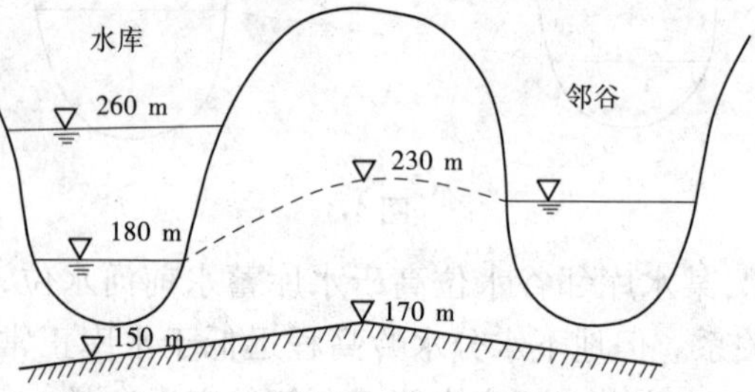

图 4-5

(14)如图 4-6 所示,某水库的一段库岸存在邻谷渗漏,两谷间的距离为 800 m,两谷间岩土体的渗透系数为 3×10^{-2} cm/s,透水层底板高程为 120 m,邻谷水位高程为 200 m,水库正常蓄水位高程为 280 m。这段库岸的单宽渗漏量约为(　　)$m^3/(d \cdot m)$。

A. 302　　B. 312　　C. 320　　D. 332

(15)如图 4-7 所示,某水库右侧一段库岸邻谷切割较深,造成库水向邻谷渗漏。构成库岸的岩层按其透水性分为两层:上层土渗透系数为 6×10^{-2} cm/s,底板高程为 150 m;下层土的渗透系数为 4×10^{-3} cm/s,底板高程为 120 m,其下为不透水的完整岩石。两谷间的距离为 600 m。水库正常蓄水位高程为 320 m,邻谷河水位高程为 220 m,该段库岸的单宽渗漏量约为(　　)$m^3/(d \cdot m)$。

A. 1 050　　B. 1 150　　C. 1 250　　D. 1 350

(16)如图 4-8 所示,某水库右侧库岸 1 200 m 处有一切割较深的邻谷,库谷间岩石完

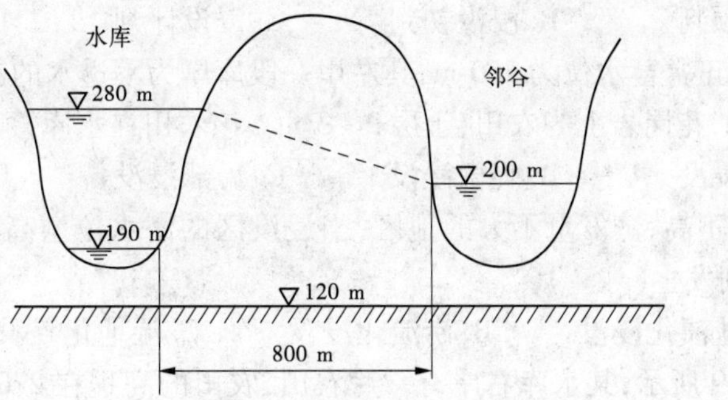

图 4-6

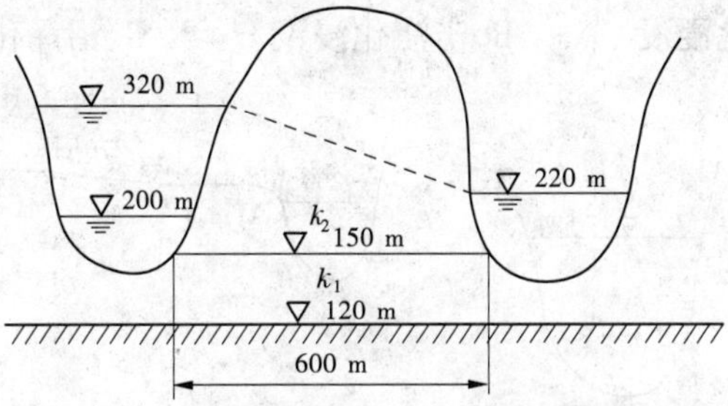

图 4-7

整，透水性极弱，不存在库岸的侧向渗漏。但库底有一强透水层与邻谷相通，透水层渗透系数为 8.6×10^{-2} cm/s，水库侧顶板高程为 550 m，底板高程为 510 m；邻谷侧顶板高程为 545 m，底板高程为 490 m。水库正常蓄水位为 650 m，邻谷水位为 570 m。该透水层的单宽渗漏量约为(　　)m^3/(d · m)。

A. 205　　B. 215　　C. 225　　D. 235

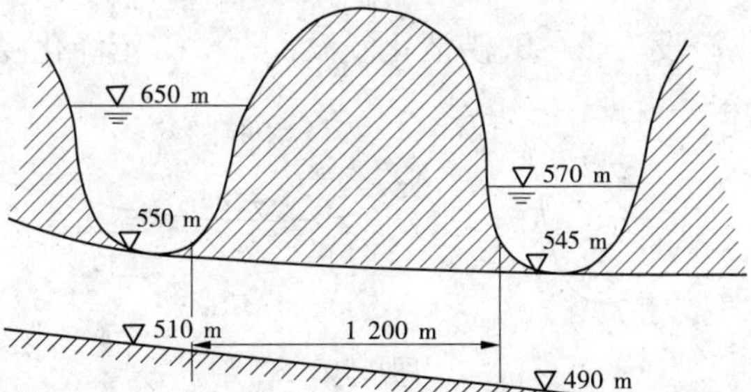

图 4-8

(17)对于可能造成水库运行安全或影响水库运行效益的严重渗漏地段，一般要进行防渗处理。混凝土防渗墙适用于(　　)、强烈溶蚀岩层等的防渗处理，是常见的有效防渗漏措施。

A. 块状岩层　　B. 层状岩层　　C. 软岩　　D. 松散土层

(18)水库浸没一般是先根据水库周边的地形地貌、地层岩性、水文地质条件等先进行(　　)，初步圈定浸没范围。

A. 浸没预判　　　B. 浸没初判　　　C. 浸没评判　　　D. 浸没判断

(19)某水库正常蓄水位为 260 m,其左岸一段库岸为不透水的花岗岩,花岗岩顶面高程为 264 ~ 268 m,花岗岩上为农田,土层 2 ~ 3 m。该农田在水库蓄水后(　　)。

A. 严重浸没　　　B. 轻微浸没　　　C. 局部浸没　　　D. 不浸没

(20)在气温不高、蒸发量不大的地区,当浸没区的潜水位壅高至地表或以上而地表又排水不畅时,则发生(　　)。

A. 次生盐渍化浸没　　　B. 涝渍化浸没　　　C. 湿地化浸没　　　D. 沼泽化浸没

(21)如图 4-9 所示,某水库右岸有一片农田,农田的高程在 270 m 左右,农田与水库间有一小溪,小溪水位高程约 260 m,水库正常蓄水位 254 m。水库和农田间下部为透水性较强的中粗砂,上部为黏性土。按图 4-9 剖面分析,水库蓄水后农田发生(　　)。

A. 次生盐渍化浸没　　　B. 涝渍化浸没　　　C. 沼泽化浸没　　　D. 不浸没

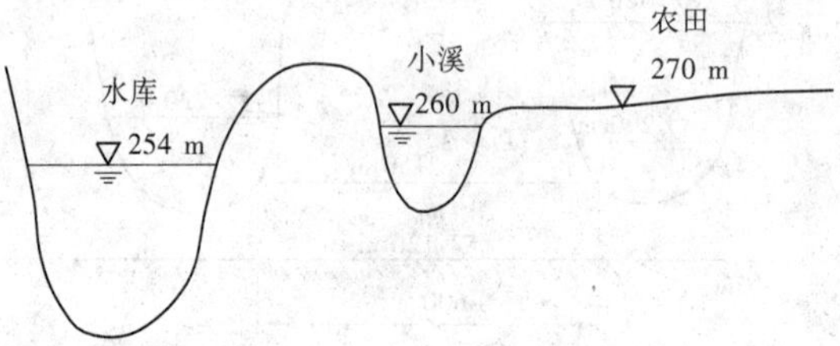

图 4-9

(22)如图 4-10 所示,某水库一岸有大片农田,该农田原为河岸边的一片封闭洼地,洼地最低处的地面高程在 220 m 左右。水库正常蓄水位 225 m。洼地与水库间有低矮地形分水岭,分水岭宽度不大。地形分水岭地面高程高于水库正常蓄水位,但无地下水分水岭,洼地处的地下水位低于正常蓄水位。洼地和水库间的岩土为中等透水。水库蓄水后该洼地发生(　　)。

A. 次生盐渍化浸没　　　B. 涝渍化浸没　　　C. 沼泽化浸没　　　D. 不浸没

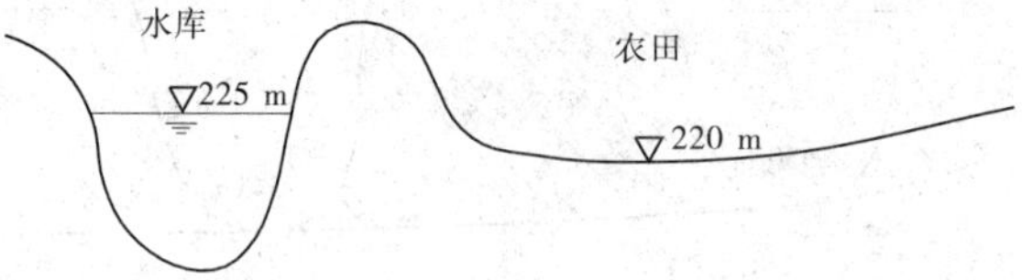

图 4-10

(23)如图 4-11 所示, 某水库左岸有一大片低洼农田,最低处的地面高程在 242 m 左右。水库正常蓄水位 245 m。洼地与水库间有宽度不大的地形分水岭,分水岭地面高程高于水库正常蓄水位,但无地下水分水岭,洼地处的地下水位低于正常蓄水位。洼地和水库间的岩土为中等透水,但有一完整连续的隔水层,隔水层的顶板高于正常蓄水位。水库蓄水后该洼地发生(　　)。

A. 次生盐渍化浸没　　　B. 涝渍化浸没　　　C. 沼泽化浸没　　　D. 不浸没

(24)在进行水库浸没初判时,只考虑水库(　　)条件下的最终浸没范围。

A. 设计死水位　　　B. 设计正常蓄水位

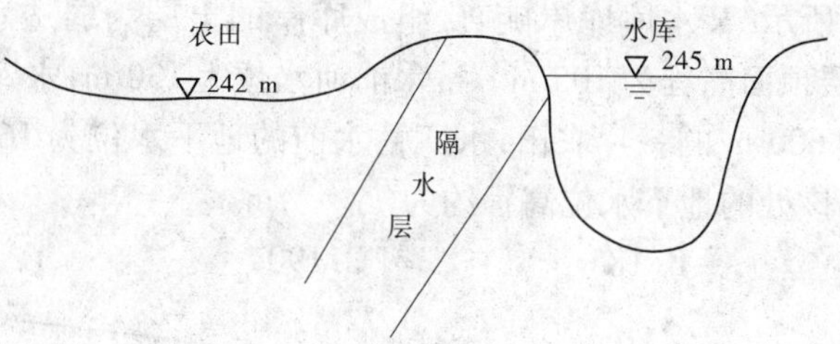

图 4-11

C. 校核洪水位　　　　　　　　　　　D. 最大洪水位

(25)在进行水库浸没复判时,除应复核水库设计正常蓄水位条件下的浸没范围外,还应根据需要计算水库运用规划中的(　　)下的浸没情况。

A. 最大洪水位　　　　　　　　　　　B. 校核洪水位
C. 设计死水位　　　　　　　　　　　D. 其他代表性运用水位

(26)水库浸没初判阶段的潜水回水预测可用(　　)回水计算方法。

A. 初始潜水　　B. 最高潜水　　C. 常见潜水　　D. 稳定态潜水

(27)在进行水库浸没潜水回水预测计算时,应根据可能浸没区的地形地貌、工程地质和水文地质条件,选定若干个(　　)的计算剖面进行。

A. 平行于水库库岸　　　　　　　　　B. 垂直于水库库岸
C. 平行于坝轴线　　　　　　　　　　D. 垂直于坝轴线

(28)初判水库浸没范围可在各剖面潜水稳定态回水计算的基础上,绘制水库蓄水后可能浸没区(　　)或埋深分区预测图。

A. 潜水等水位线预测图　　　　　　　B. 承压水头等值线图
C. 基岩面等高线　　　　　　　　　　D. 基岩埋深等值线

(29)在进行水库浸没复判时应建立潜水渗流数学模型,进行(　　)回水预测计算。

A. 初始潜水　　B. 最高潜水　　C. 稳定态潜水　　D. 非稳定态潜水

(30)在进行农田浸没预测时,壅水前的地下水位应采用(　　)的多年平均水位。

A. 丰水期　　B. 枯水期　　C. 平水期　　D. 农作物生长期

(31)浸没的临界地下水位埋深应根据地区具体水文地质条件、农业科研单位的田间试验观测资料和(　　)确定。

A. 其他地区的工作经验　　　　　　　B. 类似地区的工作经验
C. 当地生产实践经验　　　　　　　　D. 评价人员的工作经验

(32)《水利水电工程地质勘察规范》(GB 50487—2008)附录 D 规定,初判时,浸没的临界地下水位埋深可按 $H_{cr} = H_k + \Delta H$ 计算。其中的 ΔH 为安全超高值,该值在农业区即为(　　)的厚度。

A. 耕种层　　B. 表土层　　C. 根系层　　D. 冻土层

(33)某水库岸边一片平坦农田,农作物根系层厚 0.4 m,实测土层的毛细管水高度为 0.96 m,水库蓄水后该农田的地下水位埋深 1.4 ~ 2.1 m。按《水利水电工程地质勘察规范》(GB 50487—2008)附录 D 中公式(D.0.6)判断,该农田是否发生浸没?(　　)

A. 发生　　　　　　　　　　　　　　B. 不发生

(34)如图 4-12 所示,某水库库岸陡直,组成库岸的土层为弱透水的粉土,隔水层连续,近于水平,隔水层顶面高程为 105 m。蓄水前河水位为 130 m,水库设计正常蓄水位为 180 m。距水库岸边 600 m 的一片农田,水库蓄水前的地下水位为 166 m,不考虑地表入渗影响,水库蓄水后该处的地下水位高程约为(　　)m。

A. 180　　B. 185　　C. 190　　D. 195

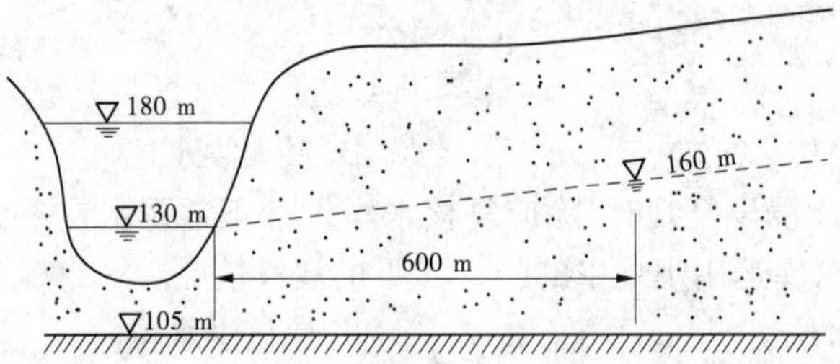

图 4-12

(35)如图 4-13 所示,某平原水库河谷平缓开阔,水库蓄水前河水位高程为 150 m,水库设计正常蓄水位为 190 m。水库左岸一段库岸由弱透水的土层组成,表部为农田。经勘察,在距库岸 450 m 处地下水位为 165 m,该处的透水层底板高程为 130 m,透水层底板近于水平,其下为不透水的黏土层。不考虑地表入渗因素,水库蓄水后,该处的地下水位高程约为(　　)m。

A. 195.5　　B. 196.5　　C. 197.5　　D. 198.5

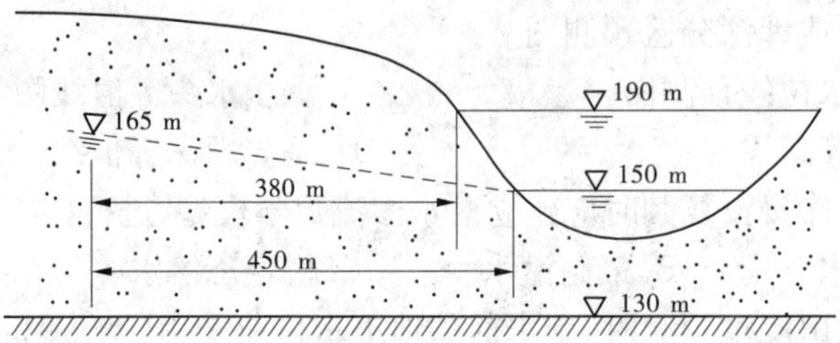

图 4-13

(36)如图 4-14 所示,某水库蓄水前河水位为 115 m,水库设计正常蓄水位为 135 m。水库右岸一段库岸由均质的弱透水地层组成,透水层的底板倾向河谷。在距岸边 500 m 处的 A 剖面上,透水层底板高程为 110 m,水库蓄水前地下水位为 125 m。河水边透水层底板高程为 100 m。不考虑地表入渗量,水库蓄水后 A 剖面处的地下水位高程约为(　　)m。

A. 135　　B. 140　　C. 145　　D. 150

(37)如图 4-15 所示,某水库蓄水前河水位为 135 m,水库设计正常蓄水位为 185 m。水库右岸一段库岸由均质的弱透水地层组成,透水层的底板倾向库外。在距岸边 600 m 处的 A 剖面上,透水层底板高程为 100 m,水库蓄水前地下水位为 165 m。河水边透水层底板高程为 110 m。不考虑地表入渗量,水库蓄水后 A 剖面处的地下水位约为(　　)m。

A. 186　　B. 190　　C. 194　　D. 198

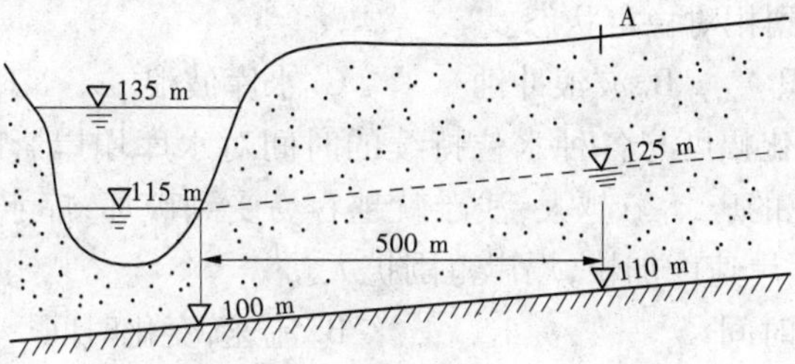

图 4-14

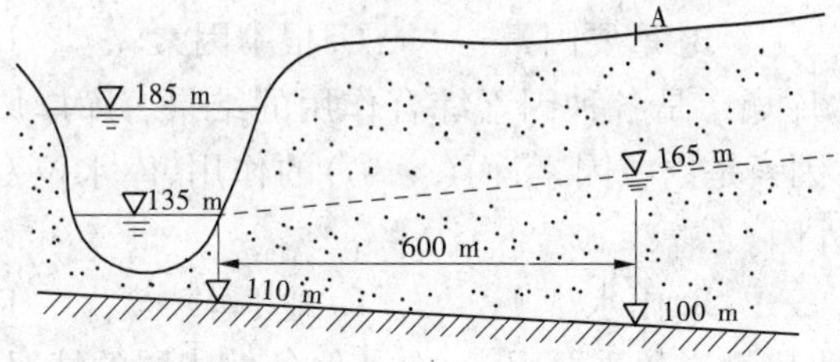

图 4-15

(38)在进行水库岸坡稳定性研究过程中，重点是研究近坝库岸的稳定性，特别是距大坝(　　)km 的库岸稳定性。

A. 1～2　　B. 1～3　　C. 1～4　　D. 1～5

(39)水库岸坡稳定性的研究应在水库工程地质勘察的基础上进行。其分析的内容有 7 个方面，即：

①地形地貌条件，河谷结构类型，冲沟发育情况。

②库岸岩土体性质，完整程度，断层和节理裂隙的发育程度，充填物的物理力学性质，风化程度，岩体应力状况。

⑤库岸稳定现状，变形破坏的发育阶段、变形破坏迹象和位移监测资料。

⑥库水位的变化情况，特别是抽水蓄能电站库水位剧烈变化情况。

⑦降水、地震、地下矿藏开采以及其他天然和人为活动情况等。

下面的哪两项是其中的③、④？(　　)

A. 岩体中各种结构面与库岸坡向的组合关系

B. 岩(土)体的矿物组成和化学成分

C. 库岸地下水化学成分和侵蚀性

D. 库岸地下水特征及动态变化，泉水分布及特征

(40)由疏松土石构成的水库库岸，在库水的冲刷作用下，岸壁逐渐后退而浅滩逐渐扩大，到一定程度就稳定下来，形成新的稳定的岸坡过程称为(　　)。

A. 库岸崩塌　　B. 库岸滑坡　　C. 水库塌岸　　D. 水库淤积

(41)水库塌岸的过程就是在水库水动力作用下原岸坡的破坏和新岸坡的形成过程。库水淘蚀库岸，岸壁坍塌后退。塌落物在水下形成浅滩，水下浅滩的发展减小了近岸带的水深，加长了波浪击岸的路程，削弱了波浪冲蚀库岸的能力。当浅滩增长到足以消耗奔向库岸的波浪的全部能量时，(　　)就基本停止下来，库岸不再后退，水下浅滩停止扩张，

水上和水下岸坡都达到相对稳定状态。

A. 冲蚀和堆积　　B. 波浪冲蚀　　C. 水库波浪　　D. 水下浅滩

(42)库水位的变化幅度与各种水位持续的时间对水库塌岸影响甚大。在其他条件相同的情况下,库水位的(　　)越大,浅滩就越容易受到破坏;库水位的(　　)越长,波浪作用就越显著,使塌岸速度加快,塌岸范围扩大。

A. 流速,持续时间　　B. 流速,变化时间

C. 变化幅度,变化时间　　D. 变化幅度,持续时间

(43)组成库岸的岩土类型和性质是决定塌岸速度和宽度的(　　)。

A. 主要因素　　B. 重要因素　　C. 根本因素　　D. 直接因素

(44)实践证明,水库塌岸是各种因素综合作用的结果。库岸原始坡度和形态、地层岩性、地层结构和岩体因素是内在因素;而(　　)的作用、库水位变化幅度和持续时间、风力和波浪作用等是外因。

A. 水和水流　　B. 雨水　　C. 地下水　　D. 洪水

(45)库岸形态是水库塌岸的重要因素,在其他条件相同的情况下,库岸越高、越陡就越容易发生塌岸。一般情况下,当地形坡度小于(　　)时,就不发生塌岸。

A. 5°　　B. 10°　　C. 15°　　D. 20°

(46)由松散土层构成的水库库岸,土层的水上、水下稳定坡角是影响水库塌岸的重要因素,一般情况下,细砂的水上稳定坡角为(　　)。

A. 20° ~25°　　B. 25° ~30°　　C. 30° ~35°　　D. 30° ~40°

(47)在我国黄河流域,一些水库的库岸是由黄土类土组成的。一般情况下,黄土状黏土的波浪冲刷深度以下的水下岸坡坡角为(　　)。

A. 3° ~5°　　B. 5° ~15°　　C. 8° ~20°　　D. 8° ~22°

(48)采用卡丘金法预测水库最终塌岸宽度时,N 值是与土的颗粒成分有关的系数,不同的土层 N 值是不同的,黏土的 N 值为(　　)。

A. 1.0　　B. 0.8　　C. 0.5　　D. 0.4

(49)某水库库岸由中砂构成,天然冲刷角约为 8°,水库的波高约为 0.5 m,如果岸坡的粗糙度系数 K 按 0.6 考虑,那么用卡丘金法预测最终塌岸时波浪爬升高度约为(　　) m。

A. 0.11　　B. 0.12　　C. 0.13　　D. 0.15

(50)卓洛塔廖夫图解法适用于非均一地质结构的库岸塌岸预测,塌岸后稳定剖面形状与堆积系数 K_a 有关。所谓堆积系数,是指不能被波浪搬走的堆积浅滩体积与岸坡破坏部分的体积百分比。粗砂和砾石的堆积系数 K_a 为(　　)。

A. 3% ~5%　　B. 5% ~10%　　C. 10% ~15%　　D. 15% ~20%

(51)某水库设计最高水位(频率 10%)为 185 m,正常蓄水位为 180 m,死水位为 145 m。库岸为中砂,无防护,正常蓄水位以上库岸 35 m,水上岸坡的稳定坡角为 35°,边岸浪蚀浅滩稳定坡角为 7°,原岸坡角为 30°。波浪爬高 2 m,波浪影响深度为 1 m。按卡丘金法预测库岸的最终塌岸宽度约为(　　)m。

A. 144　　B. 154　　C. 164　　D. 174

(52)某一黄土地区水库,水库最高水位比原河道最高洪水位高 35 m,水库水位涨落

差为 15 m。最高水位上的库岸高度为 55 m,稳定坡角为 60°,波浪冲刷深度以下的水下岸坡坡角为 18°,原始水上岸坡坡角为 58°。波浪爬高 2 m,波浪影响深度为 3 m,浪击带冲刷浅滩坡角为 13°。库岸的最终塌岸宽度约为(　　)m。

A. 161　　B. 171　　C. 181　　D. 191

(53)根据对龙羊峡水库的观察研究,在我国干旱区半成岩库岸,水库首次库水上升过程中,库岸就形成基本定型的水上和水下边坡,(　　)对库岸形态的再改造影响不大。库水首次作用即可使半岩性土岸再造基本完成,这一观点已突破了传统的库岸再造评价方法。

A. 库水的重复作用　　B. 风雨的重复作用

C. 地震的重复作用　　D. 人力的重复作用

(54)泥石流是山区特有的一种自然现象,是影响水库环境的重要地质问题。泥石流的划分类型有多种形式,下列哪几种是用于划分泥石流类型的?(　　)

A. 按泥石流的流域地貌特征划分

B. 按泥石流的物质组成划分

C. 按泥石流的结构和流动性质划分

D. 按水的补给来源和方式划分

(55)山坡型泥石流流域面积小,一般不超过(　　)km^2。流域呈斗状,没有明显的流通区,形成区直接与堆积区相连。

A. 1　　B. 2　　C. 3　　D. 5

(56)按泥石流的物质组成划分,泥石流有(　　)等形式。

A. 泥流　　B. 石流　　C. 泥石流　　D. 水石流

(57)区域内有大量的固体径流物质是形成泥石流的必要条件。固体物质的补给量、补给方式等都影响着泥石流的特征。根据对甘肃泥石流的研究,固体物质补给量大于 50 万 m^3/km^2时,大多形成黏性泥石流;补给量小于 20 万 m^3/km^2时,大多形成稀性泥石流;补给量小于(　　)万 m^3/km^2 时,一般不形成泥石流。

A. 15　　B. 8　　C. 4　　D. 2

(58)在地形条件上,泥石流的形成区地形多为三面环山,一面有出口的瓢形或斗状圈谷,谷坡坡度为(　　)。

A. 20° ~45°　　B. 30° ~45°　　C. 30° ~60°　　D. 45° ~75°

(59)某一泥石流源,其固体组成物质以粉砂、黏性土为主,固体物质总量占 58%,平均容重达 18.2 kN/m^3,发生泥石流时,水和固体物质挟裹在一起流动。这样的泥石流按其结构和流动性质划分为(　　)。

A. 标准型泥石流　　B. 泥石流　　C. 黏性泥石流　　D. 稀性泥石流

(60)某地一山间洼地,呈漏斗状,谷底纵坡坡度平均为 35°,周边山坡坡度 30° ~60°。汇流面积约 8.5 km^2,汇流区内地表植被稀少,地面松散物平均厚度达 4 m。如果遇到暴雨,此处是否具备发生泥石流的条件?(　　)

A. 具备　　B. 不具备

(61)某一泥石流经实测其容重为 19 kN/m^3,固体物质的容重为 24 kN/m^3,泥石流沟的清水汇入流量为40 m^3/s，取泥石流的堵塞系数为2，按汇水面积法计算泥石流的流量约为(　　)m^3/s。

A. 240　　B. 300　　C. 360　　D. 400

(62)某一黏性泥石流，流体水力半径为80 m，泥石流面纵坡降为1，如果泥石流粗糙率系数采用0.45，则依据经验公式算得的泥石流流速约为(　　)m/s。

A. 39　　B. 49　　C. 59　　D. 69

(63)某泥石流的淤积面积为0.4 km^2，泥石流体的平均厚度为2.5 m，固体物质的体积含量为60%，该泥石流的总淤积量约为(　　)万 m^3。

A. 30　　B. 40　　C. 50　　D. 60

4.4 参考答案

(1)BCD	(2)D	(3)ABCD	(4)ABD	(5)BCD	(6)ACD
(7)B	(8)A	(9)A	(10)C	(11)A	(12)D
(13)C	(14)B	(15)A	(16)D	(17)D	(18)B
(19)D	(20)D	(21)D	(22)C	(23)D	(24)B
(25)D	(26)D	(27)B	(28)A	(29)D	(30)D
(31)C	(32)C	(33)B	(34)D	(35)A	(36)B
(37)C	(38)B	(39)AD	(40)C	(41)A	(42)D
(43)A	(44)A	(45)B	(46)C	(47)D	(48)A
(49)C	(50)D	(51)C	(52)D	(53)A	(54)ABCD
(55)A	(56)ACD	(57)C	(58)C	(59)C	(60)A
(61)D	(62)C	(63)D			

第 5 章　水工建筑物工程地质

5.1　考试大纲

熟练掌握水工建筑物对地形地质条件的基本要求。

掌握岩体风化(卸荷)带划分。

熟练掌握坝基缓倾角结构面和软弱夹层等的工程地质特性及勘察研究方法。

熟练掌握坝基岩体的工程地质特性、质量评价方法及建基面确定方法。

熟练掌握坝(闸)基及拱坝坝肩岩体稳定性评价方法。

熟练掌握覆盖层的工程地质特性及对地基稳定的影响。

熟练掌握饱和砂土振动液化的形成条件、判别方法。

熟练掌握岩(土)体渗透性分级、渗漏量计算方法、渗透破坏类型和判别标准及其对建筑物稳定的影响。

掌握环境水对混凝土腐蚀性的评价标准。

掌握基坑涌水量计算方法及适用条件。

了解河谷岩体应力分布规律及对坝基的影响。

了解地基渗漏对工程的影响及渗控工程设计的基本要求。

了解冲刷坑形成的地质条件及评价方法。

掌握断层破碎带、软弱夹层、裂隙密集带、风化深槽、卸荷带、岩溶洞穴等地质缺陷对工程的影响及处理措施。

5.2　复习指导

5.2.1　复习要点

5.2.1.1　主要水工建筑物对地形地质条件的基本要求

水工建筑物按功能不同,一般分为挡水、输水、泄水、引水、发电等建筑物,本节归纳了混凝土重力坝、拱坝、土石坝、混凝土面板堆石坝、水工地下洞室、人工开挖边坡、渠道和堤防等 8 种建筑物类型,对地形地质条件的要求既有相同点,又有不同之处。

5.2.1.2　水工建筑物地基稳定问题

1)混凝土坝坝基(肩)岩体的抗滑稳定性

重力坝坝基的滑动破坏有表层(面)滑动、浅层滑动和深层滑动三种类型。其中,坝基深层滑动条件比较复杂,它必须具备滑动面、纵向和横向切割面、临空面。这些要素构成了深层滑动的边界条件。当坝基内存在缓倾角软弱结构面、夹层时,须计算深层抗滑稳定安全系数。

拱坝坝肩岩体失稳破坏的边界条件必须具备滑动面、切割面、临空面。常见的滑移体有楔形体、锥形体、棱形体、方形体。

2)饱和砂土振动液化问题

液化土的渗透性多介于 $10^{-3} \sim 10^{-4}$ cm/s。

饱和砂土振动液化的判别分为初判和复判。初判应排除不会产生液化的土层。对初判可能发生液化的土层应进行复判。

液化土的常用处理措施包括:改变基础型式、地基加固(加密)处理、围封和盖重。

3)岩(土)体渗透性分级和渗透破坏类型及防治措施

岩(土)体渗透性分为极微透水、微透水、弱透水、中等透水、强透水和极强透水6个等级。

渗透破坏形式划分为管涌、流土、接触冲刷和接触流失四大类。

基岩裂隙充填物、断层带及软弱夹层中,渗透破坏的特点和过程表现得隐散和缓慢,渗透破坏多为流土或接触冲刷,破坏比降也远较第四系松散地层为大。岩体中的另一种类型的渗透破坏是化学潜蚀。

实际工作中,需判别岩(土)体渗透破坏类型和确定临界水力比降。

防止渗透破坏的工程措施可概括为两大类:一类是改善岩(土)体的结构特性,提高其抵抗渗透破坏能力,使其变成不易产生渗透破坏的岩(土)体;另一类是采取措施截断岩(土)体中渗透水流或减小渗透比降,使其小于允许比降。

4)坝基渗漏对工程的危害及渗控设计方案的选择

(1)坝基渗漏对工程的危害主要表现为:一是损失水量,影响工程效益;二是由于渗漏造成的坝基岩(土)体工程特性恶化(管涌、冲刷、坝基扬压力过高等),影响坝基稳定。

(2)渗控设计方案的选择。①帷幕灌浆。一般用于裂隙岩体和岩溶化岩体的防渗。相对不透水岩体的标准根据坝型、坝高,防渗帷幕的下限,一般采用 $q = 1 \sim 5$ Lu。相对不透水层埋深较大时,也可根据坝高确定帷幕灌浆的安全深度,如0.3~0.7倍坝高。②防渗墙、堵洞。③铺盖。④排水。排水孔孔深一般为防渗帷幕深度的0.4~0.6倍,排水孔的孔径宜不小于100 mm,岩溶区应大于150~250 mm。对于可能发生渗透变形的部位,应对排水孔采取相应的反滤保护措施,以防止发生软弱层(带)的渗透破坏。

建于第四系覆盖层上的闸坝,当下游坝基出逸比降较大时,常采用减压井排水降压。

5)基坑涌水量计算

基坑涌水量计算包括均质含水层潜水完整井、均质含水层潜水非完整井、均质含水层承压水完整井、均质含水层承压水非完整井和均质含水层承压-潜水非完整井的计算方法。

按照基坑的形状,等效半径分为圆形基坑等效半径、矩形基坑等效半径和不规则形状基坑等效半径三种形式。

影响半径的经验公式分潜水含水层和承压含水层两种情况。

5.2.1.3 混凝土坝工程地质

1)风化岩体的工程地质特征

岩体风化分带划分方法主要是以现场观察、鉴定和经验判断的定性分析方法为主,结合多指标综合分析。风化类型(或风化形式)表征了不同风化带的风化程度的性状特征及产出条件。

一般风化类型按岩体风化类型及性状特征分为碎屑状风化、碎块状风化、疏松状或蜂窝状风化、球状风化、裂隙状风化等5种。前4种类型常以不同的组合形式存在于全强风化带中,第5种类型存在于中等风化及微风化带中。一般把风化夹层或夹层状风化、深风化槽或风化囊称做特殊风化类型。

岩体风化分带的野外特征一般包括:岩体风化变色及矿物蚀变、岩石组织结构的变化、风化类型(或形式)及地质特征、沿结构面的风化程度及充填物、围岩中地下水渗流状态和锤击声及开挖情况。

2)缓倾角结构面及软弱夹层的工程地质特征

(1)缓倾角结构面。按成因可分为原生结构面(层理、冷凝节理)、构造结构面(断层、层间错动剪切带,节理或裂隙)、次生结构面(风化、卸荷裂隙)。

当坝基岩体中发育有不连续的缓倾角裂隙时,须查明其产状及其分布,按走向进行分组,统计每组条数及所占总条数的百分率,编制玫瑰图及极点等密图;对各组发育程度进行初步评价。缓倾角结构面的重要特征还有间距、延续性(或延展性)、粗糙度、裂隙连通率(或连通系数)、充填状况。

(2)软弱夹层。按其成因一般可分为原生型、次生型(又称风化夹层)和构造型。

原生型软弱夹层的特点是:成层性好、层次多、有韵律、分布广、厚度较大、延伸远、产状稳定且与岩层产状一致。次生型软弱夹层的特点是:产状不稳定,厚度变化大,成层条件不好,主要分布在风化卸荷带或地下水循环带内,从地表向下逐渐变薄,到卸荷带以下则消失。

《水利水电工程地质勘察规范》(GB 50487—2008)根据黏粒含量,把软弱夹层分为岩块岩屑型、岩屑夹泥型、泥夹岩屑型和泥型,分别对应的黏粒含量为少或无、小于10%、10%~30%和大于30%。

泥化夹层的矿物成分与母岩性质和后期改造程度有关。泥化夹层主要的黏土矿物是蒙脱石、伊利石(水云母)和高岭石。泥化夹层的膨胀性主要与黏土矿物成分和微结构面的发育程度有关。不同地区泥化夹层的物理力学特性和规律不尽相同。主要是由夹层内物质成分、结构特征、上下界面形态所决定的。以伊利石为主的泥化带天然含水量、塑限、液限都比以蒙脱石为主的泥化带为低,而干密度、峰值抗剪强度则相反。

3)坝基各类地质缺陷的工程地质评价

(1)断层破碎带。①强度低,坝基下存在缓倾角断层破碎带,与其他结构面组合能构成对深层抗滑稳定不利的楔形块体,对坝基稳定不利。②变形模量低,可能产生大的压缩变形,导致坝基产生不均匀变形。③渗透稳定性差,易于在库水长期渗透压力作用下产生渗透破坏,进而发展成集中渗漏带,给大坝稳定带来不利影响。④坝基岩体中的断层破碎带多为碎裂结构岩体,最易构成强透水带,成为控制坝基渗漏的主要通道。

(2)风化深槽(或深风化槽)。风化深槽是沿断层破碎带、裂隙密集的交汇带加深、加剧风化形成的槽状风化现象。坝基下分布有深风化槽时,在大坝荷载作用下,可能造成不均匀变形,给坝基岩体稳定产生不利影响,需要挖除,并加强固结灌浆处理。

(3)裂隙密集带。裂隙密集带在各类岩体中均有分布,呈碎裂或镶嵌碎裂结构,属于Ⅳ类岩体,岩体完整性差,力学强度及变形模量低,透水性增强。坝基岩体存在有裂隙密集带或交汇带,可能造成坝基局部不均匀变形或坝基集中渗漏带。

(4)软弱夹层。当坝基下分布有规模较大的软弱夹层(剪切带)时,主要存在坝基深层抗滑稳定、渗透稳定、不均匀变形等三大工程地质问题。

4)坝基岩体质量评价及建基面确定

(1)坝基岩体质量评价。《水利水电工程地质勘察规范》(GB 50487—2008)中将岩体结构划分划分为块状结构、层状结构、碎裂结构和散体结构4种基本类型。依据岩体作为高混凝土坝坝基的适用性、产生变形滑移的危险程度和加固处理的难易程度,主要分类因素有岩石饱和单轴抗压强度、岩体结构类型、岩体完整程度、结构面发育程度及其组合等,将坝基岩体基本质量划分为Ⅰ~Ⅴ类。

(2)大坝建基面确定。对于大型水利水电工程高混凝土重力坝、高混凝土拱坝,建基面的选择综合考虑地质条件和工程结构条件。大坝建基岩体应符合优良(Ⅰ)及良好(Ⅱ)坝基,对于Ⅲ类岩体,对影响岩体变形和稳定的结构面需做专门处理。Ⅳ、Ⅴ类岩体不宜作为高混凝土坝地基,局部地段分布该类岩体时,需做专门性处理。

5)河谷岩体应力及其对工程的影响

河谷地带的最大主应力一般平行于岸坡分布,并在坡脚出现应力集中现象;第二主应力一般平行于河流分布;最小主应力一般垂直于坡面分布。

(1)在深切河谷顺向坡,平行边坡的最大主应力可能是引起溃曲破坏的重要因素之一。在坡脚,岩体可能首先出现压剪破坏。

(2)U形河谷下的地应力场对河床下岩体的垂向卸荷非常有利,当岩体中发育缓倾角结构面时,裂隙往往具有明显的张开现象和透水性增强现象。

6)环境水对混凝土坝的腐蚀性

环境水对混凝土的腐蚀性主要有分解类腐蚀、结晶类腐蚀和结晶分解复合类腐蚀三种,环境水对混凝土的腐蚀性判定标准按照《水利水电工程地质勘察规范》(GB 50487—2008)的规定。

5.2.1.4　土石坝地基工程地质

1)一般土性状的判定

(1)依据土的室内试验指标,对土的性状的判定各有关规范、规程的附录或手册中均有介绍,不尽相同,常用的有:①按相对密度判定砂土密实度;②按孔隙比判定砂土、粉土密实度;③按不均匀系数判定砂土的均匀性;④按天然含水量判定粉土湿度;⑤按液性指数判定黏性土的稠度状态;⑥按压缩系数 α_{1-2}、压缩模量 E_s 判定黏性土压缩性。

(2)依据现场测试标准贯入试验击数($N_{63.5}$)、动力触探击数(N_{120})也可判断土(包括粗粒土)的密实度。

2)土石坝地基防渗形式

坝基的防渗和渗控形式有:①垂直防渗;②上游水平防渗铺盖及下游排水;③下游排水设施及盖重。

土石坝坝基为岩基时,多选用垂直防渗,当透水层厚度不大时,可开挖截水槽、回填防渗黏土或混凝土；当透水层厚度较深时，可开挖浅槽做混凝土压浆板，对坝基进行灌浆帷幕。

坝基为粉土、砂砾石时，对于低坝可采用上游水平铺盖和下游反滤排水的防渗措施，亦可采用下游坝脚外透水盖层压重和反滤排水的渗控措施。当下部砂砾石透水较强时，可采用排水减压井。对于中高坝，当覆盖层较厚时，宜采用混凝土防渗墙进入基岩0.5～1.0 m，并根据需要对基岩进行帷幕灌浆；当覆盖层较薄时，可选用明挖回填黏土截水槽。

坚硬、新鲜、完整的岩体是最好的混凝土面板堆石坝趾板地基。但岩体岩性多软硬不均，风化程度不同，并有断层、裂隙或岩溶洞穴发育。一般根据坝高的不同，多选择强风化下部或弱风化岩体做趾板地基，并进行地基处理来满足趾板的要求。当河床砂砾石深厚、挖除困难时，中低坝的趾板可以砂砾石层作为地基。但高坝需对其组成、密实程度及变形等做专门的论证。

5.2.1.5 坝基地质缺陷的处理

1）混凝土塞

沿断层破碎带开挖出一定深度的倒梯形槽，将其中软弱构造岩及两侧破碎岩体清除，然后回填混凝土，其作用是使坝体荷载经混凝土塞传到两岸新鲜基岩上。

2）混凝土拱（或梁）、混凝土垫层

对于很宽的断层破碎带，采用混凝土拱（或梁）的处理方式，将坝体应力传送到两侧的完整岩体上，避免断层破碎带产生过大的压缩变形。

3）明挖、洞挖处理

当缓倾角软弱夹层埋藏较浅时，将其全部挖除最为安全可靠。

沿缓倾角软弱夹层的倾向布置一定数量的纵横交错的平硐，回填混凝土，形成混凝土抗滑键，并进行固结灌浆和接触灌浆。

4）大直径钢筋混凝土桩

在坝基范围内用若干大直径钢筋混凝土桩穿过缓倾角软弱夹层（带），将应力传至深部岩体。

5）混凝土深齿墙

在坝基中用深挖齿墙截断缓倾角软弱夹层，使齿墙嵌入软弱夹层下部的完整岩体一定深度来满足坝基深层抗滑稳定要求。

6）预应力锚固

预应力锚固就是用预应力锚杆或锚索穿过控制坝基滑移的缓倾角软弱夹层（带），深入至坚硬、完整的岩体，以增强岩体稳定性。

7）固结灌浆

通过固结灌浆起到增加岩体完整性，提高岩体弹性模量，减少坝基沉陷的作用。

8）坝基防渗和排水

坝基防渗和排水的主要目的是减少坝基渗漏量，降低坝基扬压力。

5.2.2 案例分析

【例5-1】 平原区某段堤防位于河流低漫滩上，堤基为粉细砂层，颗分成果见表5-1。

堤脚处 TZ203 钻孔揭露砂层厚度 14.6 m，地下水位埋深 1.2 m，钻孔 6 次标准贯入试验见表 5-2。

堤基建在原地面上，地震动峰值加速度为 0.10g。

①TZ203 孔的液化点数为(　　)。

A. 1　　B. 2　　C. 3　　D. 5

②以 TZ203 孔判断堤脚的液化等级为(　　)。

A. 不液化　　B. 轻微　　C. 中等　　D. 严重

表 5-1　堤基粉细砂颗分成果　　(%)

颗粒组成							
砾粒		砂粒			粉粒		黏粒
粗	细	粗	中	细			
60 ~ 20 mm	20 ~ 2 mm	2 ~ 0.5 mm	0.5 ~ 0.25 mm	0.25 ~ 0.075 mm	0.075 ~ 0.05 mm	0.05 ~ 0.005 mm	< 0.005 mm
0	0.8	5.0	13.1	75.0	3.3	2.2	0.6

表 5-2　TZ203 钻孔标准贯入试验成果

试验点孔深(m)	2.4	4.8	6.6	8.4	10.2	12.6
标贯实测击数 $N'_{63.5}$(击)	6	9	8	10	9	13

答案：①C、②C

考点：砂土液化判别。

解：①按照《水利水电工程地质勘察规范》(GB 50487—2008)附录 P 的评价方法：标贯试验时与工程正常运用时的试验点深度和地下水位相同，则 $N_{63.5} = N'_{63.5}$。根据地震动峰值加速度为 0.10g，取标准贯入锤击数基准值：$N_0 = 6$。土的黏粒含量为 0.6%，取 $\rho_c =$ 3%，则标贯击数临界值为：

$$N_{cr} = N_0[0.9 + 0.1(d_s - d_w)]\sqrt{\frac{3\%}{\rho_c}} = 6 \times [0.9 + 0.1(d_s - d_w)] \times 1$$

逐点判别结果见表 5-3。

可见，液化点数为 3。

因此，选 C。

②计算单孔液化指数(I_{le})，采用公式：

$$I_{le} = \sum_{i=1}^{n}\left(1 - \frac{N_{63.5i}}{N_{cri}}\right)d_i\omega_i$$

式中　I_{le}——液化指数；

　　n——单孔标贯点总数；

$N_{63.5i}$、N_{cri}——i 点标贯锤击数的实测值、临界值，当 $N_{63.5i}>N_{cri}$时取 N_{cri}；

d_i——i 点所代表的土层厚度；

ω_i——单位土层厚度受埋深影响的权函数。

表 5-3　逐点判别结果

标贯点序号	$N_{63.5}$	d_s	d_s-d_w	N_{cr}	判别
1	6	5	3.8	7.7	液化
2	9	5	3.8	7.7	不液化
3	8	6.6	5.3	8.6	液化
4	10	8.4	7.1	9.7	不液化
5	9	10.2	9.0	10.8	液化
6	13	12.6	11.4	12.2	不液化

TZ203 钻孔液化指数各参数计算见表 5-4。

表 5-4　TZ203 钻孔液化指数各参数计算

标贯点序号	$N_{63.5i}$	N_{cri}	d_i	ω_i	$\left(1-\frac{N_{63.5i}}{N_{cri}}\right)d_i\omega_i$
1	6	7.7	3.6	10	7.95
2	9	7.7	2.1	10	0
3	8	8.6	1.8	8.4	1.05
4	10	9.7	1.8	6.6	0
5	9	10.8	2.1	4.8	1.68
6	13	12.2	3.2	2.4	0

则液化指数为：

$$I_{le}=\sum_{i=1}^{n}\left(1-\frac{N_{63.5i}}{N_{cri}}\right)d_i\omega_i=7.95+1.05+1.68=10.68$$

液化等级为中等。

因此，选 C。

【例 5-2】　某壅水工程的泄水闸位于河床新近沉积的砂土层上，砂层天然孔隙比为 0.62，颗粒比重为 2.68，颗分曲线见图 5-1。

①试判断砂层的渗透破坏形式为(　　)。

A. 管涌型　　B. 流土型

C. 管涌与流土的过渡型　　D. 无法判断

②该砂层发生渗透破坏的临界比降与(　　)最为接近。

A. 0.81　　B. 0.40　　C. 0.25　　D. 0.10

答案：① C、②D

考点：土的渗透变形判别。

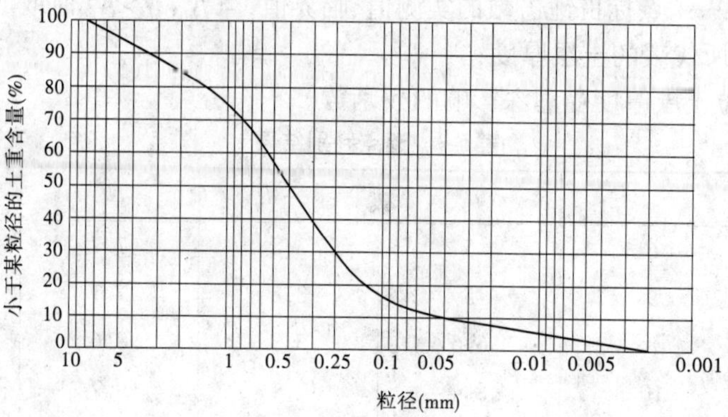

图 5-1

解： 按照《水利水电工程地质勘察规范》(GB 50487—2008)附录 G 的规定进行判断。

①判断渗透破坏形式。

计算不均匀系数：

$$C_u = \frac{d_{60}}{d_{10}}$$

其中，$d_{60} = 0.55$ mm，$d_{10} = 0.04$ mm，则：

$$C_u = \frac{0.55}{0.04} = 13.75$$

即 $C_u > 5$，则按细颗粒含量判断。

求细粒含量。

先确定粗细颗粒的区分粒径 d_f，按公式：

$$d_f = \sqrt{d_{70} \cdot d_{10}}$$

其中，$d_{70} = 0.8$ mm，$d_{10} = 0.04$ mm，则：

$$d_f = \sqrt{0.8 \times 0.04} = 0.18(\text{mm})$$

从颗分曲线上查得，细颗粒含量：$\rho_c = 28\%$，介于 25% 和 35% 之间，属于过渡型。

因此，①选 C。

②过渡型采用下式计算临界破坏比降：

$$J_{cr} = 2.2(G_s - 1)(1 - n)^2 \frac{d_5}{d_{20}}$$

其中，$G_s = 2.68$，$d_5 = 0.01$ mm，$d_{20} = 0.14$ mm，则：

$$n = e/(1 + e) = 0.62/(1 + 0.62) = 0.38$$

则 $$J_{cr} = 2.2 \times (2.68 - 1) \times (1 - 0.38)^2 \times (0.01/0.14) = 0.10$$

因此，②选 D。

【例 5-3】 东北某引水渠道上的一分洪闸位于上更新统风成细砂层上，砂层底板近于水平，厚度为 16 m，渗透系数 $k = 2.3$ m/d，下卧层为中更新统粉质黏土，地下水位埋深 2.5 m。分洪闸基坑为 60 m × 40 m 的长方形，深度为 8 m，采用潜水完整井降水，设计降低地下水位至基坑底面以下 2 m，基坑涌水量为(　　)m^3/d。

A. 84　　　　B. 584　　　　C. 779　　　　D. 824

答案：C

考点：基坑涌水量的计算。

解：按照远离边界时的潜水完整井公式：

$$Q = 1.366 \frac{kS(2H - S)}{\lg(1 + \frac{R}{r_0})}$$

式中　k——细砂的渗透系数，$k = 2.3\ m/d$；

H——潜水含水层厚度，$H = 16 - 2.5 = 13.5(m)$；

S——降深，$S = 2 + 8 - 2.5 = 7.5(m)$；

R——影响半径，$R = 2S\sqrt{kH} = 2 \times 7.5 \times \sqrt{2.3 \times 13.5} = 83.58(m)$；

r_0——引用大井半径，$r_0 = 0.29 \times (40 + 60) = 29(m)$。

代入公式计算得基坑涌水量为 $Q = 778.8\ m^3/d$。

因此，选 C。

【例 5-4】　在华北平原某河流的某段堤防上，堤基位于河流高漫滩上，各土层的厚度和渗透系数见表 5-5。

关于堤基的平均水平渗透系数，下列（　　）选项是正确的。

A. 1.4×10^{-2} cm/s　B. 4.3×10^{-3} cm/s　C. 4.7×10^{-3} cm/s　D. 无法判断

表 5-5　各土层的厚度和渗透系数

层序	土的名称	厚度(m)	渗透系数(cm/s)	说明
1	粉砂	6.4	8.6×10^{-4}	
2	粉土质砂	1.3	9.3×10^{-5}	
3	中砂	3.2	1.3×10^{-2}	
4	低液限黏土	不详	1.2×10^{-7}	下卧层(中更新统)

答案：B

考点：多层土渗透系数的计算。

解：按照顺层平均渗透系数的计算方法：

$$k_m = \frac{\sum_{i=1}^{n} k_i m_i}{m}$$

式中　k_m——细砂的平均渗透系数，cm/s；

k_i——第 i 层的渗透系数，cm/s；

m_i——第 i 层层厚，m；

m——岩(土)层总厚，m；

n——岩(土)层层数。

题中第 4 层的渗透系数低两个数量级，是相对隔水层，故只对 1 ~ 3 层做加权平均计算：

$k_m = (6.4 \times 8.6 \times 10^{-4} + 1.3 \times 9.3 \times 10^{-5} + 3.2 \times 1.3 \times 10^{-2}) / (6.4 + 1.3 + 3.2)$

$=4.33\times10^{-3}$(cm/s)

因此,选 B。

【例 5-5】 西藏某工程坝址区地下水水质中,pH =6.8,侵蚀性 CO_2 含量为 3.8 mg/L,主要离子含量见表 5-6。

试判断地下水对混凝土的腐蚀性为(　　)。

A. 一般酸性型腐蚀　B. 重碳酸型腐蚀　C. 硫酸盐型腐蚀　D. 无腐蚀

表 5-6　主要离子含量

$K^+ + Na^+$ (mg/L)	Ca^{2+} (mg/L)	Mg^{2+} (mg/L)	Cl^- (mg/L)	SO_4^{2-} (mg/L)	HCO_3^- (mmol/L)
11.7	30.7	5.3	6.9	25.5	1.76

答案: D

考点: 环境水对混凝土腐蚀性判别。

解: 按照《水利水电工程地质勘察规范》(GB 50487—2008)的评价方法,将水质分析成果与评价标准对比即得出评价结果,见表 5-7。

表 5-7　水质分析成果与评价标准对比

腐蚀性类型	腐蚀性介质判定依据	标准界限	水质特征	评价结果
一般酸性型	pH 值	>6.5	6.8	无腐蚀
碳酸型	侵蚀性 CO_2 含量(mg/L)	<15	3.8	无腐蚀
重碳酸型	HCO_3^- 含量(mmol/L)	>1.07	1.7	无腐蚀
镁离子型	Mg^{2+} 含量(mg/L)	<1 000	5.3	无腐蚀
硫酸盐型	SO_4^{2-} 含量(mg/L)	<250	25.5	无腐蚀

评价结果是无腐蚀。

因此,选 D。

5.3　复习题

(1)下列地形地质条件表述中,拱坝特有的要求是(　　)。

A. 坝基应有足够的强度和与坝体混凝土相适应的变形模量,其均匀性和完整性也应较好。承受坝体荷载时,不致产生过大的变形或不均匀变形。要求河谷覆盖层不厚,没有大的顺河断层和河床深槽,全强风化带和卸荷带厚度不大

B. 下游河床岩体应具有足够的抗冲能力,避免冲刷坑向上游扩展,威胁大坝安全

C. 工程建筑物区附近应有足够的、合乎要求的混凝土天然或人工骨料料源

D. 地形基本对称,以 V 形河谷为优,U 形河谷次之。河谷的宽高比最好小于 3.5∶1,不宜大于 6∶1。坝肩下游没有深切沟谷

(2)下列表述中，长引水渠道应该考虑的地形地质条件有(　　)。

A. 尽量减小水头损失，可以考虑深挖和高填

B. 尽量避开岩溶发育区、特殊性岩土分布区和可能产生液化的砂层分布区等

C. 尽量避开崩塌、滑坡、泥石流等不良地质现象发育地段

D. 尽量避免穿越煤矿采空区、地面沉降区、岩溶塌陷区，尽量少占压矿产资源

(3)拱坝的外荷载主要是通过拱的作用传递到(　　)，所以拱坝的稳定性主要依靠坝端两岸岩体维持。

A. 坝端两岸　　B. 坝体　　C. 坝后　　D. 岩石

(4)对于混凝土重力坝地基，下列说法正确的是(　　)。

A. 以 V 形河谷为优，U 形河谷次之，河谷的宽高比最好小于 3.5:1

B. 河谷地形以基本对称的峡谷、谷宽便于水工建筑物的布置为宜

C. 适应各种河谷地形，但坝体不能过流

D. 当采用松散地基时，避免存在厚的粉细砂层、软土层等高压缩土层

(5)对人工开挖边坡不利的地质条件是(　　)。

A. 主要结构面(层面、断层面、优势节理、裂隙)的走向与边坡走向呈大角度的夹角，结构面倾角大小利于边坡成型

B. 边坡地段地表水系的补排不经常危及边坡安全

C. 岩(土)体的渗透性及地下水的赋存状况(含(透)水层特点、补排关系、地下水位、动态变化等)不会严重恶化边坡岩(土)体的工程性质

D. 沉积岩地层为顺向坡，存在软弱夹层，岩层产状与坡角接近

(6)在下列选项中，对水工地下洞室最不利的地质条件是(　　)。

A. 进出口边坡岩体稳定性好，没有重大的地质灾害危及进出口的安全

B. 隧洞通过地段应以Ⅱ、Ⅲ类围岩为主，无厚层软岩或大型破碎带通过

C. 地下建筑物地段地应力 35 MPa，建筑物轴线与最大主应力方向交角为 51°

D. 地下建筑物轴线与岩层走向交角为 31°

(7)在一般情况下，坝基岩体中总是存在着风化岩体、软弱夹层、断层、裂隙、地下水等不利地质条件，其不利组合往往成为重力坝坝基抗滑稳定问题。重力坝坝基的滑动破坏有(　　)。

A. 表层(面)滑动：沿坝体底面与坝基岩体接触面(建基面)发生的破坏

B. 浅层滑动：坝体连同一部分坝基浅部岩体发生的剪切破坏

C. 深层滑动：当坝基岩体深部存在特别软弱的可能滑动面时，坝体连同一部分岩体沿深部滑动面产生的剪切滑动

D. 切层滑动：当坝基为横谷陡倾角沉积砂岩地层时，坝体连同一部分岩体横切地层产生的剪切滑动

(8)坝基深层滑动条件比较复杂，它必须具备(　　)、临空面，这些要素构成了深层滑动的边界条件。

A. 滑动面　　B. 纵向和横向切割面　　C. 沉积间断面　　D. 断裂面

(9)滑动面是指坝基岩体滑动破坏时，该面的实际抗滑能力低于坝体混凝土与基岩接触面的抗剪能力，是坝基的滑动控制面。通常构成滑动面的有(　　)。

A. 最大剪应力面　　B. 软弱夹层　　C. 断层破碎带　　D. 缓倾角裂隙

(10)在坝下游河床距坝趾不远的范围内，存在下列结构面或结构体，其中可能构成坝基抗滑稳定临空面的是(　　)。

A. 溢流冲刷坑

B. 规模较大的横河向陡倾角夹泥裂隙

C. 宽 3 ~ 5 m，沿节理密集带发育的横河向陡倾角风化夹层

D. 规模较大的横河向陡倾角辉绿岩脉

(11)坝基岩体抗滑稳定的计算方法有(　　)。

A. 边界元法　　B. 极限平衡法　　C. 有限单元法　　D. 地质力学模型试验法

(12)用极限平衡法计算坝基岩体抗滑稳定简明方便，又具有一定的精确度，所以得到广泛应用。根据《混凝土重力坝设计规范》(SL 319—2005)，按抗剪断强度公式、基本荷载组合工况条件下计算坝基面抗滑稳定安全系数 K' 时，K' 应大于或等于(　　)。

A. 1.5　　B. 2.0　　C. 2.5　　D. 3.0

(13)当坝基内存在缓倾角软弱结构面时，须计算深层抗滑稳定安全系数，按抗剪断强度公式、特殊荷载组合(校核洪水)工况条件下计算坝基面抗滑稳定安全系数 K' 时，K' 应大于或等于(　　)。

A. 1.5　　B. 2.0　　C. 2.5　　D. 3.0

(14) 一般情况下，拱坝坝肩岩体失稳破坏形式主要是沿缓倾角软弱结构面向下游河床滑动，滑动的边界条件必须具备(　　)。

A. 滑动面　　B. 上游切割面　　C. 下游切割面　　D. 临空面

(15)在下图中，对拱坝坝肩岩体稳定有利的地形地质条件是(　　)。

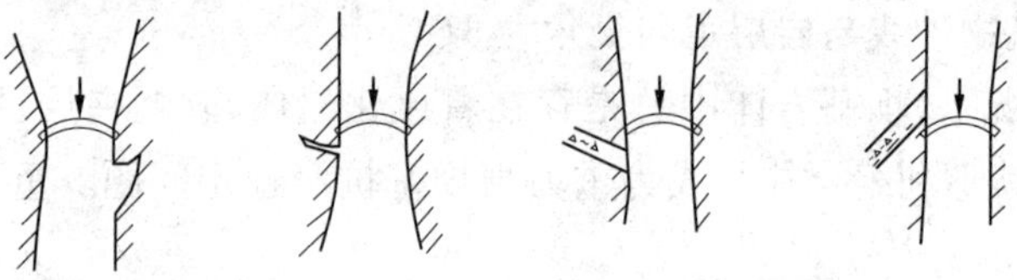

A　　B　　C　　D

(16)液化的本质是土体中的孔隙水压力在外界因素触发下，在短时间内上升到超过有效应力水平。渗透性太强时，孔隙水压力易于消散，难以形成超孔隙水压力；渗透性太弱时，土体黏结强度(c 值)增大，孔隙水压力难以达到有效应力水平。液化土的渗透性多介于(　　)cm/s。

A. $10^{-3} \sim 10^{-4}$　　B. $10^{-2} \sim 10^{-4}$　　C. $10^{-1} \sim 10^{-2}$　　D. $10^{-2} \sim 10^{-3}$

(17)土的地震液化判定工作可分初判和复判两个阶段。初判应排除不会发生地震液化的土层。下列选项中，不符合土的地震液化初判的是(　　)。

A. 地层年代为第四纪晚更新世 Q_3 或以前的土,可判为不液化

B. 当土的粒径小于 5 mm 的颗粒含量的质量百分率小于或等于 30% 时,可判为不液化

C. 工程正常运用后,地下水位以上的非饱和土可判为不液化

D. 当土层的剪切波速小于公式 $V_{st}=291\sqrt{K_H Z\gamma_d}$ 计算的下限剪切波速时,可判为不液化

(18)《水利水电工程地质勘察规范》(GB 50487—2008)中,液化判别标准贯入锤击数临界值计算公式为:

$$N_{cr}=N_0[0.9+0.1(d_s-d_w)]\sqrt{\frac{3\%}{\rho_c}}$$

下列对式中参数说明错误的是(　　)。

A. ρ_c 为土的黏粒颗粒含量质量百分率,当 $\rho_c<3\%$ 时,ρ_c 取 3%,测定土的黏粒含量时不应使用分散剂

B. N_0 为液化判别标准贯入锤击数基准值

C. d_s 为工程正常运用时,标准贯入点在当时地面以下的深度,当标准贯入点在地面以下 5 m 以内的深度时,应采用 5 m 计算

D. 公式只适用于标准贯入点地面以下 15 m 以内的深度,当大于 15 m 的深度内有饱和砂或饱和少黏性土,需要进行地震液化判别时,可采用其他方法判定

(19)饱和砂土地震液化的常用处理措施主要有改变基础型式、地基加固(加密)处理、围封和盖重等工程措施,下列选项中对上述四种工程措施的叙述不正确的是(　　)。

A. 改变基础型式:在液化层厚度不大时,可采用深基础、桩基础,也可采用置换的方法

B. 地基加固(加密)处理:如采用振冲、振动加密、砂桩挤密、强夯、深层搅拌、高压喷射注浆等措施,对液化层进行加密处理

C. 围封:采用地下连续墙对地基非液化土层进行封闭保护处理

D. 盖重:在基础下铺盖一层非液化土,其厚度和侧向宽度应按满足抗液化设计要求确定

(20)岩土渗透性按渗透系数或透水率的大小进行分级,以表征岩(土)体渗透性强弱的程度,从而为评价水利水电工程地基的渗漏量、地基岩(土)体渗透稳定性及选择地基防渗方案提供依据。某砂层的渗透系数为 9.6×10^{-4} cm/s,按《水利水电工程地质勘察规范》(GB 50487—2008),其渗透性等级为(　　)。

A. 微透水　　B. 弱透水　　C. 中等透水　　D. 强透水

(21)依据产生渗透破坏的现象,把岩土体渗透破坏形式划分为管涌、流土、接触冲刷和接触流失四大类。其中,在层次分明、渗透系数相差悬殊的两土层中,垂直于层面的渗透水流将渗透系数小的岩土层中的细颗粒带到渗透系数大的岩土层中的现象称为(　　)。

A. 管涌　　B. 流土　　C. 接触冲刷　　D. 接触流失

(22)防止岩(土)体渗透破坏的工程措施可概括为两大类:一类是改善岩(土)体的结构特性,提高其抵抗渗透破坏的能力,使其变为不易产生渗透破坏的岩(土)体;另一类是采取措施截断岩(土)体中渗透水流或减小渗透比降,使其小于允许比降。第二类工程措施有(　　)。

A. 增加渗径(防渗墙、防渗帷幕灌浆、水平铺盖等)

B. 排水减压

C. 渗透水流出逸处设置反滤层等措施

D. 采用水泥灌浆、化学灌浆增加岩土体的粒间黏结力

(23)按照稳定流解析计算基坑涌水量的方法中,对于均质含水层潜水完整井,当基坑位于两个地表水体之间或位于补给区与排泄区之间时,涌水量按(　　)计算。

A. $Q=1.366k\dfrac{(2H-S)S}{\lg\left(1+\dfrac{R_0}{r_0}\right)}$

B. $Q=1.366k\dfrac{(2H-S)S}{\lg\left(\dfrac{2b}{r_0}\right)}$　$(b<0.5R)$

C. $Q=1.366k\dfrac{(2H-S)S}{\lg\left[\dfrac{2(b_1+b_2)}{\pi r_0}\cos\dfrac{\pi(b_1-b_2)}{2(b_1+b_2)}\right]}$

D. $Q=1.366k\dfrac{(2H-S)S}{\lg(R+r_0)-\lg r_0(2b+r_0)}$

(24)按照稳定流解析计算基坑涌水量的方法中,对于均质含水层承压水完整井,当基坑位于两个地表水体之间或位于补给区与排泄区之间时,涌水量按(　　)计算。

A. $Q=2.73k\dfrac{MS}{\lg\left(1+\dfrac{R}{r_0}\right)}$

B. $Q=2.73k\dfrac{MS}{\lg\left(\dfrac{2b}{r_0}\right)}$　$(b<0.5R)$

C. $Q=2.73k\dfrac{MS}{\lg\left[\dfrac{2(b_1+b_2)}{\pi r_0}\cos\dfrac{\pi(b_1-b_2)}{2(b_1+b_2)}\right]}$

D. $Q=2.73k\dfrac{MS}{\lg\left(1+\dfrac{M}{r_0}\right)+\dfrac{M-l}{l}\lg\left(1+0.2\dfrac{M}{r_0}\right)}$

(25)在稳定流解析计算基坑涌水量的计算公式中,井的半径采用井群的等效半径,对于矩形基坑$(a\times b)$,等效半径按(　　)计算。

A. $r_0=\dfrac{1}{2}(a+b)$　　B. $r_0=0.29(a+b)$　　C. $r_0=\sqrt{\dfrac{ab}{\pi}}$　　D. $r_0=\dfrac{\sqrt{a^2+b^2}}{2}$

(26)在工程实践中,常采用冲刷系数、基岩抗冲流速、允许流速、土质渠道不冲刷流

速以及岩体透水性等定量表征岩(土)体的抗冲刷性。对于岩质中硬、发育3组节理、节理间距30~40 cm的中厚层状岩体,其抗冲刷类型为(　　)。

A. 易冲刷　　B. 较易冲刷　　C. 可冲刷　　D. 难冲刷

(27)风化是地壳表面普遍存在的地质现象,混凝土坝一般建基于不同风化程度的风化岩体上。由于气候条件、植被状况存在区域性差异,风化作用也不相同。在我国西北植被稀少、干旱的地区,(　　)风化作用最为显著。

A. 冻融　　B. 物理　　C. 化学　　D. 生物

(28)风化类型(或风化形式)表征了不同风化带的风化程度的性状特征及产出条件,据此划分为一般(常见)风化类型及(　　)类型两大类。

A. 疏松状或蜂窝状风化　　B. 球状风化

C. 囊状风化　　D. 特殊风化

(29)按岩体风化类型及性状特征来分,常见的风化有碎屑状风化、碎块状风化、疏松状或蜂窝状风化、球状风化、裂隙状风化等5种。前4种类型常以不同的组合形式存在于(　　)带中,第5种类型存在于中等风化带及微风化带中。

A. 全风化　　B. 全强风化　　C. 强风化　　D. 强弱风化

(30)岩体风化分带划分方法主要是以现场观察、鉴定和经验判断的定性分析方法为主,结合多指标综合分析。下列选项中不属于岩体风化分带的野外特征的是(　　)。

A. 岩体风化变色及矿物蚀变　　B. 岩石组织结构的变化

C. 岩石中黏土矿物的含量　　D. 风化类型(形式)及地质特征

(31)云南某工程坝基坐落于早古生代混合花岗岩上,对某部位岩体声波测试成果为:岩体完整性系数$K_V=0.58$,岩体纵波速度$V_p=2\ 800$ m/s。岩石中长石斑晶浑浊,并且大部分斑晶边缘成粉状,锤击闷声。依据上述特征,推测该部位岩体最可能的岩体风化带是(　　)带。

A. 全风化　　B. 强风化　　C. 弱风化　　D. 微风化

(32)下列关于位于我国南方亚热带季风区、降雨充沛、植被良好的某坝址强风化花岗岩野外特征的叙述中,错误的是(　　)。

A. 岩石大部分变色,只有局部岩块保持原有颜色

B. 岩石的组织结构大部分已破坏;小部分岩石已分解或崩解成土,风化裂隙发育,有时含大量次生夹泥

C. 石英、长石、云母和铁镁矿物已风化蚀变

D. 锤击哑声,岩石大部分变酥、易碎,坚硬部分需爆破

(33)下列关于位于我国北方寒温带大陆季风区的某坝址弱风化花岗岩风化特征的叙述中,正确的是(　　)。

A. 岩石表面或裂隙面大部分变色,较大岩块内部仍保持新鲜岩石色泽

B. 岩石原始组织结构清楚完整,但风化裂隙发育

C. 沿裂隙面矿物发生蚀变,长石变得浑浊、模糊不清

D. 锤击哑声,大部分开挖不需爆破

(34)在工程地质领域,非常重视对结构面的研究,将结构面按成因分为(　　)。

A. 原生结构面　　B. 构造结构面　　C. 次生结构面　　D. 泥化夹层

(35)原生结构面是成岩过程中形成的结构面,不包括(　　)。

A. 沉积层理面

B. 岩浆侵入、喷溢、冷凝过程中形成的原生节理、间歇喷溢面等

C. 变质作用形成的片理、板理、黑云母、绿泥石、滑石富集带等

D. 岩脉与围岩接触带

(36)次生结构面是指在地壳浅表部位,由于外动力地质作用形成的结构面,下列选项中不属于次生结构面的是(　　)。

A. 卸荷裂隙　　B. 风化裂隙　　C. 断层影响带　　D. 风化夹层

(37)延续性表征结构面的展布范围和延续长度,它是岩体重要特性之一。按照国际岩石力学学会的建议,延续长度 12 m 的一条缓倾角节理,其延续性属于(　　)。

A. 延续性很好的　　B. 延续性好的　　C. 中等延续性的　　D. 延续性差的

(38)粗糙度是指结构面的粗糙及光滑程度,用起伏度和起伏差来表征。起伏度常用起伏角 i 来表示,波状起伏的结构面则以波峰与波谷之间的距离起伏差 h(单位为 cm)表示。下列对结构面粗糙度的表述中,错误的是(　　)。

A. 结构面的粗糙度对于研究岩体的抗剪强度有重要意义

B. 结构面的粗糙度对于评价岩体的剪胀有重要意义

C. 在其他岩体条件相同的条件下,粗糙结构面比光滑结构面的抗剪强度高

D. 当软弱夹层的厚度低于起伏差时,则夹层围岩的粗糙度对夹层的强度不起作用

(39)结构面的充填胶结状况除无充填外,按充填物成分可分为四类:①泥质及泥夹碎屑充填;②钙质或方解石充填;③长石、绿泥石、绿帘石充填;④硅质及铁质充填。一般情况下,由上述四种充填物胶结的结构面的抗剪强度由高到低的顺序是(　　)。

A. ③④②①　　B. ④①②③　　C. ④②③①　　D. ②④③①

(40)软弱夹层按其成因一般可分为原生型、次生型和构造型三种类型。其中,原生型是指成岩过程中,在坚硬岩层间所夹的黏粒含量高、胶结程度差、力学强度低的软弱岩层。下列选项中,不属于原生型的是(　　)。

A. 碳酸盐建造中夹的页岩、黏土岩薄层　B. 花岗岩中的基性侵入岩脉

C. 火山岩喷发间歇期沉积的凝灰岩　　D. 变质岩中的绢云母、绿泥石富集带

(41)《水利水电工程地质勘察规范》(GB 50487—2008)根据黏粒含量把软弱夹层分为岩块岩屑型、岩屑夹泥型、泥夹岩屑型和泥型,当夹层中黏粒含量为 15% 时,其类型为(　　)。

A. 岩块岩屑型　　B. 岩屑夹泥型　　C. 泥夹岩屑型　　D. 泥型

(42)泥化夹层的矿物成分与母岩性质和后期改造程度有关,其中主要的黏土矿物是蒙脱石、伊利石(水云母)和高岭石。关于上述三种黏土矿物的性质,错误的是(　　)。

A. 伊利石中钾离子含量高于绢云母

B. 蒙脱石的颗粒小于高岭石

C. 伊利石黏土吸水膨胀、失水收缩的性质小于蒙脱石黏土

D. 当土体中含有较高的钠蒙脱石时,土体就具有一定的分散性

(43)泥化夹层的主要化学成分为 SiO_2、Al_2O_3、Fe_2O_3，其次为 CaO、MgO、K_2O、Na_2O 等。由于碱金属离子的溶失和游离氧化物的凝聚，与母岩相比泥化夹层的化学成分含量发生了一定的变化，下列说法错误的是(　　)。

A. 泥化后 CaO 的含量比母岩低

B. 泥化后 Al_2O_3、Fe_2O_3 的含量比母岩高

C. 泥化后 Al_2O_3、Fe_2O_3 的含量比母岩低

D. 泥化后 Fe_2O_3 的含量比母岩高

(44)泥化夹层在空间结构上具有分带性，一般包括泥化带、劈理带和节理带。其中，渗透稳定性最差的是(　　)。

A. 泥化带　　B. 劈理带　　C. 节理带　　D. 劈理带或泥化带

(45)《水利水电工程地质勘察规范》(GB 50487—2008)中将岩体结构划分为 4 种基本类型，12 种亚类型，亚类型中的巨厚层状结构所属的基本类型是(　　)。

A. 块状结构　　B. 层状结构　　C. 碎裂结构　　D. 散体结构

(46)用 *RQD* 作为岩石质量指标评价岩体完整性，是迪尔(Derr. D. U)提出的，*RQD* 值等于钻孔中大于 10 cm 的岩心所占钻孔进尺的百分率。对于 $RQD = 20\%$ 的岩体，其完整性为(　　)。

A. 较完整　　B. 中等完整　　C. 较破碎　　D. 破碎

(47)某平原区蓄水工程坝基岩体为弱风化花岗岩，岩体纵波速度为 3 800 m/s。通过对坝址岩体大量声波测试得知，新鲜岩块纵波速度为 5 500 m/s，弱风化岩块纵波速度为4 200 m/s，则坝基弱风化岩体的岩体完整性系数为(　　)。

A. 0.69　　B. 0.90　　C. 0.48　　D. 0.82

(48)《水利水电工程地质勘察规范》(GB 50487—2008)的分类，依据岩体作为高混凝土坝坝基的适用性、产生变形滑移的危险程度和加固处理的难易程度，将坝基岩体基本质量划分为Ⅰ~Ⅴ类。主要分类因素中不包括(　　)。

A. 岩石饱和单轴抗压强度　　B. 结构面发育程度及其组合

C. 岩体结构类型　　D. 岩体载荷试验强度

(49)对于大型水利水电工程高混凝土重力坝、高混凝土拱坝，确定大坝建基面应遵循的基本原则有(　　)。

A. 在对建基面选择的勘察研究的基础上，制定适用于本工程的坝基岩体工程地质分类或岩体质量分级与评价

B. 大坝建基岩体应符合优良(Ⅰ)及良好(Ⅱ)坝基

C. 建基面的选择综合考虑地质条件和工程结构条件

D. 在对断层等条形地质缺陷挖除置换混凝土的深度时，应达到坝基荷载消散 50% 的深度处

(50)对天然应力场起主导作用的是自重应力和构造应力，在河谷地带由于河谷切割卸荷，地应力会发生方向的偏转及最大和最小主应力差值的增大。下列关于河谷岩体应力的说法中不正确的是(　　)。

A. 在深切河谷顺向坡，平行边坡的最大主应力可能是引起溃屈破坏的重要因素之

一。在坡脚岩体可能首先出现压剪破坏

B. 河谷地带岸坡表部岩体的最大主应力方向一般平行于岸坡，并在坡脚出现应力集中现象

C. 河谷地带岸坡表部岩体的最小主应力一般平行于河流方向

D. U 形河谷下的地应力场对河床下岩体的垂向卸荷非常有利，当岩体中发育缓倾角结构面时，裂隙往往具有明显的张开现象和透水性增强现象

(51)环境水对混凝土的腐蚀性主要有分解类腐蚀、结晶类腐蚀和结晶分解复合类腐蚀三种，其中分解类腐蚀包括一般酸性型腐蚀、碳酸型腐蚀和重碳酸型腐蚀。判定一般酸性型腐蚀依据的介质是(　　)。

A. 游离 CO_2　　B. 侵蚀性 CO_2　　C. HCO_3^-　　D. pH 值

(52)在水利水电工程地质勘察成果编制中，土的物理性质参数标准值选取以土的物理性质试验的(　　)作为标准值。

A. 大值平均值　B. 小值平均值　C. 算术平均值　D. 算术平均值乘安全系数

(53)土的渗透系数标准值应根据抽水试验、注(渗)水试验或室内试验的统计结果确定，按照工程用途的不同采用不同的统计值，下列选项中不正确的是(　　)。

A. 用于人工降低地下水位及排水计算时，应采用抽水试验的小值平均值

B. 水库(渠道)渗漏量、地下洞室涌水量及基坑涌水量计算的渗透系数，应采用抽水试验的大值平均值

C. 用于浸没区预测的渗透系数，应采用试验的平均值

D. 用于供水工程计算时，应采用抽水试验的加权平均值

(54)当采用总应力进行稳定分析来选取地基土抗剪强度的标准值时，下列选项中不正确的是(　　)。

A. 对于黏性土地基，应测定或估算孔隙水压力，采用有效应力强度的标准值

B. 对于排水条件差的黏性土地基，宜采用饱和快剪强度标准值，或三轴不固结不排水剪切强度的标准值；对于软土地基，可采用原位十字板剪切强度标准值

C. 对于上下土层透水性较好或采取了排水措施的薄层黏性土地基，宜采用饱和固结快剪强度标准值或三轴压缩试验固结不排水剪切强度标准值

D. 对于透水性良好、不易产生孔隙水压力或能自由排水的地基土层，宜采用慢剪强度标准值或三轴压缩试验固结排水剪切强度标准值

(55)对于混凝土坝、闸基础与其地基土间的抗剪强度标准值的确定，下列选项中不正确的是(　　)。

A. 对于软土地基，力学参数标准值宜采用室内试验、原位测试，结合当地经验确定，抗剪强度指标室内宜采用三轴试验，原位测试宜采用十字板剪切试验

B. 对于黏性土地基，内摩擦角标准值可采用室内饱和固结快剪试验内摩擦角平均值的 90%，凝聚力标准值可采用室内饱和固结快剪试验凝聚力平均值的 20% ~ 30%

C. 对于砂性土地基，内摩擦角标准值可采用室内饱和固结快剪试验内摩擦角平均值的 85% ~90%

D. 对于碎石土地基，应以其中细粒土的抗剪强度确定其抗剪强度标准值

(56)对于高混凝土坝，岩体力学参数需通过现场原位试验获得，《水利水电工程地质勘察规范》(GB 50487—2008)规定，岩体变形参数取原位试验成果的(　　)作为标准值。

A. 大值平均值　　B. 小值平均值　　C. 算术平均值　　D. 最小值

(57)在喀斯特岩层上修建高混凝土坝时，可能存在坝基变形、坝基抗滑稳定和坝基渗漏等工程地质问题。下列选项不正确的是(　　)。

A. 当坝基存在大溶洞、大溶隙或溶蚀带并充填松软土时，可能存在渗透变形问题

B. 当坝基主要应力区埋藏有大溶洞时，一定存在不均匀沉陷问题

C. 当坝基存在大溶隙或溶蚀带时，可能存在压缩变形问题

D. 坝基存在顺河向断层，并沿断层发育有喀斯特系统时，则沿该断层存在喀斯特管道渗漏问题

(58)在天然条件下，岩体内地应力处于相对平衡状态，当由于河流切割、人工开挖等外部营力改变了岩体的边界条件时，地应力就以应变能的形式释放出来，表现为岩体的变形破坏。当地应力过高时，对岩体力学性质及工程施工造成影响。下列选项中与地应力无关的的是(　　)。

A. 基坑底部隆起破坏　　B. 边坡沿软弱结构面失稳

C. 边坡的倾倒变形　　D. 地下洞室开挖时软岩发生大的收敛变形

(59)某坝址河谷呈U形，河床宽110 m，河谷相对切割深200 m。地层为龙马溪组泥质粉砂岩，走向与谷坡近于平行，倾角15°左岸为顺向坡，右岸为逆向坡。下列选项中可能性最小的是(　　)。

A. 强卸荷带的水平发育厚度左岸大于右岸

B. 河床表部岩体透水性较强，属中等透水岩体，中等透水岩体的厚度由岸边向河床中部逐渐变厚

C. 河床表部岩体靠近岸边部位有层面裂隙宽张现象

D. 河谷两岸应力松弛区的厚度左岸大于右岸

(60)某河床新近沉积的中砂层相对密度 $D_r=0.35$，以此判断该砂层的密实度为(　　)。

A. 密实的　　B. 中密的　　C. 松散的　　D. 极松散的

(61)某河床新近沉积的细砂层孔隙比 $e=0.65$，以此判断该砂层的密实度为(　　)。

A. 密实的　　B. 中密的　　C. 稍密的　　D. 松散的

(62)某土室内压缩试验测得 $a_{1-2}=0.35\ \text{MPa}^{-1}$，压缩模量可能是(　　)MPa。

A. 4　　B. 7　　C. 11　　D. 15

(63)砂土试验 $L=7.6$ cm，在常水头渗透仪中进行试验，渗透仪直径 $d=6.2$ cm，经过20 s后流出的水量为0.700 L，测压管中的水位差 $h=3.0$ cm。则砂土的渗透系数为(　　)。

A. 2.9 m/d　　B. 2.94 cm/s　　C. 58.8 cm/s　　D. 0.002 9 cm/s

(64)坝基的防渗和渗控形式中，不正确的是(　　)。

A. 垂直防渗，包括明挖回填截水槽、混凝土防渗墙及灌浆帷幕等形式

B. 下游水平防渗铺盖

C. 上游水平防渗铺盖及下游排水

D. 下游排水设施及盖重，包括水平排水垫层、反滤排水沟、排水减压井、下游透水盖重及反滤排水沟与排水减压井的组合形式

(65)土石坝坝基为岩基时，错误的防渗处理措施是(　　)。

A. 多选用垂直防渗

B. 当透水层厚度不大时，可开挖截水槽、回填防渗黏土或混凝土

C. 当透水层厚度较深时，可开挖浅槽做混凝土压浆板，对坝基进行灌浆帷幕

D. 绕坝渗漏帷幕长度应延伸至正常蓄水位与地下水位交点处

(66)土石坝坝基为土质坝基时，错误的防渗处理措施是(　　)。

A. 厚层黏土坝基可不做专门的防渗处理

B. 黏土、砂土互层坝基常采用垂直防渗，可选用截水墙，其深度进入相对隔水层内

C. 对于中高坝，当覆盖层较厚时，可选用明挖回填黏土截水槽

D. 坝基为粉土、砂砾石时，对于低坝可采用上游水平铺盖和下游反滤排水的防渗措施，亦可采用下游坝脚外透水盖层压重和反滤排水的渗控措施

(67)对于无黏性土，按照孔隙比表达密实度比较方便。孔隙比小，则密实度大、承载力高。但是用天然孔隙比表达砂土的密实程度在某些情况下也存在一定的偏差。采用相对密度表达无黏性土的密度则更严密。在下列相对密度的表达式中，不正确的是(　　)。

A. $D_r=\dfrac{e-e_{\min}}{e_{\max}-e_{\min}}$　　B. $D_r=\dfrac{\gamma_{\max}}{\gamma}\cdot\dfrac{\gamma-\gamma_{\min}}{\gamma_{\max}-\gamma_{\min}}$

C. $D_r=\dfrac{\rho_{d\max}}{\rho_d}\cdot\dfrac{\rho_d-\rho_{d\min}}{\rho_{d\max}-\rho_{d\min}}$　　D. $D_r=\dfrac{e_{\max}-e}{e_{\max}-e_{\min}}$

(68)在东北平原西部，靠近松辽分水岭的某灌溉工程的一段渠道上，渠基土为上更新统风积粉细砂，颗分曲线见图5-2。

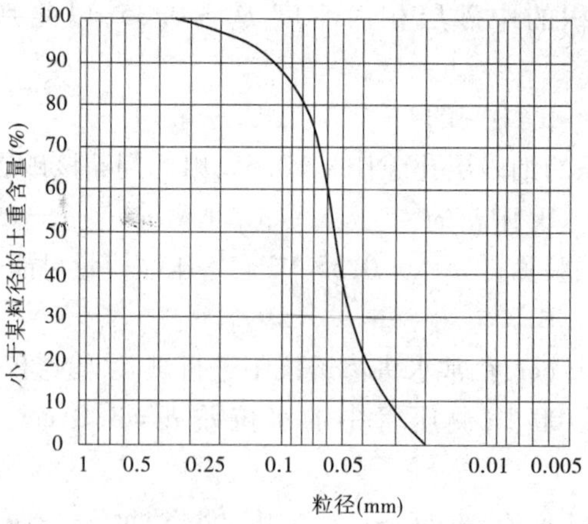

图5-2

根据颗粒级配判断，下列孔隙比与相对密度的组合选项中，可能性最大的是（　　）。

A. $e=0.71$、$D_r=0.32$　　B. $e=0.95$、$D_r=0.21$

C. $e=0.71$、$D_r=0.46$　　D. $e=0.71$、$D_r=0.67$

(69)某电站尾水出口附近为一泥石流沟，拟于沟口泥石流堆积的碎石土上建一拦沙坝。在确定地基承载力时，对于三种测试成果：①标准贯入试验（$N_{63.5}$）；②超重型动力触探（N_{120}）；③颗分及细粒土的物理力学性质，主要采用了（　　）的测试成果。

A. ①②　　B. ②③　　C. ①③　　D. ①②③

(70)混凝土塞是沿断层破碎带开挖出一定深度的倒梯形槽，将其中的软弱构造岩及两侧破碎岩体清除，然后回填混凝土，其作用是使坝体荷载经混凝土塞传到两侧新鲜基岩上。根据我国坝工建设经验，对于宽度小于 2 m 的断层破碎带，按常规方法开槽深度为（　　）。

A. $h=0.002bH+5$　　B. $h=0.3bH+5$

C. $h=(1.0\sim1.5)b$　　D. $h=0.006\,7bH+1.5$

(71)当坝基存在缓倾角软弱夹层时，不当的处理方法是（　　）。

A. 明挖、洞挖处理，将其全部挖除或沿缓倾角软弱夹层的倾向布置一定数量的纵横交错的平硐和斜硐，回填混凝土

B. 在坝基范围内用若干大直径钢筋混凝土桩穿过缓倾角软弱夹层（带），将应力传至深部岩体

C. 在坝基中用深挖齿墙截断缓倾角软弱夹层，使齿墙嵌入软弱夹层下部的完整岩体一定深度来满足坝基深层抗滑稳定要求

D. 沿缓倾角软弱夹层开槽回填混凝土，使坝体荷载经混凝土塞传到新鲜基岩上

(72)西北某水力发电工程，混凝土拱坝最大坝高 180 m，坝基岩体为三叠系长石石英砂岩，于左岸坝肩整个 19#坝段节理密集并发育 5 条小断层，岩体为碎裂结构或镶嵌碎裂结构，岩体完整性系数为 0.31，变形模量为 2.8 GPa，分布深度大于 20 m。为满足拱坝对基础刚度的要求，对基础处理时，比较适宜的措施是（　　）。

A. 置换混凝土、钢筋混凝土垫层

B. 置换混凝土、钢筋混凝土垫层与固结灌浆相结合

C. 固结灌浆

D. 固结灌浆与排水相结合

(73)固结灌浆在坝基加固处理上应用最为普遍，下列说法不正确的是（　　）。

A. 固结灌浆能增加岩体完整性

B. 固结灌浆能提高坝基破碎岩体刚度，减少坝基有害变形

C. 固结灌浆效果常用纵波速度的提高量来评价

D. 固结灌浆也可采用化学材料灌注，如丙凝等

(74)防渗帷幕的防渗标准根据坝型、坝高确定。对于重力坝和拱坝，防渗帷幕幕体及其下部岩体的透水性按坝高应达到：高坝透水率 $q\leq1$ Lu，中坝 $q\leq1\sim3$ Lu，低坝 $q\leq3\sim5$ Lu的标准。在防渗帷幕下游普遍设置排水孔，排水孔的作用是（　　）。

A. 降低坝基扬压力　　B. 减小幕体所承担的水力梯度

C. 增加幕体所承担的水力梯度　　　　D. 增加坝基渗漏量

5.4 参考答案

(1)D	(2)BCD	(3)A	(4)B	(5)D	(6)C
(7)ABC	(8)AB	(9)BCD	(10)AC	(11)BCD	(12)D
(13)C	(14)ACD	(15)D	(16)A	(17)D	(18)A
(19)C	(20)C	(21)D	(22)ABC	(23)C	(24)C
(25)B	(26)C	(27)B	(28)D	(29)B	(30)C
(31)B	(32)C	(33)B	(34)ABC	(35)D	(36)C
(37)B	(38)D	(39)C	(40)B	(41)C	(42)A
(43)C	(44)A	(45)B	(46)D	(47)D	(48)D
(49)ABC	(50)C	(51)D	(52)C	(53)AD	(54)A
(55)D	(56)C	(57)B	(58)B	(59)C	(60)B
(61)B	(62)B	(63)B	(64)B	(65)D	(66)C
(67)A	(68)D	(69)B	(70)C	(71)D	(72)B
(73) D	(74)A				

第 6 章　边坡工程地质

6.1　考试大纲

掌握边坡的分类、边坡岩体结构分类及工程地质分区(段)。

熟练掌握影响边坡稳定的主要因素。

熟练掌握边坡变形破坏类型、特征、破坏机制及其与地质结构的关系。

掌握建立边坡稳定分析的地质—力学概化模型、边界条件的确定、稳定计算方法及适用条件。

掌握边坡稳定性综合评价方法、边坡坡形优化与地质结构的关系。

了解边坡防护加固的常用技术、适用条件及设计原理。

了解边坡变形监测的主要项目、监测内容及成果分析、应用。

了解边坡监测资料整理分析方法及边坡失稳的预报方法。

6.2　复习指导

6.2.1　复习要点

6.2.1.1　概述

了解边坡形成过程、形成过程中应力变化及边坡的稳定性分析具有的重要意义。边坡稳定性问题是工程建设中经常研究的主要工程地质问题。边坡的变形与破坏有多种形式。大量实例表明,边坡的稳定性分析具有重要意义:一方面通过对边坡的勘察对其稳定性作出评价和预测,另一方面为设计合理的工程边坡和制订有效的防制措施提供地质依据。

6.2.1.2　边坡的应力分布特征

了解在各种应力场下应力的分布特征及边坡形成过程中的应力变化。

了解深切河谷应力分布特征及应力分布与岩性构造的关系。

了解开挖边坡位移释放的基本规律。

6.2.1.3　边坡变形破坏的基本类型

熟练掌握边坡的水利水电工程地质分类,《中小型水利水电工程地质勘察规范》(SL 55—2005)中的有关分类,可供参考。

熟练掌握边坡变形破坏类型、特征、破坏机制与地质结构的关系,能够运用变形破坏特征与地质结构的关系判断变形破坏类型。《水利水电工程地质勘察规范》(GB 50487—2008)将边坡变形破坏按表 6-1 分类。

表 6-1 边坡变形破坏分类

边坡变形破坏类型		变形破坏特征
崩塌		边坡岩体坠落或滚动
滑动	平面型	边坡岩体沿某一结构面滑动
	弧面型	散体结构、碎裂结构的岩质边坡或土坡沿弧形滑动面滑动
	楔形体	结构面组合的楔形体,沿滑动面交线方向滑动
蠕变	倾倒	反倾向层状结构的边坡,表部岩层逐渐向外弯曲、倾倒
	溃屈	顺倾向层状结构的边坡,岩层倾角与坡角大致相似,边坡下部岩层逐渐向上鼓起,产生层面拉裂和脱开
	侧向张裂	双层结构的边坡,下部软岩产生塑性变形或流动,使上部岩层发生扩展、移动张裂和下沉
流动		崩塌碎屑类堆积向坡脚流动,形成碎屑流

6.2.1.4 滑坡的工程地质特征

1)滑坡的形态特征

掌握滑坡在平剖面上的形态特征与地质结构的关系。

2)滑坡的分类

熟练掌握滑坡的类型,按滑动面与岩(土)体层面的关系分类是应用较广的一种分类方法,可分为均质滑坡、顺层滑坡、切层滑坡三类。按滑坡的滑动力学特征分类,可分为推动式滑坡、平移式滑坡、牵引式滑坡。按滑坡的岩土类型分类,铁道部门将滑坡分为四大类,即堆积层(包括坡积、洪积和残积层)滑坡、黄土滑坡、黏土滑坡、岩层滑坡。滑坡还有按滑体厚度、发展阶段等其他一些分类方法。

熟练掌握滑坡在水利水电工程地质勘察中岩质边坡按岩体结构的分类方法。熟练掌握其主要特征、影响稳定的主要因素、可能的主要变形破坏形式、与水利水电工程的关系及主要处理原则。

6.2.1.5 影响边坡稳定性的因素

熟练掌握影响边坡稳定性的因素。

边坡稳定性受多种因素影响,主要可分为内在因素和外部因素两个方面。内在因素包括组成边坡岩(土)体的性质、地质构造、岩(土)体结构、岩体初始应力等,外部因素包括水的作用、地震、岩体风化、工程荷载条件及人工开挖等。内在因素对边坡的稳定性起控制作用,外部因素则使边坡的下滑力增大、岩(土)体的强度降低而削弱岩(土)体的抗滑力,促进边坡变形破坏的发生和发展。

1)岩土类型和性质的影响

地层岩性的差异是影响边坡稳定的因素之一,不同的岩层组成的边坡有其常见的变形破坏形式。

2)地质构造和岩体结构的影响

地质构造因素对边坡稳定性,特别是岩质边坡稳定性的影响是十分明显的。在区域构造比较复杂、褶皱比较强烈、新构造运动比较活动的地区,边坡稳定性较差。断层带岩石破碎、风化严重,又是地下水最丰富和活动的地区,极易发生滑坡。岩层或结构面的产状对边坡稳定有很大的影响。

3)水的作用的影响

地表水和地下水是影响边坡稳定性的重要因素。不少滑坡的典型实例都与水的作用有关或者水是滑坡的触发因素。计算中应考虑地下水压力对边坡稳定性的不利作用,分析水位骤降时的库岸稳定性应计入地下水渗透压力的影响。在边坡计算中,按水的作用方向将作用力分解为抗滑力和阻滑力方向,参与边坡的稳定计算。

地下水作用的方式十分复杂,可能是几种方式共同作用,应根据地形、地质条件及岩性情况具体分析。

4)地震作用的影响

在50年超越概率10%,地震动峰值加速度≥0.10g的地区,应将地震作用力作为滑动力并计算其影响。

5)工程荷载的影响

在水利水电工程中,工程荷载的作用影响边坡的稳定性。

除上述因素外,水的作用、坡脚人工开挖、爆破影响、岩体的风化作用、引水渠道的修建、黄土湿陷等,均可以引起边坡的变形与破坏。

6.2.1.6　**边坡稳定性的工程地质评价方法**

边坡稳定性的工程地质评价方法可概括为地质分析法、力学计算法和工程地质类比法三种。

(1)地质分析法。

这种方法是根据边坡的地貌形态、地质条件和边坡变形破坏的基本规律,追溯边坡演变的全过程,预测边坡稳定性发展的总趋势和边坡变形破坏方式,对边坡的稳定性作出决定性评价。

①根据边坡的地貌形态演变预测和评价边坡的稳定性。

②根据地层岩性、地质构造等地质条件分析边坡变形破坏的形式。

③根据边坡变形体的外形和内部变形迹象判断边坡的演变阶段。

④根据周期性规律判定促进边坡演变的主导因素。

⑤边坡稳定性的区域性评价。

(2)极限平衡理论法计算边坡的稳定性。

①土质边坡。以极限平衡理论为基础计算土坡的稳定性,假定边坡破坏时的滑面形态为圆弧形(圆柱面形),通过试算或根据经验找出最危险滑动圆弧的中心。滑弧条分法边坡的稳定系数K定义为:沿圆弧形滑面的抗滑力对滑弧圆心的力矩与滑动力对滑弧圆心的力矩之比。均匀的土质边坡可采用滑弧条分法计算。对于直线型滑面的土质滑坡稳定系数K定义为:沿直线滑面的总抗滑力与总滑动力之比。

②岩质边坡。岩质边坡稳定性计算必须密切结合岩体的工程地质条件分析。首先,

要弄清边坡滑体的边界条件,以便确定滑体的体型。其次,在滑体类型确定后,要研究滑体的受力条件。滑体所受的力有岩体自重、裂隙水静水压力、动力压力、因地震及人工爆破产生的振动力、库水压力、浮托力、工程荷载及实测的地应力等。再次,要根据边坡的工程地质条件和滑面的岩性及试验资料,选择边坡稳定计算中的计算参数,其中主要有滑面的摩擦系数($f=\tan\varphi$)、凝聚力(c)、岩体容重(γc)、地下水高度及滑体几何形态参数等。最后,选择合适的计算方法。

(3)图解法。

①赤平投影分析法。赤平投影分析法可以有效地定性评价边坡的稳定性的滑动形式等问题,应熟练掌握。在编绘赤平投影图时,常采用吴尔福投影网或施密特投影网,可采用上半球投影或下半球投影,本书叙述上半球投影。

利用赤平极射投影法分析边坡的稳定是建立在对边坡岩体大量调查统计的基础上的。通过节理裂隙的调查统计,掌握比较发育和贯通性强的结构面,特别是软弱结构面的产状特征,据以分析沿这些结构面可能出现的变形破坏形式和评价边坡的稳定性。如软弱结构面比较明显,则画出边坡坡面和软弱结构面的赤平投影图,即可初步分析边坡的稳定性。

应熟练掌握一、二、三组结构面边坡稳定性分析的方法。

②实体比例投影法。根据实体比例投影和边坡断面图,掌握判断边坡岩体的稳定性的方法,能直接找出不稳定岩体并评价其稳定条件。

(4)有限单元法分析边坡的稳定性。

(5)工程地质类比法。

6.2.1.7 边坡原位监测

1)监测的目的

通过监测,掌握边坡岩体的实时动态,验证地质判断和稳定性计算的结论;检验加固治理手段的可靠性,确保边坡安全;分析多种信息并反馈到施工加固上,调整必要的施工程序和方法,以达到经济、安全的目的。

2)监测的内容

监测的内容一般包括地表和地下变形监测、地下水监测、应力监测、边坡自动化监测,其中以变形监测为重点。

6.2.1.8 防治边坡变形破坏的工程措施

1)防治原测

边坡的防治应采取以防为主、综合治理、及时处理的原则。

2)防治措施

消除和减轻地表水和地下水的危害,主要方法有水平钻孔疏干、垂直钻孔排水、竖井抽水、隧洞疏干、支撑盲沟等。

改善边坡岩(土)体的力学强度,采用削坡减载及人工加固等方法。

6.2.2 案例分析

【例 6-1】 假定不考虑单元土体两侧应力对土体稳定性的影响,一单位宽度均质无黏性土土坡，其饱和容重 $\gamma_m = 19.5\ kN/m^3$，内摩擦角 $\varphi = 30°$，若要求这个土坡的稳定安全系数为 1.25，试问：在干坡或完全浸水情况下，其坡角应为（　　）；坡面有顺坡渗流的情况下，其坡角应为（　　）。

A. 23.5°、17.5°　　B. 23.8°、5.8°　　C. 24.5°、15.5°　　D. 24.8°、12.9°

答案：D

考点：无黏性土坡的稳定分析，水的渗流作用。

解：如图 6-1 所示，设单位土体自重为 W，则使它下滑的剪切力只有 W 在顺坡方向的分力 $T = W\sin\alpha$，阻止土体下滑的力是单位土体与下面土体之间的抗剪力，$T_f = N\tan\varphi = W\cos\alpha\tan\varphi$，则安全系数为：

$$K = \frac{T_f}{T} = \frac{W\cos\alpha\tan\varphi}{W\sin\alpha} = \frac{\tan\varphi}{\tan\alpha}$$

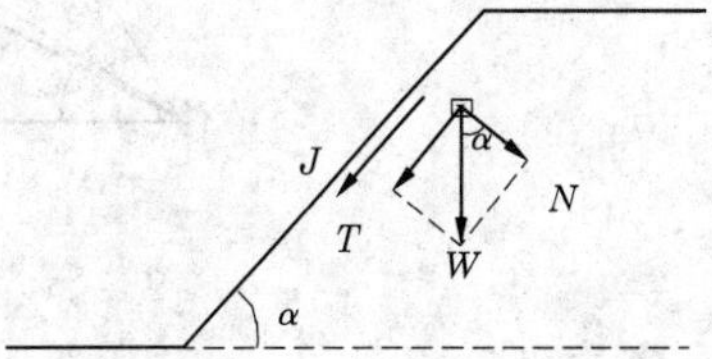

图 6-1

有渗流作用时，还受到渗透力 J 的作用，其方向与坡面平行，此时土体下滑的剪切力为 $T + J = W\sin\alpha + J$，对于单位土体，当直接用渗透力考虑渗流影响时，土体自重就是浮容重 γ'，而渗透力 $J = \gamma_w i$，（式中，γ_w 为水的容重，i 是渗流逸出处的水力坡降，因是顺坡出流，故 $i = \sin\alpha$），此时的安全系数为：

$$K = \frac{T_f}{T + J} = \frac{W\cos\alpha\tan\varphi}{W\sin\alpha + J} = \frac{\gamma'\tan\varphi}{\gamma_m\tan\alpha}$$（γ_m 为土的饱和容重）

综上，干坡或完全浸水情况下：

$$\tan\alpha = \frac{\tan\varphi}{K} = \frac{0.577}{1.25} = 0.462,\ \alpha = 24.8°$$

有顺坡渗流时：

$$\tan\alpha = \frac{\gamma'\tan\varphi}{\gamma_m K} = \frac{9.7 \times 0.577}{19.5 \times 1.25} = 0.230,\ \alpha = 12.9°$$

可见，有顺坡渗流时的坡角约是干坡或完全浸水情况下坡角的 1/2，应特别注意。

因此，选 D。

【例 6-2】 已查明的某岩石边坡，经概化后单宽示意如图 6-2 所示，坡顶裂隙缝 BC 深 $z = 15$ m，裂隙内水深 $z_w = 10$ m，坡高 $H = 50$ m，坡角 $\alpha = 60°$，滑面倾角 $\beta = 28°$，岩石容重 $\gamma = 25\ kN/m^3$，经勘察，可能的滑面 AB 为软弱结构面，为岩块岩屑型，试从表 6-2 中选取适当的抗剪断指标，计算边坡稳定系数为（　　）。（水的容重取 $\gamma_w = 10\ kN/m^3$，假设水的作用力垂直作用面并通过滑体重心，滑面基本不透水）

表 6-2　抗剪断指标

试件编号	f'	c'(kPa)
1	0.70	110
2	0.49	80
3	0.35	60

A. 0.84　　B. 1.02　　C. 1.13　　D. 1.57

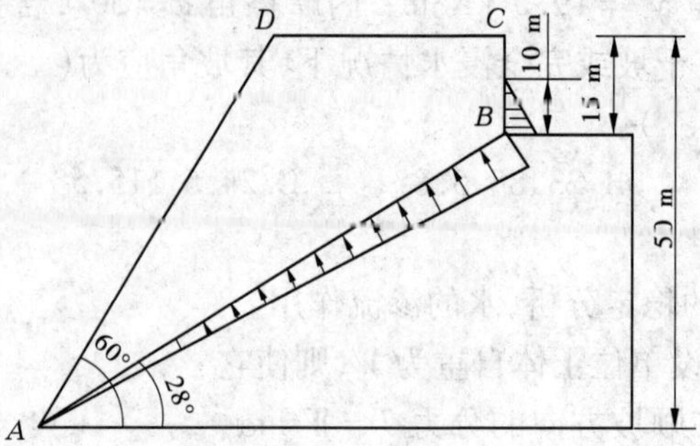

图 6-2

答案:C

考点:岩石边坡的稳定分析,结构面抗剪断强度参数的选取,水的作用。

解:(1)查《水利水电工程地质勘察规范》(GB 50487—2008),岩块岩屑型软弱结构面选取试件编号 2 项。

(2)计算滑坡面 AB 的面积 S:

$$S = \frac{H - z}{\sin\beta} \times 1 = \frac{50 - 15}{\sin 28^\circ} \times 1 = 74.55(\text{m}^2)$$

(3)计算浮力 U 和水压力 V:

$$U = \frac{1}{2}\gamma_w z_w S = \frac{1}{2} \times 10 \times 10 \times 74.55 = 3\,727.5(\text{kN})$$

$$V = \frac{1}{2}\gamma_w {z_w}^2 = \frac{1}{2} \times 10 \times 10^2 = 500(\text{kN})$$

(4)计算滑体的重力 W:

$$W = \frac{1}{2}\gamma H^2 \left\{ \left[1 - \left(\frac{z}{h}\right)^2 \right] \cot\beta - \cot\alpha \right\}$$

$$= \frac{1}{2} \times 25 \times 50^2 \times \left\{ \left[1 - \left(\frac{15}{50}\right)^2 \right] \cot 28^\circ - \cot 60^\circ \right\}$$

$$= 35\,440.96(\text{kN})$$

(5)计算稳定系数 K:

$$K = \frac{cS + f'(W\cos\beta - U - V\sin\beta)}{W\sin\beta + V\cos\beta}$$

$$= \frac{80 \times 74.55 + 0.49 \times (35\,440.96\cos 28^\circ - 3\,727.5 - 500\sin 28^\circ)}{35\,440.96\sin 28^\circ + 500\cos 28^\circ}$$

$$= 1.13$$

因此,选 C。

【例 6-3】 南方某电站大坝左岸边坡,坡高 170 m,由前震旦系上板溪群砂岩、石英砂岩夹浅变质板岩等组成,岩体较完整,边坡走向 N30°W,倾 NE,坡角 28° ~ 35°,岩层走向 N27°W,倾 NE,倾角 13° ~ 18°,问边坡最可能破坏的形式是以下哪一种?( )

A. 顺层滑动 B. 流动 C. 切层滑动 D. 崩塌

答案：A

考点：边坡变形破坏类型。

解：边坡与岩层走向相同，倾向相同，且边坡倾角大于岩层倾角，边坡坡角被切断，故最易发生顺层滑坡。

因此，选A。

6.3 复习题

(1)边坡按与工程的关系可分为(　　)两大类型。

A. 自然边坡与人工边坡　　B. 岩石边坡与土质边坡

C. 变形边坡与未变形边坡　　D. 倒坡与顺坡

(2)关于泥石流的说法，下列不正确的是(　　)。

A. 泥石流是发生在山区的一种挟带大量固体碎屑物质和黏土质细粒土的洪水流

B. 泥石流只是暴雨作用下形成的

C. 泥石流是一种物理地质现象

D. 泥石流是边坡表层的松散碎屑物质沿边坡向下流动的现象

(3)大量实例证明，边坡稳定性的工程地质分析具有重要意义：一方面通过对边坡的勘察对稳定性作出(　　)，另一方面要为设计合理的工程边坡和制订有效的防治措施提供地质依据。

A. 分析和研究　　B. 评价和预测　　C. 定性评价　　D. 定量评价

(4)关于边坡形成过程中应力状态的变化，下列说法正确的是(　　)。

A. 在形成边坡的过程中，坡体内部的应力状态将发生变化，引起应力的重分布和应力集中等现象

B. 在形成边坡的过程中，坡体内部的应力状态不一定发生变化

C. 在形成边坡的过程中，坡体内部的应力状态将发生变化，引起垂直应力的重分布和应力集中等现象

D. 在形成边坡的过程中，坡体内部的应力状态将发生变化，引起水平应力的重分布和应力集中等现象

(5)假设边坡岩体为均质连续弹性介质，对边坡的应力分布下列说法正确的是(　　)。

A. 无论是以自重应力为主，还是以水平构造应力为主的构造应力条件下，其总的特征是愈靠近临空面，最大主应力愈接近平行于临空面，最小主应力则与之近于直交

B. 只有在以水平构造应力为主的构造应力条件下，愈靠近临空面，最大主应力愈接近平行于临空面，最小主应力则与之近于直交

C. 只有在以自重应力为主的构造应力条件下，愈靠近临空面，最大主应力愈接近平行于临空面，最小主应力则与之近于直交

D. 无论是以自重应力为主，还是以水平构造应力为主的构造应力条件下，其总的

特征是愈靠近临空面,最大主应力愈接近垂直于临空面,最小主应力则与之近于直交

(6)假设边坡岩体为均质连续弹性介质,对边坡的应力分布下列说法正确的是(　　)。

A. 在自重应力场作用下,在边坡深部岩体内,最大主压应力为垂直方向;在边坡坡顶及后缘常出现拉应力,形成与坡面近乎平行的张裂缝;大约在离地表1/2坡高处转换为拉应力

B. 在自重应力场作用下,在边坡深部岩体内,最大主压应力为垂直方向;在边坡坡顶及后缘常出现拉应力,形成与坡面近乎平行的张裂缝;大约在离地表1/3坡高处转换为压应力

C. 在自重应力场作用下,在边坡深部岩体内,最大主压应力为垂直方向;在边坡坡顶及后缘常出现拉应力,形成与坡面近乎平行的张裂缝;大约在离地表1/3坡高处转换为拉应力

D. 在自重应力场作用下,在边坡深部岩体内,最大主压应力为垂直方向;在边坡坡顶及后缘常出现拉应力,形成与坡面近乎平行的张裂缝;大约在离地表1/2坡高处转换为压应力

(7)假设边坡岩体为均质连续弹性介质,对边坡的应力分布下列说法正确的是(　　)。

A. 当存在初始水平构造应力时,在边坡深处最大主应力为垂直的,接近坡面,逐渐与坡面平行;同样,在坡顶出现拉应力,在坡脚则产生压应力集中,在离底板一定距离后,又恢复到原始应力状态

B. 当存在初始水平构造应力时,在边坡深处最大主应力为水平的,接近坡面,逐渐与坡面平行;同样,在坡顶出现压应力,在坡脚则产生拉应力集中,在离底板一定距离后,又恢复到原始应力状态

C. 当存在初始水平构造应力时,在边坡深处最大主应力为水平的,接近坡面,逐渐与坡面平行;同样,在坡顶出现拉应力,在坡脚则产生压应力集中,在离底板一定距离后,又恢复到原始应力状态

D. 当存在初始水平构造应力时,在边坡深处最大主应力为水平的,接近坡面,逐渐与坡面平行;同样,在坡顶出现拉应力,在坡脚则同样产生拉应力集中,在离底板一定距离后,又恢复到原始应力状态

(8)下面对边坡应力分布的说法,不正确的是(　　)。

A. 在一般情况下,坚硬岩体地应力高,软弱岩体地应力低

B. 当边坡坡角有反倾软弱带时,常表现为软弱带的最大主压力降低,并成定向排列,而剪应力增高

C. 深切河谷边坡应力分布与构造作用有关,与剥蚀作用无关

D. 在构造应力作用下,一般易在坡面及坡顶出现拉应力区,造成边坡松动变形

(9)下列各项说法中,一般情况下不是高应力地区地质标志的是(　　)。

A. 开挖边坡和竖井时,常出现岩层沿弱面错位

B. 在隧洞施工中出现软弱夹层挤出或岩爆、剥离现象

C. 钻探时出现饼状岩心

D. 在隧洞施工中出现围岩松动、塌方、掉块等现象

(10)下列各项说法中,一般情况下不是低应力地区地质标志的是(　　)。

A. 开挖时节理有夹泥、次生矿物及空洞

B. 岩脉内岩块松动、强风化

C. 开挖时有瓦斯逸出

D. 水下开挖隧洞时无渗水

(11)关于深切河谷自然边坡的应力分布特征,下列说法正确的是(　　)。

A. 在剥蚀作用下,地下不太深处存在一个地应力集中带,在接近地面处存在一个卸荷应力带,在深部才是正常应力带

B. 在剥蚀作用下,地下不太深处存在一个卸荷应力带,在接近地面处存在一个地应力集中带,在深部才是正常应力带

C. 在剥蚀作用下,地下深处存在一个地应力集中带,在不太深处存在一个卸荷应力带,在深部才是正常应力带

D. 在剥蚀作用下,地下不太深处存在一个地应力集中带,在接近地面处存在一个卸荷应力带,在深部也不是正常应力带

(12)关于开挖边坡的释放位移,下列说法不正确的是(　　)。

A. 一般来说,开挖边坡越陡,坡腰位移越大

B. 在自重的作用下,不同边坡坡度,开挖将引起边坡释放位移

C. 一般情况下,开挖边坡底板隆起,坡腰鼓出

D. 一般情况下,开挖边坡坡顶位移向后方向上移动

(13)对于边坡变形的说法,下面不正确的是(　　)。

A. 边坡变形一般是指坡体不只产生局部的位移和微破裂,可能破坏

B. 边坡变形时岩块只出现微量的角变化,没有显著的剪切位移或滚动

C. 边坡变形时不致引起整体失稳,坡体不会出现较大的位移

D. 边坡变形时坡体内应力将发生变化

(14)水利水电工程中常将边坡的变形与破坏划分为松弛张裂、深层蠕动、崩塌、倾倒、(　　)等六种基本类型。

A. 侧向张裂和溃屈　B. 溃屈和滑坡　C. 滑坡和侧向张裂　D. 滑动和滑坡

(15)下列对于松弛张裂的解释和说明不正确的是(　　)。

A. 松弛张裂是指边坡的侧向应力削弱后,由于卸荷回弹而在坡体出现张裂隙的现象

B. 松弛张裂产生的张裂隙一般与原始谷坡坡面平行

C. 卸荷裂隙由坡面向深部有时呈多层状发育,在边坡形成松弛张裂带(或称卸荷带)

D. 卸荷带发育沿谷坡的宽度及自地表向下发育深度一般均不深,不超过十几米

(16)下列对于松弛张裂的解释和说明不正确的是(　　)。

A. 边坡松弛张裂是由岩体卸荷引起的，但边坡张裂变形也可能由其他原因引起

B 坡脚软弱层的蠕变引起上覆岩体内部应力的调整，或因震动使高陡边坡产生深层剪切蠕动，可引起边坡张裂变形

C. 松弛张裂可能导致边坡产生滑坡、崩塌，而蠕动、滑坡又能促使岩体张裂的发展

D. 边坡松弛张裂和边坡张裂变形两者变形机制是一致的

(17)在陡坡地段，边坡上部的岩体受陡倾裂隙切割，在重力作用下，突然发生高速脱离母岩翻滚坠落的急剧变形破坏的现象，称之为(　　)。

A. 滑坡　　B. 滑动　　C. 崩塌　　D. 滚动

(18)下列关于崩塌的说法不正确的是(　　)。

A. 崩塌以自由坠落为主要运动形式

B. 崩塌的岩块在斜坡上翻滚滑动并相互碰撞破碎后堆积于坡角，形成岩堆或崩积体

C. 规模巨大的山区崩塌称为山崩，小型崩塌称为坠石

D. 崩塌是在外力作用下发生的一种边坡破坏现象

(19)下列关于崩塌形成的说法不一定正确的是(　　)。

A. 陡峻的块状和巨厚层状岩石边坡具有与边坡面走向近于平行陡倾结构面时，最容易形成大型崩塌

B. 平缓的层状和软硬互层状岩体边坡，所形成的崩塌以小型为主或以危石坠落为主

C. 岩体的风化作用、空隙水压力作用、水的楔入作用、冻胀作用及地震和爆破作用都是崩塌发生发展的外部因素

D. 在黄土岸坡地段，虽坡脚受地表流水的淘蚀，也不可能引起岸坡的崩塌

(20)反坡向结构及部分陡倾角顺层边坡，表部岩层因蠕动变形而向临空一侧发生弯曲、折裂，形成所谓“点头哈腰”的现象，称之为(　　)。

A. 滑坡　　B. 倾倒　　C. 变形　　D. 溃屈

(21)下列关于形成倾倒的地质条件的说法不正确是(　　)。

A. 倾倒多发生于由塑性的薄层岩层或软硬相间岩层组成的反坡向结构的边坡中

B. 陡倾角顺层边坡或脆性岩层顺层边坡垂直于层面的节理发育、切割较深时，表层可能发生倾倒蠕动变形

C. 一般来说，页岩、千枚岩、片岩、砂页岩互层不会发生倾倒现象

D. 岩层的倾倒是以弯曲、张裂、滑动和转动等形式出现的，倾倒体与下伏完整岩体间可产生折裂或错动

(22)下列关于溃屈的说法正确的是(　　)。

A. 层状结构顺层边坡，岩层倾角与坡角大致相似，上部坡体沿软弱面蠕滑，由于下部受阻而发生岩层鼓起、拉裂等现象，称之为溃屈

B. 层状结构顺层边坡，岩层倾角与坡角相反，上部坡体沿软弱面蠕滑，由于下部受阻而发生岩层鼓起、拉裂等现象，称之为溃屈

C. 层状结构顺层边坡，岩层倾角远大于坡角，上部坡体沿软弱面蠕滑，由于下部受阻而发生岩层鼓起、拉裂等现象，称之为溃屈

D. 层状结构顺层边坡，岩层倾角远小于坡角，上部坡体沿软弱面蠕滑，由于下部受阻而发生岩层鼓起、拉裂等现象，称之为溃屈

(23)下列关于深层蠕动的说法不正确的是(　　)。

A. 深层蠕动是由于坚硬岩层组成的边坡底部存在软弱岩层或软弱结构面时，软弱岩层的塑性流动或坡体岩层沿软弱面发生缓慢的蠕变性滑移，上覆硬岩层因而出现张裂隙，软弱岩层则向临空侧挤出的一种现象

B. 深层蠕动甚至发生上覆脆性岩石缓慢解体下沉挤入软层，出现不均匀沉陷的现象

C. 深层蠕动是边坡变形破坏的一种类型

D. 深层蠕动是碎屑物质向坡角堆积流动而形成的

(24)下列关于滑坡的说法不正确的是(　　)。

A. 滑坡是指边坡一部分岩体以一定加速度沿某一滑动面发生剪切滑动的现象

B. 滑坡的滑动面可以是受剪应力最大的贯通性剪切破坏面或带，也可以是岩体中已有的软弱结构面

C. 滑坡按其滑动面的形态可划分为圆弧形和平面形两种基本形态

D. 一般来说，滑动面为平面形滑坡多发生在土质、半岩质或强风化的岩质边坡中

(25)某岩质滑坡的剖面图和平面图如图 6-3 所示，图中对最易发生裂隙的位置标示正确的是(　　)。

A. 9—鼓张裂隙，12—剪切裂隙，13—扇状裂隙，14—拉张裂隙

B. 9—扇状裂隙，12—剪切裂隙，13—鼓张裂隙，14—拉张裂隙

C. 9—扇状裂隙，12—拉张裂隙，13—鼓张裂隙，14—剪切裂隙

D. 9—鼓张裂隙，12—扇状裂隙，13—拉张裂隙，14—剪切裂隙

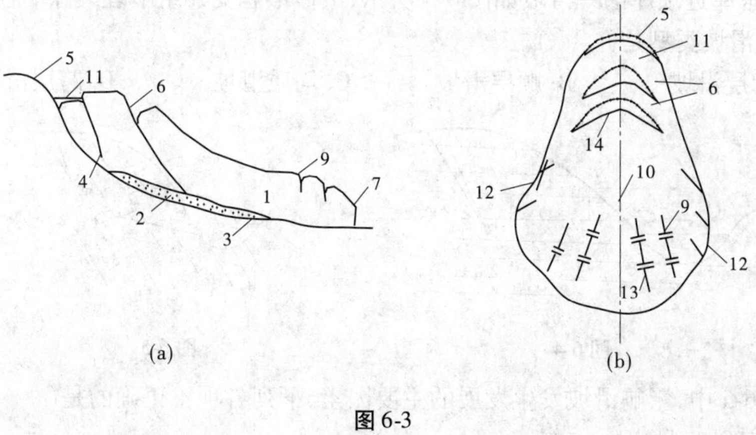

(a)　　(b)

图 6-3

(26)如图 6-3 所示，下列标示正确的是(　　)。

A. 2—滑动带，5—滑坡壁，6—滑坡台阶，11—封闭洼地

B. 2—滑坡壁，5—滑动带，6—滑坡台阶，11—封闭洼地

C. 2—滑坡壁,5—滑动带,6—封闭洼地,11—滑坡台阶

D. 2—滑坡壁,5—滑动带,6—滑坡台阶,11—封闭洼地

(27)按滑动面与岩(土)体层面的关系,可将滑坡分为三种类型,以下正确的是(　　)。

A. 平移式滑坡、顺层滑坡、切层滑坡

B. 均质滑坡、顺层滑坡、切层滑坡

C. 推动式滑坡、平移式滑坡、牵引式滑坡

D. 古滑坡、新滑坡、老滑坡地

(28)对于滑坡分类的一些叙述,下列说法错误的是(　　)。

A. 滑坡按滑动力学特征可分为推动式、平移式和牵引式等

B. 按滑坡的岩土类型铁道部门将其分为堆积层滑坡、黄土滑坡、黏土滑坡、岩层滑坡等

C. 按滑动面与岩(土)体层面的关系可分为均质滑坡、跨层滑坡和切层滑坡

D. 按滑坡体厚度可分为浅层滑坡、中层滑坡、深层滑坡、超深层滑坡

(29)某电站近坝库区边坡(见图6-4),由中厚层白云岩及薄层白云质泥岩、砂质页岩组成,坡角35°,岩层倾角10°,后缘发现有张裂隙,该边坡有可能破坏的主要形式是(　　)。

A. 切层滑坡　　B. 顺层滑坡　　C. 均质滑坡　　D. 跨层滑坡

(30)上述滑坡,对于破坏特征和机制,下列说法不正确的是(　　)。

A. 一般沿岩层层面产生的滑坡,滑体形态主要受岩层层面控制,软弱夹层或顺层面抗剪强度取值对滑坡稳定验算是一项重要指标

B. 可能发生切层滑坡,滑体形态与岩体强度关系很大

C. 淘蚀切脚,开挖不当可能导致滑坡

D. 水的作用对是否能发生滑动影响较大

(31)某水库近坝库区一滑坡如图6-5所示,滑体形态受几组节理裂隙的控制,可能发生滑坡,判断滑坡类型是(　　)。

A. 切层滑坡　　B. 顺层滑坡　　C. 均质滑坡　　D. 跨层滑坡

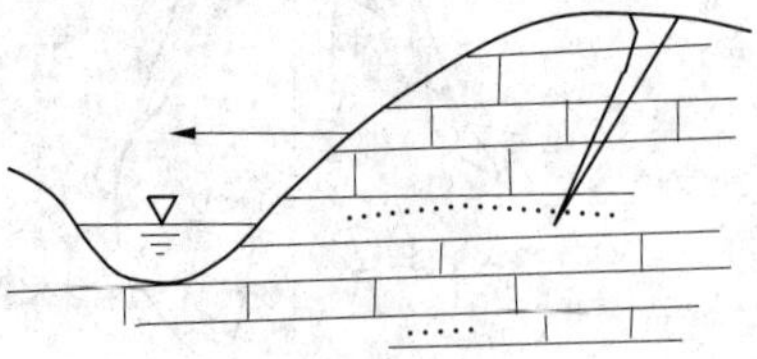

图6-4

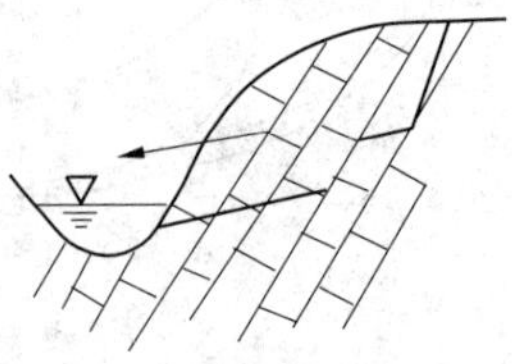

图6-5

(32)图6-5中,影响滑坡发生发展的主要因素,下列各项不正确的是(　　)。

A. 节理切割状况

B. 岩体强度,水的作用,开挖震动及地震

C. 区域性构造稳定性

D. 缓倾结构面及软弱夹层的分布

(33)如图6-6所示,某大型滑坡由粉砂质泥岩组成,滑面常呈弧形、切层,滑面与软弱结构面不一定吻合,下述最符合的滑坡类型是(　　)。

A. 切层滑坡　　B. 顺层滑坡

C. 均质滑坡　　D. 跨层滑坡

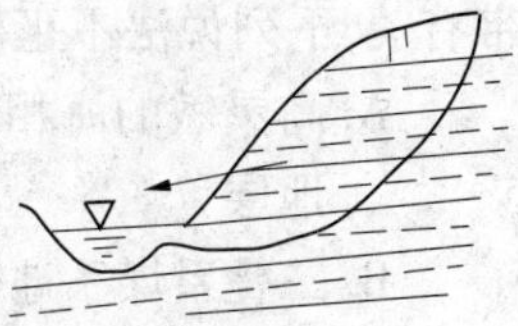

图6-6

(34)根据《中小型水利水电工程地质勘察规范》(SL 55—2005),岩质边坡按岩体结构分类,下列分类正确的是(　　)。

A. 块状结构岩质边坡、层状同向缓倾结构岩质边坡、层状同向陡倾结构岩质边坡、层状反向结构岩质边坡、层状斜向结构岩质边坡、碎裂结构岩质边坡

B. 块状结构岩质边坡、层状同向缓倾结构岩质边坡、层状同向陡倾结构岩质边坡、层状反向结构岩质边坡、碎裂结构岩质边坡

C. 块状结构岩质边坡、层状结构岩质边坡、碎裂结构岩质边坡

D. 块状结构岩质边坡、层状同向缓倾结构岩质边坡、层状反向结构岩质边坡、层状斜向结构岩质边坡、碎裂结构岩质边坡

(35)碎裂结构岩质边坡可能的主要破坏形式是(　　)。

A. 崩塌　　B. 坍塌　　C. 蠕动　　D. 楔形滑动

(36)由岩浆岩或巨厚层沉积岩组成的岩性相对单一的块状结构岩质边坡可能的主要变形破坏形式是(　　)。

A. 顺层滑动　　B. 局部坍塌

C. 以松弛张裂为主,局部出现崩塌　　D. 以蠕滑弯曲为主,局部出现崩塌

(37)当表面相对不透水的边坡被水淹没时,坡面上将受一定的静水压力,此时静水压力的方向与坡面正交。当边坡的滑动面(软弱结构面)的倾角小于坡角时,静水压力对边坡(　　)。

A. 有利　　B. 不利　　C. 不能确定　　D. 无影响

(38)若一岩石边坡滑动面的内摩擦角为φ,凝聚力$c=0$,讨论滑动面倾角α取不同值时边坡的稳定情况,下面说法正确的是(　　)。

A. 若$\varphi>\alpha$,则边坡可能稳定　　B. 若$\varphi<\alpha$,则边坡可能稳定

C. 若$\varphi=\alpha$,则边坡处于极限状态　　D. 无影响

(39)由坚硬层状岩石组成,坡面与层面同向,倾角大于岩层倾角,岩层层面被坡面切断的层状同向缓倾结构岩质边坡,下列影响其稳定的主要因素不正确的是(　　)。

A. 岩层倾角大小　　B. 层面抗剪强度

C. 节理发育特征及充填物情况　　D. 风化特征

(40)下列关于影响边坡的主要外部因素的说法准确的是(　　)。

A. 水的作用、地震、岩体风化、工程荷载及人工开挖

B. 岩(土)体性质、地质构造

C. 岩(土)体结构、岩体初始应力

D. 水的作用、地震、工程荷载及人工开挖

(41)某些地层中滑坡特别发育，这与岩层中含有特殊的矿物成分、风化物、易于形成滑带有关，下列说法不正确的是(　　)。

A. 高灵敏的海相黏土及第三系、白垩系和侏罗系的红色页岩、泥岩地层都是易滑地层

B. 二叠系煤系地层是易滑地层

C. 泥质板岩、片岩是易滑地层

D. 花岗岩、石灰岩是易滑地层

(42)地质构造和岩体结构对岩质边坡影响十分明显，下列说法不完全正确的是(　　)。

A. 在区域构造比较复杂、新构造运动比较活跃的地区，边坡稳定性一般较差

B. 一般来说，水平岩层的边坡稳定性较好，但存在陡倾的节理隙，易形成崩塌和剥落

C. 一般来说，同向反倾的岩质边坡的稳定性比反倾的差，易形成切层滑坡

D. 一般来说，结构面或岩层倾角越陡，稳定性越差

(43)地表水和地下水是影响边坡稳定的重要因素，不少滑坡的典型实例都与水的作用有关或者说水是滑坡的触发因素，下例关于水对边坡的作用说法不正确的是(　　)。

A. 处于水下的透水边坡将承受水的浮托力作用，而不透水边坡的坡面将承受静水压力的作用

B. 充水的张开裂隙将承受裂隙水静水压力作用

C. 地下水的渗流将对边坡坡体产生动水压力

D. 水的作用一般不会使岩(土)体的抗剪强度降低

(44)边坡坡角地下水出口节理裂隙敞开情况不同，影响裂隙水压力的大小，进而影响边坡的稳定，下述对出口地下水压力的论述正确的是(　　)。

A. 当出口节理张开时，地下水位较低，裂隙水压力小

B. 当出口节理闭合，透水性差时，则地下水位高，裂隙水压力大

C. 出口节理张开或闭合对裂隙水压力影响不大

D. 出口节理张开对裂隙水压力有影响，出口节理闭合对裂隙水压力影响不大

(45)动水压力是地下水在流动过程中所施加于岩(土)体颗粒上的力，它是一种体积力，对于动水压力的说法，下列不正确的是(　　)。

A. 动水压力的方向和水流方向平行，在近似计算中，多假定与地下水面或滑面平行

B. 在边坡实际计算中，由于渗流方向不是定值，水力梯度不易精确确定，一般采用不同的滑体容重将动水压力的影响计入

C. 在地下水位以下、静水位以上有渗流活动的滑体，计算下滑力时，采用浮容重，计算抗滑力时，采用饱和容重

D. 如动水压力方向和滑体滑动方向不一致，则应分解为垂直和平行于滑面的两个分量参与计算

(46)地震对边坡的稳定性的影响较大，在地震力的反复振动冲击作用下，边坡沿结

构面发生位移变形，直至破坏，下列关于地震力的说法不正确的是(　　)。

A. 地震烈度小于Ⅵ度，一般不考虑地震附加力，Ⅹ度以上地区，一般难计设计

B. 地震时饱和砂层出现振动液化，地下水状态亦有较大变化

C. 进行边坡稳定计算时，应按不同的烈度与震级，采用不同的地震系数，将地震力计入

D. 进行边坡稳定计算时，应按标准震级，采用相同的地震系数，将地震力计入

(47)在水利水电工程中，工程荷载作用影响边坡的稳定性，下列说法不是工程荷载作用的是(　　)。

A. 压力隧洞内水压力传递给边坡的裂隙水压力

B. 引水隧洞运行中的水锤作用

C. 加固边坡所施加的力

D. 岩体的风化变形作用

(48)边坡稳定性的工程地质评价方法可以分为三种，下述正确的是(　　)。

A. 有限元法、离散元法、图表法

B. 地质分析法、力学计算法、工程地质类比法

C. 圆弧法、平面法、折线法

D. 瑞典法、毕肖普法、萨尔玛法

(49)根据边坡的地貌形态可以初步判断边坡的稳定性，下面的判断不正确的是(　　)。

A. 山坡表面不平整，有较多的大小台阶，树木歪斜倾倒，坡角有泉水出露，则边坡可能不稳定

B. 山坡泉水较多，呈点状不规则分布，成为高地地下水排泄面时，说明山坡比较稳定

C. 山坡表面平整顺直，坡脚没有地下水出露，树木生长较茂盛，则边坡比较稳定

D. 河流冲刷岸的边缘易产生崩塌或滑坡

(50)地貌形态的成因是复杂的，判断滑坡标志时，要综合考虑，不能仅根据一点就判断为滑坡。对于是否产生过滑坡，一般可根据地貌形态特征进行初步判断，下面判断不正确的是(　　)。

A. 在边坡高处的陡坡下部出现洼地、沼泽及其他负地形，而又不是碳酸岩类地层，且陡坡的后缘出现裂缝，则可能产生过滑坡

B. 边坡出现独特的簸箕形或圈椅形地貌形态，与上下游河段平顺边坡不相协调；在岩石外露的陡坡下，中间有一个坡度较为平缓的核心台地，则可能产生过滑坡

C. 双沟同源地形，两侧为冲沟环抱，而上游同源或相近，有时形成环谷，后部台地清楚，可见陷落洼地，一般没有发生过滑坡

D. 在山坡上出现了树干下部歪斜、上部直立的“马刀树”和“醉汉林”，一般发生过滑坡

(51)根据边坡变形体的外形和内部变形迹象一般可以判断边坡的演变阶段，具有下

列标志时，可以认为滑坡处于稳定阶段，其中不正确的是(　　)。

A. 山坡滑坡地貌已不明显，原滑坡平台宽大并已被夷平，土体密实，无不均匀沉陷现象

B. 滑坡后壁较高，长满树木，壁面稳定，无擦痕，前缘坡较缓，土体密实，无松散坍塌现象，滑坡舌迎河面多出露含大孤石的密实土层

C. 河水目前已远离滑坡台地，在有些台地外已有漫滩阶地

D. 山坡表面不平整，有较多的大小台阶，树木歪斜倾倒，坡角有泉水出露

(52)具有下列标志时，可以认为滑坡处于复活阶段，其中不正确的是(　　)。

A. 边坡各不同部位产生新的裂缝

B. 滑坡前缘土体松散，有小坍塌，并处于当前河流冲刷条件下

C. 滑坡体地表潮湿，地下水泉发育，且有新生冲沟

D. 山坡表面平整顺直，坡脚没有地下水出露，树木生长较茂盛

(53)以极限平衡理论为基础计算土坡的稳定性，这些方法假定边坡破坏时的滑面形态为圆弧形，通过试算或根据经验找出最危险滑弧中心，并以稳定系数评价边坡的稳定性，下述对稳定系数的定义，说法正确的是(　　)。

A. 抗滑力和滑动力之比

B. 滑动力和抗滑力之比

C. 沿圆弧形滑面的抗滑力对滑弧圆心的力矩和滑动力对滑弧圆心的力矩之比

D. 沿圆弧形滑面的滑动力对滑弧圆心的力矩和抗滑力对滑弧圆心的力矩之比

(54)图6-7所示为某水库一均质的黏土边坡，不考虑侧向抗剪作用，AC为可能的滑动面，O为圆心，R为半径。假定边坡破坏时，滑体ABC在自重$W=600$ kN作用下，沿AC绕O点整体转动。圆弧夹角$\theta=57.3°$，$R=10$ m，凝聚力$c=0.015$ MPa，内摩擦角$\varphi=0°$，试计算边坡的安全系数为(　　)。

A. 0.75　　B. 0.93　　C. 1.14　　D. 1.21

(55)如图6-8所示，某基坑开挖后发生了滑坡，经加固后，边坡坡高度为6.5 m，坡顶一建筑物基础宽2 m，距坡边缘2 m，坡角距坡顶水平距离为5 m，已知坡顶建筑物最大压力为750 kN，土的天然容重$\gamma=19$ kN/m^3，内摩擦角$\varphi=23°$，凝聚力$c=32$ kPa，试计算此边坡的安全系数为(　　)。(取土条宽$b=R/10=1$ m，不考虑侧向抗剪作用)

A. 0.95　　B. 1.09　　C. 1.13　　D. 1.16

(56)有一砂土坡，其砂土的内摩擦角$\varphi=35°$，坡度为1∶1.5($\varphi=33.6°$)，当采用直线滑裂面进行稳定分析时，下面哪一个滑裂面选项所对应的安全系数最小？(　　)

A. 27°　　B. 29°　　C. 31°　　D. 33°

(57)对于折线滑动面，从滑动面倾斜方向和倾角考虑，下列哪些选项条件有利于稳定？(　　)

A. 滑动面倾斜方向与滑动方向一致，滑动面倾角小于滑面土的综合内摩擦角

B. 滑动面倾斜方向与滑动方向一致，滑动面倾角大于滑面土的综合内摩擦角

C. 滑动面倾斜方向与滑动方向一致，滑动面倾角等于滑面土的综合内摩擦角

D. 滑动面倾斜方向与滑动方向相反

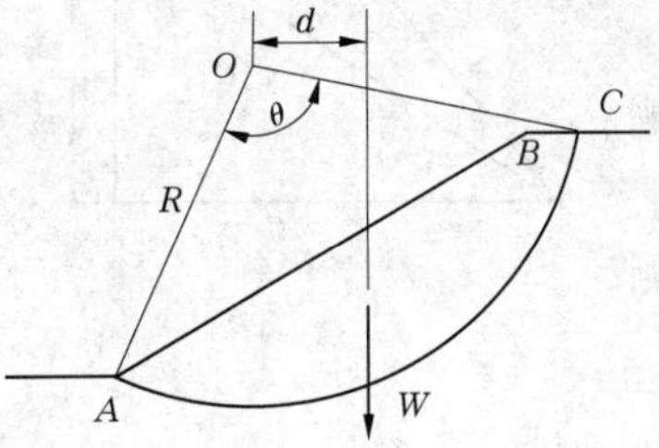

图 6-7

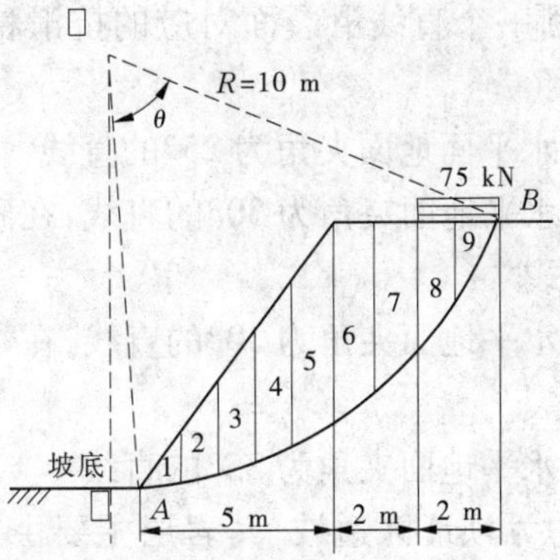

图 6-8

(58)岩质边坡稳定性计算必须密切结合岩体的工程条件分析，首先要搞清边坡滑体的边界条件，以便确定滑体体型，边坡滑体的边界条件是指边坡变形破坏时的滑动面(或可能滑动面)、切割面和临空面的产状、形状及受力条件。下列说法不准确的是(　　)。

A. 滑动面一般是开裂的结构面，不是由层面、节理、裂隙、断层等有一定延展性的面组成的，大部分是较缓的开裂软弱面

B. 切割面是指边坡岩体与其周围岩体分割开来的面，一般为高角度节理面和构造破碎面

C. 临空面是指边坡临空一侧，有的面虽未临空，但此面附近的岩体可能产生过量的压缩变形或靠近冲沟、河岸有可能被侵蚀掉，亦可构成临空面

D. 滑动面、切割面、临空面在边坡变形时构成边界，受边坡岩体的地质构造、岩体结构、边坡形态、边坡形态及地貌、地下水、地表水等因素控制

(59)在边坡稳定计算中，要根据边坡的工程地质条件和滑面的岩性及试验资料，选择边坡稳定计算中的计算参数，下列对于关于参数选择的说法，不正确的是(　　)。

A. 选择使用的主要参数有滑面的摩擦系数、凝聚力、岩体容重、地下水位高度及滑体的几何形态等

B. 滑面的摩擦系数、凝聚力对计算成果的正确性很重要，一般通过试验求得

C. 一般认为，对于尚未滑动过的滑带(潜在的滑动面)摩擦系数、凝聚力可取峰值强度

D. 一般认为，对于古滑坡或多次滑动的滑体，摩擦系数、凝聚力可取屈服强度

(60)一砂砾土土坡，其饱和容重 $\gamma_m = 19\ \text{kN/m}^3$，内摩擦角 $\varphi = 32°$，坡比为 1∶3。试问在边坡完全浸水时，其稳定安全系数是(　　)。(水的容重按 $10\ \text{kN/m}^3$ 计算)

A. 1.87　　B. 1.34　　C. 1.44　　D. 1.64

(61)在上题条件下当有顺坡向渗流时，土坡安全系数最接近(　　)。

A. 0.78　　B. 0.88　　C. 0.98　　D. 1.08

(62)由两部分土组成的土坡断面如图 6-9 所示，假设滑裂面为直线进行稳定计算，已知坡高 $h = 8$ m，边坡坡比为 1∶1，两种土的容重均为 $\gamma_m = 20\ \text{kN/m}^3$，黏土的凝聚力 $c = 12$ kPa、内摩擦角 $\varphi = 22°$，砂土的内摩擦角 $\varphi = 35°$，凝聚力 $c = 0$ kPa，两种土与水平面的夹角

为 α,问下列哪一个直线滑裂面对应的抗滑稳定安全系数为最小?(　　)

A. 与水平面地面夹角为 25°的直线

B. 与水平地面夹角为 30°的直线,在砂土一侧破裂

C. 与水平地面夹角为 30°的直线,在黏土一侧破裂

D. 与水平地面夹角为 35°的直线

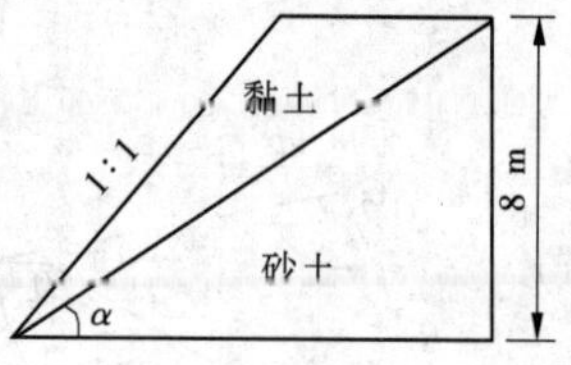

图 6-9

(63)某电站坝址区边坡,其岩层主要由三叠纪中统嘉陵江组灰岩及白云质灰岩组成,岩体较完整,呈中厚层状,节理裂隙轻度发育,间距一般 100 ~ 50 cm,边坡走向 N40°W,倾 NE,坡角 35° ~42°,岩层走向 N27°W,倾 NE,倾角 53° ~58°,下面的说法不正确的是(　　)。

A. 边坡的主要特征是由坚硬层状岩石组成,坡面与层面同向,坡角小于岩层倾角,岩层层面未被坡面切断,层状同向陡倾结构岩质边坡

B. 边坡的主要破坏形式是表层岩层蠕滑弯曲、倾倒,局部崩塌或滑动

C. 一般较稳定,但在薄层岩层和有较多软弱夹层分布部位,施工开挖坡角可能诱发边坡倾倒蠕变,但不会发生滑动

D. 影响边坡稳定的主要因素是节理裂隙,特别是缓倾角节理发育情况及充填物情况、软弱夹层发育状况、裂隙水作用、人工开挖掘及振动情况等

(64)某岩石边坡,假设滑面下部不透水,不考虑两侧抗剪,按刚体单宽计算。如图 6-10 所示,$h=15$ m,边坡与水平面的夹角 $\alpha=35°$,滑面与水平面夹角 $\beta=28°$,滑面的凝聚力 $c=0$,滑面的内摩擦角 $\varphi=30°$,设滑体重 $W=5\ 000$ kN,在不考虑地下水压力的情况下,计算其安全系数 K_s 最接近(　　)。

A. 0.9　　B. 1.1

C. 1.3　　D. 1.5

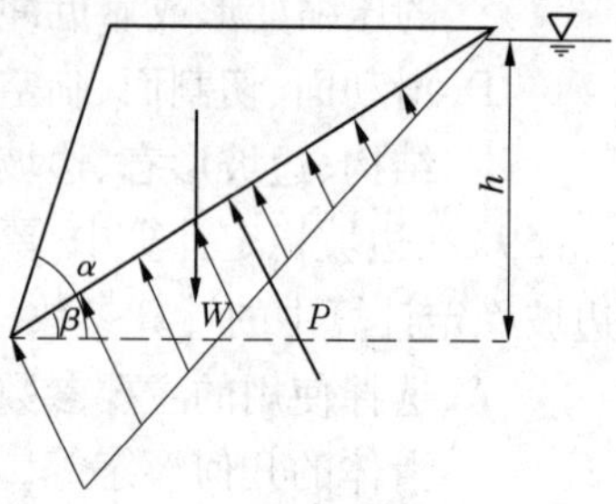

图 6-10

(65)在上题条件下,在考虑地下水静水压力的情况下,计算其静水压力 P 为(　　)kN。(水的容重按 10 kN/m^3 考虑)

A. 1 968　　B. 2 397　　C. 2 250　　D. 2 370

(66)在考虑地下水静水压力的情况下,采用刚体极限平衡法,下列写出的安全系数计算公式正确的是(　　)。

A. $K_s=\dfrac{c\dfrac{h}{\sin\beta}+(W\cos\beta-P)\tan\varphi}{W\sin\beta}$　　B. $K_s=\dfrac{c\dfrac{h}{\sin\alpha}+(W\cos\alpha-P)\tan\varphi}{W\sin\alpha}$

C. $K_s=\dfrac{c\dfrac{h}{\sin\beta}+(W\cos\beta-P)\tan\alpha}{W\sin\beta}$　　D. $K_s=\dfrac{c\dfrac{h}{\sin\beta}+(W\cos\alpha-P)\tan\varphi}{W\sin\alpha}$

(67)在考虑地下水静水压力的情况下,根据写出的安全系数计算公式,计算题(64)

条件下的安全系数最接近(　　)。

A. 0.35　　B. 0.50　　C. 0.55　　D. 0.60

(68)某单滑面平顶岩质边坡,无地下水作用,坡角为45°,滑面与水平面夹角为38°,滑体$f' = \tan30° = 0.577$,$c' = 0.04$ MPa,岩体容重$\gamma = 27$ kN/m³,试计算其极限坡高是(　　)m。

A. 88　　B. 98　　C. 108　　D. 118

(69)如图6-11所示为某层状岩石边坡概化后的力学分析图,后缘有张裂隙、滑动面及张裂的走向平行坡面,张裂隙垂直,其中充水深度为$h_0 = 5$ m,水沿张裂隙进入滑动面渗漏,滑动体为刚性,重量$W = 2\ 000$ kN,滑动面类型为岩屑夹泥型,$f' = \tan24° = 0.45$,$c' = 0.05$ MPa。按平面滑动、单宽计算,在图6-11中,$h_1 = 15$ m,$h_0 = 5$ m,滑面与水平面夹角$\alpha = 30°$,计算其水压力P_w和P为(　　)kN。(水的容重按10 kN/m³考虑)

A. $P_w = 750, P = 125$　　B. $P_w = 125, P = 750$

C. $P_w = 150, P = 350$　　D. $P_w = 350, P = 750$

(70)在图6-11中,采用刚体极限平衡法计算,假设滑动体的重量、滑动面上的水压力及张裂隙中的水压力均通过滑体的重心,呈压力三角形分布,其安全系数为(　　)。

A. 1.53　　B. 1.63　　C. 1.73　　D. 1.93

(71)有一平顶岩石边坡如图6-12所示,不考虑侧向抗剪,按刚体单宽平面滑动计算,地下水沿裂隙进入滑面下部渗透,后缘裂隙垂直地面,坡高$H = 100$ m,坡顶垂直张裂隙深$h = 40$ m,坡角$\alpha = 35°$,结构面倾角$\beta = 20°$,岩体的性质指标为:$\gamma = 25$ kN/m³,滑体重力W是(　　)kN。

A. 150 000　　B. 225 322　　C. 288 462　　D. 295 464

(72)根据图6-12中,凝聚力为c,内摩擦角为φ,滑体重W,底滑面水压力为P,裂隙水压力为P_w,若裂隙不垂直地面,而是倾向坡面的,并与底滑面垂直且充满水,至地面高仍为h,下列写出的安全系数的计算式正确的是(　　)。

A. $K_s = \dfrac{c\dfrac{H-h}{\sin\beta} + (W\cos\beta - P)\tan\varphi}{W\sin\beta + P_w}$　　B. $K_s = \dfrac{c\dfrac{H-h}{\sin\beta} + (W\cos\beta - P_w)\tan\varphi}{W\sin\beta + P}$

C. $K_s = \dfrac{c\dfrac{H-h}{\sin\beta} + (W\sin\beta - P)\tan\varphi}{W\sin\beta + P_w}$　　D. $K_s = \dfrac{c\dfrac{H-h}{\sin\beta} + (W\sin\beta - P_w)\tan\varphi}{W\sin\beta + P}$

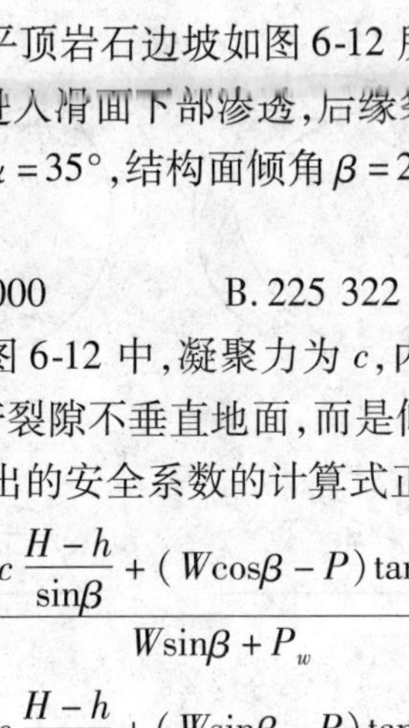

图6-11

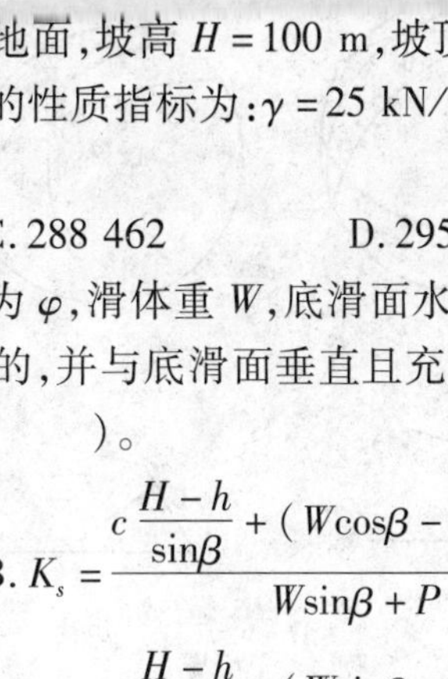

图6-12

(73)西南某电站厂房左侧山体,其两侧边缘位于冲沟内,前缘为陡壁。岩性为中厚层石英砂岩夹薄层泥岩。当地发生暴雨时，山体发生蠕动，在后缘产生竖直的拉裂缝近10 m深，要求论证其滑动的可能性，从而采取相应的加固措施。根据现场勘察，滑体沿薄层泥岩滑动，滑面为泥夹岩屑型，根据坝址同类型夹层所做的原位试验抗剪断指标如表6-3所示。

滑面倾角为13°，滑体长度为128.4 m，宽度为155 m，平均厚度为10.98 m，天然容重为26.2 kN/m^3，水的容重按10 kN/m^{3}计算。选用上述适当的抗剪断指标，试计算竖直的拉裂缝完全充水时的安全系数为(　　)。

A. 0.88　　B. 0.98　　C. 1.08　　D. 1.18

表6-3

序号	试件编号	f'	c'(MPa)
1	PD09	0.35	0.1
2	PD11	0.25	0.01

(74)图6-13所示为天然边坡A、人工边坡B与二组结构面J_1、J_2走向的赤平投影图，m为J_1、J_2的组合交线，根据赤平投影图，判断组合交线m与边坡的关系，下述判断正确的是(　　)。

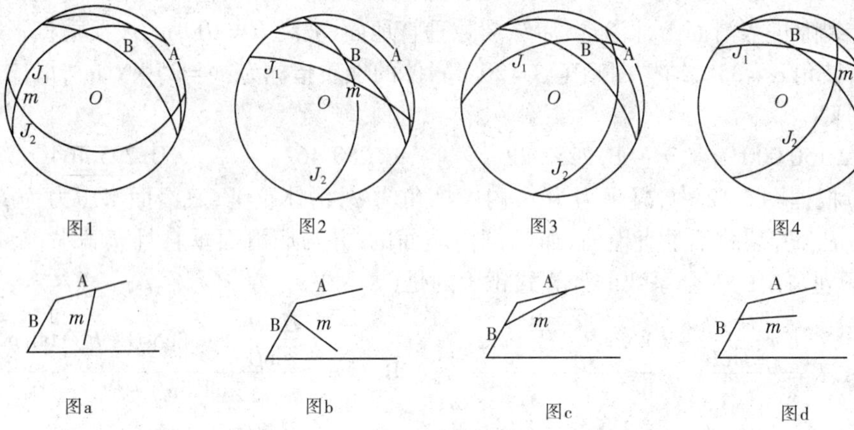

图6-13

A. 图1对应图d，图2对应图c，图3对应图a，图4对应图b

B. 图1对应图a，图2对应图b，图3对应图c，图4对应图d

C. 图1对应图b，图2对应图a，图3对应图d，图4对应图c

D. 图1对应图c，图2对应图d，图3对应图b，图4对应图a

(75)如图6-14所示为某电站左右岸边坡面走向与两组软弱结构面的赤平投影图，1为边坡走向，2、3为软弱结构面走向，试初步判别左右岸边坡的稳定性为(　　)。

A. (a)不稳定、(b)不稳定　　B. (a)稳定、(b)不稳定

C. (a)不稳定、(b)稳定　　D. (a)稳定、(b)稳定

(76)如图6-15所示为两组结构面走向与边坡坡面走向的组合关系赤平投影图，其中

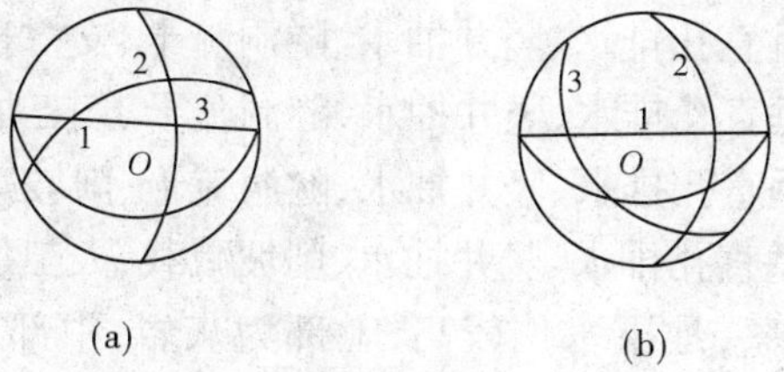

图 6-14

1、2 为坡面走向,3、4 为两组结构面走向,下列初步判定正确的是(　　)。

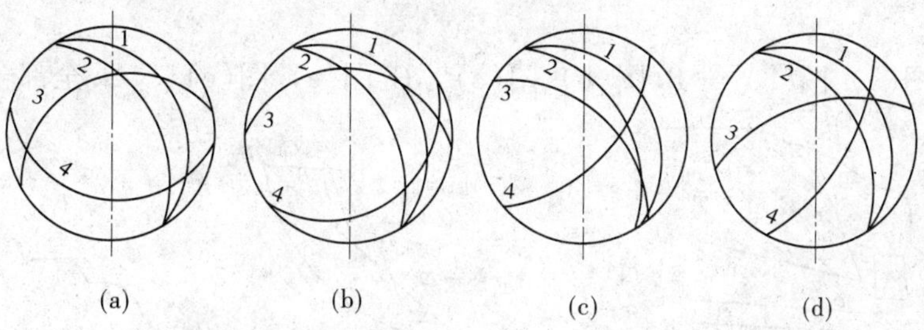

图 6-15　两组结构面与边坡的赤平投影图

A.(a)不稳定、(b)比较稳定、(c)一般不稳定、(d)稳定

B.(a)稳定、(b)一般不稳定、(c)比较稳定、(d)不稳定

C.(a)稳定、(b)比较稳定、(c)稳定、(d)一般不稳定

D.(a)不稳定、(b)一般不稳定、(c)稳定、(d)比较稳定

(77)下述关于边坡岩体原位监测的内容,说法准确的是(　　)。

A.边坡岩体原位监测的内容一般包括地表和地下变形监测、地下水监测、应力监测、边坡自动化监测,其中以地下水监测为重点

B.边坡岩体原位监测的内容一般包括地表和地下变形监测、地下水监测、应力监测、边坡自动化监测,其中以应力监测为重点

C.边坡岩体原位监测的内容一般包括地表和地下变形监测、地下水监测、应力监测、边坡自动化监测,其中以变形监测为重点

D.边坡岩体原位监测的内容一般包括地表和地下变形监测、地下水监测、应力监测、边坡自动化监测,其中以边坡自动化监测为重点

(78)下列关于边坡变形破坏预测的方法,叙述不准确的是(　　)。

A.边坡变形破坏的预测可分为中长期预测、短期预测及临滑预报

B.边坡变形破坏的预测可分为长期预测、中期预测、短期预测

C.边坡未进入加速变形阶段进行的预测为中长期预测,主要研究边坡是否失稳、在何处失稳,预测时间可以是数年或数十年

D.进入加速变形阶段进行的预测称为短期预测(报)及临滑预报,研究边坡何时会失稳破坏,预测时间可为数月或数天

(79)消除和减轻地表水和地下水的危害是边坡变形破坏常采用的防治措施之一,下

述是其经常采用方法，正确的是(　　)。

A. 水平孔疏干、垂直孔排水、竖井抽水、隧洞疏干、支撑盲沟

B. 水平孔疏干、垂直孔排水、竖井抽水、隧洞疏干、人工加固

C. 水平孔疏干、垂直孔排水、竖井抽水、隧洞疏干、削坡减载

D. 水平孔疏干、垂直孔排水、竖井抽水、削坡减载、人工加固

(80)某高边坡，经勘察，地下水位较高，上部为灰岩，中部为泥质粉砂岩，下部为灰岩，为了降低高边坡上部的地下水位使其稳定，最适宜的方法是(　　)。

A. 水平孔疏干　　B. 垂直孔排水　　C. 竖井抽水　　D. 隧洞疏干

(81)如图6-16所示为边坡处理的常用方法的示意，图中边坡处理工作布置不是十分合理的是(　　)。

A. 图(a)、图(b)　　B. 图(b)、图(c)　　C. 图(a)、图(c)　　D. 全都合理

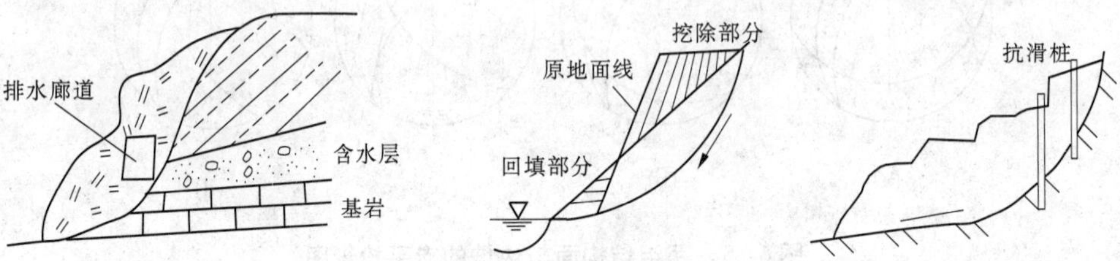

(a)排水廊道　　(b)削坡减载　　(c)抗滑桩

图6-16

6.4 参考答案

(1)A	(2)B	(3)B	(4)A	(5)A	(6)B
(7)C	(8)C	(9)D	(10)CD	(11)A	(12)A
(13)A	(14)B	(15)D	(16)D	(17)C	(18)D
(19)D	(20)B	(21)C	(22)A	(23)D	(24)D
(25)A	(26)A	(27)B	(28)C	(29)B	(30)B
(31)A	(32)C	(33)C	(34)A	(35)AB	(36)C
(37)A	(38)AC	(39)D	(40)A	(41)D	(42)C
(43)D	(44)AB	(45)C	(46)D	(47)D	(48)B
(49)B	(50)C	(51)D	(52)D	(53)C	(54)B
(55)B	(56)D	(57)BC	(58)A	(59)D	(60)A
(61)B	(62)B	(63)C	(64)B	(65)B	(66)A
(67)B	(68)C	(69)B	(70)C	(71)C	(72)A
(73)B	(74)C	(75)B	(76)C	(77)C	(78)B
(79)A	(80)B	(81)C			

第 7 章　地下洞室工程地质

7.1　考试大纲

掌握地下洞室选线（址）的工程地质要求。

熟练掌握常用的围岩分类方法及其适用性，特别是《水利水电工程地质勘察规范》（GB 50487—2008）推荐的分类方法。

熟练掌握影响围岩稳定性的地形地质因素及围岩稳定性评价方法。

了解地下洞室地质超前预报、支护加固处理措施及适用条件。

了解地下洞室围岩的主要监测内容和布置原则。

7.2　复习指导

7.2.1　复习要点

7.2.1.1　地应力及地下洞室围岩应力

1）地应力

了解地应力的概念及种类。地应力一般是指地壳岩体天然状态下所具有的内应力，或称初始应力。地应力是在漫长的地质历史时期逐渐形成的，按不同的起源可分为自重应力、构造应力、剩余应力和变异应力。

了解垂直应力（σ_V）、水平应力（σ_H）及深切河谷区的地应力场的变化规律。

了解地应力对地下工程的影响。

初始应力对地下洞室的影响。根据岩石力学理论，地下洞室围岩初始垂直应力与水平应力的比值和洞室周边应力的分布、拱顶和边墙的稳定、支护衬砌的设计有密切关系。要使地下洞室稳定，最重要的因素是要有一坚固的拱顶。当水平应力占优势时，对拱顶的稳定有利；当垂直压力占主导时，则对拱顶的稳定不利。在地下洞室设计中，实测岩体的初始应力大小和方向是十分重要的。一般认为，地下洞室的长轴方向应尽量与最大主应力方向平行或小角度相交，这样不致因应力释放而影响边墙的稳定。

地应力对岩石的影响。在高地应力条件下，硬脆的完整岩体易产生岩爆，软岩易产生围岩变形。

2）地下洞室围岩应力

了解地下洞室围岩应力分布特征。

（1）理想状态下圆形洞室应力。洞室开挖后，原始的应力平衡状态发生变化，造成邻近周边的岩体产生松胀，同时岩体内的应力、应变和能量都要做相应的调整，以便达到新的平衡状态。一般把洞室周围岩体中各个质点的应力调整所引起的应力大小、方向和性质的变化过程,称为应力重分布。经过重分布过程后产生的应力状态称为重分布应力状态。理论上可以证明围岩应力重分布的最大影响范围是3倍洞直径。

圆形断面隧洞洞壁上的重分布应力大小与断面的大小无关,仅与初始应力和施测点的位置有关。位于洞壁上任意点的剪应力 $\tau_{r\theta}$ 为零,径向应力 σ_r 亦为零,切向应力 σ_θ 为最大主应力。应当指出,天然应力场的 λ 值不同,洞壁上各点重分布应力的大小和性质亦不同。

(2)不同断面形状洞室的应力特征。当 $\lambda \neq 1$,圆形洞室围岩中的应力分布发生变化时,洞壁上受到剪切应力的作用,其值最大,并可能出现拉应力。理论和实践证明,不同断面形状的洞体,在两侧及角点出现切向应力集中,在洞顶及洞底出现拉应力。

(3)洞室围岩的应力特征。邻近洞壁的岩体受到集中应力的作用,当岩体中的应力差 $\sigma_\theta - \sigma_r$ 达到某一极限值时,就产生塑性变形;当应力足够大时,有可能形成一个圈,称为塑性松动圈(即应力降低区Ⅰ);在塑性松动圈外侧,径向应力逐步增大,形成应力升高区(应力升高区Ⅱ);在应力升高区以外,应力状态仍保持天然应力状态,应力条件不受洞室开挖的影响(天然应力区Ⅲ)。因此,洞室开挖的结果是在围岩中形成3个应力分布区,即应力降低区Ⅰ、应力升高区Ⅱ和天然应力区Ⅲ。

围岩中的岩体结构特征也对围岩应力起控制作用。节理的存在使岩体成为不连续介质,不能承受和传递较大的剪应力和拉应力。节理面的产状与洞体受力方向的不同将产生不同的结果。

7.2.1.2 地下洞室选线(址)的地质要求

地下洞室位置的选择除取决于工程目的要求外,主要受地形地质、岩石性质、地质构造、地下水及地应力等工程地质条件的控制。

1)地形地质条件

地下洞室的位置要求地形完整,山体稳定,无冲沟、山洼等地形的切割破坏,无滑坡、塌方等不良地质现象。水工隧洞进出口地段要有稳定的洞脸边坡,洞口岩石宜直接出露或覆盖层较薄,岩层宜倾向山里并有较厚的岩层作为顶板。洞室的围岩应有一定的厚度,洞室围岩最小厚度的确定与洞径大小、岩体完整程度及岩石强度有关。

抽水蓄能电站地下洞室对上覆岩体、侧向岩体厚度的基本要求是能承受高水头作用下隧洞岔管地段巨大的内水压力而不发生岩体破裂,满足上抬理论。

2)岩石性质条件

岩石性质是地下洞室围岩稳定、掘进、支撑和衬砌的重要因素,也是决定工程工期和造价的主要条件之一。在坚硬岩石中开挖地下洞室,围岩稳定性好,便于施工;在软弱岩层、破碎岩层和松散岩层中开挖地下洞室,围岩稳定性差,施工困难。因此,地下洞室应尽量避开岩性条件差的围岩,使洞身置于坚硬完整的岩层中。

3)地质构造条件

地质构造条件对洞室围岩稳定性有重大影响。洞室应选在岩体结构完整、地质构造简单的地段,尽量避开大的构造破碎带。洞室轴线宜与构造线、岩层走向垂直或大角度相交。

4) 地下水条件

地下水对洞室的不良影响主要表现为静水压力对洞室衬砌的作用、动水压力对松散或破碎岩层的渗透变形,以及施工开挖的突然涌水等。因此,应尽量将洞室置于非含水岩层中或地下水位以上,或采取地下排水措施,避免或减少渗透压力对围岩稳定性的影响。

5) 地应力条件

岩体中的初始应力状态对洞室围岩的稳定性有重要的影响。理论和实践证明,当天然应力比值系数较小时,洞室的顶板和边墙容易变形破裂;当洞室处于大致均匀的应力状态时,围岩稳定性好。当岩体中水平应力值较大时,洞室轴线最好平行最大主应力方向或与其小角度布置。

抽水蓄能电站地下岔管段要求最小主应力要大于岔管处的内水压水至少1~2倍,满足最小主应力理论。

7.2.1.3 地下洞室工程地质勘察

1) 可行性研究阶段

可行性研究阶段地下洞室工程地质勘察的任务是对洞线(址)进行方案选择,包括调查隧洞线路区域地质,研究分析区域地质构造背景,注意有无活断层的分布和地震情况,了解区域地应力情况。

2) 初步设计阶段

初步设计阶段地质勘察应在可行性研究阶段选定的隧洞线路方案场地上进行,查明地下工程的工程地质条件、主要工程地质问题等,根据地质情况,可进一步优化、调整局部线路方案,为工程设计提供地质资料。

7.2.1.4 常用的围岩分类方法及其适用性

围岩分类是工程地质分析中的一种重要的综合评价方法。在实际工程中,主要使用《水利水电工程地质勘察规范》(GB 50487—2008)推荐的分类方法,是应熟练掌握的重要内容。该方法以岩石强度、岩体完整程度、结构面状态、地下水及主要结构面产状5个因素评分的总和为基本判据,以围岩强度应力比为限定判据。

掌握其他围岩分类方法及其适用性。

7.2.1.5 围岩稳定性评价方法

影响围岩稳定性的主要因素有客观(即内在)因素,也有主观(人为)因素。概括起来,主要有岩体结构、岩体应力、地下水、工程因素等。围岩的破坏形式及原因分析多种多样。在确定围岩稳定分析方法之前,应分析围岩的可能破坏形式和原因。根据对影响围岩稳定性因素的分析,围岩破坏形态可以归纳为局部块状体滑动与塌落、层状岩体的弯曲与折断、碎裂岩体的松动脱落、软质岩体的变形与膨胀及脆性岩体的岩爆等。

重点介绍围岩稳定分析方法,应熟练掌握。

1) 地质分析法

地质分析法是通过勘测手段了解与围岩稳定有关的、经常出现的、起控制作用的岩石特性、地质构造、水的作用和岩体应力4个主要因素,并通过综合分析确定围岩的稳定性。这种分析方法是比较客观和符合实际的。

2）工程类比法

工程类比法是根据拟建工程区的地质条件、岩体特性和动态观测资料，通过与具有类似条件的已建工程的综合分析和对比，从而判断工程区岩体的稳定性。

3）岩体结构分析法

岩体结构分析包括以下过程：

(1)根据地质勘察结果，对岩体结构面进行整理分组，列出各组结构面的产状和力学指标。

(2)运用赤平投影的方法，研究可能塌滑块体的组合形态、边界滑动面、滑移方式和塌滑范围。

(3)根据塌滑体的体积，运用极限平衡理论计算塌滑体的稳定性。

7.2.1.6　地下洞室超前预报、支护加固处理措施及适用条件

1）地下洞室超前预报

地下洞室超前预报是施工阶段施工地质工作的一项重要内容，应在地下洞室地质勘察的基础上，选用合适的方法实施适时的地质超前预报。在长大复杂的隧洞（特别是岩溶隧洞）施工地质预报工作中，应坚持洞内探测与洞外地质勘探相结合、地质方法与物探方法相结合、多种物探方法相结合、地球物理方法与超前水平钻探相结合、隧洞施工方法与地质超前预报方法相结合，开展多层次、多手段的超前地质预报，并贯穿于整个施工过程中。

施工期的地质超前预报可分为直接预报方法和间接预报方法两大类。

了解直接预报方法、间接预报方法的主要内容。

2）支护加固处理措施

了解支护加固措施的主要方法。

(1)喷锚支护。喷锚支护在地下工程中经常采用，可用于临时支护和永久支护。喷锚支护的类型有喷混凝土、锚杆、锚索、喷混凝土加锚杆、挂网喷混凝土加锚杆等，一般根据围岩地质条件选定。

(2)钢拱架和搁栅钢拱架支护。该种支护通常与喷锚支护联合使用，常用于围岩稳定性差的破碎岩体或断层破碎带中。

(3)管棚支护。当隧洞要通过松散土层，或隧洞顶部覆盖土层较薄，或要通过已塌方的洞段时，要采用管棚法施工。

7.2.2　案例分析

【例 7-1】　东北某电站引水洞平面图如图 7-1 所示，拟从上游 A 点到下游 B、C、D、E 点选择一条线路作为电站的引水发电洞。A—B 线方位 N85°W，A—C 线方位 N75°E，A—D线方位 N55°E，A—E 线方位 N40°E。经实测，本地区的地应力以水平应力为主，最大主应力方向为 N40°E，岩石为中厚层灰岩，岩层走向为 N30°W，断层岩脉产状均为陡倾角，试选择一条最理想的引水线路（　　）。

A. A—B　　B. A—C　　C. A—D　　D. A—E

答案：C

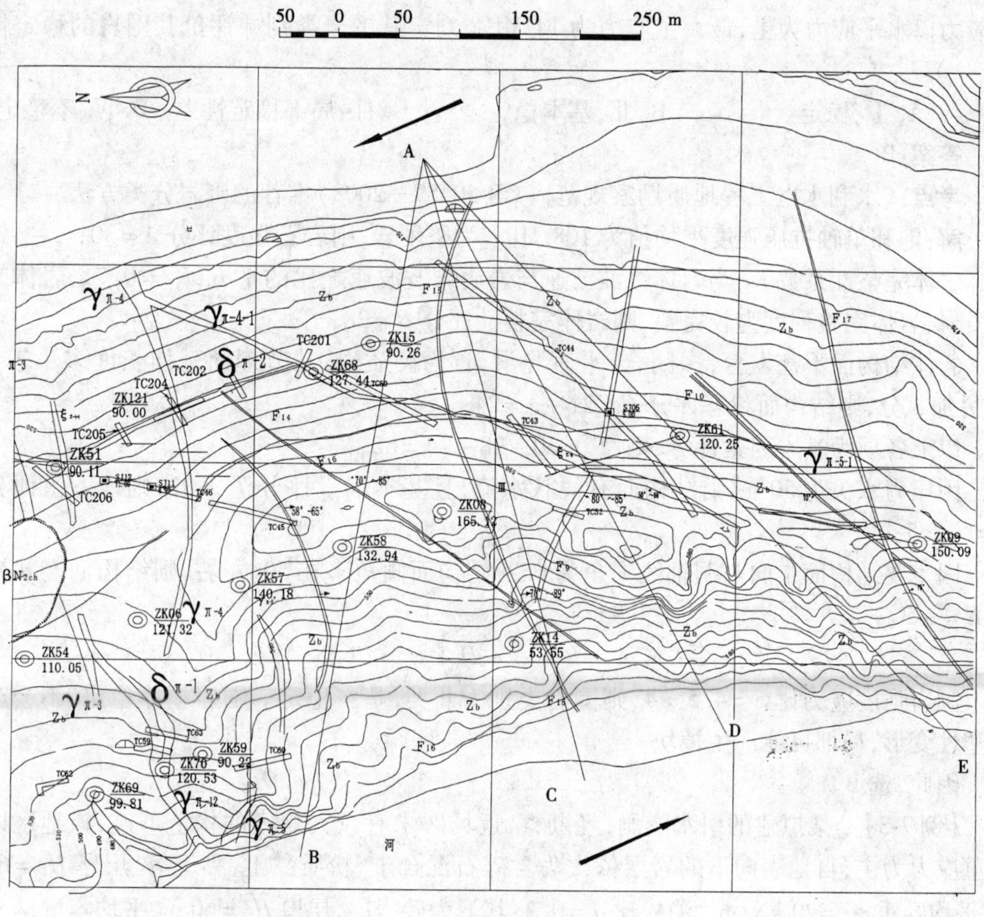

图 7-1

考点:洞线选址的地质要求。

解:对 A—B、A—C、A—D、A—E 四条线进行比较。

A—B 线路较长,与最大主应力方向交角较大,约 55°,与岩层交角约 55°,线路通过两条断层、一条岩脉,岩石破碎,对洞线稳定不利,且出口条件一般。

A—C、A—D 线路较短,长度相差不大,但 A—C 线路穿过两条陡倾角断层,且与断层交角较小,近于平行,岩石可能破碎,对边墙稳定不利。A—C 线路与最大主应力方向交角较大,约 35°,与岩层交角约 75°。A—D 线路与最大主应力方向交角较小,约 15°,与岩层走向近直交,交角约 85°,线路虽穿过两条陡倾角断层,但近直交,距离较短,对洞线边墙稳定影响不大,该线路地质条件相对较好。

A—E 线路与 A—D 线路相比地质条件相差不大,但线路较长,且出口地质条件较差。因此,选 C。

【例 7-2】 某电站引水隧洞灰岩段,压力水头 50 m,岩石饱和单轴抗压强度平均值为 108 MPa,现场测试的岩体纵波波速为 4 300 m/s,室内测试岩块纵波波速为 5 100 m/s,岩体节理不甚发育,多闭合,平直光滑,沿节理面有线状水流,经节理玫瑰花图判定,主要节理面走向与洞轴线夹角为65°，节理面倾角多在50°左右，延伸长度多小于3 m，站址区的地应力以水平应力为主，最大主应力为14 MPa，判定其围岩类别并评价其围岩的稳定性(　　)。

A. Ⅰ、稳定　　B. Ⅱ、基本稳定　　C. Ⅲ、局部稳定性差　　D. Ⅳ、不稳定

答案：B

考点：《水利水电工程地质勘察规范》(GB 50487—2008)推荐的围岩分类方法。

解：饱和单轴抗压强度平均值为108 MPa，为坚硬岩，则岩石强度评分$A=30$；

岩体完整性系数K_V为岩体纵波波速与岩块纵波波速之比的平方，$K_V=0.71$，岩体为硬质岩，岩体完整程度为较完整，则岩体完整性评分$B=28$；

岩体结构面不甚发育，多闭合，平直光滑，且为硬质岩，其节理面延伸长度多小于3 m，另加3分，则结构面状态评分$C=21+3=24$；

以上各项为基本因素评分，则：$T'=30+28+24=82$；

因压力水头为50 m，沿结构面有线状水流，且基本因素评分$T'=82$，则地下水评分$D=-2.5$；

因主要结构面走向与洞轴线夹角为65°，结构面倾角多在50°左右，则结构面产状评分$E=-3$。

$$T=A+B+C+D+E=76.5$$

围岩强度应力比$S=4.5>4$，则围岩类别为Ⅱ类，基本稳定。围岩整体稳定，不会产生塑性变形，局部可能产生掉块。

因此，选B。

【例7-3】　某拟建的引水隧洞，经勘察，近场区未有较大规模的构造形迹，该地区以自重应力为主，自地表向下的岩层依次为含碎石混合土、粉质黏土、黏土等，层厚$H_1=60$ m，平均容重$\gamma_1=20\ kN/m^3$，泊松比$\mu=0.3$；其下为砂岩层，层厚$H_2=60$ m，平均容重$\gamma_2=25\ kN/m^3$，泊松比$\mu=0.25$。试计算距地表50 m及100 m处的原岩中水平应力为(　　)MPa。

A. 0.43、0.73　　B. 0.25、0.46　　C. 0.37、0.69　　D. 0.51、0.85

答案：A

考点：地应力的分布、侧压力系数、泊松比的概念。

解：(1)距地表50 m时，垂直应力由$\sigma_{V1}=\gamma_1 H_1$，得到

$$\sigma_{V1}=20\times 50=1\ 000(kPa)=1\ MPa$$

原岩中由自重引起的水平应力由水平应力公式$\sigma_{H1}=\frac{\mu}{1-\mu}\sigma_V$，得

$$\sigma_{H1}=\frac{0.3}{1-0.3}\times 1=0.43\ MPa$$

(2)距地表100 m时，由$\sigma_{V2}=\sum_{n-1}^{2}\gamma_n H_n$，得到

$$\sigma_{V2}=20\times 60+25\times(100-60)=2\ 200(kPa)=2.2\ MPa$$

原岩中由自重引起的水平应力由水平应力公式$\sigma_{H2}=\frac{\mu}{1-\mu}\sigma_{V2}$得

$$\sigma_{H2} = \frac{0.25}{1-0.25} \times 2.2 = 0.73(\mathrm{MPa})$$

因此,选 A。

7.3 复习题

(1)下列对地应力的叙述,表达不正确的是(　　)。

A. 地应力一般是指地壳岩体天然状态下所具有的内应力,或称为初始应力

B. 地应力是在构造运动作用下形成的应力,有时包括在岩体的物理变化、化学变化及岩浆侵入等作用下形成的应力

C. 地应力是在漫长的地质历史时期形成的

D. 地下洞室开挖,使岩(土)体中原来的应力平衡状态发生了变化,可能导致洞室围岩的变形破坏,因此地应力及地下洞室围岩应力的分布特征与地下洞室稳定关系很大

(2)地应力是在漫长的地质历史时期形成的,按不同的起源一般可以分为(　　)。

A. 自重应力、构造应力、剩余应力和变异应力

B. 自重应力、构造应力、物理应力和化学应力

C. 自重应力、构造应力、物理应力和变异应力

D. 自重应力、构造应力、剩余应力和物理应力

(3)设 ρ 为岩石的密度,g 为重力加速度,h 为上覆岩体的厚度,μ 为泊松比,λ 为侧压力系数,则由岩体自重产生的应力,其垂直应力 σ_z 与水平应力 σ_x、σ_y 及 λ 的表达式不正确的是(　　)。

A. $\sigma_z = \rho g h$　　B. $\sigma_x = \frac{\mu}{1-\mu}\sigma_z = \lambda\sigma_z$

C. $\sigma_z = \frac{\mu}{1-\mu}\sigma_y = \lambda\sigma_y$　　D. $\lambda = \frac{\mu}{1-\mu}$

(4)下面关于对地应力场的分布和变化规律的叙述中,表达不正确的是(　　)。

A. 垂直应力有随深度线性增加的变化关系

B. 水平应力随深度的变化关系比较复杂,一般在地壳浅部,特别是构造活动区,大多数情况水平应力大于垂直应力,这种现象随深度而变化,当达到一定深度后,水平应力开始小于垂直应力。这个转变点的深度称为临界深度,不同地区临界深度不同

C. 在地壳深部水平应力与垂直应力也不会趋于一致

D. 在深切河谷区的河床底部往往有很大的水平应力,分为应力释放区、应力集中区和应力平衡区

(5)在只考虑自重应力的情况下,赋存在 600 m 深处原岩体内一点的垂直应力与侧向应力的比值为(　　),岩层的平均容重为 24.5 kN/m³,泊松比为 0.2。

A. 14.7∶3.7　　B. 14.7∶14.7　　C. 1∶2　　D. 2∶1

(6)下列关于地下洞室的布置与最大主应力的关系,说法正确的是(　　)。

A. 一般认为地下洞室的长轴方向应尽量与最大主应力方向平行,这样不致因应力释放而影响边墙的稳定

B. 一般认为地下洞室的长轴方向应尽量与最大主应力方向垂直,这样不致因应力释放而影响边墙的稳定

C. 一般认为地下洞室的长轴方向应尽量与最大主应力方向小角度相交,这样不致因应力释放而影响边墙的稳定

D. 一般认为地下洞室的长轴方向应尽量与最大主应力方向大角度相交,这样不致因应力释放而影响边墙的稳定

(7)初始应力对地下洞室的稳定有十分重要的影响,根据岩石力学理论,地下洞室围岩初始垂直应力与水平应力的比值对洞室周边应力的分布、拱顶和边墙的稳定、支护衬砌的设计有密切关系。下列关于拱顶稳定的说法,不正确的是(　　)。

A. 当水平应力占优势时,对拱顶的稳定有利

B. 当垂直压力占主导时,对拱顶的稳定不利

C. 当水平应力占优势时,对拱顶的稳定不利

D. 当垂直压力占主导时,对拱顶的稳定有利

(8)在应力比较高的地区,或埋深很大的隧洞周围岩体内,储存着大量的应变能,当这些潜在的能量具备突然释放的条件时,就产生一种冲击波,隧洞施工过程中就可能发生岩块弹射和围岩塌落或剥落现象,称之为岩爆。岩爆现象多发生在如下部位,下列叙述不正确的是(　　)。

A. 由初始应力和洞室断面形状所决定的重分布应力最集中区

B. 在围岩靠近表面部分有高变异应力及残余应力分布区

C. 在断层、岩脉附近形成的局部应力增高区

D. 在同样的外部条件下,软弱岩石发生岩爆的可能性大于坚硬岩石发生岩爆的可能性

(9)关于围岩强度应力比的定义,下列说法正确的是(　　)。

A. 可用岩石饱和单轴抗压强度和岩体完整系数之积与围岩最大主应力之比计算

B. 可用岩石天然单轴抗压强度和岩体完整系数之积与围岩最小主应力之比计算

C. 可用岩石饱和单轴抗压强度和岩体完整系数之积与围岩最小主应力之比计算

D. 可用岩石干单轴抗压强度和岩体完整系数之积与围岩最大主应力之比计算

(10)当围岩的强度应力比(　　)时,出现应力超限,形成塑性区,围岩稳定性差的情况。

A. <4　　B. >4　　C. <1　　D. >1

(11)下列是关于地下洞室与主应力大小方向之间的关系,叙述正确的是(　　)。

A. 在以垂直应力为主导时,易发生拱部下沉和底板隆起

B. 在以水平应力为主导时,边墙易产生收敛变形

C. 在以水平应力为主导时,易发生拱部下沉和底板隆起

D. 在以垂直应力为主导时,边墙易产生收敛变形

(12)如图 7-2 所示,某地开挖大跨度圆形隧洞,要先确定开挖后洞壁的应力值,为此,在附近相同高程的试验洞做了应力测试,测得天然状态下铅直应力 $\sigma_V = 1.4$ MPa,水平应力 $\sigma_H = 2$ MPa,A 点为洞顶,与水平线夹角为 90°,B 点与水平线夹角为 0°,C 点与水平线夹角为 45°。试算开挖洞壁 A、B、C 三点处的应力分别为(　　)。

A. $\sigma_{\theta A} = 5.7$ MPa,$\sigma_{\theta B} = 3.5$ MPa,$\sigma_{\theta C} = 2.1$ MPa

B. $\sigma_{\theta A} = 4.6$ MPa,$\sigma_{\theta B} = 2.2$ MPa,$\sigma_{\theta C} = 3.4$ MPa

C. $\sigma_{\theta A} = 4.0$ MPa,$\sigma_{\theta B} = 2.5$ MPa,$\sigma_{\theta C} = 4.7$ MPa

D. $\sigma_{\theta A} = 5.3$ MPa,$\sigma_{\theta B} = 2.9$ MPa,$\sigma_{\theta C} = 3.6$ MPa

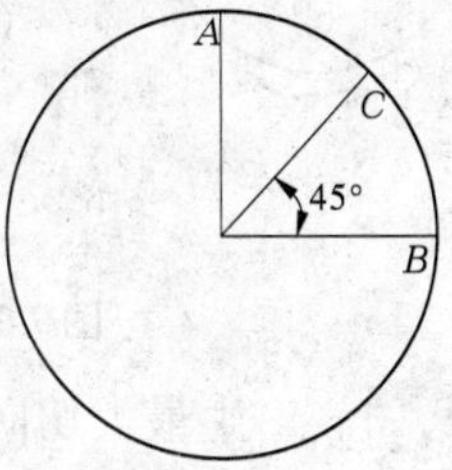

图 7-2

(13)在均质、连续的弹性介质内,当侧压力系数 $\lambda = 1$ 时,对于圆形洞室围岩中的应力分布,下列叙述正确的是(　　)。

A. 当圆形断面隧洞的隧洞半径一定时,切向应力随质点到洞轴线的距离的增大而迅速减小,并渐渐趋近于天然应力值。同时,径向应力随质点到洞轴线的距离的增大而增大,也趋近于天然值

B. 当质点到洞轴线的距离增大至 6 倍洞径时,切向应力和径向应力近似相等,并等于天然应力值,故可以将 6 倍洞径作为围岩应力重分布的最大影响范围

C. 圆形断面隧洞洞壁上的重分布应力大小与断面的大小无关,仅与初始应力和施测点的位置有关

D. 位于洞壁上的任意点剪应力为零,径向应力亦为零,切向应力为最大主应力

(14)理论和实践证明,不同断面形状的洞体,在两侧、角点、洞顶及洞底分别出现压应力和拉应力,图 7-3 是圆形洞和直墙拱顶式洞体压应力和拉应力受力图,标示正确的是(　　)。

A. 1 与 2 均为压应力区　　B. 1 为压应力区,2 为拉应力区

C. 1 为拉应力区,2 为压应力区　　D. 1 与 2 均为拉应力区

(15)邻近洞壁的岩体受到集中应力的作用,洞室开挖的结果是在围岩中形成 3 个应力分布区,即应力降低区、应力升高区和天然应力区,下列对图 7-4 标示正确的是(　　)。

A. Ⅰ区为应力降低区,Ⅱ区为应力升高区,Ⅲ区为天然应力区

B. Ⅰ区为天然应力区,Ⅱ区为应力升高区,Ⅲ区为应力降低区

C. Ⅰ区为天然应力区,Ⅱ区为应力降低区,Ⅲ区为应力升高区

D. Ⅰ区为应力降低区,Ⅱ区为应力升高区,Ⅲ区为应力升高区

(16)图 7-4 中,一般情况下,对于岩体的径向应力在Ⅰ、Ⅱ、Ⅲ区的变化规律,下面正确的是(　　)。

A. 逐渐减小　　B. 逐渐增大　　C. 不会变化,大小一样　　D. 变化无规律

(17)围岩中岩体结构特征对围岩应力起控制作用,节理面的产状与洞体受力方向的不同,将产生不同的结果,下列叙述不正确的是(　　)。

A. 节理面与洞体受力方向的夹角大于 60°或垂直时,洞壁与节理面垂直相交的部位产生最大切向应力

B. 节理面与洞体受力方向的夹角小于 30°或平行时,洞壁与节理面相切的部位产

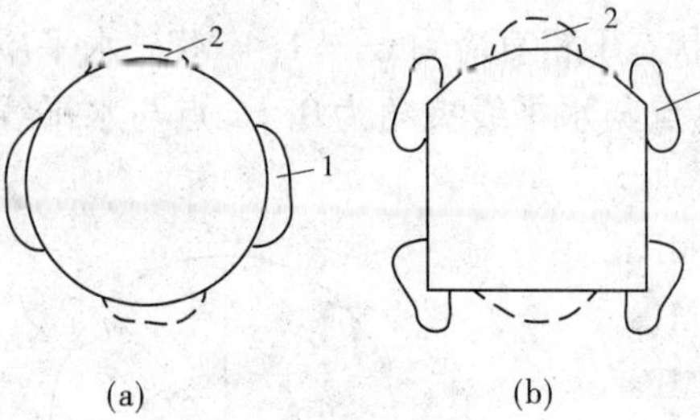

图 7-3

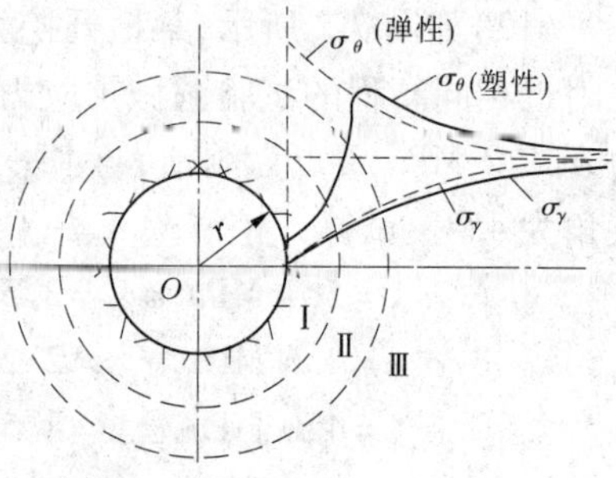

图 7-4

生最大切向应力

C. 当节理面的走向与洞体受力方向平行时，洞壁的切向应力成为最大主应力而径向应力变得弯斜

D. 节理面与洞体受力方向斜交成 45°时，洞壁与节理面相切及垂直的部位产生相等的最大切向应力

(18) 由于围岩内某一点的总应力等于两个或多个洞室在该点引起的应力之和，故相邻洞室的存在通常使围岩应力（主要为压应力）的集中程度增高，对洞室围岩稳定不利。水电部门规定，无压隧洞相邻洞室最小间距为 1.0 ~ 3.0 倍洞跨，高压隧洞之间的最小间距为（　　）。

A. 0.15 ~ 0.50 倍洞跨　　B. 0.15 ~ 0.60 倍洞跨

C. 0.15 ~ 0.50 倍水头　　D. 0.15 ~ 0.60 倍水头

(19) 当水工有压隧洞受到洞内水压力的作用时衬砌就向岩石方向变形，衬砌一定会遭到岩石的抵抗，岩石对衬砌产生一定的反力，称之为弹性抗力。岩石弹性抗力的大小常用弹性抗力系数 k 表示。下列关于弹性抗力系数的说法，不准确的是（　　）。

A. 反力的大小能反映出岩石的好坏

B. 弹性抗力系数不仅与岩石的性质有关，而且与隧洞的尺寸有关

C. 隧洞半径越大，岩体的弹性抗力系数越小

D. 在隧洞衬砌的静力计算时，与岩体的弹性抗力关系不大，主要取决于岩体的完整程度

(20) 对于承受内水压力的圆形隧洞，为了便于比较，工程上多采用半径等于 1 m 时岩石弹性抗力系数，称为单位弹性抗力系数，即 k_0。西南某电站引水洞长石石英砂岩段，岩体的变形模量 $E = 4.5$ MPa，泊松比 $\mu = 0.35$，其单位弹性抗力系数为（　　）。

A. 2.3　　B. 3.3　　C. 4.3　　D. 5.3

(21) 半径为 $r = 4$ m 的圆形隧洞，在内水压力作用下洞壁围岩向外产生径向位移 $\Delta a = 1.2$ cm，经测量，此时围岩的弹性模量 $E = 6.2$ GPa，泊松比为 $\mu = 0.27$，则此隧洞围岩的单位弹性抗力系数为（　　）。

A. 4.88　　B. 4.16　　C. 1.22　　D. 2.12

(22) 当岩体侧压力系数 $\lambda = 1$ 时，在理想状态下，圆形洞室的切向应力 σ_θ 与垂直应力 σ_V 的比值为（　　）。

A. 1　　B. 2　　C. 3　　D. 4

(23)下列对地下洞室选线的地形地质条件要求，说法不正确的是(　　)。

A. 地下洞室的位置要求地形完整，山体稳定，无冲沟、山洼等地形的切割破坏，无滑坡、塌方等不良地质现象

B. 水工隧洞进出口地段要有稳定的洞脸边坡，洞口岩石宜直接出露或覆盖层较薄，岩层宜倾向山里并有较厚的岩层作为顶板

C. 洞室的围岩应有一定的厚度，厚度大小应根据衬砌厚度决定

D. 抽水蓄能电站地下洞室对上覆岩体、侧向岩体厚度的基本要求是能承受高水头作用下隧洞岔管地段巨大的内水压力而不发生岩体破裂，满足上抬理论

(24)地质构造条件对洞室围岩稳定性有重大影响。洞室应选在岩体结构完整、地质构造简单的地段，尽量避开大的构造破碎带。下列有关洞室轴线与构造线、岩层走向的关系说法正确的是(　　)。

A. 洞室轴线宜与构造线小角度相交

B. 洞室轴线宜与构造线垂直或大角度相交

C. 洞室轴线宜与岩层走向小角度相交

D. 洞室轴线宜与岩层走向垂直或大角度相交

(25)洞室的围岩应有一定的厚度，洞室围岩最小厚度与洞径大小、岩体完整性及岩石强度有关，设隧洞洞径为 D，根据经验，对于软弱岩石无压引水洞，上覆岩体最小厚度一般为(　　)。

A. $(1.0\sim1.5)B$　　B. $(1.5\sim2.0)B$

C. $(2.5\sim3.0)B$　　D. $(2.0\sim3.0)B$

(26)某无压引水洞出口段，岩性为泥质粉砂岩和粉砂质泥岩互层，岩石饱和单轴抗压强度为 50 MPa，引水洞洞径为 8 m，上覆岩体多为泥质粉砂岩和粉砂质泥岩互层，试根据水利水电工程经验计算上覆岩体最小厚度为(　　)m。

A. 8 ~ 12　　B. 10 ~ 15　　C. 12 ~ 16　　D. 16 ~ 24

(27)岩体中的初始应力状态对洞室围岩的稳定性有重要的影响。当天然应力比值系数较小时，洞室的顶板和边墙容易变形破裂；当洞室处于大致均匀的应力状态时，围岩稳定性好。下述说法正确的是(　　)。

A. 当岩体中水平应力值较大时，洞室轴线最好垂直最大主应力方向或与其大角度布置

B. 当岩体中水平应力值较大时，洞室轴线最好平行最小主应力方向或与其小角度布置

C. 当岩体中水平应力值较大时，洞室轴线最好平行最大主应力方向或与其小角度布置

D. 当岩体中水平应力值较大时，洞室轴线最好平行中间主应力方向或与其小角度布置

(28)某工程在花岗岩地层中掘进圆形竖井，岩体完整，无构造应力，已知在自重作用下，井洞掘出后只有弹性变形，岩石的容重 $\gamma=25\ \text{kN/m}^3$，泊松比 $\mu=0.4$，当掘进半径 $r=$

3 m 时，求距地表 300 m、离井筒中心 5 m 处的径向应力和切向应力的大小为(　　)。

A. 3.2 MPa、8.6 MPa　　B. 4.8 MPa、10.2 MPa

C. 3.2 MPa、6.8 MPa　　D. 3.4 MPa、6.6 MPa

(29)下列关于抽水蓄能电站地下岔管段应力和内水压力的说法正确的是(　　)。

A. 抽水蓄能电站地下岔管段要求最小主应力要大于岔管处的内水压力至少 1 ~ 2 倍，满足最小主应力理论

B. 抽水蓄能电站地下岔管段要求最大主应力要大于岔管处的内水压力至少 1 ~ 2 倍，满足最大主应力理论

C. 抽水蓄能电站地下岔管段要求最小主应力要小于岔管处的内水压力至少 1 ~ 2 倍，满足最小主应力理论

D. 抽水蓄能电站地下岔管段要求最大主应力要小于岔管处的内水压力至少 1 ~ 2 倍，满足最大主应力理论

(30)在引水隧洞线路勘察中，(　　)不是在可行性研究阶段开展的工作。

A. 调查隧洞沿线的地形地貌和物理地质现象及其分布

B. 调查工程区出露的地层和岩性，重点调查松散、软弱、膨胀、可溶以及放射性矿物与有害气体等工程地质性质不良的岩层分布

C. 确定各类岩体的物理力学性质参数，评价围岩和进出口边坡的稳定性，提出处理建议

D. 进行围岩工程地质分类

(31)下列(　　)不是在引水隧洞线路勘察中可行性研究阶段勘察报告应编写的内容。

A. 区域地质、各比较线路工程地质条件

B. 主要的工程地质问题与方案选择

C. 推荐线路的工程地质条件分段说明

D. 查明主要工程地质问题并进行评价，提出处理意见

(32)大跨度地下洞室指跨度大于(　　)m 的地下洞室，高水头压力管道指大于(　　)m 的地下压力管道，深埋洞室指埋深大于(　　)m 的地下洞室。

A. 20、300、300　　B. 30、200、200　　C. 30、300、300　　D. 20、200、200

(33)地下洞室工程地质勘察中，在初步设计阶段，各类岩土室内物理力学性质试验组数累计不应少于(　　)组。

A. 3　　B. 5　　C. 7　　D. 10

(34)下列(　　)不是初步设计阶段在地下洞室勘察中应完成的工作。

A. 查明压力管道地段上覆岩体厚度和岩体应力状态，高水头压力管道地段尚应调查上覆山体的稳定性、岩体的地质结构特征和高压渗透性

B. 查明深埋洞室岩体应力情况

C. 调查深埋洞室的地温情况

D. 了解地下厂房地段的岩体应力、地温、有害气体和放射性矿物情况

(35)隧洞沿线和地下厂房的钻孔应进行地下水动态观测，观测时间不得少于(　　)

个水文年。

A. 1　　B. 2　　C. 3　　D. 5

(36)围岩分类是工程地质分析中的一种重要的综合评价方法。在实际工程中,主要使用《水利水电工程地质勘察规范》(GB 50487—2008)推荐的分类方法。该方法以岩石强度、岩体完整程度、结构面状态、地下水及主要结构面产状5个因素评分的总和为基本判据,以(　　)为限定判据。

A. 单轴抗压强度　　B. 围岩最大主应力

C. 围岩强度应力比　　D. 岩体完整性系数

(37)岩石强度评分表中划分硬质岩和软质岩是以强度值30 MPa为区分界限的,采用的是下列何种强度值?(　　)

A. 饱和单轴抗拉强度　　B. 饱和单轴抗压强度

C. 天然单轴抗压强度　　D. 天然单轴抗拉强度

(38)某地区长石石英砂岩饱和单轴抗压强度为110 MPa,其岩石强度评分应为(　　)。

A. 60　　B. 50　　C. 40　　D. 30

(39)在《水利水电工程地质勘察规范》(GB 50487—2008)中,将岩体完整程度分为如下类型,正确的是(　　)。

A. 完整、完整性差、较破碎、破碎

B. 完整、较完整、较破碎、破碎

C. 完整、较完整、完整性差、较破碎、破碎

D. 完整、较完整、完整性差、破碎

(40)某地区泥岩,饱和单轴抗压强度为25 MPa,岩体完整性系数 K_V 为0.55,下列完整性评分正确的是(　　)。

A. 22　　B. 14　　C. 9　　D. 4

(41)某地区灰岩,饱和单轴抗压强度为45 MPa,岩体完整性系数 K_V 为0.65,下列完整性评分正确的是(　　)。

A. 30　　B. 28　　C. 26　　D. 24

(42)结构面状态评分表中,将结构面状态张开度划分为三类,分别为闭合、微张、张开,划分的界限值为(　　)。

A. 0.5 mm、5 mm　　B. 0.4 mm、4 mm　　C. 0.2 mm、2 mm　　D. 0.1 mm、1 mm

(43)结构面状态评分表中,将结构面状态按岩石强度划分为(　　)类,分别为(　　)。

A. 二,硬质岩和较软岩　　B. 三,硬质岩、中硬岩及软质岩

C. 二,坚硬岩和软质岩　　D. 三,硬质岩、较软岩及软质岩

(44)结构面状态评分表中,将充填物状态分为以下几种类型,正确的是(　　)。

A. 无充填、岩屑、泥质　　B. 岩屑、泥质、钙质

C. 无充填、泥质、钙质　　D. 铁锈、泥质、钙质

(45)按结构面状态评分表规定,当结构面延伸长度小于(　　)m时,硬质岩、较软岩

的结构面状态评分另加 3 分，软岩加 2 分；当结构面延伸长度大于(　　)m 时，硬质岩、较软岩减 3 分，软岩减 2 分。

A. 3、10　　B. 1、5　　C. 3、5　　D. 5、10

(46)按结构面状态评分表规定，当结构面张开度大于 10 mm，且无充填时，结构面的状态评分为(　　)。

A. 8　　B. 6　　C. 4　　D. 0

(47)《水利水电工程地质勘察规范》(GB 50487—2008)推荐的分类方法中，基本因素 T 是指(　　)。

A. 岩石强度评分、岩体完整性评分、结构面状态评分

B. 地下水评分、主要结构面产状评分、结构面状态评分

C. 地下水评分、岩体完整性评分、结构面状态评分

D. 岩石强度评分、岩体完整性评分、主要结构面产状评分

(48)《水利水电工程地质勘察规范》(GB 50487—2008)推荐的分类方法中，修正因素是指(　　)。

A. 地下水评分和主要结构面产状评分

B. 岩石强度评分和岩体完整程度评分

C. 岩体完整程度评分和结构面状态评分

D. 结构面状态评分和地下水评分

(49)根据主要结构面产状评分的修正要求，下列说法不正确的是(　　)。

A. 按完整程度分级为较完整性的不进行主要结构面分级

B. 按完整程度分级为完整性差的不进行主要结构面分级

C. 按完整程度分级为较破碎的不进行主要结构面分级

D. 按完整程度分级为破碎的不进行主要结构面分级

(50)在地下水评分表中，将地下水活动状态分三类，分别是(　　)。

A. 干燥、渗水、滴水　　B. 滴水、线状流水、涌水

C. 干燥到渗水滴水、线状流水、涌水　　D. 滴水、线状流水、涌水

(51)在地下水评分表中，将地下水按水量和压力水头分三种情况和地下水活动状态对应，其中压力水头采用的单位是 m，水量大小采用的单位是(　　)。

A. 每米洞长的水量立方米　　B. 每米洞长每分钟的水量升

C. 每 10 m 洞长每分钟的水量升　　D. 每米洞长每分钟的水量立方米

(52)下列关于围岩强度应力比的有关说法，其中不准确的是(　　)。

A. 围岩强度应力是反映围岩应力大小与围岩强度相对关系的定量指标

B. 围岩强度应力比为岩石天然单轴抗压强度和岩体完整性系数之积与围岩最大主应力之比

C. 围岩的最大主应力在无实测资料时可用岩体的自重应力代替

D. 围岩强度应力比为《水利水电工程地质勘察规范》(GB 50487—2008)推荐的分类方法中围岩分类的限定判据

(53)围岩的强度应力比大于 2，围岩的总评分为 50 分，则围岩类别为Ⅲ类，对于Ⅲ类

围岩,下列说法不正确的是(　　)。

A. 基本稳定,围岩整体稳定,不会产生塑性变形,局部可能产生掉块

B. 局部稳定性差

C. 围岩强度不足,局部会产生塑性变形,不支护可能产生塌方或变形破坏。完整的较软岩,可能暂时稳定

D. 一般常用的支护类型为喷混凝土、系统锚杆加钢筋网。跨度为 20 ~ 25 m 时,浇筑混凝土衬砌

(54)某地区电站引水洞走向为 N30°E,其中一段洞身由泥岩和粉砂质泥岩组成,洞壁及洞顶多为潮湿状,局部见有滴水,经量测,10 m 洞长每分钟出水量平均约为 5 L,岩石饱和单轴抗压强度平均值为 28 MPa,天然抗压强度平均值为 32 MPa,岩体较破碎;节理较发育,走向主要为 N30°E,倾向 NW,倾角 18°,节理多微张,一般张开 1 ~ 3 mm,延伸多小于 3 m,节理面起伏粗糙并见有泥质充填;经声波测试,岩体完整性系数为 0.45;该地区以水平应力为主,最大主应力为 6.1 MPa。试计算其围岩总评分 T 和围岩强度应力比 S 分别为(　　)。

A. 20.5、2.0　　B. 23.3、2.1　　C. 32.3、2.1　　D. 45.5、2.3

(55)根据题(54),试判断该段泥岩洞的围岩类别及其稳定性为(　　)。

A. Ⅱ类、基本稳定　　B. Ⅲ类、局部基本稳定

C. Ⅳ类、不稳定　　D. Ⅴ类、极不稳定

(56)某抽水蓄能电站地下厂房,埋深 320 m,厂房轴线走向为 N35°E;岩性主要是混合花岗岩,局部发育有玢岩岩脉,岩石容重为 27 kN/m^3,岩石完整,饱和单轴抗压强度为 85 MPa,岩体的完整性系数为 0.80;经开挖发现,地下厂房无渗水现象,顶拱和边墙基本处于干燥状态;节理不发育,多闭合,节理面起伏粗糙,主要结构面走向为 N65°E,倾向 NW,倾角 30°,节理面延伸不长,大多小于 3 m。试计算边墙围岩总评分 T 和围岩强度应力比 S 分别为(　　)。

A. 87、7.9　　B. 65、9.1　　C. 97、5.1　　D. 45.5、6.3

(57)根据题(56),试判断地下厂房围岩类别及其稳定性为(　　)。

A. Ⅰ类、稳定　　B. Ⅱ类、基本稳定

C. Ⅲ类、局部稳定性差　　D. Ⅳ类、不稳定

(58)下列关于围岩分类方法的有关说法,不正确的是(　　)。

A. 在水利水电工作中,主要使用《水利水电工程地质勘察规范》(GB 50487—2008)规定的围岩分类方法,其他方法则根据实际情况有选择地加以运用,并作为一种补充和验证

B. 中国科学院地质所提出的分类是将岩体按结构类型划分大类和亚类,并给出相应界限值的定量指标

C. 国外常用的围岩分类方法有挪威的 Q 系统分类法、地质力学分类法及新奥法等

D. 在水利水电工作中,围岩分类在坝基岩体分类中经常采用

(59)下列关于围岩各种分类方法的一些基本原理和方法,不正确的是(　　)。

A. 中国科学院地质所谷德振提出的分类是将岩体按结构类型分为整体块状结构、层状结构、裂隙结构和散体结构四大类和八亚类

B. 挪威的 Q 系统分类法包括 6 个基本参数，由参数取值表查出并计算 Q 值，Q 值的范围为 0.001 ~ 1 000，从极差到极好分为 9 个等级

C. 地质力学分类法又称 RMR 或 CSIR 分类法，包括 5 个基本参数，分别为岩石材料的单轴抗压强度、*RQD*、节理间距、节理状况和地下水状况

D. 新奥法被认为是近代隧洞工程技术中一种比较落后的方法，因为它在概念上把围岩看做地下洞室承载结构的一部分，支护只是给围岩承载力不足部分的补充和强化

(60)围岩稳定分析的目的是了解围岩的稳定状况，假若围岩有可能失去稳定，则应进一步了解其破坏形态和因此而形成的岩石荷载大小，下述关于稳定分析的一般步骤正确的是(　　)。

A. 根据初选的洞室位置、洞型、开挖方法、地质资料和岩体力学参数，用各种方法计算应力，了解各种应力的分量的大小及其分布

B. 确定压应力区的部位和范围，一般认为岩体不能承担压应力，因此压应力区被认为是不稳定区；把压应力值与岩体强度进行比较，若出现应力超限，按弹塑性等理论确定塑性区的范围

C. 对可能在洞室周边出露的大块"危石"的稳定性作出估计，采用赤平投影、实体比例投影等方法确定其具体位置后，按块体平衡的方法进行分析

D. 围岩稳定分析的成果必要时应通过模拟试验，这对复杂洞群尤为重要，应进行现场量测，以检验分析成果、改进计算方法、改进支护设计和指导施工

(61)影响围岩稳定性的主要因素有客观因素和主观因素，下列影响围岩稳定性的主要因素中，主观因素有(　　)。

A. 岩体结构　　B. 岩体应力　　C. 地下水　　D. 工程因素

(62)地下水的存在及其活动常常使围岩的稳定性恶化，下述说法不正确的是(　　)。

A. 开挖洞室后，使地下水向洞内汇集，形成新的渗流场，使岩体受到指向洞内的外水压力，导致围岩失稳

B. 地下水的活动使岩块和软弱结构面夹层加速侵蚀和泥化，降低了强度，也导致围岩失稳

C. 对于水工隧洞来说，内水外渗和外水内渗都会引起山体失稳，从而导致整个工程失稳

D. 对于深埋洞室，作用在洞室围岩上的外水压力为洞室高程以上的全部地下水水头压力

(63)岩体结构是影响围岩稳定性的主要因素之一，下列关于岩体结构方面的有关叙述，不正确的是(　　)。

A. 岩体是由结构面和结构体组成的地质体，常为节理裂隙面、层面、片理面，甚至为断层面结构面所切割，这些结构面是影响围岩稳定性的重要因素

B. 结构面常可分为很多组,根据其成因、充填物及间距、宽度、强度、连续性等情况不同,先分析其对围岩稳定性的影响程度,然后决定洞室位置和洞轴方向

C. 在坚硬岩石中,只要考虑岩体结构的影响,可以不考虑围岩应力的影响,地应力影响不大

D. 岩质软弱的岩石体和结构面一样,同样是对稳定起控制作用的因素,在应力较大的情况下可引起围岩较大的变形甚至失稳

(64)如图 7-5 所示,当洞室轴线与褶曲轴线重合时,有以下几种不同情况,其中,1 号洞室过背斜轴部,2 号洞室置于背斜的翼部,3 号洞室沿向斜轴线开挖,三个洞室工程地质条件相对较好的是(　　)。

A. 1 号洞室　　B. 2 号洞室　　C. 3 号洞室　　D. 3 个一样

(65)如图 7-6 所示,地下洞室轴线与断层轴线示意,图中 1 号洞室与 2 号洞室相比,工程地质条件相对较好的是(　　)。

A. 1 号洞室　　B. 2 号洞室　　C. 两个一样好　　D. 两个一样差

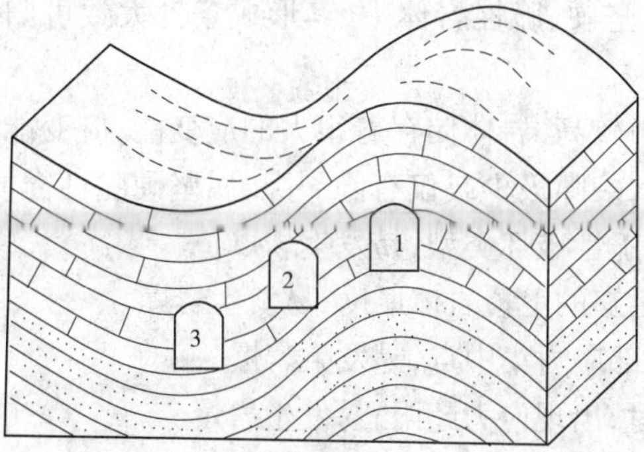

图 7-5

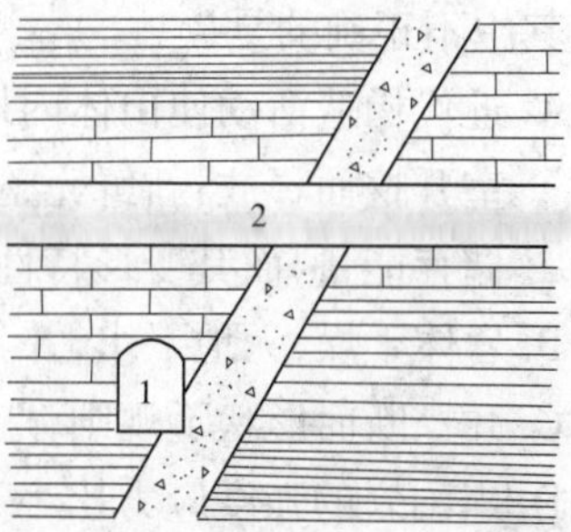

图 7-6

(66)围岩的破坏形式多种多样,其中在多组结构面发育的坚硬围岩中,多发生滑动与塌落现象,下列说法中正确的是(　　)。

A. 当结构面和洞壁切线方向平行或成锐角时,沿结构面易发生剪切破坏

B. 当夹角接近正交时,一般不稳定

C. 对于倾斜的岩层,层面与洞壁相切的部位易于失稳

D. 对于层面水平的岩体,顶拱容易失稳,边墙比较稳定

(67)下列是洞室边墙与倾斜结构面相交的几种情况,说法不正确的是(　　)。

A. 若结构面的倾角大于结构面的摩擦角,顺倾向临空一侧洞壁可能失稳,必须采取加固措施,另一侧的洞壁虽然也会因剪切而破坏,但坍塌的威胁要小些

B. 对于拱座部位,结构面与拱座的切线相切部位剪切破坏范围很大,工程中遇有这样的部位几乎都要失稳

C. 结构面与拱座切线较为正交的一侧,剪切破坏区很小,只要其下部边墙没有滑移破坏,则这一部位一般较稳定

D. 对于倾斜产状的节理体系,浅埋洞室比中等埋深洞室的破坏范围小,因此浅埋洞室比中等埋深洞室的开挖要困难

(68)对于围岩中有多组结构面并且都是倾斜产状时,下列关于围岩的破坏和支护形式的叙述不正确的是(　　)。

A. 围岩中有多组结构面并且都是倾斜产状时,顶拱和边墙都容易失稳破坏

B. 顶拱上方易于形成楔形塌落,两侧边墙都容易滑移破坏

C. 当两侧边墙滑移后,对顶拱塌落范围影响不大

D. 这种情况下的支护措施一般采用系统锚杆及喷混凝土加固

(69)在层状岩体中,围岩的破坏形式多以弯曲与折断为主,下列关于弯曲与折断的说法,不正确的是(　　)。

A. 特别是在有软弱岩层组成的互层地层中较易于发生弯曲与折断破坏

B. 块状岩体中如果有两组以上裂隙极为发育,也会产生这种弯曲与折断破坏

C. 层状岩体的破坏主要受层面控制,由于层状岩体层间结合力差,当地层近水平时,洞顶岩层在重力作用下下沉弯曲,进而张裂、折断形成塌落体

D. 如果围岩为陡倾岩层,洞壁在侧向应力作用下岩层弯曲倾倒或弯曲鼓胀变形

(70)岩爆一般发生在高应力地区的坚硬、脆性岩体中,其形成条件大致可归纳为以下几点,其中不正确的是(　　)。

A. 近代构造活动使山体内地应力较高,岩体储存着很大的应变能,应变能随着洞室开挖而释放;新鲜完整围岩,裂隙极少或仅有隐裂隙,属坚硬脆性介质,能够储存能量,而其变形特性属于脆性破坏类型,易发生岩爆

B. 岩体干燥,无地下水,并具有足够的上覆岩体厚度,易发生岩爆

C. 开挖断面形状不规则,造成局部应力集中点,易发生岩爆

D. 当围岩的强度应力比小于4时,出现应力超限,易发生岩爆

(71)围岩的破坏形式一般分为下述几种,下列分类正确的是(　　)。

A. 滑动与塌落、弯曲与折断、松动脱落、变形与膨胀、岩爆

B. 滑动与塌落、弯曲与折断、松动与膨胀、岩爆

C. 滑动与塌落、弯曲与折断、脱落与膨胀、岩爆

D. 滑动与塌落、弯曲与折断、松动与变形、岩爆

(72)某引水隧洞在花岗岩地层中通过,经钻探岩心统计,岩石完整性系数为85%,洞室最高点埋深548 m,该地区以自重应力为主。经取样试验,花岗岩平均饱和单轴抗压强度为95 MPa,容重为27 kN/m^3,试采用《水利水电工程地质勘察规范》(GB 50487—2008)方法计算该洞段可能发生岩爆的级别是(　　)。

A. Ⅰ级　　B. Ⅱ级　　C. Ⅲ级　　D. Ⅳ级

(73)某引水隧洞勘察,埋深多为500～1 200 m,围岩主要为流纹岩,其饱和单轴抗压强度大于80 MPa,其中1、2、3、4四个洞段洞身段饱和单轴抗压强度经统计计算为102.5 MPa,经地应力测试计算,该地区属于高地应力—极高地应力区,可能发生岩爆。表7-1是勘察期间对1、2、3、4四个洞段进行岩爆预测的结果,下述四段中采用《水利水电工程地质勘察规范》(GB 50487—2008)方法预测不正确的是(　　)。

A. 1　　B. 2　　C. 3　　D. 4

表 7-1

洞段号	埋深（m）	最大切向应力（MPa）	最大主应力（MPa）	综合预测及建议措施
1	1 100～910	74	39	埋深大，主要发生中等岩爆，局部为强岩爆，需专门支护设计，可以采用超前钻孔、导洞等，也可采用钢纤维混凝土喷锚或挂网喷锚
2	910～830	72	34	埋深较大，主要发生中等岩爆，局部为强岩爆，需专门支护设计，重点部位采用超前钻孔、导洞、超前锚固等
3	830～710	58	27	地表坡降较大，而岩性单一，预测发生轻微岩爆，根据需要进行简单支护，可进行喷浆处理
4	710～670	43	22	埋深逐渐变小，主要为轻微岩爆，可采用注水或表面喷水，可采用一般性喷浆

(74)围岩稳定的分析方法一般有以下几种，下列分类正确的是(　　)。

A. 有限元法、地质分析法、工程类比法

B. 计算法、分析法、类比法

C. 地质分析法、工程类比法、岩体结构分析法

D. 图解法、计算法、查表法

(75)地质分析法是通过勘测手段了解与围岩稳定有关的、经常出现的、起控制作用的(　　)4 个主要因素，并通过综合分析确定围岩的稳定性。

A. 节理、裂隙、地下水、岩石强度

B. 岩石特性、地质构造、水的作用、岩体应力

C. 断层、节理、地下水、应力

D. 岩石强度、地质构造、水的作用、岩体应力

(76)松动与脱落是围岩的破坏形式之一，下列说法正确的是(　　)。

A. 松动与脱落主要发生在碎裂岩体、大的断层破碎带、裂隙密集带出露的部位

B. 松动与脱落主要发生在由软弱岩层组成的互层地层中

C. 松动与脱落主要发生在多组结构面的坚硬围岩中

D. 松动与脱落主要发生在高地应力区的坚硬、脆性岩体中

(77)变形与膨胀是围岩的破坏形式之一，下列有关说法不正确的是(　　)。

A. 变形与膨胀主要发生在软质岩层中

B. 在重力、地应力及地下水作用下，围岩发生边墙挤入、底鼓及洞径收缩现象

C. 变形与膨胀一般具有明显的时间效应，从开始到最终破坏有一个时间过程

D. 发生变形和膨胀时一般无地下水，岩体干燥

(78)地质分析法是围岩稳定分析方法之一，在对地层岩性的分析中，下列说法不正确的是(　　)。

A. 只要洞室埋深不大,洞室围岩往往是稳定的

B. 在坚硬岩石地区,应特别注意在构造带、岩脉、整合及不整合面形成风化带时对稳定的影响

C. 对于软弱岩石,应特别注意风化后常出现的次生矿物等,它们改变了岩石原来的力学性质,破坏了组成矿物之间及岩块之间的联结力,从而严重削弱了岩体的稳定性

D. 黏土岩、泥质页岩和易溶岩等遇水发生变化,会使围岩产生较大的变形而破坏

(79)地质分析法是围岩稳定分析方法之一,地质构造分析按褶皱、断层破碎带和岩体结构从宏观到微观进行分析,在对地质构造的分析中,下列说法不正确的是(　　)。

A. 褶皱形式、疏密程度及其轴向与洞室轴向的交角不同,对围岩稳定性的影响不同

B. 洞室通过断层时,其走向与洞轴交角越小,则洞内破碎带宽度出露越长,影响越大

C. 破碎带物质胶结情况及碎块性质直接影响洞室的稳定性,由坚硬岩块或胶结组成的破碎带稳定性比较好,否则应按松散介质处理

D. 断层及较大的软弱结构面对洞室围岩的稳定具有决定性作用,一般来说,洞室轴线与其夹角大于25°时最不利

(80)地质分析法是围岩稳定分析方法之一,地下水分析考虑到地下水对围岩稳定性的影响主要是静水压力、动水压力及溶解和软化作用等,下列说法不正确的是(　　)。

A. 在地下水静水压力作用下,洞顶的平缓结构面容易拉裂,在陡倾角裂隙组合条件下使结构体塌落,而静水压力作用在陡倾结构面上易使洞壁上的结构体滑塌

B. 地下水渗流的动水压力可促使结构体沿水流方向移动、结构面的充填物溶蚀和结构体移动

C. 地下水对结构面、软弱岩体具有溶解和软化作用,使岩体强度降低,导致围岩失稳

D. 大的断层破碎带、张性构造、向斜核部等部位常有丰富的地下水,此处的地下水对围岩的稳定性影响不大

(81)不同的结构面及其组合,在洞室围岩中切割一般形成3种形状的结构体,分别为方形结构体、楔形结构体、锥形和断头锥形结构体,下列对3种结构体稳定性的叙述中,不正确的是(　　)。

A. 方形结构体出露于洞顶时,其稳定性主要取决于结构面的性质,当存在一组缓倾结构面时,稳定性差,常在水的作用下发生塌方;方形体若出露于洞壁,则稳定性较好

B. 楔形体出露于洞顶或侧壁的方式多种多样,稳定性也各不相同

C. 楔形体当尖棱朝上出露于洞顶时,则稳定性差,若出露于洞壁,一般是处于稳定状态;当尖棱朝下出露于洞顶时,则比较稳定,若出露于侧壁,则稳定性较差

D. 锥形体的尖锥朝上出露于洞顶时,则稳定性很好;尖锥朝下,稳定性较差;出露于洞壁,则稳定性较好

(82)岩体结构分析法是围岩稳定分析方法之一,是块状岩体结构围岩稳定分析的简易方法,岩体结构分析包括以下过程,其中不是岩体结构分析法内容的是(　　)。

A. 根据地质勘察结果,对岩体结构面进行整理分组,列出各组结构面的产状和力学指标

B. 运用赤平投影的方法,研究可能塌滑块体的组合形态、边界滑动面、滑移方式和塌滑范围

C. 进行围岩稳定性分类,并进行工程类比

D. 根据塌滑体的体积,运用极限平衡理论计算塌滑体的稳定性

(83)地下洞室超前预报是施工阶段施工地质的一项重要内容,应在地下洞室地质勘察的基础上,选用合适的方法实施适时的地质超前预报,施工地质的超前预报可分为(　　)两大类方法。

A. 地质雷达与红外探水　　B. 直接预报和间接预报

C. 物探和钻探　　D. 地质和物探

(84)TSP 法是地质预报的一种间接方法,下列关于此法应用的优缺点,说法不正确的是(　　)。

A. TSP 是一种反射地震法仪器,可探测深度为 100 ~ 200 m

B. 此法对与隧道呈大角度的软弱带,如断层、软弱夹层、地层分界等效果较好

C. 此法对不规则形态的地质缺陷如溶洞、暗河及含水效果不明显

D. 此法在坚硬岩石地层中不适用

(85)地质雷达与红外探水是地质预报的两种间接方法,下列关于这两种方法的适用性说法不正确的是(　　)。

A. 地质雷达是应用较多的一种方法,探测深度一般在 30 m 以内

B. 地质雷达对空洞、水体等的反映不灵敏,因而在岩溶地区用得较少

C. 红外探水法是基于岩体中地下水的富集程度和活动状况的差异而引起岩体红外幅射场的变化提出的

D. 红外探水法是通过探测岩体红外辐射场强度的变化,判断掌子面前方或洞壁四周岩体含水程度,预报掌子面前方有无潜伏的含水体

(86)下列不是地下洞室支护加固常用方法的是(　　)。

A. 喷锚支护　　B. 钢拱架和搁栅钢拱架支护

C. 管棚支护　　D. 土钉墙

(87)喷锚支护是地下洞室支护加固常用方法之一,支护类型有喷混凝土、锚杆、锚索、喷混凝土加锚杆、挂网喷混凝土加锚杆等,下列喷锚支护的适用性叙述中,不正确的是(　　)。

A. 及时性和适时性:一般在低地应力区,围岩变形快、自稳时间短,喷锚支护要及时;在高应力区,一般要注意适时性

B. 无论在干燥少水洞段,还是在线状流水的洞段、大涌水洞段,喷锚支护加固围岩的效果都十分显著

C. 在围岩稳定性差的洞段,应在进行围岩的超前加固处理措施后,再实施开挖围

岩的喷锚支护

D. 围岩稳定性差的洞段宜进行变形观测,以了解喷锚支护的效果并决定是否进行补强加固措施

(88)地下洞室围岩监测宜在有代表性的地段布置围岩的监测,下述布置原则说法不准确的是(　　)。

A. 各级水工隧洞都要布置监测

B. 不良地质洞段:如围岩类别低,具有特殊不良工程地质性质的岩土洞段、高外水和地下水丰富地段等

C. 土洞段:如具有湿陷性黄土、膨胀性黏土的洞段及岩土过渡段等

D. 大洞径、高(内)水头、高流速的水工隧洞

(89)地下洞室围岩监测包括洞内监测和洞外监测,下述内容不是洞内监测的是(　　)。

A. 围岩的变形和应力

B. 作用在衬砌结构上的围岩压力和外水压力

C. 渗流量

D. 隧洞地区地面沉陷、位移

7.4 参考答案

(1)B	(2)A	(3)C	(4)C	(5)A	(6)AC
(7)CD	(8)D	(9)A	(10)A	(11)AB	(12)B
(13)ACD	(14)B	(15)A	(16)B	(17)C	(18)D
(19)D	(20)B	(21)A	(22)B	(23)C	(24)BD
(25)D	(26)C	(27)C	(28)C	(29)A	(30)CD
(31)D	(32)A	(33)B	(34)D	(35)A	(36)C
(37)B	(38)D	(39)C	(40)B	(41)C	(42)A
(43)D	(44)A	(45)A	(46)D	(47)A	(48)A
(49)A	(50)C	(51)C	(52)B	(53)A	(54)C
(55)C	(56)A	(57)A	(58)D	(59)D	(60)ACD
(61)D	(62)D	(63)C	(64)B	(65)B	(66)ACD
(67)D	(68)C	(69)B	(70)D	(71)A	(72)A
(73)C	(74)C	(75)B	(76)A	(77)D	(78)A
(79)D	(80)D	(81)D	(82)C	(83)B	(84)D
(85)B	(86)D	(87)B	(88)A	(89)D	

第 8 章　天然建筑材料勘察

8.1　考试大纲

掌握各勘察设计阶段天然建筑材料勘察的任务和精度要求等。

熟练掌握各类天然建筑材料场地分类、勘探布置、取样及试验要求。

掌握天然建筑材料勘察成果整理方法及勘察报告编写的有关要求。

熟练掌握各类天然建筑材料的质量评价标准。

8.2　复习指导

8.2.1　复习要点

8.2.1.1　勘察的目的和料场选择的基本原则

了解天然建筑材料勘察的目的。

了解天然建筑材料料场选择的基本原则。

8.2.1.2　勘察的依据和勘察大纲的编制

了解天然建筑材料勘察的相关依据。

了解天然建筑材料勘察大纲编制的主要内容。

8.2.1.3　勘察精度分级

掌握天然建筑材料勘察的精度分级，天然建筑材料勘察应划分为普查、初查、详查 3 个级别，并应与水利水电工程的规划、可行性研究、初步设计 3 个阶段相对应。

8.2.1.4　各设计阶段天然建筑材料勘察的基本要求

了解各勘察设计阶段天然建筑材料勘察的目的。

掌握各勘察设计阶段天然建筑材料勘察的基本要求。

8.2.1.5　料场勘察和取样试验

掌握各类天然建筑材料料场的分类原则。

熟练掌握各类天然建筑材料料场的勘探布置原则。

熟练掌握各类天然建筑材料料场的取样试验原则。

8.2.1.6　天然建筑材料的质量要求

熟练掌握混凝土粗(细)骨料的质量要求。

熟练掌握土石坝坝壳填筑砂砾料和反滤层料的质量要求。

熟练掌握土料、碎(砾)石类土料和槽孔固壁土料的质量要求。

熟练掌握块石料的质量要求。

8.2.1.7 **天然建筑材料的开采运输条件**

了解如何考虑各类天然建筑材料的开采运输条件。

8.2.1.8 **资料整理与报告编写**

(1)熟练掌握各类天然建筑材料成果整理的基本方法和要求,如净砾石、净砂的储量计算和砂的细度模数(平均粒径)的计算。

(2)了解天然建筑材料报告编写的有关要求。

8.2.2 案例分析

【例 8-1】 某砂砾石料场(混凝土骨料)的砂砾石储量为 $400\times10^4\ m^3$,砂砾石天然密度为 2.18 g/cm^3,含砾率为 60%,含砂率为 22%,砾石的堆积密度为 1.71 g/cm^3,砂的堆积密度为 1.45 g/cm^3,则净砾石和净砂储量分别为(　　)。

A. $306\times10^4\ m^3$、$132\times10^4\ m^3$　　B. $286\times10^4\ m^3$、$122\times10^4\ m^3$

C. $266\times10^4\ m^3$、$112\times10^4\ m^3$　　D. $326\times10^4\ m^3$、$142\times10^4\ m^3$

答案:A

考点:净砾石和净砂的储量计算。

解:《水利水电工程天然建筑材料勘察规程》(SL 251—2000)第 6.3.3 条规定,混凝土骨料应按下列公式进行净砾石、净砂的储量计算:

$$\text{净砾石储量}=\frac{\text{砂砾石储量}\times\text{砂砾石天然密度}\times\text{含砾率}}{\text{砾石堆积密度}}$$

$$\text{净砂储量}=\frac{\text{砂砾石储量}\times\text{砂砾石天然密度}\times\text{含砂率}}{\text{砂堆积密度}}$$

$$\text{净砾石储量}=\frac{400\times10\ 000\times2.18\times0.6}{1.71}=306\times10^4(m^3)$$

$$\text{净砂储量}=\frac{400\times10\ 000\times2.18\times0.22}{1.45}=132\times10^4(m^3)$$

由以上计算可知,净砾石和净砂的储量分别为 $306\times10^4\ m^3$、$132\times10^4\ m^3$。

因此,选 A。

【例 8-2】 某砂砾石料场砂的分计筛余见表 8-1,则砂的细度模数为(　　)。

表 8-1

筛孔直径(mm)	5.0	2.5	1.25	0.63	0.315	0.158	<0.158
分计筛余(%)	0	19.7	18.7	15.2	19.1	12.1	15.2

A. 2.68　　B. 2.69　　C. 2.71　　D. 2.72

答案:B

考点:砂的细度模数计算。

解:《水利水电工程天然建筑材料勘察规程》(SL 251—2000)附录 D 中第 D.1.3 条规

定，砂的细度模数应按下式进行计算：

$$FM = \frac{A_{2.5} + A_{1.25} + A_{0.63} + A_{0.315} + A_{0.158}}{100}$$

式中　FM——砂的细度模数；

$A_{2.5}$、$A_{1.25}$、$A_{0.63}$、$A_{0.315}$、$A_{0.158}$——孔径 2.5 mm、1.25 mm、0.63 mm、0.315 mm、0.158 mm 各筛上累计筛余百分数。

$$FM = \frac{A_{2.5} + A_{1.25} + A_{0.63} + A_{0.315} + A_{0.158}}{100}$$

$$= \frac{19.7 + 38.4 + 53.6 + 72.7 + 84.8}{100}$$

$$= 2.69$$

由以上计算可知，砂的细度模数为 2.69。

因此，选 B。

【例 8-3】　某砂砾石料场砂的分计筛余见表 8-1，则砂的平均粒径为（　　）。

A. 0.30 mm　　B. 0.40 mm　　C. 0.50 mm　　D. 0.60 mm

答案：B

考点：砂的平均粒径计算。

解：《水利水电工程天然建筑材料勘察规程》（SL 251—2000）附录 D 中第 D.1.3 条规定，砂的平均粒径应按下式进行计算：

$$\overline{D} = 0.5\sqrt[3]{\frac{a_1 + a_2 + a_3 + a_4 + a_5}{11a_1 + 1.37a_2 + 0.171a_3 + 0.02a_4 + 0.0024a_5}}$$

式中　$\overline{D}$——砂的平均粒径，mm；

a_1、a_2、a_3、a_4、a_5——孔径 0.158 mm、0.315 mm、0.63 mm、1.25 mm、2.5 mm 各筛分计筛余百分数。

$$\overline{D} = 0.5\sqrt[3]{\frac{a_1 + a_2 + a_3 + a_4 + a_5}{11a_1 + 1.37a_2 + 0.171a_3 + 0.02a_4 + 0.0024a_5}}$$

$$= 0.5 \times \sqrt[3]{\frac{12.1 + 19.1 + 15.2 + 18.7 + 19.7}{11 \times 12.1 + 1.37 \times 19.1 + 0.171 \times 15.2 + 0.02 \times 18.7 + 0.0024 \times 19.7}}$$

$$= 0.40\text{(mm)}$$

由上计算可知，砂的平均粒径为 0.40 mm。

因此，选 B。

8.3　复习题

（1）天然建筑材料勘察应划分为普查、初查、详查 3 个级别，并宜与水利水电工程的（　　）3 个阶段相对应。

A. 规划、可行性研究、初步设计　　B. 项目建议书、可行性研究、初步设计

C. 可行性研究、初步设计、招标设计　　　　D. 可行性研究、初步设计、施工图设计

(2)天然建筑材料可行性研究阶段勘察储量与实际储量误差应不超过(　　),勘察储量不得少于设计需要量的(　　)倍。

A. 15%、2　　B. 40%、3　　C. 30%、3　　D. 30%、2

(3)天然建筑材料初步设计阶段勘察储量与实际储量误差应不超过(　　),勘察储量不得少于设计需要量的(　　)倍。

A. 15%、2　　B. 40%、3　　C. 30%、3　　D. 30%、2

(4)天然建筑材料可行性研究阶段勘察应采用(　　)地形图作为底图,进行料场地质测绘及勘探布置。

A. 1/10 000 ~ 1/5 000　　B. 1/5 000 ~ 1/2 000

C. 1/2 000 ~ 1/1 000　　D. 1/1 000 ~ 1/500

(5)天然建筑材料初步设计阶段勘察应采用(　　)地形图作为底图,进行料场地质测绘及勘探布置。

A. 1/10 000 ~ 1/5 000　　B. 1/5 000 ~ 1/2 000

C. 1/2 000 ~ 1/1 000　　D. 1/1 000 ~ 1/500

(6)天然建筑材料可行性研究阶段勘察应编制 1/50 000 ~ 1/25 000 料场分布图、(　　)料场综合地质图、1/2 000 ~ 1/1 000 料场地质剖面图。

A. 1/2 000 ~ 1/500　　B. 1/2 000 ~ 1/1 000

C. 1/5 000 ~ 1/2 000　　D. 1/10 000 ~ 1/5 000

(7)天然建筑材料初步设计阶段勘察应编制 1/50 000 ~ 1/10 000 料场分布图、(　　)料场综合地质图、1/2 000 ~ 1/500 料场地质剖面图。

A. 1/10 000 ~ 1/5 000　　B. 1/5 000 ~ 1/2 000

C. 1/2 000 ~ 1/500　　D. 1/2 000 ~ 1/1 000

(8)Ⅰ类砂砾石料料场初查阶段勘探网(点)的布置间距应为(　　)m。

A. 200 ~ 400　　B. 200 ~ 300　　C. 100 ~ 200　　D. 50 ~ 100

(9)Ⅱ类砂砾石料料场初查阶段勘探网(点)的布置间距应为(　　)m。

A. 50 ~ 100　　B. 100 ~ 200　　C. 200 ~ 300　　D. 200 ~ 400

(10)Ⅲ类砂砾石料料场初查阶段勘探网(点)的布置间距应为(　　)m。

A. 200 ~ 400　　B. 200 ~ 300　　C. 100 ~ 200　　D. < 100

(11)Ⅰ类砂砾石料料场详查阶段勘探网(点)的布置间距应为(　　)m。

A. 300 ~ 400　　B. 200 ~ 300　　C. 100 ~ 200　　D. 50 ~ 100

(12)Ⅱ类砂砾石料料场详查阶段勘探网(点)的布置间距应为(　　)m。

A. 50 ~ 100　　B. 100 ~ 200　　C. 200 ~ 300　　D. 200 ~ 400

(13)Ⅲ类砂砾石料料场详查阶段勘探网(点)的布置间距应为(　　)m。

A. 200 ~ 300　　B. 100 ~ 200　　C. 50 ~ 100　　D. < 50

(14)某砂砾石料料场的砂砾石储量为 $40 \times 10^4\ m^3$,则初查阶段全分析取样最少组数为(　　)组。

A. 4　　B. 6　　C. 8　　D. 9

(15)某砂砾石料料场的砂砾石储量为 $140\times10^4\ m^3$，则初查阶段全分析取样最少组数为(　　)组。

A. 4　　B. 6　　C. 8　　D. 9

(16)某砂砾石料料场的砂砾石储量为 $240\times10^4\ m^3$，则初查阶段全分析取样最少组数为(　　)组。

A. 4　　B. 6　　C. 8　　D. 9

(17)某砂砾石料料场的砂砾石储量为 $45\times10^4\ m^3$，则详查阶段全分析取样最少组数为(　　)组。

A. 6　　B. 8　　C. 9　　D. 12

(18)某砂砾石料料场的砂砾石储量为 $130\times10^4\ m^3$，则详查阶段全分析取样最少组数为(　　)组。

A. 6　　B. 8　　C. 9　　D. 12

(19)某砂砾石料料场的砂砾石储量为 $240\times10^4\ m^3$，则详查阶段全分析取样最少组数为(　　)组。

A. 6　　B. 8　　C. 9　　D. 12

(20)砂砾石料料场样品数量应根据试验需要和颗粒组成而定。现场试验样品，全分析取样不得少于(　　)kg，简分析取样不得少于(　　)kg。

A. 1 000、200　　B. 1 000、300　　C. 1 200、200　　D. 1 200、300

(21)下列试验项目中，属于混凝土砂砾料试验项目的有(　　)。

A. 颗粒分析　　B. 密度　　C. 极限抗压强度　　D. 吸水率

(22)Ⅰ类人工骨料料场初查阶段勘探网(点)的布置间距应为(　　)m。

A. 50～100　　B. 100～150　　C. 150～200　　D. 200～300

(23)Ⅱ类人工骨料料场初查阶段勘探网(点)的布置间距应为(　　)m。

A. 50～100　　B. 100～150　　C. 100～200　　D. 200～300

(24)Ⅲ类人工骨料料场初查阶段勘探网(点)的布置间距应为(　　)m。

A. <100　　B. 100～150　　C. 100～200　　D. 200～300

(25)Ⅰ类人工骨料料场详查阶段勘探网(点)的布置间距应为(　　)m。

A. 50～100　　B. 100～150　　C. 150～200　　D. 200～300

(26)Ⅱ类人工骨料料场详查阶段勘探网(点)的布置间距应为(　　)m。

A. 200～300　　B. 100～200　　C. 50～100　　D. <50

(27)Ⅲ类人工骨料料场详查阶段勘探网(点)的布置间距应为(　　)m。

A. 200～300　　B. 100～200　　C. 50～100　　D. <50

(28)人工骨料料场详查阶段取样组数应按岩性、风化程度分别取样。同一岩性取样不少于(　　)组。

A. 5　　B. 7　　C. 9　　D. 11

(29)Ⅰ类土料料场初查阶段勘探网(点)的布置间距应为(　　)m。

A. 50～100　　B. 100～200　　C. 150～250　　D. 200～400

(30)Ⅱ类土料料场初查阶段勘探网(点)的布置间距应为(　　)m。

A. 50 ~ 100　　B. 100 ~ 200　　C. 150 ~ 250　　D. 200 ~ 400

(31) Ⅲ类土料料场初查阶段勘探网(点)的布置间距应为(　　)m。

A. < 100　　B. 100 ~ 200　　C. 150 ~ 250　　D. 200 ~ 400

(32) Ⅰ类土料料场详查阶段勘探网(点)的布置间距应为(　　)m。

A. 50 ~ 100　　B. 100 ~ 200　　C. 150 ~ 250　　D. 200 ~ 400

(33) Ⅱ类土料料场详查阶段勘探网(点)的布置间距应为(　　)m。

A. 50 ~ 100　　B. 100 ~ 200　　C. 150 ~ 250　　D. 200 ~ 400

(34) Ⅲ类土料料场详查阶段勘探网(点)的布置间距应为(　　)m。

A. < 50　　B. 50 ~ 100　　C. 100 ~ 200　　D. 150 ~ 200

(35)某土料料场的储量为 8×10^4 m^3,则初查阶段全分析取样最少组数为(　　)组。

A. 3　　B. 4　　C. 5　　D. 6

(36)某土料料场的储量为 30×10^4 m^3,则初查阶段全分析取样最少组数为(　　)组。

A. 3　　B. 4　　C. 5　　D. 6

(37)某土料料场的储量为 70×10^4 m^3,则初查阶段全分析取样最少组数为(　　)组。

A. 3　　B. 4　　C. 5　　D. 6

(38)某土料料场的储量为 8.5×10^4 m^3,则详查阶段全分析取样最少组数为(　　)组。

A. 3　　B. 4　　C. 5　　D. 6

(39)某土料料场的储量为 35×10^4 m^3,则详查阶段全分析取样最少组数为(　　)组。

A. 5　　B. 7　　C. 9　　D. 11

(40)某土料料场的储量为 60×10^4 m^3,则详查阶段全分析取样最少组数为(　　)组。

A. 5　　B. 7　　C. 9　　D. 11

(41) Ⅰ类碎(砾)石料料场初查阶段勘探网(点)的布置间距应为(　　)m。

A. 50 ~ 100　　B. 100 ~ 150　　C. 100 ~ 200　　D. 200 ~ 300

(42) Ⅱ类碎(砾)石料料场初查阶段勘探网(点)的布置间距应为(　　)m。

A. 50 ~ 100　　B. 100 ~ 200　　C. 150 ~ 200　　D. 200 ~ 300

(43) Ⅲ类碎(砾)石料料场初查阶段勘探网(点)的布置间距应为(　　)m。

A. < 100　　B. 100 ~ 150　　C. 100 ~ 200　　D. 200 ~ 300

(44) Ⅰ类碎(砾)石料料场详查阶段勘探网(点)的布置间距应为(　　)m。

A. 50 ~ 100　　B. 100 ~ 150　　C. 100 ~ 200　　D. 200 ~ 300

(45) Ⅱ类碎(砾)石料料场详查阶段勘探网(点)的布置间距应为(　　)m。

A. 50 ~ 100　　B. 100 ~ 150　　C. 100 ~ 200　　D. 200 ~ 300

(46) Ⅲ类碎(砾)石料料场详查阶段勘探网(点)的布置间距应为(　　)m。

A. < 50　　B. 50 ~ 100　　C. 100 ~ 200　　D. 150 ~ 200

(47)某碎(砾)石料料场的储量为 $8\times10^4\ m^3$,则初查阶段全分析取样最少组数为(　　)组。

A. 3　　B. 4　　C. 5　　D. 6

(48)某碎(砾)石料料场的储量为 $30\times10^4\ m^3$,则初查阶段全分析取样最少组数为(　　)组。

A. 3　　B. 4　　C. 5　　D. 6

(49)某碎(砾)石料料场的储量为 $70\times10^4\ m^3$,则初查阶段全分析取样最少组数为(　　)组。

A. 3　　B. 4　　C. 5　　D. 6

(50)某碎(砾)石料料场的储量为 $8.5\times10^4\ m^3$,则详查阶段全分析取样最少组数为(　　)组。

A. 3　　B. 4　　C. 5　　D. 6

(51)某碎(砾)石料料场的储量为 $35\times10^4\ m^3$,则详查阶段全分析取样最少组数为(　　)组。

A. 5　　B. 7　　C. 9　　D. 11

(52)某碎(砾)石料料场的储量为 $60\times10^4\ m^3$,则详查阶段全分析取样最少组数为(　　)组。

A. 5　　B. 7　　C. 9　　D. 11

(53)碎(砾)石料取样数量应满足试验要求,全分析取样不得少于(　　)kg,简分析取样不得少于(　　)kg。

A. 1 000、200　　B. 1 200、200　　C. 1 000、300　　D. 1 200、300

(54)槽孔固壁土料场应在调查和取少量样试验合格的基础上进行详查,详查时勘探网间距应以(　　)m 为宜。

A. <20　　B. 20 ~ 30　　C. 30 ~ 50　　D. 50 ~ 100

(55)Ⅰ类块石料料场初查阶段勘探网(点)的布置间距应为(　　)m。

A. 100 ~ 150　　B. 150 ~ 250　　C. 200 ~ 300　　D. 300 ~ 500

(56)Ⅱ类块石料料场初查阶段勘探网(点)的布置间距应为(　　)m。

A. 100 ~ 150　　B. 150 ~ 250　　C. 200 ~ 300　　D. 300 ~ 500

(57)Ⅲ类块石料料场初查阶段勘探网(点)的布置间距应为(　　)m。

A. <200　　B. 150 ~ 250　　C. 200 ~ 300　　D. 300 ~ 500

(58)Ⅰ类块石料料场详查阶段勘探网(点)的布置间距应为(　　)m。

A. <150　　B. 150 ~ 250　　C. 200 ~ 300　　D. 300 ~ 500

(59)Ⅱ类块石料料场详查阶段勘探网(点)的布置间距应为(　　)m。

A. 100 ~ 150　　B. 150 ~ 250　　C. 200 ~ 300　　D. 300 ~ 500

(60)Ⅲ类块石料场详查阶段勘探网(点)的布置间距应为(　　)m。

A. <100　　B. 100 ~ 150　　C. 150 ~ 200　　D. 200 ~ 300

(61)下列试验项目,属于块石料试验项目的有(　　)。

A. 极限抗压强度　　B. 密度　　C. 液限　　D. 吸水率

(62)混凝土细骨料质量要求,砂的细度模数以(　　)为宜。

A. 2.5 ~3.5　　B. 1.5 ~2.5　　C. 1.5 ~3.5　　D. 2.0 ~3.5

(63)混凝土细骨料质量要求,砂的平均粒径以(　　)mm 为宜。

A. 0.26 ~0.50　　B. 0.30 ~0.50　　C. 0.36 ~0.50　　D. 0.40 ~0.50

(64)混凝土细骨料质量要求,含泥量(黏、粉粒)应小于(　　)。

A. 1%　　B. 2%　　C. 3%　　D. 5%

(65)混凝土细骨料质量要求,云母含量应小于(　　)。

A. 1%　　B. 2%　　C. 3%　　D. 5%

(66)混凝土细骨料质量要求,轻物质含量应不大于(　　)。

A. 1%　　B. 2%　　C. 3%　　D. 5%

(67)混凝土细骨料质量要求,硫酸盐及硫化物含量(换算成 SO_3)应小于(　　)。

A. 1%　　B. 2%　　C. 3%　　D. 5%

(68)常态混凝土细骨料质量要求,人工砂中石粉含量以(　　)为宜。

A. 5% ~10%　　B. 6% ~12%　　C. 7% ~14%　　D. 8% ~15%

(69)混凝土用人工骨料质量技术要求,岩石单轴饱和抗压强度应大于(　　)MPa。

A. 30　　B. 35　　C. 40　　D. 45

(70)混凝土粗骨料质量要求,砾石中软弱颗粒含量应小于(　　)。

A. 1%　　B. 2%　　C. 3%　　D. 5%

(71)混凝土粗骨料质量要求,砾石中针片状颗粒含量应小于(　　)。

A. 3%　　B. 5%　　C. 10%　　D. 15%

(72)混凝土粗骨料质量要求,砾石的细度模数以(　　)为宜。

A. 2.5 ~3.5　　B. 3.5 ~6.25　　C. 5.25 ~6.25　　D. 6.25 ~8.30

(73)混凝土粗骨料质量要求,砾石的冻融损失率应小于(　　)。

A. 3%　　B. 5%　　C. 10%　　D. 15%

(74)土石坝坝壳填筑砂砾料质量要求,碾压后砂砾料渗透系数应大于(　　)$\times 10^{-3}$ cm/s,且应大于防渗体的 50 倍。

A. 1　　B. 2　　C. 3　　D. 4.5

(75)土石坝坝壳填筑砂砾料质量要求,砂砾料中含泥量(黏、粉粒)应不大于(　　)。

A. 3%　　B. 5%　　C. 8%　　D. 10%

(76)反滤层料质量要求,砂砾料渗透系数应大于(　　)$\times 10^{-3}$ cm/s。

A. 4.5　　B. 5.8　　C. 6.5　　D. 7.5

(77)反滤层料质量要求,砂砾料不均匀系数应不大于(　　)。

A. 5　　B. 8　　C. 10　　D. 15

(78)反滤层料质量要求,砂砾料(黏、粉粒)含泥量应小于(　　)。

A. 1%　　B. 2%　　C. 3%　　D. 5%

(79)土料质量要求,防渗体土料的黏粒含量以(　　)为宜。

A. 10% ~30%　　B. 10% ~40%　　C. 15% ~40%　　D. 15% ~45%

(80)土料质量要求,均质坝土料的黏粒含量以(　　)为宜。

A. 10% ~30%　　B. 10% ~40%　　C. 15% ~40%　　D. 15% ~45%

(81)土料质量要求,均质坝土料的渗透系数碾压后应小于(　　)cm/s。

A. 1×10^{-3}　　B. 2×10^{-3}　　C. 1×10^{-4}　　D. 2×10^{-4}

(82)土料质量要求,防渗体土料的渗透系数碾压后应小于(　　)cm/s,且应小于坝壳透水料的50倍。

A. 1×10^{-4}　　B. 1×10^{-5}　　C. 2×10^{-4}　　D. 2×10^{-5}

(83)土料质量要求,土料的水溶盐含量应小于(　　)。

A. 1%　　B. 2%　　C. 3%　　D. 5%

(84)碎(砾)石料质量要求,碎(砾)石料作为均质坝土料碾压后渗透系数应小于(　　)cm/s。

A. 1×10^{-3}　　B. 1×10^{-4}　　C. 2.5×10^{-4}　　D. 1×10^{-5}

(85)碎(砾)石料质量要求,碎(砾)石料作为防渗体土料碾压后渗透系数应小于(　　)cm/s,并应小于坝壳透水料的50倍。

A. 1×10^{-3}　　B. 1×10^{-4}　　C. 2.5×10^{-4}　　D. 1×10^{-5}

(86)碎(砾)石料质量要求,土料的塑性指数以(　　)为宜。

A. 5 ~10　　B. 10 ~15　　C. 10 ~20　　D. 15 ~20

(87)槽孔固壁土料质量要求,槽孔固壁土料塑性指数应大于(　　)。

A. 10　　B. 15　　C. 20　　D. 25

(88)槽孔固壁土料质量要求,槽孔固壁土料 pH 值应大于(　　)。

A. 7　　B. 8　　C. 9　　D. 10

(89)槽孔固壁土料质量要求,槽孔固壁土料的有机质含量应小于(　　)。

A. 1%　　B. 2%　　C. 3%　　D. 5%

(90)块石料质量要求,块石料冻融损失率应小于(　　)。

A. 1%　　B. 2%　　C. 3%　　D. 5%

(91)块石料质量要求,块石料干密度应大于(　　)t/m^3。

A. 2.3　　B. 2.4　　C. 2.45　　D. 2.5

(92)天然建筑材料储量计算有用区周边界线应以勘探范围和试验资料为基础,结合地质地貌综合分析圈定,延伸至勘探范围以外的边界线距离,不得大于勘探孔间距的(　　)。

A. 1/5　　B. 1/4　　C. 1/3　　D. 1/2

(93)天然建筑材料储量计算中有用层上、下限应以顶底板各扣除(　　)m 为界,未揭穿有用层下限应以实际勘探深度为界。

A. 0.2 ~0.3　　B. 0.1 ~0.3　　C. 0.2 ~0.4　　D. 0.2 ~0.5

(94)天然建筑材料储量计算中平均厚度法多用于(　　)。

A. 地形起伏、剥离层与有用层厚度有变化的料场

B. 地形平缓、有用层厚度较稳定的料场

C. 勘探网(点)布置不规则的料场

D. 地形起伏、勘探网(点)布置不规则的料场

(95)天然建筑材料储量计算中三角形法多用于(　　)。

A. 地形起伏、剥离层与有用层厚度有变化的料场

B. 地形平缓、有用层厚度较稳定的料场

C. 勘探网(点)布置不规则的料场

D. 地形起伏、勘探网(点)布置不规则的料场

(96)天然建筑材料储量计算中对无用夹层,可按实际厚度划出;对有害夹层,应按实际边界多扣除(　　)m。

A. 0.2 ~ 0.3　　B. 0.1 ~ 0.3　　C. 0.2 ~ 0.4　　D. 0.2 ~ 0.5

(97)天然建筑材料储量计算中平行断面法多用于(　　)。

A. 地形平缓、有用层厚度较稳定的料场

B. 地形起伏、剥离层与有用层厚度有变化的料场

C. 勘探网(点)布置不规则的料场

D. 地形起伏、勘探网(点)布置不规则的料场

(98)某砂砾石料场(混凝土骨料)的砂砾石储量为 200×10^4 m^3,砂砾石天然密度为 2.18 g/cm^3,含砾率为60%,含砂率为22%,砾石的堆积密度为 1.71 g/cm^3,砂的堆积密度为 1.45 g/cm^3,则净砾石和净砂储量分别为(　　)。

A. 133×10^4 m^3、56×10^4 m^3　　B. 143×10^4 m^3、61×10^4 m^3

C. 153×10^4 m^3、66×10^4 m^3　　D. 163×10^4 m^3、71×10^4 m^3

(99)某砂砾石料场砂的分计筛余见表 8-1。

①砂的细度模数为(　　)。

A. 2.71　　B. 2.70　　C. 2.69　　D. 2.67

②砂的平均粒径为(　　)。

A. 0.40　　B. 0.45　　C. 0.52　　D. 0.55

8.4　参考答案

(1)A	(2)B	(3)A	(4)B	(5)C	(6)C
(7)D	(8)A	(9)B	(10)D	(11)C	(12)A
(13)D	(14)A	(15)B	(16)C	(17)A	(18)C
(19)D	(20)B	(21)ABD	(22)D	(23)C	(24)A
(25)B	(26)C	(27)D	(28)A	(29)D	(30)B
(31)A	(32)B	(33)A	(34)A	(35)A	(36)B
(37)D	(38)C	(39)B	(40)C	(41)D	(42)B
(43)A	(44)B	(45)A	(46)A	(47)A	(48)B
(49)D	(50)C	(51)B	(52)C	(53)C	(54)B
(55)D	(56)C	(57)A	(58)B	(59)A	(60)A
(61)ABD	(62)A	(63)C	(64)C	(65)B	(66)A
(67)A	(68)B	(69)C	(70)D	(71)D	(72)D
(73)C	(74)A	(75)C	(76)B	(77)B	(78)C

(79)C	(80)A	(81)C	(82)B	(83)C	(84)B
(85)D	(86)C	(87)C	(88)A	(89)A	(90)A
(91)B	(92)D	(93)A	(94)B	(95)C	(96)A
(97)B	(98)C	(99)①C、②A			

第 9 章　特殊岩(土)体地质问题

9.1　考试大纲

9.1.1　岩溶地质

了解岩溶地貌特征及岩溶发育历史的研究方法。

掌握岩溶发育规律和控制因素、岩溶水动力特征及岩溶水文地质单元的划分。

掌握岩溶水文地质的调查方法、地下水动态研究内容及特殊测试内容(连通试验,氚、氘测年等)。

了解岩溶渗漏可能性的宏观判别和渗漏量估算。

了解岩溶渗漏和岩溶地基的处理措施及适用条件。

9.1.2　特殊岩(土)体

熟练掌握软(岩)土、湿陷性土、膨胀(岩)土、分散性土、红黏土、盐渍土及冻土等特殊岩土的定义、特性指标、判别方法及工程地质特性。

掌握水利水电工程中特殊岩土的试验研究内容及评价方法。

了解特殊岩土常用的处理措施及适用条件。

9.2　复习指导

9.2.1　复习要点

9.2.1.1　岩溶地质

1)基本概念

了解碳酸盐岩溶蚀机理。

掌握岩溶发育的基本条件。可溶岩石和水是岩溶发育的基本条件。岩石必须具有可溶性和透水性,流经岩面或入渗于岩石(体)中的地表、地下水应具有溶蚀能力,并不断将溶蚀物质带走,才能使溶蚀作用不断进行。因此,岩石(体)的可溶性、透水性和水的溶蚀能力、流动性是岩溶发育的基本条件。

了解岩溶地貌特征与岩溶形态类型。

掌握岩溶发育的影响因素,岩溶发育主要影响因素为地层岩性、地质构造、地下水的补给排泄条件和气候条件。

了解岩溶发育的基本规律。

掌握岩溶水文地质结构及水文地质单元的划分。岩溶水文地质结构可划分为背斜型、向斜型、单斜型和水平型,岩溶水文地质单元可划分为背斜分流型、向斜汇流型、单斜顺层型和水平层流型。

掌握河谷岩溶水动力类型的划分。根据河谷区岩溶地下水动力在垂直剖面上的特征,一般可分为补给型、补排型、排泄型和悬托型。

了解岩溶地下水的补给运动排泄特征。

2)岩溶水文工程地质勘察与试验

熟练掌握不同勘察阶段水库岩溶渗漏勘察的内容与要求。

掌握连通试验的方法和原理。连通试验主要的方法有水位传递法和示踪剂法两种。水位传递法主要利用抽水、注水、放水、堵水等手段抬高或降低地下水位,观测有关点的水位、水量的变化,以判断相互连通关系。示踪剂法采用向流动水流投入示踪剂,通过观测其流经点和流出点来判断洞穴之间的连通情况和流向、流速等。

示踪剂一般要求满足以下条件:①悬浮,易溶或易分散于水中均匀地随水流动;②在物理、化学、光化学或生物的作用下,具有可靠的稳定性;③检测精度较高,能进行快速测定,多次测量;④无毒或低毒,不影响水质的可用性;⑤价格便宜,来源丰富。

3)岩溶水文工程地质问题及处理措施

了解水库岩溶渗漏可能性的宏观判别方法。

了解岩溶地基的处理措施及适用条件。

了解岩溶洞穴和岩溶水工程处理的原则。

9.2.1.2 特殊(岩)土体

1)软土

掌握软土的成因类型,软土是指天然孔隙比大于或等于1.0,且天然含水量大于液限的细粒土,包括淤泥、淤泥质土、泥炭、泥炭质土。软土的成因类型有3种,分别为滨海沉积、湖沼沉积和河流沉积。

熟练掌握软土的工程性质,软土的工程地质特性有触变性、流变性、高压缩性、低强度、低透水性和不均匀性。

了解软土的勘察要点、工程地质评价及地基处理措施。

2)湿陷性黄土

掌握湿陷性黄土的成因,黄土的成因有风积、冲积和洪积。一般将风积黄土称为原生黄土,原生黄土无层理;原生黄土经过流水冲刷、搬运、再沉积,形成次生黄土,次生黄土具有层理。

掌握湿陷性黄土的物理力学性质、勘察要点和湿陷性的判定。

了解湿陷性黄土的处理措施。

3)膨胀(岩)土

掌握膨胀(岩)土的基本性质及勘探的布置原则。

掌握膨胀(岩)土的膨胀潜势和地基的胀缩等级分类。

了解膨胀(岩)土的地基处理措施。

4)分散性土

掌握分散性土分散特性的决定因素及双比重计试验评价土的分散性标准。分散性土的分散特性是由黏土矿物蒙脱石和低盐量的水两方面的因素决定的。

了解分散性土的处理原则。

5)红黏土

掌握红黏土的成因与基本特征,红黏土是碳酸盐岩经红土化作用形成的,其液限一般等于或大于50%,具有明显的收缩性,网状裂隙发育。红黏土经搬运、沉积后仍保留其基本特征,且液限介于45%~50%的土,称为次生红黏土。红黏土的形成必须具备的条件有气候条件和岩性条件。

红黏土的基本特征有:①土的天然含水率、孔隙比、饱和度以及液限、塑限很高,但具有较高的力学强度和较低的压缩性;②各种指标的变化幅度很大;③具有表面收缩、上硬下软、裂隙发育的特征;④透水性微弱,多含裂隙潜水和上层滞水。

了解红黏土勘察的内容。

掌握红黏土的分类。

6)填土

掌握填土的分类、性质及勘察方法。

了解填土的工程地质评价。

7)盐渍岩土

掌握盐渍岩土的分类及其基本特征,盐渍岩土是指岩土中易溶盐含量大于0.3%,且具有溶陷、盐胀、腐蚀等特性的岩土。

掌握盐渍土勘察扰动土试样的取样要求。

了解盐渍土的工程地质评价。

8)冻土

掌握冻土的分类,冻土是指温度达到或低于0 ℃并含有固相水(冰)的各类土。冻土分为多年冻土和季节冻土。多年冻土是指冻结状态大于等于3年的土。季节冻土泛指2年间冬季冻结而夏季曾经融化的土。冻土按冻结状态可分为坚硬冻土、塑性冻土和松散冻土。

掌握季节冻土与季节融化层土的冻胀性分级。

掌握多年冻土的融沉性分级。

了解冻土的勘察和工程地质评价。

9.2.2 案例分析

【例9-1】 某黏性土的冻胀等级为Ⅳ级,则冻胀类别为(　　)。

A. 弱冻胀　　B. 冻胀　　C. 强冻胀　　D. 特强冻胀

答案:C

考点：季节冻土与季节融化层土的冻胀性分级。

解：《冻土工程地质勘察规范》（GB 50324—2001）中第 3.2.1 条，季节冻土与季节融化层土的冻胀性，根据土冻胀率 η 的大小，按表 9-1 划分为不冻胀、弱冻胀、冻胀、强冻胀和特强冻胀五级。

因此，选 C。

表 9-1　季节冻土与季节融化层土的冻胀性分级

土的名称	冻前天然含水量 ω（%）	冻结期间地下水位距冻结面的最小距离 h_w（m）	平均冻胀率 η（%）	冻胀等级	冻胀类别
黏性土	$\omega \leqslant \omega_p + 2$	>2.0	$\eta \leqslant 1$	Ⅰ	不冻胀
		≤2.0	$1 < \eta \leqslant 3.5$	Ⅱ	弱冻胀
	$\omega_p + 2 < \omega \leqslant \omega_p + 5$	>2.0			
		≤2.0	$3.5 < \eta \leqslant 6$	Ⅲ	冻胀
	$\omega_p + 5 < \omega \leqslant \omega_p + 9$	>2.0			
		≤2.0	$6 < \eta \leqslant 12$	Ⅳ	强冻胀
	$\omega_p + 9 < \omega \leqslant \omega_p + 15$	>2.0			
		≤2.0	$\eta > 12$	Ⅴ	特强冻胀
	$\omega > \omega_p + 15$	不考虑			

9.3　复习题

（1）岩溶（喀斯特）是可溶性岩石在水的溶（侵）蚀作用下，产生的各种地质作用、形态和现象的总称。岩溶发育的基本条件包括（　　）。

A. 岩石的可溶性　B. 岩石的透水性　C. 岩石的抗冻性　D. 水的流动性

（2）常见的可溶性岩石有（　　）。

A. 石灰岩　B. 白云岩　C. 盐岩　D. 硅质岩

（3）岩溶类型的分类依据有（　　）。

A. 出露条件　B. 地层岩性　C. 形态组合　D. 气候

（4）岩溶发育的主要影响因素包括（　　）。

A. 地形地貌　B. 地层岩性　C. 地质构造　D. 气候条件

（5）岩溶水文地质结构包括（　　）。

A. 背斜型　B. 向斜型　C. 单斜型　D. 水平层流型

（6）岩溶水文地质单元包括（　　）。

A. 背斜分流型　B. 向斜汇流型　C. 单斜型　D. 水平型

（7）某河谷两岸地下水位高于河水位，与邻谷间存在地下水分水岭，谷坡地段岩溶发育，岩层透水性强，地下水水力坡降随岩溶发育程度的加强而变缓。按照河谷区岩溶地下水动力在垂直剖面上的特征应属于(　　)。

A. 补给型　　B. 排泄型　　C. 补排型　　D. 悬托型

(8)某河谷两岸地下水位低于河水位，有低邻谷，无地下水分水岭。按照河谷区岩溶地下水动力在垂直剖面上的特征应属于(　　)。

A. 补给型　　B. 排泄型　　C. 补排型　　D. 悬托型

(9)某河谷一岸地下水位高于河水位，一岸地下水位低于河水位。按照河谷区岩溶地下水动力在垂直剖面上的特征应属于(　　)。

A. 补给型　　B. 排泄型　　C. 补排型　　D. 悬托型

(10)某河谷两岸及河床地下水位均低于河水位，河水受覆盖层悬托于地下水面之上，河水越流向地下水缓慢排泄，补给地下水，地下水向低邻谷或下游排泄。按照河谷区岩溶地下水动力在垂直剖面上的特征应属于(　　)。

A. 补给型　　B. 排泄型　　C. 补排型　　D. 悬托型

(11)根据《水利水电工程地质勘察规范》(GB 50487—2008)，可行性研究阶段水库岩溶渗漏勘察的内容应为(　　)。

A. 岩溶发育情况、含水层和隔水层的分布、河谷和分水岭的地下水位，对水库岩溶渗漏的可能性进行分析

B. 调查岩溶发育规律，主要喀斯特通道的延伸和连通情况，隔水层的分布、隔水性能及封闭条件，地下水的补排条件及地下水分水岭的位置、水位，估算渗透量，初步评价渗漏对建库的影响程度和处理的可能性等

C. 查明地下水位及其动态，相对隔水层的分布、厚度和延续性，岩溶渗漏的性质，主要渗漏通道的位置、形态和规模，估算渗漏量，提出防渗处理的范围和深度

D. 核定坝基、坝肩和渗漏地段的防渗处理范围

(12)根据《水利水电工程地质勘察规范》(GB 50487—2008)，初步设计阶段水库岩溶渗漏勘察的要求应为(　　)。

A. 进行 1/50 000 ~ 1/25 000 岩溶水文地质测绘，测绘范围应包括分水岭和邻谷

B. 进行 1/50 000 ~ 1/10 000 岩溶水文地质测绘，测绘范围包括邻谷、河间地块和坝下游地段，对产生渗漏地区可采用钻探和物探了解岩溶及地下水位等，并进行长期观测，观测时间不应少于 1 个水文年

C. 严重渗漏地段采用 1/10 000 ~ 1/2 000 岩溶水文地质测绘，测绘范围包括可能渗漏通道及进出口地段，进行洞穴追索，利用各种物探手段了解岩溶和强透水带的空间位置。对可能渗漏的含水层不应少于 2 个钻孔了解地下水位，进行连通试验，了解洞穴的连通性和地下水的流向，也可进行大降深抽水和堵水试验，进行钻孔地下水位、岩溶泉、暗河的动态观测等

D. 进行专门性补充勘察和地下水长期观测

(13)连通试验主要的方法有水位传递法和示踪剂法两种，示踪剂法采用向流动水流投入示踪剂，通过观测其流经点和流出点来判断洞穴之间的连通情况和流向流速等。示踪剂一般要求满足(　　)。

A. 悬浮　　　　　　　　　　　　　B. 可靠的稳定性

C. 检测精度较低,能进行快速测定　　D. 无毒或低毒

(14)天然孔隙比大于或等于 1.0,且天然含水量大于液限的细粒土称为软土,包括(　　)。

A. 淤泥　　B. 淤泥质土　　C. 次生黄土　　D. 泥炭

(15)滨海沉积的软土分布范围广,地表往往分布一层黄褐色黏性土的硬壳层,按照沉积环境可分为滨海相、泻湖相、溺谷相和三角洲相。滨海相软土的特点是(　　)。

A. 常与较粗颗粒相掺杂,疏松而不均匀,透水性较好,易于压缩固结

B. 颗粒较细,孔隙比大,强度低,底部含有贝壳和生物残骸碎屑

C. 孔隙比大,结构疏松,含水量高

D. 常与薄层(或透镜体)砂交错沉积

(16)软土的工程地质特性有(　　)。

A. 触变性　　B. 流变性　　C. 低压缩性　　D. 透水性弱

(17)软土不具有的特点是(　　)。

A. 孔隙比大　　B. 透水性大　　C. 含水量高　　D. 压缩性大

(18)受到振动时,软土的结构连接被破坏,强度随之降低或变成稀释状态,这就是触变性,其大小常用灵敏度 S_t 来表示,软土的 S_t 一般为(　　)。

A. 2 ~5　　B. 3 ~6　　C. 4 ~7　　D. 5 ~8

(19)受到振动时,软土的结构连接被破坏,强度随之降低或变成稀释状态,这就是软土的(　　)。

A. 湿陷性　　B. 流变性　　C. 触变性　　D. 透水性

(20)软土的强度低,不排水抗剪强度小于(　　)kPa。

A. 10　　B. 20　　C. 30　　D. 40

(21)一般将不具层理构造的黄土称为(　　)。

A. 原生黄土　　B. 黄土状土　　C. 次生黄土　　D. 亚黄土

(22)原生黄土无层理,其成因应为(　　)。

A. 坡积　　B. 冲积　　C. 洪积　　D. 风积

(23)湿陷性黄土具有的性质是(　　)。

A. 在一定压力作用下浸湿湿陷　　B. 在一定压力作用下浸湿不湿陷

C. 在土自重应力下浸湿不湿陷　　D. 在土自重应力下不浸湿陷落

(24)黄土湿陷最主要的原因是存在(　　)。

A. 絮状结构　　B. 单粒结构　　C. 蜂窝结构　　D. 多孔结构

(25)天然黄土在一定压力作用下,被水浸湿后土的结构受到破坏而发生下沉的现象,称为(　　)。

A. 湿陷性　　B. 坍塌性　　C. 触变性　　D. 透水性

(26)湿陷性黄土颗粒组成均一,粉粒占绝对优势,黏粒含量较低,典型湿陷性黄土黏粒含量为(　　)左右。

A. 10%　　B. 15%　　C. 20%　　D. 30%

（27）湿陷性黄土一般当液限小于（　　）时，湿陷性较强。

A. 20%　　B. 30%　　C. 35%　　D. 40%

（28）新近堆积黄土一般具有（　　）。

A. 低压缩性　　B. 中等偏低压缩性　　C. 高压缩性　　D. 中等偏高压缩性

（29）常见的黄土抗剪强度的凝聚力为（　　）kPa。

A. 5 ~ 10　　B. 8 ~ 15　　C. 10 ~ 20　　D. 12 ~ 25

（30）常见的黄土抗剪强度的内摩擦角为（　　）。

A. 10° ~ 15°　　B. 15° ~ 20°　　C. 15° ~ 25°　　D. 20° ~ 25°

（31）湿陷性黄土的勘察，取土勘探点中应有一定数量的探井，在Ⅲ、Ⅳ级自重湿陷性黄土场地，探井数量不得少于全部勘探点的（　　）。

A. 1/2　　B. 1/3　　C. 1/4　　D. 2/3

（32）湿陷性黄土初步勘察时取样勘探点应按地貌单元和控制性的地段布置，其数量不得少于全部勘探点的（　　）。

A. 1/2　　B. 1/3　　C. 1/4　　D. 2/3

（33）湿陷性黄土详细勘察时取样勘探点应按地貌单元和控制性的地段布置，其数量不得少于全部勘探点的（　　）。

A. 1/2　　B. 1/3　　C. 1/4　　D. 2/3

（34）湿陷性黄土的勘察，勘探点深度除应大于压缩层深度外，对非自重湿陷性黄土场地还应大于基础底面下（　　）m。

A. 2　　B. 5　　C. 10　　D. 15

（35）黄土的湿陷性应按室内压缩试验在一定的压力下测定的湿陷系数值判定，当湿陷系数值等于或大于（　　）时，定为湿陷性黄土。

A. 0.010　　B. 0.015　　C. 0.020　　D. 0.025

（36）膨胀（岩）土主要特点有（　　）。

A. 亲水黏土矿物多，胀缩性大　　B. 多呈坚硬—硬塑状态

C. 结构疏松，孔隙比大　　D. 强度较高

（37）下列不是影响膨胀土胀缩变形的内在因素的是（　　）。

A. 矿物成分　　B. 微观结构　　C. 黏粒含量　　D. 地形地貌

（38）膨胀（岩）土地区的勘探点数量宜比非膨胀（岩）土地区适当增加，并应有一定数量的探井，其中取样勘探孔不应少于全部孔数的（　　），在地貌单元边界附近及典型地貌地段均应布置勘探孔。

A. 1/2　　B. 1/3　　C. 1/4　　D. 2/3

（39）某膨胀土的自由膨胀率（δ_{ef}）为75%，则该膨胀土的膨胀潜势为（　　）。

A. 弱　　B. 中　　C. 强　　D. 极强

（40）某膨胀土的膨胀潜势为中，则自由膨胀率（δ_{ef}）应为（　　）。

A. $\delta_{ef} < 40\%$　　B. $40\% \leqslant \delta_{ef} < 65\%$　　C. $65\% \leqslant \delta_{ef} < 90\%$　　D. $\delta_{ef} \geqslant 90\%$

（41）某膨胀土分级变形量（S_e）为55%，则该膨胀土的胀缩等级为（　　）。

A. Ⅰ　　B. Ⅱ　　C. Ⅲ　　D. Ⅳ

(42)某膨胀土的的胀缩等级为Ⅲ级，则该膨胀土的分级变形量(S_e)应为(　　)。

A. $S_e<15\%$　B. $15\%\leqslant S_e<35\%$　C. $35\%\leqslant S_e<70\%$　D. $S_e\geqslant70\%$

(43)(　　)是指其所含黏性土颗粒在水中散凝呈悬浮状态，易被雨水或渗流冲蚀带走而引起土体破坏的土。

A. 固结土　B. 粉土　C. 分散性土　D. 吹填土

(44)分散性土的分散特性的决定因素为(　　)。

A. 蒙脱石　B. 伊利石　C. 高岭土　D. 低盐量的水

(45)用双比重计试验评价土的分散性，若分散度(D)为55%，则为(　　)。

A. 非分散性土　B. 过渡性土　C. 分散性土　D. 高分散性土

(46)用双比重计试验评价土的分散性，若定名为分散性土，则土的分散度(D)为(　　)。

A. <30%　B. 30%～50%　C. 50%～70%　D. >70%

(47)红黏土是碳酸盐岩经红土化作用形成的，其液限一般等于或大于(　　)。

A. 20%　B. 30%　C. 40%　D. 50%

(48)红黏土经搬运、沉积后仍保留其基本特征，且液限介于(　　)的土，称为次生红黏土。

A. 30%～35%　B. 35%～40%　C. 40%～45%　D. 45%～50%

(49)红黏土的形成所必须具备的条件为(　　)。

A. 地形条件　B. 气候条件　C. 岩性条件　D. 地质构造条件

(50)红黏土的基本特征有(　　)。

A. 土的天然含水率、孔隙比、饱和度以及液限、塑限很高，但具有较高的力学强度和较低的压缩性

B. 各种指标的变化幅度很小

C. 具有表面收缩、上硬下软、裂隙发育的特征

D. 透水性微弱，多含裂隙潜水和上层滞水

(51)某红黏土按含水比划分为可塑状态，则土的天然含水率与土的液限之比(a_w)应为(　　)。

A. $a_w\leqslant0.55$　B. $0.55<a_w\leqslant0.70$　C. $0.70<a_w\leqslant0.85$　D. $0.85<a_w\leqslant1.00$

(52)某红黏土的天然含水率与土的液限之比(a_w)为0.80，则该红黏土的坚硬状态为(　　)。

A. 坚硬　B. 硬塑　C. 可塑　D. 软塑

(53)某红黏土按含水比例划分为硬塑状态，则土的天然含水率与土的液限之比(a_w)应为(　　)。

A. $a_w\leqslant0.55$　B. $0.55<a_w\leqslant0.70$　C. $0.70<a_w\leqslant0.85$　D. $0.85<a_w\leqslant1.00$

(54)某红黏土的天然含水率与土的液限之比(a_w)为0.65，则该红黏土的坚硬状态为(　　)。

A. 坚硬　B. 硬塑　C. 可塑　D. 软塑

(55)某红黏土的裂隙发育程度为富裂隙(8条/m)，则该红黏土的结构为(　　)。

A. 致密状　　B. 巨块状　　C. 碎块状　　D. 块状

(56)填土是指由人类活动而堆积的土,素填土应为(　　)的土。

A. 由碎石、砂、粉土和黏性土等一种或几种材料组成,不含杂质或杂质很少

B. 含有大量建筑垃圾、工业废料或生活垃圾等杂物

C. 由水力冲填泥沙形成

D. 经分层压实而形成

(57)含有大量建筑垃圾、工业废料或生活垃圾等杂物的填土为(　　)。

A. 素填土　　B. 杂填土　　C. 冲填土　　D. 压实填土

(58)素填土的土质特性为(　　)。

A. 均匀性变化较大,密实度受堆积时间影响较大

B. 性质不均,厚度及密度变化大

C. 变形大并有湿陷性,压缩性大,强度低

D. 具不均匀性,透水性弱,排水固结程度低

(59)填土的均匀性和密实度宜用触探测定,并辅以相应的室内试验。重型动力触探适用于(　　)。

A. 粉性素填土　　B. 黏性素填土　　C. 冲填土　　D. 粗粒填土

(60)岩土中易溶盐含量大于(　　),且具有溶陷、盐胀、腐蚀等特性时,称为盐渍岩土。

A. 0.1%　　B. 0.2%　　C. 0.3%　　D. 0.5%

(61)下列(　　)不是盐渍土具有的特征。

A. 溶陷　　B. 承载力小　　C. 盐胀　　D. 具有腐蚀性

(62)盐渍土按含盐量划分为(　　)。

A. 2 种类型,分别为弱盐渍土和强盐渍土

B. 3 种类型,分别为弱盐渍土、中盐渍土和强盐渍土

C. 4 种类型,分别为弱盐渍土、中盐渍土、强盐渍土和超盐渍土

D. 5 种类型,分别为微盐渍土、弱盐渍土、中盐渍土、强盐渍土和超盐渍土

(63)盐渍土按含盐性质可分为氯盐渍土、亚氯盐渍土、亚硫酸盐渍土、硫酸盐渍土和碱性盐渍土。氯盐渍土的工程性质主要有(　　)。

A. 氯盐含量增大,临塑荷载增大

B. 氯盐含量越高,可塑性越低

C. 遇水即发生强烈的膨胀作用,透水性减弱,密度减小

D. 具有一定的腐蚀性

(64)盐渍土初步勘察阶段,当勘探深度在 5 m 以内时,取土试样间距应为(　　)m。

A. 0.5　　B. 1.0　　C. 2.0　　D. 3.0

(65)盐渍土详细勘察阶段,当勘探深度在 5 m 以内时,取土试样间距应为(　　)m。

A. 0.5　　B. 1.0　　C. 2.0　　D. 3.0

(66)温度达到或低于 0 ℃并含有固相水(冰)的各类土,称为冻土。冻土分为多年冻土和季节冻土。多年冻土是指冻结状态大于等于(　　)年的土。

A. 1　　B. 2　　C. 3　　D. 4

(67)温度达到或低于0 ℃并含有固相水(冰)的各类土,称为冻土。冻土分为多年冻土和季节冻土。季节冻土泛指(　　)年间冬季冻结而夏季曾融化的土。

A. 1　　B. 2　　C. 3　　D. 4

(68)冻土按冻结状态可分为坚硬冻土、塑性冻土和松散冻土。坚硬冻土的特点是(　　)。

A. 冻土中未冻水含量很少,土的强度高

B. 冻土中含较多未冻结的水,强度不高

C. 冻土的含水量较小,土粒未被冰所冻结,呈松散状态

D. 具有一定的塑性

(69)某黏性土的冻胀等级为Ⅲ级,则冻胀类别为(　　)。

A. 弱冻胀　　B. 冻胀　　C. 强冻胀　　D. 特强冻胀

(70)某黏性土的冻胀类别为强冻胀,则冻胀等级为(　　)级。

A. Ⅱ　　B. Ⅲ　　C. Ⅳ　　D. Ⅴ

(71)某黏性土的融沉等级为Ⅲ级,则融沉类别为(　　)。

A. 弱融沉　　B. 融沉　　C. 强融沉　　D. 融陷

(72)某黏性土的融沉类别为强融沉,则融沉等级为(　　)级。

A. Ⅰ　　B. Ⅱ　　C. Ⅲ　　D. Ⅳ

9.4　参考答案

(1)ABD	(2)ABC	(3)ACD	(4)BCD	(5)ABC	(6)AB
(7)A	(8)B	(9)C	(10)D	(11)B	(12)C
(13)ABD	(14)ABD	(15)A	(16)ABD	(17)B	(18)B
(19)C	(20)C	(21)A	(22)D	(23)A	(24)D
(25)A	(26)A	(27)B	(28)C	(29)D	(30)C
(31)B	(32)A	(33)D	(34)B	(35)B	(36)ABD
(37)D	(38)A	(39)B	(40)C	(41)B	(42)D
(43)C	(44)AD	(45)C	(46)C	(47)D	(48)D
(49)BC	(50)ACD	(51)C	(52)C	(53)B	(54)B
(55)C	(56)A	(57)B	(58)A	(59)D	(60)C
(61)B	(62)C	(63)ABD	(64)B	(65)A	(66)C
(67)B	(68)A	(69)B	(70)C	(71)B	(72)D